零程式基礎就上手

Excel

零程式基礎就上手
Excel

\零程式基礎就上手/

# Excel VBA 範例字典

自動化處理不求人 上冊

感謝您購買旗標書，
記得到旗標網站
www.flag.com.tw
更多的加值內容等著您…

<請下載 QR Code App 來掃描>

● FB 官方粉絲專頁：旗標知識講堂

● 旗標「線上購買」專區：您不用出門就可選購旗標書！

● 如您對本書內容有不明瞭或建議改進之處，請連上旗標網站，點選首頁的 聯絡我們 專區。

若需線上即時詢問問題，可點選旗標官方粉絲專頁留言詢問，小編客服隨時待命，盡速回覆。

若是寄信聯絡旗標客服 email，我們收到您的訊息後，將由專業客服人員為您解答。

我們所提供的售後服務範圍僅限於書籍本身或內容表達不清楚的地方，至於軟硬體的問題，請直接連絡廠商。

學生團體　訂購專線：(02)2396-3257 轉 362
　　　　　傳真專線：(02)2321-2545

經銷商　服務專線：(02)2396-3257 轉 331
　　　　將派專人拜訪
　　　　傳真專線：(02)2321-2545


國家圖書館出版品預行編目資料

Excel VBA 範例字典 自動化處理不求人 /
国本温子, 緑川吉行, できるシリーズ 編集部作；
吳嘉芳, 許郁文 譯. -- 初版. -- 臺北市：
旗標科技股份有限公司, 2023. 04　面；　公分

ISBN 978-986-312-722-2 (上冊：平裝)

1.CST: EXCEL (電腦程式)

312.49E9　111009316

作　者／国本温子, 緑川吉行, できるシリーズ 編集部

發 行 所／旗標科技股份有限公司

台北市杭州南路一段15-1號19樓

電　話／(02)2396-3257(代表號)

傳　真／(02)2321-2545

劃撥帳號／1332727-9

帳　戶／旗標科技股份有限公司

監　督／陳彥發

執行企劃／林佳怡

執行編輯／林佳怡

美術編輯／林美麗

封面設計／陳慧如

校　對／林佳怡

新台幣售價：690 元

西元 2023 年 4 月 初版

行政院新聞局核准登記-局版台業字第 4512 號

ISBN 978-986-312-722-2

Excel VBA
×
ChatGPT

Excel VBA × ChatGPT

# Excel VBA × ChatGPT

## 新手練功坊

感謝您購買旗標書，記得到旗標網站
www.flag.com.tw
更多的加值內容等著您…

<請下載 QR Code App 來掃描>

- FB 官方粉絲專頁：旗標知識講堂
- 旗標「線上購買」專區：您不用出門就可選購旗標書！
- 如您對本書內容有不明瞭或建議改進之處，請連上旗標網站，點選首頁的 聯絡我們 專區。

若需線上即時詢問問題，可點選旗標官方粉絲專頁留言詢問，小編客服隨時待命，盡速回覆。

若是寄信聯絡旗標客服 email，我們收到您的訊息後，將由專業客服人員為您解答。

我們所提供的售後服務範圍僅限於書籍本身或內容表達不清楚的地方，至於軟硬體的問題，請直接連絡廠商。

作　者／施威銘研究室

發 行 所／旗標科技股份有限公司

台北市杭州南路一段15-1號19樓

電　話／(02)2396-3257(代表號)



# 目錄

## Excel VBA ×ChatGPT 新手練功坊：程式延伸、排除錯誤、轉換語法、訂單系統、網頁爬蟲

別冊

# Excel VBA × ChatGPT 新手練功坊：程式延伸、排除錯誤、轉換語法、訂單系統、網頁爬蟲

Excel 是最常見的資料分析工具，也是上班族必備的工具與技能，雖然不難上手，要做個簡單報表或許不難，但要是資料量大，就非得使用到 VBA 等進階工具的幫忙。**Excel VBA 範例字典**滿滿的內容，一定可以幫你解決各種工作上的難題，但整本書加起來超過 1000 頁，對於一般新手來說，可能要花一段時間學習。

因此本文要特別介紹一個好工具 - ChatGPT，讓你搭配書本內容一起學習，等於有個沙場老將在旁貼身指導，帶你快速熟悉 VBA 的各種運用。

# 1 ChatGPT 的基本操作

ChatGPT 自開放註冊以來，短短兩個月就已經突破上億個用戶，打破所有網路服務的紀錄。本節先帶你加入並熟悉 ChatGPT 的世界，筆者也會分享自己的使用心得供你參考。

## 申請註冊 ChatGPT 帳號

若你尚未使用過 ChatGPT，接著就請先參考我們的說明，先加入、申請 OpenAI 的會員。

**1** 首先請連到 ChatGPT 官網 "https://openai.com/blog/chatgpt"，按下「**TRY CHATGPT**」，再點選「**Sign up**」。

2 接下來就會顯示建立帳戶的畫面，建議直接使用 Google 或微軟的帳戶進行認證，以下我們會以 Google 帳號來示範。

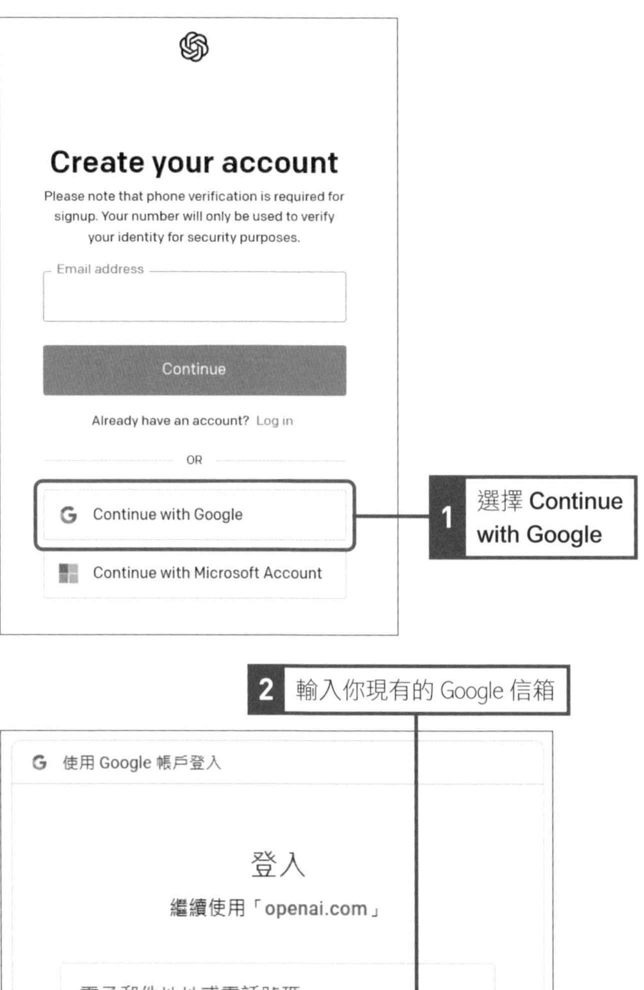

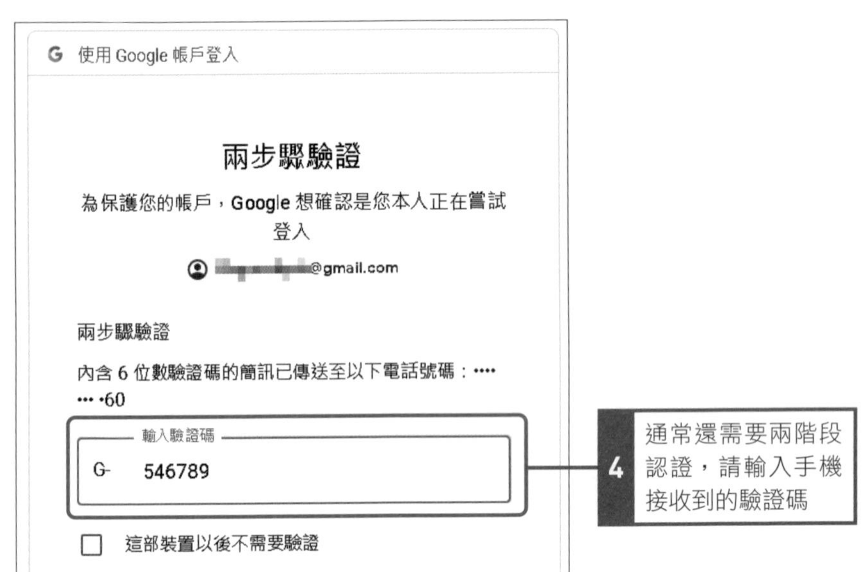


**3** 輸入你的姓名，名稱不會出現在畫面上，不過名稱的縮寫會是預設的用戶圖示。

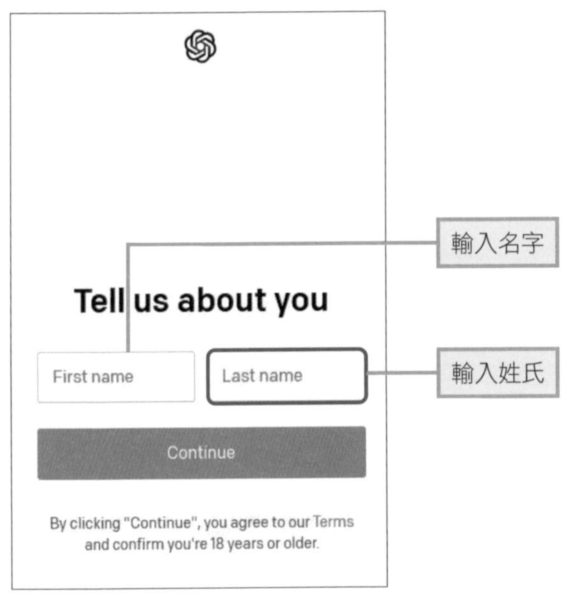


**4** 進行手機號碼驗證，選擇 Taiwan( 台灣 ) 之後輸入手機號碼，注意手機號碼開頭不需要「0」，只要輸入 0 之後的 9 個數字就好。最後系統會寄一封顯示「六位數驗證碼」的簡訊到你的手機裡，輸入驗證碼就註冊完成了。

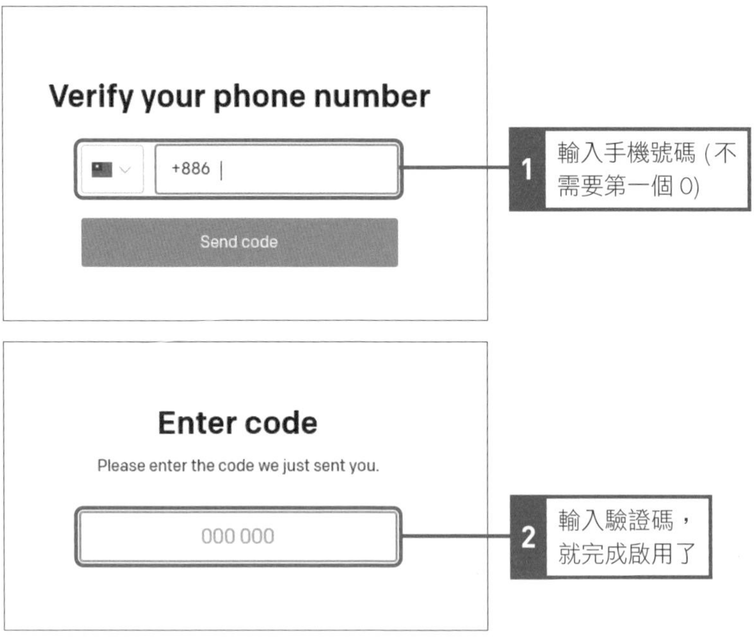


## 如何使用 ChatGPT

ChatGPT 的介面並不複雜，打開登入 ChatGPT 會看到網站的說明資訊，瀏覽一下後點選兩次「**Next**」之後再點選「**Done**」，就可以進入操作主畫面。

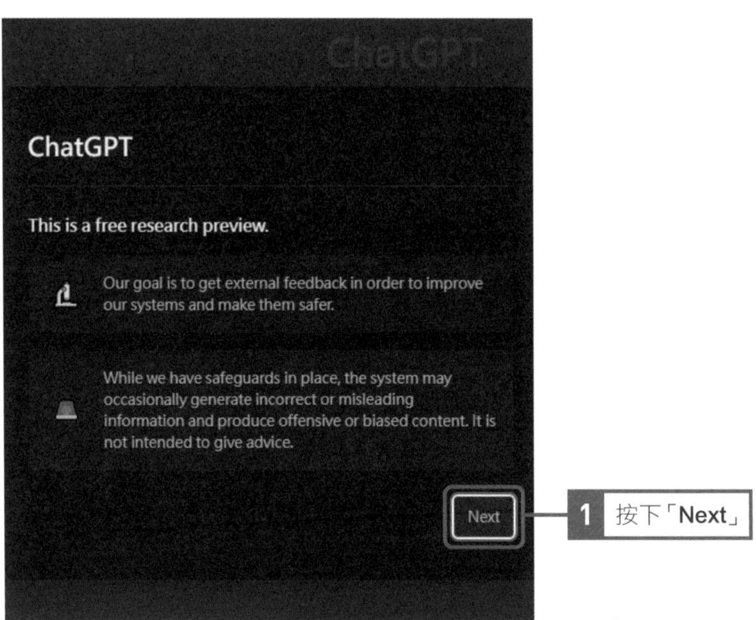

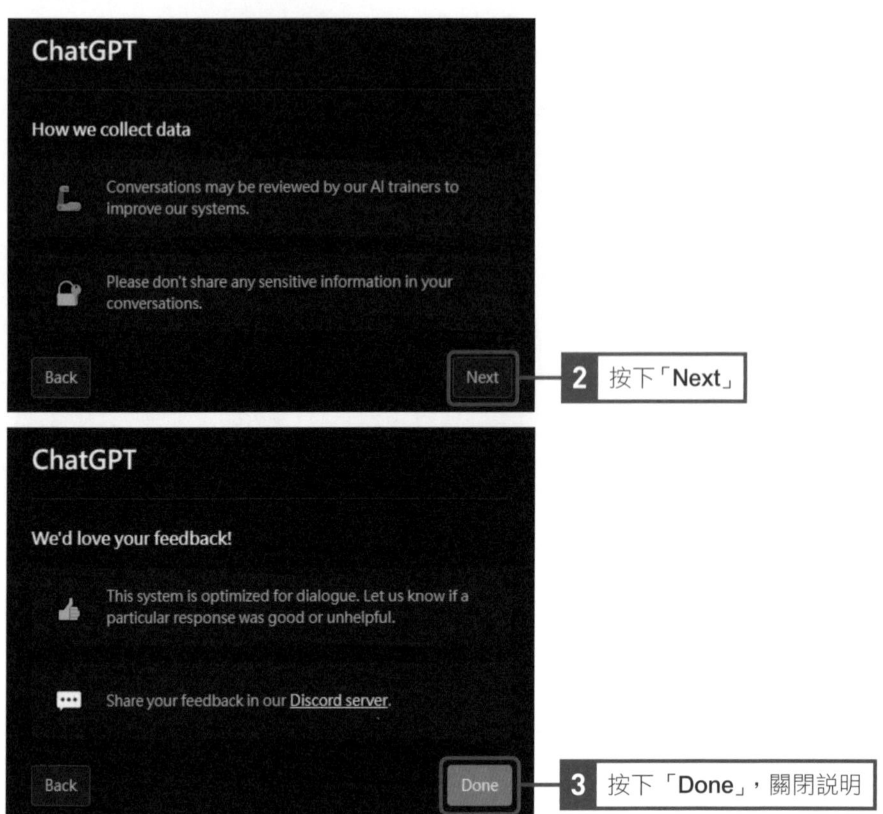


接下來就可以點擊輸入框，開始跟 ChatGPT 機器人聊天了。只要把你的問題或是要求以文字輸入送出，ChatGPT 就會讀取並給你解答。另外它支援各國語言，可以直接以你慣用的語言輸入。

筆者先輸入幾個問題做示範，讀者可以一起輸入問題，體驗看看 ChatGPT。我們先以簡單的問題開始。

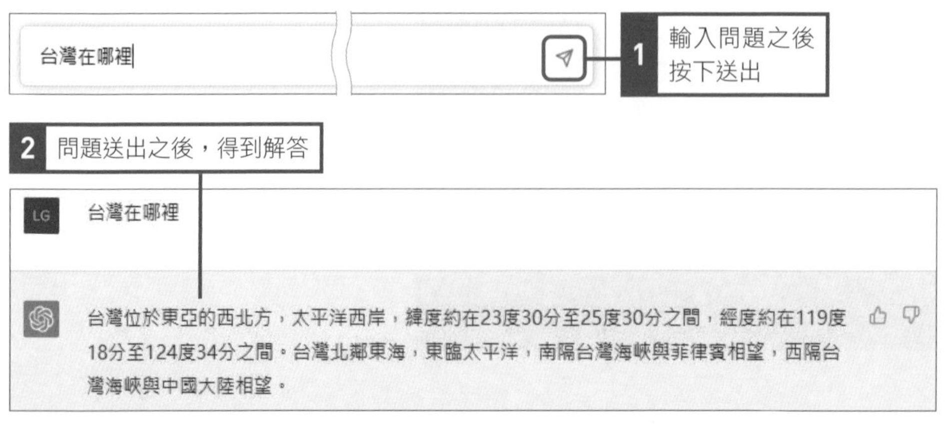

台灣在哪裡
1 輸入問題之後按下送出
2 問題送出之後，得到解答
LG
台灣在哪裡
台灣位於東亞的西北方，太平洋西岸，緯度約在23度30分至25度30分之間，經度約在119度18分至124度34分之間。台灣北鄰東海，東臨太平洋，南隔台灣海峽與菲律賓相望，西隔台灣海峽與中國大陸相望。

ChatGPT 每次回答的內容不會完全一樣（具隨機性），因此你看到的內容可能跟上圖不會一模一樣。

此時再針對 ChatGPT 內文提到的「經緯度」發問，就會得到進一步解答。

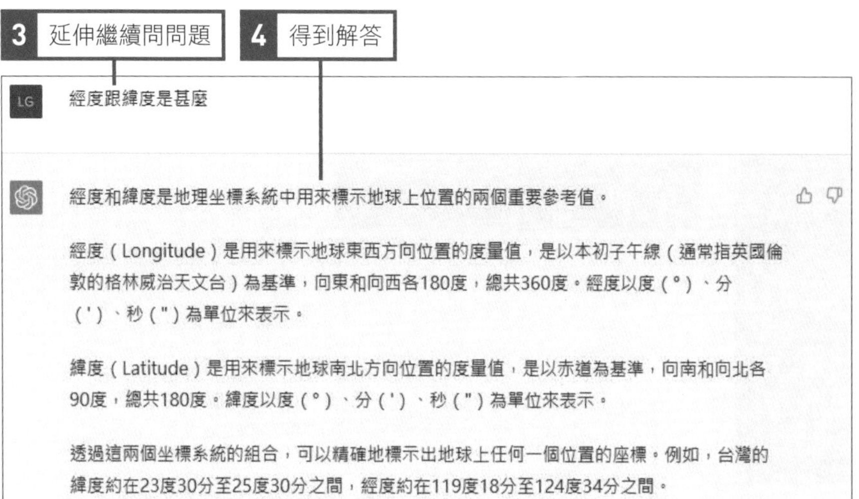

3 延伸繼續問問題
4 得到解答
LG
經度跟緯度是甚麼
經度和緯度是地理坐標系統中用來標示地球上位置的兩個重要參考值。
經度（Longitude）是用來標示地球東西方向位置的度量值，是以本初子午線（通常指英國倫敦的格林威治天文台）為基準，向東和向西各180度，總共360度。經度以度（°）、分（'）、秒（"）為單位來表示。
緯度（Latitude）是用來標示地球南北方向位置的度量值，是以赤道為基準，向南和向北各90度，總共180度。緯度以度（°）、分（'）、秒（"）為單位來表示。
透過這兩個坐標系統的組合，可以精確地標示出地球上任何一個位置的座標。例如，台灣的緯度約在23度30分至25度30分之間，經度約在119度18分至124度34分之間。


如果對說明不滿意，像是想要更簡單的解釋，同樣可以繼續提出請求。跟 ChatGPT 對答很重要的一點，就是盡量以具體的情境提問，像是「初學者也可以理解的版本」，讓 ChatGPT 做出更能符合需求的答案。這樣對照先前的解答來逐步修正的功能，也是 ChatGPT 最強大的特色之一。

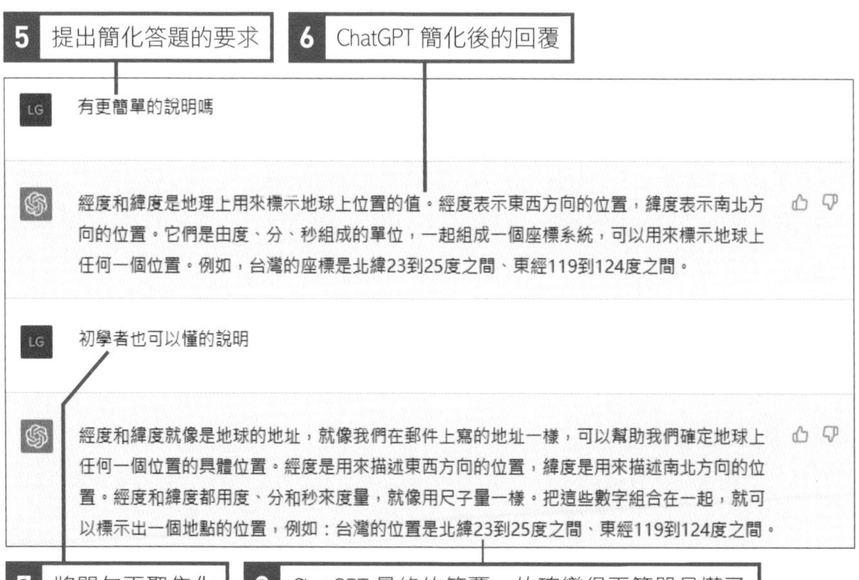

5 提出簡化答題的要求
6 ChatGPT 簡化後的回覆
LG
有更簡單的說明嗎
經度和緯度是地理上用來標示地球上位置的值。經度表示東西方向的位置，緯度表示南北方向的位置。它們是由度、分、秒組成的單位，一起組成一個座標系統，可以用來標示地球上任何一個位置。例如，台灣的座標是北緯23到25度之間、東經119到124度之間。
LG
初學者也可以懂的說明
經度和緯度就像是地球的地址，就像我們在郵件上寫的地址一樣，可以幫助我們確定地球上任何一個位置的具體位置。經度是用來描述東西方向的位置，緯度是用來描述南北方向的位置。經度和緯度都用度、分和秒來度量，就像用尺子量一樣。把這些數字組合在一起，就可以標示出一個地點的位置，例如：台灣的位置是北緯23到25度之間、東經119到124度之間。
7 將問句更聚焦化
8 ChatGPT 最終的答覆，的確變得更簡單易懂了

## 聊天紀錄的管理

ChatGPT 的聊天紀錄預設會保存下來，而且可以延續之前的對話內容，繼續跟 ChatGPT 對談。您可以參考以下說明來管理這些聊天紀錄：

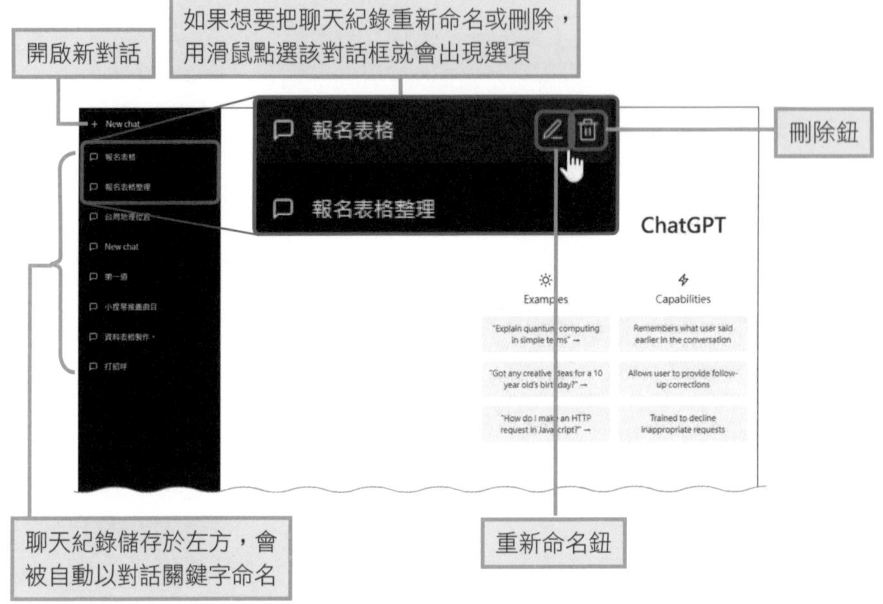
開啟新對話
如果想要把聊天紀錄重新命名或刪除，用滑鼠點選該對話框就會出現選項
刪除鈕
報名表格
報名表格整理
ChatGPT
Examples
Capabilities
重新命名鈕
聊天紀錄儲存於左方，會被自動以對話關鍵字命名

## 使用 ChatGPT 時可能遇到的狀況

總結網路上的各方心得，加上筆者多次親自嘗試後，發現 ChatGPT 在使用時可能會發生幾種錯誤，下列為整理出的幾點 ChatGPT 使用提醒，還有你可能會遇到的特殊情形解決方法。

1. **回應時間長**：通常一個問題的回應速度因流量而定，平均我們需要等 10 秒左右讓 ChatGPT 完成答題，快的話 1 ~ 2 秒就可以完成。但如果現在使用人數多，可能會慢到需要等 30 秒 ~ 1 分鐘左右。

2. **隨機解答**：同一個問題，每次輸入後往往會有不同的答案，我們沒有辦法控制 ChatGPT 如何回答，只能靠精確用字或是分成多步驟提問，逐漸提高 ChatGPT 答題的精準性。

3. **答案不一定正確：**ChatGPT 無法保證給出的答案都是正確的，不過只要你發現答覆的內容有問題，提出質疑有滿高的機率會進行修正。本別冊主要是利用 ChatGPT 輔助生成程式碼，若程式碼有錯，只要將錯誤訊息回報給 ChatGPT，或是提供更詳細的資訊，就會進行修正，只不過有時程式較複雜，需要來回修正很多次。

4. **執行錯誤：**巔峰時間容易跳出各種紅色的錯誤訊息，錯誤訊息種類眾多、難以一一詳列，可以等幾分鐘重新送出問題或是按下 F5 更新網頁再試試看，有時也可能要等候好一陣子才會恢復正常。

5. **資料具時效性：**ChatGPT 的訓練數據模型至 2021 年 9 月為止，因此若問題很明確提到了最近的時間，ChatGPT 會婉拒回答。

## 付費升級 ChatGPT Plus 帳號

OpenAI 在 2023 年 3 月 15 日正式推出 ChatGPT-4，目前開放給付費版本的 ChatGPT Plus 用戶使用。根據官方公佈的資訊，總結 ChatGPT-4 的使用體驗有以下幾點特點：

1. 可智慧化生成更多元的創作內容。
2. 可接受照片、截圖、圖表輸入，並以文字回答。
3. 允許更長的輸入與輸出內容，長度將會逐漸提升到原有的 4 倍。
4. 推論的能力更為強大。
5. 可以處理高難度問題，不僅通過美國當地的律師考試和國際生物競賽，而且成績都有十分明顯的提升。
6. 正確性和可信度都有所提升。
7. 安全性提升，對敏感性問題的防範意識提高。

其中跟本文最相關的就是第 3、4 點。由於後續我們會利用 ChatGPT 幫我生成程式碼，而通常程式碼都有一定長度，採用預設 GPT-3.5 模型，常常會因為長度受限而無法生成完整程式。再者，就筆者的經驗，GPT-3.5 模型生成的程式碼，小問題比較多需要多花一些時間修正錯誤。

因此筆者建議付費升級到 Plus 帳號，使用 GPT-4 模型來成生程式碼會比較妥當一些。可參考以下步驟付費升級：

**1** 在 ChatGPT 畫面左下方按下 **Upgrade to Plus**

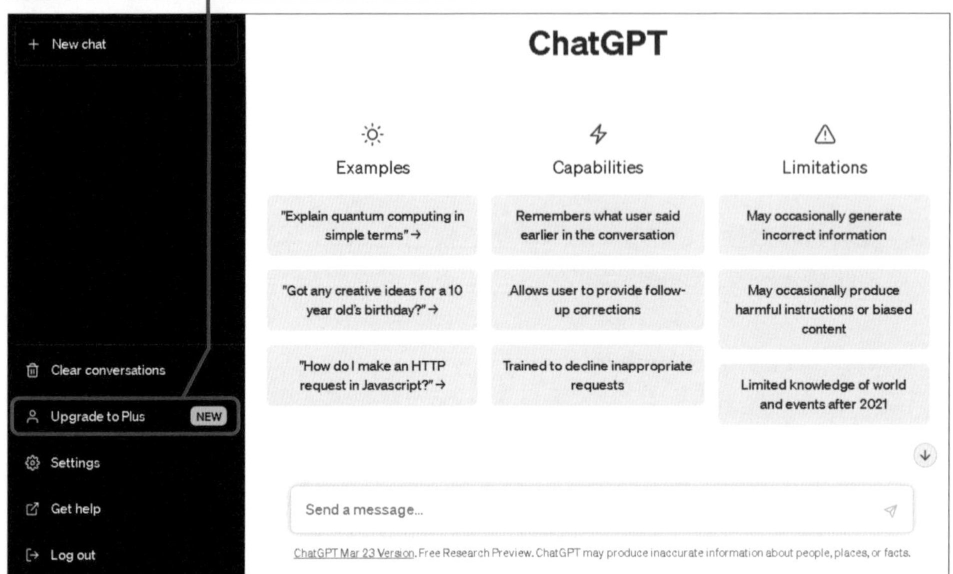


**2** 按下右邊 **Upgrade Plan**（提醒：費用為每月 20 美元）

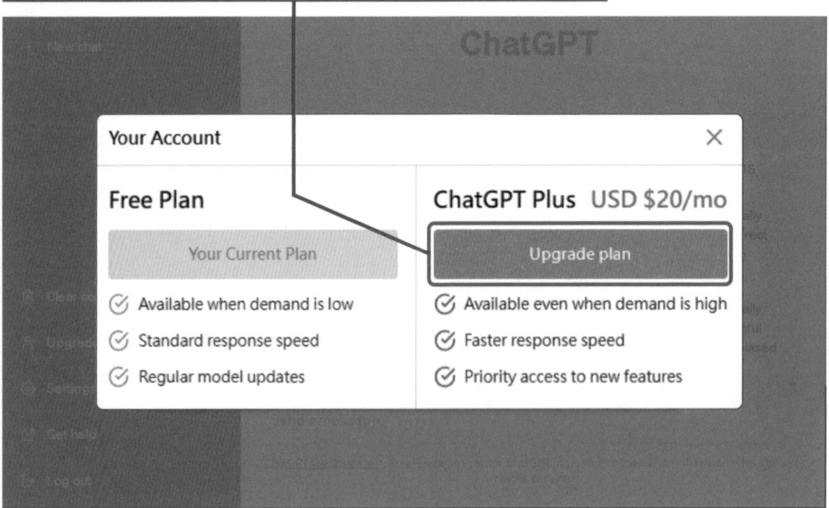

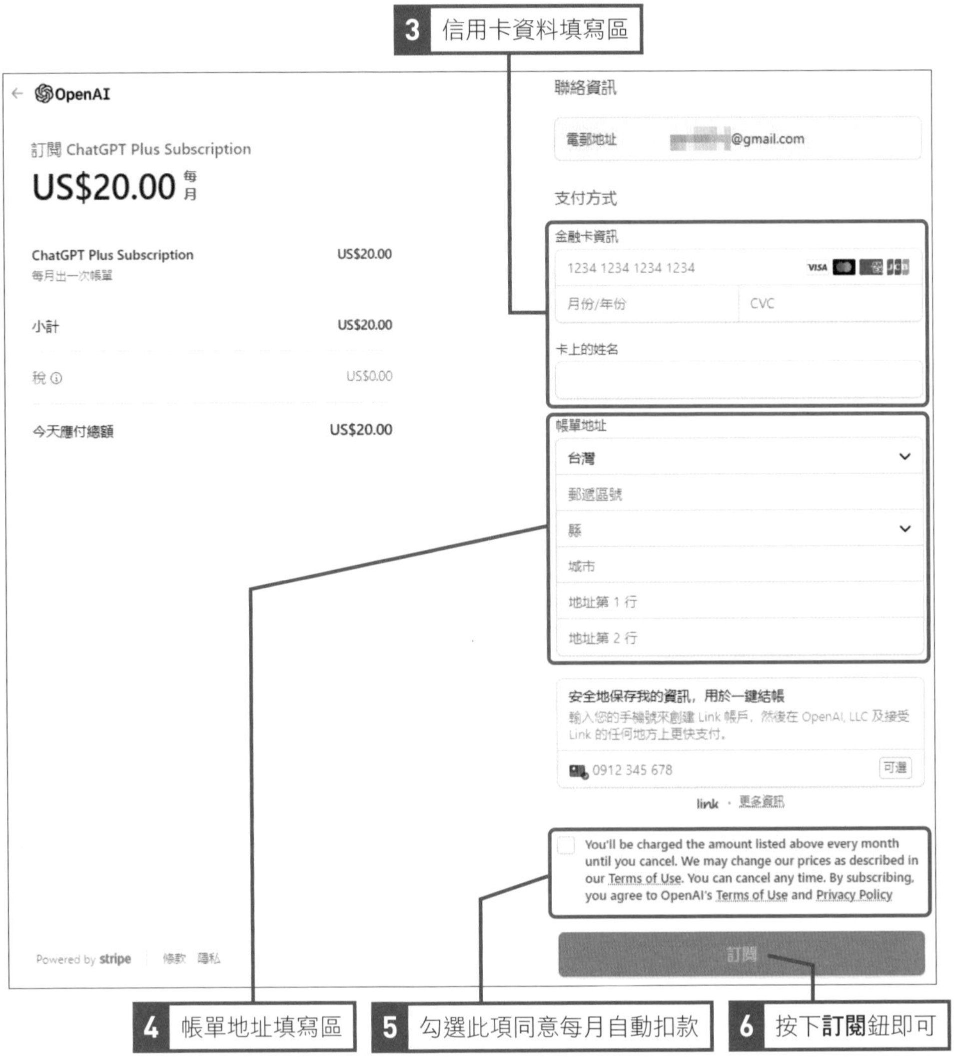

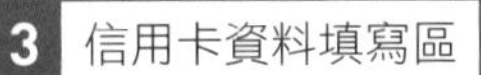


升級完成再登入 ChatGPT 一次，背景多了 PLUS 這個字之外，上方有三種 Model 選項可做選擇：

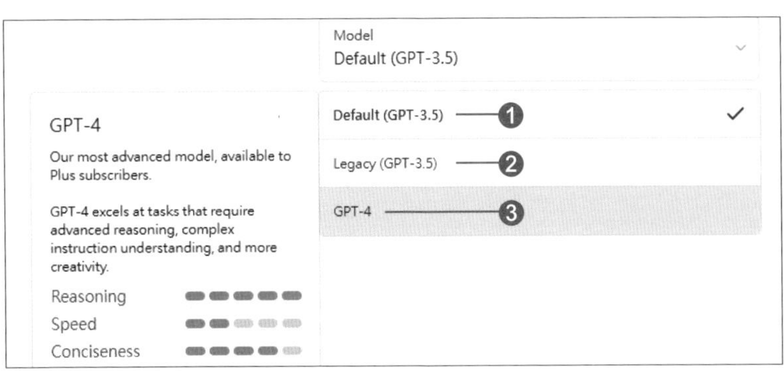

1. **Default (GPT-3.5)**：根據官方說法是速度較快。

2. **Legacy (GPT-3.5)**：先前 PLUS 用戶使用的模型，速度比 Default 慢但是準確度更高。

3. **GPT-4**：現今最新的模型，目前僅開放給 PLUS 用戶使用。

## 取消訂閱 ChatGPT Plus

ChatGPT Plus 帳戶是每月扣款，這邊也一併交代取消訂閱的方法，在 ChatGPT 對話視窗的左下角，點選 **My plan** 之後會挑出帳戶資訊，再點選下方的 **Manage my subscription**。

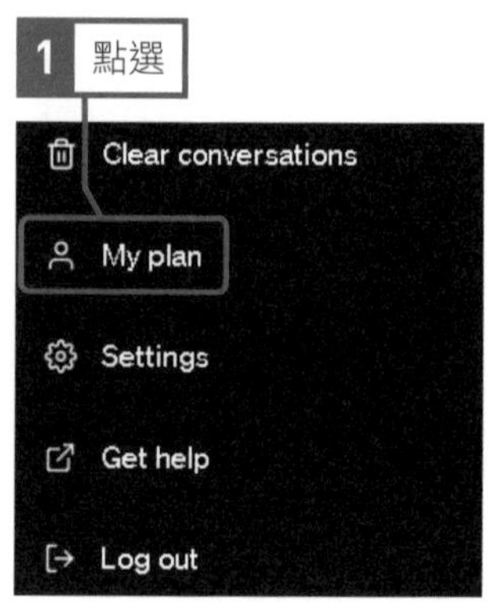


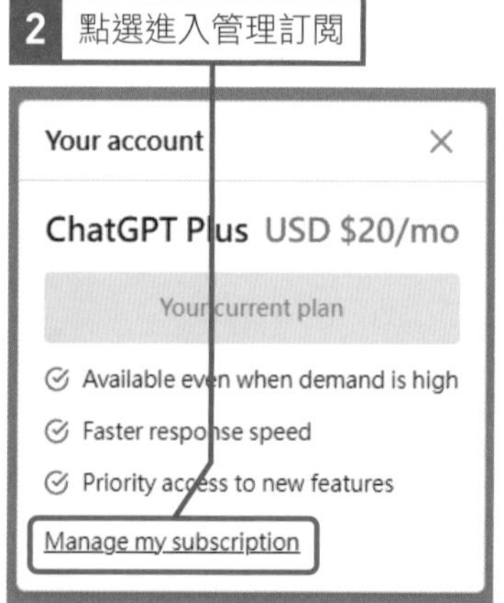


最後會帶到付款資訊的頁面，點選右方的「取消計畫」就完成了。

# 2 利用 ChatGPT 整合並修改 VBA 範例程式

「Excel VBA 範例字典」雖然已經提供了上百個範例程式，不過由於 VBA 的應用範圍很大，書上的範例程式難以直接套用到你的工作上，勢必需要依照需求來做修改。

如果對 VBA 語法還不是很熟悉，修改範例可能會花你不少時間，這時候就是 ChatGPT 登場的時候。只要以書上的範例程式碼為基礎，再口頭指示 ChatGPT 幫你增加或修改哪些功能，甚至可以將兩個範例整合在一起。

這樣的做法通常都會有不錯的成果，多數生成的結果都可以直接拿來用，會比要求 ChatGPT 憑空生出程式碼來得可靠多了。

## 自訂取得檔案清單的路徑

「Excel VBA 範例字典」7-3 節我們有介紹過 FSO 檔案物件的操作，其中有示範過如何取得某個資料夾中的檔案清單 (7-3_009.xlsm)。當時我們是將資料夾的檔案路徑直接寫在程式中，如果要取得其他資料夾，就得重新修改 VBA 程式內容。

相信你一定想過可不可以改成執行後再詢問，沒問題！只要利用 FileDialog 物件，讓使用者自己選資料夾位置，然後再帶入程式中就可以。

說得簡單，實際要把程式改到好，也是要花一些時間測試。我們就用這個例子示範一下，如何讓 ChatGPT 幫你改程式。請先連到 ChatGPT 網站，然後輸入以下指示：

SP1-01.txt

```
請幫我將以下程式改為由使用者自行決定資料夾位置
  ←— 換行請用 Shift + Enter，只按 Enter 會直接送出
Option Explicit

Sub 所有檔案資訊清單() ←— 此為 7-3_009.xlsm 巨集內容
    Dim myFSO As New FileSystemObject
    Dim myFolder As Folder
    Dim myFiles As Files
    Dim myFile As File
    Dim i As Integer
```

```
    Set myFolder = myFSO.GetFolder("C:\業績資料")
    Set myFiles = myFolder.Files
    i = 3
    For Each myFile In myFiles
        Cells(i, 1).Value = myFile.Name
        Cells(i, 2).Value = myFile.DateLastModified
        Cells(i, 3).Value = myFile.Size
        i = i + 1
    Next
End Sub
```

接著 ChatGPT 就會以你給的程式碼為基礎，重新生成一段新的 VBA 程式。例如以下內容：

SP1-02.xlsm

```
Option Explicit

Sub 所有檔案資訊清單()
     ⋮
    Dim myFolderPath As String

    With Application.FileDialog(msoFileDialogFolderPicker)
        .Title = "選擇要操作的資料夾"
        .AllowMultiSelect = False
        If .Show <> -1 Then
            MsgBox "已取消操作"
            Exit Sub
        End If
        myFolderPath = .SelectedItems(1)
    End With

    Set myFolder = myFSO.GetFolder(myFolderPath)
    Set myFiles = myFolder.Files
    i = 3
     ⋮
End Sub
```

修改後的程式碼，將原先程式中指定給 myFSO.GetFolder() 的路徑，改成透過 FileDialog 讓使用者自行選擇，再指派給 myFSO.GetFolder()。因此只有一小部分的程式有修改。

不過請注意，ChatGPT 具有一定的隨機性，你所生成的程式碼並不一定會跟此處一模一樣，不過就筆者的經驗，應該不會差異太大。

將重新生成的程式碼貼回 Excel 中執行，就會先跳出選擇資料夾的交談窗，然後再列出你選定位置的檔案清單，是不是很方便！

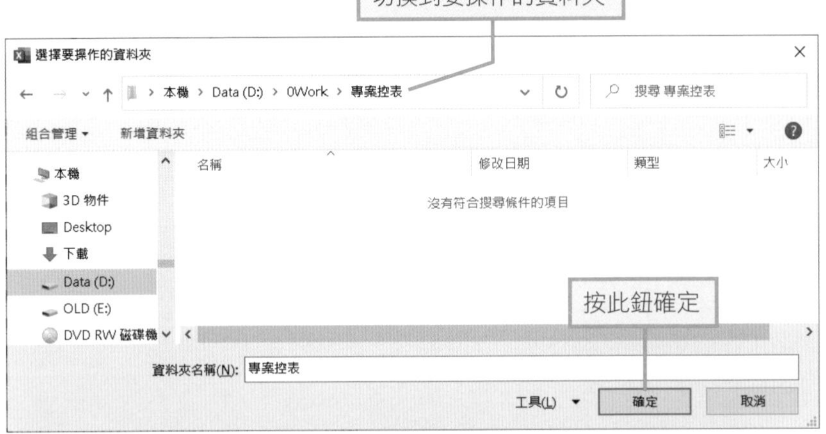


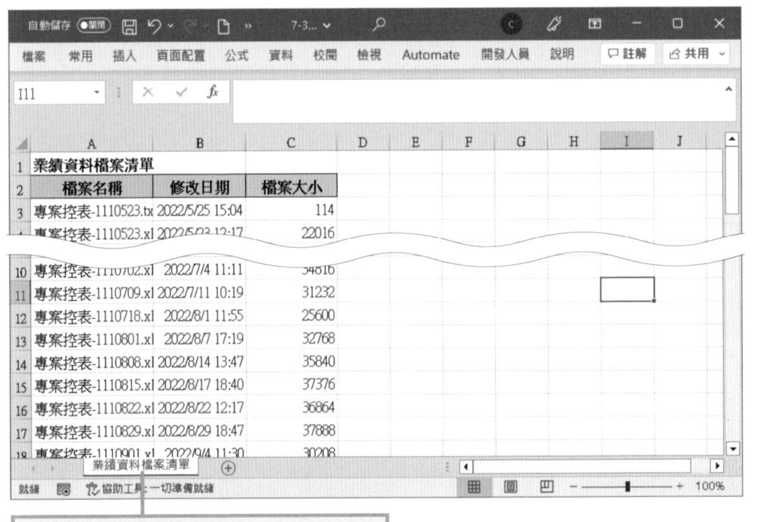

順利列出所有檔案清單和基本資訊

## 將兩段程式功能整合在一起

「Excel VBA 範例字典」提及 Excel 各種自動化的控制方式，實務上可能會剛好遇到，既需要 A 功能、也需要 B 功能的時候，本書範例可能剛好各只提供一部份功能的範例，這時候可以利用 ChatGPT 將兩個不同功能的範例整合在一起。

由於有兩段程式，建議自己加上標籤加以區隔，以免 ChatGPT 搞混；如果擔心 ChatGPT 不知道怎麼整合，也可以説明一下你希望的功能。此處我們以 6-4_007.xlsm 跟 7-3_009.xlsm 為例，示範兩者整合後的效果：

SP1-03.txt

```
我有兩段程式，想要整合在一起，可以讓我自己選路徑將檔案清單顯示在工作表，然後再詢問我是否將工作表存成 PDF。直接給我程式，不要標示註解。

#001   ← 此為 6-4_007.xlsm 巨集內容
Option Explicit

Sub 將活頁簿轉存為PDF檔案()
    ActiveWorkbook.ExportAsFixedFormat Type:=xlTypePDF, _
        Filename:=ThisWorkbook.Path & "\4-6月預定表.pdf", _
        OpenAfterPublish:=True
End Sub

#002   ← 此為 7-3_009.xlsm 巨集內容
Option Explicit

Sub 所有檔案資訊清單()
    Dim myFSO As New FileSystemObject
    Dim myFolder As Folder
    Dim myFiles As Files
    Dim myFile As File
    Dim i As Integer
    Set myFolder = myFSO.GetFolder("C:\業績資料")
    Set myFiles = myFolder.Files
    i = 3
    For Each myFile In myFiles
        Cells(i, 1).Value = myFile.Name
        Cells(i, 2).Value = myFile.DateLastModified
        Cells(i, 3).Value = myFile.Size
        i = i + 1
    Next
End Sub
```

由於預期程式碼應該滿長的，此處提醒不要加註解，以免讓程式更冗長、ChatGPT 回覆時容易中斷。

SP1-04.xlsm

```
Option Explicit

Sub ConvertToPDF()
    '選擇要輸出的範圍
    Dim myRange As Range
    Set myRange = Application.InputBox("選擇要輸出的範圍", Type:=8)
    If myRange Is Nothing Then Exit Sub '用戶取消操作

    '預設檔名為目前工作表名稱
    Dim myDefaultName As String
    myDefaultName = ActiveSheet.Name & ".pdf"

    '選擇輸出的位置和檔名
    Dim myFilePath As Variant
    myFilePath = Application.GetSaveAsFilename(FileFilter:= _
      "PDF Files (*.pdf), *.pdf", InitialFileName:=myDefaultName)

    If myFilePath = False Then Exit Sub '用戶取消操作

    '輸出 PDF 檔案
    ActiveSheet.PageSetup.PrintArea = myRange.Address
    ActiveWorkbook.ExportAsFixedFormat Type:=xlTypePDF, _
        Filename:=myFilePath, _
        OpenAfterPublish:=True
End Sub
```

不用自己測試老半天，就可以輕鬆整合兩段程式，「Excel VBA 範例字典」提供許多基本的 VBA 應用範例，都可以透過類似的手法進行整合喔！

# 3 用 ChatGPT 幫你排除 VBA 程式的錯誤

第 3 章有介紹過 Excel VBA 的偵錯工具，不過雖然有這麼方便的工具，而且 VBA 也會適當的提醒錯誤的原因。不過當程式碼越來越複雜時，一下子要找出錯誤有時候也不是一件容易的事，這時候嘗試讓 ChatGPT 來幫你找找看問題出在哪，也許很快就可以排除錯誤。

## 程式錯誤的類型

寫程式時會遇到的錯誤狀況可分為：語法錯誤和執行時期錯誤。其中語法錯誤通常 VBE 環境都會有明確的提醒，像是變數沒有宣告、函數名稱錯誤、少了 End 結束關鍵字等，一般來說不難判斷。

大部分 VBA 程式的錯誤，都是執行時期的錯誤，也就是 VBA 執行過程式中發生的錯誤，像是儲存格位置寫錯、判斷式條件有問題、物件型別不符合或者沒有匯入參考的物件等等。

## 修正語法錯誤

基本的語法錯誤 VBE 環境都會在第一時間提醒，不過有時候是函數或變數名稱輸入錯誤，VBE 的錯誤訊息初學者很難馬上看出問題在哪？

SP1-05.xlsm

```
Sub DebuggingChallenge()
    Dim i As Integer
    Dim sum As Double
    Dim average As Double

    For i = 0 To 10
        Cells(i, 1).Value = i
    Next i
    sum = Application.sum(Range("A1", "A10"))
    average = sum / 10
    MsgBox "平均值是: " & Format(avg, "0.00")
End Sub
```

像上面這個程式執行後，會出現以下錯誤視窗，雖然會提示是哪一行有問題，不過還是不容易看出來原因：

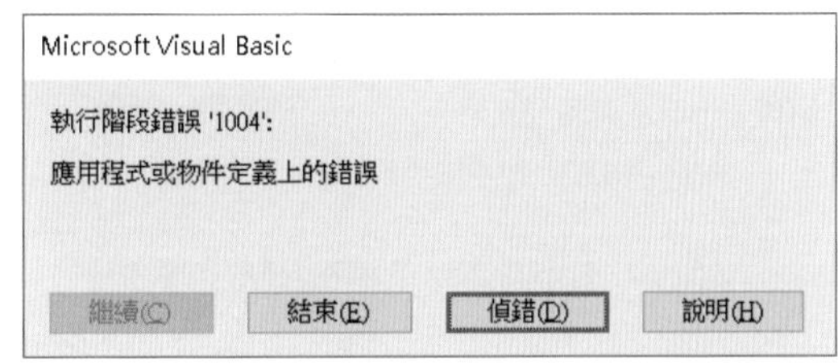


這時可以問問 ChatGPT 大神，馬上就看出貓膩，原來是 i 從 0 開始，但儲存格是從 1 開始編號，所以就出錯了；另外，變數 average 到後來誤打為 avg，也幫你先挑出來了，是不是好棒棒！

FL 以下程式出現執行階段錯誤 "1004"

```
Sub DebuggingChallenge()
  Dim i As Integer
  Dim sum As Double
  Dim average As Double

  For i = 0 To 10
    Cells(i, 1).Value = i
  Next i
  sum = Application.sum(Range("A1", "A10"))
  average = sum / 10
  MsgBox "平均值是: " & Format(avg, "0.00")
End Sub
```

您在程式碼中遇到的 "1004" 錯誤是因為在 `For` 迴圈中的索引 `i` 的起始值是 0。在 Excel 中，行和列的索引是從 1 開始的，而非從 0 開始。您還需要注意變數名稱，將 `avg` 改為 `average`。以下是修改後的程式碼：

## 修正邏輯錯誤

程式的邏輯錯誤最不容易看出來，特別是自己寫的程式容易有盲點，如果自己反覆除錯都找不到原因，不妨找其他人來幫忙。全年無休又無所不知的 ChatGPT 就很適合扮演這個角色。

像下面這段程式碼，執行上沒有問題，但本來預期活動只開放銀髮族和學生族群報名，因此在程式中指定 6~18 歲、65 歲以上族群可以參加，結果實際測試卻發現怎麼測試都顯示不符合條件：

SP1-06.xlsm

```
Sub CheckAge()
    Dim age As Integer

    age = InputBox("請輸入你的年齡:")
    If age > 18 And age < 6 And age > 65 Then
        MsgBox "您符合參加本次活動的條件。"
    Else
        MsgBox "您不符合參加本次活動的條件。"
    End If
End Sub
```

```
請輸入你的年齡:15 → 您不符合參加本次活動的條件。
請輸入你的年齡:70 → 您不符合參加本次活動的條件。
```

這個錯誤是源自於對條件邏輯還不熟悉的緣故，是初學者寫判斷式常出現的問題。讓我們交給 ChatGPT 來分析看看：

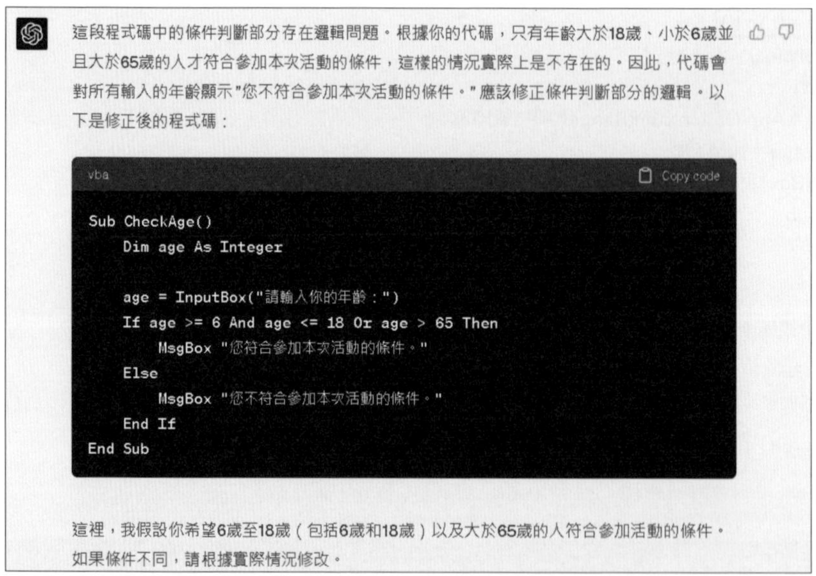


結果我們甚麼都沒説，ChatGPT 就看出我們原先程式邏輯的意圖，並馬上看出邏輯符號使用錯誤，導致沒有任何符合的條件。ChatGPT 也馬上提供解決方法，應該把第 2 個 And 改成 Or。

有了 ChatGPT 的幫忙，等於多了一個可靠的除錯小幫手，除了你自己寫的程式外，本文後續透過 ChatGPT 生成的程式，其實也很容易出現各種錯誤，稍後我們也會示範如何讓 ChatGPT 幫自己挑錯。

# 4 用 ChatGPT 幫你在 VBA 中加上註解和說明

2-2 節我們就介紹過可以在程式中設置註解，除了可以讓該行程式碼暫不執行外，其實註解最重要的用途是補充說明程式邏輯。「Excel VBA 範例字典」中的所有範例，為了讓讀者能清楚知道程式運作的細節，我們都會逐行解說程式碼的作用。

好不容易讓程式可以運作，很多人可能都懶得再重新將相關細節寫成註解。或者，是你找到網路上的 VBA 範例，卻沒有任何解說，這兩種情形，ChatGPT 都可以派上用場。

請幫我將以下程式加上註解。

<插入原始程式碼>

每一行都加上註解，程式運作邏輯都清清楚楚

SP1-07.xlsm

程式碼加上註解後如下：

```
Option Explicit '強制宣告所有變數以避免拼字錯誤或未聲明的變數。

Sub 活頁簿的列印總頁數() '副程式的名稱。
Dim myCount As Long '宣告一個名為 myCount 的長整數變數。
Dim myWS As Worksheet '宣告一個名為 myWS 的工作表變數。
myCount = 0 '將 myCount 設定為 0。
For Each myWS In ActiveWorkbook.Worksheets '對活頁簿中的每個工作表執行迴圈。
myCount = myCount + myWS.PageSetup.Pages.Count '將每個工作表的列印頁數加總到
myCount 中。
Next '迴圈的下一個元素。
MsgBox "列印總頁數:" & myCount & vbCrLf & _ '顯示訊息框，顯示總頁數和建議。
"請準備足夠的列印用紙"
ActiveWorkbook.PrintOut '將整個活頁簿列印出來。
End Sub '副程式結束。
```

除了加上註解外，有些程式功能較複雜，一般開發程式的習慣會在最前面補充說明程式整體運作的說明，這些說明文字稱為 docstring，這當然也可以讓 ChatGPT 來幫你產生：

SP1-08.txt

```
請幫我將以下程式前面加上 docstring。
<插入原始程式碼>
```

SP1-09.xlsm

你可以在程式碼的開頭加上一個多行註釋來作為 **docstring**。這裡是包含 **docstring** 的修改後程式碼：

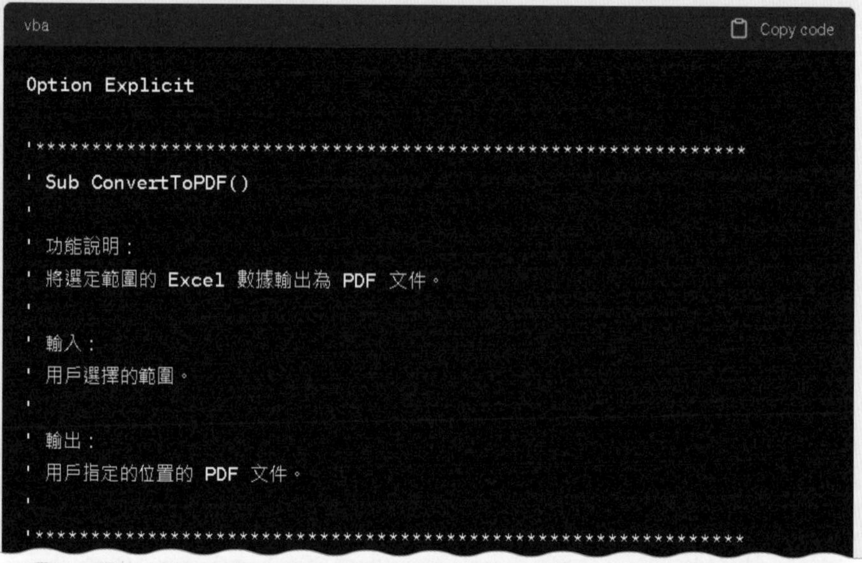

```vba
Option Explicit

'*****************************************************************
' Sub ConvertToPDF()
'
' 功能說明：
' 將選定範圍的 Excel 數據輸出為 PDF 文件。
'
' 輸入：
' 用戶選擇的範圍。
'
' 輸出：
' 用戶指定的位置的 PDF 文件。
'
'*****************************************************************

    '輸出PDF檔案
    ActiveSheet.PageSetup.PrintArea = myRange.Address
    ActiveWorkbook.ExportAsFixedFormat Type:=xlTypePDF, _
        Filename:=myFilePath, _
        OpenAfterPublish:=True
End Sub
```

在這個 **docstring** 中，我對這個程式的功能、輸入和輸出進行了說明。你可以根據自己的需求進一步修改或擴充這個 **docstring**。

# 5 實戰：打造 Excel 訂單系統

不少小公司會利用 Excel 來處理訂單，先製作空白的訂購單讓客戶填寫，收到客戶的訂單後，再一筆一筆輸入到 Excel 存檔控管訂單狀態。此處我們建構一個簡易的訂單系統，將訂購單輸入、彙總、載入、列印的功能整合在一起。

我們會利用 VBA 來設計此系統各功能按鈕的執行動作，雖然依照「Excel VBA 範例字典」一書的內容，你應該可以獨力完成這項工作，不過這裡我們示範如何透過 ChatGPT 更快速完成 VBA 程式碼的撰寫。

## 訂購單設計

為了方便後續彙總訂單內容，接著要設計好訂購單，方便客戶或業務助理填入基本資料、訂購項目和金額等資訊。訂購項目會連結到產品目錄，再另行計算出金額。

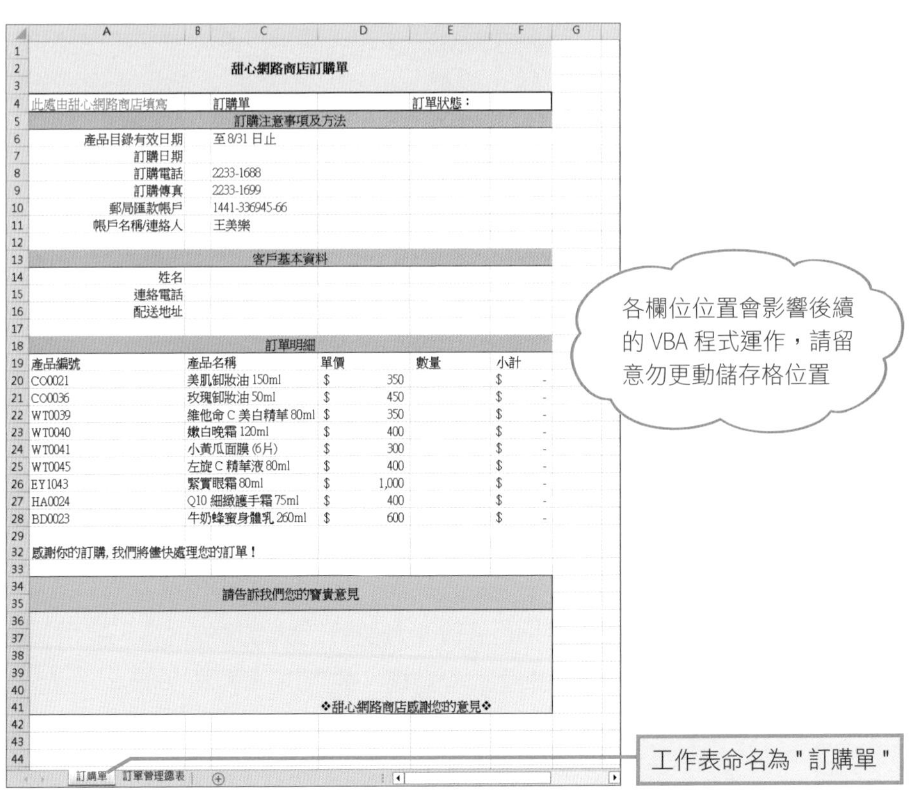

| | A | B | C | D | E | F |
|---|---|---|---|---|---|---|
| 2 | | | 甜心網路商店訂購單 | | | |
| 4 | 此處由甜心網路商店填寫 | | 訂購單 | | 訂單狀態： | |
| 5 | | | 訂購注意事項及方法 | | | |
| 6 | 產品目錄有效日期 | | 至 8/31 日止 | | | |
| 7 | 訂購日期 | | | | | |
| 8 | 訂購電話 | | 2233-1688 | | | |
| 9 | 訂購傳真 | | 2233-1699 | | | |
| 10 | 郵局匯款帳戶 | | 1441-336945-66 | | | |
| 11 | 帳戶名稱/連絡人 | | 王美樂 | | | |
| 13 | | | 客戶基本資料 | | | |
| 14 | 姓名 | | | | | |
| 15 | 連絡電話 | | | | | |
| 16 | 配送地址 | | | | | |
| 18 | | | 訂單明細 | | | |
| 19 | 產品編號 | | 產品名稱 | 單價 | 數量 | 小計 |
| 20 | CO0021 | | 美肌卸妝油 150ml | $ 350 | | $ - |
| 21 | CO0036 | | 玫瑰卸妝油 50ml | $ 450 | | $ - |
| 22 | WT0039 | | 維他命 C 美白精華 80ml | $ 350 | | $ - |
| 23 | WT0040 | | 嫩白晚霜 120ml | $ 400 | | $ - |
| 24 | WT0041 | | 小黃瓜面膜 (6片) | $ 300 | | $ - |
| 25 | WT0045 | | 左旋 C 精華液 80ml | $ 400 | | $ - |
| 26 | EY1043 | | 緊實眼霜 80ml | $ 1,000 | | $ - |
| 27 | HA0024 | | Q10 細緻護手霜 75ml | $ 400 | | $ - |
| 28 | BD0023 | | 牛奶蜂蜜身體乳 260ml | $ 600 | | $ - |
| 32 | 感謝你的訂購，我們將儘快處理您的訂單！ | | | | | |
| 35 | | | 請告訴我們您的寶貴意見 | | | |
| 41 | | | | ❖甜心網路商店感謝您的意見❖ | | |

訂購單
訂單管理總表
各欄位位置會影響後續的 VBA 程式運作，請留意勿更動儲存格位置
工作表命名為 "訂購單"

另外，訂單編號跟訂單狀態只能由公司人員所填寫，訂單編號可設定為自動編號，以免人工失誤導致編號重複；而後方的狀態欄位用來區分訂單處理進度，可自訂新訂單、已接單、已出貨等狀態。

## 建立新增訂單功能

若有新訂單進來要建檔，最需要注意的就是訂單編號不能重複。有很多訂單編號的管理手法，此處我們選擇最簡單的做法，用日期和時間來編號，時間抓到秒數就可以確保訂單編號不重複。

其他要執行的作業大致如下：

1. 清空客戶基本資料和訂購數量欄位。
2. 自動產生訂單編號。
3. 自動在訂購日期填入今天日期。
4. 將訂單狀態設為新訂單。

### ● 新增按鈕、生成 VBA 程式碼

接著請建立一個**新增訂單**按鈕，我們要撰寫 VBA 程式碼來自動完成上述作業。

要做到上述新增訂單的動作，其實只是修改某幾個特定儲存格的內容，要用 VBA 做到並不難。此處我們用 ChatGPT 來生成程式碼，先熟悉一下跟 ChatGPT 一起協同開發的程序或技巧。

SP1-10.txt

```
我有一個:"訂購單"工作表，欄位安排如下:

D4:訂單編號
F4:訂單狀態
C7:訂購日期
C14:客戶姓名
C15:客戶連絡電話
C16:宅配地址
A20~A28 是產品編號
B20~B28 是編號對應的產品名稱
D20~D28 是對應的產品單價
E20~E28 是本次客戶訂購的產品數量
F20~F28 是本次訂購某產品的金額小計

我的要求如下，請幫我生成可完成下列操作的 VBA 程式碼:

1.清空訂單編號、訂單狀態、訂購日期、客戶姓名、連絡電話、地址和所有訂購的產品數量。
2.依照日期時間產生訂單編號，年份只要兩碼、前面加上識別符號 SW，並自動填到D4。
3.在C7輸入今天日期。
4.將F4訂單狀態設為 "新訂單"
```

SP1-11.xlsm

```
Sub 新增訂單_Click() ←— 通常模組名稱要自行修改

  Dim sourceSheet As Worksheet
  Set sourceSheet = ThisWorkbook.Worksheets("訂購單")
  ' 清空欄位
  sourceSheet.Range("D4, F4, C7, C14, C15, C16, E20:E28"). _
    ClearContents

  ' 依照日期時間產生訂單編號，前面加上 SW
  sourceSheet.Range("D4").Value = "SW" & Format(Now, _
    "yyMMddHHmmss")

  ' 在 C7 輸入今天日期
  sourceSheet.Range("C7").Value = Date

  ' 將 F4 訂單狀態設為 "新訂單"
  sourceSheet.Range("F4").Value = "新訂單"
End Sub
```

## ● 測試新增訂單功能

這個動作比較簡單，ChatGPT 應該可以輕鬆應付，程式碼應該不至於會有問題。將程式碼綁定到新增訂單按鈕後，就可以測試一下執行功能：

# 將訂單彙總到指定工作表

由於訂購單的形式不利於統計管理，因此我們要將訂購單的欄位資訊，彙總成結構化的表格形式，既然都已經輸入好訂購單內容，我們自然希望彙總作業可以自動化完成，不用手動再來一次。

## ● 訂單總表設計

我們先規劃好彙總後的欄位安排，將訂購單中的欄位都依序排列好，其中由於每筆訂單可能選購超過一種商品，因此不同商品要當作不同筆資料儲存，只要訂單編號相同即可。

## ● 請 ChatGPT 協助生成 VBA 程式碼

請先在訂購單工作表中新增一個儲存訂單按鈕：

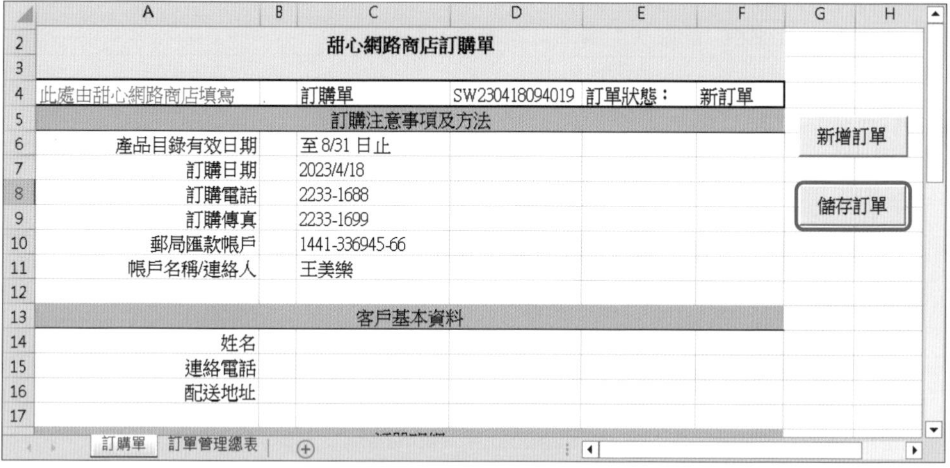


由於 ChatGPT 不知道你的訂購單是怎麼設計的，所以我們要先告知所有相關欄位的安排，ChatGPT 才有辦法依照我們的需求來生成 VBA 程式碼：

SP1-12.txt

```
我有一個: "訂購單" 工作表，欄位安排如下:

D4:訂單編號
F4:訂單狀態
C7:訂購日期
C14:客戶姓名
C15:客戶連絡電話
C16:宅配地址
A20~A28 是產品編號
B20~B28 是編號對應的產品名稱
D20~D28 是對應的產品單價
E20~E28 是本次客戶訂購的產品數量
F20~F28 是本次訂購某產品的金額小計

另外有一個 "訂單管理總表" 工作表，欄位依序是:

訂單編號、訂單狀態、客戶姓名、客戶電話、客戶地址、產品編號、產品名稱、產品單價、購買數量、
小計金額

我的要求如下，請幫我設計一個"儲存訂單"的 VBA 巨集:
1.請將上述提到的資料從 "訂購單" 工作表複製到 "訂單管理總表" 工作表
2.除了我提到的欄位，不用新增任何欄位資料
3.訂單資料要延續前一筆資料繼續儲存
```

4.同一張訂單購買的產品品項請存到不同列，但訂單編號、客戶資訊都要再存一次。
5.訂購單中的購買數量若是 0 則不用儲存。
6.若訂單狀態是 "新訂單"，請先改成 "已接單" 再儲存。
7.儲存完之後，顯示 "儲存完畢" 訊息
8.除了產品編號、名稱、單價、小計欄位以外，刪除其他欄位資料。

ChatGPT 生成的程式碼如下：

SP1-12.txt

```
Sub 儲存訂單_Click()

  Dim sourceSheet As Worksheet
  Dim targetSheet As Worksheet
  Dim nextRow As Long
  Dim i As Long

  Set sourceSheet = ThisWorkbook.Worksheets("訂購單")
  Set targetSheet = ThisWorkbook.Worksheets("訂單管理總表")

  ' 尋找訂單管理總表中的下一個空行
  nextRow = targetSheet.Cells(targetSheet.Rows.Count, 1). _
    End(xlUp).row + 1

  ' 檢查訂單狀態，若為 "新訂單"，則改為 "已接單"
  If sourceSheet.Range("F4").Value = "新訂單" Then
    sourceSheet.Range("F4").Value = "已接單"
  End If

  ' 將訂單資料複製到訂單管理總表
  For i = 20 To 28
    If sourceSheet.Cells(i, 5).Value > 0 Then
      targetSheet.Cells(nextRow, 1).Value = sourceSheet.Range("D4").Value
      targetSheet.Cells(nextRow, 2).Value = sourceSheet.Range("F4").Value
      targetSheet.Cells(nextRow, 3).Value = sourceSheet.Range("C7").Value
      targetSheet.Cells(nextRow, 4).Value = sourceSheet.Range("C14").Value
      targetSheet.Cells(nextRow, 5).Value = sourceSheet.Range("C15").Value
      targetSheet.Cells(nextRow, 6).Value = sourceSheet.Range("C16").Value
      targetSheet.Cells(nextRow, 7).Value = sourceSheet.Cells(i, 1).Value
      targetSheet.Cells(nextRow, 8).Value = sourceSheet.Cells(i, 2).Value
      targetSheet.Cells(nextRow, 9).Value = sourceSheet.Cells(i, 4).Value
      targetSheet.Cells(nextRow, 10).Value = sourceSheet.Cells(i, 5).Value
      targetSheet.Cells(nextRow, 11).Value = sourceSheet.Cells(i, 6).Value
      nextRow = nextRow + 1
    End If
  Next i
```

```
    ' 顯示 "儲存完畢" 訊息
    MsgBox "儲存完畢"

    ' 清除訂單資料
    sourceSheet.Range("D4").ClearContents
    sourceSheet.Range("F4").ClearContents
    sourceSheet.Range("C7").ClearContents
    sourceSheet.Range("C14").ClearContents
    sourceSheet.Range("C15").ClearContents
    sourceSheet.Range("C16").ClearContents
    sourceSheet.Range("E20:E28").ClearContents

End Sub
```

這個程式也不算太複雜，ChatGPT 生成的程式碼多半是可用的，只是欄位稍多，要留意一下每個欄位是否都有按照我們的指示處理，有時會漏掉沒複製到某個欄位。另外，同一筆訂單我們將不同訂購產品當作不同筆資料存放，ChatGPT 會想幫你維持同一筆訂單的完整性，或者一樣的欄位不會再次儲存，有時怎麼改 ChatGPT 都轉不過來（改不出你要的），建議開新的對話再試試看。

## ● 功能測試

按鈕跟 VBA 巨集都建立好之後，可以測試一下功能是否正常：

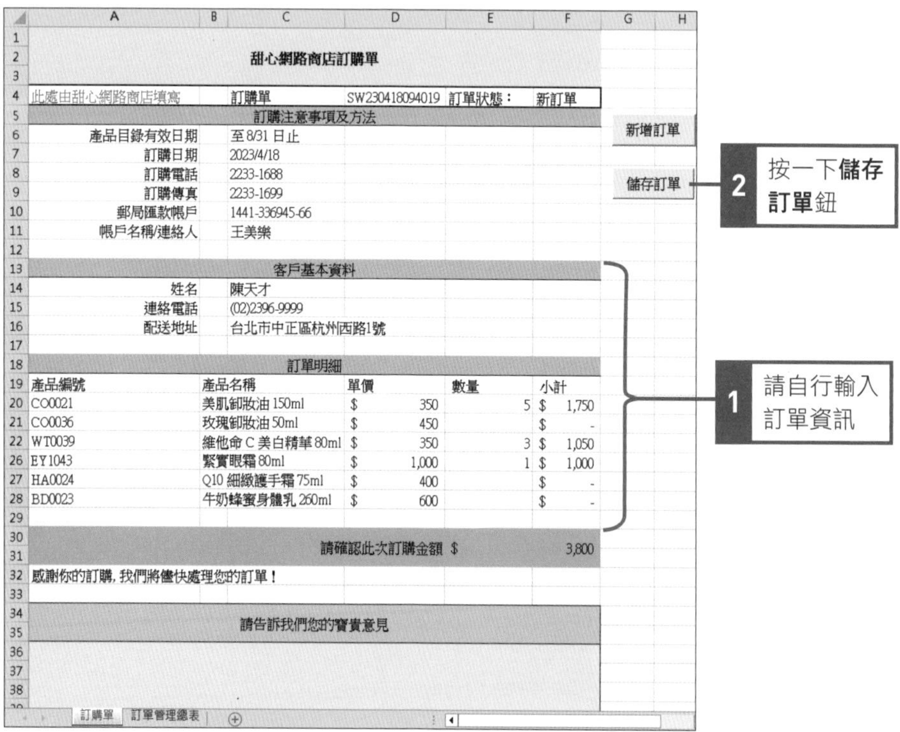

甜心網路商店訂購單
此處由甜心網路商店填寫 訂購單 SW230418094019 訂單狀態： 新訂單
訂購注意事項及方法
產品目錄有效日期 至8/31日止
訂購日期 2023/4/18
訂購電話 2233-1688
訂購傳真 2233-1699
郵局匯款帳戶 1441-336945-66
帳戶名稱/連絡人 王美樂
客戶基本資料
姓名 陳天才
連絡電話 (02)2396-9999
配送地址 台北市中正區杭州西路1號
訂單明細
產品編號 產品名稱 單價 數量 小計
CO0021 美肌卸妝油 150ml $ 350 5 $ 1,750
CO0036 玫瑰卸妝油 50ml $ 450 $ -
WT0039 維他命 C 美白精華 80ml $ 350 3 $ 1,050
EY1043 緊實眼霜 80ml $ 1,000 1 $ 1,000
HA0024 Q10 細緻護手霜 75ml $ 400 $ -
BD0023 牛奶蜂蜜身體乳 260ml $ 600 $ -
請確認此次訂購金額 $ 3,800
感謝你的訂購，我們將儘快處理您的訂單！
請告訴我們您的寶貴意見
新增訂單
儲存訂單
訂購單
訂單管理總表
2 按一下儲存訂單鈕
1 請自行輸入訂單資訊

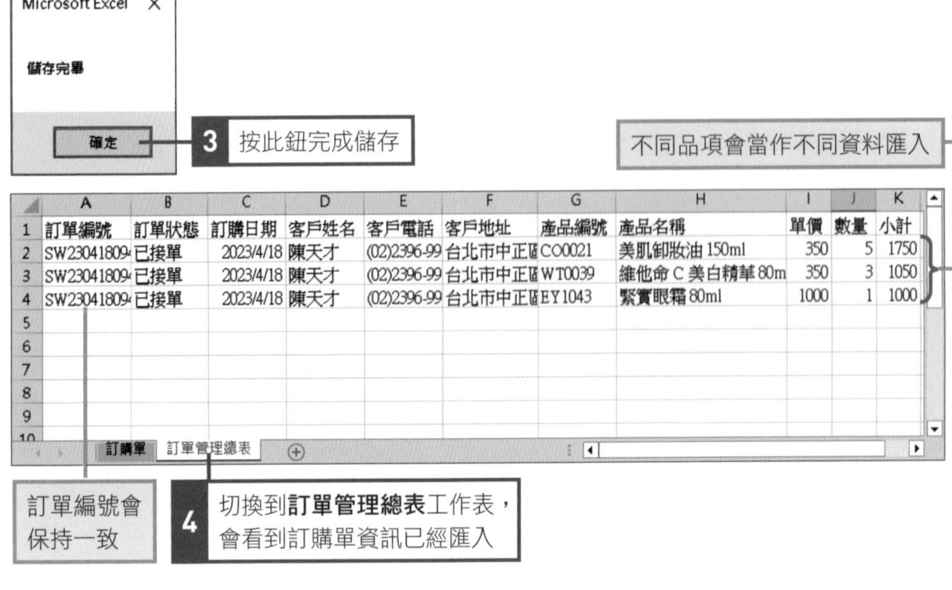
Microsoft Excel
儲存完畢
確定
3 按此鈕完成儲存
不同品項會當作不同資料匯入
訂單編號會保持一致
4 切換到訂單管理總表工作表，會看到訂購單資訊已經匯入

| | A | B | C | D | E | F | G | H | I | J | K |
|---|---|---|---|---|---|---|---|---|---|---|---|
| 1 | 訂單編號 | 訂單狀態 | 訂購日期 | 客戶姓名 | 客戶電話 | 客戶地址 | 產品編號 | 產品名稱 | 單價 | 數量 | 小計 |
| 2 | SW23041809 | 已接單 | 2023/4/18 | 陳天才 | (02)2396-99 | 台北市中正區 | CO0021 | 美肌卸妝油 150ml | 350 | 5 | 1750 |
| 3 | SW23041809 | 已接單 | 2023/4/18 | 陳天才 | (02)2396-99 | 台北市中正區 | WT0039 | 維他命 C 美白精華 80m | 350 | 3 | 1050 |
| 4 | SW23041809 | 已接單 | 2023/4/18 | 陳天才 | (02)2396-99 | 台北市中正區 | EY1043 | 緊實眼霜 80ml | 1000 | 1 | 1000 |

## 將訂購單存成 PDF 輸出

有些賣家習慣出貨時將訂單寄給客戶確認，或者印出來便於檢貨。因此最後我們再加上一個小功能，可以依照訂單編號，將訂購內容從訂單管理總表工作表中，載回到訂購單頁面，並詢問是否要輸出 PDF，輸入後會清空訂購單，避免不小心重複儲存訂單。

### ● 新增按鈕和生成程式碼

同樣的請先新增輸出 PDF 按鈕，然後再請 ChatGPT 依照我們的需求來生成 VBA 程式碼：

SP1-13.txt

```
### "訂單管理總表" 工作表欄位依序是:

訂單編號、訂單狀態、客戶姓名、客戶電話、客戶地址、產品編號、產品名稱、產品單價、購買數量、小計金額

我要從 "訂單管理總表" 工作表中，將某筆訂單的內容，還原到 "訂購單" 工作表，要還原的有訂單編號、訂單狀態、客戶姓名、客戶電話、客戶地址、購買數量。

### "訂購單" 工作表
D4:訂單編號
F4:訂單狀態
C7:訂購日期
```

```
C14:客戶姓名
C15:客戶連絡電話
C16:宅配地址
E20~E28 是客戶訂購的產品數量

#要求
請幫我寫一個 VBA 程式，先詢問使用者訂單編號，然後依照訂單編號比對"訂單管理總表"所有相符的購買品項，然後將訂單資訊還原到"訂購單"工作表的對應欄位，訂購數量要先比對編號，再還原到對應的位置。最後詢問使用者是否輸出 PDF，按下 "是" 就將訂購單輸出成 PDF 檔，輸出完畢或是按 "取消"，就清空訂單資訊欄位。
```

這個程式的邏輯其實不難理解，但要用文字講清楚比較麻煩。筆者測試過後，ChatGPT 在還原訂單資訊的訂購數量比較容易出錯，較大的機率會出現，只跟訂購單的 A20~A28 比對一次就結束，但實際上應該是每一筆從訂單管理總表篩選出來的訂購品項都需要比對，以下是完整的程式碼內容提供你參考：

SP1-11.xlsm

```
Sub 輸出PDF_Click()

  Dim sourceSheet As Worksheet, summarySheet As Worksheet
  Dim orderID As String, row As Range, i As Integer
  Dim found As Integer, response As VbMsgBoxResult

  Set sourceSheet = ThisWorkbook.Worksheets("訂購單")
  Set summarySheet = ThisWorkbook.Worksheets("訂單管理總表")

  orderID = InputBox("請輸入要查詢的訂單編號:")

  sourceSheet.Range("E20:E28").ClearContents

  found = 0

  ' 比對"訂單管理總表"品項的訂單編號
  For Each row In summarySheet.Range("A:A").Cells

    ' 訂單編號相符就複製到 "訂購單" 工作表
    If row.Value = orderID Then
      found = 1
      sourceSheet.Range("D4").Value = orderID
      sourceSheet.Range("F4").Value = row.Offset(0, 1).Value
      sourceSheet.Range("C7").Value = row.Offset(0, 2).Value
      sourceSheet.Range("C14").Value = row.Offset(0, 3).Value
      sourceSheet.Range("C15").Value = row.Offset(0, 4).Value
      sourceSheet.Range("C16").Value = row.Offset(0, 5).Value
```

```
      ' 比對產品編號，將數量複製到正確欄位
      For i = 20 To 28
        If sourceSheet.Range("A" & i).Value = row.Offset _
          (0, 6).Value Then
          sourceSheet.Range("E" & i).Value = row.Offset _
            (0, 9).Value
          Exit For
        End If
      Next i
    End If
  Next row

  If found = 0 Then
    MsgBox "找不到訂單編號！"
    Exit Sub
  End If

  response = MsgBox("請確認訂單內容。是否要輸出 PDF ？", _
    vbYesNo + vbQuestion, "確認")
  If response = vbYes Then
    Dim pdfFileName As String
    ' 輸入的 PDF 會用訂單編號命名，存在目前工作路徑下
    pdfFileName = ThisWorkbook.Path & "\" & orderID & ".pdf"
    sourceSheet.ExportAsFixedFormat Type:=xlTypePDF, _
      Filename:=pdfFileName, Quality:=xlQualityStandard, _
      IncludeDocProperties:=True, IgnorePrintAreas:=False, _
      OpenAfterPublish:=False
  End If

  ' 輸出後要清空欄位，避免不小心覆蓋訂單資料
  sourceSheet.Range("D4, F4, C7, C14, C15, C16, E20:E28"). _
    ClearContents
End Sub
```

輸出的 PDF 會放在跟此訂單檔案相同的路徑下，若輸出結果裁切到訂購單內容，請到分頁預覽模式調整列印範圍。

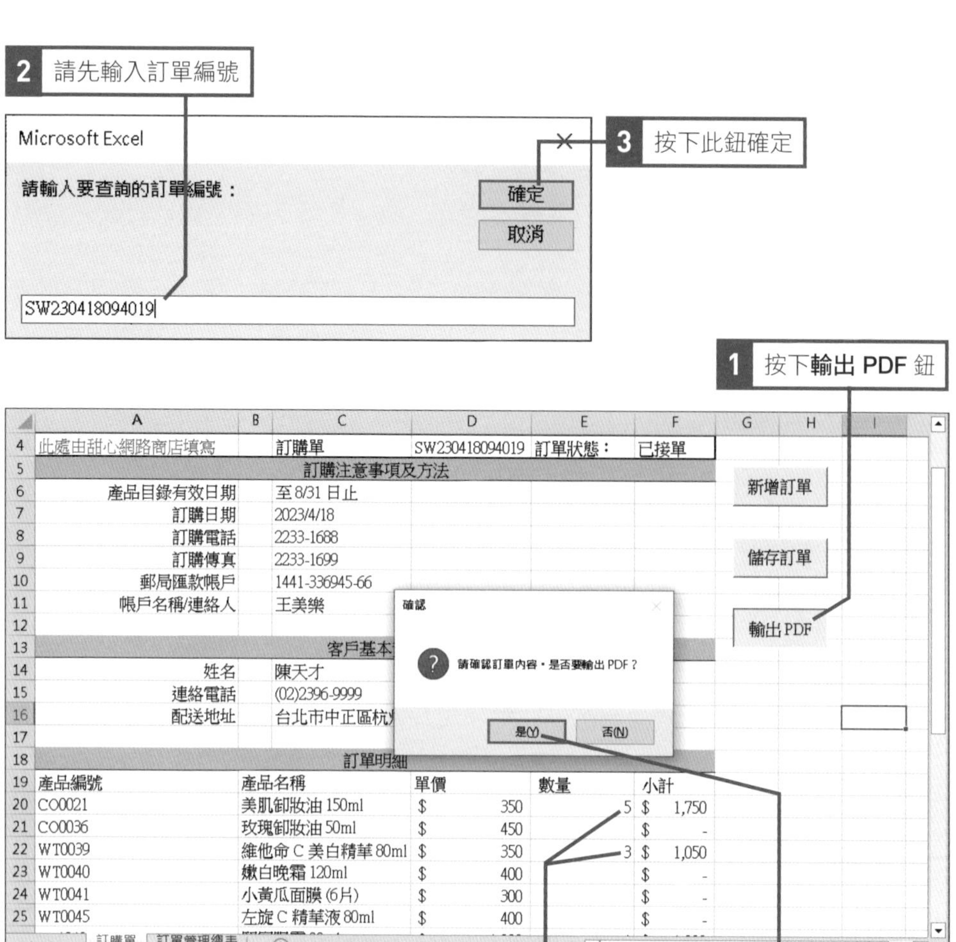
2 請先輸入訂單編號
Microsoft Excel
請輸入要查詢的訂單編號：
確定
取消
SW230418094019
3 按下此鈕確定
1 按下輸出 PDF 鈕
此處由甜心網路商店填寫
訂購單
SW230418094019
訂單狀態：
已接單
訂購注意事項及方法
產品目錄有效日期
至 8/31 日止
訂購日期
2023/4/18
訂購電話
2233-1688
訂購傳真
2233-1699
郵局匯款帳戶
1441-336945-66
帳戶名稱/連絡人
王美樂
客戶基本
姓名
陳天才
連絡電話
(02)2396-9999
配送地址
台北市中正區杭
訂單明細
產品編號
產品名稱
單價
數量
小計
CO0021
美肌卸妝油 150ml
$ 350
5
$ 1,750
CO0036
玫瑰卸妝油 50ml
$ 450
WT0039
維他命 C 美白精華 80ml
$ 350
3
$ 1,050
WT0040
嫩白晚霜 120ml
$ 400
WT0041
小黃瓜面膜 (6片)
$ 300
WT0045
左旋 C 精華液 80ml
$ 400
訂購單
訂單管理總表
新增訂單
儲存訂單
輸出 PDF
確認
請確認訂單內容，是否要輸出 PDF？
是(Y)
否(N)
4 接著會載入訂購單資訊
5 按下此鈕即可輸出 PDF

# 6 實戰：靜態網頁爬蟲 VBA 程式



在資訊爆炸的時代，網路就是一個龐大的資源庫，不論是「想找出最便宜的商品價格」、「想知道競爭者的商品資訊」、「想了解歷史股價」、……等等，都可以輕易取得各種數據。雖然數據來源不是問題，但要抓取、整理、分析龐大的資料，就需要一些工具及方法才能有效率地完成。

不過抓取網頁資料最麻煩的地方的就是，需要配合網頁的內容，指定要抓取的網頁元素，往往要花不少時間測試，才能抓到想要的資料。

網路上其實有不少人會分享自己爬取資料的心得，並會分享自己撰寫好的爬蟲程式，不過這些程式多半是使用 Python 程式語言撰寫的，要自己改成 VBA 的版本，可能也是要花不少時間測試，此刻又是 ChatGPT 登場救援的時候。

## 轉換 BeautifulSoup 爬蟲程式

Python 有許多抓取網頁資料的套件，本節我們會分別各舉用 BeautifulSoup 抓取靜態網頁，以及使用 Selenium 抓取動態網頁的例子，示範如何透過 ChatGPT 幫你將 Python 爬蟲程式，轉換為 VBA 可以執行的版本。

Python 的 BeautifulSoup 套件可用來解析網頁原始碼中的 HTML 標籤 (Tag)，幫我們篩選出需要的內容，是 Python 應用很常會使用到的套件。網路上很容易找到用 BeautifulSoup 寫的爬蟲程式，此處我們就以一支爬 PTT 熱門貼文的程式為例，來示範轉換成 VBA 程式碼的步驟。

## 要求 ChatGPT 幫忙轉換 Python 程式碼

要請 ChatGPT 轉換程式碼，提問不需要太多技巧，只要把原始程式碼給它，並指定要求轉換成可以執行的 Excel VBA 程式碼，通常就沒問題了。由於爬蟲程式的程式碼通常比較長，建議可以補充要求不加註解，直接給程式碼就可以，減少不必要的訊息。

由於網站的網頁結構常會因為各種原因而修改，在進行轉換前，請先確定原來的網頁爬蟲程式可以正常抓到資料，否則轉成 VBA 後也是徒勞無功。

SP1-14.txt

要求不加註解，縮短回覆的長度

以下直接貼上你找到的 Python 程式碼，原程式是使用 BeautifulSoup 套件抓取資料

請將以下使用 Python 的 PTT 爬蟲程式，幫我轉換成 Excel VBA 可以執行的程式碼。不用加註解，直接給我程式。

```
import requests
import time
import json
from bs4 import BeautifulSoup


PTT_URL = 'https://www.ptt.cc'


def get_web_page(url):
  resp = requests.get(url=url, cookies={'over18': '1'})
  if resp.status_code != 200:
    print('Invalid url:', resp.url)
    return None
  else:
    return resp.text
```

## 確認生成的結果

由於程式碼較長，回覆的時間會比較長，甚至有可能中斷，因此要先確認一下回覆的狀況：

用 VBA 抓取資料常需要用到外部物件，ChatGPT 會貼心提醒設定必要的引用項目

跟之前一樣，通常可直接按下 **Copy Code** 可複製程式碼

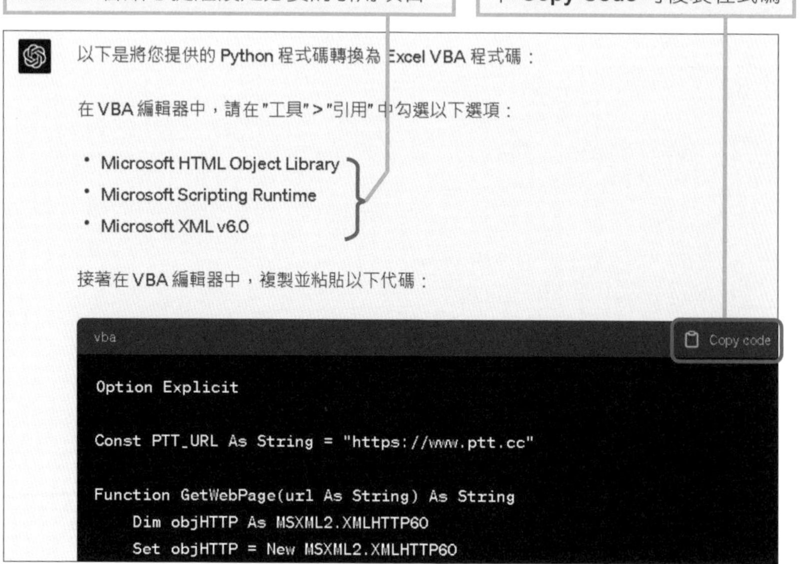
以下是將您提供的 Python 程式碼轉換為 Excel VBA 程式碼：

在 VBA 編輯器中，請在"工具">"引用"中勾選以下選項：

- Microsoft HTML Object Library
- Microsoft Scripting Runtime
- Microsoft XML v6.0

接著在 VBA 編輯器中，複製並粘貼以下代碼：

vba　Copy code

```vba
Option Explicit

Const PTT_URL As String = "https://www.ptt.cc"

Function GetWebPage(url As String) As String
    Dim objHTTP As MSXML2.XMLHTTP60
    Set objHTTP = New MSXML2.XMLHTTP60
```

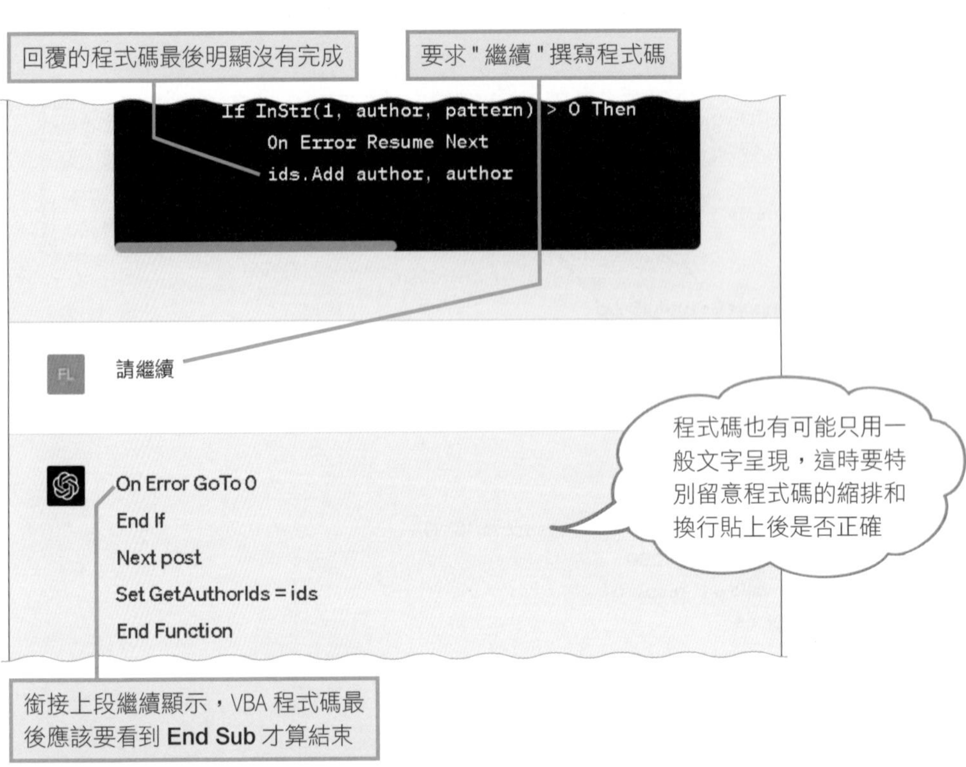

回覆的程式碼最後明顯沒有完成
要求 " 繼續 " 撰寫程式碼
If InStr(1, author, pattern) > 0 Then
On Error Resume Next
ids.Add author, author
請繼續
程式碼也有可能只用一般文字呈現，這時要特別留意程式碼的縮排和換行貼上後是否正確
On Error GoTo 0
End If
Next post
Set GetAuthorIds = ids
End Function
衝接上段繼續顯示，VBA 程式碼最後應該要看到 **End Sub** 才算結束


## 將程式碼貼到 VBE 中執行

確認 ChatGPT 已經幫忙轉換好程式碼後，就可以將程式碼貼到 VBE 中執行看看，貼上 VBA 程式碼後也請特別留意縮排或斷行是否合於語法規範。以下是筆者所獲得的程式碼：

SP1-15.xlsm

```
Option Explicit

Const PTT_URL As String = "https://www.ptt.cc"

Function GetWebPage(url As String) As String
  Dim objHTTP As MSXML2.XMLHTTP60
  Set objHTTP = New MSXML2.XMLHTTP60

  With objHTTP
    .Open "GET", url, False
    .setRequestHeader "Content-Type", "text/html"
    .setRequestHeader "Cookie", "over18=1"
    .send
    If .Status <> 200 Then
      MsgBox "Invalid URL: " & url
```

```
    Else
      GetWebPage = .responseText
    End If
  End With
End Function

Function GetArticles(dom As String, PTTDate As String) As Collection
  Dim htmlDoc As New MSHTML.HTMLDocument
  Dim articleDivs As MSHTML.IHTMLElementCollection
  Dim prevURL As String
  Dim articles As New Collection
  Dim d As MSHTML.IHTMLElement
  Dim postDate As String
  Dim pushCount As Integer
  Dim pushStr As String
  Dim Href As String
  Dim title As String
  Dim Author As String
  Dim article As Collection

  htmlDoc.body.innerHTML = dom
  prevURL = htmlDoc.querySelector _
    (".btn-group.btn-group-paging > a:nth-child(2)") _
      .getAttribute("href")

  Set articleDivs = htmlDoc.getElementsByClassName("r-ent")

  For Each d In articleDivs
    postDate = Trim(d.querySelector(".date").innerText)
    If postDate = PTTDate Then
      pushStr = d.querySelector(".nrec").innerText
      If pushStr <> "" Then
        On Error Resume Next
        pushCount = CInt(pushStr)
        If Err.Number <> 0 Then
          If pushStr = "爆" Then
            pushCount = 99
          ElseIf Left(pushStr, 1) = "X" Then
            pushCount = -10
          End If
          Err.Clear
        End If
        On Error GoTo 0
      Else
        pushCount = 0
      End If
```

```
      If Not d.querySelector("a") Is Nothing Then
        Href = d.querySelector("a").getAttribute("href")
        title = d.querySelector("a").innerText
        Author = d.querySelector(".author").innerText
        Set article = New Collection
        With article
          .Add title, "title"
          .Add Href, "href"
          .Add pushCount, "push_count"
          .Add Author, "author"
        End With
        articles.Add article
      End If
    End If
  Next d
  Set GetArticles = articles
End Function

Function GetAuthorIds(posts As Collection, pattern As String) As Collection
  Dim ids As New Collection
  Dim post As Collection
  Dim Author As String

  For Each post In posts
    Author = post("author")
    If InStr(1, Author, pattern) > 0 Then
      On Error Resume Next
      ids.Add Author, Author

      On Error GoTo 0
    End If
  Next post
  Set GetAuthorIds = ids
End Function

Sub Main()
Dim current_page As String
Dim articles As Collection
Dim PTTDate As String
Dim current_articles As Collection
Dim prev_url As String
Dim author_ids As Collection
Dim threshold As Integer
Dim article As Collection
```

```
current_page = GetWebPage(PTT_URL & "/bbs/Gossiping/index.html")
If current_page <> "" Then
  Set articles = New Collection
  PTTDate = Replace(Format(Date, "mm/dd"), "0", "", 1, 1)
  Set current_articles = GetArticles(current_page, PTTDate)

  While current_articles.Count > 0
    For Each article In current_articles
      articles.Add article
    Next article
    prev_url = GetArticles(current_page, PTTDate)(1)("href")
    current_page = GetWebPage(PTT_URL & prev_url)
    Set current_articles = GetArticles(current_page, PTTDate)
  Wend

  Debug.Print
  Debug.Print "There are " & articles.Count & " posts today."
  threshold = 50
  Debug.Print "Hot post(? " & threshold & " push): "
  For Each article In articles
    If article("push_count") > threshold Then
      Debug.Print "Title: " & article("title") & _
        ", Href: " & article("href") & ", Push count: " & _
        article("push_count") & ", Author: " & article("author")
    End If
  Next article
End If
End Sub
```

這段程式碼其實有幾個小錯誤，此處先忠實呈現，稍後再進行除錯步驟。

## 程式碼除錯過程

ChatGPT 生成的程式碼難免會有錯，如果執行後出現任何錯誤訊息，可以參考前面第 3 節的內容，將錯誤訊息提供給 ChatGPT，讓它幫自己的程式碼除錯。以下是筆者自己的除錯過程，你所取得的程式碼可能跟此處不同，不過除錯的程序應該大致相同。

### ● 錯誤 1：未取得網頁元素的錯誤

首先在程式碼 prevURL = htmlDoc.querySelector(".btn-group.btn-group-paging > a:nth-child(2)").getAttribute("href") 顯示執行階段的錯誤，錯誤代碼是 91，將這個訊息告知 ChatGPT，它很快會發現，由於可能會沒有取得網頁元素，因此無法獲取某個網頁的超連結 ( 即 "href" 標籤的內容 )，因此會給予修正後的程式碼，先行判斷是否有取得網頁元素：

```
prevURL = htmlDoc.querySelector(".btn-group.btn-group-paging >
a:nth-child(2)").getAttribute("href")
```

修改成

```
Dim prevURLNode As Object
Set prevURLNode = htmlDoc.querySelector _
  (".btn-group.btn-group-paging > a:nth-child(2)")
If Not prevURLNode Is Nothing Then
  prevURL = prevURLNode.getAttribute("href")
Else
  prevURL = ""
End If
```

### ● 錯誤 2：未取得任何貼文

修正錯誤 1 之後，程式可以正常執行了，但卻顯示沒有抓取到任何貼文，除了批踢踢網站掛點，不然這不太可能發生。因此再次詢問 ChatGPT 可能是甚麼原因造成的，一開始提供的解決方法是修改日期時間格式，照做後還是一樣，因此再次詢問確認，ChatGPT 建議在 GetWebPage() 函數中加上以下 3 行程式碼，查看未經處理的網頁內容：

```
Debug.Print "URL: ", url
Debug.Print "Response Status Code: ", resp.Status
Debug.Print "Response Content: ", resp.responseText
```

請改成 objHTTP

ChatGPT 給的這 3 行其實明顯有錯，執行後會出現 resp 未宣告的錯誤，稍微查看一下程式碼就發現，應該要改成 objHTTP 才對，然後就會在即時運算視窗看到顯示 PTT 網站的內容，其中可看到：本網站已依網站內容分級規定處理…，原來是因為範例爬取八卦板，會確認年齡是否超過 18 歲。比較快的解決方法是改爬取其他看板，例如棒球板，請修改呼叫 GetWebPage() 函數所要爬取的網頁：

```
current_page = GetWebPage(PTT_URL & "/bbs/Gossiping/index.html")
```

修改為

```
current_page = GetWebPage(PTT_URL & "/bbs/Baseball/index.html")
```

修改之後就可以在下方看到下方有抓到貼文了，如果沒有足夠熱門的推文，可以自己調降 threshold 的數字，改為 10 應該就會顯示貼文標題了：

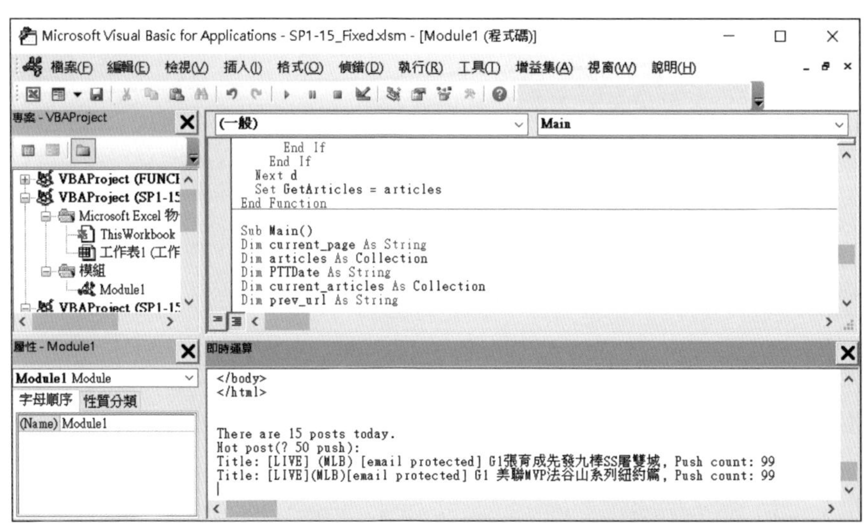

● 錯誤 3：改用 MSXML2.ServerXMLHTTP60 元件

雖然順利抓取貼文，不過沒法抓八卦板的問題還沒解決。如果從頭觀看程式碼會發現，其實一開頭原始的 Python 就透過 Cookie 將 18over 設為 1，其作用就是直接確認你已經超過 18 歲，但轉換成 VBA 卻沒有生效。這個問題埋得比較深，解決方法就是要改用 MSXML2.ServerXMLHTTP60 元件來發出網頁請求即可解決。

```
Dim objHTTP As MSXML2.XMLHTTP60
Set objHTTP = New MSXML2.XMLHTTP60
```

修改為

```
Dim objHTTP As MSXML2.ServerXMLHTTP60
Set objHTTP = New MSXML2.ServerXMLHTTP60
```

這個錯誤必須對 VBA 語法有一定了解，而且要熟悉像 MSXML2. XMLHTTP60 這類外部元件的功能才行，初學者並不容易找到問題癥結點，因此即便有 ChatGPT 這樣的神器幫助，仍必須持續累積寫程式的經驗，遇到問題才能快速回應。

## 微調程式功能

雖然已經可以抓取到熱門貼文的標題，不過目前是顯示在即時運算視窗，可以請 ChatGPT 改成貼到儲存格內，由於程式碼很長，為了節省時間，可以提示只要告知修改的程式碼即可。以下是 ChatGPT 提示的內容：

```
Debug.Print
Debug.Print "There are " & articles.Count & " posts today."
Debug.Print "Hot post(? " & threshold & " push): "
For Each article In articles
  If article("push_count") > threshold Then
    Debug.Print "Title: " & article("title") & _
      ", Push count: " & article("push_count")
  End If
Next article
```

修改為

SP1-16.xlsm ( 部份 )

```
Set ws = ActiveSheet
ws.Cells(1, 1).Value = "There are " & articles.Count & _
  " posts today."
rowNum = 2
ws.Cells(rowNum, 1).Value = "Hot post(? " & threshold & _
  " push): "
rowNum = rowNum + 1
For Each article In articles
  If article("push_count") > threshold Then
    ws.Cells(rowNum, 1).Value = article("title") & _
      " (Push: " & article("push_count")
    rowNum = rowNum + 1
  End If
Next article
```

此處也有明顯的缺漏，其實 ws、rowNum 變數尚未宣告。因為我們只說給修改的程式，很容易 ChatGPT 就會忘了先宣告，請自行在最前面補上 Dim ws As Worksheet, rowNum As Long。

都修改完後，從工作表的畫面來執行巨集，就會直接將抓取到的內容貼到儲存格中：

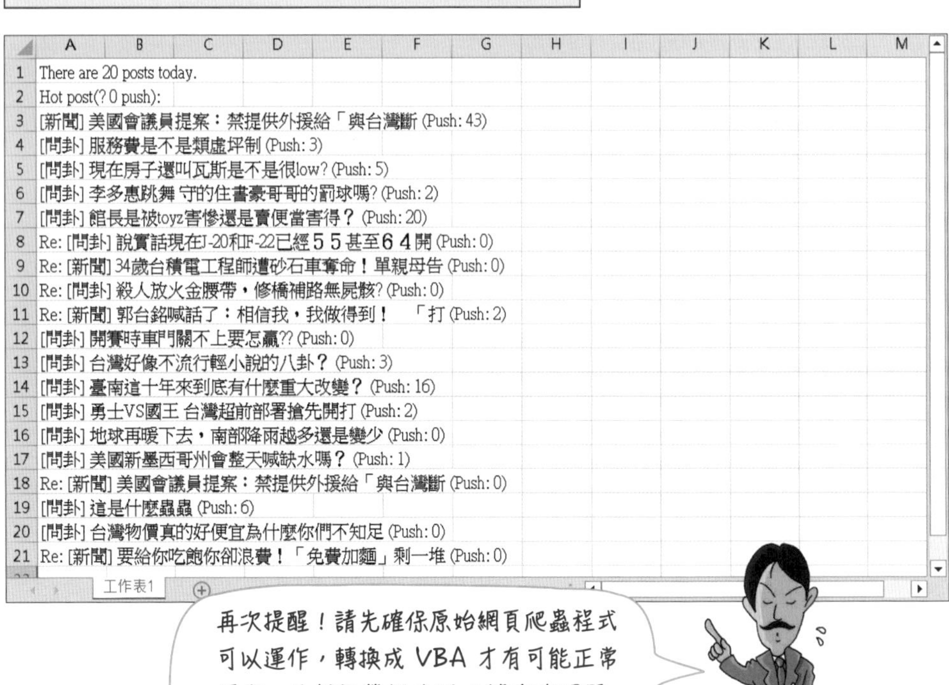

巨集存放在(A): 所有開啟的活頁簿

1 按下 Alt + F8，選擇要執行的巨集
2 按此鈕執行即可

1 There are 20 posts today.
2 Hot post(? 0 push):
3 [新聞] 美國會議員提案：禁提供外援給「與台灣斷 (Push: 43)
4 [問卦] 服務費是不是類虛坪制 (Push: 3)
5 [問卦] 現在房子還叫瓦斯是不是很low? (Push: 5)
6 [問卦] 李多惠跳舞 守的住書豪哥哥的罰球嗎? (Push: 2)
7 [問卦] 館長是被toyz害慘還是賣便當害得？ (Push: 20)
8 Re: [問卦] 說實話現在J-20和F-22已經５５甚至６４開 (Push: 0)
9 Re: [新聞] 34歲台積電工程師遭砂石車奪命！單親母告 (Push: 0)
10 Re: [問卦] 殺人放火金腰帶，修橋補路無屍骸? (Push: 0)
11 Re: [新聞] 郭台銘喊話了：相信我，我做得到！　「打 (Push: 2)
12 [問卦] 開賽時車門關不上要怎贏?? (Push: 0)
13 [問卦] 台灣好像不流行輕小說的八卦？ (Push: 3)
14 [問卦] 臺南這十年來到底有什麼重大改變？ (Push: 16)
15 [問卦] 勇士VS國王 台灣超前部署搶先開打 (Push: 2)
16 [問卦] 地球再暖下去，南部降雨越多還是變少 (Push: 0)
17 [問卦] 美國新墨西哥州會整天喊缺水嗎？ (Push: 1)
18 Re: [新聞] 美國會議員提案：禁提供外援給「與台灣斷 (Push: 0)
19 [問卦] 這是什麼蟲蟲 (Push: 6)
20 [問卦] 台灣物價真的好便宜為什麼你們不知足 (Push: 0)
21 Re: [新聞] 要給你吃飽你卻浪費！「免費加麵」剩一堆 (Push: 0)
工作表1
再次提醒！請先確保原始網頁爬蟲程式可以運作，轉換成 VBA 才有可能正常運作，不然就算解決語法轉換的問題，也會因為網頁結構更動而抓不到資料。

# 7 實戰：自動登入 FB 的 VBA 程式

「Excel VBA 範例字典」的 14-3 節所示範的，我們可以透過 SeleniumBasic 的幫助，來抓取網頁資料。Python 同樣也可以使用 Selenium，因此也很常會看到使用 Selenium 的爬蟲程式，由於都是呼叫 Selenium 的 WebDriver 來執行，通常都轉成 VBA 程式來執行的問題不大。

我們可以用跟之前一樣的提示，將使用 Selenium 的爬蟲程式從 Python 版本轉換為 VBA 版本，如果要簡化回覆的內容，也可以先說明已經安裝好 Selenium Basic，ChatGPT 就不會再提醒你進行安裝：

SP1-17.txt

請幫我將以下 Python 的爬蟲程式轉換為 Excel VBA 可以執行的程式碼, 我已經裝好 Selenium Basic, 不用再提示我

```
from selenium import webdriver
opt = webdriver.ChromeOptions()
opt.add_experimental_option('prefs',
                {'profile.default_content_setting_values':
{'notifications': 2}})
browser = webdriver.Chrome(options=opt)

browser.get('http://www.facebook.com')
browser.find_element_by_id('email').send_keys('您的帳號') #}
browser.find_element_by_id('pass').send_keys('您的密碼') #}輸
入帳密並按登入鈕
browser.find_element_by_name('login').click() #}
```

接著我們就可以來測試一下轉換後的程式碼是否可以執行，此處我們轉換的是一個簡單的臉書自動登入程式。

請先確定已經按照 14-3 節的內容，安裝好 Selenium Basic 並也設定好引入 Selenium Type Library，然後將轉換後的程式碼（如下）貼到 VBE，並自行修改臉書的帳號和密碼：

SP1-18.xlsm

```
Sub LoginFacebook()

    Dim browser As WebDriver
    Set browser = New WebDriver

    With browser
        .Start "chrome"
        .get "http://www.facebook.com"

        .FindElementById("email").SendKeys "您的帳號"
        .FindElementById("pass").SendKeys "您的密碼"
        .FindElementByName("login").Click

        Application.Wait (Now + TimeValue("0:00:05"))
    End With

End Sub
```

執行後就會自動開啟 Chrome 瀏覽器，並連到臉書的登入畫面，然後會自行輸入你設定的帳號、密碼進行登入：

# 8 實戰：自動下載指定數量的圖片

臉書登入只能算是牛刀小試，由於使用 Selenium 可以操控網頁，因此可以做到跨網頁下載資料的功能。此處筆者找了一個從免費圖庫網站下載圖片的爬蟲程式，就是使用 Selenium 來做到的，不過由於是 Python 版本，因此我們同樣試試看，透過 ChatGPT 來轉換成 Excel VBA 版本。

## 讓 ChatGPT 先學習 Selenium Basic 用法

雖然都是透過 Selenium 爬取資料，不過由於網路上多數是 Python 程式的版本，筆者的經驗是直接轉換成 VBA 程式碼比較容易出現不合法的語法，因此這裡我們先讓 ChatGPT「看」一下 14-3 節 Selenium Basic 的範例再進行轉換。

SP1-19.txt

FL 請先參考以下 VBA 程式碼, 學習 Selenium Basic 的使用方式, 學到怎麼用之後, 請回答我 "明白"

```
#001
Sub 載入表格資料

載入表格資料()
 Dim myDriver As New WebDriver
 Dim myTable As WebElement
 Dim myTDs As WebElements
 Dim myTD As WebElement
 Dim myRowNo As Integer
 Dim i As Integer

 ---- 略 -----

#002
Sub 取得前三名的新聞標題

取得前三名的新聞標題()
 Dim myDriver As New WebDriver
 Dim myElement As WebElement
 With myDriver
 .Start "chrome"
 .Get "https://book.impress.co.jp/dvba2019/News.html"

 ---- 略 -----
```

由於是 14-3 節範例，此處僅顯示部分程式碼

## 將 Python 程式碼轉換成 VBA

接著就可以進行程式碼轉換。這時也可以補充說明一下原始程式的功能，例如：此處筆者提醒一下要先讓使用者輸入搜尋關鍵字、下載數量、儲存位置等資訊：

SP1-20.txt

明白。我已經研究了您提供的 VBA 程式碼。這些程式碼顯示了如何使用 Selenium Basic 在 Excel VBA 中驅動瀏覽器。第一個範例中，代碼主要用於從指定網址中的表格提取資料。第二個範例則用於從新聞頁面抓取前三條新聞標題。

如果您對我使用 Selenium Basic 有任何疑問，請隨時提出。

FL

請幫我將以下的 Python 程式碼轉成可以執行的 VBA 程式, 請注意要參考上述的 Selenium Basic 語法, 並要詢問使用者：關鍵字、下載數量、儲存位置。不加註解、直接給我程式碼就好

由於程式碼比較長，有可能需要分兩次生成程式碼。取得完整程式碼後，可以自行貼到 VBE 中進行測試。此處 ChatGPT 回覆的程式碼，可參考 SP1-21.txt 的內容。

## 程式碼除錯過程

筆者一開始取得的程式碼並無法執行，經過一些判斷和測試，逐步排除各種錯誤狀況，同樣將除錯過程敘述如下

### ● 無法抓取到正確的網頁元素

首先發現是 .FindElementsByCss 不容易正確轉換到原先指定的 CSS 選擇器，導致沒辦法取得正確的網頁元素，需要參考 14-3 節的做法，自己在瀏覽器的開發人員模式中重新複製正確的選擇器階層。

### ● 未能輸入搜尋關鍵字

另外在搜尋圖片時，也常會出現沒有正確輸入關鍵字的狀況，發現是網頁沒載入完畢無法順利輸入的關係，需要延遲輸入關鍵字的動作。

## ● 儲存的檔名無效問題

也許是原始程式碼使用的語法跟 VBA 差異較大，ChatGPT 轉換後的 VBA 程式碼的檔名處理得有點複雜，無法正常執行，執行時也會出現錯誤。

筆者先手動改成比較簡單的做法：將儲存路徑、關鍵字、編號再加上 .jpg 副檔名結合起來當作檔案名稱存檔，經測試過後此法可行。不過實務上由於略過判斷網頁圖片的檔案格式的程序，因此有可能發生圖片並非 .jpg 格式，卻仍存成 .jpg 檔，不過此問題對於開啟圖片並沒有影響，此處就暫不處理。

## ● 儲存的圖檔無法開啟

原先 ChatGPT 使用 Binary Access Write 不適合儲存多媒體檔案，由於相關程式碼有出現錯誤，詢問之後 ChatGPT 建議改用 ADODB.Stream 儲存圖檔。

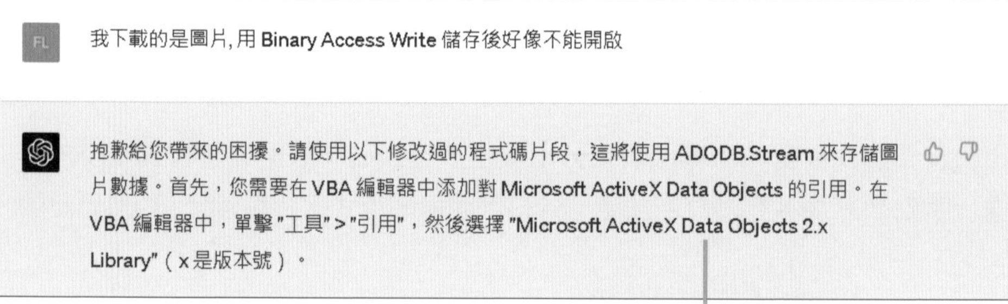

FL
我下載的是圖片, 用 Binary Access Write 儲存後好像不能開啟
抱歉給您帶來的困擾。請使用以下修改過的程式碼片段，這將使用 ADODB.Stream 來存儲圖片數據。首先，您需要在 VBA 編輯器中添加對 Microsoft ActiveX Data Objects 的引用。在 VBA 編輯器中，單擊 "工具" > "引用"，然後選擇 "Microsoft ActiveX Data Objects 2.x Library"（x 是版本號）。
記得要新增參考引用


## ● 只能取得前幾張圖片的下載網址

在圖庫的搜尋結果頁面，不會一次載入所有圖片，要適當捲動網頁才會陸續載入，因此 ChatGPT 建議加上捲動網頁的程式碼。實測後發現要漸漸捲動網頁效果比較好，也請 ChatGPT 據此提供對應的程式碼。

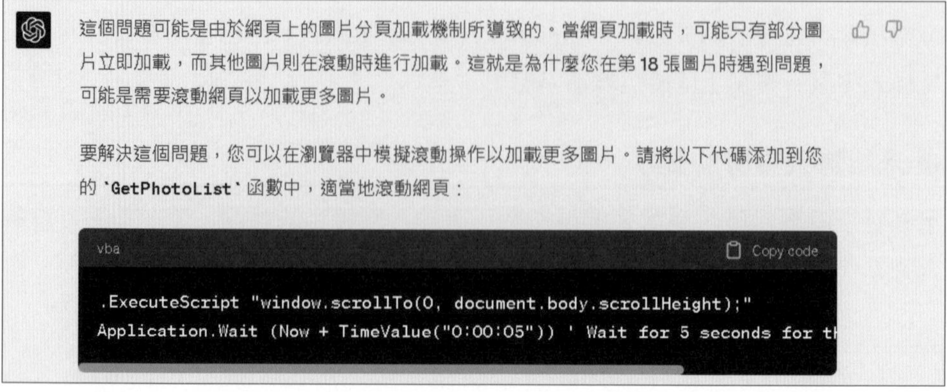

這個問題可能是由於網頁上的圖片分頁加載機制所導致的。當網頁加載時，可能只有部分圖片立即加載，而其他圖片則在滾動時進行加載。這就是為什麼您在第 18 張圖片時遇到問題，可能是需要滾動網頁以加載更多圖片。
要解決這個問題，您可以在瀏覽器中模擬滾動操作以加載更多圖片。請將以下代碼添加到您的 `GetPhotoList` 函數中，適當地滾動網頁：
vba
Copy code
.ExecuteScript "window.scrollTo(0, document.body.scrollHeight);"
Application.Wait (Now + TimeValue("0:00:05")) ' Wait for 5 seconds for th

不要直接滑到底部, 可以漸漸捲動嗎？
當然可以。您可以使用以下方法進行平滑滾動，將其添加到 `GetPhotoList` 函數中：
vba
Copy code
Dim i As Long
For i = 1 To 10
.ExecuteScript "window.scrollBy(0, document.body.scrollHeight / 10);
Application.Wait (Now + TimeValue("0:00:01")) ' Wait for 1 second be
Next i
這段代碼將網頁分成 10 份，並逐步滾動，每次滾動之間等待 1 秒。您可以根據需要調整滾動次數和等待時間。


## 調整後的程式碼內容

經過幾次修正之後，轉換後的程式就可以執行了。再度驗證，ChatGPT 只是輔助，使用者還是要有一些基礎才能相得益彰。以下是完整的程式碼內容，上述除錯後的結果也略作標示、提供參考：

```
Sub DownloadImagesFromPixabay()
  Dim broswer As New WebDriver
  Dim PhotoName As String
  Dim DownloadNum As Long
  Dim SavePath As String
  Dim PhotoList As Collection
  Dim Photo As Variant
  Dim SaveFileName As String
  Dim HttpReq As Object
  Dim Photo_no As Integer
  Dim objStream As New ADODB.Stream   ← 更改檔案儲存元件

  PhotoName = InputBox("請輸入要搜尋的圖片:")
  DownloadNum = CLng(InputBox("請輸入下載數量:"))
  SavePath = InputBox("請輸入儲存位置 (完整路徑):")

  If Right(SavePath, 1) <> Application.PathSeparator Then
    SavePath = SavePath & Application.PathSeparator
  End If
```

```
  Set PhotoList = GetPhotoList(broswer, PhotoName, DownloadNum)

  If Not PhotoList Is Nothing Then
    Set HttpReq = CreateObject("MSXML2.ServerXMLHTTP.6.0")
    Photo_no = 0
    For Each Photo In PhotoList

                                           ← 簡化每張圖片的完整儲存路徑和檔名
      SaveFileName = SavePath & PhotoName & Photo_no & ".jpg"
      HttpReq.Open "GET", Photo, False
      HttpReq.send
      Photo_no = Photo_no + 1

       ← 原先儲存後的圖檔無法開啟，改用 ADODB.Stream 才能正常儲存圖片
      Set objStream = CreateObject("ADODB.Stream")
      With objStream
        .Type = 1
        .Open
        .Write HttpReq.responseBody
        .SaveToFile SaveFileName, adSaveCreateOverWrite
        .Close
      End With

      Next Photo
    End If
End Sub

Function GetPhotoList(broswer As WebDriver, PhotoName As String, _
  DownloadNum As Long) As Collection
  Dim PhotoList As New Collection
  Dim PhotoItems As WebElements
  Dim PhotoItem As WebElement
  Dim PhotoSrc As String
  Dim NextButton As WebElement
  Dim PageNum As Long

  Set broswer = New WebDriver
  With broswer
    .Start "chrome"
    .get "https://pixabay.com/zh/"

                     ← 要等待網頁載入才能做下個動作
    Application.Wait (Now + TimeValue("0:00:02"))
    .FindElementByName("search").SendKeys PhotoName
    .FindElementByName("search").submit
    Do
      Dim i As Long
```

```
    ┌─ 加上網頁捲動功能，才能載入所有圖片
    For i = 1 To 10
      .ExecuteScript _
        "window.scrollBy(0, document.body.scrollHeight / 10);"
      Application.Wait (Now + TimeValue("0:00:01"))
    Next i

              ┌─ 未能正確指定選擇器，手動改成兩階段指定
    Set searchResults = .FindElementByCss _
      (".row-masonry.search-results")
    Set PhotoItems = searchResults.FindElementsByCss _
      (".row-masonry-cell")
    For Each PhotoItem In PhotoItems
      PhotoSrc = PhotoItem.FindElementByTag("img").Attribute("src")
      Debug.Print PhotoSrc
      If PhotoSrc = "/static/img/blank.gif" Then
        PhotoSrc = PhotoItem.FindElementByTag("img"). _
          Attribute("data-lazy")
      End If
      On Error Resume Next
      PhotoList.Add PhotoSrc, CStr(PhotoSrc)
      On Error GoTo 0
      If PhotoList.count >= DownloadNum Then
        Set GetPhotoList = PhotoList
        .Quit

       Exit Function
      End If
    Next PhotoItem
    PageNum = PageNum + 1

    Set NextButton = .FindElementByCss _
      ("#content>div>div:nth-child(1)>div>div.hide-xs.hide-
         sm>div>a>i")
           └─ 手動重新貼上完整的 CSS 選擇器內容

    If NextButton Is Nothing Then Exit Function
    NextButton.Click
  Loop
 End With
End Function
```

由於 ChatGPT 生成的程式碼內容不會一樣，因此你遇到的問題可能跟此處不同，可以參考以上筆者的經驗試著自己排除問題，或是請 ChatGPT 提供不同版本的程式碼。

## 驗證執行結果

程式在執行後，會先要求使用者相關的資訊，然後就會自動開啟 Chrome 瀏覽器進行搜尋，並自行完成下載動作：

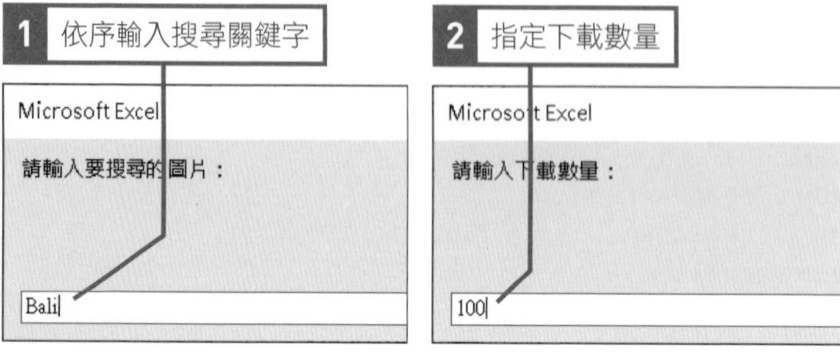


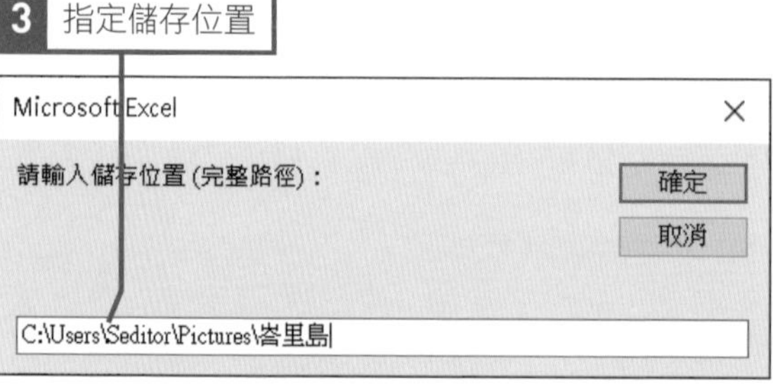

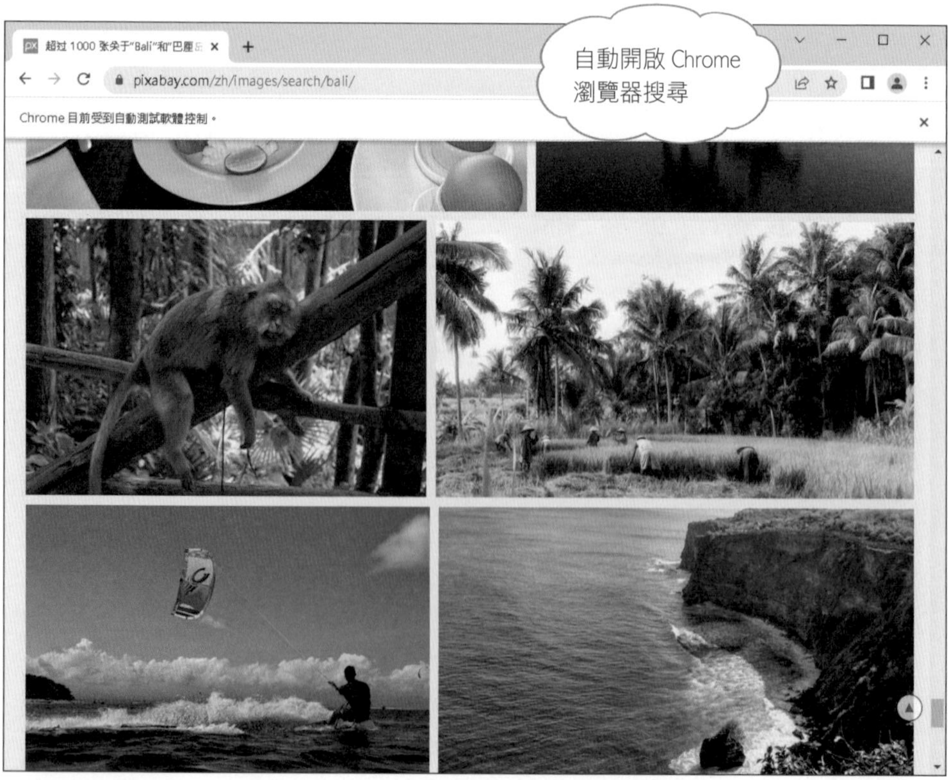

pixabay.com/zh/images/search/bali/

Chrome 目前受到自動測試軟體控制。

自動開啟 Chrome 瀏覽器搜尋

程式執行完畢後，在你指定的資料夾中就會看到圖片檔案

MEMO

Excel VBA
×
ChatGPT

Excel VBA × ChatGPT

# 序

Excel 是非常方便的應用軟體，可以運用在各種工作上，如製作資料、管理數據等。然而，在每天或每月必須執行的例行工作中，我們常聽到「雖然處理內容單純，可是資料量多，製作起來很費時」或「負責人員不在，不知道處理順序，使得工作無法進行」等心聲。若想解決這種問題，提高工作效率，最方便的作法是使用能自動化執行 Excel 處理的錄製巨集功能，或利用 VBA 設計程式。因此我們將錄製巨集的操作方法、使用 VBA 靈活設計程式的必備知識做了系統化的整理，撰寫了這本容易瞭解、方便查詢的職場範例字典。本書分成上、下兩冊，共 16 章。上冊為 1 ～ 6 章，下冊為 7 ～ 16 章，其結構如下所示。

第 1 ～ 3 章採取教學模式，按照步驟詳盡解說 Excel 的錄製巨集功能以及程式設計的基本知識、使用 VBA 的程式寫法。

第 4 ～ 16 章採用能反查學習內容的參考模式，詳細說明 VBA 的屬性及方法。這幾章將按照每個項目介紹實用的範例，以淺顯易懂的文字，逐行解說所有程式碼，讓你確實瞭解程式碼的含義及處理內容。另外，以 HINT 的形式大量補充許多應用範例，內容豐富充實。在版面允許的情況下，介紹更進階的使用範例，包括使用 ADO 的資料庫操作、結合 Word VBA 的技巧、XML 與 JSON 格式的檔案操作方法、使用類別模組的程式設計方法、執行網頁抓取的 VBA 寫法等，即便是中階使用者也能從中學到技巧。

本書適用 Microsoft 365 Excel、Excel 2021/2019/2016/2013 等版本，你可以下載範例、HINT 的範例檔案，立刻練習操作，相信能有效幫助你學會 VBA，我們由衷希望這本書可以幫助更多人。

最後，在此由衷感謝 Impress（股）公司的高橋盡力協助編輯工作，以及所有製作本書的工作人員。

2021 年 1 月全體作者

# 本書的結構

本書把 Excel VBA 分類成大類別與小類別。你可以從每個類別的標題尋找你想瞭解的 VBA 程式。同時書中還會仔細說明設定 VBA 語法的參數及具體範例。

## 頁面內的各種元素

**節名**
這是本節要說明的 VBA 功能統稱。

**簡介**
以淺顯易懂的說明，扼要介紹本節的內容。

**中標題**
說明要介紹的 VBA 用法及功能。

**語法**
介紹在 VBA 使用該功能時的程式語法。

**VBA 的說明**
說明該功能的特色以及用法。

**設定項目**
說明在「語法」介紹的各個元素，包括物件、參數等。

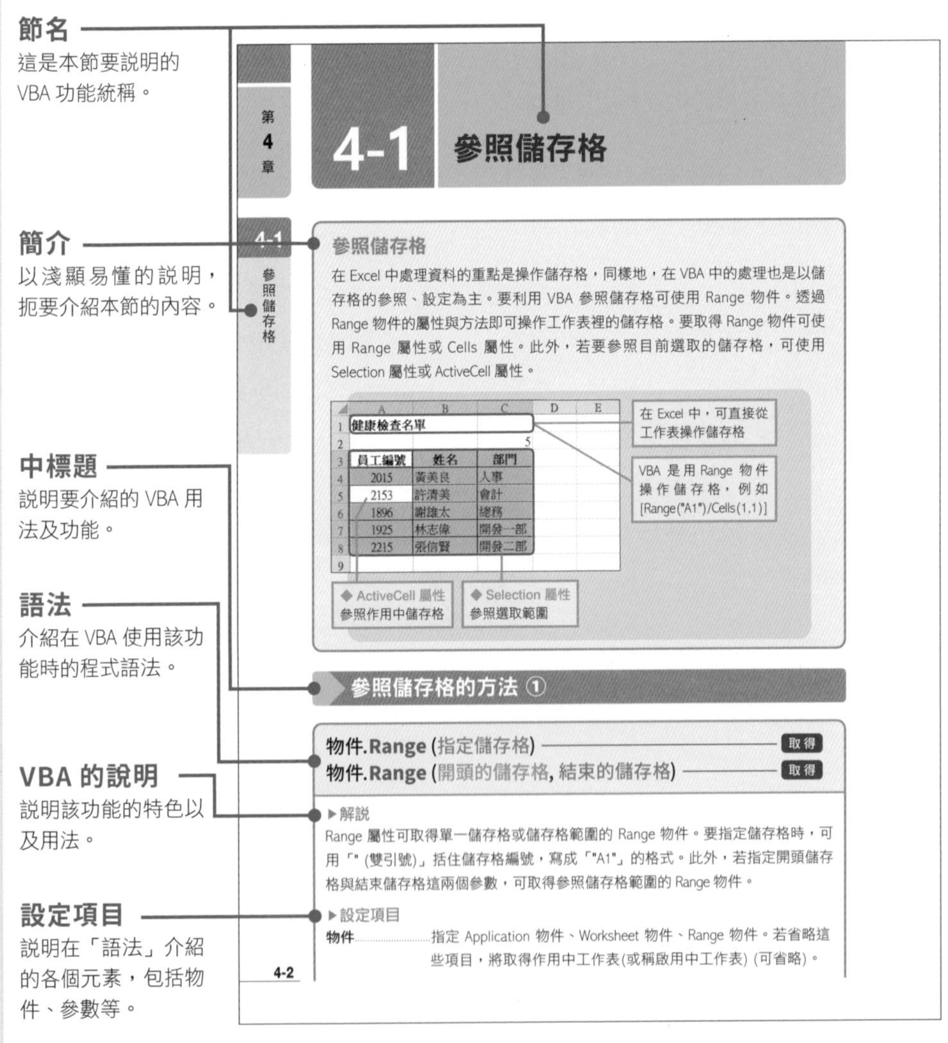

第 4 章
4-1 參照儲存格
4-1 參照儲存格
參照儲存格
在 Excel 中處理資料的重點是操作儲存格，同樣地，在 VBA 中的處理也是以儲存格的參照、設定為主。要利用 VBA 參照儲存格可使用 Range 物件。透過 Range 物件的屬性與方法即可操作工作表裡的儲存格。要取得 Range 物件可使用 Range 屬性或 Cells 屬性。此外，若要參照目前選取的儲存格，可使用 Selection 屬性或 ActiveCell 屬性。
健康檢查名單
員工編號 姓名 部門
2015 黃美良 人事
2153 許清美 會計
1896 謝雄太 總務
1925 林志偉 開發一部
2215 張信賢 開發二部
在 Excel 中，可直接從工作表操作儲存格
VBA 是用 Range 物件操作儲存格，例如 [Range("A1")/Cells(1,1)]
◆ ActiveCell 屬性 參照作用中儲存格
◆ Selection 屬性 參照選取範圍
參照儲存格的方法 ①
物件.Range (指定儲存格) 取得
物件.Range (開頭的儲存格, 結束的儲存格) 取得
▶解說
Range 屬性可取得單一儲存格或儲存格範圍的 Range 物件。要指定儲存格時，可用「" (雙引號)」括住儲存格編號，寫成「"A1"」的格式。此外，若指定開頭儲存格與結束儲存格這兩個參數，可取得參照儲存格範圍的 Range 物件。
▶設定項目
物件……指定 Application 物件、Worksheet 物件、Range 物件。若省略這些項目，將取得作用中工作表(或稱啟用中工作表) (可省略)。
4-2

# 以一目瞭然的方式說明範例

**範例標題**
建立以中標題介紹的功能所完成的巨集範例，這裡會顯示巨集的內容。

**範例檔**
列出範例檔名稱。

**程式碼**
以 Excel VBA 建立範例的巨集時所完成的程式碼（程式）。以 ␣ 代表半形空格。

**程式碼的說明**
將逐行解說上述程式碼的內容。

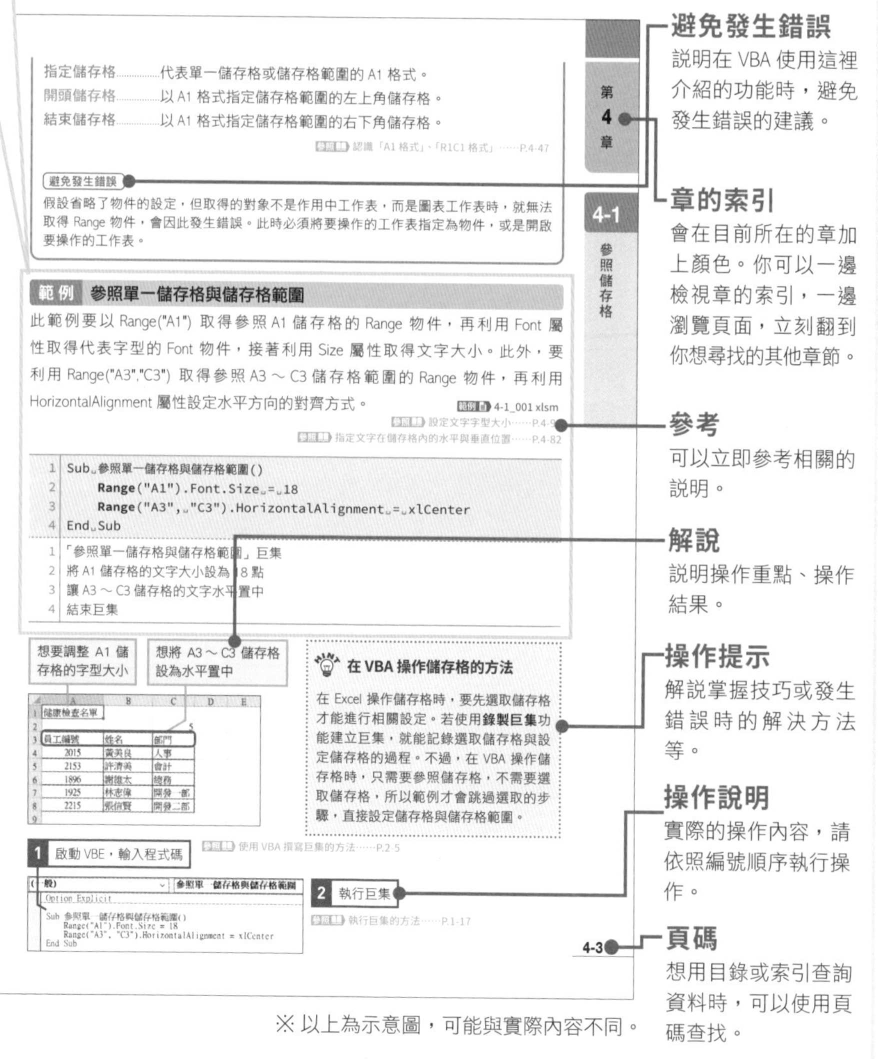

範例 參照單一儲存格與儲存格範圍
此範例要以 Range("A1") 取得參照 A1 儲存格的 Range 物件，再利用 Font 屬性取得代表字型的 Font 物件，接著利用 Size 屬性取得文字大小。此外，要利用 Range("A3","C3") 取得參照 A3～C3 儲存格範圍的 Range 物件，再利用 HorizontalAlignment 屬性設定水平方向的對齊方式。
4-1_001.xlsm
避免發生錯誤
想要調整 A1 儲存格的字型大小
想將 A3～C3 儲存格設為水平置中
在 VBA 操作儲存格的方法
1 啟動 VBE，輸入程式碼
2 執行巨集
4-3


**避免發生錯誤**
說明在 VBA 使用這裡介紹的功能時，避免發生錯誤的建議。

**章的索引**
會在目前所在的章加上顏色。你可以一邊檢視章的索引，一邊瀏覽頁面，立刻翻到你想尋找的其他章節。

**參考**
可以立即參考相關的說明。

**解說**
說明操作重點、操作結果。

**操作提示**
解說掌握技巧或發生錯誤時的解決方法等。

**操作說明**
實際的操作內容，請依照編號順序執行操作。

**頁碼**
想用目錄或索引查詢資料時，可以使用頁碼查找。

※以上為示意圖，可能與實際內容不同。

# 本書的使用方法

你可以透過目錄、章節索引、英文字母索引等，查詢這本書介紹的功能或操作內容。

## 用目錄查詢

這是透過目錄 (P.10 ～ P.23) 查詢你最想知道的資料，再根據頁數查找的方法。目錄對應各頁的項目。想精準查詢相關內容時，這是很方便的方法。

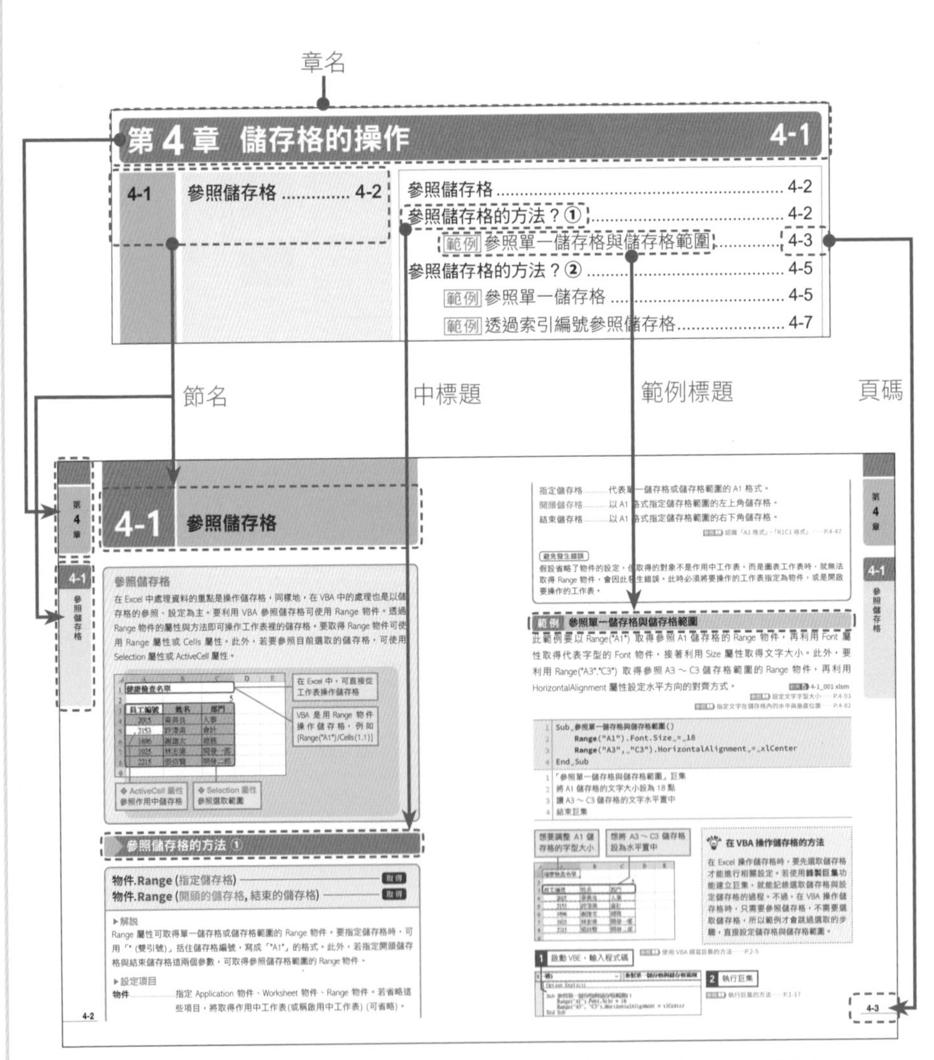


※ 以上為示意圖，可能與實際內容不同。

# 用章節索引查詢

使用頁面兩邊的章節索引，可以輕易找到你想看的那一章。各章的章名頁提供章節的目錄，你也可以從中查詢。想快點找到資料時，這種方法很方便。

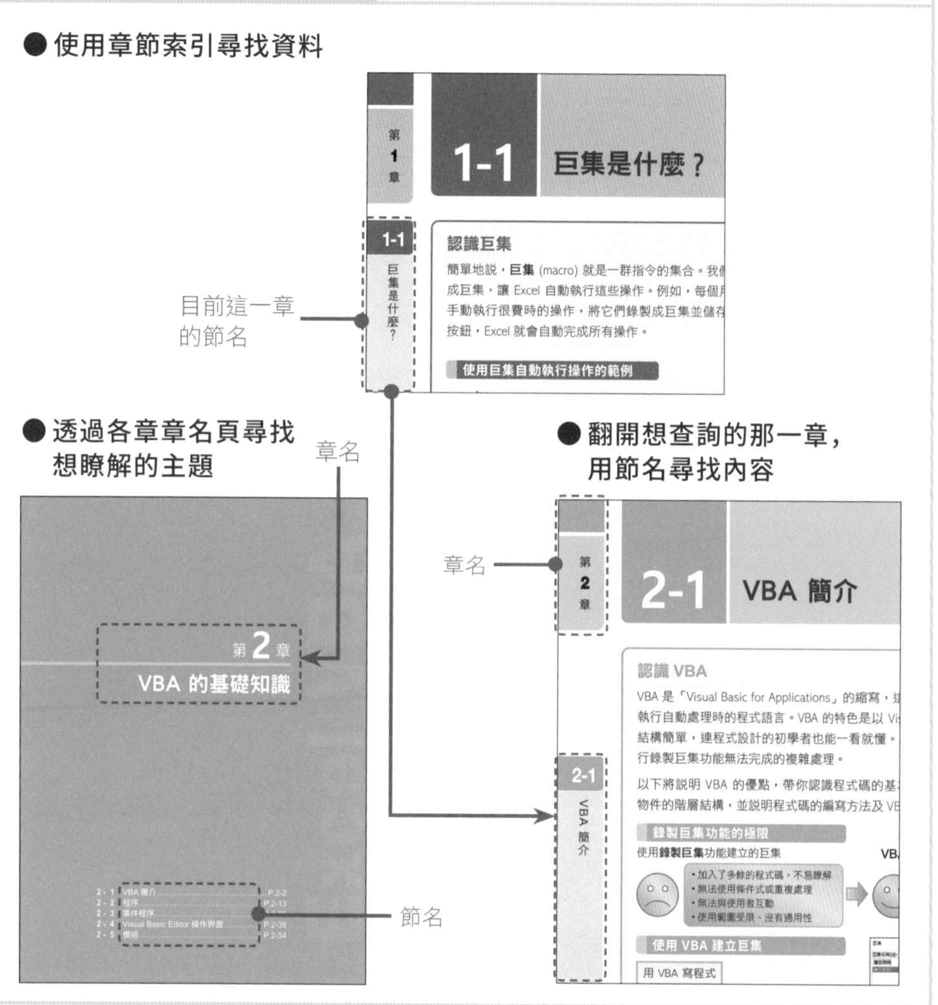


# 用各章內容查詢

透過「各章內容」(P.8 ～ P.9) 尋找哪一章可能包括你想知道的資料，從該章的目錄查詢內容。無法明確鎖定想知道的內容時，使用這種方法就很方便。

## ● 從「各章內容」(P.8 ～ P.9) 尋找想知道的資料

各章章名 — 第 1 章 巨集的基本知識 1-1 — 目錄的頁碼

該章的內容 — 這一章將解說記錄、編輯、執行巨集的方法，還有用 VBA 編輯巨集的方式。此外，還會一併介紹如何管理含巨集的活頁簿檔案。

➡ ● 從目錄開始

# 各章內容

本書把 Excel VBA 的功能分成上、下兩冊，共 16 章，可在此查詢每一章介紹的功能。

## Excel VBA 範例字典（上冊）



## Excel VBA 範例字典（下冊）

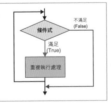

**找到你想瞭解的那一章後…**

目錄的頁碼

**第 1 章 巨集的基礎知識 1-1**

各章章名旁的數字是該章目錄的頁碼。如果該章可能包含了你想瞭解的資料，請檢視該章的目錄，尋找你想瞭解的資料。



說明尋找、取代、排序資料的方法。同時說明利用儲存格、文字的顏色、圖示排序的方法。

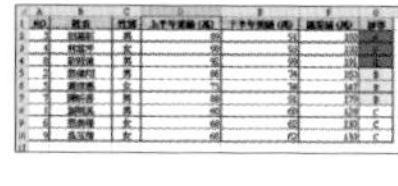



說明列印範圍、列印份數、紙張尺寸等設定方法。同時也會介紹把工作表放入橫向的頁面等列印技巧。

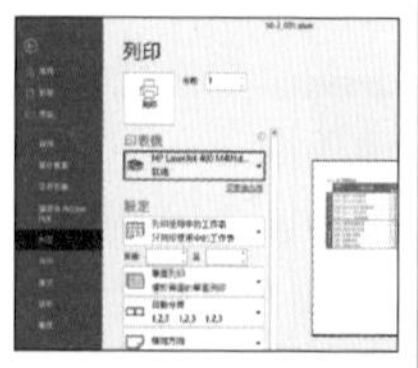



詳細說明圖片、美工圖案、圖示、SmartArt、插入圖表、文字藝術師等製作圖形及設定格式的方法。

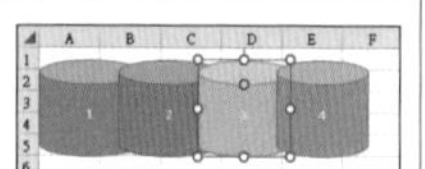



說明建立圖表、更改類型、設定標題及圖例等元素的方法。同時也會介紹調整樣式及版面的方法。

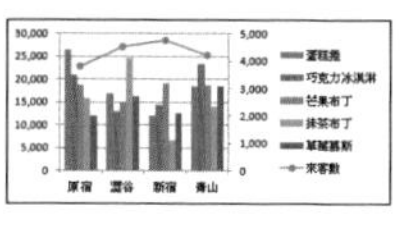



依序說明新增控制項，插入控制項、編寫處理內容的方法等自訂交談窗的方法。

除了說明 Access 及 Word 的操作方法外，還會介紹自動操作網頁瀏覽器，取得網頁內資料的方法。

• 商品一覧 •

| 商品ID | 商品名 | 在庫数 |
|---|---|---|
| P001 | デスクトップパソコン | 123 |
| P002 | ノートパソコン | 654 |
| P003 | タブレット | 567 |



詳細介紹包括取得日期、時間、字串資料的函數，以及處理亂數、陣列的函數，還有使用者自訂函數的方法。

說明建立工具列、Excel 應用程式的操作方法，還有利用類別模組，定義屬性或方法的技巧。

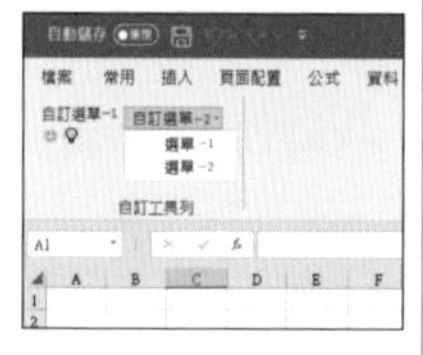

# 目錄

## 第 2 章 VBA 的基礎知識 2-1

## 第 4 章 儲存格的操作 4-1

## 第 6 章 Excel 檔案的操作 6-1

# 目錄 (下冊) 摘要



●本書的適用版本

本書是根據 2021 年 1 月的資料，說明 Windows 版的 Microsoft 365 Excel、Excel 2021/2019/2016/2013 的 VBA 用法。

# 範例檔案的下載與用法

本書準備了可以立即操作書中內容的範例檔案。下載檔案後，在 Excel 開啟檔案時，會顯示受保護的檢視或**安全性警告**。本書的練習檔案很安全，開啟檔案後，請按照以下步驟執行操作。

▼下載範例檔案的網頁

**https://www.flag.com.tw/bk/st/F3039**

先下載範例檔案再解壓縮

1 選擇儲存檔案的位置

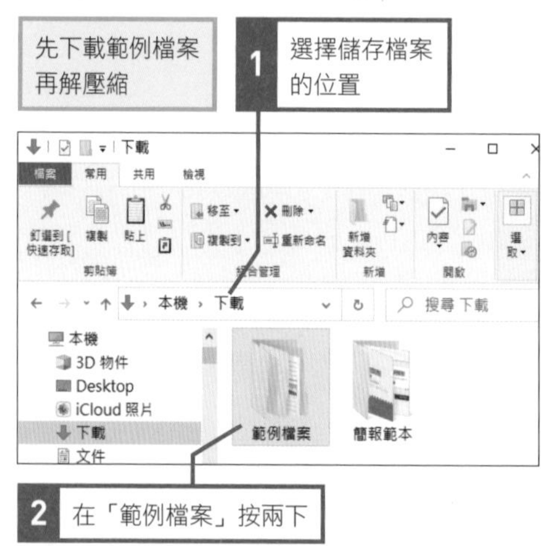

2 在「範例檔案」按兩下

3 在想開啟的章節資料夾按兩下

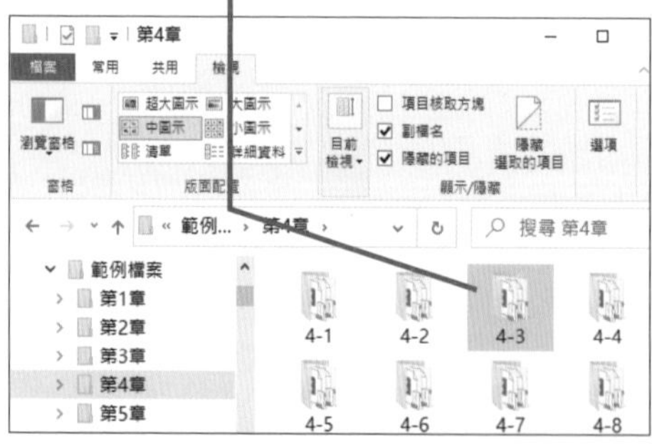

顯示資料夾的內容

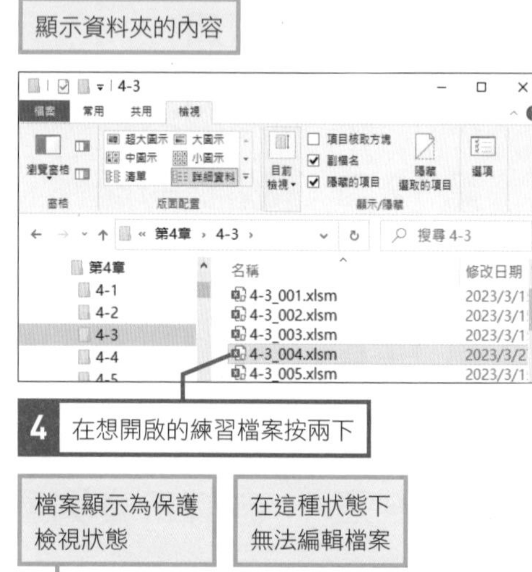

4 在想開啟的練習檔案按兩下

檔案顯示為保護檢視狀態

在這種狀態下無法編輯檔案

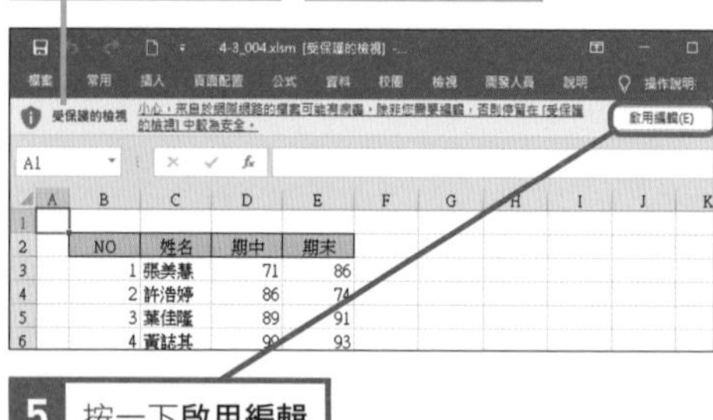

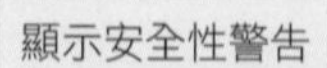

5 按一下**啟用編輯**

顯示安全性警告

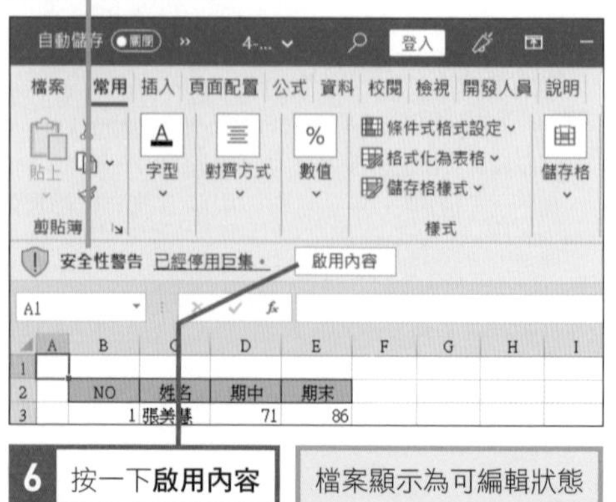

6 按一下**啟用內容**

檔案顯示為可編輯狀態

HINT!

**為什麼會顯示警告訊息？**

出現受保護的檢視及**安全性警告**是為了避免開啟可能含有病毒或間諜軟體的危險檔案，而執行了檔案內含的巨集。當你取得外部檔案時，請在仔細確認來源，判斷安全無虞時，才按照上述步驟開啟檔案。此外，受保護的檢視是 Microsoft 365 Excel 及 Excel 2019 的預設值。

第 1 章

# 巨集的基礎知識



Excel VBA

# 1-1 巨集是什麼？

## 認識巨集

簡單地說，**巨集** (macro) 就是一群指令的集合。我們可以事先將多項操作錄製成巨集，讓 Excel 自動執行這些操作。例如，每個月固定要執行的工作，或是手動執行很費時的操作，將它們錄製成巨集並儲存成按鈕，日後只要按一下按鈕，Excel 就會自動完成所有操作。

### 使用巨集自動執行操作的範例

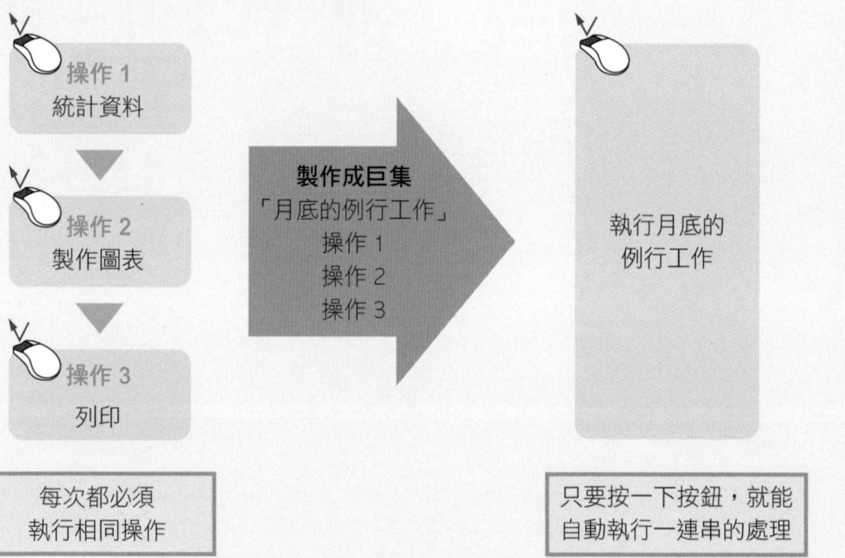


## 建立巨集的方法

建立巨集的方法有兩種：一種是使用**錄製巨集**功能，錄下在 Excel 中實際執行的所有操作。另一種是使用 **Visual Basic for Applications(VBA)** 程式語言輸入程式碼來建立巨集。

### 使用「錄製巨集」功能建立巨集

**錄製巨集**功能會把在 Excel 中實際操作的內容轉換成 VBA 程式碼。用這個方法錄製巨集非常方便，即使不會寫程式的人也能輕鬆建立巨集。

使用**錄製巨集**功能建立巨集

### 使用 VBA 建立巨集

這是指使用 VBA 程式語言輸入程式碼來建立巨集的方法。VBA 程式雖然可以建立**錄製巨集**功能無法完成的複雜處理，但是必須具備寫程式能力才行。

使用 VBA 輸入程式碼建立巨集

```
(一般)                                   建立表格
Sub 建立表格()
    With Range("A2", "F7")
        .Borders.LineStyle = xlContinuous
        .Borders.ThemeColor = xlThemeColorAccent5
        .Borders.TintAndShade = 0.4

        .Columns(1).HorizontalAlignment = xlCenter

        .Rows(1).HorizontalAlignment = xlCenter
        .Rows(1).Interior.ThemeColor = xlThemeColorAccent5
        .Rows(1).Interior.TintAndShade = 0
        .Rows(1).Font.Color = RGB(255, 255, 255)
        .Rows(1).Font.Bold = True
    End With

    With Range("A3:F3,A5:F5,A7:F7")
        .Interior.ThemeColor = xlThemeColorAccent5
        .Interior.TintAndShade = 0.8
    End With

    Range("B3", "F7").Style = "Comma [0]"
End Sub
```

## 巨集的功能

巨集除了自動化操作外，還能執行各種處理。巨集主要有以下功能：

| 巨集的功能 | 內容 |
|---|---|
| Excel 的自動操作 | 把在 Excel 執行的例行工作自動化 參照 錄製巨集……P.1-5 |
| 依照條件執行不同處理 | 可以依照條件執行不同處理。例如達成率超過 100% 時，更改儲存格的顏色 參照 依照條件執行不同處理……P.3-42 |
| 重複執行 | 可以重複執行相同處理。例如在 A 欄中輸入資料時就自動繪製框線 參照 執行重複處理……P.3-47 |
| 自訂表單 | 可以建立專屬的畫面。例如輸入資料用的畫面、輸入搜尋條件的畫面等 參照 自訂表單……P.13-2 |
| 自訂函數 | Excel 雖然有許多函數可以使用，我們也可以量身打造符合自己需求的函數。自訂函數後，只要設定必要的值就能輕鬆算出結果，而且還能將長串的公式變得很簡潔 參照 使用者自訂函數……P.15-67 |
| 檔案操作 | 可以複製或刪除電腦中既有的檔案 參照 進階檔案操作……P.7-1 |
| 結合 Office 軟體 | 可以與 Word、PowerPoint 等 Office 軟體結合 參照 外部應用程式整合……P.14-1 |
| 操作資料庫 | 可以連結並操作 Access 等外部資料庫 參照 資料庫的操作……P.14-2 |
| 使用 Windows 的功能 | 利用 Windows API 函數能使用 Windows 的功能。但是如果要使用 Windows API 函數，需要對 Windows 有較深入的瞭解，本書沒有特別介紹 API 函數 |

## 顯示「開發人員」頁次

與巨集有關的命令都整合在**開發人員**頁次內，在預設狀態下不會顯示**開發人員**頁次。請如下操作將**開發人員**頁次顯示在畫面上，以便執行各種與巨集有關的處理。

1 點選**檔案**頁次

**「檢視」頁次中也有巨集命令**

**檢視**頁次中的**巨集**區也有巨集命令，不過可以使用的命令只有**檢視巨集**、**錄製巨集**、**以相對位置錄製**三個。

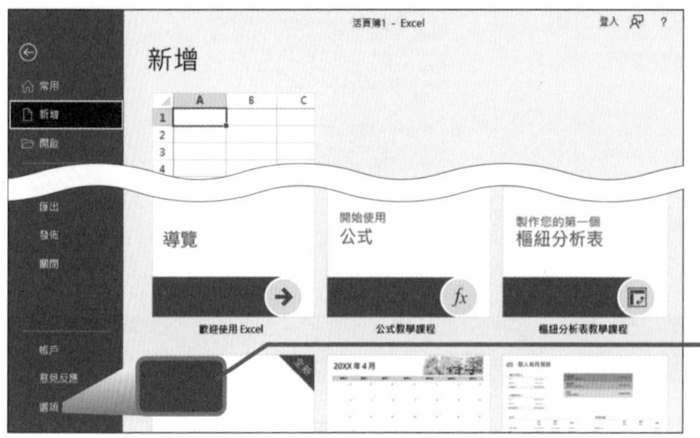
2 按一下**選項**

編註：若畫面上沒有顯示**選項**，請點選**其他／選項**

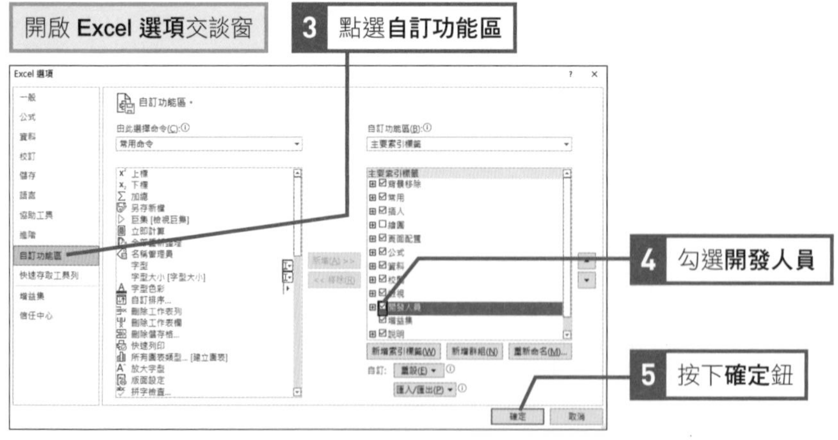
開啟 **Excel 選項**交談窗
3 點選**自訂功能區**
4 勾選**開發人員**
5 按下**確定**鈕

顯示**開發人員**頁次
與巨集有關的命令都整合在這裡

# 1-2 錄製巨集

## 錄製巨集的流程

**錄製巨集**功能是將在 Excel 中實際操作過的內容錄製下來並轉成 VBA 程式碼，即使沒有寫程式經驗的人也能立即製作巨集。

### 使用「錄製巨集」功能建立巨集的步驟

❶ 開始錄製 (告訴 Excel 接下來的操作將轉換成巨集)

❷ 執行操作 (在 Excel 中實際操作要變成巨集的處理)

❸ 結束錄製 (告訴 Excel 錄製巨集的操作已經完成)

### 開始錄製

在開始錄製巨集前，得先在**錄製巨集**交談窗中，設定巨集名稱、快速鍵以及選擇巨集的儲存位置。

| 將巨集儲存在 | 內容 |
|---|---|
| 個人巨集<br>活頁簿 | 會將巨集儲存在 PERSONAL.XLSB 中。啟動 Excel 時就會自動載入 PERSONAL.XLSB，並將其隱藏起來，讓所有開啟的活頁簿都能使用此巨集<br>參照 將巨集儲存在「個人巨集活頁簿」……P.1-27 |
| 新的活頁簿 | 建立新的活頁簿來儲存巨集，日後要使用巨集，必須先開啟這個活頁簿 |
| 現用活頁簿 | 將巨集儲存在目前使用中的活頁簿 |

### 執行操作

在 Excel 中所執行的操作將自動轉換成 VBA 程式碼，並在指定的活頁簿中建立巨集。

### 結束錄製

完成操作後，按下**開發人員**頁次**程式碼**區的 停止錄製 鈕，結束錄製。透過 VBE(Visual Basic Editor) 可以確認或編輯剛才建立的巨集。

參照 編輯巨集……P.1-11

## 使用「錄製巨集」功能建立巨集

使用**錄製巨集**功能，錄下在 Excel 實際執行的操作，就可以建立巨集。以下是錄製巨集的步驟。

### ● 開始錄製巨集

首先，開啟**錄製巨集**交談窗，設定好巨集名稱、儲存位置等，就可以開始錄製巨集。

範例 1-2_001.xlsm

參照 顯示「開發人員」頁次……P.1-4

1 點選**開發人員**頁次

2 按下**錄製巨集**鈕

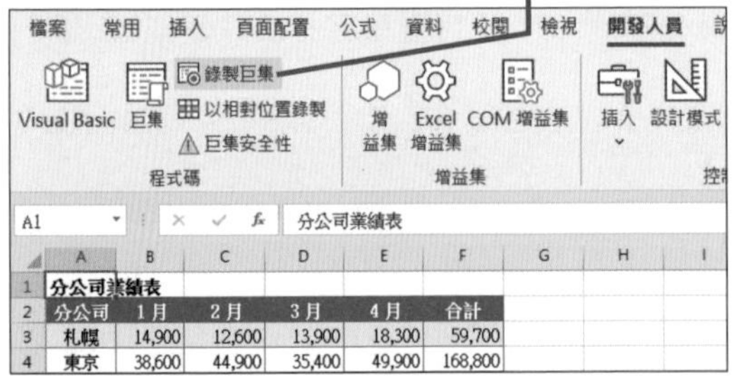


| | A | B | C | D | E | F |
|---|---|---|---|---|---|---|
| 1 | 分公司業績表 | | | | | |
| 2 | 分公司 | 1月 | 2月 | 3月 | 4月 | 合計 |
| 3 | 札幌 | 14,900 | 12,600 | 13,900 | 18,300 | 59,700 |
| 4 | 東京 | 38,600 | 44,900 | 35,400 | 49,900 | 168,800 |

開啟**錄製巨集**交談窗，輸入巨集名稱、儲存位置、說明

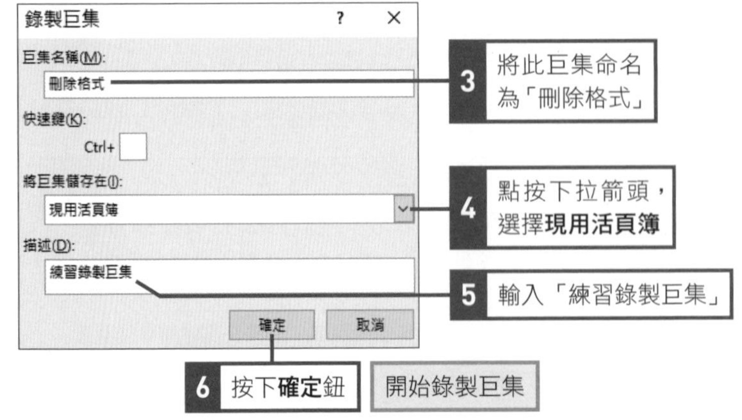


3 將此巨集命名為「刪除格式」

4 點按下拉箭頭，選擇**現用活頁簿**

5 輸入「練習錄製巨集」

6 按下**確定**鈕

開始錄製巨集

> **HINT 其他開啟「錄製巨集」交談窗的方法**
>
> 按下**狀態列**左下角的 圖示 (2019 版為 )，可以開啟**錄製巨集**交談窗。或是在**檢視**頁次中按下**巨集**區的**錄製巨集**，也能開啟**錄製巨集**交談窗。

### 設定執行巨集的快速鍵

建立巨集時，在**快速鍵**區可設定快速鍵，日後就可以用鍵盤快速執行巨集。若是在錄製時沒有設定快速鍵，也可以事後再做設定。 參照 設定巨集的快速鍵……P.1-20

### 在「描述」欄中輸入巨集的作用

**錄製巨集**交談窗中的**描述**欄，可讓你輸入與巨集相關的說明事項。例如輸入巨集的目的、注意事項、製作者的姓名等，在編輯或執行巨集時，這些資訊可以方便做辨識，也可以不做設定。在**描述**欄中輸入的內容會放在巨集的註解中。

### 與現有的巨集設成相同名稱時

在錄製巨集時，如果設定的巨集名稱和活頁簿中既有的巨集名稱相同，會跳出如圖的訊息。按下**是**鈕，會覆蓋現有的巨集；按下**否**鈕，會再次顯示**錄製巨集**交談窗，讓你重設巨集名稱；按下**取消**鈕，會取消錄製巨集。

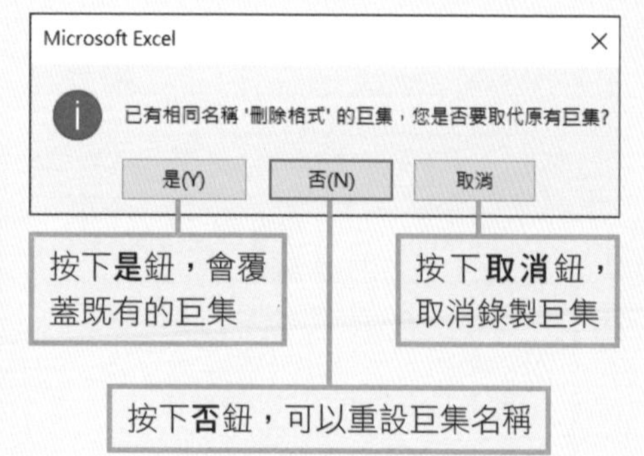
Microsoft Excel
已有相同名稱 '刪除格式' 的巨集，您是否要取代原有巨集?
是(Y)
否(N)
取消
按下是鈕，會覆蓋既有的巨集
按下取消鈕，取消錄製巨集
按下否鈕，可以重設巨集名稱

### 巨集的命名規則

巨集名稱除了使用英文外，也可以用中文、底線（_）等命名，但是開頭不可以是數字或符號 (@？！# $ & . )、空格。由於不分大小寫，所以「TEST」與「test」會視為相同名稱。還有，不能使用 VBA 中的保留字（關鍵字）。如果在設定時違反這些命名規則，會出現錯誤訊息，請重新輸入巨集名稱。

### 開啟活頁簿時會自動執行名稱上有「Auto_Open」的巨集

在巨集名稱加上「Auto_Open」，當手動開啟活頁簿時，會自動執行 Auto_Open 巨集。另外，手動關閉活頁簿時，會自動執行「Auto_Close」巨集。從 Excel 2013 開始，若希望開啟活頁簿時自動執行巨集，可以使用事件程序「Workbook_Open」。

參照 事件程序……P.2-26

## ● 錄下在 Excel 中的操作

在**錄製巨集**交談窗中做好設定按下**確定**鈕後，**狀態列**的左下方會顯示 □ 圖示 (2019 版為 ■ )，表示目前為錄製巨集的狀態，會錄下所有在 Excel 中的操作。

參照 開始錄製巨集……P.1-6

在此要將「清除 A2:F7 儲存格格式」錄製成巨集

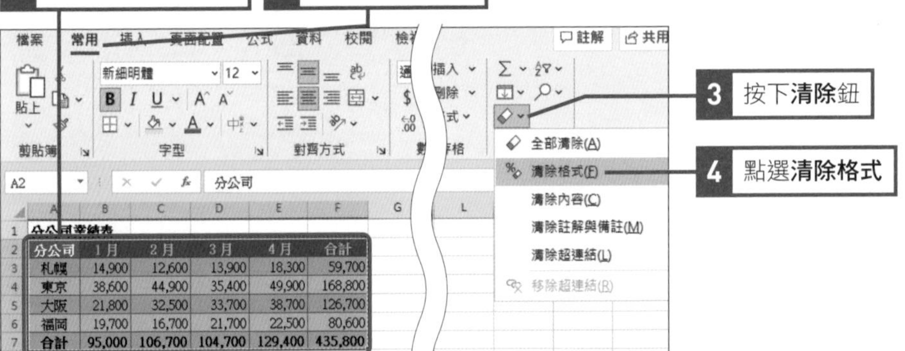


### 錄製前先確認操作步驟

錄製巨集時，在 Excel 中執行的所有操作都會記錄下來，錯誤的操作也會錄下來，因此在錄製巨集之前，請先確認（或演練過）操作步驟。

### 有些操作無法錄製

**錄製巨集**功能並非所有操作都能錄下來，如果要確認該項操作是否能錄製成巨集，可以在停止錄製後，啟動 VBE，確認巨集的內容。參照 啟動 VBE……P.1-12

### 操作錯誤時

在錄製巨集的過程中，若是操作錯誤，請按一下**復原**鈕，可以還原操作，錯誤的操作就不會被錄下來。

| | A | B | C | D | E | F | G | H |
|---|---|---|---|---|---|---|---|---|
| 1 | 分公司業績表 | | | | | | | |
| 2 | 分公司 | 1月 | 2月 | 3月 | 4月 | 合計 | | |
| 3 | 札幌 | 14900 | 12600 | 13900 | 18300 | 59700 | | |
| 4 | 東京 | 38600 | 44900 | 35400 | 49900 | 168800 | | |
| 5 | 大阪 | 21800 | 32500 | 33700 | 38700 | 126700 | | |
| 6 | 福岡 | 19700 | 16700 | 21700 | 22500 | 80600 | | |
| 7 | 合計 | 95000 | 106700 | 104700 | 129400 | 435800 | | |

清除 A2:F7 的儲存格格式

完成操作後，停止錄製巨集

## ● 完成操作後，停止錄製巨集

完成想錄製的操作後，請停止錄製巨集。注意！若是忘記停止錄製巨集，則後續進行的各項操作也會被錄製下來。

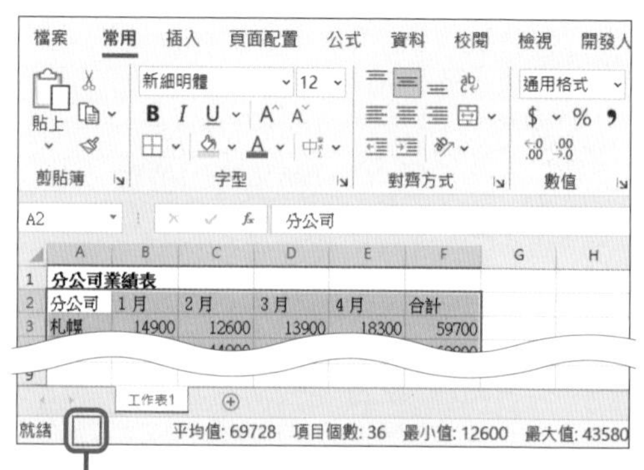


1 按下此圖示

停止錄製巨集，剛才錄製的操作會儲存在巨集裡

**停止錄製巨集**

在**開發人員**頁次的**程式碼**區，按下**停止錄製**鈕，也能停止錄製巨集。

## 切換「以相對位置錄製」或是「以絕對位置錄製」

錄製巨集時，預設是以**絕對位置**錄製。以絕對位置錄製巨集時，會以相同儲存格為對象，例如 A3 儲存格，或 B3:C3 儲存格範圍。而**相對位置**是以儲存格的相對位置為對象，例如作用中儲存格往下兩格的儲存格。

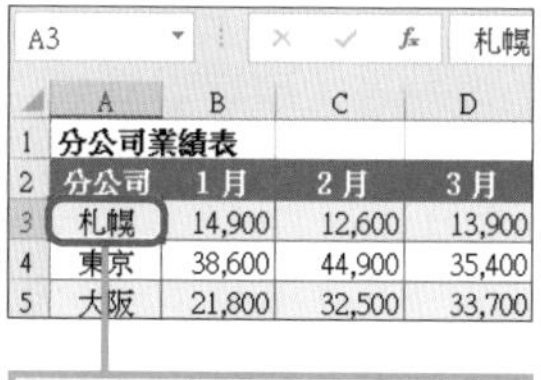


在選取 A3 儲存格的狀態下開始**錄製巨集**，刪除 B3:C3 儲存格的值

在選取 A5 儲存格的狀態下**執行巨集**

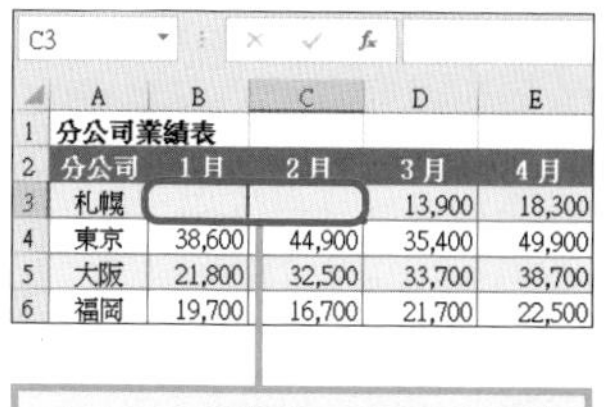


◆以「絕對位置錄製」
執行巨集前不論選取哪個儲存格，都會刪除 B3:C3 儲存格範圍內的值

| | A | B | C | D | E |
|---|---|---|---|---|---|
| 1 | 分公司業績表 | | | | |
| 2 | 分公司 | 1月 | 2月 | 3月 | 4月 |
| 3 | 札幌 | 14,900 | 12,600 | 13,900 | 18,300 |
| 4 | 東京 | 38,600 | 44,900 | 35,400 | 49,900 |
| 5 | 大阪 | | | 33,700 | 38,700 |
| 6 | 福岡 | 19,700 | 16,700 | 21,700 | 22,500 |

◆以「相對位置錄製」
會刪除**執行巨集**前，選取儲存格 (A5) 右邊的第一個與第二個儲存格的值

## ● 以相對位置錄製巨集

要以相對位置錄製巨集，請切換到**開發人員**頁次，在**程式碼**區中按下**以相對位置錄製**鈕 。當**以相對位置錄製**鈕呈按下的狀態（變深灰色），會以選取的儲存格位置為基準，以相對位置錄製巨集。在錄製巨集的過程中，可以隨時切換相對位置或絕對位置。底下是在選取 A3 儲存格的狀態下，以相對位置開始錄製巨集，將 A3:F3 儲存格填滿黃色。 範例 1_2_002.xlsm

先選取 A3 儲存格

開啟**錄製巨集**交談窗錄製巨集

把錄製巨集切換成相對位置

1 切換到**開發人員**頁次

2 按下**以相對位置錄製**鈕

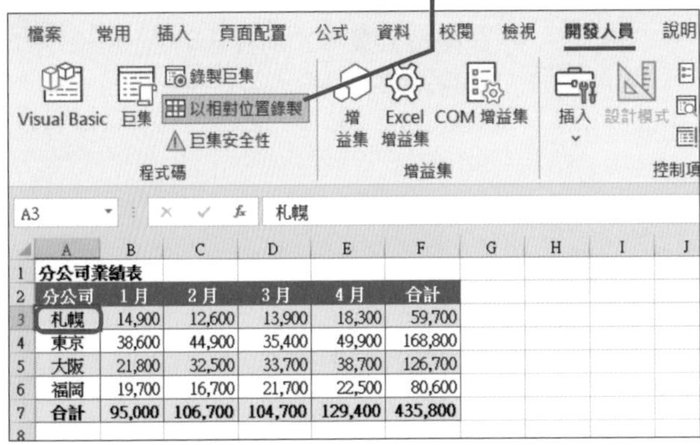

切換成**以相對位置錄製**，之後的操作會以相對位置錄製

3 選取 A3:F3 儲存格

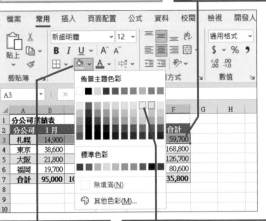

4 按下**填滿色彩**鈕

5 點選想要填滿儲存格的顏色

由於是以相對位置錄製，所以與作用儲存格同一列的 A 欄～ F 欄儲存格顏色會變成黃色並錄製下來

按一下**停止錄製**鈕，停止錄製巨集

### HINT 切換為絕對位置

要切換成絕對位置，請切換到**開發人員**頁次，按下**程式碼**區的**以相對位置錄製**鈕，關閉該功能。即使停止錄製巨集，**以相對位置錄製**也不會自動關閉。所以若是想將**以相對位置錄製**恢復成**以絕對位置錄製**，必須自行關閉才行。

### HINT 錄製巨集時也能隨時切換絕對與相對位置

錄製巨集的過程中，可以開啟或關閉**以相對位置錄製**。我們可以同時建立包含絕對位置與相對位置的巨集。

編註：你可以開啟**完成結果**資料夾的 範例 1_2_002.xlsm 來試試錄製後的結果。請選取 A5 儲存格，按下**開發人員**頁次中的**巨集**鈕，執行**巨集 1**，即可將 A5:F5 儲存格填滿色彩。

# 1-3 編輯巨集

## 編輯已經建立的巨集

使用**錄製巨集**功能建立的巨集會儲存成 VBA 程式碼。因此如果要確認、編輯已經建立的巨集內容，要使用編輯巨集的應用程式 **VBE**(Visual Basic Editor)。

想編輯巨集的內容，必需具備 VBA 方面的知識，詳細說明請參考第 2 章之後的內容。以下先說明啟動 VBE、確認巨集內容及簡單的編輯方法。

參照 VBA 的基礎知識……P.2-1

### 查看錄製的巨集內容

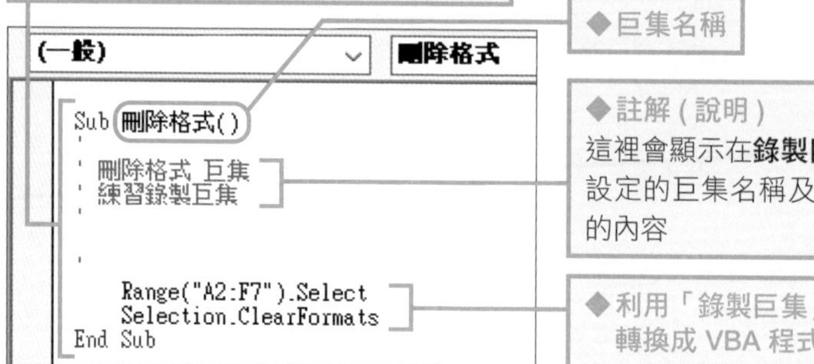
從「Sub 刪除格式 ( )」到「End Sub」就是我們剛才錄製的「刪除格式」巨集
(一般)
刪除格式
Sub 刪除格式()
' 刪除格式 巨集
' 練習錄製巨集
Range("A2:F7").Select
Selection.ClearFormats
End Sub
◆巨集名稱
◆註解 ( 說明 )
這裡會顯示在錄製巨集交談窗中，設定的巨集名稱及在描述欄輸入的內容
◆利用「錄製巨集」功能轉換成 VBA 程式碼

### 程式碼內容

剛才錄製完成的巨集，會轉換成兩行 VBA 程式碼，其意義如下表所示：

| 程式碼 | 意思 |
|---|---|
| Range("A2:F7").Select | 選取 [Select] A2 到 F7 儲存格範圍 [Range("A2:F7")] |
| Selection.ClearFormats | 刪除選取範圍 [Selection] 的格式 [ClearFormats] |

## 編輯巨集

使用 VBE(Visual Basic Editor) 可以編輯巨集內容。以下將說明啟動 VBE、顯示、編輯已經建立的巨集，以及從 VBE 回到 Excel 的方法。

## ● 啟動 VBE

要啟動 VBE 編輯巨集，得先開啟**巨集**交談窗，選取想編輯的巨集後，按下**編輯**鈕就會自動啟動 VBE，顯示巨集內容。

範例 1_3_001.xlsm

開啟含有巨集的活頁簿，並啟動巨集

參照 管理含有巨集的活頁簿……P.1-31

**1** 切換到**開發人員**頁次　**2** 按一下**巨集**鈕

開啟**巨集**交談窗　**3** 選取想編輯的巨集

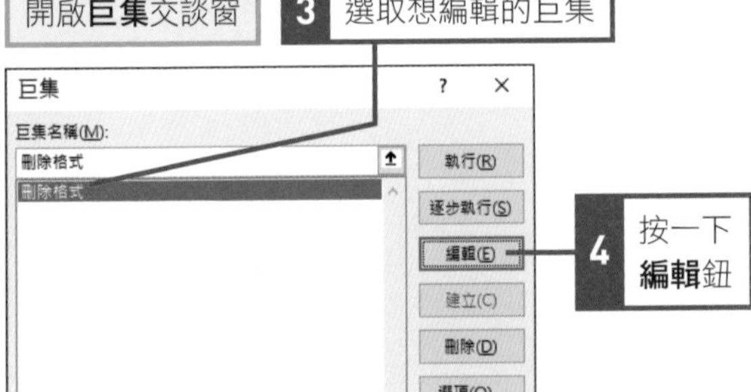


**4** 按一下**編輯**鈕

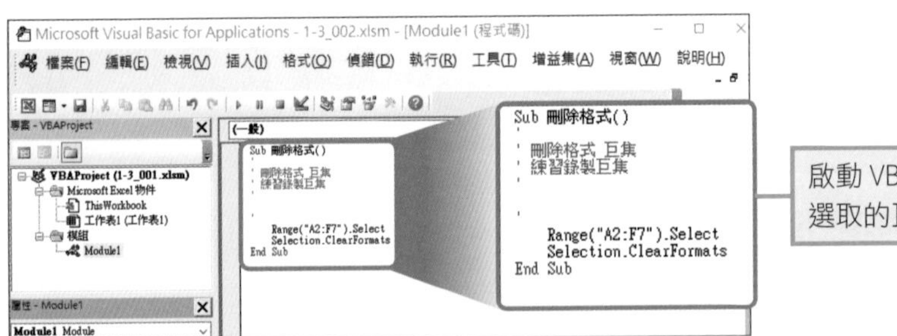


啟動 VBE，顯示選取的巨集內容

> **HINT 使用快速鍵開啟巨集交談窗**
>
> 按下 Alt + F8 鍵，可以立即開啟**巨集**交談窗。

> **HINT 按下「開發人員」頁次的「Visual Basic」鈕啟動 VBE**
>
> 按下**開發人員**頁次**程式碼**區的 **Visual Basic** 鈕，可以啟動 VBE。若是畫面上沒有顯示程式碼，請點選想編輯的**模組**。 參照 模組……P.2-54

> **HINT 只顯示一個活頁簿中的巨集**
>
> 若是在**巨集**交談窗中的**巨集存放在**選擇**所有開啟的活頁簿**，那麼巨集清單會顯示所有開啟的活頁簿巨集清單，並以「活頁簿名稱!巨集名稱」的格式顯示。如果只想顯示目前開啟的活頁簿巨集，請拉下**巨集存放在**列示窗，選擇**現用活頁簿**。

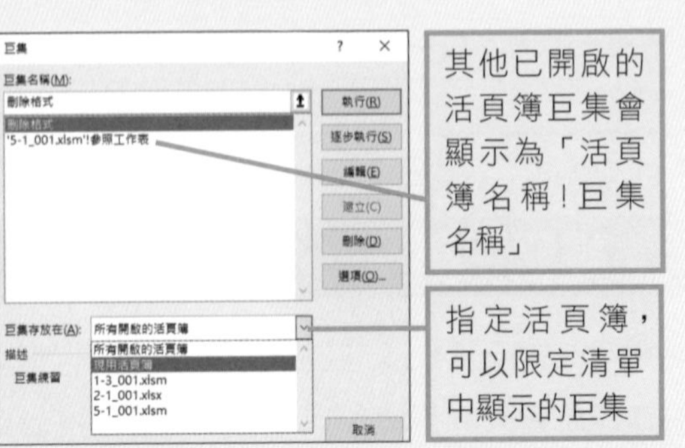


其他已開啟的活頁簿巨集會顯示為「活頁簿名稱!巨集名稱」

指定活頁簿，可以限定清單中顯示的巨集

## ● 修改巨集內容

程式碼中的「Sub」到「End Sub」為一個巨集單位，「Sub」後面會顯示巨集名稱。在**錄製巨集**交談窗中**描述**欄所輸入的內容會顯示成綠色的註解文字，錄製的操作將轉換成程式碼。如果要修改巨集的內容，可以直接更改程式碼。

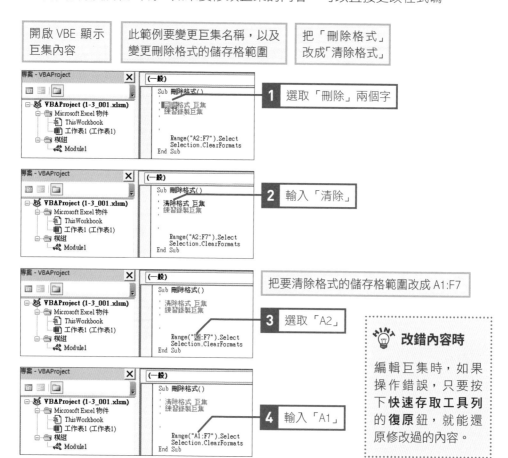

開啟 VBE 顯示巨集內容

此範例要變更巨集名稱，以及變更刪除格式的儲存格範圍

把「刪除格式」改成「清除格式」

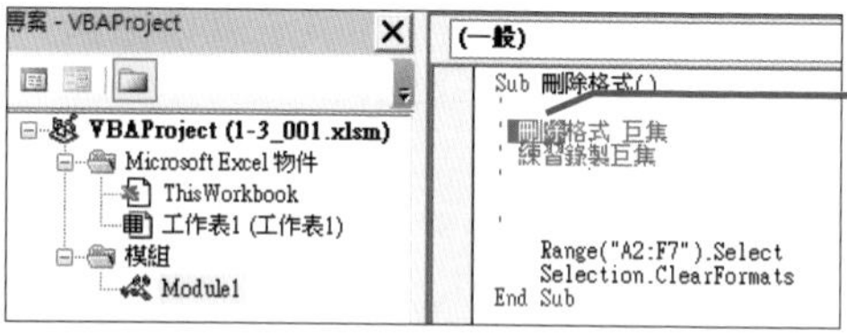

專案 - VBAProject
VBAProject (1-3_001.xlsm)
Microsoft Excel 物件
ThisWorkbook
工作表1 (工作表1)
模組
Module1
(一般)
Sub 刪除格式()
' 刪除格式 巨集
' 練習錄製巨集
Range("A2:F7").Select
Selection.ClearFormats
End Sub


1 選取「刪除」兩個字

Sub 刪除格式()
' 清除格式 巨集
' 練習錄製巨集
Range("A2:F7").Select
Selection.ClearFormats
End Sub


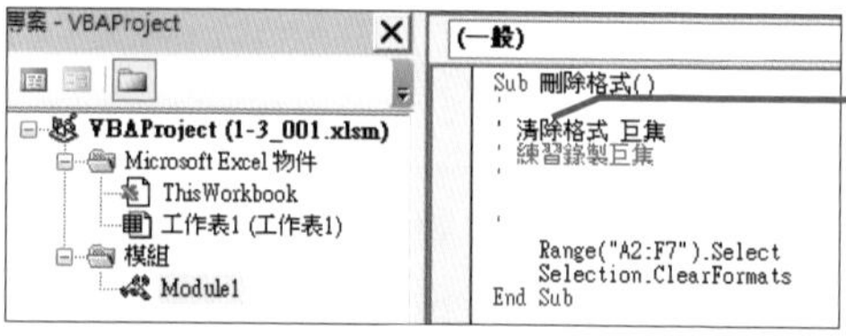

2 輸入「清除」

把要清除格式的儲存格範圍改成 A1:F7

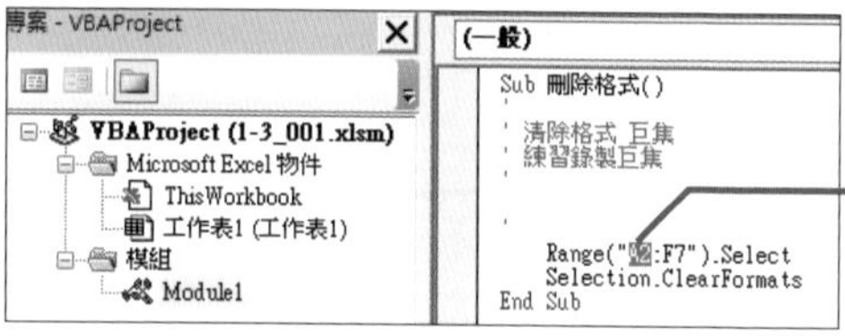

Sub 刪除格式()
' 清除格式 巨集
' 練習錄製巨集
Range("A2:F7").Select
Selection.ClearFormats
End Sub


3 選取「A2」

Sub 刪除格式()
' 清除格式 巨集
' 練習錄製巨集
Range("A1:F7").Select
Selection.ClearFormats
End Sub


4 輸入「A1」

### HINT 改錯內容時

編輯巨集時，如果操作錯誤，只要按下**快速存取工具列**的**復原**鈕，就能還原修改過的內容。

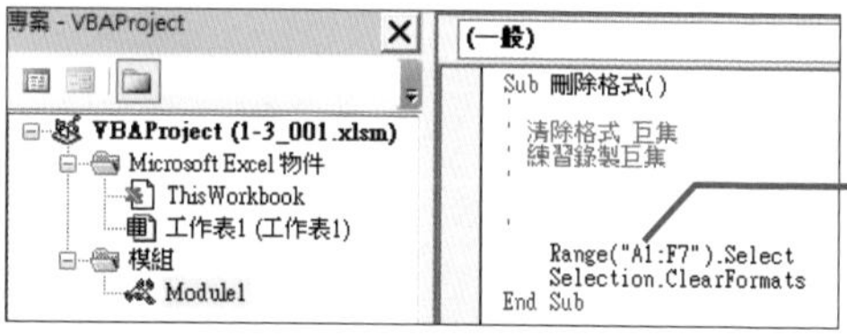

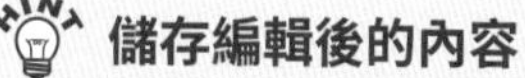

### HINT 儲存編輯後的內容

儲存 Excel 活頁簿的同時也會將巨集的內容儲存起來。按下 VBE **一般**工具列的**儲存（檔案名稱）**鈕，可以儲存 Excel 活頁簿內的巨集。在 Excel 活頁簿未啟用巨集的狀態下儲存檔案時，會顯示與儲存含巨集活頁簿有關的訊息。此時，必須啟用巨集再存檔。

參照 管理含有巨集的活頁簿……P.1-31

Microsoft Visual Basic for Applications - 1-3_002.xlsm -
檔案(F) 編輯(E) 檢視(V) 插入(I) 格式(O) 偵錯(D)
Sub 刪除格式()
' 清除格式 巨集
' 練習錄製巨集
Range("A1:F7").Select
Selection.ClearFormats
End Sub


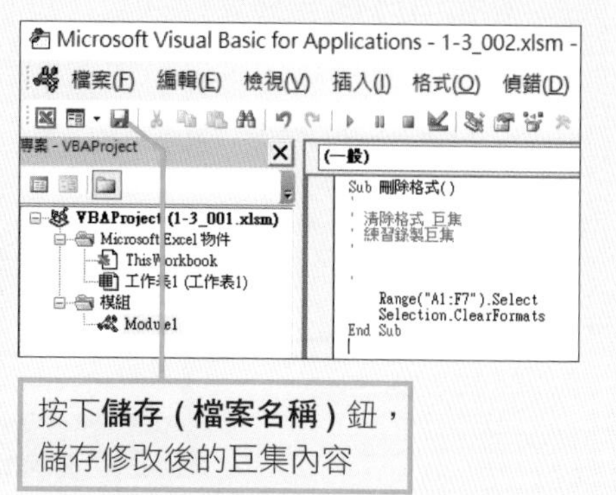

按下**儲存（檔案名稱）**鈕，儲存修改後的巨集內容

## ● 從 VBE 畫面切回 Excel 畫面

啟動 VBE 後也可以切回 Excel 的工作表畫面，想一邊確認儲存格位置或工作表，一邊編輯巨集時，這項功能就很方便。請在 VBE 中按下**一般工具列的檢視 Microsoft Excel** 鈕。

1 按下**檢視 Microsoft Excel** 鈕

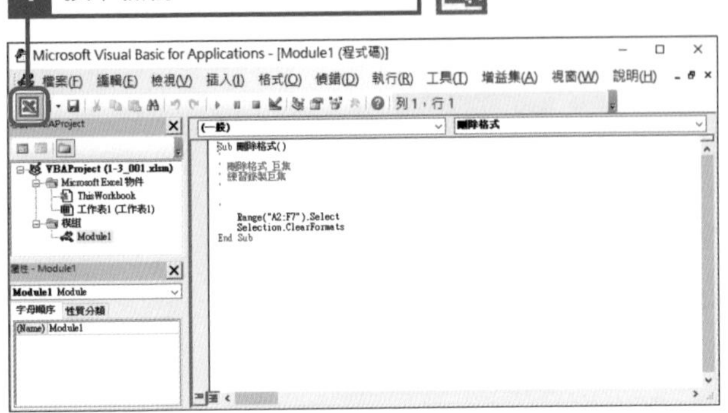

**關閉 VBE 再切換到 Excel**

要結束 VBE 切回到 Excel，請執行『**檔案／關閉並回到 Microsoft Excel**』。

參照 關閉 VBE……P.2-50

從 VBE 切回 Excel 畫面

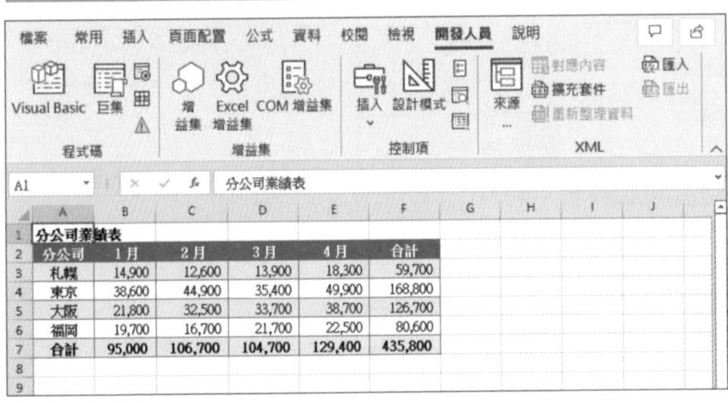

| | A | B | C | D | E | F |
|---|---|---|---|---|---|---|
| 1 | 分公司業績表 | | | | | |
| 2 | 分公司 | 1月 | 2月 | 3月 | 4月 | 合計 |
| 3 | 札幌 | 14,900 | 12,600 | 13,900 | 18,300 | 59,700 |
| 4 | 東京 | 38,600 | 44,900 | 35,400 | 49,900 | 168,800 |
| 5 | 大阪 | 21,800 | 32,500 | 33,700 | 38,700 | 126,700 |
| 6 | 福岡 | 19,700 | 16,700 | 21,700 | 22,500 | 80,600 |
| 7 | 合計 | 95,000 | 106,700 | 104,700 | 129,400 | 435,800 |

**HINT 關閉 Excel 的同時也會關閉 VBE**

VBE 是 Excel 的附屬應用程式，因此從 VBE 切回 Excel 畫面，關閉 Excel 也會同時關閉 VBE。

**HINT 使用快速鍵切回 Excel 畫面**

按下 Alt ＋ F11 鍵，也可以切回 Excel 畫面。

**HINT 使用工作列的按鈕進行切換**

按下工作列的按鈕，也可以進行切換。當按鈕已經群組化時，按一下 Microsoft Office Excel 鈕，再按下想切換的活頁簿名稱。

1 按下工作列上的 Microsoft Office Excel 鈕

2 點選想切換的活頁簿

## 刪除巨集

如果要刪除不需要的巨集，可以開啟**巨集**交談窗，選取要刪除的巨集後，按下**刪除**鈕。

範例 1-3_002.xlsm

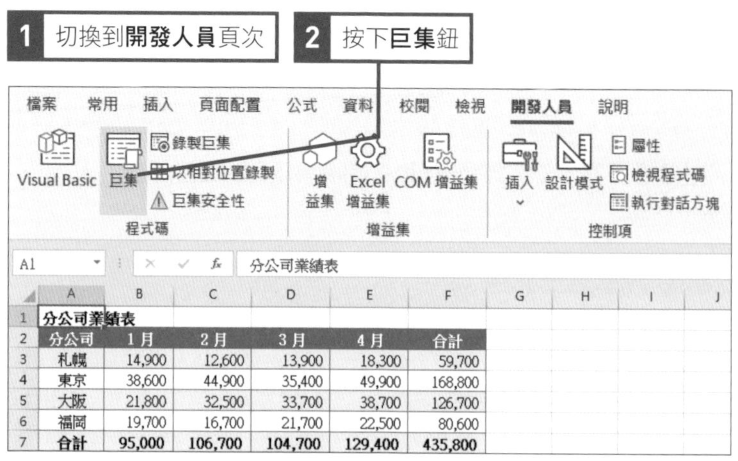


| | A | B | C | D | E | F |
|---|---|---|---|---|---|---|
| 1 | 分公司業績表 | | | | | |
| 2 | 分公司 | 1月 | 2月 | 3月 | 4月 | 合計 |
| 3 | 札幌 | 14,900 | 12,600 | 13,900 | 18,300 | 59,700 |
| 4 | 東京 | 38,600 | 44,900 | 35,400 | 49,900 | 168,800 |
| 5 | 大阪 | 21,800 | 32,500 | 33,700 | 38,700 | 126,700 |
| 6 | 福岡 | 19,700 | 16,700 | 21,700 | 22,500 | 80,600 |
| 7 | 合計 | 95,000 | 106,700 | 104,700 | 129,400 | 435,800 |

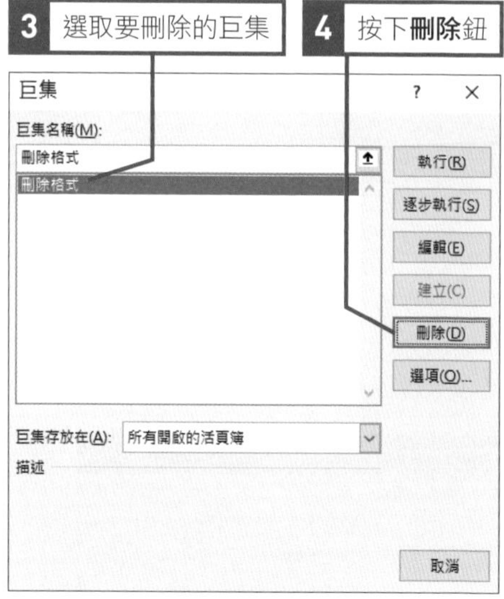


顯示確認是否刪除的訊息

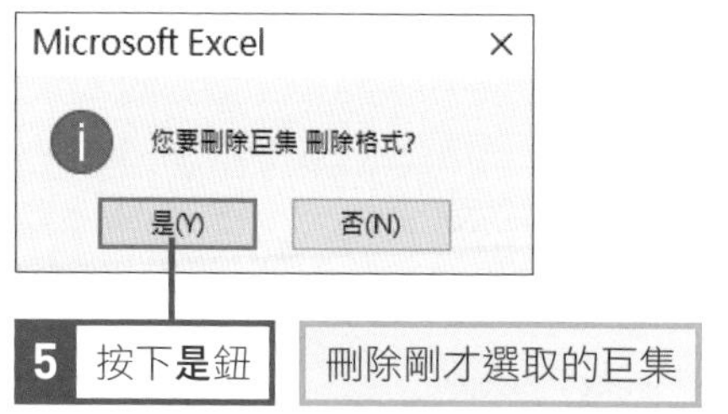

### HINT 用快速鍵開啟「巨集」交談窗

按下 Alt ＋ F8 鍵，也可以開啟**巨集**交談窗。

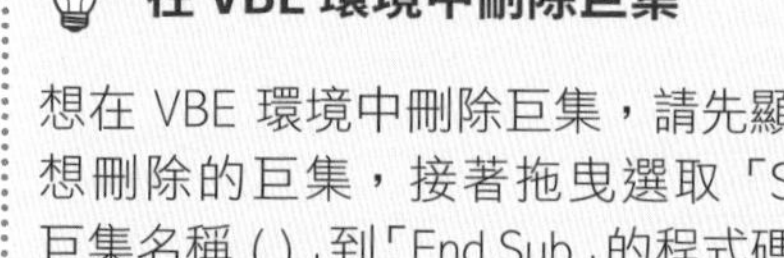

### HINT 在 VBE 環境中刪除巨集

想在 VBE 環境中刪除巨集，請先顯示想刪除的巨集，接著拖曳選取「Sub 巨集名稱 ( )」到「End Sub」的程式碼，再按下 Delete 鍵。

先在 VBE 顯示巨集

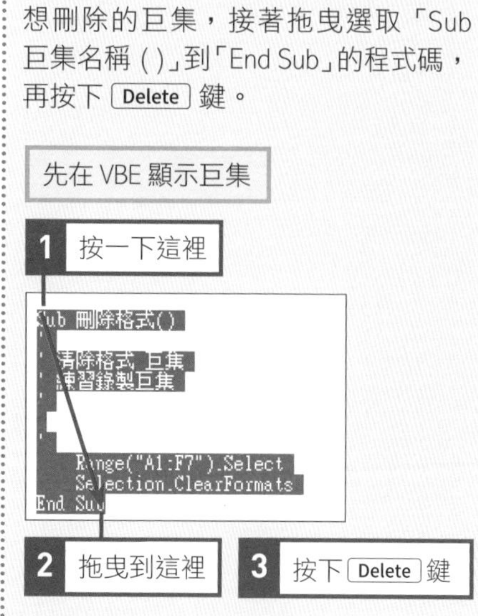

# 1-4 執行巨集

## 執行巨集的方法

執行巨集的方法有很多種，包括在**巨集**交談窗中執行、在 VBE 環境下執行。或是替巨集設定快速鍵、在工作表或**快速存取工具列**中建立按鈕或圖形來指定巨集。

### 執行巨集

**在 Excel 執行巨集**

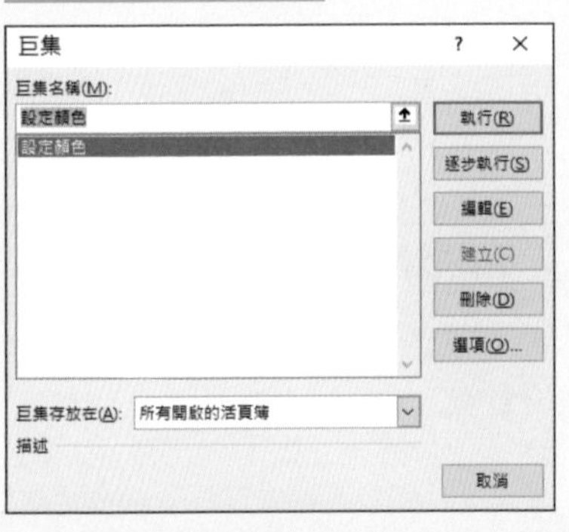


**在 VBE 執行巨集**

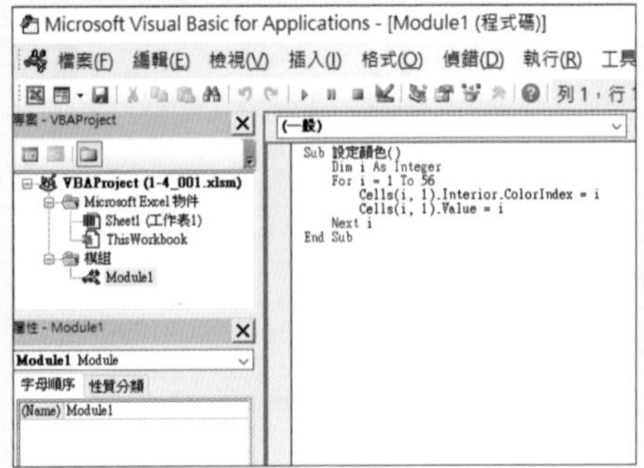


### 指定巨集

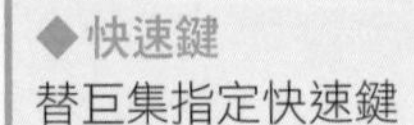


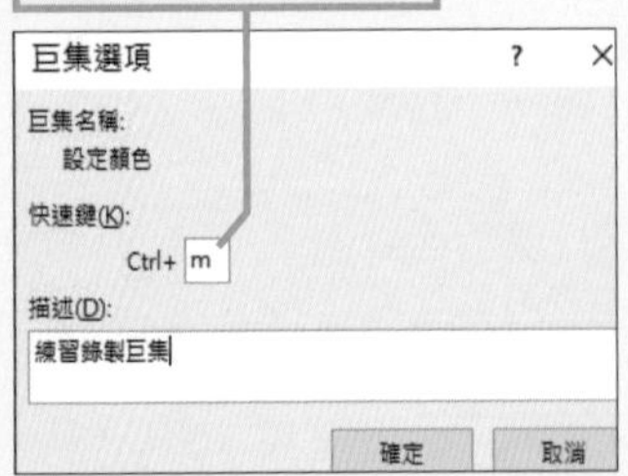


◆按鈕（控制項）

在工作表中建立按鈕指定巨集

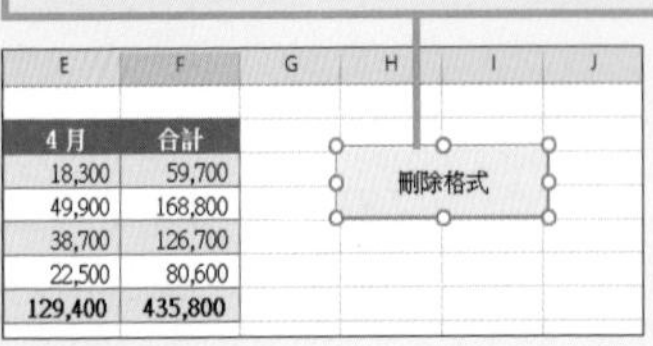


◆快速存取工具列

將巨集指定為**快速存取工具列**上的按鈕

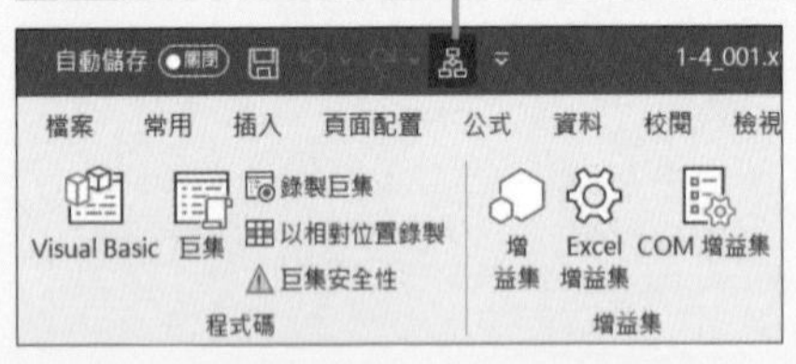


◆圖形

在工作表中的圖形、影像、SmartArt、圖表上指定巨集

| 3 月 | 4 月 | 合計 |
|---|---|---|
| 13,900 | 18,300 | 59,700 |
| 35,400 | 49,900 | 168,800 |
| 33,700 | 38,700 | 126,700 |
| 21,700 | 22,500 | 80,600 |
| 104,700 | 129,400 | 435,800 |

# 如何執行巨集？

建立巨集後，請執行巨集看看，確認錄製的各項操作是否正確。執行巨集的方法包括從**巨集**交談窗中執行或是在 VBE 環境中執行。

## ● 在「巨集」交談窗中執行巨集

要執行巨集可以開啟**巨集**交談窗，選取想執行的巨集後，按下**執行**鈕。以下範例要執行「設定顏色」巨集，在 A1:A56 儲存格填滿對應索引編號的顏色。

範例 1-4_001.xlsm

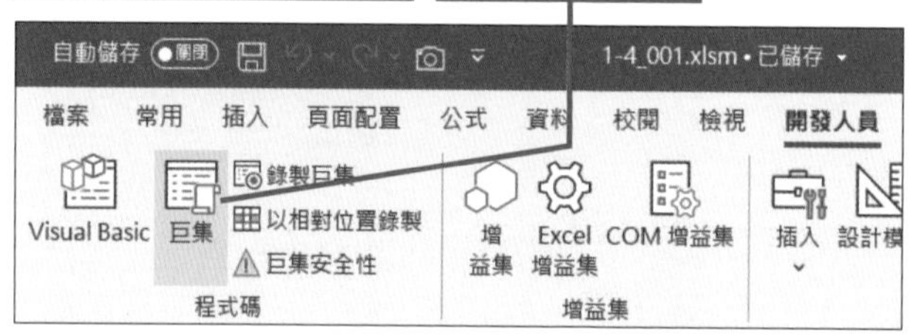


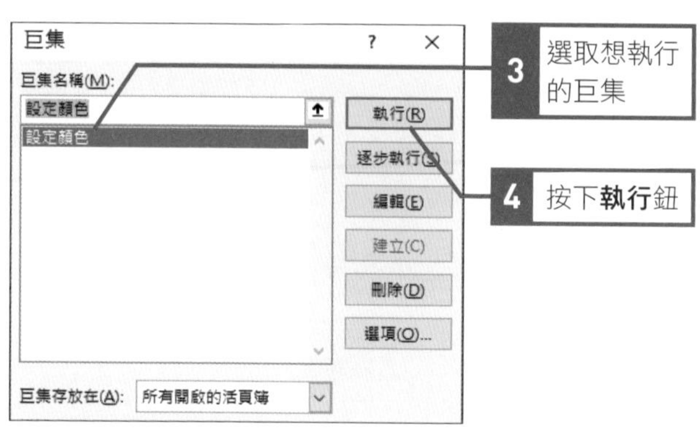


執行巨集

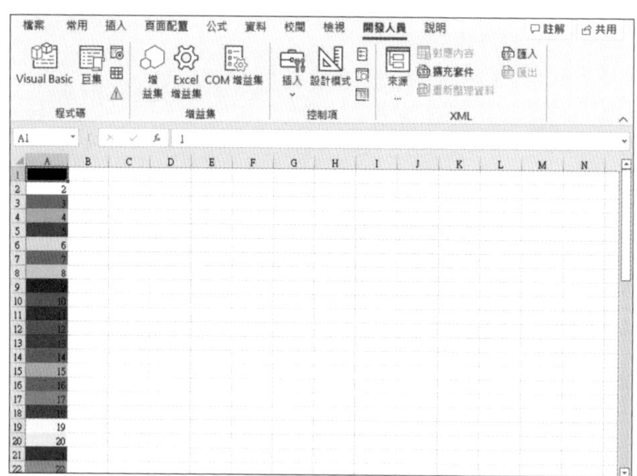

在 A1:A56 儲存格填滿對應索引編號的顏色

### 想取消執行巨集後的處理

**請注意！**利用巨集執行的處理無法使用**復原**鈕取消。因此在執行巨集前，請先另存一份原始資料，或是使用測試資料來執行。此外，巨集內若是沒有儲存活頁簿的操作，執行巨集後不會儲存活頁簿，可以直接將檔案關閉後再重新開啟，這樣也能恢復成巨集執行前的狀態。

### 顏色索引編號

顏色索引編號是指可以設定儲存格或文字顏色的色彩編號。數字由 1 到 56，可以利用 ColorIndex 屬性取得、設定顏色。

## ● 在 VBE 環境中執行巨集

要在 VBE 環境中執行巨集，請先將滑鼠指標移到程式碼中，再按下**一般**工具列的**執行 Sub 或 UserForm** 鈕 ▶。這個方法對於想一邊編輯巨集，一邊確認動作時非常方便。此外，將 Excel 與 VBE 視窗並排顯示，也可以立即確認巨集的執行結果。

啟動 VBE，顯示要執行的巨集

如果 VBE 視窗為最大化時，請縮小 VBE 的視窗，才能一邊確認執行結果

**1** 按下**往下還原**鈕

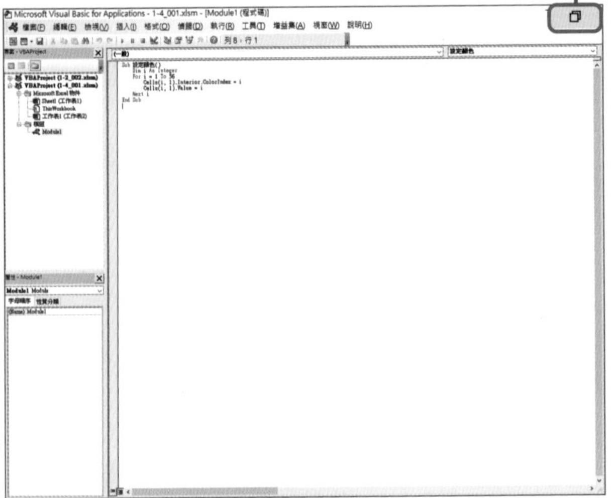

同時顯示 Excel 的工作表與 VBE

**2** 將滑鼠指標移到程式碼裡

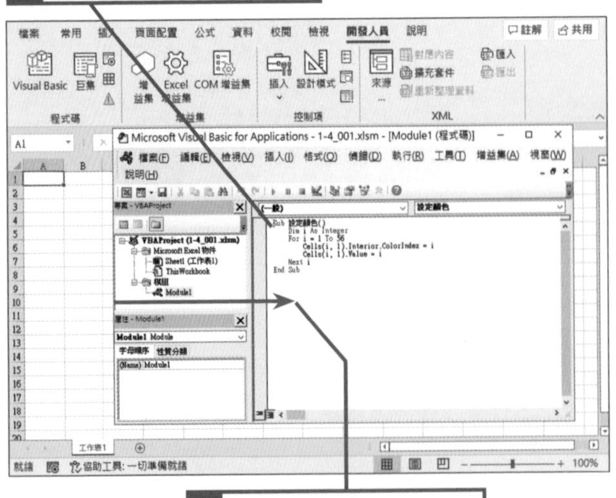

**3** 將 VBE 視窗拖曳到此處

**HINT 在 VBE 中執行巨集也同時顯示 Excel 畫面**

在 VBE 中執行巨集時，若 VBE 視窗呈現最大化的狀態，無法立即確認巨集的執行結果。因此，請縮小 VBE 視窗顯示 Excel 工作表，以便觀看執行結果。

**HINT 將滑鼠指標移到「Sub」與「End Sub」之間**

要在 VBE 中執行巨集時，請在程式碼視窗按一下，將滑鼠指標移到「Sub」與「End Sub」之間即可。

**HINT 用快速鍵執行巨集**

在 VBE 環境中，只要滑鼠指標位於該巨集內，按下 F5 鍵也可以執行巨集。

執行巨集

4 將滑鼠指標移到程式碼中

5 按下**執行 Sub 或 UserForm** 鈕

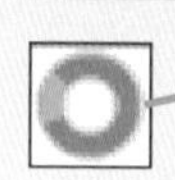

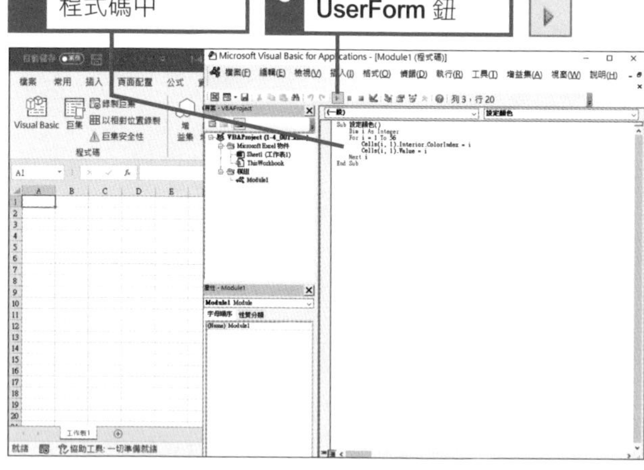

執行剛才選取的巨集

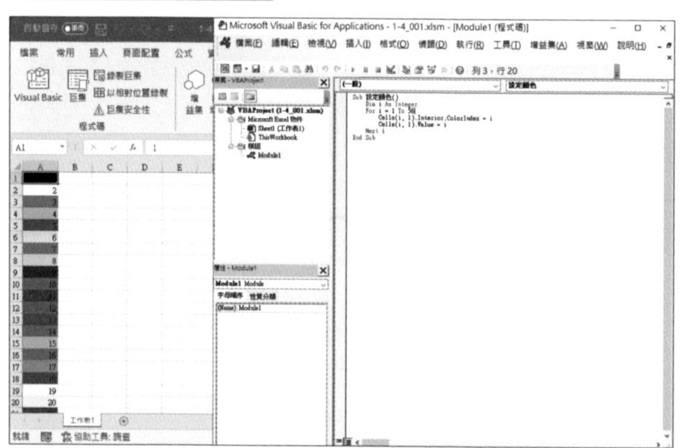

在 A1:A56 儲存格填滿對應顏色索引編號的顏色

### 執行巨集時的滑鼠指標形狀

執行巨集時，滑鼠指標的形狀會改變。在這種狀態下，無法執行其他操作。如果是瞬間完成處理的巨集，滑鼠指標的形狀不會出現變化。

執行巨集時的滑鼠指標

### 中斷執行中的巨集

如果要中斷執行中的巨集，可按下 Esc 鍵或 Ctrl ＋ Break 鍵。中斷巨集後，會顯示如圖的訊息。按下**繼續**鈕，會繼續執行巨集；按下**結束**鈕，會停止執行巨集；按下**偵錯**鈕，巨集會進入中斷模式顯示 VBE。即使中斷巨集，已經執行完畢的處理也無法復原。

先執行巨集

1 按下 Esc 鍵

中斷執行的巨集

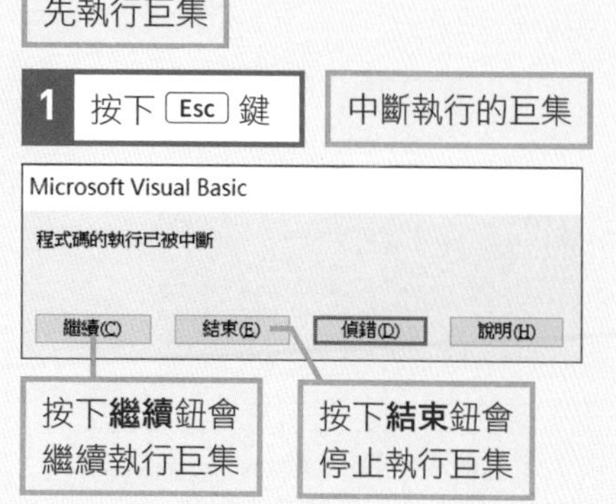


按下**繼續**鈕會繼續執行巨集

按下**結束**鈕會停止執行巨集

# 設定巨集的快速鍵

替建立好的巨集設定快速鍵，就能立即執行巨集。要替巨集設定快速鍵，請按下**巨集**交談窗中的**選項**鈕，在**巨集選項**交談窗做設定。 範例 1-4_002.xlsm

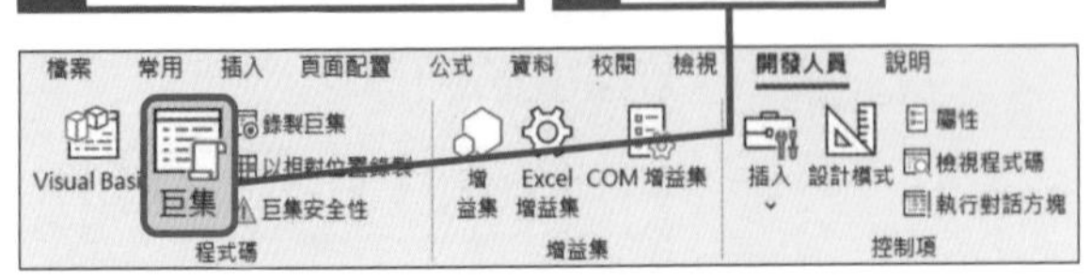


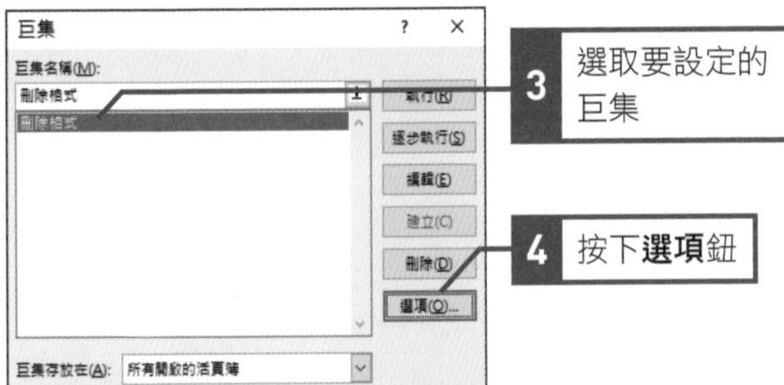


開啟**巨集選項**交談窗 設定快速鍵

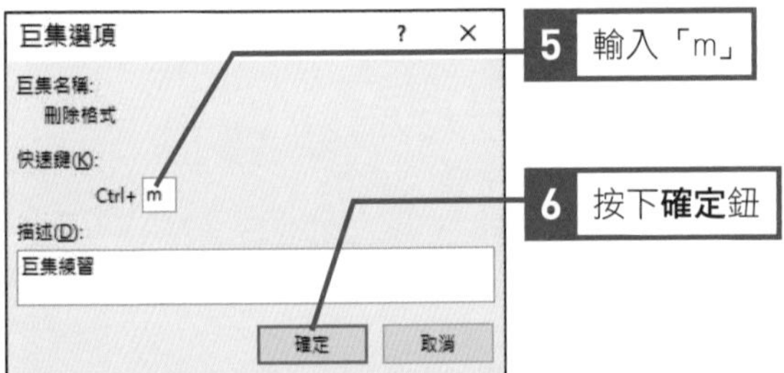


7 按下**巨集**交談窗的**關閉**鈕 ×

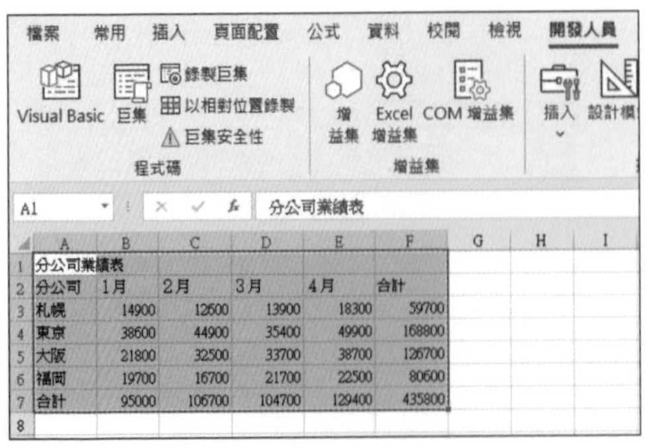


| | A | B | C | D | E | F |
|---|---|---|---|---|---|---|
| 1 | 分公司業績表 | | | | | |
| 2 | 分公司 | 1月 | 2月 | 3月 | 4月 | 合計 |
| 3 | 札幌 | 14900 | 12500 | 13900 | 18300 | 59700 |
| 4 | 東京 | 38600 | 44900 | 35400 | 49900 | 168800 |
| 5 | 大阪 | 21800 | 32500 | 33700 | 38700 | 126700 |
| 6 | 福岡 | 19700 | 16700 | 21700 | 22500 | 80600 |
| 7 | 合計 | 95000 | 106700 | 104700 | 129400 | 435800 |

按下剛才設定的快速鍵 ( 此例是設成 Ctrl + M 鍵 )，就會執行巨集

### HINT 在建立新巨集時，就設定快速鍵

以**錄製巨集**功能建立新巨集時，若要設定快速鍵，可以在**錄製巨集**交談窗中做設定。

參照 錄製巨集……P.1-5

### HINT 替巨集設定快速鍵的注意事項

設定巨集的快速鍵，其優先順序會高於 Excel 預設的快速鍵。假設把執行複製命令的 Ctrl + C 鍵設成執行巨集的快速鍵，當開啟含巨集的活頁簿時，就無法使用該快速鍵執行複製的操作了。

### HINT 快速鍵可用的組合

可以設成巨集快速鍵的組合包括 Ctrl + A 到 Z 鍵，以及 Ctrl + Shift + A 到 Z 字母鍵。要用 Ctrl + Shift + 任意字母鍵，請按住 Shift 鍵不放再按一下半形字母鍵。

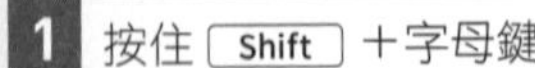

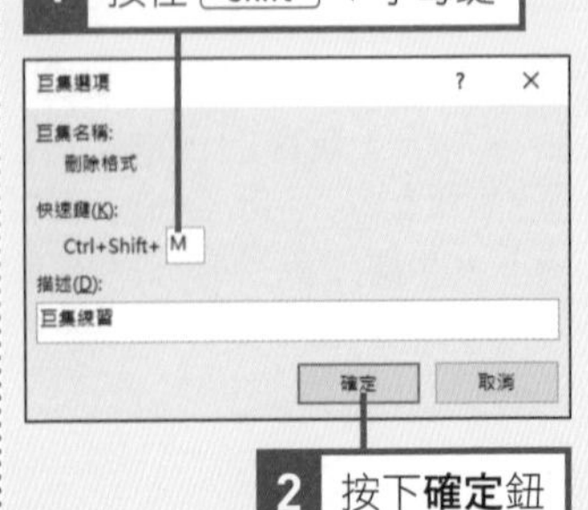

# 在「快速存取工具列」建立巨集按鈕

我們可以在 Excel 的**快速存取工具列**新增執行巨集的按鈕。開啟活頁簿時，只要按下按鈕就可以執行巨集。把按鈕新增在活頁簿中，只有開啟活頁簿時才會顯示按鈕。此外，還可以更改按鈕的圖示。

## ● 新增巨集按鈕

要將巨集製作成**快速存取工具列**的按鈕，可以在 **Excel 選項**交談窗中的**快速存取工具列**新增巨集按鈕。

範例 1-4_003.xlsm

在**快速存取工具列**指定巨集

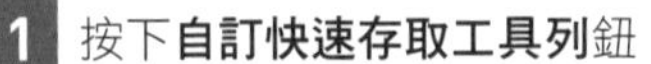

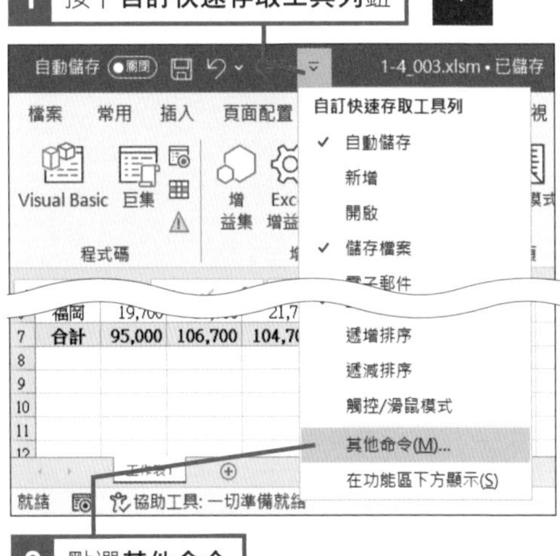


2 點選**其他命令**

開啟 **Excel 選項**交談窗

3 點選**快速存取工具列**

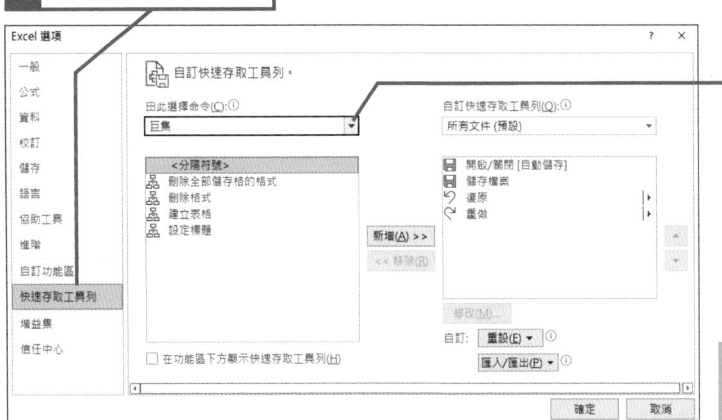


4 按下箭頭，選擇**巨集**

顯示開啟中活頁簿內含的巨集

> **HINT 使用其他方法開啟「Excel 選項」交談窗的「自訂快速存取工具列」**
>
> 在**快速存取工具列**的按鈕上按滑鼠右鍵，執行**自訂快速存取工具列**命令，也會開啟 **Excel 選項**交談窗中的**快速存取工作列**。
>
> 1 在此按下滑鼠右鍵
>
> 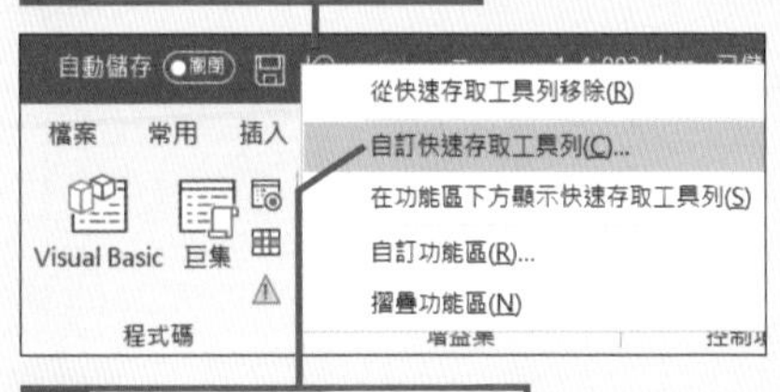
> 
>
> 2 執行『**自訂快速存取工具列**』命令

把按鈕新增到活頁簿

**5** 按下此箭頭，選擇「( 要新增按鈕的活頁簿名稱 )」

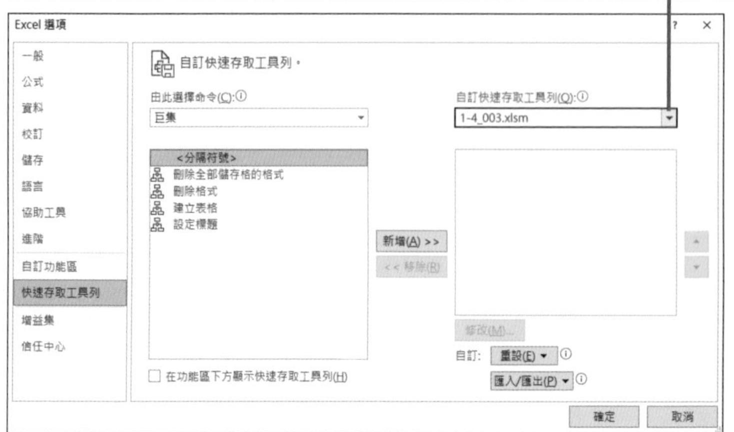

將按鈕新增到指定的活頁簿

**6** 點選要建立成按鈕的巨集

**7** 按下**新增**鈕

新增巨集到活頁簿

**8** 按下**確定**鈕

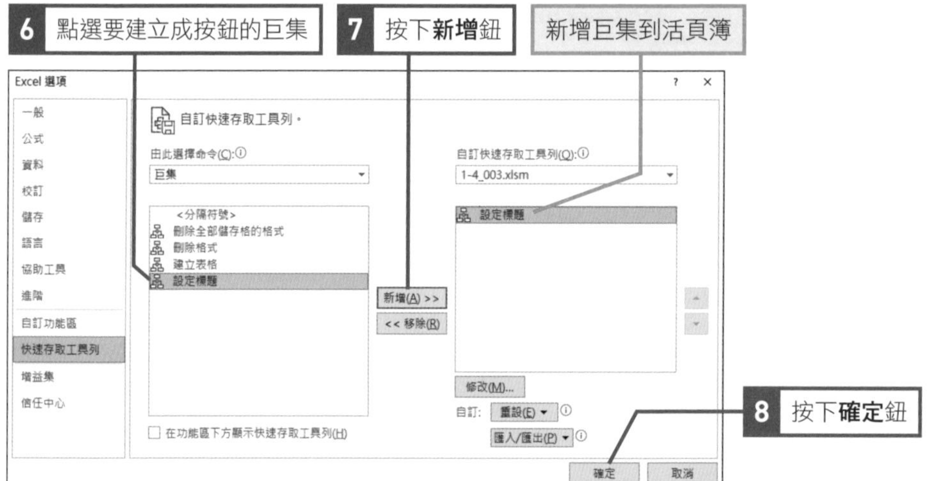

### 讓「快速存取工具列」恢復成預設狀態

如果要讓**快速存取工具列**的按鈕恢復成預設狀態，可以點選 **Excel 選項**交談窗的**快速存取工具列**，在右側的**自訂快速存取工具列**中，選取想恢復原狀的對象（例如所有文件），再按下**重設**鈕。

### 以所有文件為對象，在「快速存取工具列」新增按鈕的注意事項

**自訂快速存取工具列**的預設值是**所有文件（預設）**。在此狀態下，新增按鈕時，每次啟動 Excel，都會顯示該按鈕。在**快速存取工具列**新增巨集按鈕後，如果沒有開啟包含該巨集的活頁簿，按下該按鈕時，就會開啟活頁簿並執行巨集。為了避免不小心誤按按鈕而執行巨集，最好設定成只在開啟指定活頁簿時才會顯示按鈕。

### 刪除新增的按鈕

如果要刪除新增到**快速存取工具列**的按鈕，請在按鈕上按下滑鼠右鍵，執行『**從快速存取工具列移除**』命令。

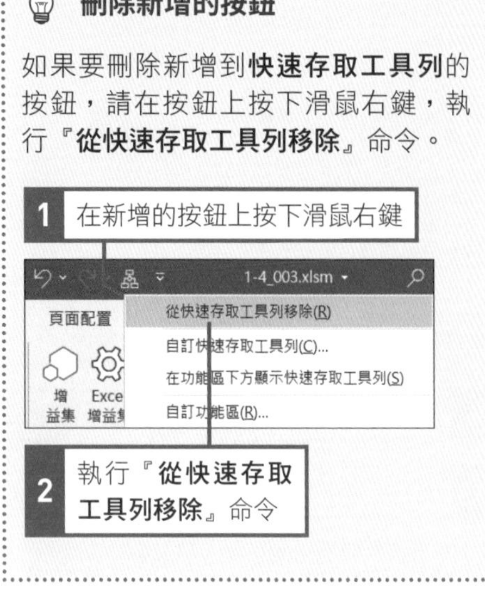


## ● 改變巨集按鈕的圖示

新增到**快速存取工具列**的巨集按鈕，會使用預設的按鈕圖示。此外，Microsoft 365 的 Excel 與 Excel 2021/2019/2016/2013 的按鈕圖示設計及顏色不同。

範例 1-4_004.xlsm

開啟 **Excel 選項**交談窗

參照 在「快速存取工具列」建立巨集按鈕……P.1-21

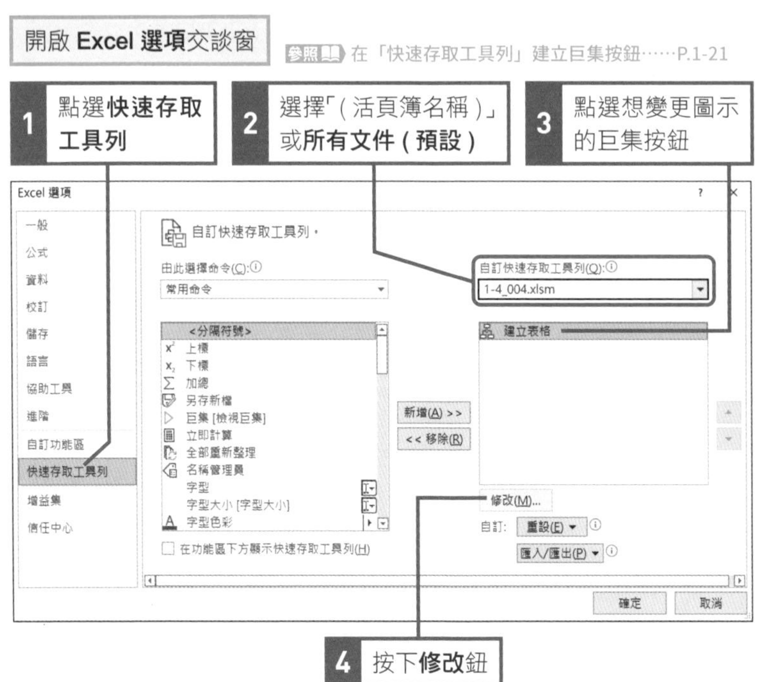

開啟**修改按鈕**交談窗

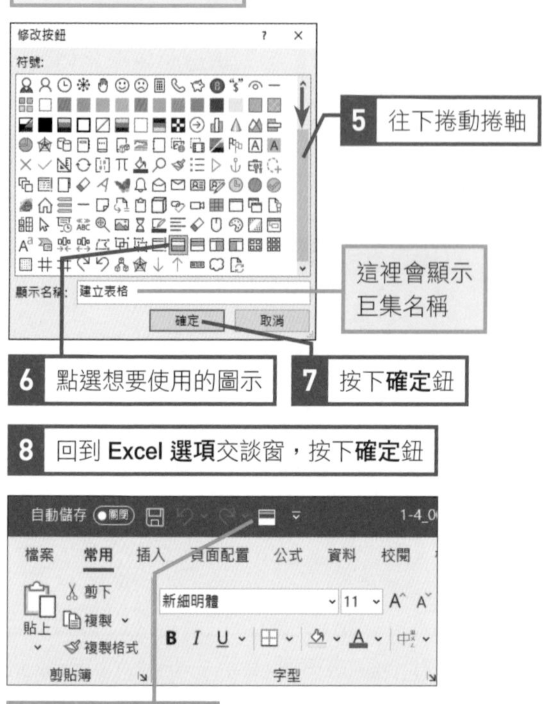


> **HINT 更改滑鼠指到按鈕時顯示的說明文字**
>
> 當滑鼠指標移到**快速存取工具列**上的按鈕時，會顯示按鈕的說明文字，預設是顯示巨集名稱，你可以在**修改按鈕**交談窗中，改成更容易辨識的文字。
>
> 
> 

## 在工作表中建立巨集按鈕，按一下即可執行巨集

在工作表中建立執行巨集的按鈕，日後只要按下按鈕就可以立即執行巨集。要新增按鈕，請在**控制項**區按下**插入**鈕。

範例 1-4_005.xlsm

在**控制項**區建立巨集按鈕

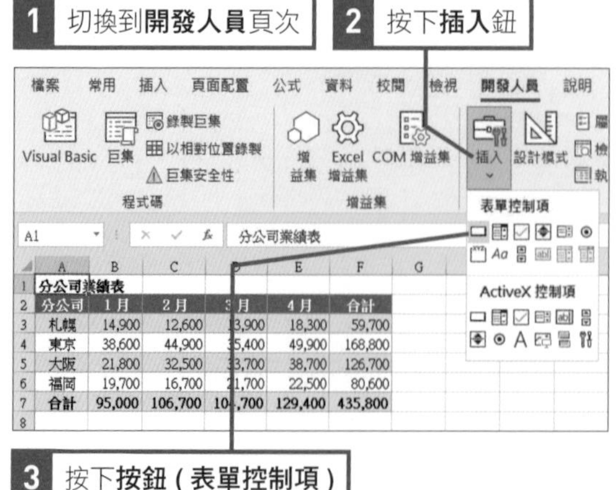


> **HINT 「表單控制項」與「ActiveX 控制項」**
>
> 可以在工作表中建立的按鈕有兩類，分別是**表單控制項**與 **ActiveX 控制項**。新增**按鈕 ( 表單控制項 )** 時，會自動開啟**指定巨集**交談窗，可以把已經建立的巨集指定在按鈕中。
>
> 新增 **ActiveX 控制項**的按鈕時，必須用程式碼直接編寫按下按鈕後要執行的處理。
>
> 參照 在工作表使用自訂表單……P.13-94

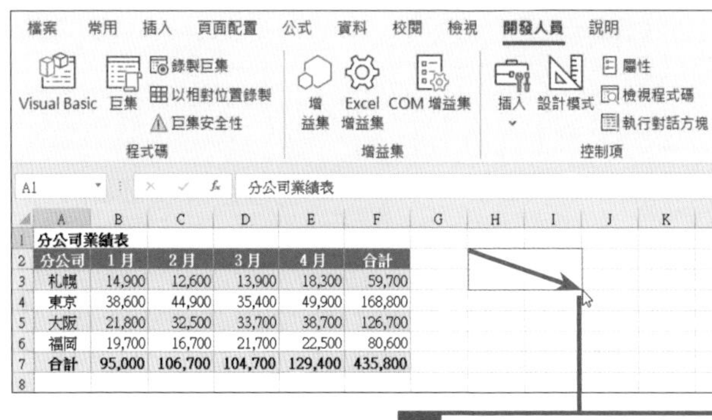


**4** 拖曳建立按鈕的範圍

建立按鈕後，自動開啟**指定巨集**交談窗

指定巨集

**5** 點選要指定到按鈕上的巨集

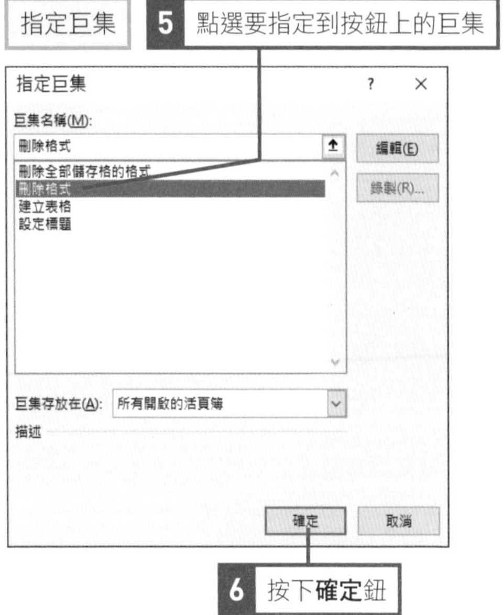


**6** 按下**確定**鈕

更改按鈕上的文字

**7** 拖曳選取按鈕上的文字

| | A | B | C | D | E | F |
|---|---|---|---|---|---|---|
| 1 | 分公司業績表 | | | | | |
| 2 | 分公司 | 1月 | 2月 | 3月 | 4月 | 合計 |
| 3 | 札幌 | 14,900 | 12,600 | 13,900 | 18,300 | 59,700 |
| 4 | 東京 | 38,600 | 44,900 | 35,400 | 49,900 | 168,800 |
| 5 | 大阪 | 21,800 | 32,500 | 33,700 | 38,700 | 126,700 |
| 6 | 福岡 | 19,700 | 16,700 | 21,700 | 22,500 | 80,600 |
| 7 | 合計 | 95,000 | 106,700 | 104,700 | 129,400 | 435,800 |

按鈕 1

**8** 輸入要顯示在按鈕上的文字

### HINT 在圖案上指定巨集

在工作表中插入的圖案也可以指定巨集。只要在圖案上按下滑鼠右鍵，執行『**指定巨集**』命令，即會開啟**指定巨集**交談窗讓你指定巨集。

除了圖案，影像、SmartArt 也都可以指定巨集。

範例 1-4_006.xlsm

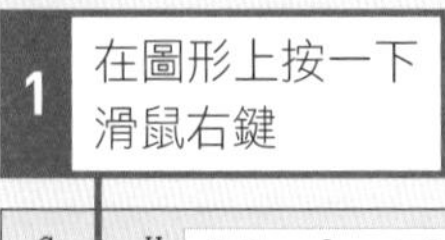


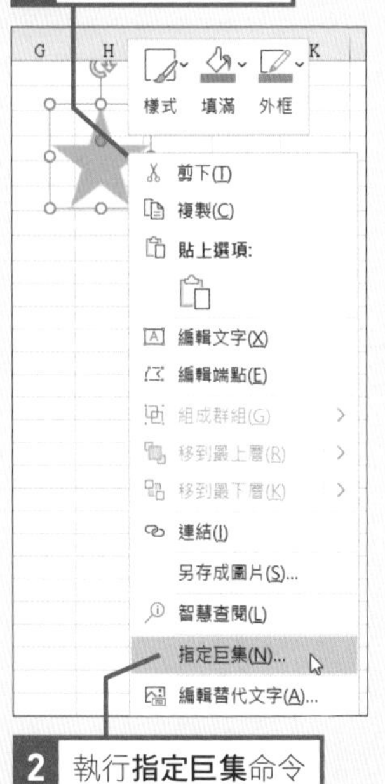


**2** 執行**指定巨集**命令

### HINT 編輯按鈕的技巧

按住 Ctrl 鍵不放，再點選按鈕，可進入編輯狀態，此時可以移動按鈕、改變大小、修改按鈕文字。

9 點選任意一個儲存格，即可完成按鈕文字的輸入
在按鈕上輸入文字
刪除格式

| | A | B | C | D | E | F |
|---|---|---|---|---|---|---|
| 1 | 分公司業績表 | | | | | |
| 2 | 分公司 | 1月 | 2月 | 3月 | 4月 | 合計 |
| 3 | 札幌 | 14,900 | 12,600 | 13,900 | 18,300 | 59,700 |
| 4 | 東京 | 38,600 | 44,900 | 35,400 | 49,900 | 168,800 |
| 5 | 大阪 | 21,800 | 32,500 | 33,700 | 38,700 | 126,700 |
| 6 | 福岡 | 19,700 | 16,700 | 21,700 | 22,500 | 80,600 |
| 7 | 合計 | 95,000 | 106,700 | 104,700 | 129,400 | 435,800 |

在按鈕上指定了巨集

| | A | B | C | D | E | F |
|---|---|---|---|---|---|---|
| 1 | 分公司業績表 | | | | | |
| 2 | 分公司 | 1月 | 2月 | 3月 | 4月 | 合計 |
| 3 | 札幌 | 14,900 | 12,600 | 13,900 | 18,300 | 59,700 |
| 4 | 東京 | 38,600 | 44,900 | 35,400 | 49,900 | 168,800 |
| 5 | 大阪 | 21,800 | 32,500 | 33,700 | 38,700 | 126,700 |
| 6 | 福岡 | 19,700 | 16,700 | 21,700 | 22,500 | 80,600 |
| 7 | 合計 | 95,000 | 106,700 | 104,700 | 129,400 | 435,800 |

刪除格式

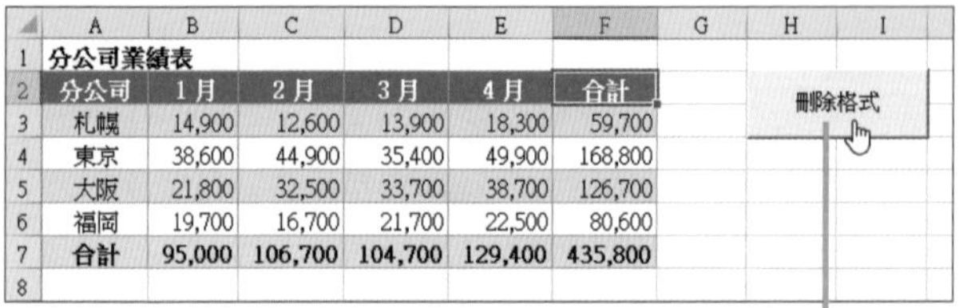

當滑鼠指標移到按鈕上，就會變成手的形狀，按一下即可執行指定的巨集

### HINT 更改巨集按鈕名稱

如果要更改按鈕名稱，請在按鈕上按下滑鼠右鍵，執行『**編輯文字**』命令。當按鈕上顯示滑鼠指標後，選取文字按下 Delete 鍵或 Back space 鍵，可以刪除原本的文字，重新輸入新的名稱。

### HINT 刪除指定的巨集

要刪除按鈕上指定的巨集，請在按鈕上按一下滑鼠右鍵，執行『**指定巨集**』命令，開啟**指定巨集**交談窗，刪除**巨集名稱**欄中的巨集名稱，再按下**確定**鈕。

1 在按鈕上按滑鼠右鍵

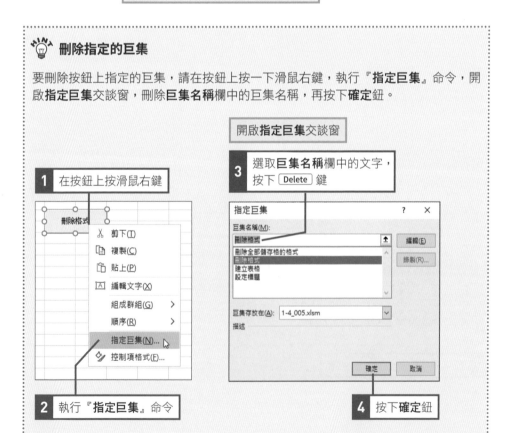

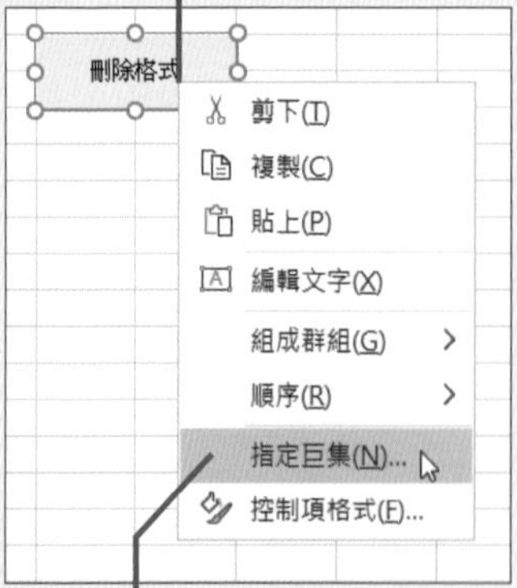

刪除格式
剪下(T)
複製(C)
貼上(P)
編輯文字(X)
組成群組(G)
順序(R)
指定巨集(N)...
控制項格式(F)...

2 執行『**指定巨集**』命令

開啟**指定巨集**交談窗

3 選取**巨集名稱**欄中的文字，按下 Delete 鍵

指定巨集
巨集名稱(M):
刪除格式
刪除全部儲存格的格式
刪除格式
建立表格
設定標題
編輯(E)
錄製(R)...
巨集存放在(A): 1-4_005.xlsm
描述
確定
取消

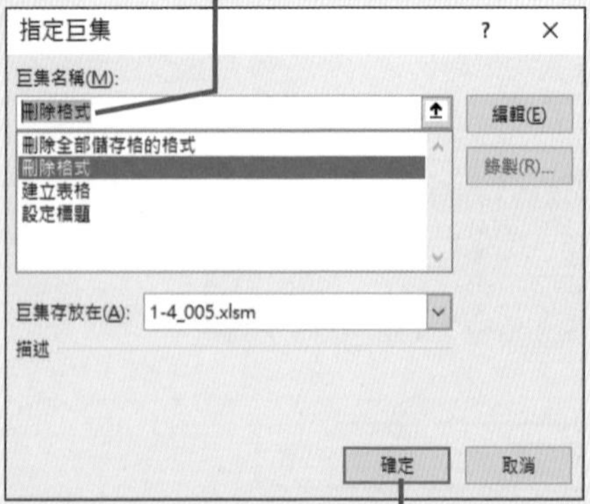

4 按下**確定**鈕

# 1-5 個人巨集活頁簿

## 什麼是「個人巨集活頁簿」？

**個人巨集活頁簿**是指「PERSONAL.XLSB」檔案，在**錄製巨集**交談窗的**將巨集儲存在**選擇**個人巨集活頁簿**，就會自動建立該檔案。啟動 Excel 時，會自動啟動個人巨集活頁簿，並以隱藏狀態開啟。個人巨集活頁簿可以依使用者需求來運用，使用者可以在啟動 Excel 的過程中，使用儲存在個人巨集活頁簿內的巨集。此外，為了防範巨集病毒，請一定要使用防毒軟體。

使用 Visual Basic Editor (VBE) 可以編輯個人巨集活頁簿

將巨集儲存在**個人巨集活頁簿**，就能隨時執行巨集

## 將巨集儲存在「個人巨集活頁簿」

要將巨集儲存在**個人巨集活頁簿**，可以在**錄製巨集**交談窗的**將巨集儲存在**，選擇**個人巨集活頁簿**。這樣就會自動建立個人巨集活頁簿「PERSONAL.XLSB」檔案，把巨集儲存在裡面。

把新錄製的巨集儲存在個人巨集活頁簿內

先開啟**錄製巨集**交談窗

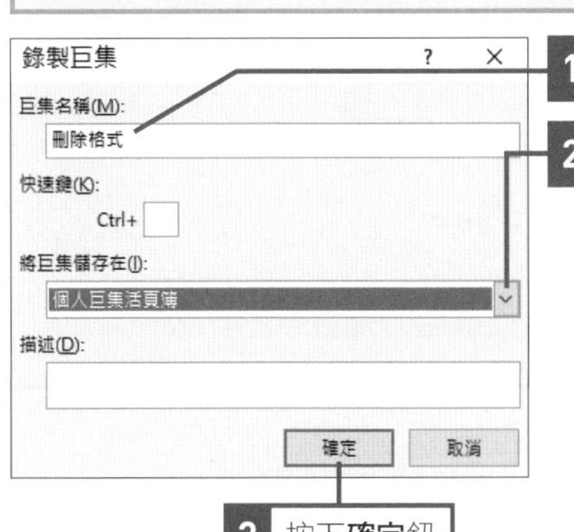


1 輸入巨集名稱

2 選擇**個人巨集活頁簿**

3 按下**確定**鈕

### 「將巨集儲存在」的注意事項

在**錄製巨集**交談窗中的**將巨集儲存在**設定為**個人巨集活頁簿**時，下次開啟**錄製巨集**交談窗的儲存位置會維持在**個人巨集活頁簿**。開始錄製巨集之前，一定要先確認儲存巨集的位置是否適當。

**4** 執行要錄製成巨集的操作

參照 錄下在 Excel 中的操作……P.1-8

**5** 切換到**開發人員**頁次

**6** 按下**停止錄製**鈕

把巨集儲存在個人巨集活頁簿內

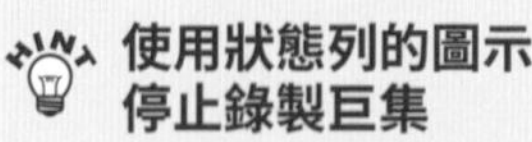

### 使用狀態列的圖示停止錄製巨集

按下**狀態列**左邊的 □ 圖示，可以停止錄製巨集。

### 儲存與刪除個人巨集活頁簿

將巨集儲存在個人巨集活頁簿後，當結束 Excel 時，會跳出存檔的提示訊息，按下**儲存**鈕，可儲存個人巨集活頁簿的變更部分並結束 Excel。按下**不要儲存**鈕，就不會儲存個人巨集活頁簿有變動的部分，直接結束 Excel。按下**取消**鈕，會取消關閉 Excel。

個人巨集活頁簿會在「C:\Users\使用者名稱\AppData\Roaming\Microsoft\Excel\XLSTART」資料夾內，建立名為「PERSONAL.XLSB」的檔案。如果要刪除個人巨集活頁簿，在關閉 Excel 後，切換到電腦中的 XLSTART 資料夾，刪除「PERSONAL.XLSB」檔案。

**編註：**AppData 資料夾為系統的隱藏資料夾，得先在 Windows **檔案總管**中按下**檢視**頁次的**選項**鈕，開啟**資料夾選項**交談窗後，勾選**檢視**頁次的**顯示隱藏的檔案、資料夾及磁碟機**項目，才能看到此資料夾。

參照 新增可信任的位置……P.1-43

在個人巨集活頁簿中儲存巨集後，關閉 Excel 時會提醒是否儲存變更的部分

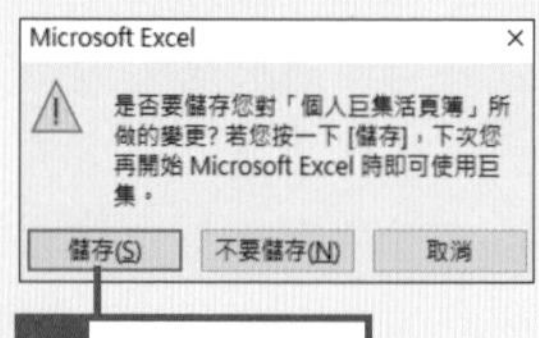


**1** 按下**儲存**鈕

在**使用者**資料夾下的 **XLSTART** 資料夾建立 **PERSONAL** 檔案

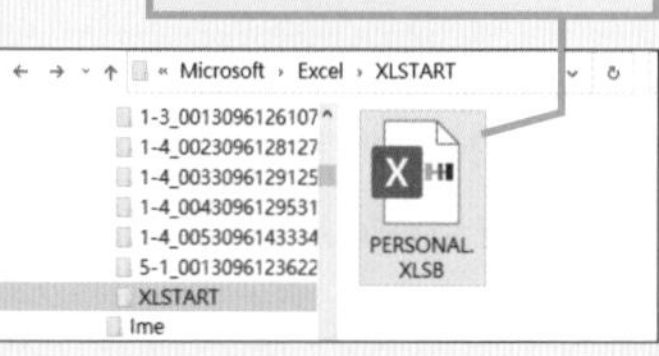


### 讓所有使用者都可以使用巨集

個人巨集活頁簿會儲存在建立者的「XLSTART」資料夾內，所以只有該使用者才能使用。如果要讓使用這部電腦的所有使用者都可以共用此檔案，請把活頁簿儲存在下表的「XLSTART」資料夾。但是這個資料夾必須取得使用者存取許可，否則無法存檔，會以**唯讀**方式開啟活頁簿。儲存位置會受到 Office 的安裝位置，以及安裝版本是 64 位元或 32 位元的影響。請先設定在可以信任的位置，以啟用巨集狀態開啟活頁簿。

| 版本 | 位置 |
|---|---|
| Microsoft 365 Excel | C:\Program Files\Microsoft Office\root\Office16\XLSTART |
| Excel 2021 | C:\Program Files\Microsoft Office\root\Office16\XLSTART |
| Excel 2019 | C:\Program Files\Microsoft Office\root\Office16\XLSTART |
| Excel 2016 | C:\Program Files\Microsoft Office\root\Office16\XLSTART |
| Excel 2013 | C:\Program Files\Microsoft Office\root\Office15\XLSTART |

參照 「信任的文件」頁面……P.1-38

## 編輯個人巨集活頁簿內的巨集

個人巨集活頁簿是隱藏的活頁簿。雖然在**巨集**交談窗中，會顯示個人巨集活頁簿中的巨集，卻不會顯示活頁簿，因此無法使用**編輯**鈕或**刪除**鈕。如果要編輯個人巨集活頁簿中的巨集，請使用 VBE。

錄製巨集並儲存在個人巨集活頁簿中

參照 將巨集儲存在「個人巨集活頁簿」……P.1-27

在**巨集**交談窗，個人巨集活頁簿會顯示成「PERSONAL.XLSB! 巨集名稱」

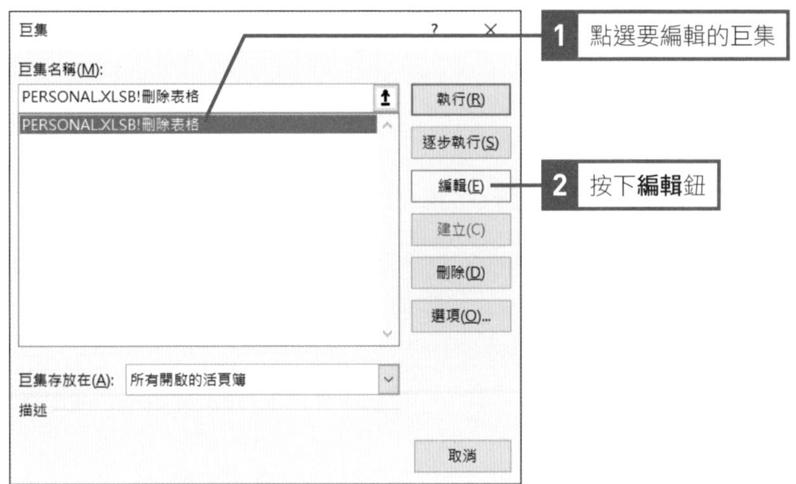


由於個人巨集活頁簿為隱藏狀態，所以無法編輯巨集

3 按下**確定**鈕

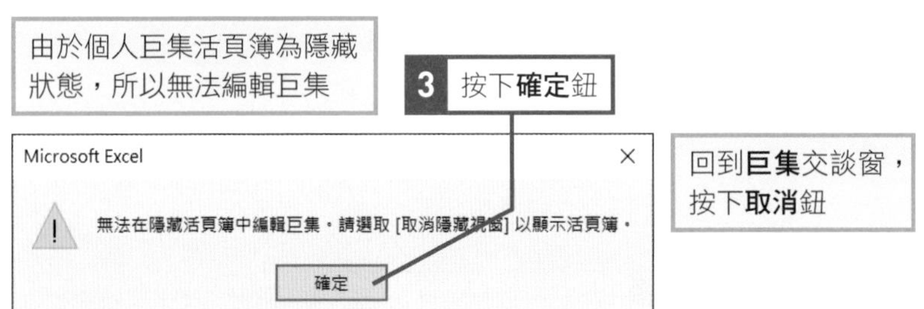


回到**巨集**交談窗，按下**取消**鈕

### ● 啟動 VBE 編輯巨集

如果想在隱藏狀態下編輯個人巨集活頁簿，必須啟動 VBE，使用 VBE 編輯巨集。按下**開發人員**頁次**程式碼**區的 **Visual Basic** 鈕，就能啟動 VBE。

1 切換到**開發人員**頁次

2 按下 **Visual Basic** 鈕

**HINT 用快速鍵啟動 VBE**

按下 Alt + F11 鍵也可以直接啟動 VBE。

啟動 VBE

**3** 點選 **VBA Project (PERSONAL.XLSB)** 展開內容

**4** 按一下**模組**展開其下的內容

**5** 雙按 **Module1**

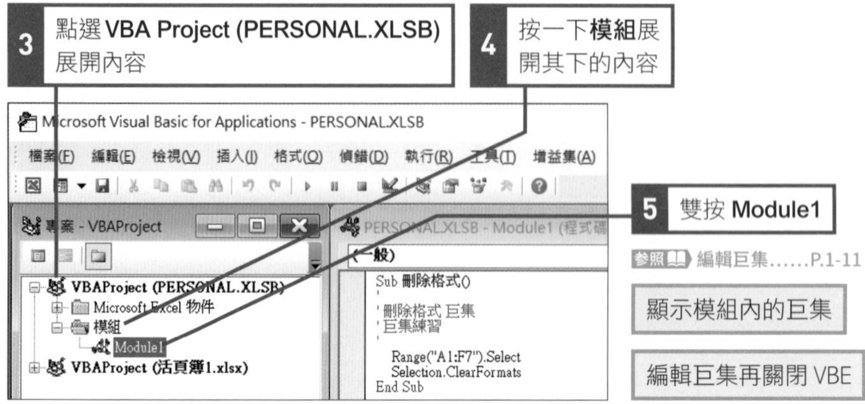

參照 編輯巨集……P.1-11

顯示模組內的巨集

編輯巨集再關閉 VBE

## HINT 顯示個人巨集活頁簿後再編輯巨集

顯示個人巨集活頁簿後，按下**巨集**交談窗中的**編輯**鈕，就會啟動 VBE 讓你編輯巨集。若要顯示個人巨集活頁簿，請按下**檢視**頁次**視窗**區的**取消隱藏視窗**鈕，開啟**取消隱藏**交談窗，點選「PERSONAL.XLSB」，再按下**確定**鈕。顯示個人巨集活頁簿後，就可以開始編輯，編輯完畢一定要按下**檢視**頁次**視窗**區的**隱藏視窗**鈕，恢復成隱藏狀態。

**1** 切換到**檢視**頁次

**2** 按下**取消隱藏視窗**鈕

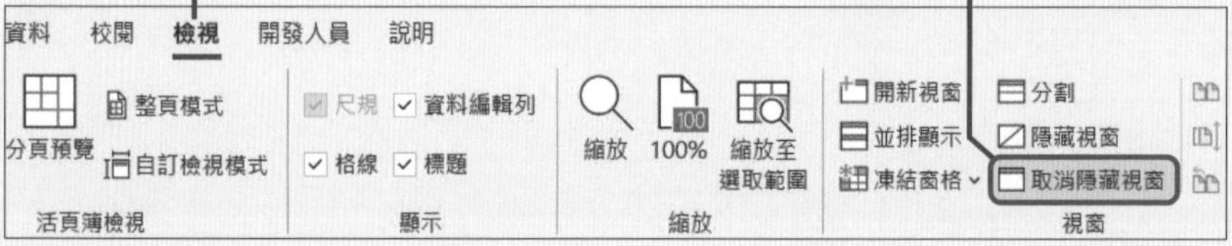

開啟**取消隱藏**交談窗

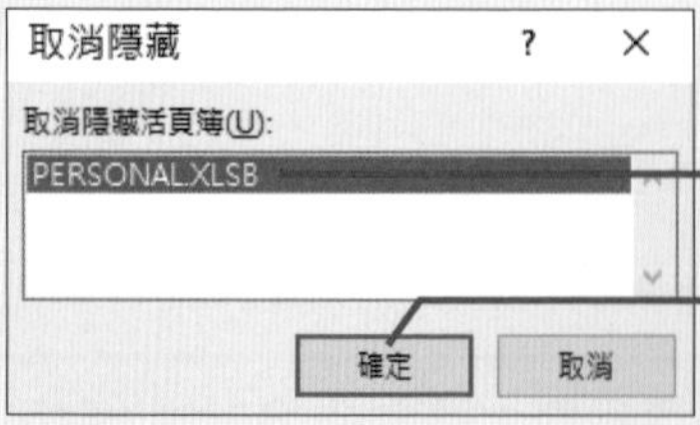

**3** 點選「PERSONAL.XLSB」

**4** 按下**確定**鈕

完成「PERSONAL.XLSB」的編輯後，要將視窗設定成隱藏

**5** 按下**隱藏視窗**鈕

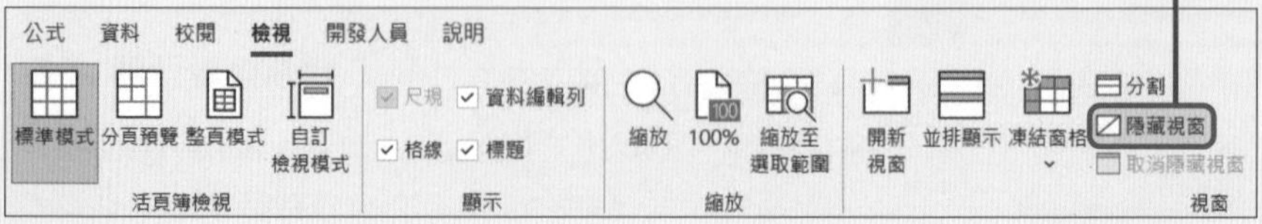

# 1-6 管理含有巨集的活頁簿

## 管理含有巨集的活頁簿

為了避免電腦中毒，Excel 對含有巨集的活頁簿制定了安全性機制。含有巨集的活頁簿會儲存成 **Excel 啟用巨集的活頁簿**格式，與一般活頁簿做區別。以下將說明如何管理巨集活頁簿。

### 儲存含有巨集的活頁簿

在儲存含有巨集的活頁簿時，請選擇 **Excel 啟用巨集的活頁簿**格式。

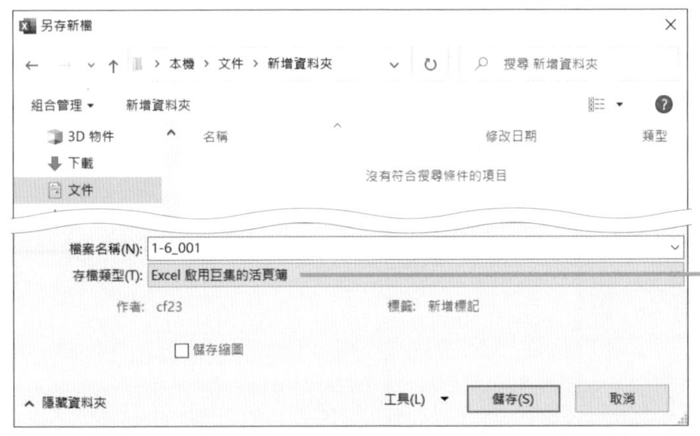


儲存含有巨集的活頁簿時，請將**存檔類型**設為 **Excel 啟用巨集的活頁簿**

### Excel 的活頁簿種類以及是否能儲存巨集

以下是 Excel 活頁簿的檔案格式列表：

| 活頁簿種類 | 副檔名 | 是否能儲存巨集 |
|---|---|---|
| Excel 活頁簿 | .xlsx | x |
| Excel 啟用巨集的活頁簿 | .xlsm | ○ |
| Excel 二進位活頁簿 | .xlsb | ○ |
| Excel 範本 | .xltx | x |
| Excel 啟用巨集的範本 | .xltm | ○ |
| Excel 增益集 | .xlam | ○ |
| Excel 97-2003 活頁簿 | .xls | ○ |
| Excel 97-2003 增益集 | .xla | ○ |
| Excel 97-2003 範本 | .xlt | ○ |

**顯示「安全性警告」**

開啟含有巨集的活頁簿時，畫面最上方會顯示**安全性警告**。按一下**安全性警告**訊息列的**啟用內容**鈕，就可以啟用巨集。

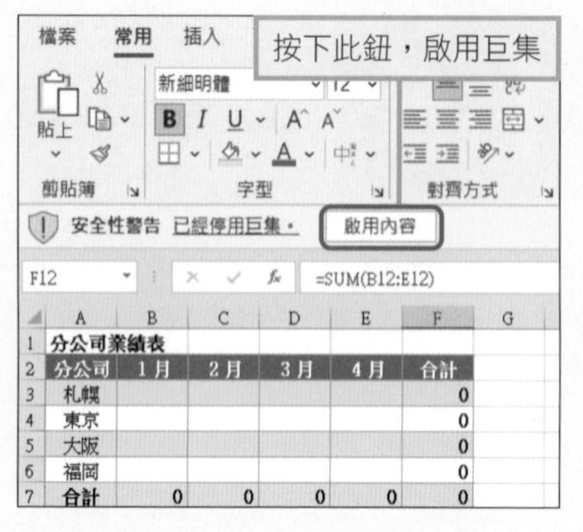
按下此鈕，啟用巨集

## 儲存含有巨集的活頁簿

Excel 會把含有巨集的活頁簿儲存成 **Excel 啟用巨集的活頁簿**類型。以下將說明如何儲存含有巨集的活頁簿。 **範例** 1-6_001.xlsx

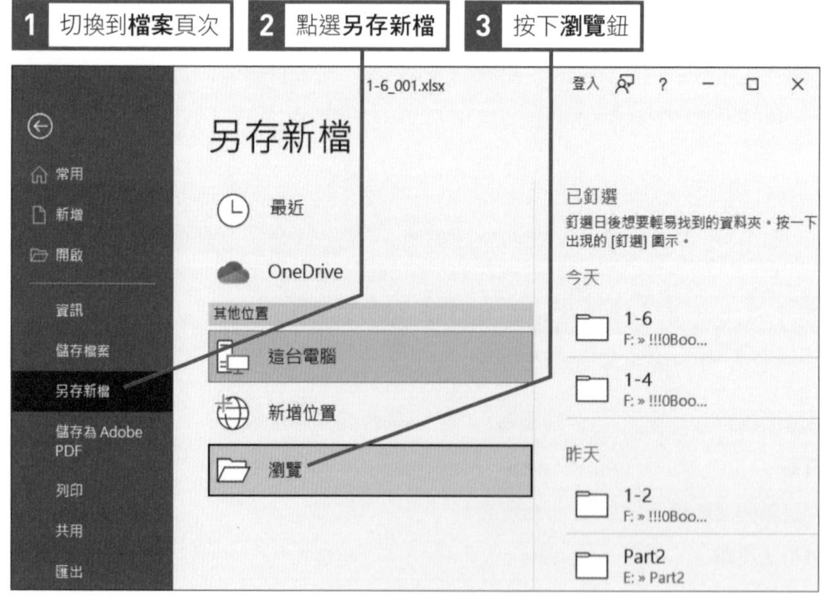
1 切換到**檔案**頁次
2 點選**另存新檔**
3 按下**瀏覽**鈕

**Excel 2003 之前的 Excel 活頁簿可以直接儲存巨集**

從 Excel 2013 開始，能將活頁簿儲存成 Excel 2003 之前的版本 (.xls)。這種格式的檔案能直接儲存巨集，但是 Excel 2003 之前的 Excel 版本無法執行 Excel 2007 之後新增的巨集功能。由於 Microsoft 公司已經不支援 Excel 2003 之前的版本，儲存檔案時，最好使用新的巨集活頁簿格式 (.xlsm)。

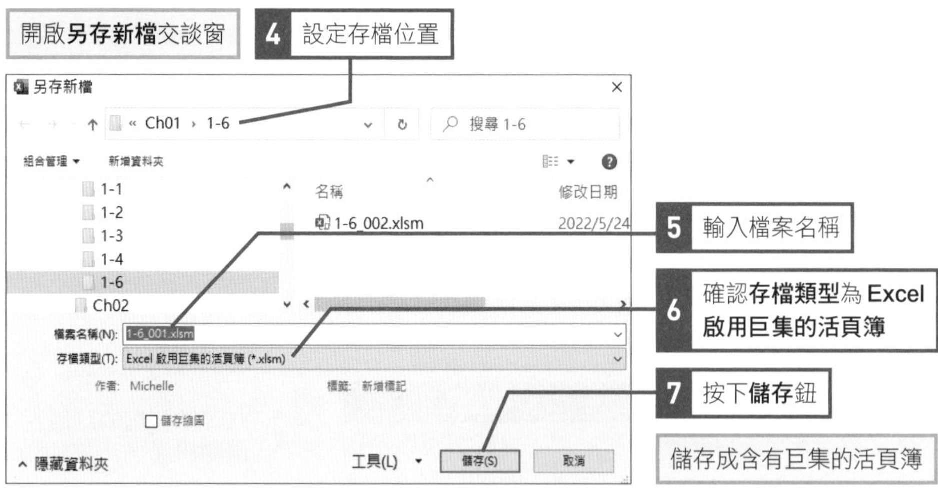


### 儲存成一般的 Excel 活頁簿

若是將含有巨集的活頁簿儲存成一般的 Excel 活頁簿，會顯示以下訊息。按下**是**鈕，將會儲存成不含巨集的一般 Excel 活頁簿，關閉活頁簿之後，就會刪除巨集；按下**否**鈕，會再次顯示**另存新檔**交談窗，請將**存檔類型**更改成 **Excel 啟用巨集的活頁簿**。此外，已經儲存成啟用巨集的活頁簿會直接覆蓋儲存，不會顯示訊息。

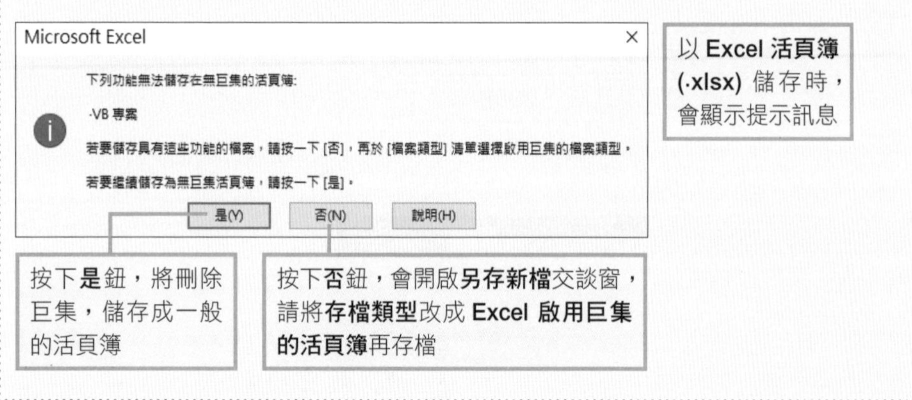


### 不同檔案類型可在相同位置以相同活頁簿名稱存檔

儲存活頁簿時，只要檔案類型不同，就能使用相同活頁簿名稱儲存在相同位置。一般 Excel 活頁簿的副檔名為「.xlsx」，含巨集的 Excel 活頁簿副檔名為「.xlsm」。利用**檔案總管**顯示這兩種檔案時，會顯示相同檔名，但是縮圖的形狀不同，可以藉此區別。

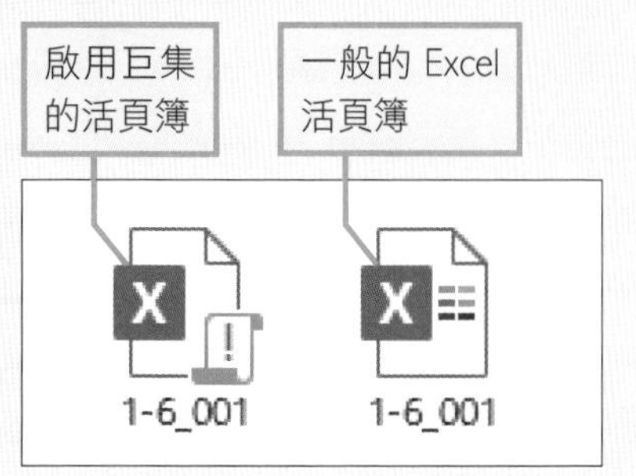

# 已經開啟的活頁簿如何啟用巨集？

開啟含有巨集的活頁簿時，在預設狀態下會停用巨集，並顯示**安全性警告**訊息列。按下**安全性警告**訊息列的**啟用內容**鈕，就能啟用巨集。之後會在啟用巨集的狀態開啟該活頁簿。在啟用巨集之前，請先確認該巨集是否安全。

範例 1-6_002.xlsm

開啟含有巨集的活頁簿

顯示**安全性警告**訊息列，可以確認目前巨集為停用狀態

變成可以執行巨集的狀態

1 按下**啟用內容**鈕

### 在停用巨集的狀態關閉訊息列

如果要維持停用巨集狀態並將訊息列關閉，請按下訊息列右邊的**關閉**鈕 ×。

啟用巨集，關閉**安全性警告**訊息列

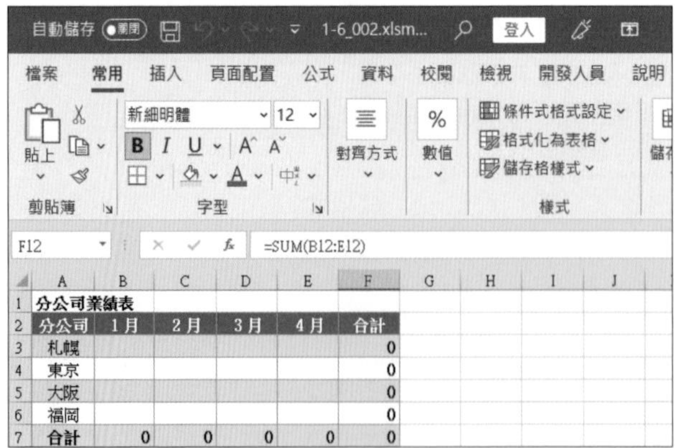

### 有時不會顯示訊息列

開啟含有巨集的活頁簿時，不是每次都會停用巨集、顯示訊息列。根據巨集的設定，有時不論是否停用或啟用巨集，都不會顯示訊息列。

參照 設定巨集的安全性……P.1-36

## 利用「資訊」頁面啟用巨集

進入**檔案**頁次後，點選左側的**資訊**，可以啟用巨集。若是在維持停用巨集的狀態下關閉了訊息列，之後想啟用巨集，可以如下操作。

1 切換到**檔案**頁次

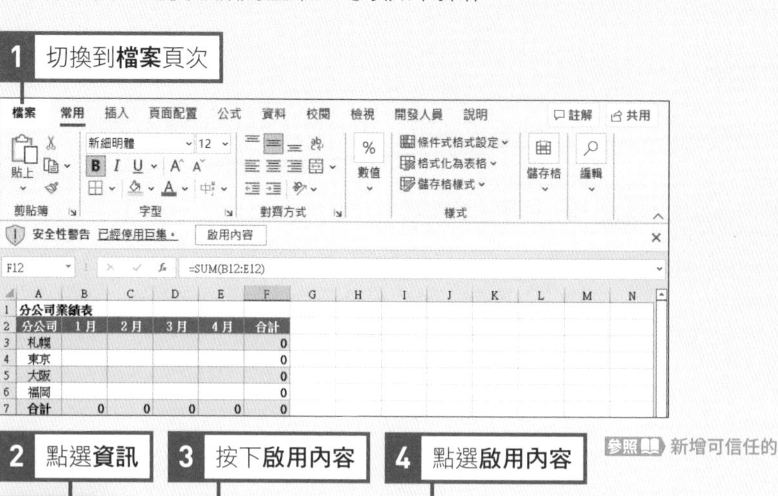


2 點選**資訊**　3 按下**啟用內容**　4 點選**啟用內容**

參照 新增可信任的位置……P.1-43

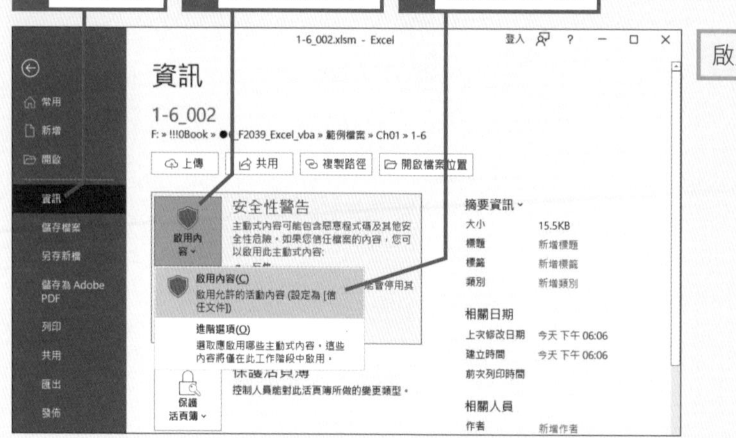


啟用巨集

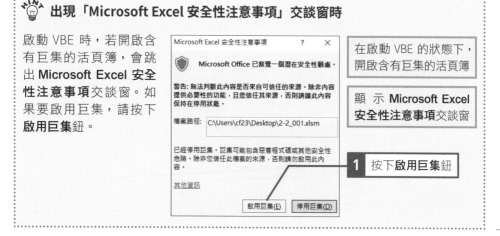

## 出現「Microsoft Excel 安全性注意事項」交談窗時

啟動 VBE 時，若開啟含有巨集的活頁簿，會跳出 **Microsoft Excel 安全性注意事項**交談窗。如果要啟用巨集，請按下**啟用巨集**鈕。

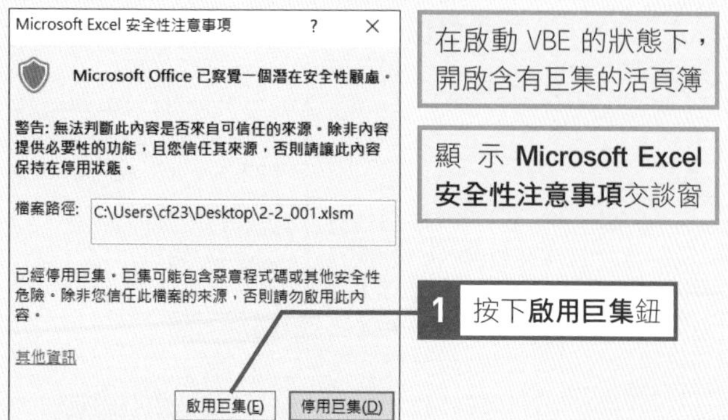


在啟動 VBE 的狀態下，開啟含有巨集的活頁簿

顯示 **Microsoft Excel 安全性注意事項**交談窗

1 按下**啟用巨集**鈕

# 設定巨集的安全性

開啟**信任中心**交談窗，可以設定安全使用活頁簿或電腦等各種設定，按照設定內容可以決定是否啟用或停用巨集。

## ● 開啟「信任中心」交談窗

要開啟**信任中心**交談窗，請按下**開發人員**頁次**程式碼**區的**巨集安全性**鈕。

1 切換到**開發人員**頁次　2 按下**巨集安全性**鈕

開啟**信任中心**交談窗

### 由「Excel 選項」交談窗開啟「信任中心」

在 **Excel 選項**交談窗點選左側的**信任中心**後，按下**信任中心設定**鈕，也可以開啟**信任中心**交談窗。

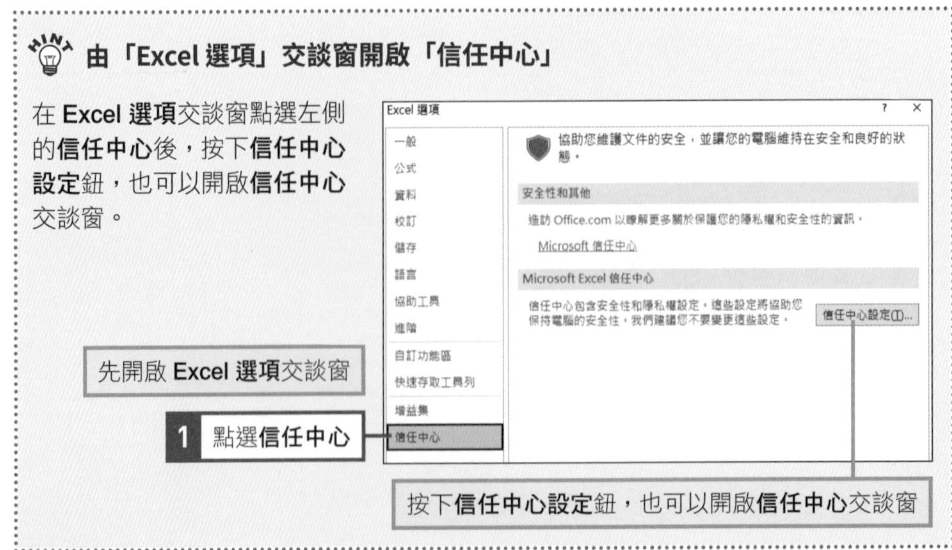

## ●「受信任的發行者」頁面

若將巨集、ActiveX 控制項、增益集等發行者設為可信任時，該發行者會顯示在**受信任的發行者**頁面。

參照 開啟「信任中心」交談窗……P.1-36

開啟**信任中心**交談窗

## ●「信任位置」頁面

在**信任位置**設定的資料夾內若是含有巨集活頁簿時，不會受到與安全性有關的限制，能夠以啟用巨集的狀態開啟活頁簿。在此已經先儲存幾個可以信任的資料夾，你也可以自行新增電腦中的資料夾或網路上的共用資料夾。

參照 開啟「信任中心」交談窗……P.1-36

開啟**信任中心**交談窗

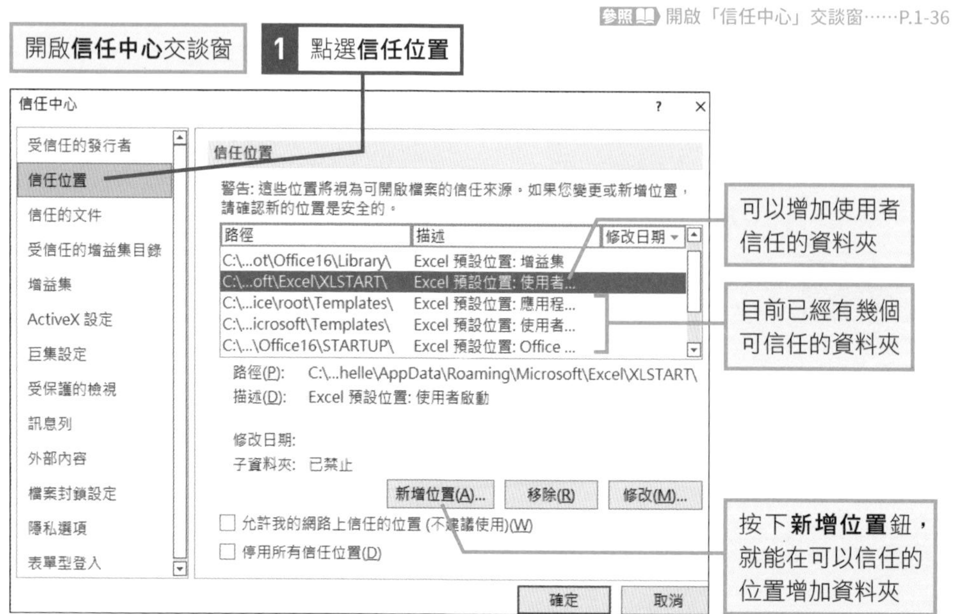

## ●「信任的文件」頁面

在 Excel 2021/2019/2016/2013 及 Microsoft 365，按一下**安全性警告**訊息列的**啟用內容**鈕，該活頁簿就會成為受信任的文件，之後就不會再顯示安全性的確認訊息，可以在啟用巨集的狀態下開啟活頁簿。在**信任的文件**中，解除信任文件的設定，就會恢復成不受信任的狀態。 參照 開啟「信任中心」交談窗……P.1-36

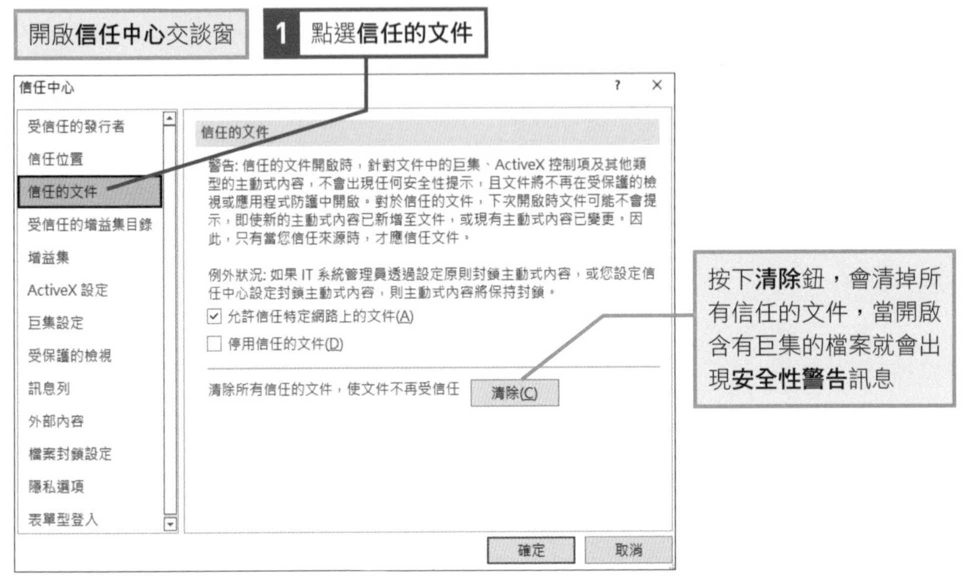


## ●「增益集」頁面

**增益集**是擴充 Microsoft Office 系統的程式，當你想將自行建立的巨集提供給其他人使用時，可以建立增益集。**增益集**能管理嵌入電腦中的增益集檔案。

參照 開啟「信任中心」交談窗……P.1-36

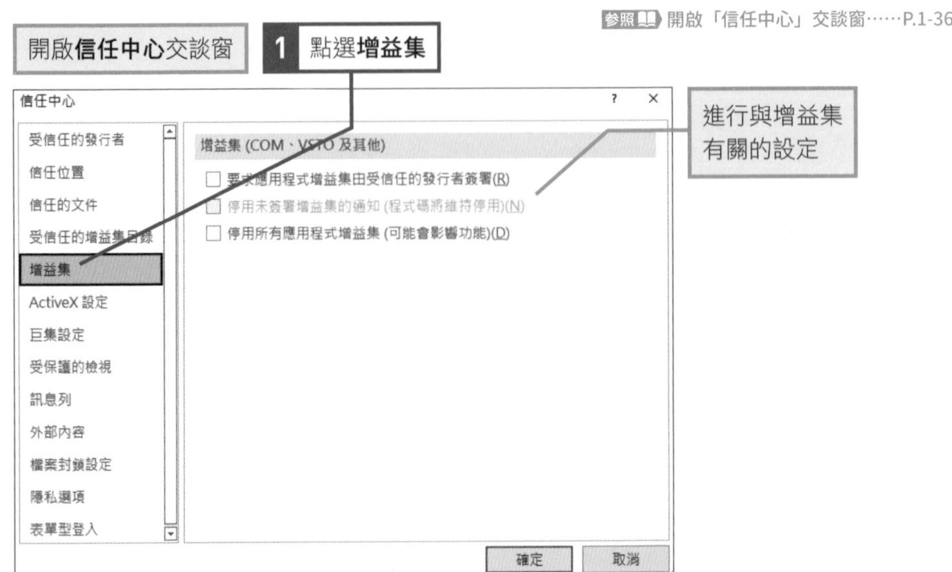

## ●「ActiveX 設定」頁面

**ActiveX 設定**頁面是執行是否啟用活頁簿內的自訂表單等 ActiveX 控制項設定。

參照 開啟「信任中心」交談窗……P.1-36

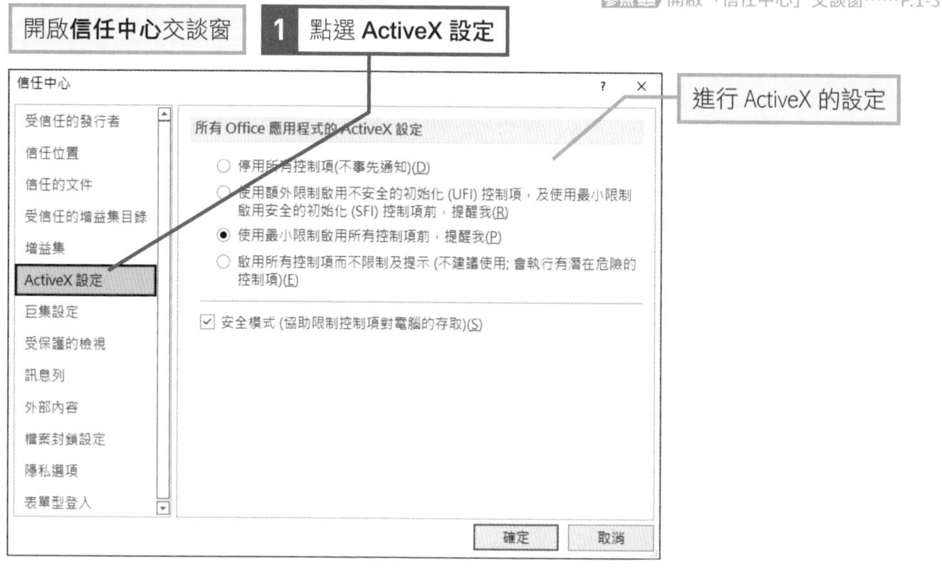


## ●「巨集設定」頁面

在**巨集設定**頁面中，可以設定開啟含有巨集的活頁簿時，要啟用或停用巨集。預設狀態為**停用 VBA 巨集 ( 事先通知 )**，為了避免執行無法確認是否安全的巨集，最好維持此預設狀態。

此外，**信任存取 VBA 專案物件模型**項目，可以設定是否限制巨集對 Visual Basic 專案的存取。

參照 開啟「信任中心」交談窗……P.1-36

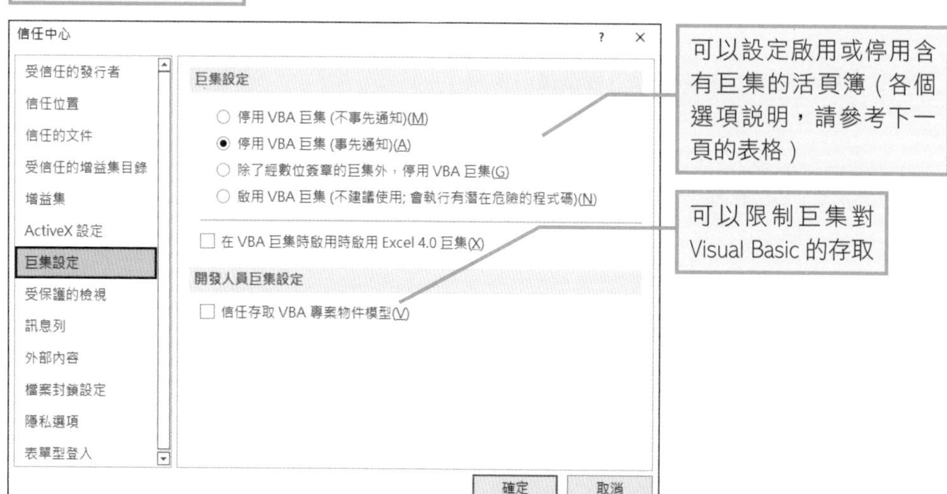

| 設定項目 | 說明 |
|---|---|
| 停用 VBA 巨集（不事先通知） | 除了**可信任位置**的活頁簿，其餘活頁簿內的巨集會停用 |
| 停用 VBA 巨集（事先通知） | 在**可信任位置**外，含巨集的活頁簿會以停用巨集的狀態開啟，並顯示**安全性警告**訊息列。使用者可以選擇啟用或停用巨集（預設值） |
| 除了經數位簽章的巨集外，停用 VBA 巨集 | 如果是受信任的巨集發行者，且有數位簽章時，即會啟用巨集。此外，即使有數位簽章，卻不是可信任的發布者，會顯示**安全性警告**訊息列，可以選擇啟用或停用巨集。沒有數位簽章的巨集會全都停用 |
| 啟用 VBA 巨集 | 會啟用所有巨集。由於不會事先讓使用者確認就啟用巨集，因此可能會執行具潛在危險的程式碼，所以不建議選擇此項設定 |

HINT **什麼是「數位簽章」？**

**數位簽章**是指保證活頁簿或巨集的出處是安全的機制。巨集加上數位簽章後，可以證明該巨集沒有被作者以外的人竄改。如果要執行數位簽章，需要開發人員的證明書。證明書是指數位證明書，由認證機構 (CA) 發行。必須根據巨集的使用目的，由適當的認證機構取得證明書。

HINT **勾選「信任存取 VBA 專案物件模型」**

當需要使用巨集操作 Visual Basic 專案時，要勾選**信任存取 VBA 專案物件模型**。例如使用巨集在 VBE 更改工作表的物件名稱，或匯入、匯出模組等，在 VBE 操作使用的物件。勾選此項後，可以存取 Visual Basic 專案，卻也會提高程式碼遭到竄改等執行惡意程式碼的風險。除非有必要否則最好取消勾選。

## ●「受保護的檢視」頁面

在**受保護的檢視**頁面中，可以設定是否以限制模式開啟有潛在危險的檔案，例如從網際網路取得的檔案等。

參照 開啟「信任中心」交談窗……P.1-36

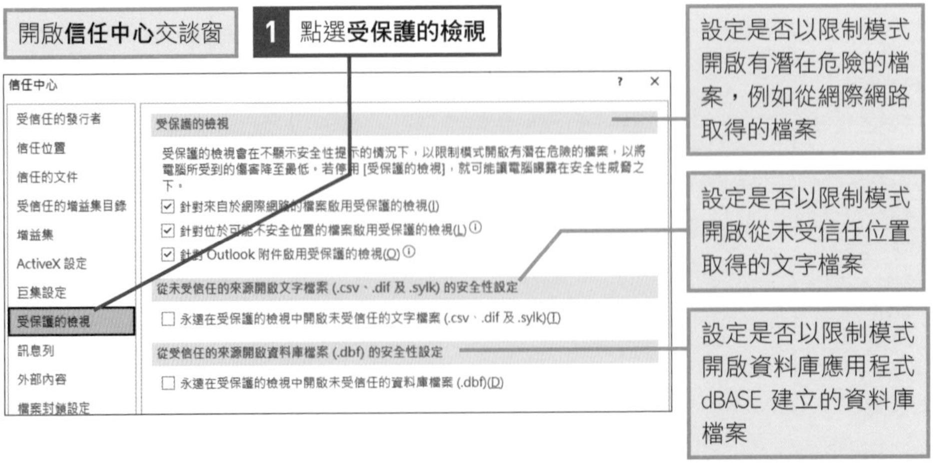

開啟**信任中心**交談窗

1 點選**受保護的檢視**

信任中心

受信任的發行者
信任位置
信任的文件
受信任的增益集目錄
增益集
ActiveX 設定
巨集設定
受保護的檢視
訊息列
外部內容
檔案封鎖設定

受保護的檢視

受保護的檢視會在不顯示安全性提示的情況下，以限制模式開啟有潛在危險的檔案，以將電腦所受到的傷害降至最低。若停用 [受保護的檢視]，就可能讓電腦曝露在安全性威脅之下。

☑ 針對來自於網際網路的檔案啟用受保護的檢視(I)
☑ 針對位於可能不安全位置的檔案啟用受保護的檢視(L)
☑ 針對 Outlook 附件啟用受保護的檢視(O)

從未受信任的來源開啟文字檔案 (.csv、.dif 及 .sylk) 的安全性設定

☐ 永遠在受保護的檢視中開啟未受信任的文字檔案 (.csv、.dif 及 .sylk)(T)

從受信任的來源開啟資料庫檔案 (.dbf) 的安全性設定

☐ 永遠在受保護的檢視中開啟未受信任的資料庫檔案 (.dbf)(D)

設定是否以限制模式開啟有潛在危險的檔案，例如從網際網路取得的檔案

設定是否以限制模式開啟從未受信任位置取得的文字檔案

設定是否以限制模式開啟資料庫應用程式 dBASE 建立的資料庫檔案

## ●「訊息列」頁面

在**訊息列**頁面中，預設是選取 **ActiveX 控制項和巨集之類的主動式內容遭到封鎖時，在所有應用程式中顯示訊息列**，意思是封鎖巨集或與外部資料連接時，會顯示訊息列。若選取**永遠不要顯示已封鎖內容的相關資訊**，則不論內容是否被封鎖，都不會顯示訊息列。

參照 開啟「信任中心」交談窗……P.1-36

開啟**信任中心**交談窗

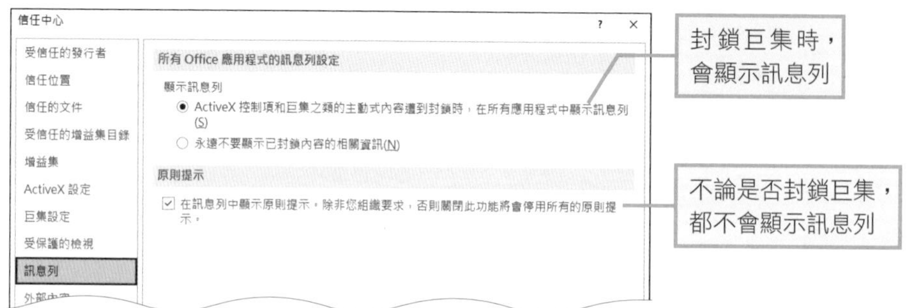


### 最好是維持「訊息列」的預設狀態

**訊息列**的顯示設定請維持預設的 **ActiveX 控制項和巨集之類的主動式內容遭到封鎖時，在所有應用程式中顯示訊息列**。因為這項設定而顯示訊息列時，只要按下訊息列的按鈕，使用者可以執行啟用被封鎖的巨集或維持停用狀態，這樣才能提高安全性。

## ●「外部內容」頁面

在**外部內容**頁面中，可以執行活頁簿連結、連結的資料類型等安全性設定。

參照 開啟「信任中心」交談窗……P.1-36

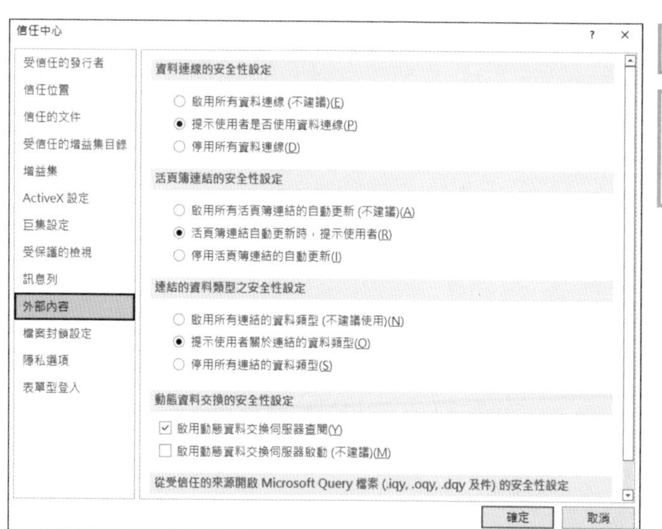

## ●「檔案封鎖設定」頁面

在**檔案封鎖設定**中，可以依 Excel 的版本、檔案種類設定「開啟」或「儲存」。

參照 開啟「信任中心」交談窗……P.1-36

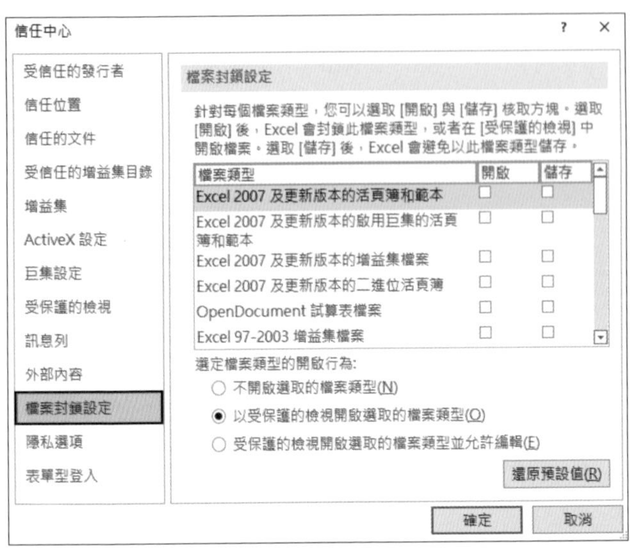


開啟**信任中心**交談窗

依檔案類型勾選**開啟**或**儲存**，可以開啟檔案或避免儲存此檔案類型

## ●「隱私選項」頁面

此頁面可以進行與隱私有關的設定，或檢查活頁簿有沒有個人資料。此外，還可以選擇翻譯語言及使用搜尋服務的設定。

參照 開啟「信任中心」交談窗……P.1-36

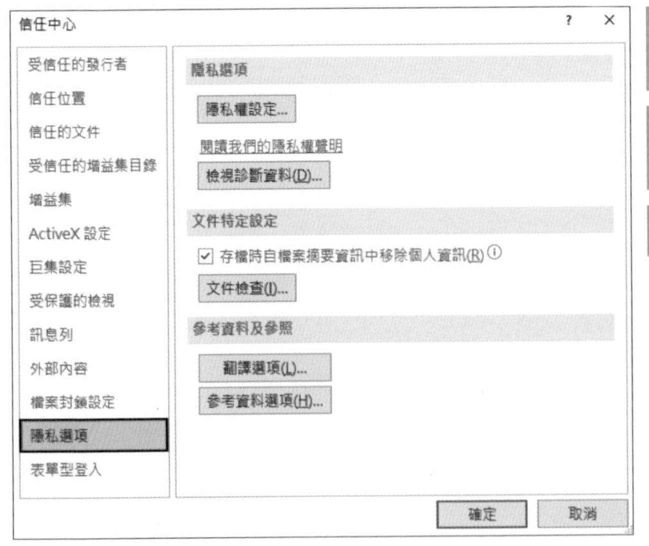


可以顯示或診斷關於隱私設定的資料

可以設定開啟中活頁簿的屬性內容等個人資料

可以設定翻譯或參考資料

## 新增可信任的位置

如果已經知道使用的巨集是安全的，先啟用巨集就很方便。把存放安全巨集活頁簿的資料夾新增為可信任位置，那麼在此資料夾中的巨集活頁簿就能維持啟用狀態。以下說明把資料夾新增到可信任位置的方法。

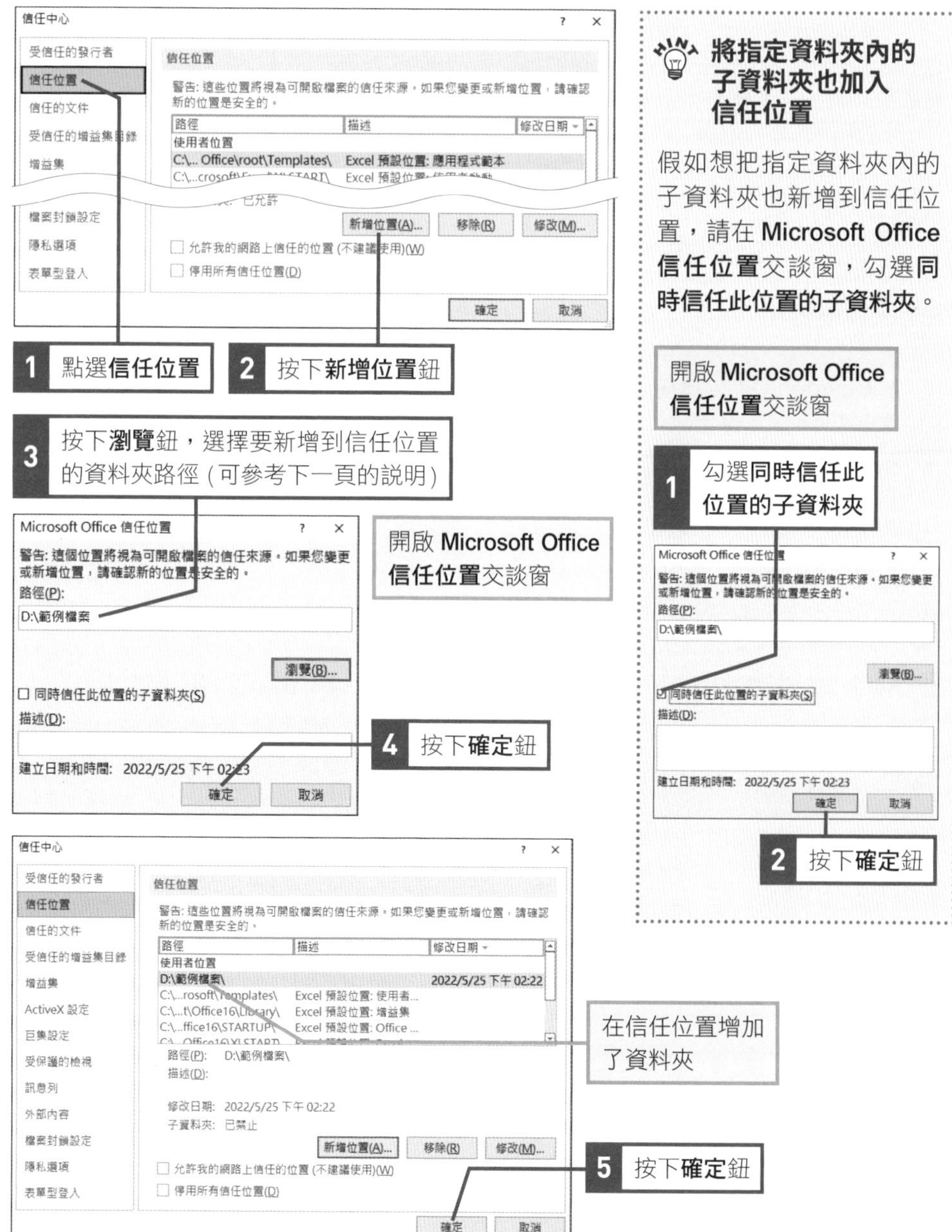
先建立要新增到信任位置的資料夾
在此我們示範將 D 磁碟機下的「範例檔案」資料夾新增到信任位置
1 點選**信任位置**
2 按下**新增位置**鈕
3 按下**瀏覽**鈕，選擇要新增到信任位置的資料夾路徑（可參考下一頁的說明）
開啟 **Microsoft Office 信任位置**交談窗
4 按下**確定**鈕
在信任位置增加了資料夾
5 按下**確定**鈕

**將指定資料夾內的子資料夾也加入信任位置**

假如想把指定資料夾內的子資料夾也新增到信任位置，請在 **Microsoft Office 信任位置**交談窗，勾選**同時信任此位置的子資料夾**。

開啟 **Microsoft Office 信任位置**交談窗
1 勾選**同時信任此位置的子資料夾**
2 按下**確定**鈕

### HINT 按下「瀏覽」鈕設定資料夾的位置

在 Microsoft Office **信任位置**交談窗中，可以直接在**路徑**欄中輸入信任的資料夾路徑。也可以按下**瀏覽**鈕，開啟**瀏覽**交談窗，挑選想新增到信任位置的資料夾，這樣能節省輸入資料夾路徑的時間，也可以避免打錯。

開啟**瀏覽**交談窗

回到 Microsoft Office **信任位置**交談窗，按下**確定**鈕

### HINT 移除或修改信任位置

如果要移除或修改新增到信任位置的資料夾，請按下**信任中心**交談窗的**信任位置**，從顯示的清單中選取要移除或修改的路徑，再按下**移除**鈕或**修改**鈕。

開啟**信任中心**交談窗的**信任位置**

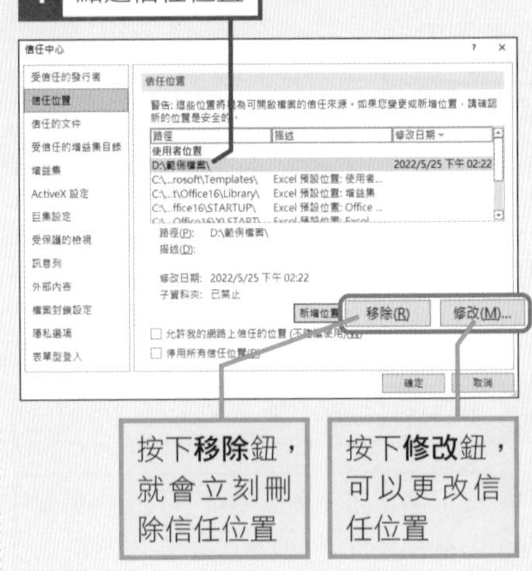


### HINT 其他設定畫面

**信任中心**交談窗還有以下兩個設定畫面，不過使用率較低，在此就不深入探討。

參照 開啟「信任中心」交談窗……P.1-36

| 設定畫面 | 內容 |
|---|---|
| 受信任的增益集目錄 | 執行與 Web 增益集有關的管理 |
| 表單型登入 | 執行與網際網路上伺服器的表單型認證有關的管理 |

# 第 2 章

# VBA 的基礎知識

# 2-1 VBA 簡介

## 認識 VBA

VBA 是「Visual Basic for Applications」的縮寫，這是 Microsoft Office 應用程式執行自動處理時的程式語言。VBA 的特色是以 Visual Basic 為基礎，程式碼的結構簡單，連程式設計的初學者也能一看就懂。使用 VBA 設計程式，可以執行錄製巨集功能無法完成的複雜處理。

以下將說明 VBA 的優點，帶你認識程式碼的基本物件、屬性、方法、集合、物件的階層結構，並說明程式碼的編寫方法及 VBA 的構成元素。

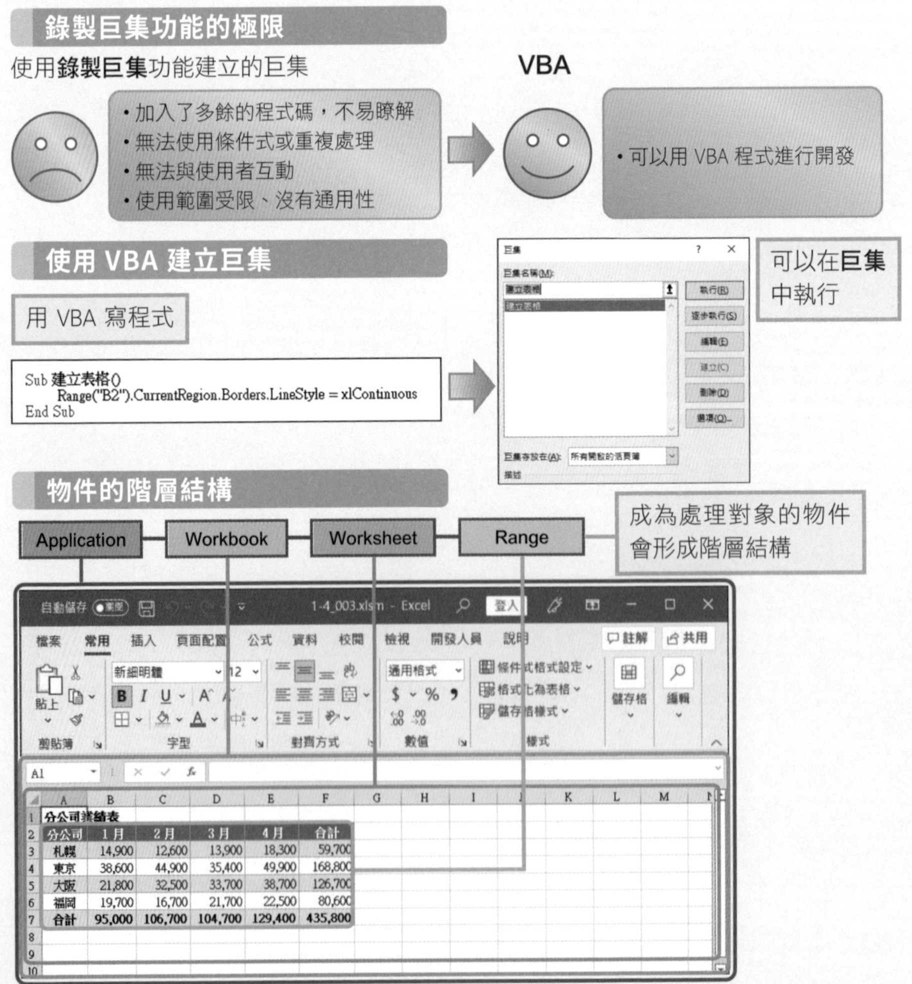
錄製巨集功能的極限
使用錄製巨集功能建立的巨集
・加入了多餘的程式碼，不易瞭解
・無法使用條件式或重複處理
・無法與使用者互動
・使用範圍受限、沒有通用性
VBA
・可以用 VBA 程式進行開發
使用 VBA 建立巨集
用 VBA 寫程式
Sub 建立表格()
Range("B2").CurrentRegion.Borders.LineStyle = xlContinuous
End Sub
可以在巨集中執行
物件的階層結構
Application
Workbook
Worksheet
Range
成為處理對象的物件會形成階層結構
分公司業績表

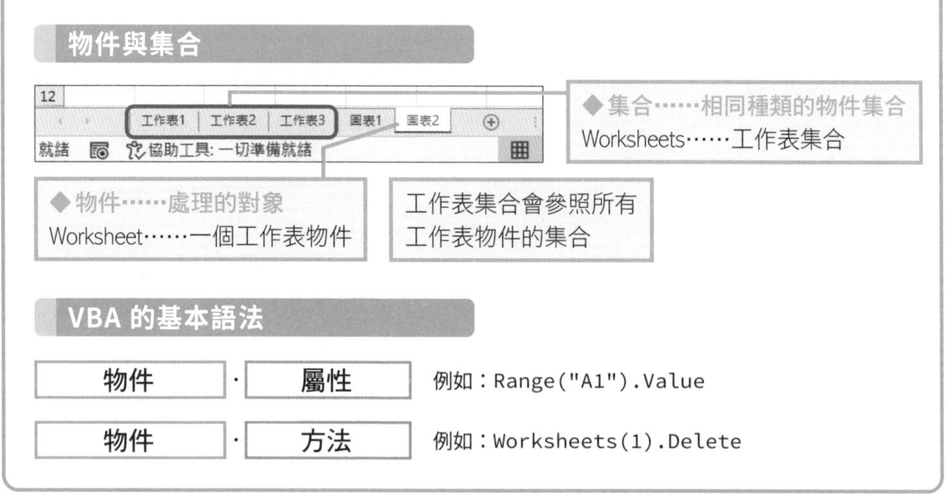


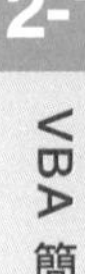

## 「錄製巨集」功能的限制

**錄製巨集**功能是直接記錄在 Excel 中所執行的操作，不會寫程式的人也能輕鬆建立巨集，可是無法執行更進階的處理。以下説明錄製巨集功能的限制，還有學習 VBA 的必要性。

### ● 記錄多餘的程式碼

使用**錄製巨集**功能執行「在 B2:E5 儲存格繪製框線」的操作後，會建立如左圖的程式碼。雖然可以正常執行，但是會記錄多餘的程式碼，使程式變長而且不易理解。使用 VBA 撰寫就可以如右圖所示，以一行程式處理完相同的操作。

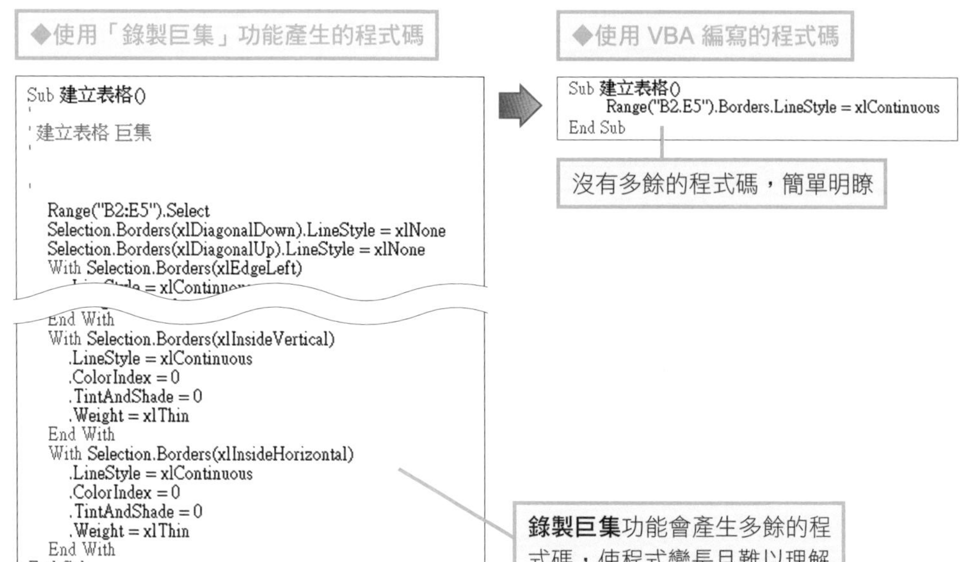

◆使用「錄製巨集」功能產生的程式碼
Sub 建立表格()
'
' 建立表格 巨集
'
'
Range("B2:E5").Select
Selection.Borders(xlDiagonalDown).LineStyle = xlNone
Selection.Borders(xlDiagonalUp).LineStyle = xlNone
With Selection.Borders(xlEdgeLeft)
End With
With Selection.Borders(xlInsideVertical)
.LineStyle = xlContinuous
.ColorIndex = 0
.TintAndShade = 0
.Weight = xlThin
End With
With Selection.Borders(xlInsideHorizontal)
.LineStyle = xlContinuous
.ColorIndex = 0
.TintAndShade = 0
.Weight = xlThin
End With
End Sub
◆使用 VBA 編寫的程式碼
Sub 建立表格()
Range("B2.E5").Borders.LineStyle = xlContinuous
End Sub
沒有多餘的程式碼，簡單明瞭
錄製巨集功能會產生多餘的程式碼，使程式變長且難以理解

## ● 無法執行重複處理或條件式

**錄製巨集**功能只會記錄在 Excel 中實際執行的操作，因此無法做到在儲存格有資料時重複執行相同處理，或是依目前時間顯示不同訊息的條件式；但是使用 VBA 就能做到。

參照 依照條件執行不同處理……P.3-42
參照 執行重複處理……P.3-47

## ● 無法與使用者互動

透過巨集執行的處理無法還原，如果能用 VBA 先顯示確認訊息，待確認無誤後再開始執行巨集，就能事先停止處理，而使用**錄製巨集**功能建立的巨集無法顯示確認訊息。

參照 顯示訊息……P.3-57

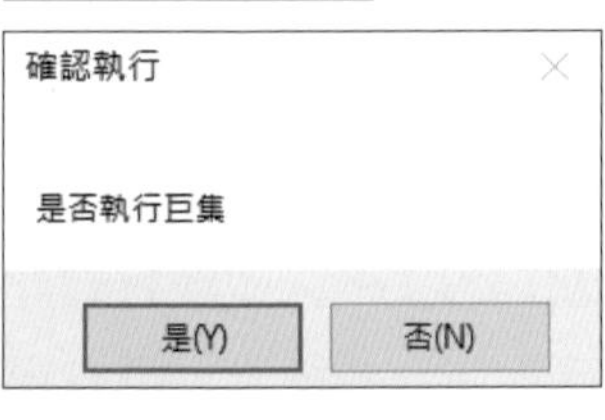


可以顯示提示訊息

在執行巨集前，讓使用者決定是否要執行

## ● 缺少通用性

**錄製巨集**功能無法錄製從**開啟舊檔**交談窗中選擇要處理的活頁簿。使用 VBA 可以執行更多靈活的處理，建立具有通用性的巨集。

參照 顯示「開啟舊檔」交談窗……P.6-11

◆ 使用 VBA 時

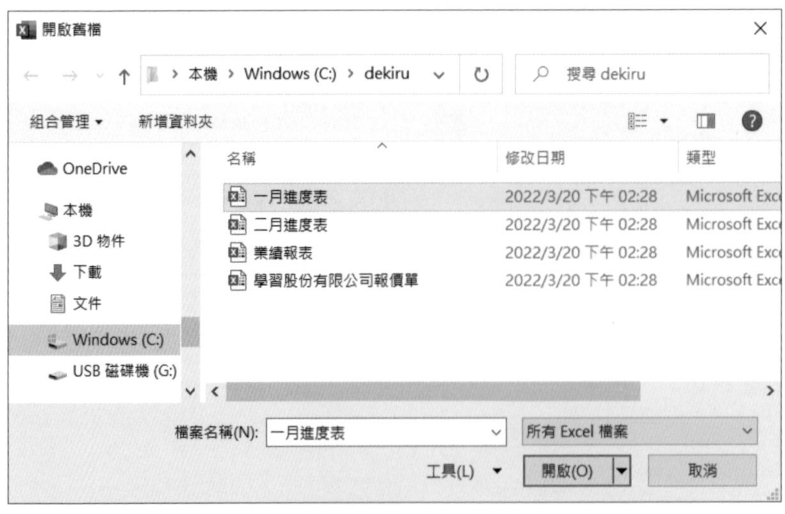


在執行巨集的過程中，開啟**開啟舊檔**交談窗，可以選擇活頁簿

能建立有通用性的巨集

# 使用 VBA 建立巨集

要使用 VBA 建立巨集，可以在 VBE 環境中直接寫程式。以下將說明用程式建立巨集的步驟。

範例 2-1_001.xlsx

參照 Visual Basic Editor 的基礎知識……P.2-38

開啟要建立巨集的活頁簿

建立巨集，替 B2:F5 儲存格繪製框線

參照 顯示「開發人員」頁次……P.1-4

啟動 VBE 建立巨集

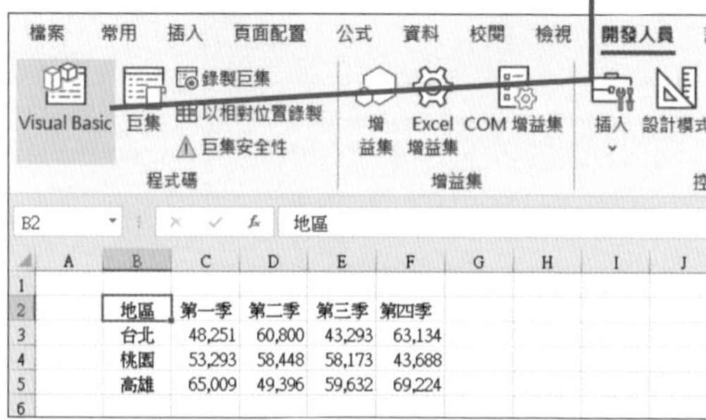


啟動 VBE(Visual Basic Editor)

新增模組以儲存程式碼

3 執行插入／模組命令

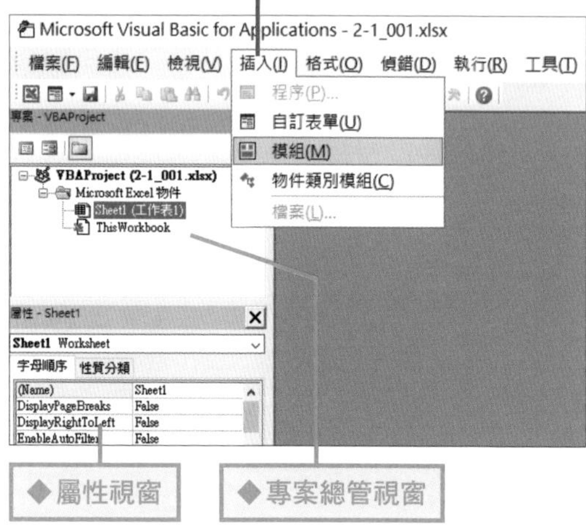


◆屬性視窗

◆專案總管視窗

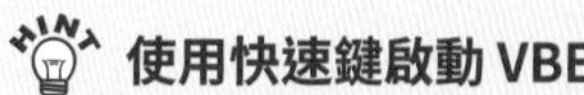

### HINT 使用快速鍵啟動 VBE

按下 Alt + F11 鍵也可以進入 VBE 環境。

### HINT 使用工具列的按鈕新增模組

按下一般工具列**插入自訂表單**鈕 的下拉箭頭 ▼，執行『**模組**』命令，也可以新增模組。

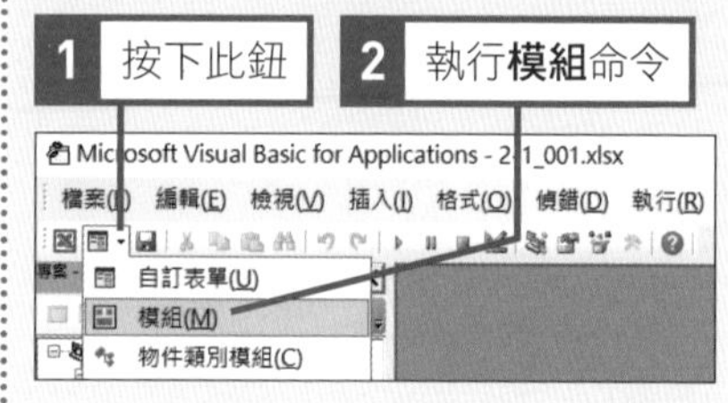


### HINT 開啟多個活頁簿時如何新增模組?

開啟多個活頁簿時，如果要新增**模組**，可以先在**專案總管**視窗選取要儲存巨集的活頁簿，再新增模組。

選取要儲存巨集的活頁簿並新增模組

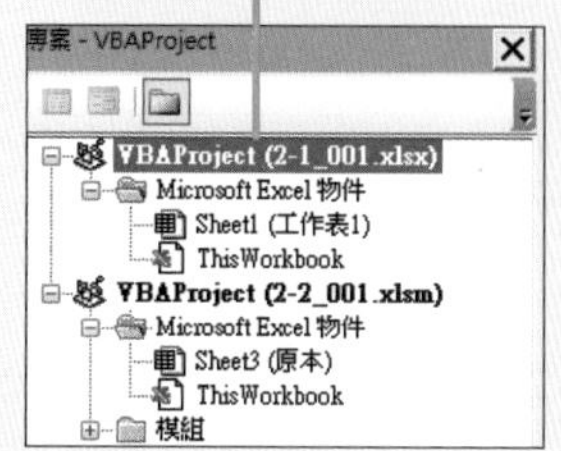

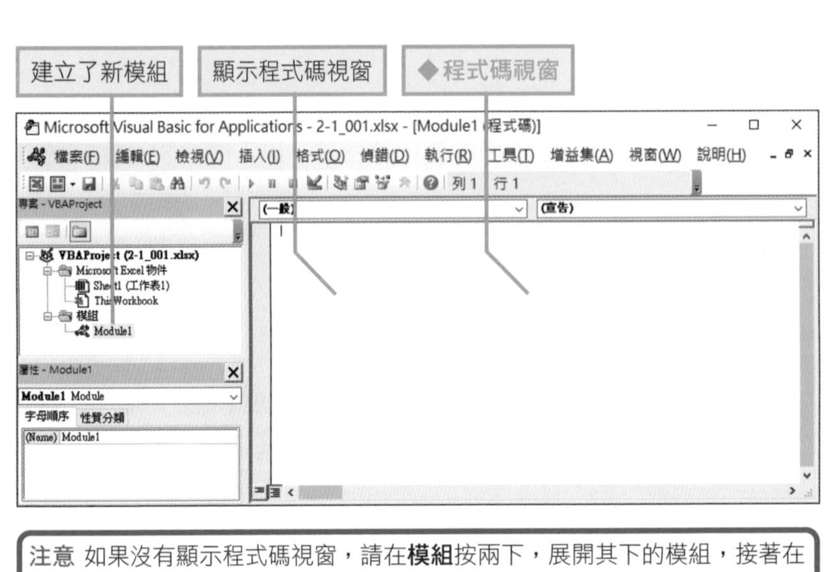
建立了新模組
顯示程式碼視窗
◆程式碼視窗
Microsoft Visual Basic for Applications - 2-1_001.xlsx - [Module1 (程式碼)]
VBAProject (2-1_001.xlsx)
Microsoft Excel 物件
Sheet1 (工作表1)
ThisWorkbook
模組
Module1

注意 如果沒有顯示程式碼視窗，請在**模組**按兩下，展開其下的模組，接著在 **Module 1** 按兩下，就會顯示程式碼視窗。

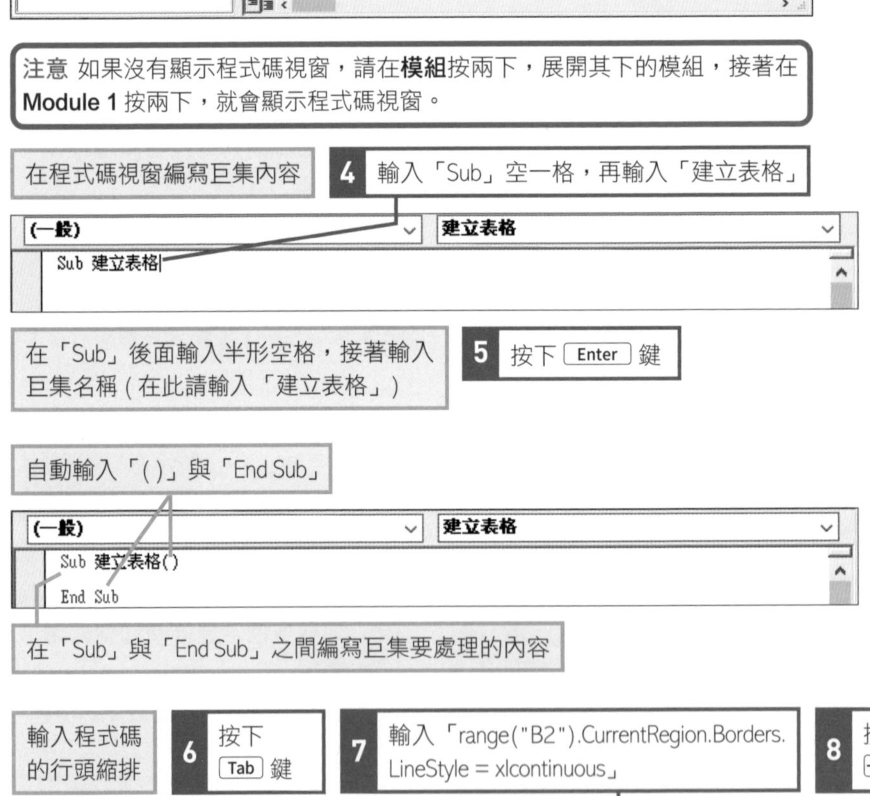
在程式碼視窗編寫巨集內容
4 輸入「Sub」空一格，再輸入「建立表格」
(一般)
建立表格
Sub 建立表格
在「Sub」後面輸入半形空格，接著輸入巨集名稱（在此請輸入「建立表格」）
5 按下 Enter 鍵
自動輸入「( )」與「End Sub」
Sub 建立表格()
End Sub
在「Sub」與「End Sub」之間編寫巨集要處理的內容

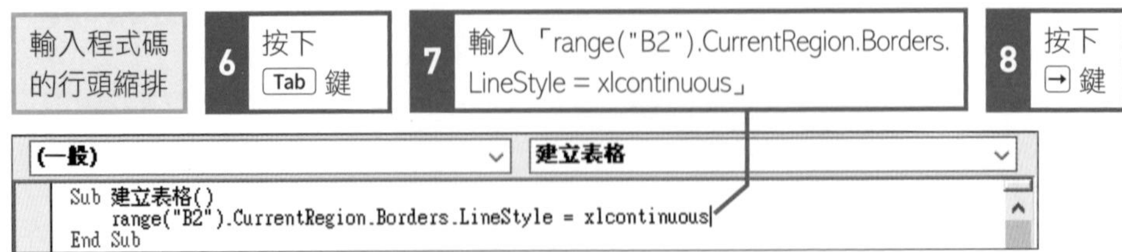
輸入程式碼的行頭縮排
6 按下 Tab 鍵
7 輸入「range("B2").CurrentRegion.Borders.LineStyle = xlcontinuous」
8 按下 → 鍵
(一般)
建立表格
Sub 建立表格()
range("B2").CurrentRegion.Borders.LineStyle = xlcontinuous
End Sub

如果輸入的內容沒有出現拼錯字等問題，輸入的「方法」或「屬性」會自動將第一個字母變成大寫並插入空格

參照 程序的組成元素……P.2-14

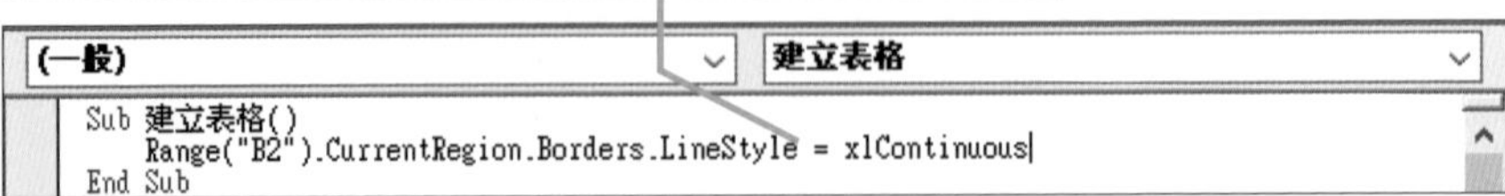
(一般)
建立表格
Sub 建立表格()
Range("B2").CurrentRegion.Borders.LineStyle = xlContinuous
End Sub

```
Sub 建立表格()
    Range("B2").CurrentRegion.Borders.LineStyle = xlContinuous
End Sub
```

1. 撰寫建立「建立表格」巨集
2. 將包含 B2 儲存格在內的整個表格繪製細框線
3. 結束巨集

輸入巨集後，切換到 Excel

**9** 按一下**檢視 Microsoft Excel** 

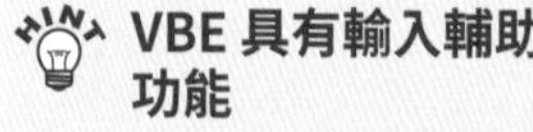

**VBE 具有輸入輔助功能**

VBE 提供輸入輔助功能，包括檢查語法、列出並選取輸入的「屬性」或「方法」等清單，讓使用者可以正確且有效率地輸入程式碼。

參照 使用輸入輔助功能……P.3-4

切換到 Excel 畫面

開啟**巨集**交談窗，執行剛才建立的巨集

**10** 切換到**開發人員**頁次

**11** 按下**巨集**鈕

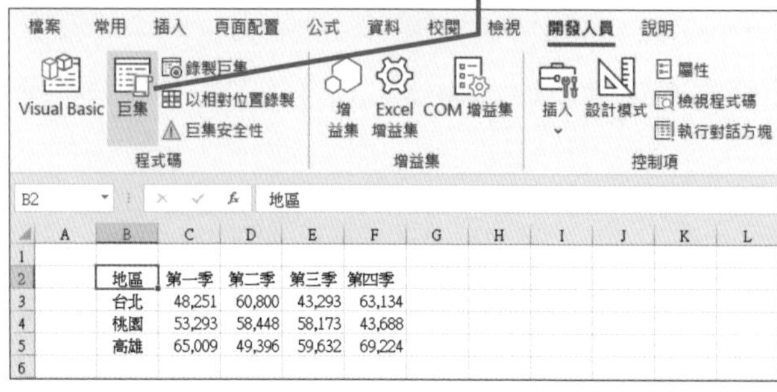


| | A | B | C | D | E | F |
|---|---|---|---|---|---|---|
| 1 | | | | | | |
| 2 | | 地區 | 第一季 | 第二季 | 第三季 | 第四季 |
| 3 | | 台北 | 48,251 | 60,800 | 43,293 | 63,134 |
| 4 | | 桃園 | 53,293 | 58,448 | 58,173 | 43,688 |
| 5 | | 高雄 | 65,009 | 49,396 | 59,632 | 69,224 |
| 6 | | | | | | |

**用快速鍵切換回 Excel 畫面**

按下 Alt ＋ F11 鍵，可以從 VBE 環境切換到 Excel 畫面。

**儲存用 VBE 建立的巨集**

以 VBE 建立的巨集會在儲存活頁簿的同時存檔。此外，儲存活頁簿時請將**存檔類型**改成 **Excel 啟用巨集的活頁簿**。

參照 管理含有巨集的活頁簿……P.1-31

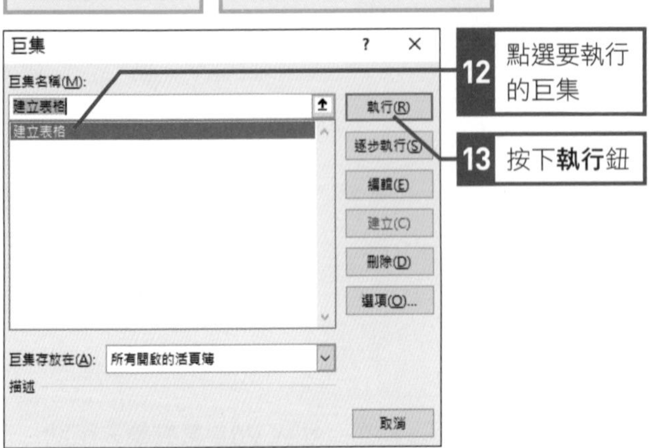


**使用快速鍵開啟「巨集」交談窗**

按下 Alt + F8 鍵，會開啟**巨集**交談窗。習慣按鍵操作後，就能立刻開啟交談窗。

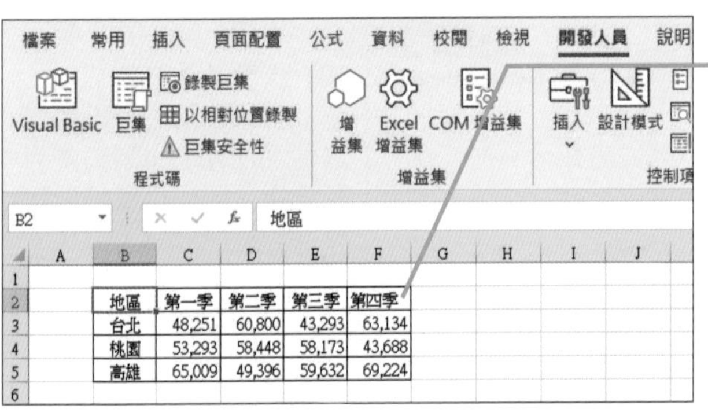


執行巨集後，在包含 B2 儲存格的整個表格都加上框線

即使調整了表格大小，只要執行這個巨集，也可以在整個表格加上框線

## 物件與集合

VBA 可以設定處理的對象。這裡的處理對象稱為**物件**，整合相同物件稱為**集合**(collection)。

### ● 物件

VBA 把構成 Excel 的主要元素當作「物件」處理。VBA 以「什麼部分該怎麼做」、「什麼部分是何種狀態」來寫程式碼。這裡的「什麼部分」就是指「物件」。Excel 的主要構成元素與對應的物件名稱如下所示。

| Excel 的主要構成元素 | 物件名稱 |
|---|---|
| 應用程式 | Application |
| 活頁簿 | Workbook |
| 工作表 | Worksheet |
| 圖表 | Chart |
| 視窗 | Window |
| 儲存格 | Range |

**父物件稱作「容器」**

某個物件的上一層物件（父物件）稱作**容器** (Container)。例如 Range 物件的容器是 Worksheet 物件，Worksheet 物件的容器是 Workbook。

## ● 物件的階層結構

Excel 常用的物件包括活頁簿、工作表、儲存格等。Excel 的物件是以階層結構管理，撰寫 VBA 程式時，為了正確指定處理對象是工作表或儲存格，瞭解階層結構是很重要的。

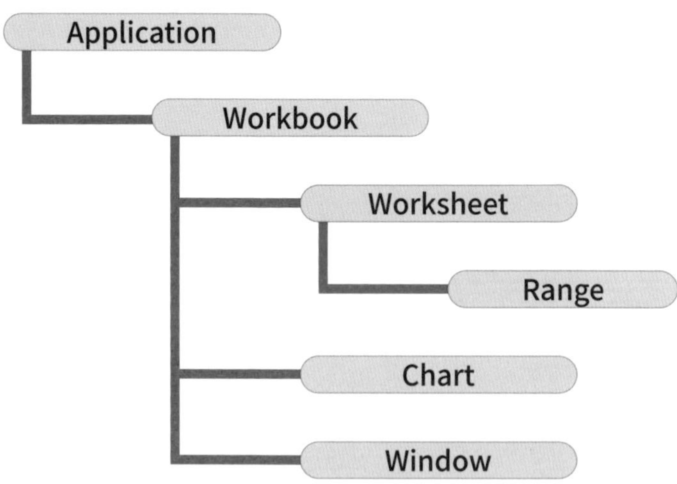


參照物件時，會根據階層結構指定該物件，可以省略 **Application**。例如想參照**業績**活頁簿**台北店**工作表中的「A1 到 C5」儲存格範圍，語法如下：

```
Workbooks("業績.xlsx").Worksheets("台北店").Range("A1:C5")
```

**業績**活頁簿　的　**台北店**工作表　的　A1:C5 儲存格範圍

參照 集合與成員……P.2-10

### 父物件可以省略

寫程式時，可以省略父物件的活頁簿或工作表，直接寫成「Range("A1:C5")」。此行程式表示「作用中活頁簿的作用中工作表的 A1 到 C5 儲存格範圍」。

### 其他物件

Excel VBA 除了活頁簿、工作表、儲存格、視窗之外，還有設定格式或執行功能的各種物件，包括代表框線的 Border 物件、設定列印的 PageSetup 物件、排序的 Sort 物件等。

參照 參照儲存格的框線……P.4-103
參照 列印設定……P.10-9
參照 資料的操作……P.9-2

## ● 集合與成員

**集合** (collection) 是指整合相同種類的物件，在集合內的每個物件稱為**成員** (member)。Workbook 物件的集合是 Workbooks 集合，Worksheet 物件的集合是 Worksheets 集合。如果要參照集合內的成員，可以設為 Workbooks(" 業績 .xlsx") 或 Worksheets(1)。

參照 參照工作表……P.5-2
參照 參照活頁簿……P.6-2

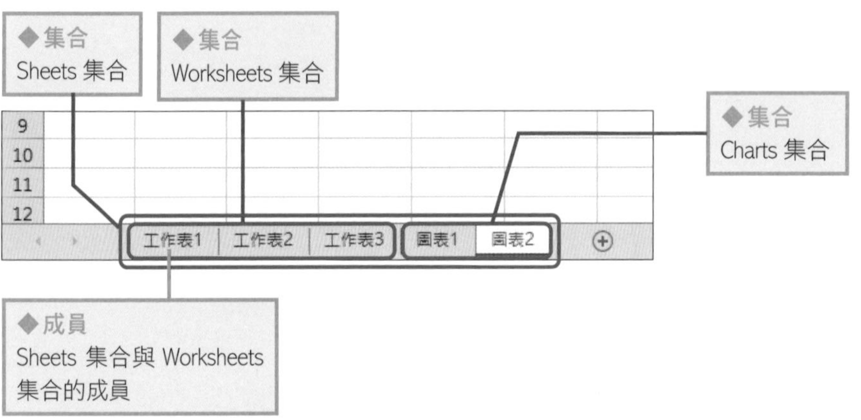


主要的集合

| 集合名稱 | 內容 |
|---|---|
| Workbooks 集合 | 所有開啟中的活頁簿 |
| Sheets 集合 | 活頁簿內所有的工作表 |
| Worksheets 集合 | 活頁簿內所有的工作表。Worksheets 集合會參照所有工作表，但不包含圖表 |
| Charts 集合 | 活頁簿內的所有圖表 |

### HINT 集合也是一種物件

集合可以整合相同種類的物件，當作一個物件參照。例如，想計算活頁簿內的工作表數量時，把 Worksheets 集合當作物件，程式碼如下：

```
Worksheets.Count
```

此程式碼的意思是「取得活頁簿內所有工作表的數量」。

## VBA 的基本語法

VBA 的基本語法是由**物件** (object)、**屬性** (property)、**方法** (method) 所構成，以下將說明如何使用。

### ● 屬性 (property)

**屬性**是指物件的特色或性質。例如「取得第一個工作表的名稱」或「把 A1:C5 儲存格範圍的顏色設成紅色」。取得或設定物件的狀態時，會使用屬性。

▶基本語法

**取得** **物件 . 屬性**

範例 **Worksheets(1).Name**

意義 **取得第一個工作表的名稱**

※ 只有取得不算是一個獨立的命令陳述式。

參照 使用並設定取得的屬性值……P.2-11

**設定** **物件 . 屬性 = 值**

範例 **Worksheets(1).Name="1 月 "**

意義 **把第一個工作表的名稱設為「1 月」**

**HINT 有些屬性無法設定「值」**

有些屬性只能「取得」卻無法進行設定。例如 Workbook 物件的 path 屬性可以取得檔案的儲存位置，但無法進行設定。

參照 取得活頁簿的儲存位置……P.6-36

**HINT 使用並設定取得的屬性值**

取得的屬性值會指定給變數，或設為其他屬性的值。例如，把作用中的活頁簿名稱指定給變數 myName 時，會變成「myName=ActiveWorkbook.Name」。

如果要將 C3 儲存格的字體大小設成和 A1 儲存格相同，可以輸入「Range("C3").Font.Size=Range("A1").Font.Size」。

參照 變數……P.3-7

**HINT 使用屬性參照物件**

如果要參照屬於集合成員的物件時，會寫成 Workbooks(" 業績 .xlsx")、Worksheets(1)。這裡使用的 Worksheets 或 Workbooks 和集合名稱相同，但是這是屬性。在 Workbooks 屬性或 Worksheets 屬性後面的 ( ) 內設定「活頁簿名稱、工作表名稱、索引編號」作為引數，藉此參照每個物件。索引編號是附加在集合元素的編號。例如依開檔順序分配從 1 開始的編號給活頁簿；若是工作表，就從工作表名稱的左邊開始依序分配從 1 開始的編號。

## ● 方法 (method)

**方法** (method) 是用來執行物件的刪除、複製、移動、儲存等操作。例如要「刪除第一個工作表」時，其語法如下：

▶ 基本語法

**物件 . 方法**

**範例** Worksheets(1).Delete

**意義** 刪除 第一個工作表

### 使用引數設定內容

**方法**可以設定如何執行操作的**引數**。設定引數時，在**方法**後面輸入半形空格，接著輸入「引數名稱 := 值」，這樣的寫法稱為「具名引數」。例如在 Worksheet 物件的 Add 方法中，可以設定 4 個引數。有些方法可以省略引數，省略引數後，會設成預設值。此外，部分屬性也有引數。

◆引數的設定方法　**物件 . 方法 引數名稱 := 引數 1, 引數名稱 := 引數 2...**

◆Add 方法的引數　Add [Before] , [After] , [Count] , [Type]　[ ] 包圍的引數可省略

**範例** Worksheets.Add Before:=Worksheets(1), Count:=3

**意義** 在第一個工作表前面 新增 三個 工作表

### 省略引數名稱

寫程式時，可以省略引數名稱，但不能省略分隔引數的逗號 (,)。假設要設定第一個與第三個引數，在第一個引數的後面輸入兩個逗號，就可以知道這是第三個引數。如果要省略第三個以後的引數，不需要輸入逗號。

**範例** Worksheets.Add Worksheets(1),,2

**意義** 在第一個工作表前面 新增 兩個 工作表

**HINT 傳回值的方法**

有些**方法** (method) 可以傳回值。例如 Add method 會把新增的物件當作傳回值傳回。使用傳回值設定屬性時，以 ( ) 包圍引數。例如寫成「Worksheets.Add(Before:=Worksheets(1)).Name="1 月"」時，代表「在第一個工作表前新增工作表，並將工作表命名為『1 月』」。

**HINT 基本語法以外的命令陳述式**

VBA 除了上述的基本語法外，也會使用函數、陳述式名稱來寫命令。例如「x=Month(Date)」( 從今天的日期取出月份，並將值代入變數 x) 或「Kill "C:\data\ 業績 .xlsx"」( 刪除 C 磁碟機 data 資料夾內的業績 .xlsx) 等命令陳述式。

# 2-2 程序



## 程序

VBA 將 Excel 的巨集稱作**程序**。程序是一個統一執行處理的單位，程序包括 Sub 程序、Function 程序、Property 程序等三種。使用 Excel 的**錄製巨集**功能製作的是 Sub 程序。此外，還可以在其中一個程序呼叫其他程序來執行處理。把常用的程序獨立出來，其他程序就能透過呼叫的方式使用該程序。

### 巨集與程序

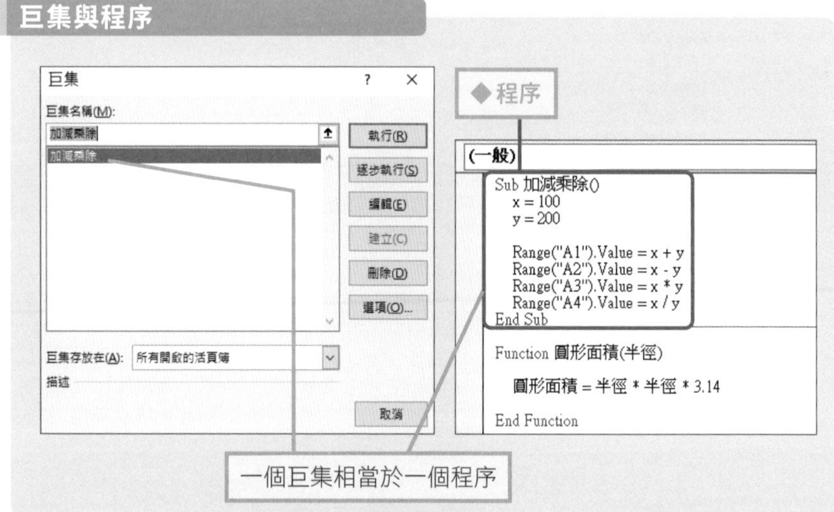


### 程序的概念

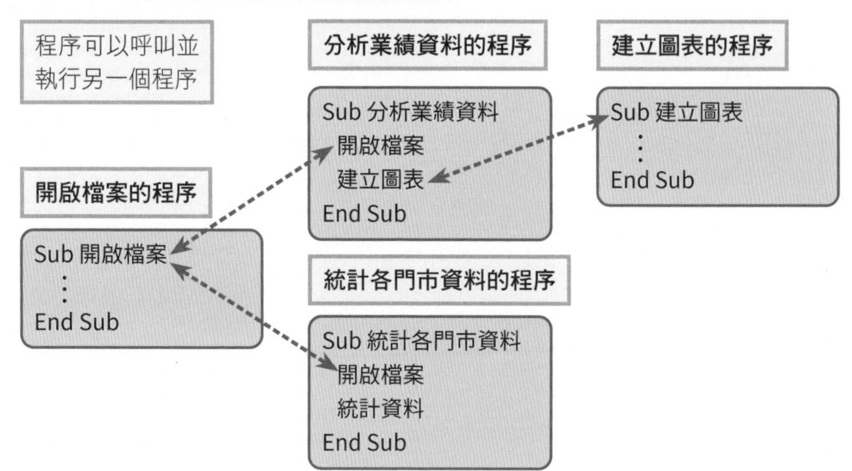

## 程序的組成元素

程序是一個處理單位，它由以下幾個元素所構成：

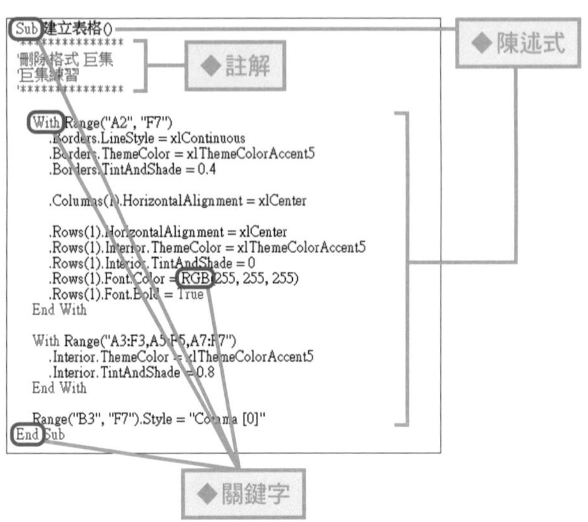


| 構成元素 | 意義 |
|---|---|
| 陳述式 | 命令陳述式。通常一行一個陳述式 |
| 註解 | 在行首輸入「'」，接著輸入說明文字 |
| 關鍵字 | 指程式語言中，具有特別意義的字串或符號。關鍵字包括陳述式名稱 (Sub、With、End 等 )、函數名稱 (RGB 等 )、運算子 (Not 等 )。和關鍵字一樣的字串不可以當作變數名稱、程序名稱 |

## 陳述式的寫法

**陳述式**是在程序中執行處理的最小單位，通常一個陳述式會寫成一行。執行程序時，會從上面的陳述式開始依序執行。

```
1 Sub 建立表格()
2     Range("A2:F7").Borders.LineStyle = xlContinuous
3     Range("A2:F7").BorderAround xlContinuous, xlThick
4     Range("A2:A7").HorizontalAlignment = xlCenter
5     Range("A2:F2").Interior.Color = RGB(255, 153, 204)
6 End Sub
```

1 撰寫「建立表格」巨集
2 在 A2:F7 儲存格範圍用細實線繪製框線
3 在 A2:F7 儲存格範圍的外框用粗實線繪製框線
4 將 A2:A7 儲存格內容水平居中
5 將 A2:F2 的儲存格填滿粉紅色
6 結束巨集

## ● 把一個陳述式分成多行

通常一個陳述式會寫成一行，但有時程式碼太長，為了方便閱讀，也可以分成多行。請在想換行的位置輸入半形空格與「_（半形底線）」，這個符號稱作**行接續字元**。輸入行接續字元後，就可以在下一行繼續撰寫後面的陳述式。

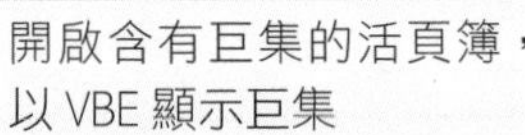

範例 2-2_001.xlsm

參照 使用 VBA 建立巨集……P.2-5

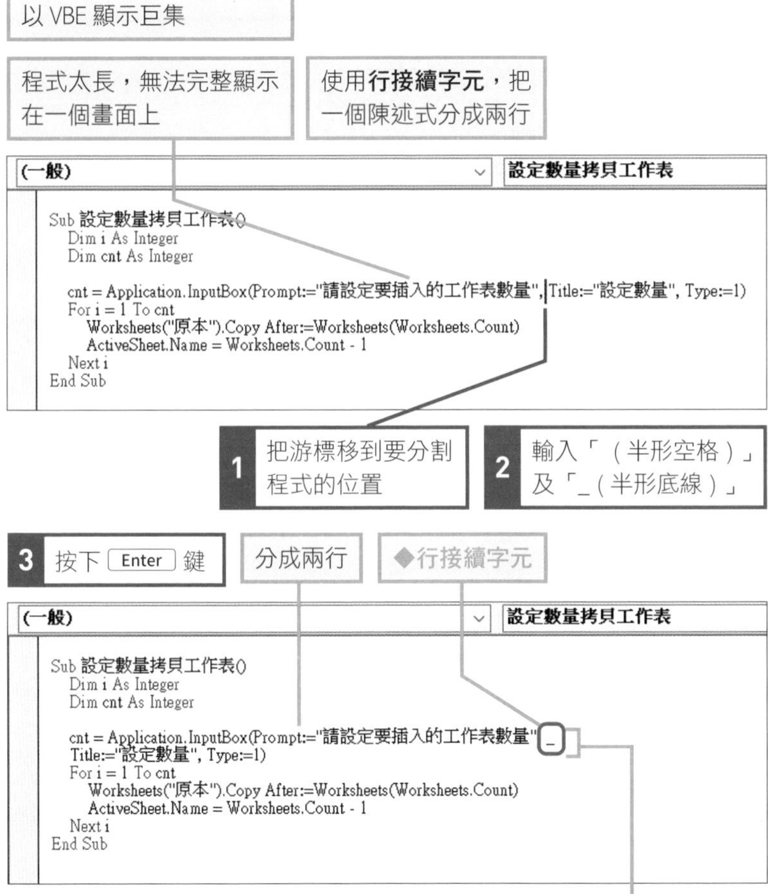


### HINT 輸入底線

輸入底線時，請在英數半形模式按下  Shift ＋  − 鍵（在數字 0 右側）。

### HINT 輸入「行接續字元」的位置

輸入**行接續字元**的位置在逗號前後或句號前後比較適合。不能在屬性或方法等單字或字串的中間換行。

### ● 在同一行中撰寫多個陳述式

在陳述式後面輸入「:（半形冒號）」，可以接著寫下一個陳述式，這樣可以在同一行中撰寫多個陳述式。這種方法適合將多個簡短的陳述式整合在一行，或是希望減少程式行數時使用。

範例 2-2_002.xlsm

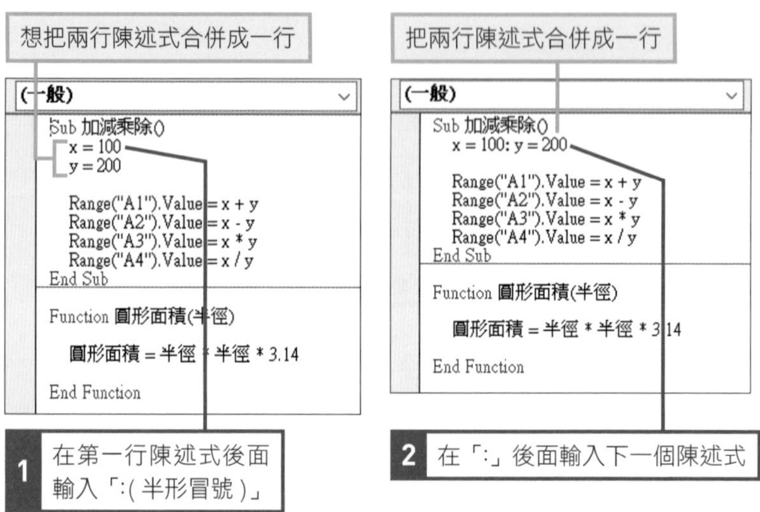
想把兩行陳述式合併成一行
把兩行陳述式合併成一行
(一般)
Sub 加減乘除()
x = 100
y = 200
Range("A1").Value = x + y
Range("A2").Value = x - y
Range("A3").Value = x * y
Range("A4").Value = x / y
End Sub
Function 圓形面積(半徑)
圓形面積 = 半徑 * 半徑 * 3.14
End Function
x = 100: y = 200
1 在第一行陳述式後面輸入「:（半形冒號）」
2 在「:」後面輸入下一個陳述式

## 加上註解說明

在每一行程式的開頭輸入「'（單引號）」，接著輸入說明文字，按下 Enter 鍵後，就會以綠色顯示文字。在執行程式時，會忽略設成註解的部分，你可以在程序中輸入說明內容，或是把暫時不想執行的陳述式設成註解。此外，在程式碼中間輸入「'」，可以將後面的文字變成註解。

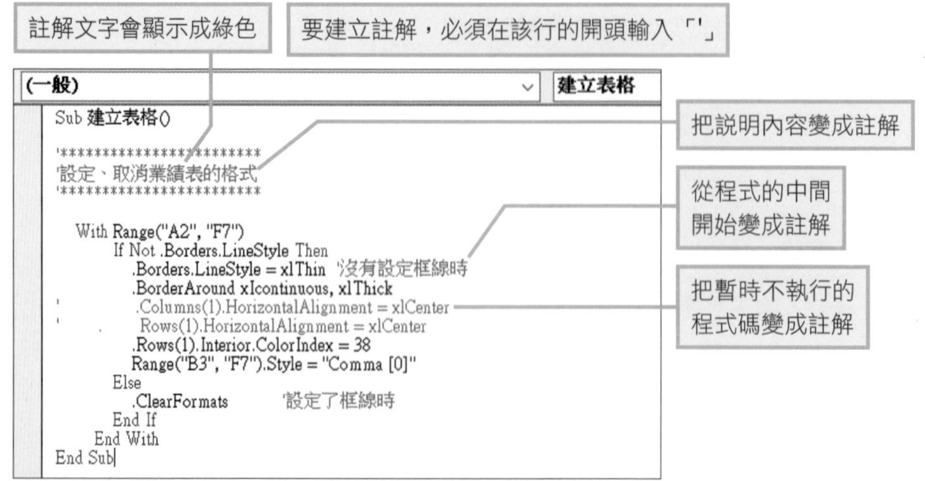
註解文字會顯示成綠色
要建立註解，必須在該行的開頭輸入「'」
(一般)
建立表格
Sub 建立表格()
'************************
'設定、取消業績表的格式
'************************
With Range("A2", "F7")
If Not .Borders.LineStyle Then
.Borders.LineStyle = xlThin '沒有設定框線時
.BorderAround xlcontinuous, xlThick
' .Columns(1).HorizontalAlignment = xlCenter
' .Rows(1).HorizontalAlignment = xlCenter
.Rows(1).Interior.ColorIndex = 38
Range("B3", "F7").Style = "Comma [0]"
Else
.ClearFormats '設定了框線時
End If
End With
End Sub
把說明內容變成註解
從程式的中間開始變成註解
把暫時不執行的程式碼變成註解

## ● 用工具列設定註解

按下**編輯**工具列的**使程式行變為註解**鈕 ，可以快速將一行或多行程式變成註解。此外，按下**使註解還原為程式**鈕 ，可以還原註解行。 範例 2-2_002.xlsm

參照 使用 VBA 建立巨集……P.2-5

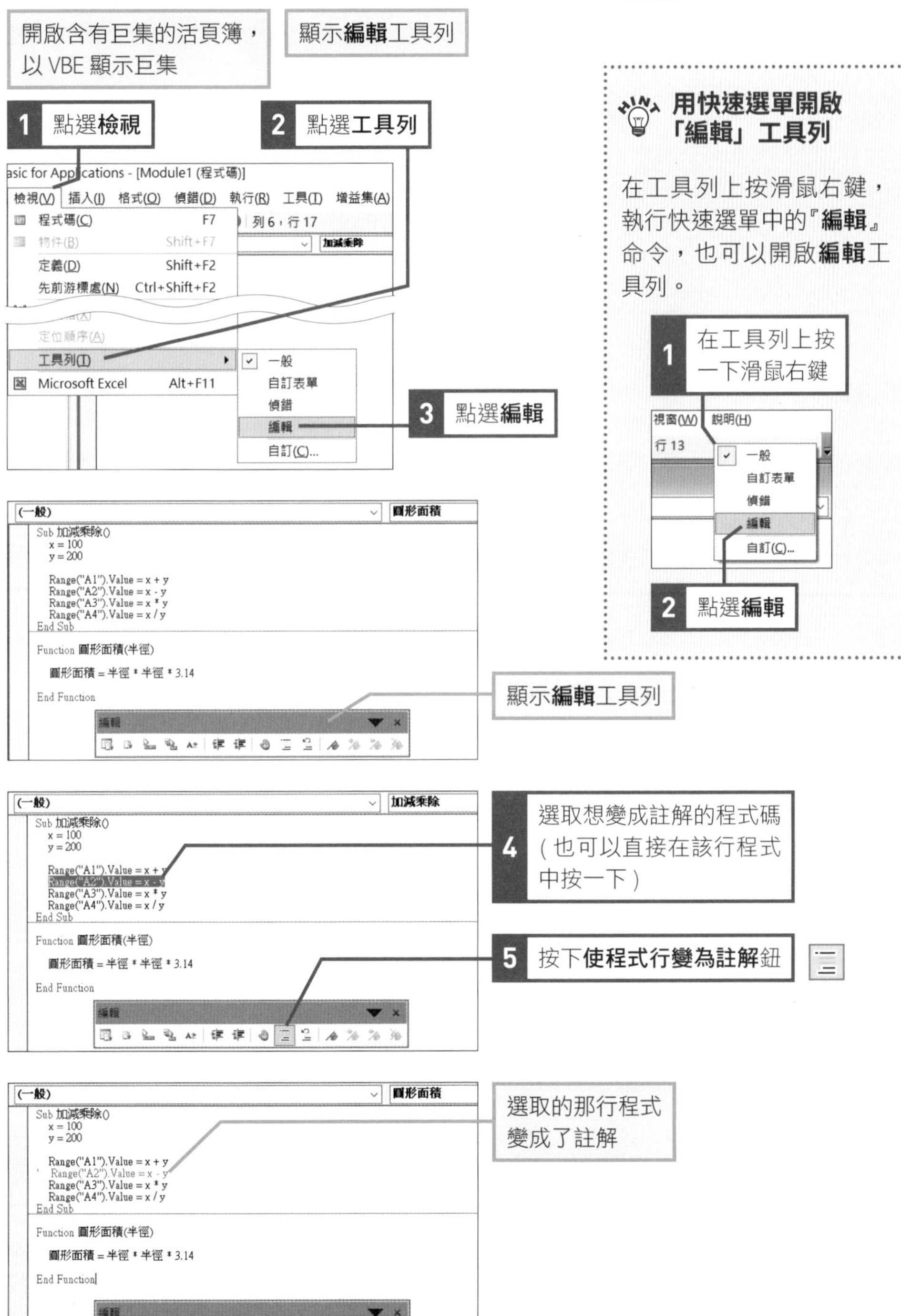

開啟含有巨集的活頁簿，以 VBE 顯示巨集
顯示編輯工具列
1 點選檢視
2 點選工具列
3 點選編輯
顯示編輯工具列
4 選取想變成註解的程式碼（也可以直接在該行程式中按一下）
5 按下使程式行變為註解鈕
選取的那行程式變成了註解

### HINT 用快速選單開啟「編輯」工具列

在工具列上按滑鼠右鍵，執行快速選單中的『**編輯**』命令，也可以開啟**編輯**工具列。

1 在工具列上按一下滑鼠右鍵

2 點選**編輯**

## 認識 Sub 程序與 Function 程序

VBA 會頻繁用到 **Sub** 程序與 **Function** 程序。Sub 程序是執行處理的程序，而 Function 程序則是負責執行處理後傳回結果值。用錄製巨集功能建立的程序是 Sub 程序。

參照 使用者自訂函數……P.15-67

### ● Sub 程序的結構

Sub 程序以 **Sub** 為開頭、**End Sub** 結束。在開頭的 Sub 後面輸入半形空格，接著輸入「程序名稱 ( )」。請注意！如果沒有在 Sub 與程序名稱之間插入半形空格就不會被當作程序。

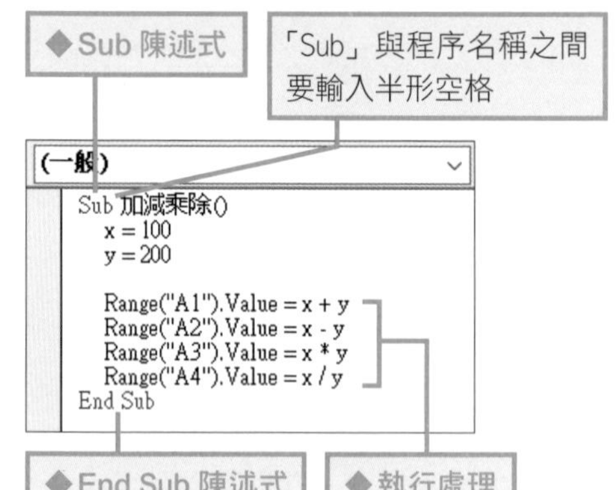
◆Sub 陳述式
「Sub」與程序名稱之間要輸入半形空格
(一般)
Sub 加減乘除()
x = 100
y = 200
Range("A1").Value = x + y
Range("A2").Value = x - y
Range("A3").Value = x * y
Range("A4").Value = x / y
End Sub
◆End Sub 陳述式
◆執行處理

**HINT 程序名稱後面的 ( )**

在 Sub 陳述式的程序名稱後面加上 ( ) 是用來設定引數。即使是不需要引數的程序也不可以省略。輸入「Sub 程序名稱」時，若是忘了輸入 ( )，按下 Enter 鍵換行時，會自動插入 ( )，並在指標的下一行插入「End Sub」。

### ● Function 程序的結構

Function 程序是以 **Function** 為開頭，以 **End Function** 結尾。Function 程序會傳回「傳回值」，該傳回值是在程序內把程序名稱當作變數，寫成「程序名稱 = 傳回值」傳回。由於 Function 程序會傳回「傳回值」，所以在自訂函數時，會經常用到。

參照 變數……P.3-7
參照 使用者自訂函數……P.15-67

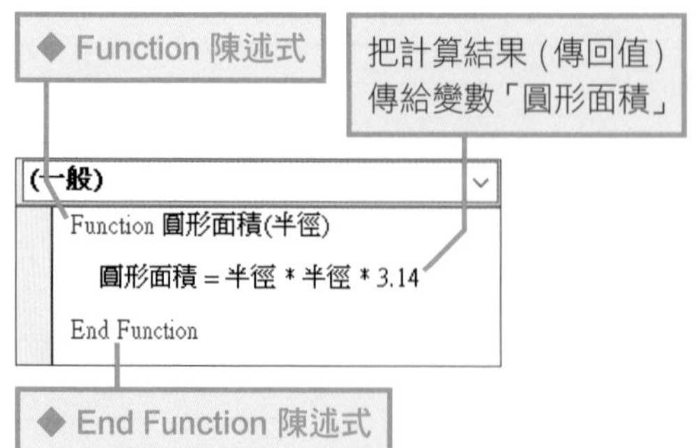
◆ Function 陳述式
把計算結果 (傳回值) 傳給變數「圓形面積」
(一般)
Function 圓形面積(半徑)
圓形面積 = 半徑 * 半徑 * 3.14
End Function
◆ End Function 陳述式

**HINT Function 程序的引數設定**

範例中的「圓形面積」程序設定了引數「半徑」當作計算結果所需的資訊。因此在 ( ) 內設定要使用的引數。實際建立此程序時，會設定傳回值及引數的資料型別。例如「Function 圓形面積 ( 半徑 As Double) As Double」，設定資料型別可以指定設定值的範圍及準確度，以執行正確的處理。

參照 設定變數的資料型別……P.3-10

## 連接程序的優點

程序不只可以個別執行，也可以呼叫、執行其他程序。與其建立一個包含多項處理的大程序，不如先建立執行每項處理的小程序，再呼叫、執行該程序，這樣可以讓每個程序都很簡潔，容易維護。此外，把常用的處理變成程序，也能在多個程序中呼叫、使用該程序，以下將説明結合 Sub 程序的範例。

### ● 把所有處理寫成一個程序

把所有的處理整合成一個程序時，程式碼會變長，修改程式也比較費時。

◆執行的程序

```
Sub 業績報告 ()
  選取活頁簿
  開啟選取的活頁簿
  選取資料範圍
  根據選取範圍建立圖表
  選取工作表
  列印
End Sub
```

### ● 連接程序

把程序內的幾項處理獨立成個別程序，之後再呼叫、執行該程序，就能縮短程式碼，而且比較容易修改程式。

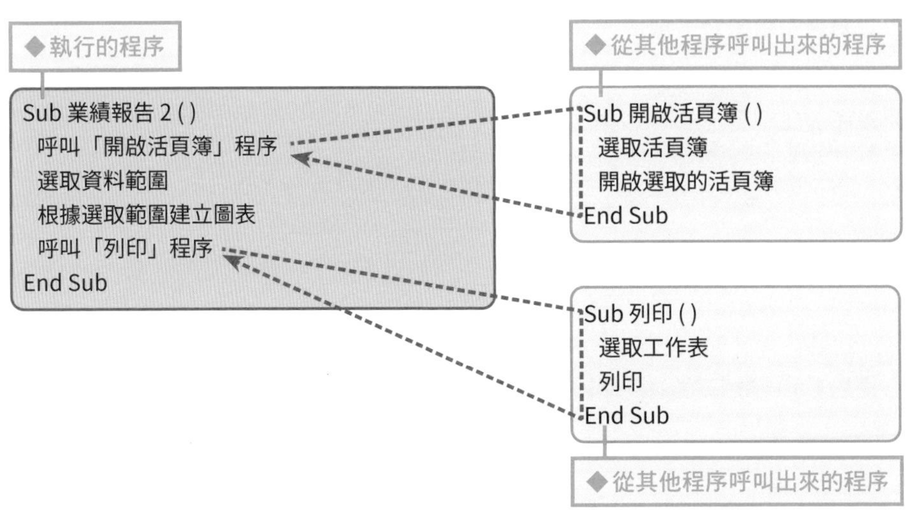
◆執行的程序
Sub 業績報告 2 ()
呼叫「開啟活頁簿」程序
選取資料範圍
根據選取範圍建立圖表
呼叫「列印」程序
End Sub
◆從其他程序呼叫出來的程序
Sub 開啟活頁簿 ()
選取活頁簿
開啟選取的活頁簿
End Sub
Sub 列印 ()
選取工作表
列印
End Sub
◆從其他程序呼叫出來的程序

## ● 父程序與子程序

**父程序**是呼叫來源的程序，**子程序**是在父程序中，被呼叫、執行的程序，又稱為「子程式」、「次程序」。在父程序呼叫子程序時，會寫出子程序的程序名稱。如果執行子程序時需要引數，會寫成「程序名稱 引數值」。

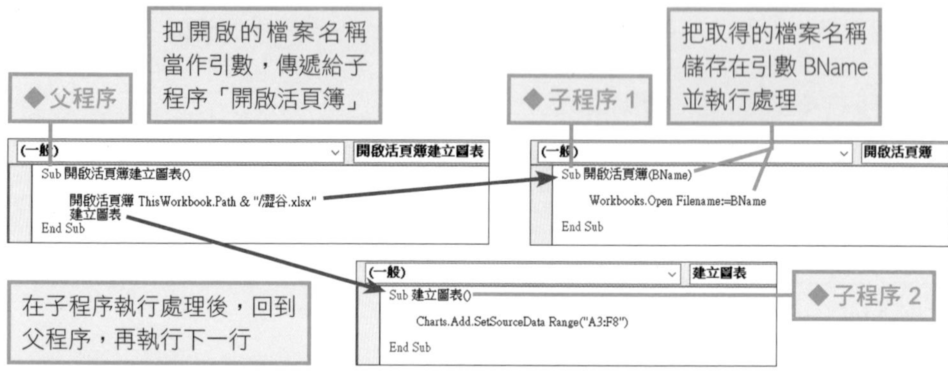

### 使用引數時的注意事項

傳遞引數給子程序時，請在子程序的後面輸入半形空格，設定引數。若是要傳遞多個引數，請統一引數的數量。在子程序設定的數量及順序不同時，會發生錯誤。

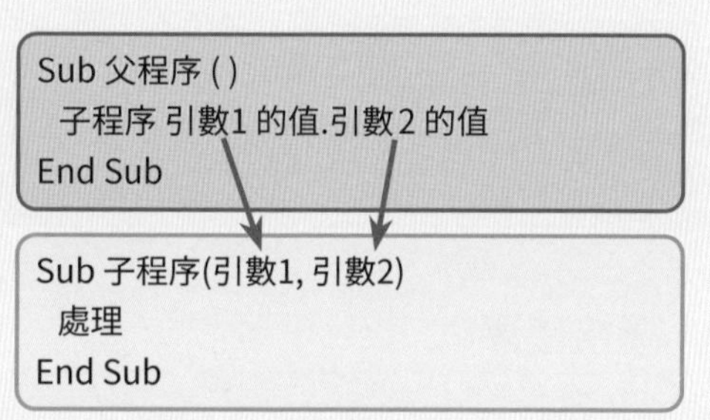


### 以具名引數設定引數值

設定多個引數，呼叫子程序時，必須按照順序設定引數，否則會發生錯誤，不過使用「具名引數」的話，即使改變順序也不會發生錯誤。

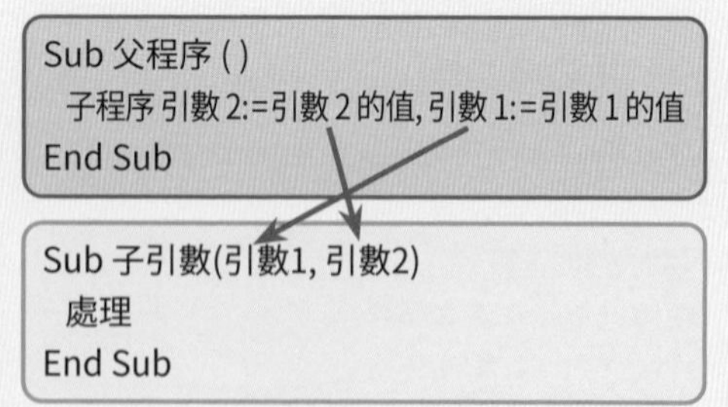


### 使用 Call 陳述式直接呼叫子程序

只要寫出子程序名稱，就可以呼叫子程序，使用 Call 陳述式寫成「Call 子程序名稱」就可以直接呼叫子程序。此外，使用 Call 陳述式時，會用 ( ) 包圍引數，如「Call 子程序名稱 ( 引數 1, 引數 2)」。

參照 呼叫其他活頁簿的程序……P.2-21

## ● 呼叫其他活頁簿的程序

如果要呼叫儲存在其他活頁簿的程序，必須執行「參照設定」。執行參照設定時，要先在儲存呼叫程序的活頁簿（目的地活頁簿）設定專案名稱，並在要呼叫該專案名稱的活頁簿（來源活頁簿）完成設定。

範例 各門市業績表 .xlsm
範例 通用巨集活頁簿 .xlsm

### 設定專案名稱

在要參照的活頁簿設定專案名稱

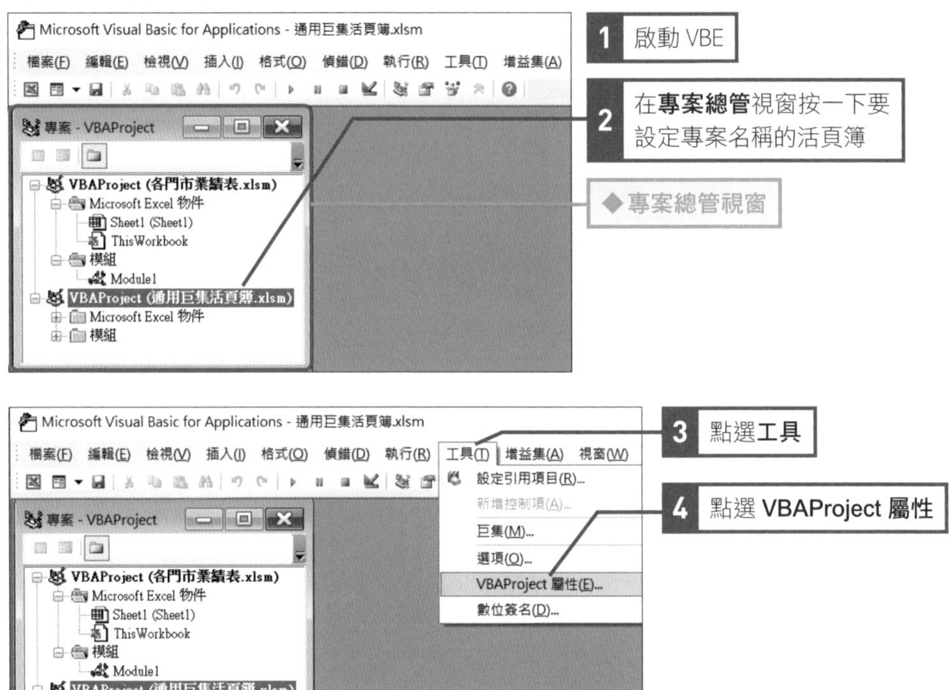

Microsoft Visual Basic for Applications - 通用巨集活頁簿.xlsm
1 啟動 VBE
2 在**專案總管**視窗按一下要設定專案名稱的活頁簿
◆專案總管視窗
VBAProject (各門市業績表.xlsm)
VBAProject (通用巨集活頁簿.xlsm)
3 點選**工具**
4 點選 **VBAProject 屬性**
設定引用項目(R)...
VBAProject 屬性(E)...

開啟 **VBAProject - 專案屬性**交談窗

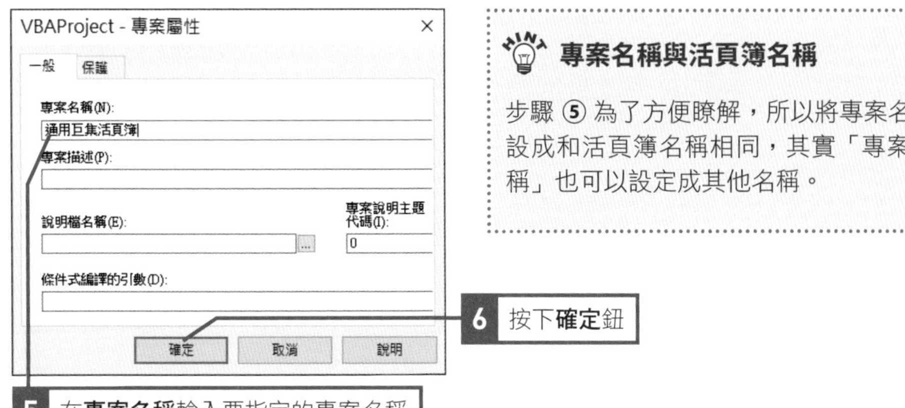

VBAProject - 專案屬性
專案名稱(N):
通用巨集活頁簿
6 按下**確定**鈕
5 在**專案名稱**輸入要指定的專案名稱

**HINT 專案名稱與活頁簿名稱**

步驟 ⑤ 為了方便瞭解，所以將專案名稱設成和活頁簿名稱相同，其實「專案名稱」也可以設定成其他名稱。

## 執行參照設定

執行參照設定，呼叫在其他活頁簿的程序

設定了專案名稱的目的地活頁簿

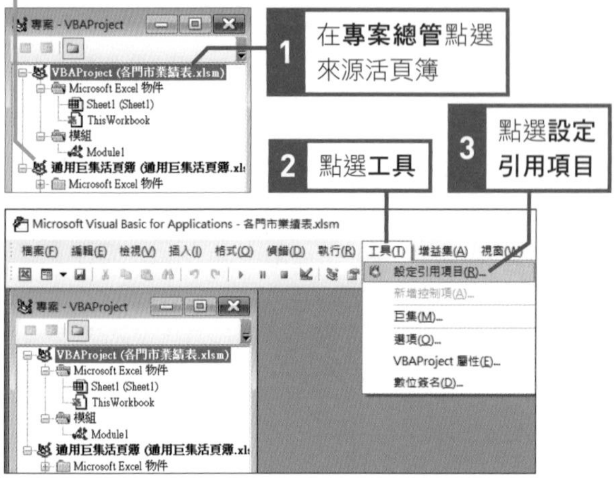
1 在專案總管點選來源活頁簿
2 點選工具
3 點選設定引用項目

### 不改變目的地活頁簿的儲存位置

執行參照設定後，開啟參照來源活頁簿時，也會同時開啟目的地活頁簿。因此，執行參照設定後，請勿將呼叫目的地活頁簿移動到其他位置。若檔案移到其他位置，就無法開啟目的地活頁簿，不能呼叫程序。此外，在開啟參照來源活頁簿的期間，無法關閉目的地活頁簿。

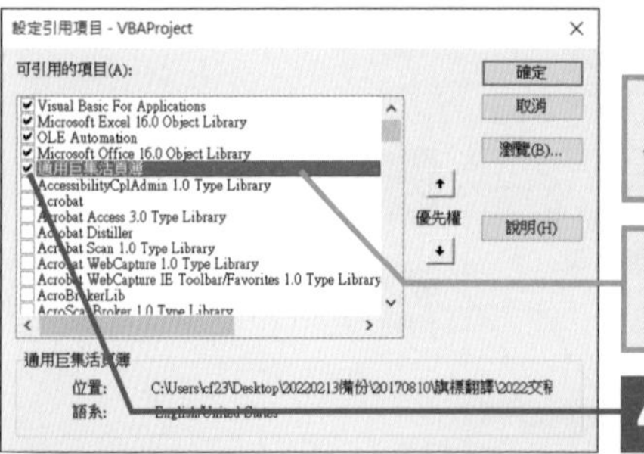
開啟設定引用項目 - VBAProject 交談窗
清單中會顯示在目的地活頁簿設定的專案名稱
4 勾選目的地活頁簿的專案名稱

5 按下確定鈕

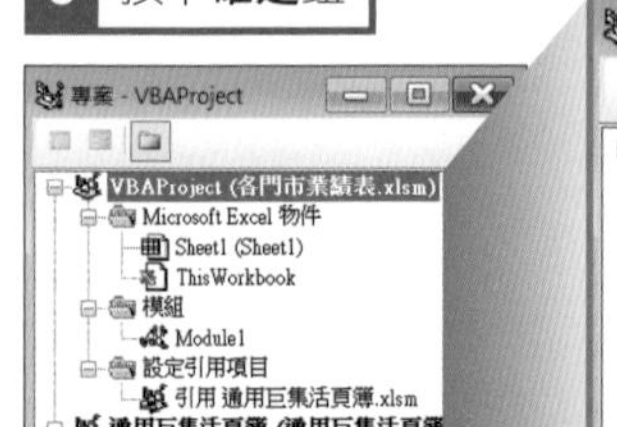

完成參照設定
6 點選設定引用項目
在目的地顯示呼叫程序所在的活頁簿

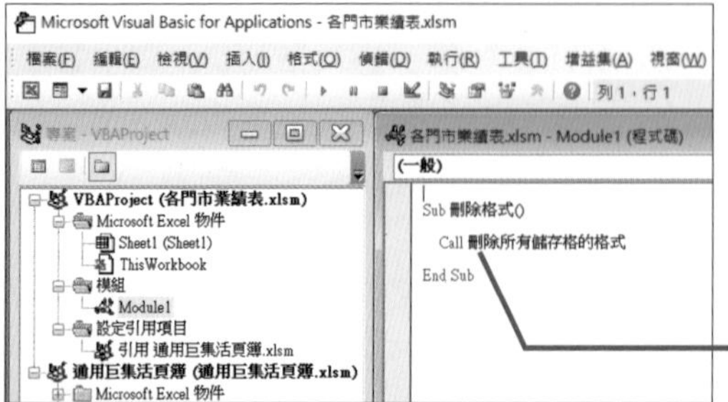
根據參照設定，可以呼叫目的地活頁簿中的程序
在同一個活頁簿中的程序使用 Call 陳述式
7 在 Call 後面輸入半形空格並輸入程序名稱

### 最好不要省略 Call 陳述式

完成參照設定後，只要輸入程序名稱，就可以呼叫其他活頁簿中的程序。使用 Call 陳述式，也能直接呼叫程序，為了讓程式容易瞭解，最好別省略 Call 陳述式。

### 不執行參照設定就呼叫其他活頁簿的程序 (Run method)

使用 Run method（方法）可以不用執行參照設定，就呼叫其他活頁簿的程序。例如要呼叫 C 磁碟機「dekiru」資料夾下的「MBook」活頁簿的「Test」程序（如圖所示）。設定磁碟機名稱後，在關閉活頁簿的狀態，會自動開啟並執行。如果已經開啟活頁簿，或是儲存在目前使用中的資料夾時，只要設定檔案名稱，不需要從磁碟機名稱開始設定。

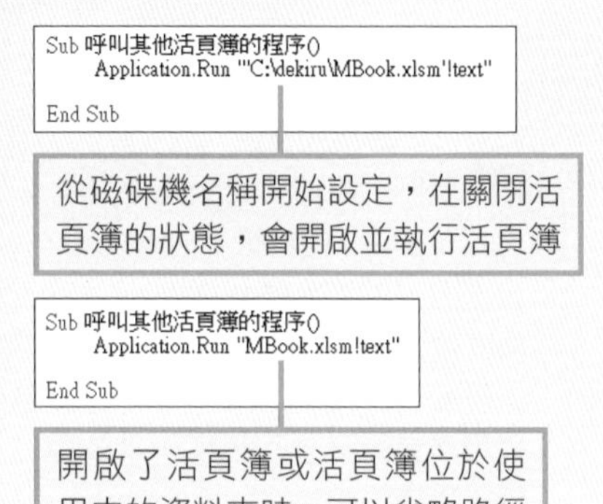


## 傳遞參照與傳遞值

子程序要從父程序取得變數值當作引數時，取得引數的方法有**傳遞參照**與**傳遞值**兩種。「傳遞參照」是以可更改狀態取得父程序的變數值。「傳遞值」是子程序取得變數的副本，所以不可以更改父程序的變數值。

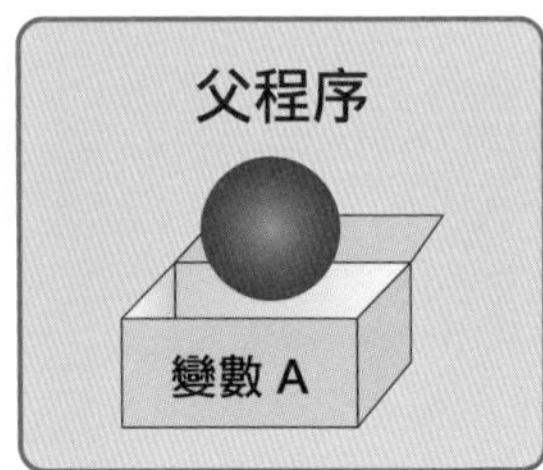


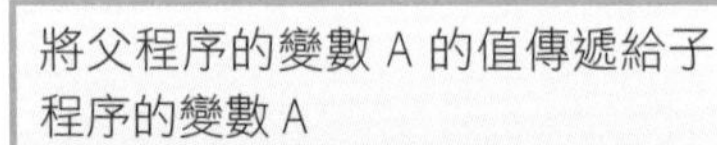


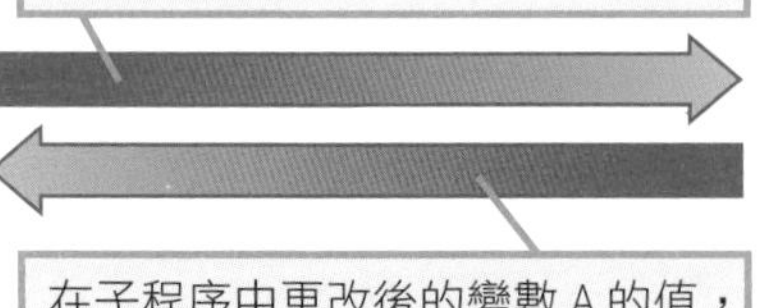


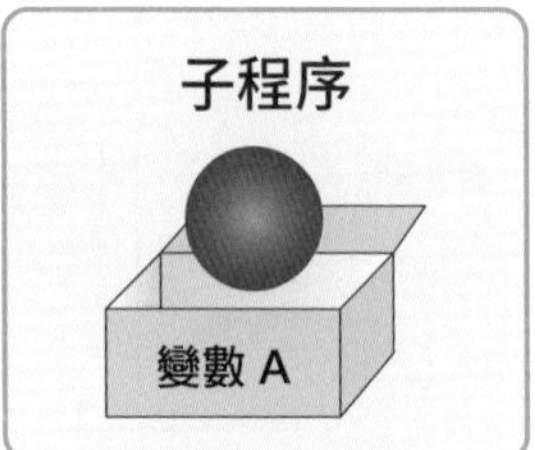


傳遞值

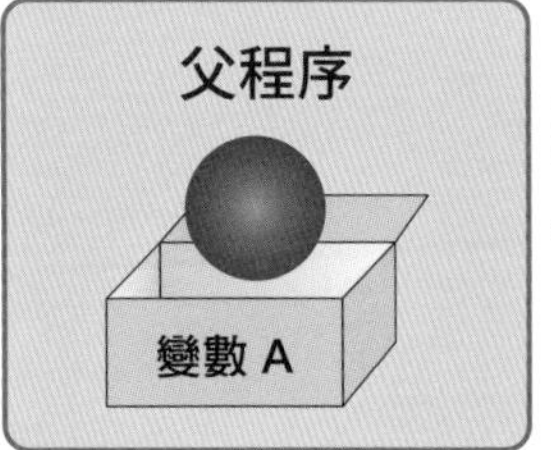


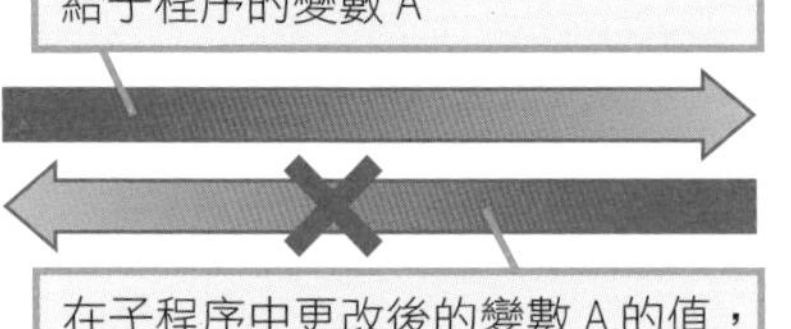


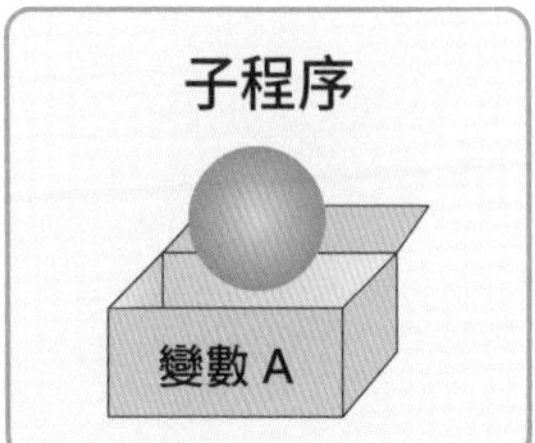

## ● 傳遞參照

**傳遞參照**是在可改寫狀態下，由子程序取得父程序的變數值。在變數儲存的子程序處理結果與取得的值不同時，執行子程序後，會改寫父程序的變數值。如果要傳遞參照，可在子程序加上 **ByRef** 或省略。 範例 2-2_003.xlsm

```
Sub␣處理1()
    Dim␣rText␣As␣String
    rText␣=␣"學習聖經"
    傳遞參照的子程序␣rText
    MsgBox␣rText
End␣Sub
```

1 撰寫「處理 1」巨集
2 以字串型別宣告變數 rText
3 將「學習聖經」的值指定給變數 rText
4 把變數 rText 當作引數，呼叫「傳遞參照的子程序」
5 以訊息交談窗顯示變數 rText 的值
6 結束巨集

```
Sub␣傳遞參照的子程序(ByRef␣r␣As␣String)
    r␣=␣"傳遞參照"
End␣Sub
```

1 使用傳遞參照，以字串型別宣告引數 r，撰寫「傳遞參照的子程序」巨集
2 將「傳遞參照」的值指定給變數 r
3 結束巨集

執行「處理 1」巨集

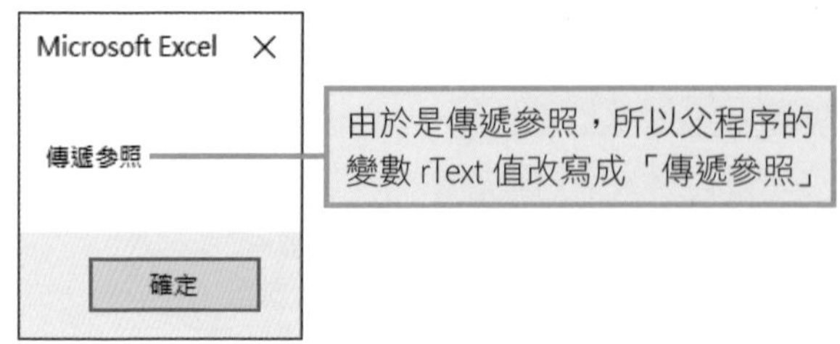
Microsoft Excel
傳遞參照
確定
由於是傳遞參照，所以父程序的變數 rText 值改寫成「傳遞參照」

## ● 傳遞值

**傳遞值**是子程序取得變數的副本。即使在子程序處理的結果儲存了與取得變數值不同時，也不會影響父程序的變數值。傳遞值是在子程序加上 **ByVal** 關鍵字，宣告引數。

範例 2-2_003.xlsm

```
1  Sub␣處理2()
2      Dim␣vText␣As␣String
3      vText␣=␣"學習聖經"
4      傳遞值的子程序␣vText
5      MsgBox␣vText
6  End␣Sub
```

1 撰寫「處理 2」巨集
2 以字串型別宣告變數 vText
3 將「學習聖經」的值指定給變數 vText
4 把變數 vText 變成引數並呼叫「傳遞值的子程序」程序
5 以訊息交談窗顯示變數 vText 值
6 結束巨集

```
1  Sub␣傳遞值的子程序(ByVal␣v␣As␣String)
2      v␣=␣"傳遞值"
3  End␣Sub
```

1 使用傳遞值，以字串型別宣告引數，撰寫「傳遞值的子程序」巨集
2 將「傳遞值」的值指定給變數 v
3 結束巨集

執行「處理 2」巨集

Microsoft Excel ×

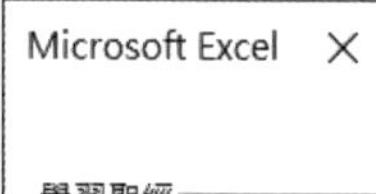


確定

由於是傳遞值，所以父程序的變數 vText 值維持「學習聖經」不變

### HINT 把可省略的引數或數字設成可變引數

設定引數時，使用 Optional 關鍵字會當成可省略的引數。若使用 ParamArray 關鍵字，可設成可變引數。

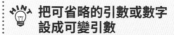

參照 設定可省略的參數……P.15-71
參照 設定資料筆數不確定的參數……P.15-73

# 2-3 事件程序

## 事件程序

VBA 把觸發自動執行某項操作的程序稱作**事件程序**。觸發自動執行的操作稱為**事件**，而事件是發生在「開啟活頁簿」、「列印活頁簿」、「按下按鈕」等操作之後。工作表、活頁簿、自訂表單、ActiveX 控制項等物件會發生事件。利用事件執行特定處理時，會建立「事件程序」。

開啟活頁簿

| | A | B | C | D | E | F | G |
|---|---|---|---|---|---|---|---|
| 1 | 週報表 | | | | | | |
| 2 | 日期 | | 台北 | 台中 | 台南 | 高雄 | 合計 |
| 3 | 10月3日 | 一 | 200 | 220 | 100 | 180 | 700 |
| 4 | 10月4日 | 二 | 150 | 180 | 160 | 210 | 700 |
| 5 | 10月5日 | 三 | 280 | 200 | 210 | 240 | 930 |
| 6 | 10月6日 | 四 | 200 | 160 | 180 | 250 | 790 |
| 7 | 10月7日 | 五 | 180 | 160 | 140 | 180 | 660 |
| 8 | 合計 | | 1,010 | 920 | 790 | 1,060 | 3,780 |

顯示開啟活頁簿的日期

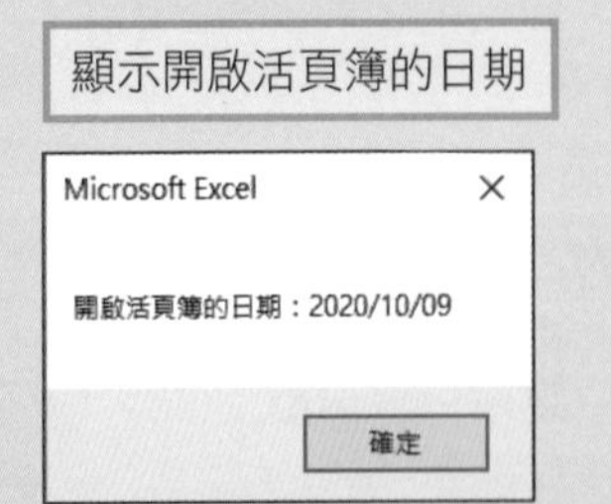


按下按鈕

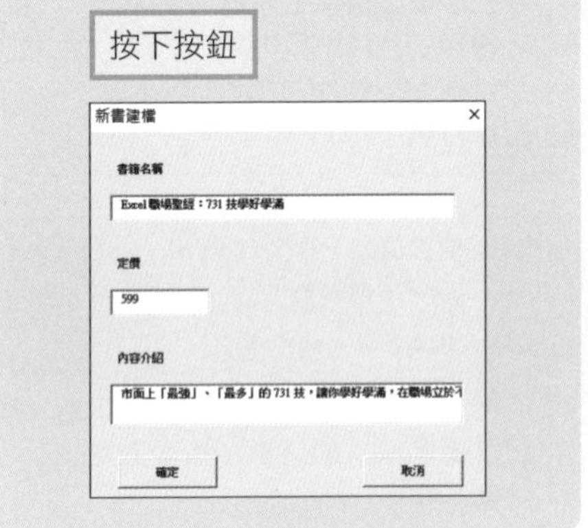


觸發事件
(Click Event)

在工作表輸出表單內容

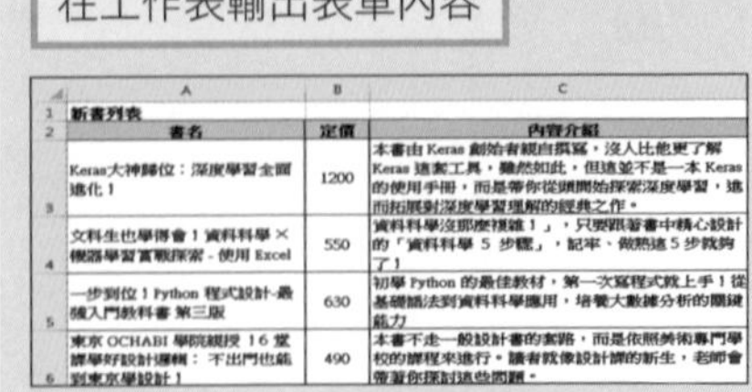

| | A | B | C |
|---|---|---|---|
| 1 | 新書列表 | | |
| 2 | 書名 | 定價 | 內容介紹 |
| 3 | Keras大神歸位：深度學習全面進化！ | 1200 | 本書由 Keras 創始者親自撰寫，沒人比他更了解 Keras 這套工具，雖然如此，但這並不是一本 Keras 的使用手冊，而是帶你從頭開始探索深度學習，進而拓展對深度學習理解的經典之作。 |
| 4 | 文科生也學得會！資料科學 × 機器學習實戰探索 - 使用 Excel | 550 | 資料科學沒那麼複雜！」，只要跟著書中精心設計的「資料科學 5 步驟」，記牢、做熟這 5 步就夠了！ |
| 5 | 一步到位！Python 程式設計-最強入門教科書 第三版 | 630 | 初學 Python 的最佳教材，第一次寫程式就上手！從基礎語法到資料科學應用，培養大數據分析的關鍵能力 |
| 6 | 東京 OCHABI 學院親授 16 堂課學好設計邏輯：不出門也能到東京學設計！ | 490 | 本書不走一般設計書的套路，而是依照美術專門學校的課程來進行。讀者就像設計課的新生，老師會帶著你探討這些問題。 |

### 建立事件程序的位置

事件程序是寫在以活頁簿、工作表、自訂表單等觸發事件對象的物件模組中。

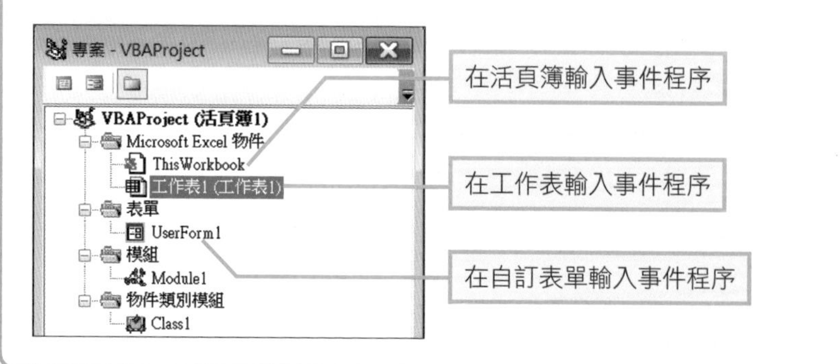
專案 - VBAProject
VBAProject (活頁簿1)
Microsoft Excel 物件
ThisWorkbook
工作表1 (工作表1)
表單
UserForm1
模組
Module1
物件類別模組
Class1
在活頁簿輸入事件程序
在工作表輸入事件程序
在自訂表單輸入事件程序

## 建立事件程序

事件程序是寫在成為事件對象的物件程式碼視窗內。例如活頁簿的事件程序是寫在 ThisWorkbook 模組的程式碼視窗內。此外，事件程序的名稱是把目標物件名稱與事件結合在一起，成為「物件名稱 _ 事件名稱」。使用者無法隨意命名。

### ● 事件程序的結構

以下要介紹在程式碼視窗中的事件程序結構。

若要建立活頁簿的事件程序，請在 ThisWorkbook 按兩下，開啟程式碼視窗
◆「物件」方塊
顯示目前在程式碼視窗，選取中 ( 游標所在位置 ) 事件程序的物件名稱
◆「程序」方塊
顯示目前在程式碼視窗中選取 (游標所在位置) 事件程序的事件名稱
專案 - VBAProject
VBAProject (活頁簿1)
Microsoft Excel 物件
ThisWorkbook
工作表1 (工作表1)
活頁簿1 - ThisWorkbook (程式碼)
Workbook
Open
Private Sub Workbook_Open()
MsgBox "開啟活頁簿的時間：" & Date
End Sub
◆程式碼視窗
◆事件程序
「Private Sub 物件名稱 _ 事件名稱」到「End Sub」為一個事件程序
◆觸發事件時執行的程式碼
將觸發事件時執行的程式碼寫在這裡

> **HINT 什麼是「模組」？**
>
> **模組**是指寫程序用的工作表。活頁簿或工作表的事件程序會建立在對應 **Microsoft Excel 物件**各個物件的模組，自訂表單的事件程序是建立在**表單**的模組中。以錄製巨集建立的程序會建立在**模組**中的模組。

## ● 建立事件程序的步驟

請注意！事件程序會建立物件模組，這與一般程序建立的標準模組不同。物件模組會組合選取的物件與事件，建立事件程序，編寫處理內容。以下要說明建立「關閉活頁簿」巨集之前，執行事件程序的方法。 範例 2-3_001.xlsm

◆事件程序的語法

```
Private Sub 物件名稱_事件名稱(引數)
    觸發事件時執行的處理
End Sub
```

以下的範例是建立關閉活頁簿前執行的巨集

開啟要建立事件程序的活頁簿並啟動 VBE

參照 使用 VBA 建立巨集……P.2-5

選取要建立事件程序的物件模組

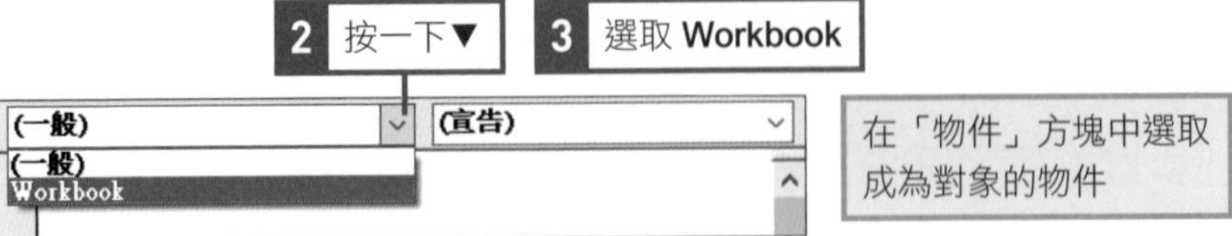


### Private 關鍵字的意義

事件程序的「Sub」前面會加上「Private」關鍵字。含有這個關鍵字的程序只對儲存該程序的模組有作用，無法從其他模組呼叫出來。

自動建立 Workbook_Open 事件程序

如果不需要，可以刪除 Workbook_Open 事件程序

在**程序**方塊中選取事件

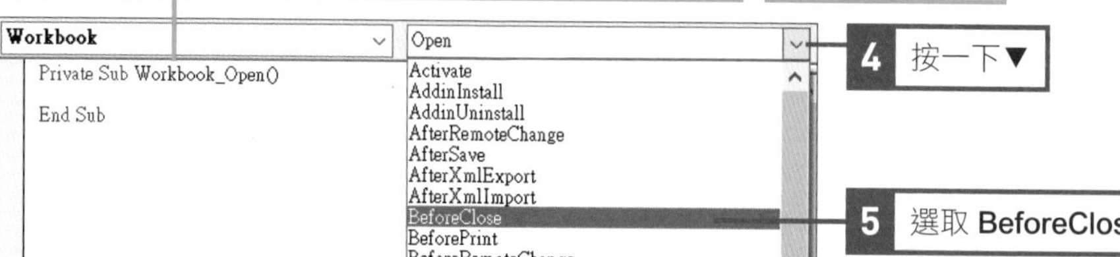

Workbook
Open
Private Sub Workbook_Open()
End Sub
Activate
AddinInstall
AddinUninstall
AfterRemoteChange
AfterSave
AfterXmlExport
AfterXmlImport
BeforeClose
BeforePrint
BeforeRemoteChange

**4** 按一下▼

**5** 選取 BeforeClose

選取的物件與事件組合成事件程序

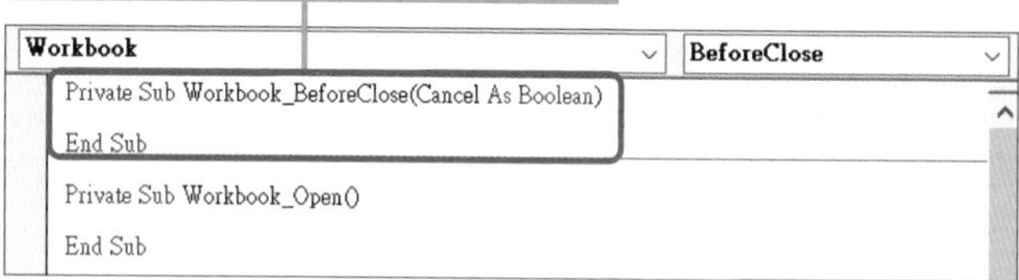

Workbook
BeforeClose
Private Sub Workbook_BeforeClose(Cancel As Boolean)
End Sub
Private Sub Workbook_Open()
End Sub

**6** 編寫觸發事件時執行的處理

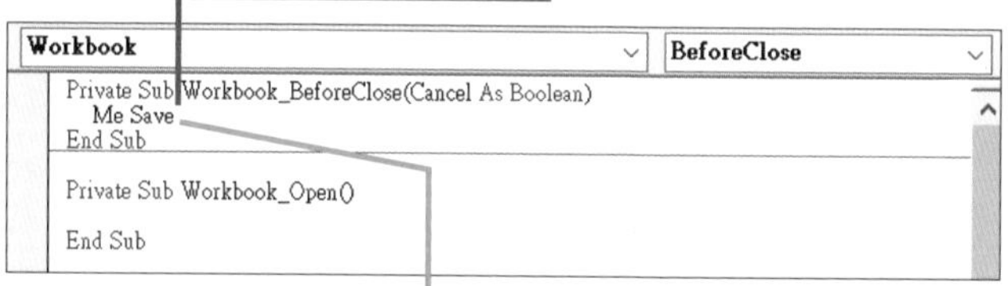

Workbook
BeforeClose
Private Sub Workbook_BeforeClose(Cancel As Boolean)
Me.Save
End Sub
Private Sub Workbook_Open()
End Sub

在此輸入「覆寫儲存活頁簿」的程式碼

切換到 Excel，顯示活頁簿

**7** 按下**關閉**鈕

會自動覆寫儲存活頁簿並關閉

### 「Me」的意義

**Me** 是指成為處理對象的物件，也就是活頁簿本身。

### Workbook_BeforeClose 事件程序的引數

建立 Workbook_BeforeClose 事件程序，會自動設定布林型引數 **Cancel**。將 **Cancel** 設為 **True**，會執行取消事件的動作。以此範例來說，是取消關閉活頁簿的處理。因此，根據條件想停止關閉活頁簿的處理時，會使用 Cancel 引數。

### Open 事件是 Workbook 物件的預設事件

在物件方塊中，選取 **Workbook** 後，就會自動選取 **Open**，建立 Workbook_Open 事件程序。因為 Workbook 物件的預設事件是 Open( 開啟時 )。如果不需執行此處理，請選取 **Private Sub** 到 **End Sub**，按下 Delete 鍵刪除。

## 工作表的事件種類

工作表的事件程序是在想執行處理的工作表物件模組視窗中，選取並建立目標事件。

工作表的事件種類

| 事件種類 | 發生時機 |
|---|---|
| Activate | 選取工作表時 |
| BeforeDoubleClick | 在工作表按兩下時 |
| BeforeRightClick | 在工作表按下右鍵時 |
| Calculate | 工作表重新計算時 |
| Change | 更改了工作表的儲存格值時 |
| Deactivate | 沒有選取工作表時 |
| FollowHyperlink | 按一下工作表上的超連結時 |
| PivotTableUpdate | 更新工作表上的樞紐分析表時 |
| SelectionChange | 更新工作表上的選取範圍時 |

**HINT 工作表事件程序要寫在哪裡？**

撰寫工作表的事件程序時，會顯示你想執行處理的工作表程式碼視窗。例如以下範例想在**週報**工作表執行處理時，在**專案總管**中，於**週報**按兩下，就會顯示「週報」工作表的程式碼視窗。

### ● 選取工作表時執行處理

若要在指定工作表呈現選取狀態時執行處理，必須建立 **Worksheet_Activate** 事件程序。以下的範例建立的事件程序是，當「週報」工作表為選取狀態時，選取輸入了今日日期的右邊第二個儲存格。

範例 2-3_002.xlsm

```
1 Private␣Sub␣Worksheet_Activate()
2     Dim␣myRange␣As␣Range
3     Set␣myRange␣=␣Range("A3:A7").Find(Date)
4     If␣myRange␣Is␣Nothing␣Then
5        MsgBox␣"請修改日期"
6     Else
         myRange.Offset(0,␣2).Select
7     End␣If
8     Set␣myRange␣=␣Nothing
9 End␣Sub
```

1 撰寫「選取工作表時」的巨集
2 宣告 Range 型別的變數 myRange
3 在 A3:A7 儲存格範圍內搜尋輸入了今日日期的儲存格，找到該儲存格後，儲存在變數 myRange
4 當變數 myRange 沒有任何值時 (If 陳述式開頭 )
5 顯示「請修改日期」的訊息
6 否則選取變數 myRange 儲存格右邊第二個儲存格
7 結束 If 陳述式
8 釋放變數 myRange
9 結束巨集

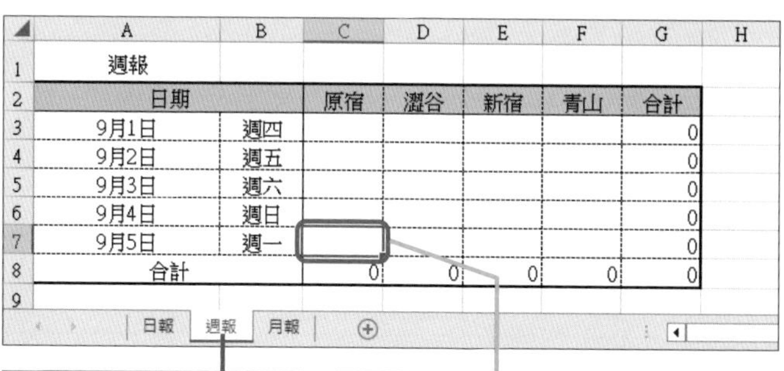

週報
日期
原宿
澀谷
新宿
青山
合計
9月1日 週四
9月2日 週五
9月3日 週六
9月4日 週日
9月5日 週一
合計
日報
週報
月報


編註：當你開啟此範例檔案並切換到**週報**工作表時，會跳出交談窗顯示**請修改日期**，因為你開啟檔案時的「當天日期」和範例不同，請自行在 A3:A7 任一個儲存格中輸入當天的日期

1 按一下**週報**工作表

會選取今日日期 (9/5) 右邊的第二個儲存格

發生工作表的 Activate 事件，執行 Worksheet_Activate 事件程序

## 活頁簿的事件種類

活頁簿的事件種類如下所示。活頁簿的事件程序是在 This Workbook 模組的程式碼視窗中選取並建立目標事件。

活頁簿的事件種類

| 事件種類 | 發生時機 |
|---|---|
| Activate | 選取活頁簿時 |
| AddinInstall | 活頁簿當作增益集安裝時 |
| AddinUninstall | 活頁簿當作增益集解除安裝時 |
| AfterXmlExport | 匯出 XML 之後 |
| AfterXmlImport | 匯入 XML 之後 |
| BeforeClose | 執行了關閉活頁簿的操作時 |
| BeforePrint | 執行了列印活頁簿的操作時 |
| BeforeSave | 執行了儲存活頁簿的操作時 |
| BeforeXmlExport | 匯出 XML 之前 |
| BeforeXmlImport | 匯入 XML 之前 |
| Deactivate | 沒有選取活頁簿時 |
| NewSheet | 在活頁簿建立新的工作表時 |
| Open | 開啟活頁簿時 |
| PivotTableCloseConnection | 停用與樞紐分析表的連結時 |
| PivotTableOpenConnection | 啟用與樞紐分析表的連結時 |
| RowsetComplete | 在 OLAP 樞紐分析表呼叫資料集指令或詳細顯示記錄集時，就會引發此事件 |
| SheetActivate | 選取了活頁簿內的工作表時 |
| SheetBeforeDoubleClick | 在活頁簿內的工作表上按兩下時 |
| SheetBeforeRightClick | 在活頁簿內的工作表上按下右鍵時 |
| SheetCalculate | 在活頁簿內的工作表執行了再次計算時 |

| 事件種類 | 發生時機 |
|---|---|
| SheetChange | 更改了活頁簿內工作表的儲存格時 |
| SheetDeactivate | 停用活頁簿內的工作表時 |
| SheetFollowHyperlink | 按了活頁簿內工作表上的超連結時 |
| SheetPivotTableUpdate | 更新了活頁簿內的樞紐分析表時 |
| SheetSelectionChange | 更改了活頁簿內工作表的選取範圍時 |
| Sync | 活頁簿與伺服器上的活頁簿同步時 |
| WindowActivate | 啟動了活頁簿視窗時 |
| WindowDeactivate | 停用了活頁簿視窗時 |
| WindowResize | 更改了活頁簿視窗大小時 |

**HINT 活頁簿與工作表共用的事件**

**事件**包括了活頁簿與工作表共用的部分，如活頁簿的 SheetActivate 事件與工作表的 Activate 事件。活頁簿的事件是以活頁簿內的所有工作表為處理對象，而工作表的事件是以各個工作表為處理對象。假如想對所有工作表執行相同處理時，就使用活頁簿的事件，若只想對其中一個工作表執行處理，就選擇工作表的事件。如果同時使用了兩者，會依序執行工作表的事件程序、活頁簿的事件程序。

## ● 開啟活頁簿時執行處理

如果希望開啟活頁簿後執行處理，就建立 **Workbook_Open** 事件程序。以下的範例是開啟了活頁簿後，選取「日報」工作表，在 B1 儲存格輸入今天的日期，在 B2 儲存格輸入使用者名稱的事件程序。

範例 2-3_003.xlsm

```
Private Sub Workbook_Open()
    Worksheets("日報").Activate
    Range("B1").Value = Date
    Range("B2").Value = Application.UserName
End Sub
```

1 撰寫「開啟活頁簿」時執行的巨集
2 選取「日報」工作表
3 在 B1 儲存格輸入今天的日期
4 在 B2 儲存格輸入 Excel 的使用者名稱
5 結束巨集

**HINT 編寫活頁簿事件程序的場所**

活頁簿的事件程序是寫在活頁簿的程式碼視窗中。在**專案總管**中的 **ThisWorkbook** 按兩下，開啟 **ThisWorkbook** 的程式碼視窗。

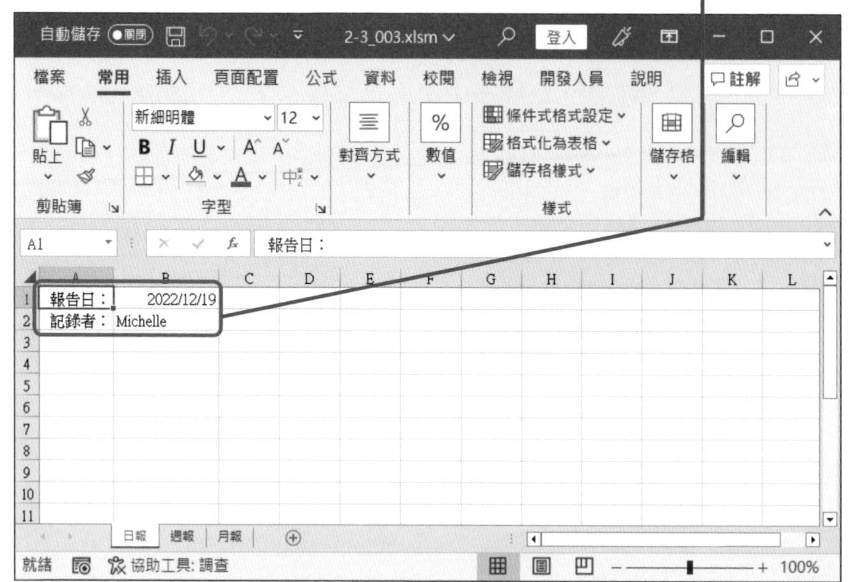
儲存活頁簿後，先關閉再開啟
發生活頁簿的 Open 事件後，執行 Workbook_Open 事件程序
在日報工作表的 B1 儲存格顯示當天日期，在 B2 儲存格顯示使用者名稱
2-3_003.xlsm
報告日：
2022/12/19
記錄者：
Michelle
日報
週報
月報

### 停用「Workbook_Open」並開啟活頁簿

在啟用巨集狀態開啟活頁簿時，會執行 **Workbook_Open** 事件程序，但是開啟活頁簿時，按住 Shift 鍵不放並開啟活頁簿，就會停用 **Workbook_Open** 事件程序，不會執行。

管理含有巨集的活頁簿……P.1-31

### 開關活頁簿時自動執行的巨集

「Workbook_Open」事件程序是開啟活頁簿時，自動執行的事件程序。除了手動開啟活頁簿之外，使用 Open 方法開啟活頁簿時，也會執行該事件程序。在模組中，以「Auto_Open」建立 Sub 程序後，手動開啟活頁簿時，也會自動執行」「Auto_Open」程序。如果只想在手動開啟活頁簿時，才執行處理，最好使用「Auto_Open」。若要在程式執行「Auto_Open」，可以利用 Workbook 物件的 RunAutoMacros 方法，在引數內設定 AutoOpen，使用 Application.Run 方法。同時建立「Workbook_Open」與「Auto_Open」時，會依序執行「Workbook_Open」及「Auto_Open」。關閉活頁簿之前，會自動執行的程序包括「Workbook_BeforeClose」事件程序，以及在模式中建立的「Auto_Close」程序。

## ● 在活頁簿新增工作表時執行處理

如果要在活頁簿新增工作表時執行處理，請建立 **Workbook_NewSheet** 事件程序。以下範例是新增工作表時，會將該工作表移到右側，並以使用者指定的名稱設定工作表名稱建立事件程序。在 **Workbook_NewSheet** 事件程序中，把新增的工作表儲存在引數「Sh」內，在程序中使用該引數。 範例 2-3_004.xlsm

```
1  Private Sub Workbook_NewSheet(ByVal Sh As Object)
2      Dim sName As String
3      On Error Resume Next
4      Sh.Move after:=Sheets(Sheets.Count)
5      sName = InputBox("請設定工作表名稱")
6      Sh.Name = sName
7  End Sub
```

1 撰寫「在活頁簿新增工作表時」的巨集
2 宣告字串型別變數 sName
3 即使發生錯誤，仍直接執行以下的陳述式
4 把新增的工作表往右移動
5 在變數 sName 儲存輸入方塊內的字串
6 把變數 sName 儲存的字串設為新增工作表的名稱
7 結束巨集

新增工作表 → 觸發活頁簿的 NewSheet 事件，執行 Workbook_NewSheet 事件程序 → 把新工作表移動到右邊

開啟輸入交談窗　**1** 輸入「10 月 9 日」

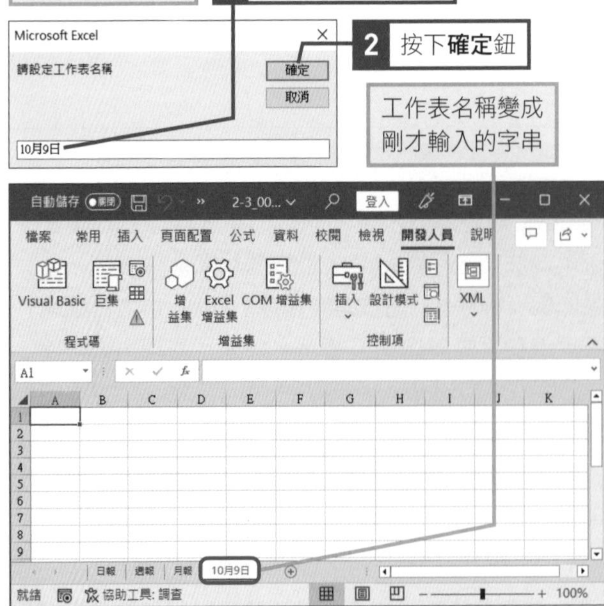


### HINT On Error Resume Next 的意義

On Error Resume Next 陳述式是用來處理錯誤的陳述式，在執行程序的過程，如果發生錯誤，會忽略錯誤，執行下一行。當你設定了錯誤的工作表名稱，或設定同名工作表時，會發生錯誤，使用這個陳述式就能忽略錯誤，繼續執行處理。此時，工作表名稱會變成預設名稱。

參照 On Error Resume Next 陳述式……P.3-73

## 事件程序的引數用法

多數事件程序都有引數。上一頁使用了 **Workbook_NewSheet** 事件程序的引數 **Sh**。**Workbook_SheetActivate** 事件程序也同樣具有引數 **Sh**，會自動儲存選取中的工作表。以下將以事件程序為例，介紹引數的用法。

### ● 更改工作表內儲存格的內容時執行處理

建立 **Worksheet_Change** 事件程序，可以在更改儲存格內容後執行處理。引數包含 **Range** 型別的物件變數 **Target**，在變數 Target 儲存更改後的儲存格。使用變數 Target，可以輸入對更改後的儲存格要執行的處理內容。以下範例要在更改內容的儲存格中 (Target) 新增註解。 範例 2-3_005.xlsm

```
1 Private␣Sub␣Worksheet_Change(ByVal␣Target␣As␣Range)
2     If␣Target.Value␣<>␣""␣Then
3         Target.AddComment␣Date␣&␣Chr(10)␣&␣Application.UserName
4     End␣If
5 End␣Sub
```

1 撰寫「更改工作表內的儲存格內容時」的巨集
2 更改內容後的儲存格值非空白時 (If 陳述式開始 )
3 在更改後的儲存格插入顯示日期與使用者名稱的註解
4 結束 If 陳述式
5 結束巨集

### ● 關閉活頁簿前執行處理

如果要在關閉活頁簿前執行處理，可以建立 **Workbook_BeforeClose** 事件程序。引數含有 **Boolean** 型別的變數 **Cancel**，如果是 True，取消關閉活頁簿的操作，若是 False( 預設值 )，就直接關閉活頁簿。使用引數 Cancel，可以編寫直接關閉活頁簿或取消關閉的處理。這個範例是在關閉活頁簿之前，確認活頁簿是否已經存檔，如果尚未存檔，就取消關閉活頁簿的操作。 範例 2-3_006.xlsm

```
1 Private␣Sub␣Workbook_BeforeClose(Cancel␣As␣Boolean)
2     If␣Me.Saved␣=␣False␣Then
3         MsgBox␣"尚未儲存活頁簿"
4         Cancel␣=␣True
5     End␣If
6 End␣Sub
```

1 撰寫「關閉活頁簿前」的巨集
2 如果尚未儲存活頁簿 (If 陳述式開始 )
3 顯示「尚未儲存活頁簿」的訊息
4 將 True 的值指定給 Cancel，取消關閉活頁簿的處理
5 結束 If 陳述式
6 結束巨集

## 避免觸發事件

除了使用者的操作之外，程序內的處理也會觸發事件。如果希望避免在執行程序的過程中觸發事件，請在 **Application** 物件的 **EnableEvents** 屬性指定 **False**。

### ● 只有在按下工作表中的「列印」鈕才執行列印

如果只想在按下工作表中的**列印**鈕才執行列印，請先在 **Workbook_BeforePrint** 事件程序中，輸入取消列印的處理。接著在按下**列印**鈕才執行的巨集中，將 **EnableEvents** 屬性設定為 **False**，這樣就能有條件地停止觸發 **BeforePrint** 事件，只在按下**列印**鈕時，才執行列印。 範例 2-3_007.xlsm

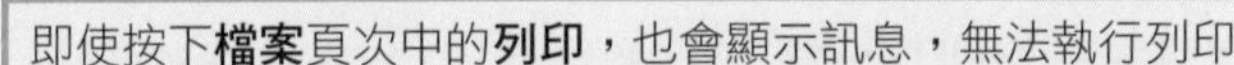

即使按下檔案頁次中的列印，也會顯示訊息，無法執行列印


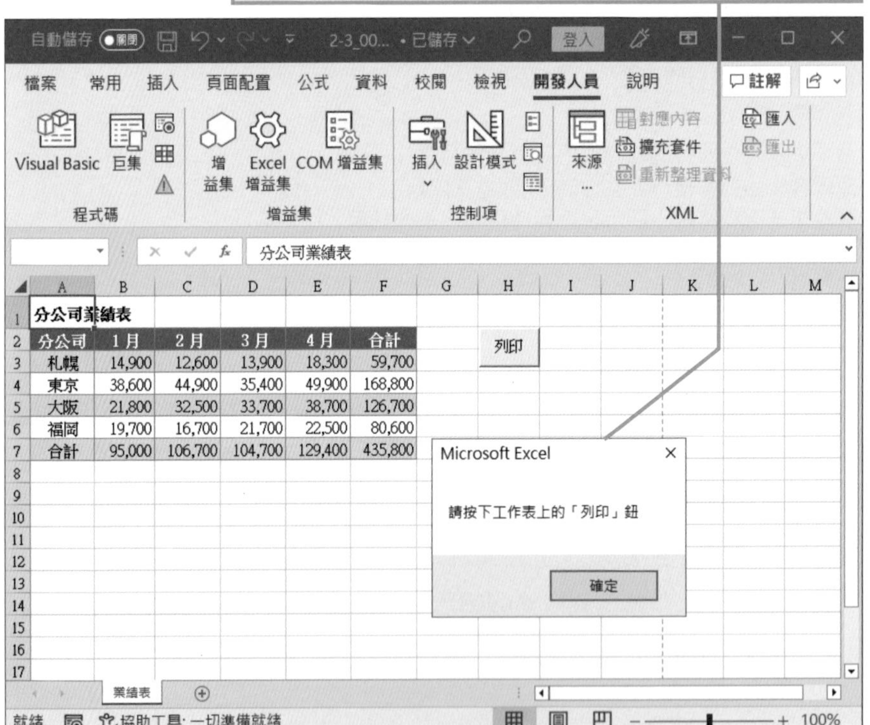


此時會執行寫在 BeforePrint 事件中的巨集

```
Workbook                BeforePrint
Private Sub Workbook_BeforePrint(Cancel As Boolean)
    MsgBox "請按下工作表上的「列印」鈕"
    Cancel = True
End Sub
```

```
Private Sub Workbook_BeforePrint(Cancel As Boolean)
    MsgBox "請按一下工作表上的「列印」鈕"
    Cancel = True
End Sub
```

1. 撰寫「列印活頁簿」巨集
2. 顯示「請按一下工作表上的「列印」鈕」訊息
3. 將 True 值指定給 Cancel，取消列印活頁簿的處理
4. 結束巨集

只有在按下工作表上的**列印**鈕時才執行列印

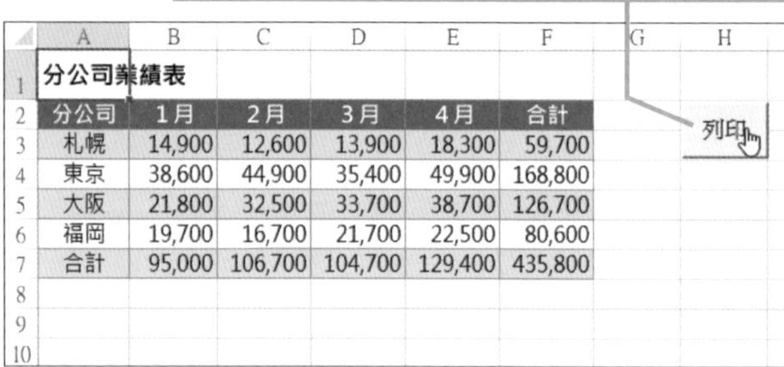

| | A | B | C | D | E | F |
|---|---|---|---|---|---|---|
| 1 | 分公司業績表 | | | | | |
| 2 | 分公司 | 1月 | 2月 | 3月 | 4月 | 合計 |
| 3 | 札幌 | 14,900 | 12,600 | 13,900 | 18,300 | 59,700 |
| 4 | 東京 | 38,600 | 44,900 | 35,400 | 49,900 | 168,800 |
| 5 | 大阪 | 21,800 | 32,500 | 33,700 | 38,700 | 126,700 |
| 6 | 福岡 | 19,700 | 16,700 | 21,700 | 22,500 | 80,600 |
| 7 | 合計 | 95,000 | 106,700 | 104,700 | 129,400 | 435,800 |



按照以下方式寫出儲存在**列印**鈕上的巨集，就不會觸發事件，可以執行列印

暫時停止觸發事件

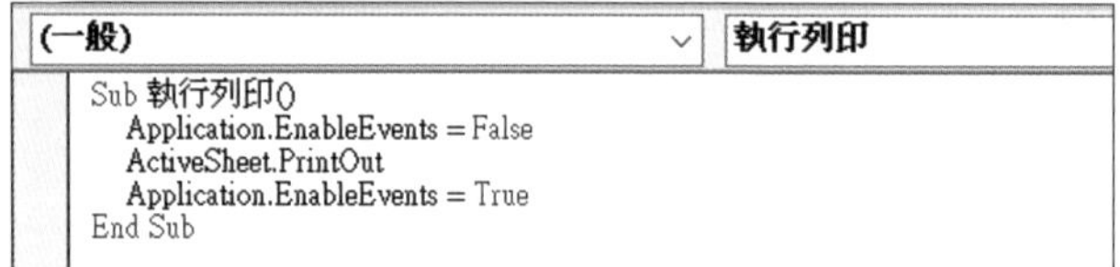



> **HINT 停止觸發事件後，一定要解除停止觸發事件**
>
> Application 物件的 EnableEvents 屬性設定為 False 時，會停止觸發事件，但是之後的所有事件也會停止，無法執行其他事件程序。在停止觸發事件的狀態執行處理之後，一定要在 EnableEvents 屬性賦值 True，解除停止觸發事件。

```
Sub 執行列印()
    Application.EnableEvents = False
    ActiveSheet.PrintOut
    Application.EnableEvents = True
End Sub
```

1. 撰寫「執行列印」巨集
2. 停止觸發事件
3. 列印開啟中的工作表
4. 解除停止觸發事件
5. 結束巨集

# 2-4 Visual Basic Editor 操作界面

## 什麼是 VBE ?

VBE 是「Visual Basic Editor」的縮寫，是使用 VBA 設計程式的應用程式。由於 VBE 是 Excel 附屬的應用程式，只有在啟動 Excel 時，才能使用。VBE 提供多種高效率撰寫程式的功能，就連程式設計的初學者也能快速上手。遇到看不懂的名詞或語法時，可以查詢 Visual Basic 的說明。

▶ VBE 的畫面結構

▶ Visual Basic 的說明

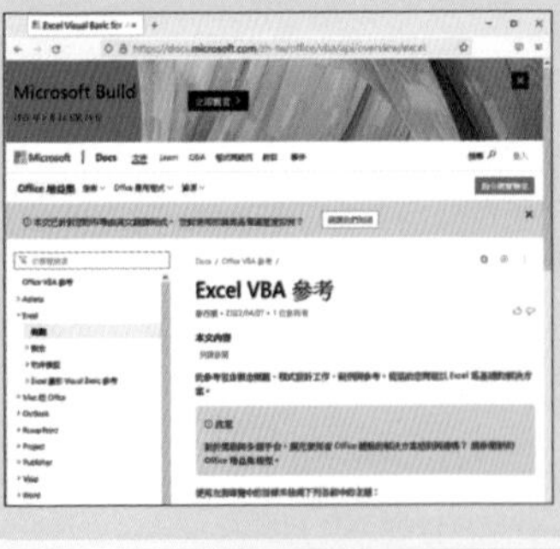

◆Excel VBA 語法查詢
在 **Microsoft** 網站上，可以查詢程式碼的意義及語法

## 啟動 VBE

如果要使用 VBA 建立程序，或確認用**錄製巨集**功能建立的巨集，就要啟動 VBE。

1 點選**開發人員**頁次

2 按下 **Visual Basic** 鈕

啟動 Visual Basic Editor

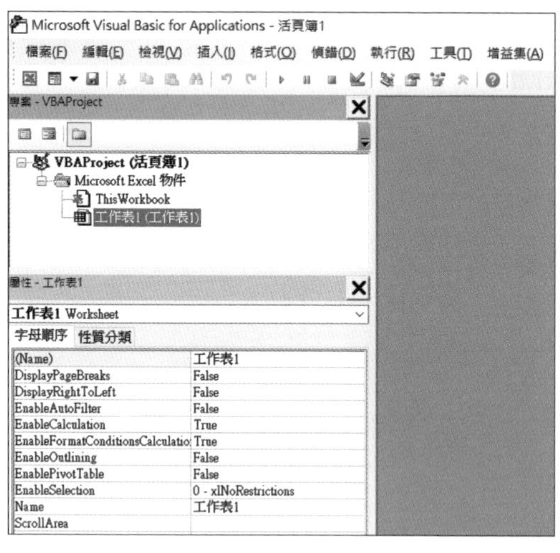

> **沒有顯示「開發人員」頁次**
>
> 如果沒有顯示**開發人員**頁次，請點選**檔案**頁次的**選項**，開啟 **Excel 選項**交談窗，在**自訂功能區**勾選**開發人員**。
>
> 參照 顯示「開發人員」頁次……P.1-4

## VBE 的畫面結構

VBE 會顯示多個視窗執行操作。基本的視窗包括**專案總管**、**屬性視窗**、**程式碼視窗**，如下所示：

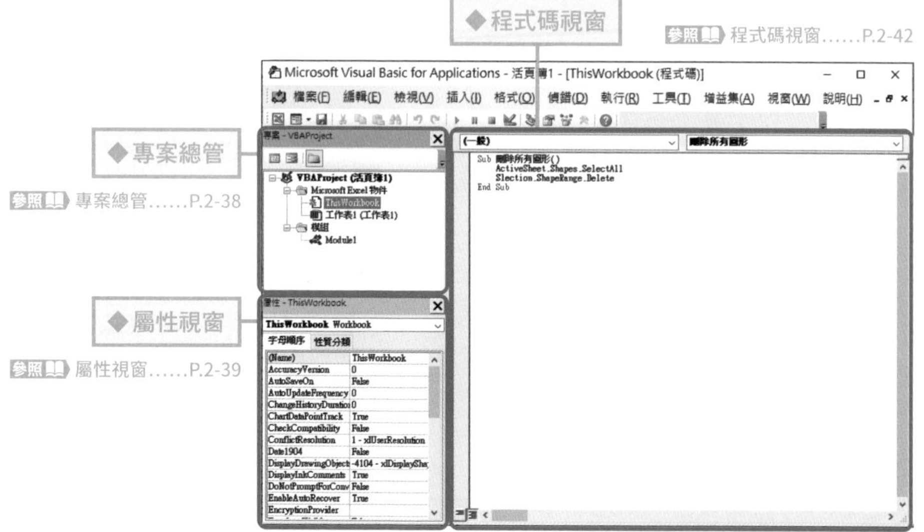


> **在 VBE 顯示的視窗**
>
> 在 VBE 顯示的視窗包括列出可使用的物件、方法、常數等**瀏覽物件**、檢驗程式碼時的**即時運算視窗**、顯示變數或運算式值的**監看視窗**、**區域變數視窗**等。每個視窗都可以視狀況切換顯示或隱藏。
>
> 參照 顯示瀏覽物件……P.3-20
> 參照 即時運算視窗……P.3-90
> 參照 區域變數視窗……P.3-88
> 參照 監看視窗…………P.3-86

## ● 專案總管

快速鍵 Ctrl ＋ R

VBE 會把活頁簿內的所有模組及其相關項目當作「專案」來管理。**專案總管**以階層結構顯示專案與儲存在專案內的模組。預設會顯示在 VBE 視窗的左上方，如果沒有顯示，請執行『**檢視→專案總管**』命令。

**專案總管**會顯示專案名稱及物件

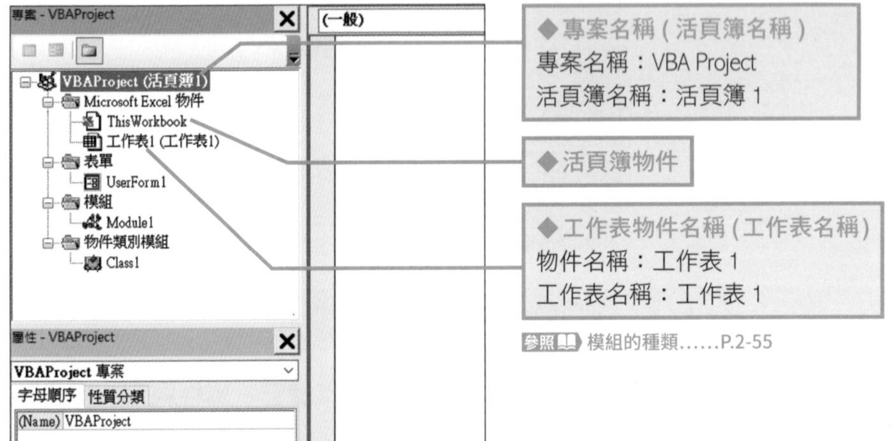


參照 模組的種類……P.2-55

### HINT 專案名稱

活頁簿的專案名稱預設為「VBAProject」，你也可以改成比較容易辨別的名稱。要更改名稱，請執行『**工具→ VBAProject 屬性**』命令，開啟 **VBAProject - 專案屬性**交談窗，在**一般**頁次的**專案名稱**輸入新的名稱，再按下**確定**鈕。有時執行其他活頁簿的專案參照時，專案名稱可能會改變。

參照 呼叫其他活頁簿的程序……P.2-21

### 表單

表單是用來建立與使用者互動的自訂交談窗。 參照 建立自訂表單……P.13-2

### 使用按鈕顯示專案總管

按下**一般**工具列的**專案總管**鈕，也可以顯示專案總管。

專案總管的操作按鈕

| 按鈕 | 按鈕名稱 | 功能 |
|---|---|---|
| | 檢視程式碼 | 顯示在**專案總管**中選取模組的**程式碼視窗** |
| | 檢視物件 | 顯示在**專案總管**中選取模組的物件。在「模組」或「物件類別模組」中無法使用 |
| | 切換資料夾 | 更改**專案總管**的項目顯示方法。啟用（預設值）時會依照「Microsoft Excel 物件」(模組)等模組類別分類。停用時會依照項目名稱排序 |

## ● 屬性視窗

快速鍵 F4

**屬性視窗**會顯示在**專案總管**中選取的模組、自訂表單上選取的控制項等物件屬性一覽。可以在此進行屬性的設定，例如設定在 VBA 使用的物件名稱。**屬性視窗**一般會顯示在 VBE 畫面的左下方，如果沒有顯示，請執行『**檢視→屬性視窗**』命令。

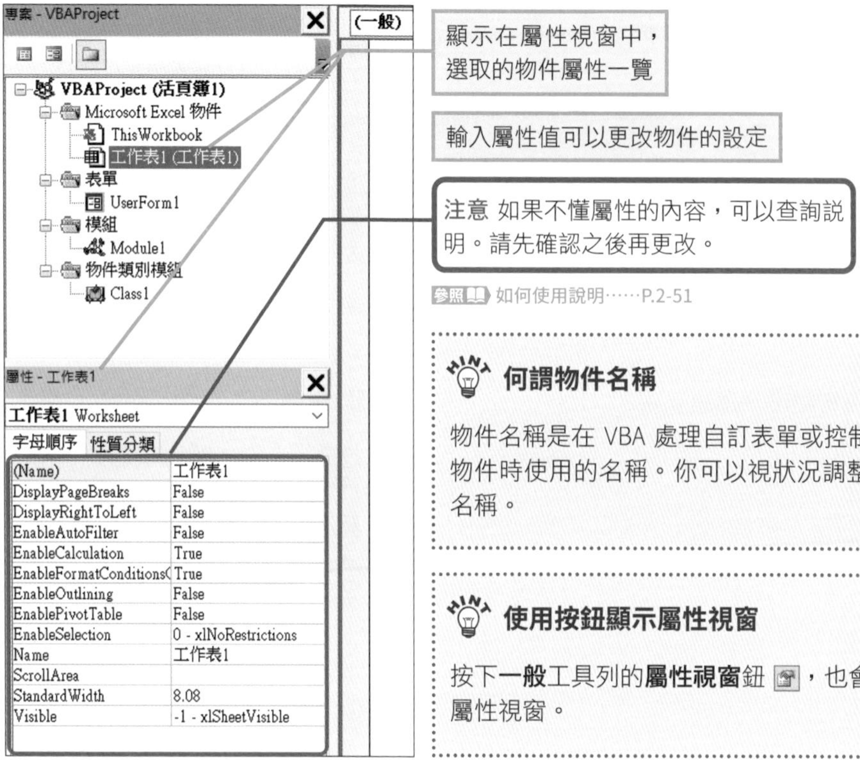

顯示在屬性視窗中，選取的物件屬性一覽

輸入屬性值可以更改物件的設定

注意 如果不懂屬性的內容，可以查詢說明。請先確認之後再更改。

參照 如何使用說明……P.2-51

### HINT 何謂物件名稱

物件名稱是在 VBA 處理自訂表單或控制項等物件時使用的名稱。你可以視狀況調整物件名稱。

### HINT 使用按鈕顯示屬性視窗

按下**一般**工具列的**屬性視窗**鈕，也會顯示屬性視窗。

切換屬性視窗的顯示

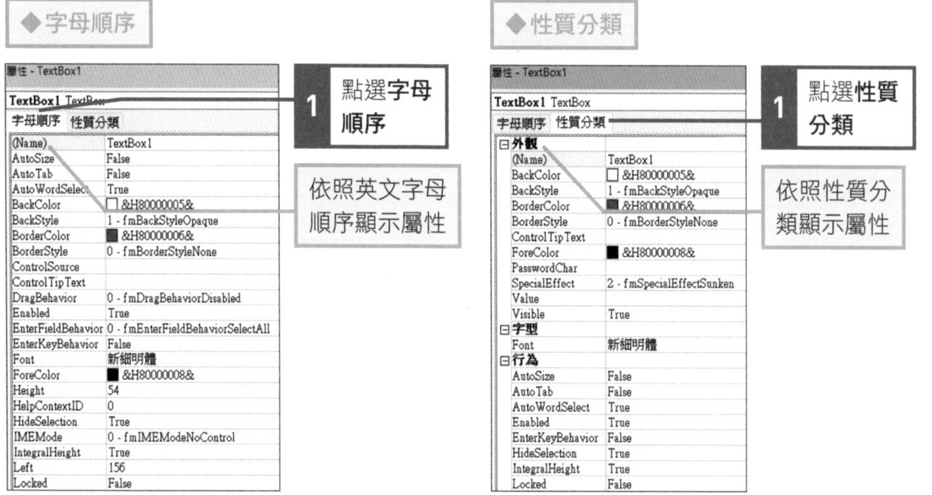
◆字母順序
1 點選字母順序
依照英文字母順序顯示屬性
◆性質分類
1 點選性質分類
依照性質分類顯示屬性

## ● 程式碼視窗　　快速鍵 F7

**程式碼視窗**是編寫程序用的視窗，以模組為單位。在程式碼視窗的**程序**方塊中，會顯示目前選取中（游標所在位置）模組的程序名稱。如果要顯示程式碼視窗，可以在**專案總管**的**模組**按兩下。

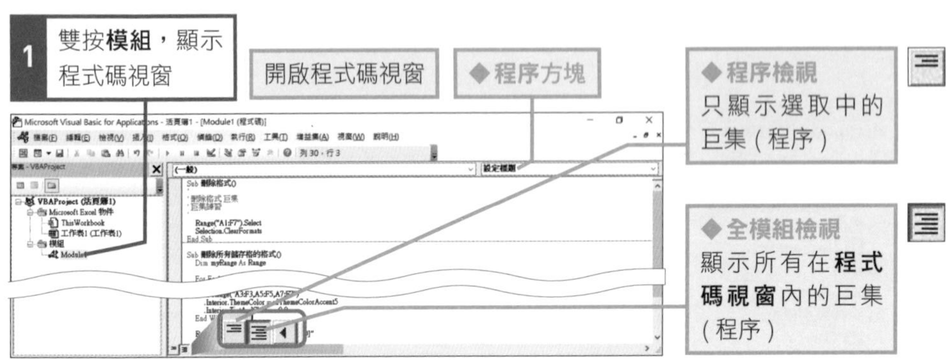
1 雙按**模組**，顯示程式碼視窗
開啟程式碼視窗
◆程序方塊
◆程序檢視
只顯示選取中的巨集（程序）
◆全模組檢視
顯示所有在**程式碼視窗**內的巨集（程序）

### 沒有顯示「模組」時

用**錄製巨集**功能建立巨集時，會自動建立**模組**。此外，執行『**插入→模組**』命令，也會建立**模組**並顯示 Module 物件。

### 選取巨集

如果要選取巨集，在**程式碼視窗**中，按一下要選取的巨集程式，顯示游標後，按一下**程序**方塊的▼，從清單中選取巨集名稱。如果**程式碼視窗**中有大量巨集，利用**程序**方塊選取比較快速。

### 程式碼視窗可以使用的快速鍵

**程式碼視窗**可以使用的快速鍵如下所示。

| 按鍵 | 內容 |
|---|---|
| Shift 鍵 | 在開始選取的位置按一下，於結束選取的位置按下 Shift 鍵加滑鼠左鍵，可以選取任意的連續範圍 |
| Tab 鍵 | 輸入縮排 |
| Ctrl ＋ ↓ 鍵 | 移到下一個程序 |
| Ctrl ＋ ↑ 鍵 | 移到上一個程序 |
| Ctrl ＋ Page Down 鍵 | 往下捲動一個畫面 |
| Ctrl ＋ Page Up 鍵 | 往上捲動一個畫面 |
| Ctrl ＋ Home 鍵 | 游標移動到模組的開頭 |
| Ctrl ＋ End 鍵 | 游標移動到模組的結尾 |

| 按鍵 | 內容 |
|---|---|
| Ctrl ＋ → 鍵 | 游標往右移動一個單字 |
| Ctrl ＋ ← 鍵 | 游標往左移動一個單字 |
| Home 鍵 | 游標移動到行首 |
| End 鍵 | 游標移動到行尾 |
| Ctrl ＋ Z 鍵 | 還原操作 |
| Ctrl ＋ C 鍵 | 拷貝選取範圍 |
| Ctrl ＋ X 鍵 | 剪下選取範圍 |
| Ctrl ＋ V 鍵 | 貼上 |
| Ctrl ＋ A 鍵 | 全選 |
| Ctrl ＋ Y 鍵 | 刪除游標所在的那一行 |
| Ctrl ＋ Delete 鍵 | 以單字為單位刪除 |
| Ctrl ＋ Space 鍵 | 顯示輸入選項 |

## 調整視窗大小

**專案總管**、**屬性視窗**可以隨意調整視窗大小。預設是兩個視窗為停駐狀態，並整合成一個，拖曳邊緣的框線就可以調整視窗大小。

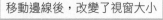

### ● 調整視窗的高度

如果要調整停駐中的視窗高度，可以拖曳視窗的邊線。

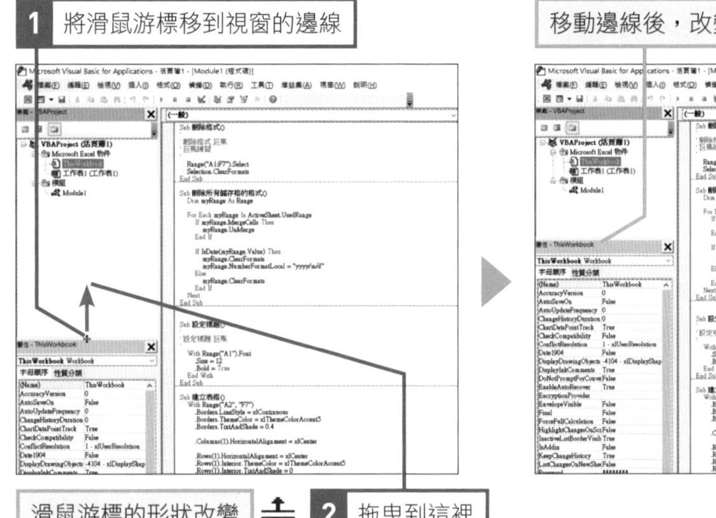
1 將滑鼠游標移到視窗的邊線
移動邊線後，改變了視窗大小
滑鼠游標的形狀改變
2 拖曳到這裡

### ● 調整視窗的寬度

拖曳視窗的左右邊線，可以調整視窗的寬度。

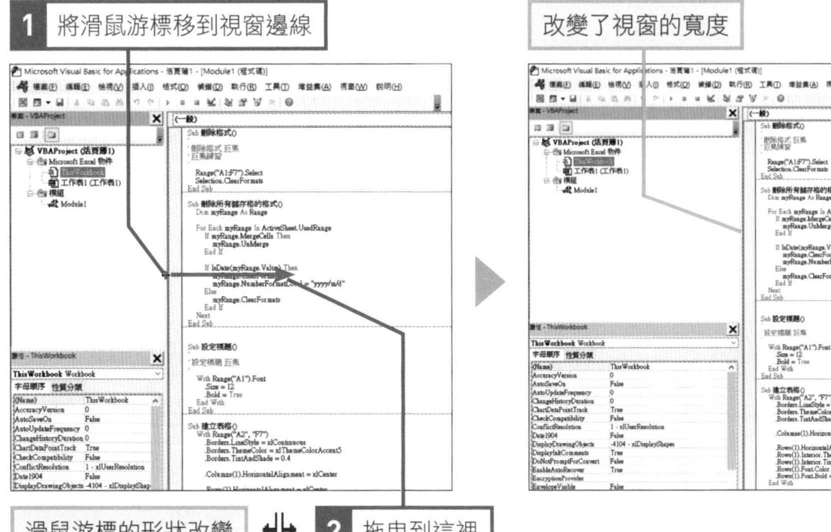
1 將滑鼠游標移到視窗邊線
改變了視窗的寬度
滑鼠游標的形狀改變
2 拖曳到這裡

# 切換顯示或隱藏視窗

我們可以自由地切換顯示或隱藏視窗。把用不到的視窗隱藏起來，只顯示必要的視窗，就能擴大操作區域。

## ● 隱藏視窗

按下**關閉**鈕，就可以隱藏視窗。

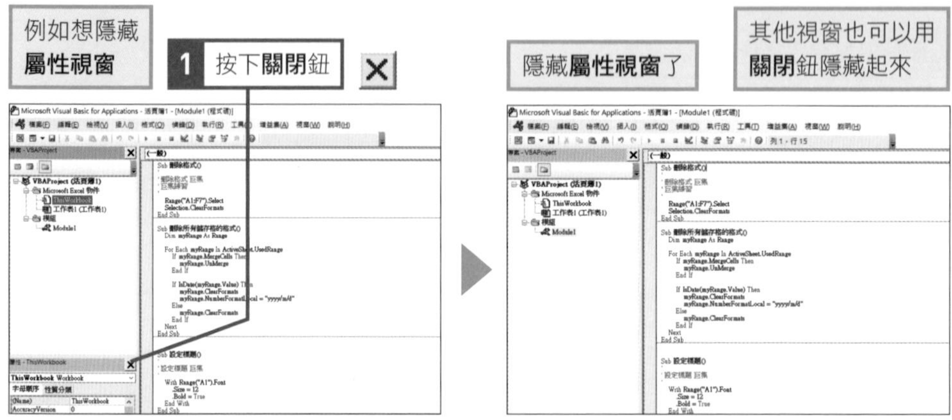
例如想隱藏
**屬性視窗**
1 按下**關閉**鈕
隱藏**屬性視窗**了
其他視窗也可以用
**關閉**鈕隱藏起來

## ● 顯示視窗

在**檢視**功能表執行要開啟的視窗，就能重新顯示視窗。

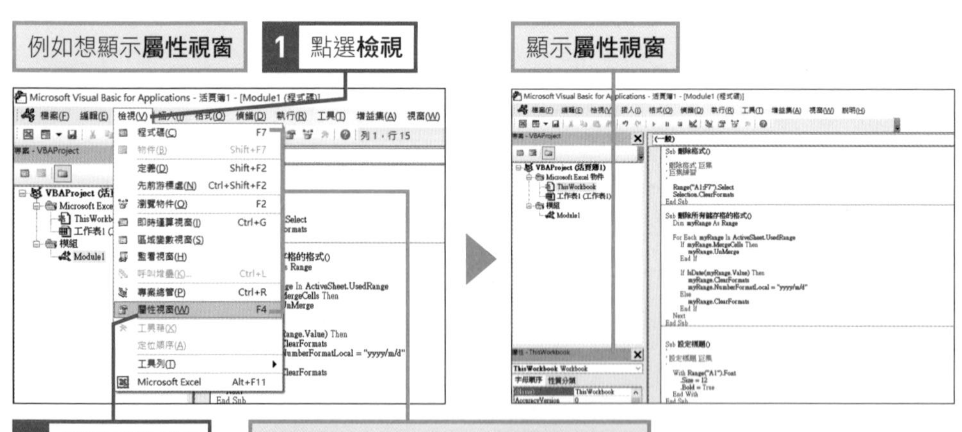
例如想顯示**屬性視窗**
1 點選**檢視**
顯示**屬性視窗**
2 點選**屬性視窗**
其他視窗也可以利用**檢視**功能表顯示

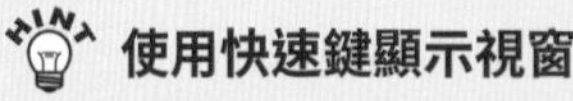

### HINT 使用快速鍵顯示視窗

按下 Ctrl ＋ R 鍵可以顯示**專案總管**，按下 F4 鍵可以顯示**屬性視窗**。

### HINT 利用工具列的按鈕顯示視窗

按下**一般**工具列的按鈕也能顯示視窗。

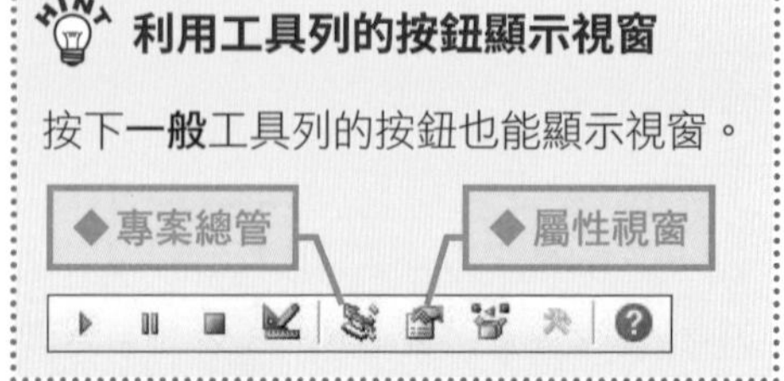
◆專案總管
◆屬性視窗

## 切換視窗

**程式碼視窗**以外的視窗可以與其他視窗一起停駐（連結顯示），或拆開成獨立的視窗。

### ● 解除視窗的停駐狀態

VBE 預設是以停駐狀態顯示**專案總管**與**屬性視窗**。不過你也可以取消停駐，分離視窗，放在任意位置。

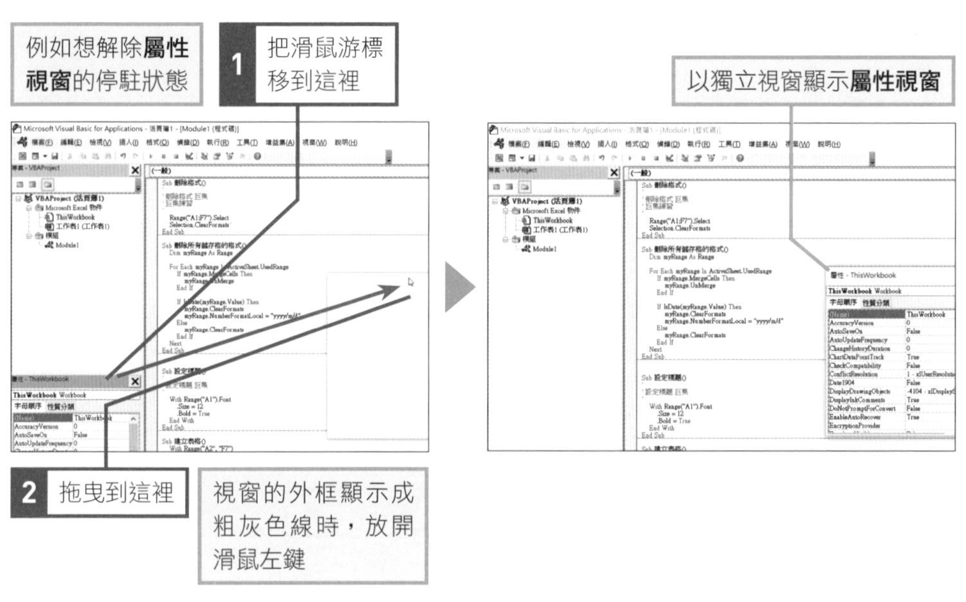
例如想解除**屬性視窗**的停駐狀態
1 把滑鼠游標移到這裡
以獨立視窗顯示**屬性視窗**
2 拖曳到這裡
視窗的外框顯示成粗灰色線時，放開滑鼠左鍵

### ● 停駐視窗

若要讓獨立的視窗再次停駐，請在獨立的視窗標題列按兩下。此外，在視窗中按下右鍵，執行『**可停駐**』命令，也能停駐視窗。

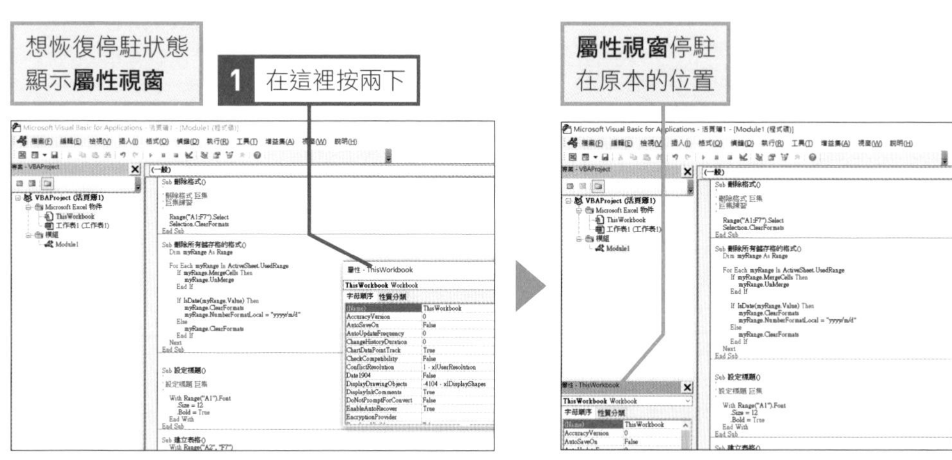
想恢復停駐狀態顯示**屬性視窗**
1 在這裡按兩下
**屬性視窗**停駐在原本的位置

## 確認視窗是否可停駐

利用顯示在視窗右上方的按鈕可以確認視窗是否可停駐。如果可停駐會顯示 [×] 鈕。如果不可停駐，會顯示 [最小化][最大化][關閉]（最小化、最大化、關閉）鈕，或視窗最大化時的 [_ 🗗 ×]（最小化、還原視窗、關閉）鈕。

利用顯示在標題列的按鈕，可以確認視窗是否可停駐

## 拖曳視窗可以停駐在任何位置

只要拖曳視窗的標題，當出現細灰線的外框時，放開滑鼠左鍵，就能停駐在任何位置。

例如要將**屬性視窗**，拖曳到其他位置

1 拖曳到這裡

拖曳到顯示細灰線的位置 **屬性視窗**顯示成停駐狀態

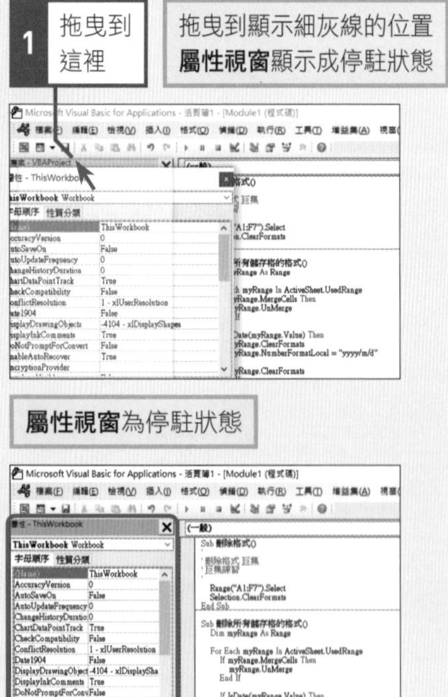

**屬性視窗**為停駐狀態

## 調整視窗的停駐設定

執行『**工具→選項**』命令，開啟**選項**交談窗，在**停駐**頁次可以確認或調整視窗的停駐設定。勾選的項目會在顯示視窗時，以停駐狀態開啟，沒有勾選的項目就會以獨立狀態顯示視窗。

1 點選**工具**

2 點選**選項**

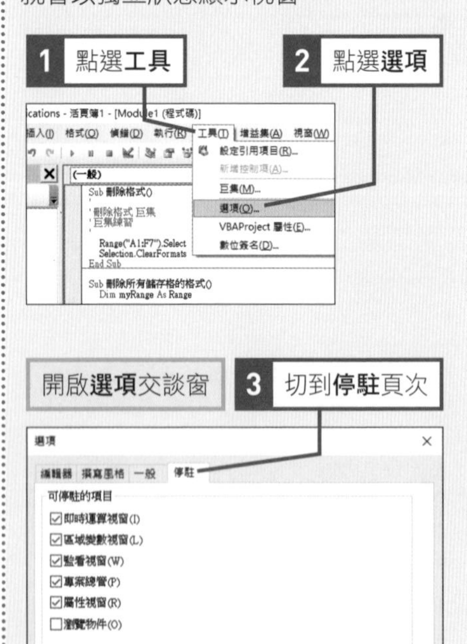

開啟**選項**交談窗

3 切到**停駐**頁次

可以設定開啟視窗時的停駐狀態

## 分割顯示視窗

程式碼視窗可以顯示成上下分割狀態。當需要參照其他程序，或參照較長程序的前後部分時，分割視窗就能發揮作用。

### ● 分割程式碼視窗

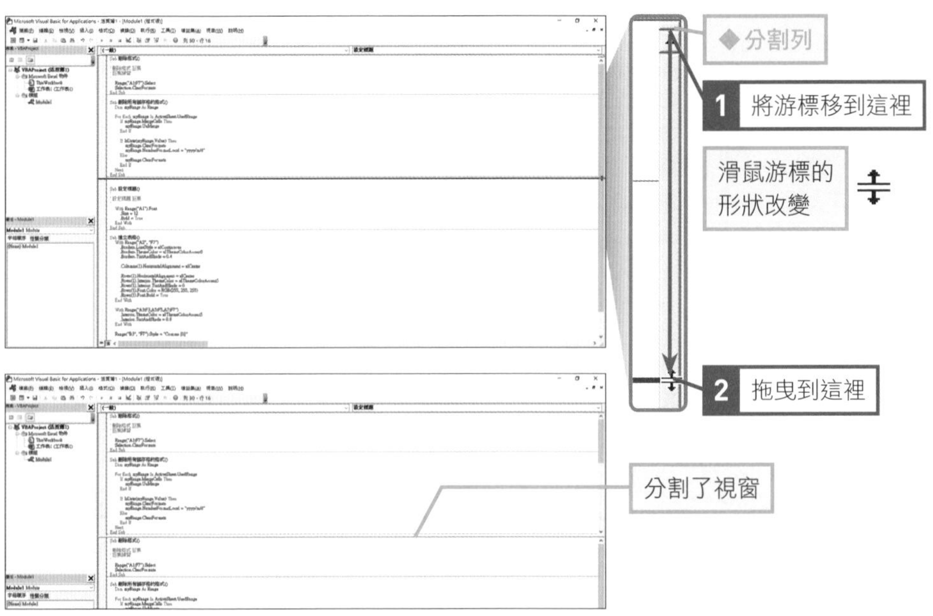
◆分割列
1 將游標移到這裡
滑鼠游標的形狀改變
2 拖曳到這裡
分割了視窗

### ● 取消視窗分割

1 將滑鼠游標移到這裡
滑鼠游標的形狀改變
2 拖曳到最下方
取消視窗分割

**HINT 按兩下取消分割**

在分割列按兩下，也可以取消分割。

**HINT 往上拖曳分割列**

要取消視窗分割，除了往下拖曳，也可以往上拖曳來取消。

## 自訂 VBE 的操作環境

如果要自訂 VBE 的操作環境，可以在**選項**交談窗中設定。你可以依個人喜好調整成比較順手的環境，例如變更**程式碼視窗**內的字體及大小、設定程式碼的前景、背景顏色、語法錯誤時要顯示的顏色等。

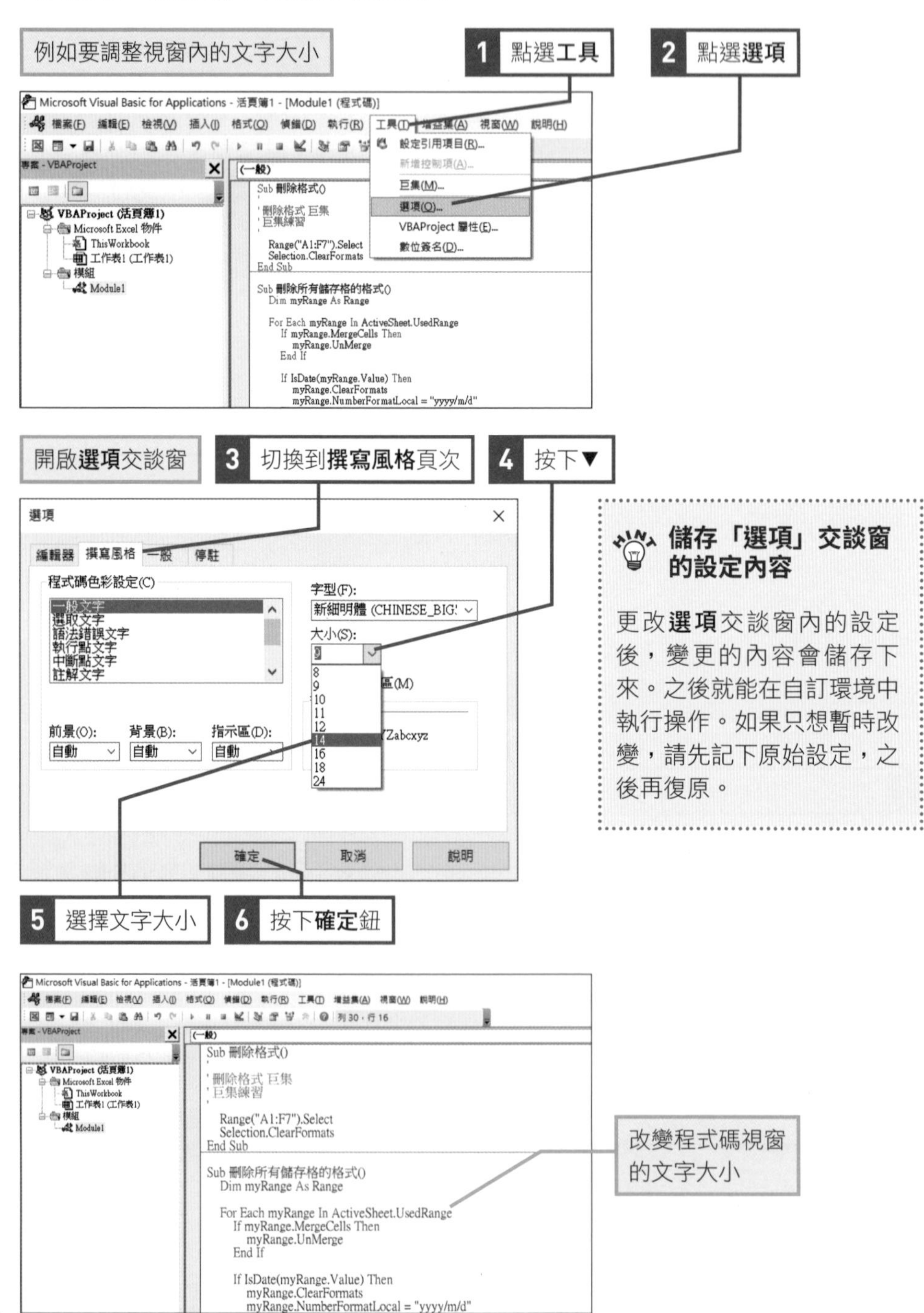


### 儲存「選項」交談窗的設定內容

更改**選項**交談窗內的設定後，變更的內容會儲存下來。之後就能在自訂環境中執行操作。如果只想暫時改變，請先記下原始設定，之後再復原。

## ●「編輯器」頁次的設定

**編輯器**頁次可以設定快速輸入程式碼的輔助功能、**程式碼視窗**的程序顯示方法等。

參照 使用輔助輸入功能……P.3-4
參照 自動使用快速諮詢……P.3-4
參照 自動列出成員……P.3-5
參照 強制宣告變數……P.3-8

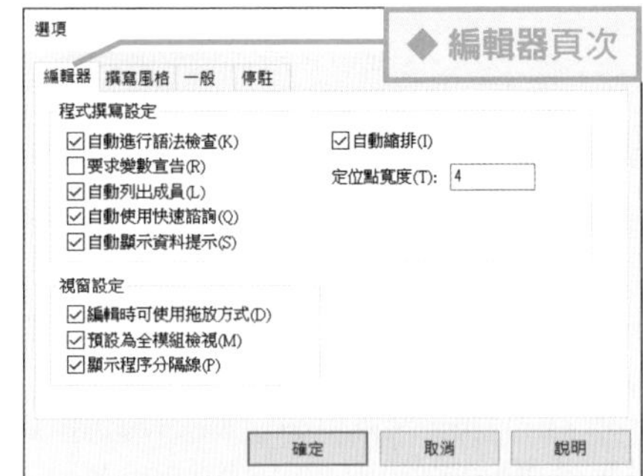


## ●「撰寫風格」頁次的設定

**撰寫風格**頁次可以設定**程式碼視窗**內的文字顏色、字型、大小、顯示或隱藏邊界指示區。

參照 編輯巨集……P.1-11
參照 設定中斷點……P.3-79

## ●「一般」頁次的設定

**一般**頁次可以設定自訂表單的格線、發生錯誤時的動作、編譯方式等。

參照 建立自訂表單……P.13-2

### 什麼是「編譯」？

在 VBA 輸入的程式碼是以字串編寫，但是執行程序時，程式碼會轉換成電腦可以理解的機械語言，這種轉換處理就稱作**編譯**。

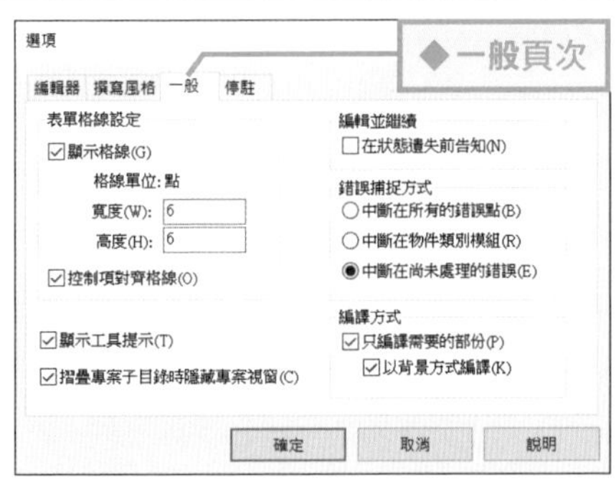


## ●「停駐」頁次的設定

此頁次可以設定顯示視窗時，是停駐狀態，或是顯示為獨立視窗。勾選後，會顯示成停駐狀態。

參照 專案總管……P.2-40
參照 監看視窗……P.3-86
參照 區域變數視窗……P.3-88
參照 即時運算視窗……P.3-90

## 關閉 VBE

VBE 是 Excel 的附屬應用程式，因此即使關閉 VBE，也不會關閉 Excel。但是一旦關閉 Excel，VBE 也會同時關閉。

關閉 VBE 回到 Excel

1 點選**檔案**

2 點選**關閉並回到 Microsoft Excel**

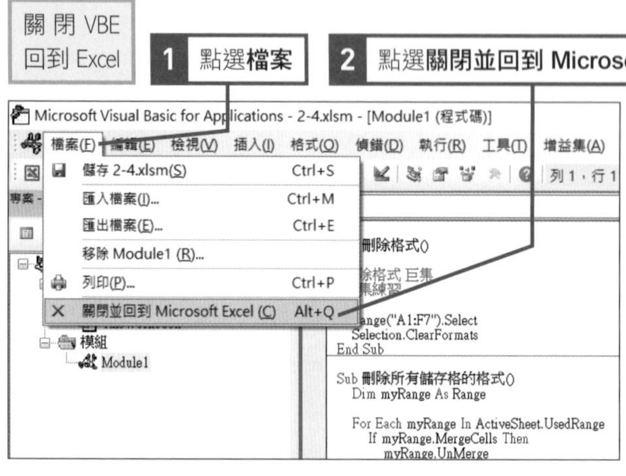


關閉 VBE，顯示 Excel 的畫面

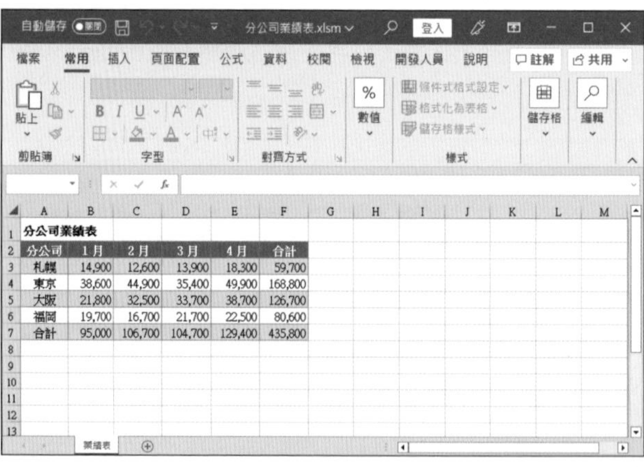


| 分公司 | 1月 | 2月 | 3月 | 4月 | 合計 |
|---|---|---|---|---|---|
| 札幌 | 14,900 | 12,600 | 13,900 | 18,300 | 59,700 |
| 東京 | 38,600 | 44,900 | 35,400 | 49,900 | 168,800 |
| 大阪 | 21,800 | 32,500 | 33,700 | 38,700 | 126,700 |
| 福岡 | 19,700 | 16,700 | 21,700 | 22,500 | 80,600 |
| 合計 | 95,000 | 106,700 | 104,700 | 129,400 | 435,800 |

### HINT 按下「關閉」鈕也可以關閉 VBE

按下標題列的**關閉**鈕 ✕ 也可以結束 VBE。

### HINT 將巨集存在活頁簿

在 VBE 編寫的巨集會儲存在 Excel 的活頁簿內。因此關閉 VBE 時，就算沒有存檔，程式碼也不會消失。在 Excel 儲存活頁簿時，會同時儲存程式碼。

### HINT 不關閉 VBE，直接切換到 Excel

如果不想關閉 VBE，想切換到 Excel 做對照，可以按下一般工具列的**檢視 Microsoft Excel** 鈕 。

### HINT 在 VBE 儲存程式碼

按下 VBE **一般**工具列上的**儲存**鈕 ，可以儲存含巨集的活頁簿。此時，除了 VBE 的內容外，連 Excel 的活頁簿內容也會一併儲存。如果檔案格式不是 **Excel 啟用巨集的活頁簿**，則會出現右圖的訊息。按下**是**鈕，會刪除 VBE 的內容儲存成不含巨集的活頁簿，請特別注意這一點。

若要以 **Excel 啟用巨集的活頁簿**格式存檔，請按下**否**鈕

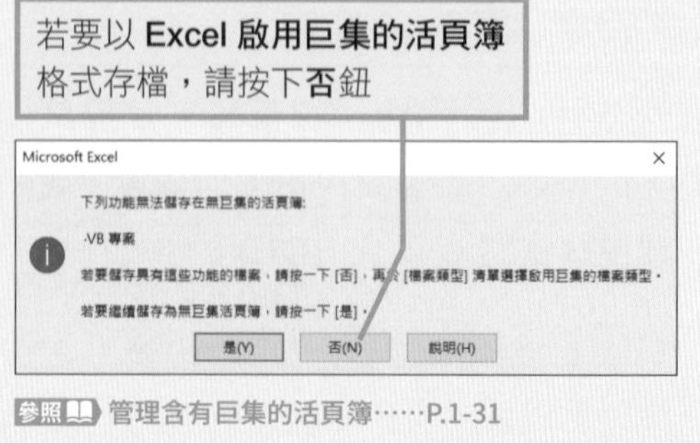


參照 管理含有巨集的活頁簿……P.1-31

## 善用「說明」查詢程式的意義及語法

假如想查詢程式的意義、名詞、語法等與 VBA 有關的問題，可以善用**說明**功能表開啟說明畫面，利用目錄及關鍵字就能查詢相關資料。

### ● 開啟「說明」畫面

在 VBE 中點選**說明**功能表，可連結到 Microsoft 公司的產品及技術說明文件網站。因此使用**說明**時，必須連接網際網路。以下將示範查詢 Workbook 物件的 Activate 方法。

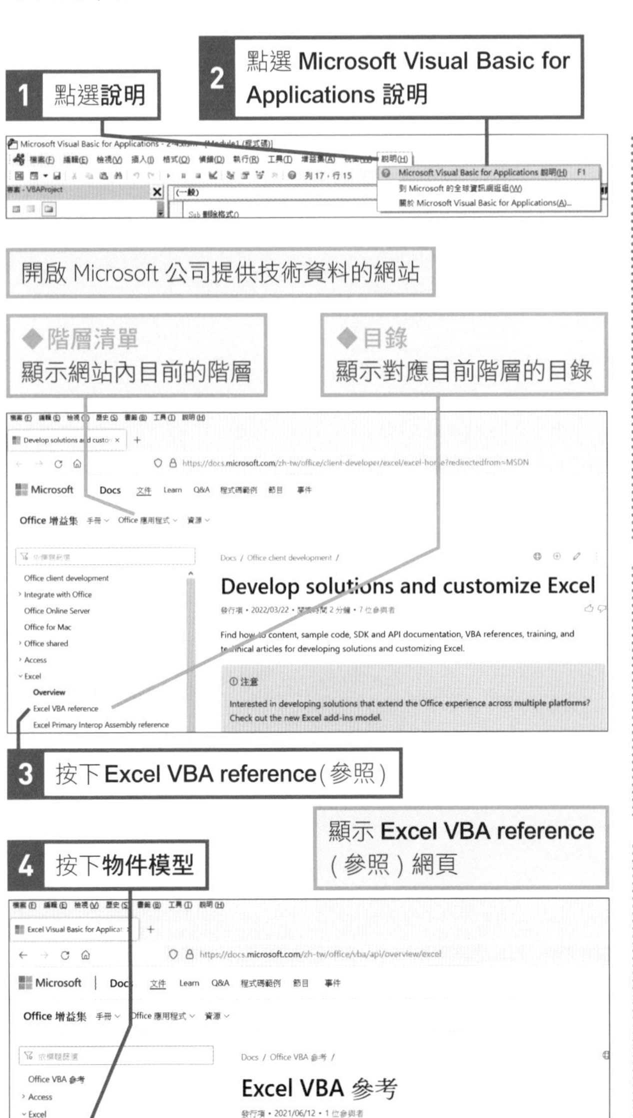

1 點選說明
2 點選 Microsoft Visual Basic for Applications 說明
開啟 Microsoft 公司提供技術資料的網站
◆階層清單
顯示網站內目前的階層
◆目錄
顯示對應目前階層的目錄
Develop solutions and customize Excel
3 按下 Excel VBA reference(參照)
4 按下物件模型
顯示 Excel VBA reference (參照)網頁
Excel VBA 參考

**HINT 選取「到 Microsoft 的全球資訊網逛逛」**

在**說明**功能表中選取了**到 Microsoft 的全球資訊網逛逛**，會開啟專為開發人員提供的 Microsoft 公司產品技術文件及學習網站。這個網站提供技術文件、學習、Q&A、程式碼範例等各種資料。

**HINT 使用工具列按鈕開啟**

按下一般工具列的 **Microsoft Visual Basic for Applications 說明**鈕 ，也可以開啟說明。

**HINT 善用搜尋方塊搜尋**

按下畫面右上方的**搜尋**鈕 ，在顯示游標後輸入文字，就會列出相關選項。按下選項中的項目，再按下 Enter 鍵，即可搜尋相關的說明。此時，會以全部的文件為搜尋對象。

顯示 Excel 物件清單

在此要查詢 Workbook 物件的 Activate 方法

**5** 捲動目錄，按一下 Workbook 物件

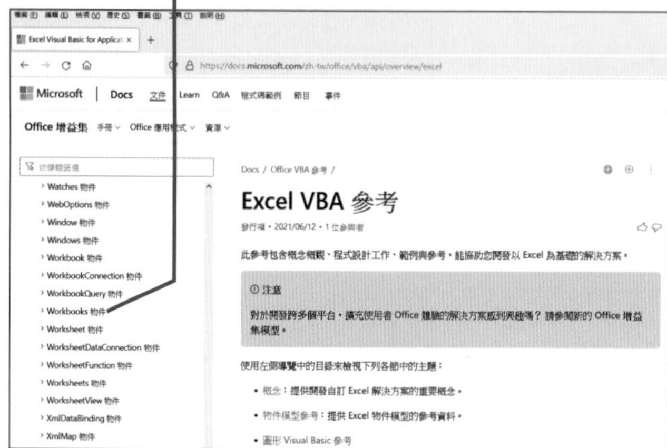


**6** 點選方法

**7** 點選 Activate

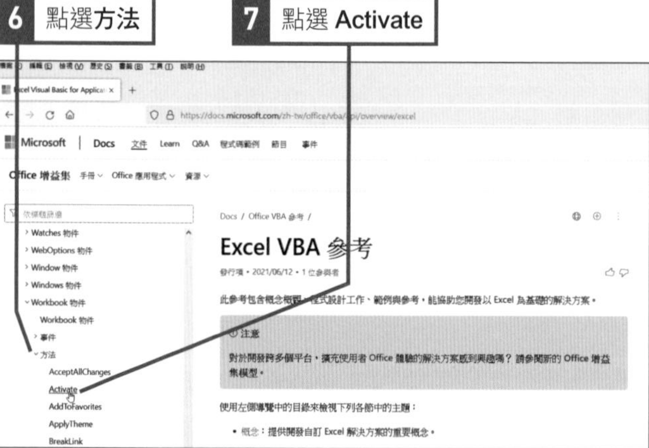


顯示該項目的說明頁面

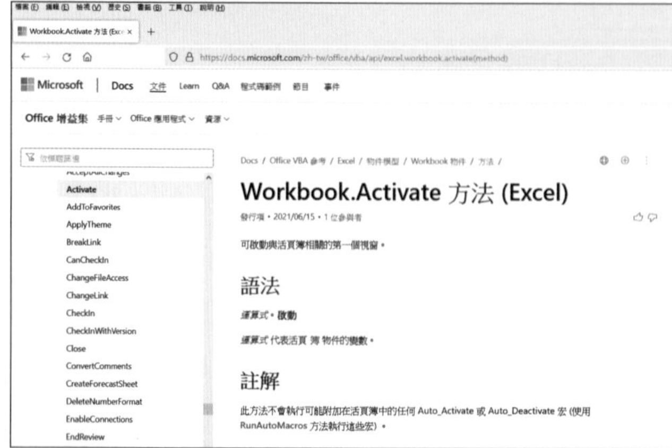

## ● 利用輸入的程式碼開啟說明畫面

在**程式碼視窗**中輸入的屬性、方法等按一下，顯示游標後，按下 F1 鍵，可以直接顯示與該語法相關的說明。想查詢別人寫的程式，或查詢用**錄製巨集**建立的程式內容，這個功能就可以派上用場。

在此要查詢 Select

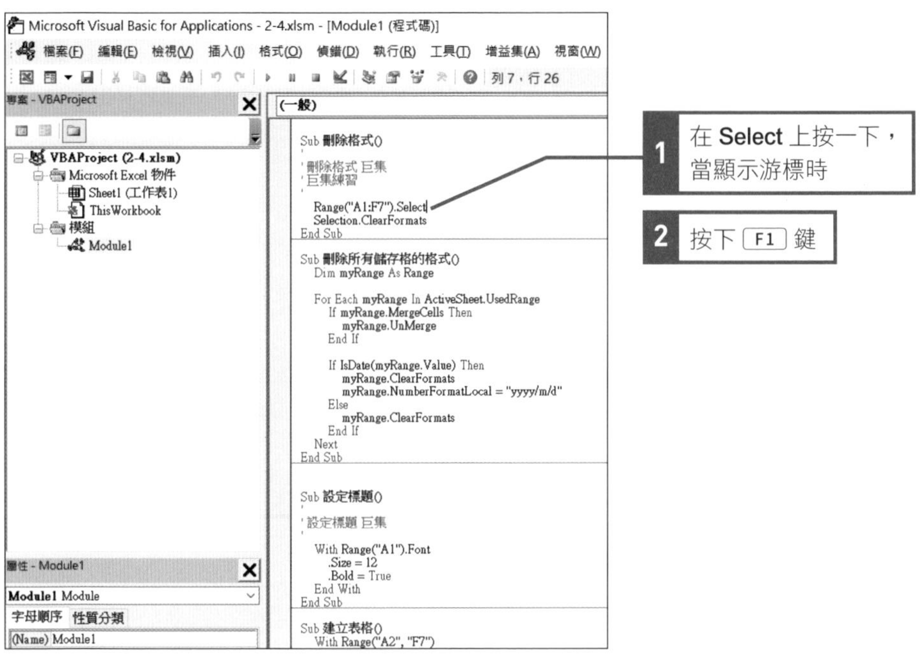


顯示此語法的說明

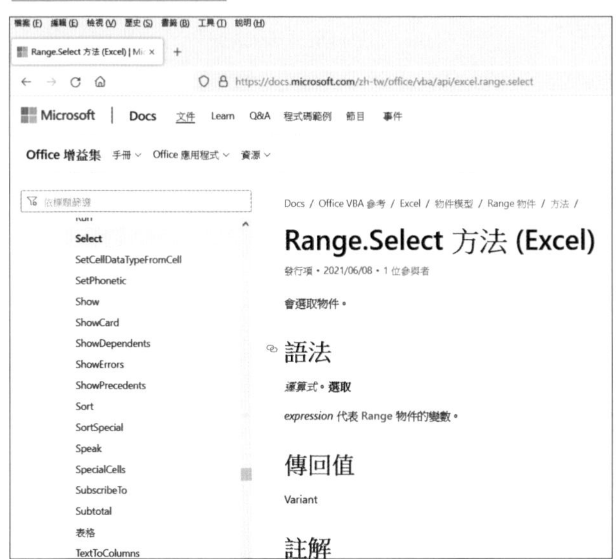


**HINT 語法有多個選項時**

如果要查詢的語法有多個選項，會出現以下畫面。請選擇要查詢的項目，按下**說明**鈕，就會顯示與該項目有關的說明頁面。

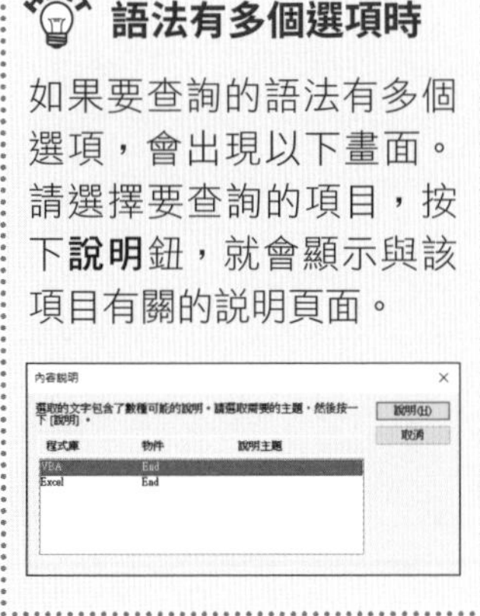

# 2-5 模組



## 認識模組

**模組**是寫程序用的工作表。Excel 的 VBA 模組可以分成幾種，包括編寫工作表或活頁簿事件程序的模組、編寫自訂表單相關程序的模組等。這些模組都可以用專案管理。

### Excel 活頁簿與專案的關係

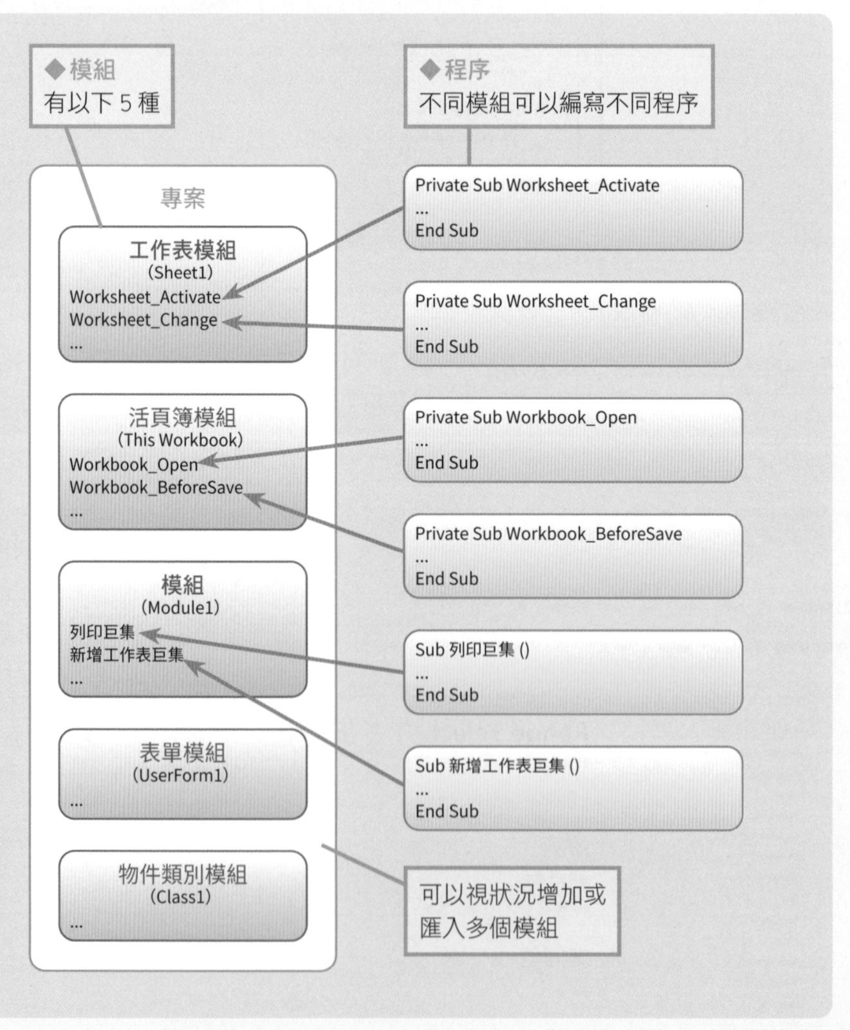

## 模組的種類

模組是用來編寫程序的工作表，可以用**專案**統一管理。建立的專案內容會顯示在**專案總管**中。在專案內建立的模組共有以下四種。

可以在**專案總管**確認專案與模組

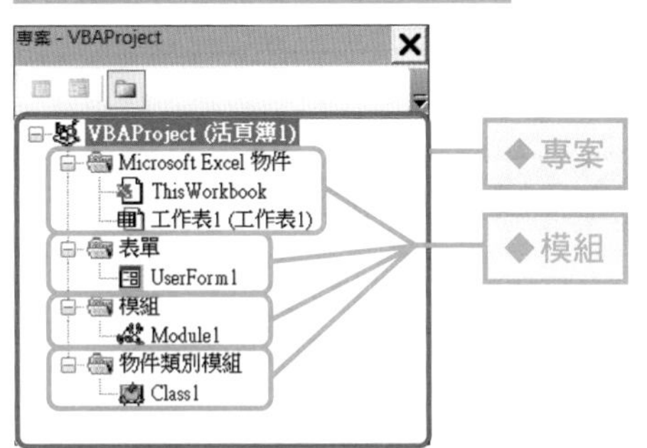

### 顯示「參照設定」

若要呼叫、使用其他活頁簿的巨集，執行對活頁簿的參照設定，會在**專案總管**顯示**設定引用項目**。

參照 呼叫其他活頁簿的程序……P.2-21

| 模組 | 內容 |
|---|---|
| Microsoft Excel 物件 | 整合對應 Excel 工作表或活頁簿的模組，依照各個物件撰寫對應工作表或活頁簿事件的事件程序 |
| 表單 | 與自訂表單的設計或自訂表單有關的程序 |
| 模組 | 以**錄製巨集**功能建立的程序。可以編寫不論哪種都能呼叫、執行的程序 |
| 物件類別模組 | 這是定義**類別**的模組。撰寫使用者自行建立的物件及建立對應的屬性及方法的程序 |

參照 事件程序……P.2-26　參照 建立自訂表單……P.13-2

### 認識「類別」(class)

**類別**是物件的設計圖。例如定義「按鈕」物件的大小、顏色、形狀等屬性，以及可以執行的動作（方法），建立物件的概要。根據這種與物件有關的資料，實際建立物件。這樣建立的物件可以控制形狀及動作。

## 新增或刪除模組

在專案建立的模組中，可以視狀況手動新增**模組**、**表單模組**、**物件類別模組**。在 **Microsoft Excel 物件**中新增或刪除 Excel 的工作表時，會自動新增或刪除對應的模組。

### ● 新增模組

你可以視狀況新增模組。例如使用多個模組整合與列印有關的巨集，或與統計有關的巨集，根據巨集的內容，進行分類、整理。

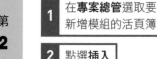

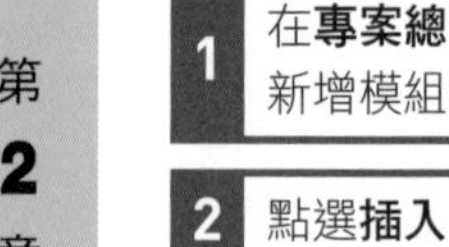

1 在**專案總管**選取要新增模組的活頁簿

在此要新增一般模組

2 點選**插入**

3 點選**模組**

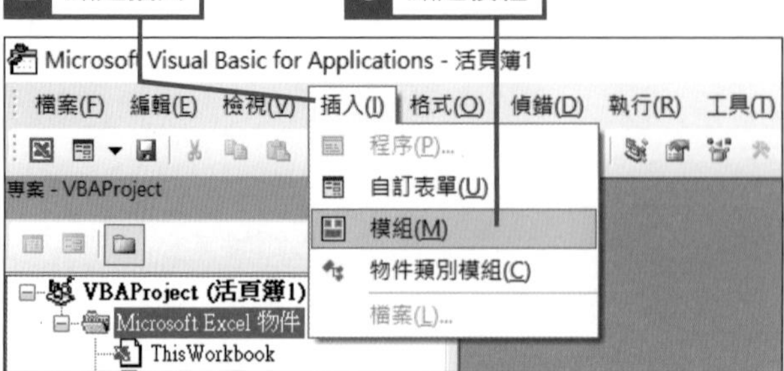


> **HINT 更改模組名稱**
>
> 新增模組後，會自動命名為 **Module1**，你可以根據模組內的程序內容，更改成比較容易辨別的名稱。如果要更改模組名稱，點選**專案總管**中想改名的模組，在**屬性視窗**的 **Name** 輸入新的名稱。

增加了模組 **Module1**

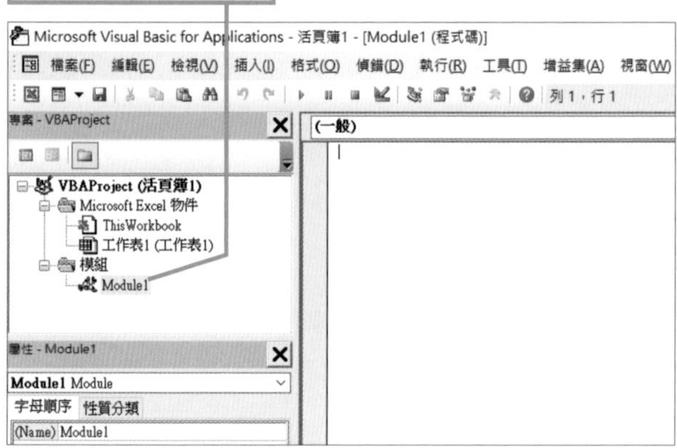


同樣也能新增其他模組

> **HINT 自動建立「Microsoft Excel 物件」模組**
>
> **Microsoft Excel 物件**的模組是根據 Excel 工作表的結構自動建立的，無法在**專案總管**新增或刪除。

## ● 刪除模組

你可以刪除用不到的模組。刪除模組時，可以選擇是否把模組當作檔案保留 ( 匯出 )。

1 點選要刪除的模組

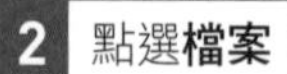

2 點選**檔案**

3 點選**移除 ( 模組名稱 )**

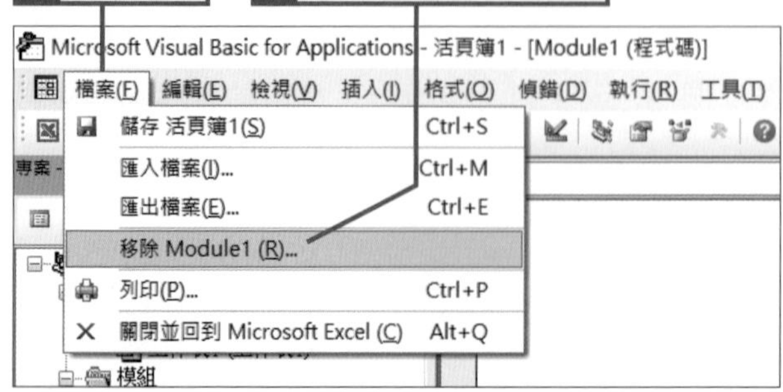


> **HINT 用滑鼠右鍵功能表刪除模組**
>
> 在要刪除的模組上按一下滑鼠右鍵，執行『**移除 ( 模組名稱 )**』命令，就可以刪除模組。

參照 匯出模組……P.2-57

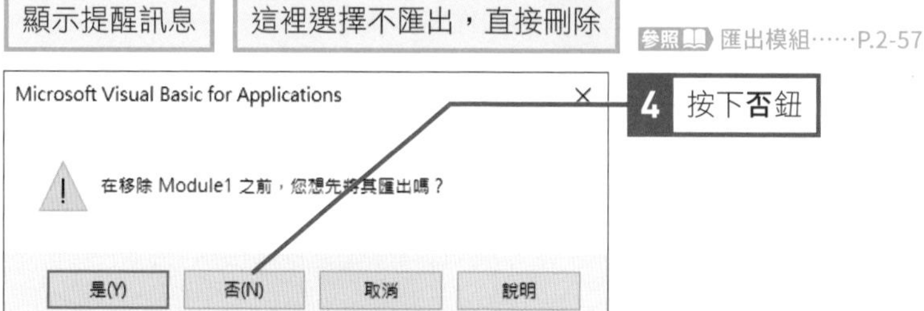


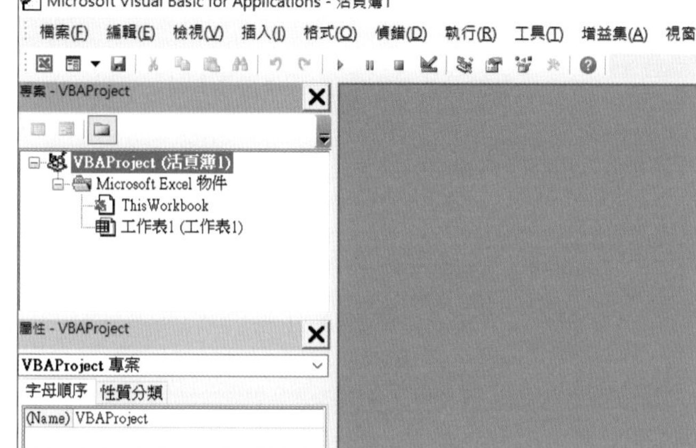


## 匯出或匯入模組

**匯出**模組是指把活頁簿內的模組儲存成獨立檔案，而**匯入**是指在活頁簿內讀取已經儲存的模組檔案。這樣其他活頁簿也可以使用模組，或當作模組的備份。

### ● 匯出模組

**快速鍵** Ctrl + E

匯出模組，儲存成獨立的檔案。模組匯出之後，也不會刪除活頁簿內的模組。

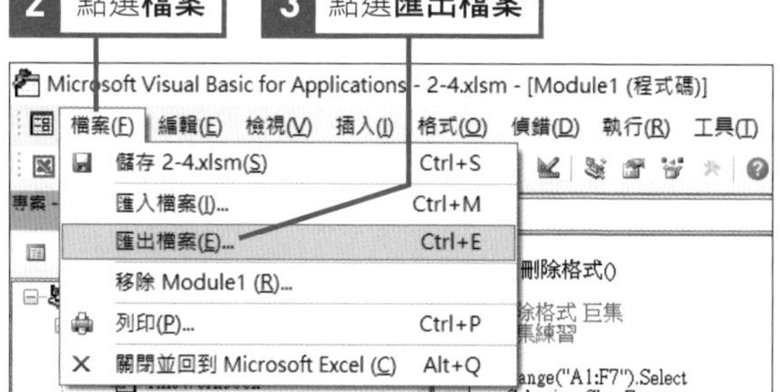


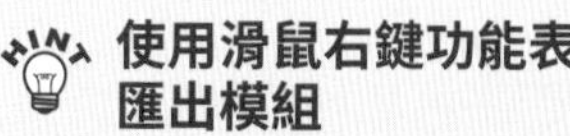

**使用滑鼠右鍵功能表匯出模組**

在想匯出的模組按滑鼠右鍵，執行『**匯出檔案**』命令，就能匯出模組。

開啟**匯出檔案**交談窗　4 選擇儲存位置　5 輸入檔案名稱

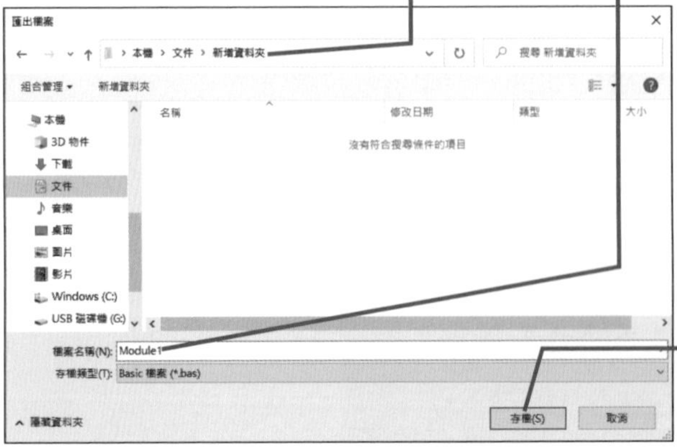

6 按下**存檔**鈕

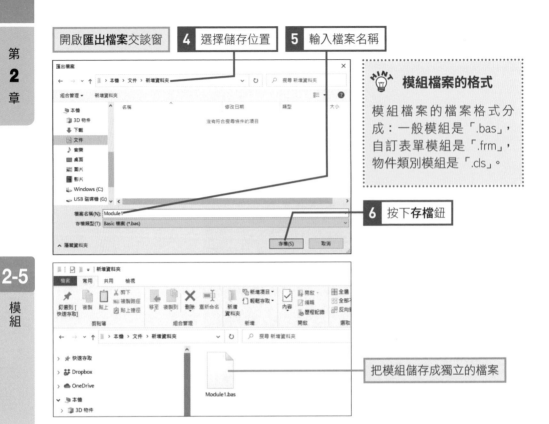

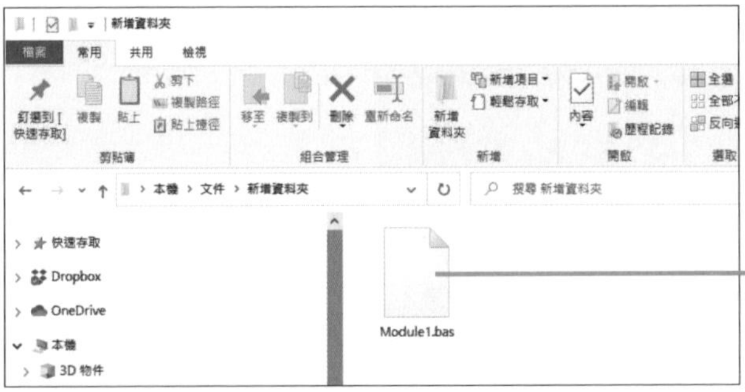

把模組儲存成獨立的檔案

**模組檔案的格式**

模組檔案的檔案格式分成：一般模組是「.bas」，自訂表單模組是「.frm」，物件類別模組是「.cls」。

## ● 匯入模組

**快速鍵** Ctrl ＋ M

如果要把儲存成檔案的模組載入活頁簿，可以使用**匯入模組**功能。匯入之後，會拷貝模組檔案，載入活頁簿內，原本的模組檔案直接保留下來。

參照 匯出模組……P.2-57

1 點選**檔案**　2 點選**匯入檔案**

**匯入儲存成文字檔的程式碼**

如果將程式碼儲存在文字檔中，那麼執行『**插入→檔案**』命令，開啟**插入程式碼**交談窗，選取含有程式碼的文字檔後，按下**確定**鈕，就可以在目前開啟的模組程式碼視窗中載入程式碼。

**開啟多個活頁簿時**

假如已經開啟多個活頁簿，請在**專案總管**點選想匯入模組的專案（活頁簿），再執行『**檔案→匯入檔案**』命令。

**使用滑鼠右鍵功能表匯入模組**

在**專案總管**內按下滑鼠右鍵，執行『**匯入檔案**』命令，也可以匯入模組。

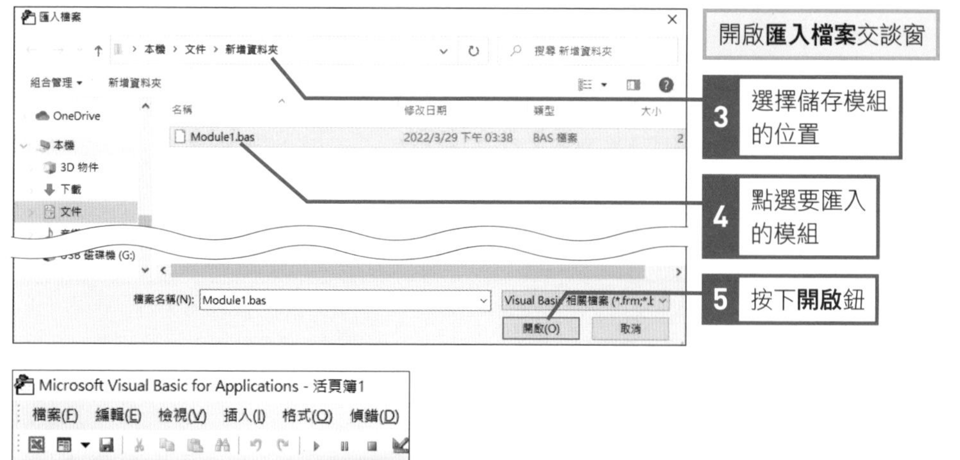


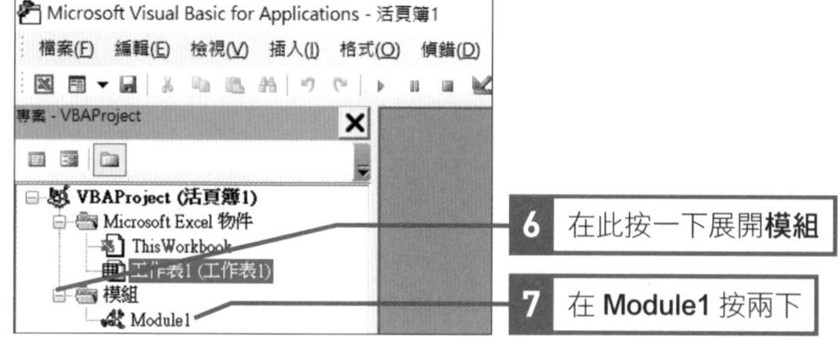




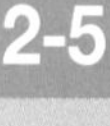

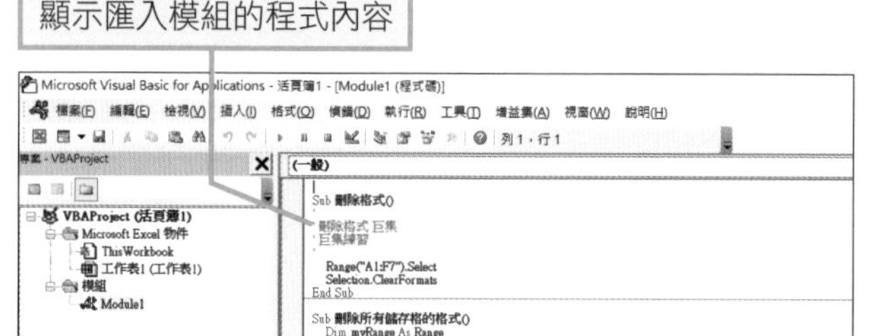


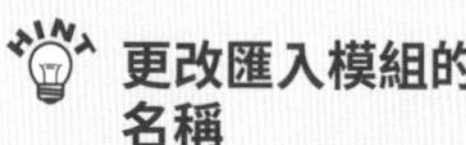

**更改匯入模組的名稱**

匯入模組後，模組名稱會自動設定為 **Module1**。在**屬性視窗**中的 **Name** 可以更改模組的名稱。

## 列印程式碼

模組內的程序內容可以列印出來。你可以列印專案內的所有模組，或只列印選取的模組，甚至能單獨列印模組內選取的程序，還可以列印自訂表單的設計畫面。

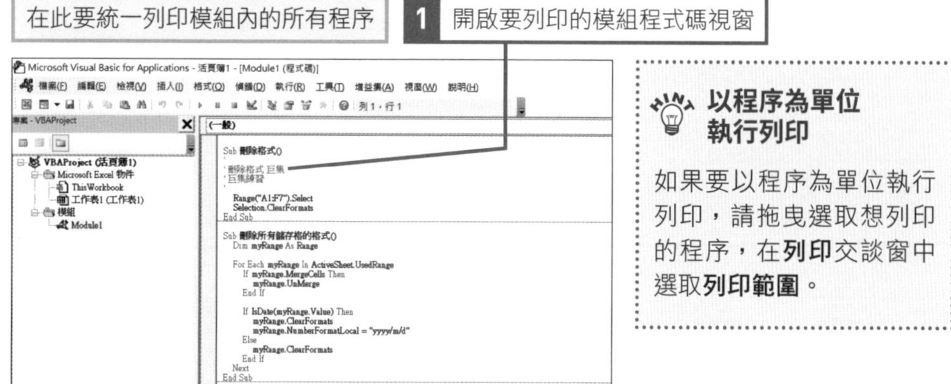


**以程序為單位執行列印**

如果要以程序為單位執行列印，請拖曳選取想列印的程序，在**列印**交談窗中選取**列印範圍**。

## 開啟列印交談窗

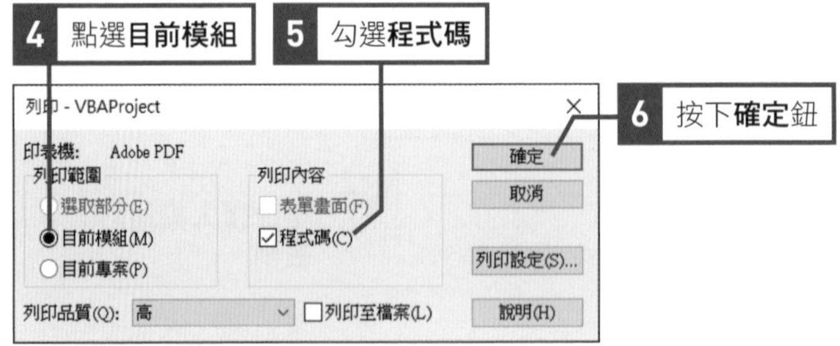


## 列印模組內的所有程序

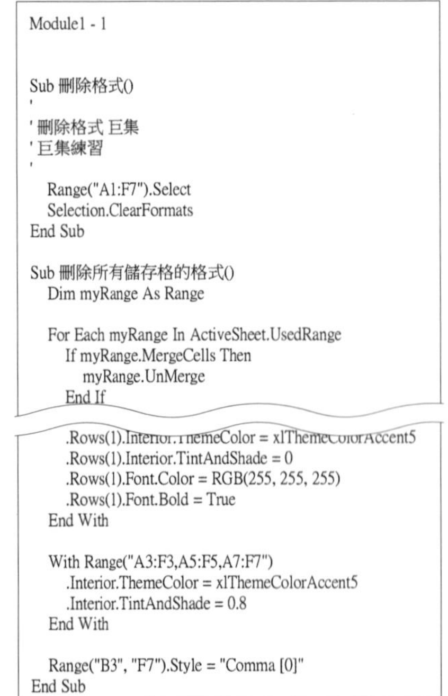

```
Module1 - 1


Sub 刪除格式()
'
' 刪除格式 巨集
' 巨集練習
'
    Range("A1:F7").Select
    Selection.ClearFormats
End Sub

Sub 刪除所有儲存格的格式()
    Dim myRange As Range

    For Each myRange In ActiveSheet.UsedRange
        If myRange.MergeCells Then
            myRange.UnMerge
        End If
~~~~~~~~~~~~~~~~~~~~~~~~~~~~~~~~~~~~~~~~~~~~~~~~
        .Rows(1).Interior.ThemeColor = xlThemeColorAccent5
        .Rows(1).Interior.TintAndShade = 0
        .Rows(1).Font.Color = RGB(255, 255, 255)
        .Rows(1).Font.Bold = True
    End With

    With Range("A3:F3,A5:F5,A7:F7")
        .Interior.ThemeColor = xlThemeColorAccent5
        .Interior.TintAndShade = 0.8
    End With

    Range("B3", "F7").Style = "Comma [0]"
End Sub
```

### HINT 列印專案內所有模組

如果要列印專案內的所有模組，在**列印**交談窗的**列印範圍**選擇**目前專案**。

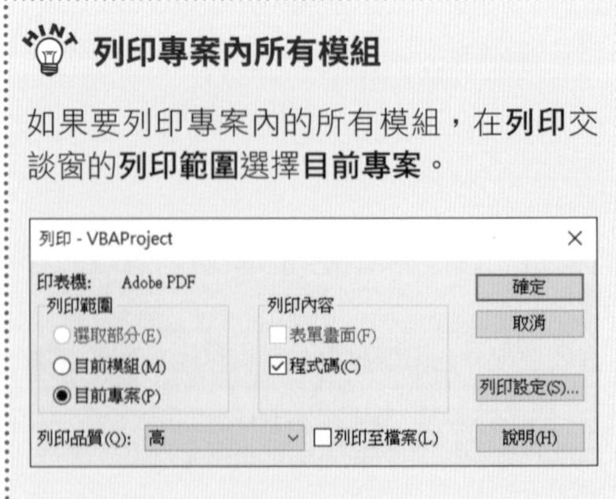

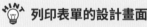

### HINT 列印表單的設計畫面

如果要列印表單的設計畫面，請選取表單模組，在**列印內容**勾選**表單畫面**。

第 3 章

# 程式設計的基本知識

# 3-1 建立程序

## 建立程序

要建立程序，首先請啟動 VBE，在**程式碼視窗**中撰寫程式碼。VBE 提供**自動縮排**、**自動使用快速諮詢**、**自動列出成員**等輸入輔助功能，可以幫助你正確且快速地輸入程式碼。

◆ 自動縮排
換行後，會在與上一行相同的開始位置顯示游標

◆ 自動使用快速諮詢
顯示輸入中的屬性、方法等格式或參數

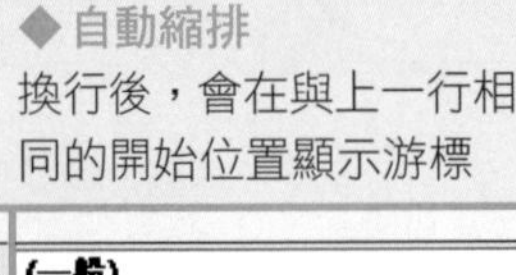

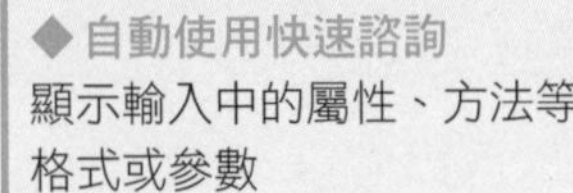

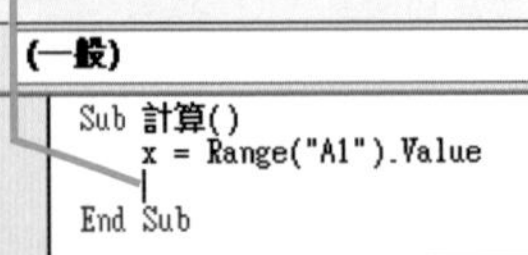


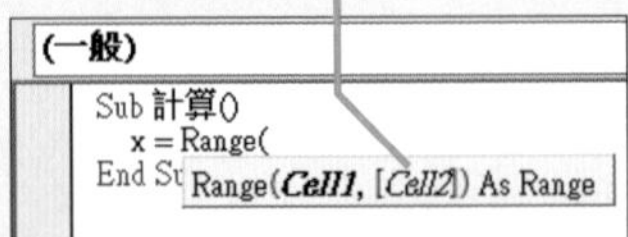


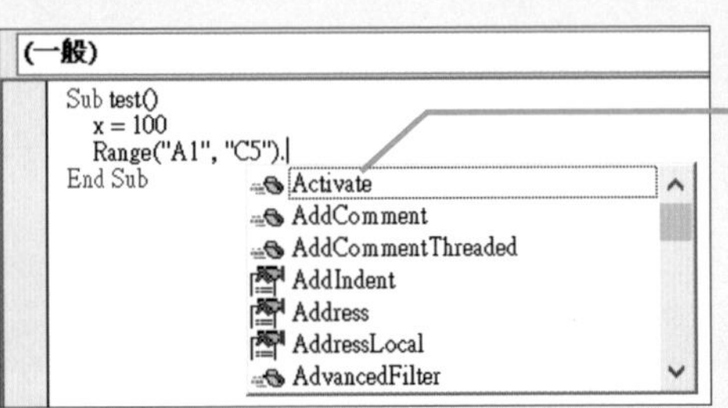


◆ 自動列出成員
可以從清單中選取輸入物件能使用的屬性及方法等

## 在 VBE 建立程序

輸入程式碼時，當按下 Enter 鍵確定輸入，會自動執行輸入輔助功能，例如修正關鍵字的大小寫，或自動輸入 **End Sub** 陳述式等，可以幫你順利輸入程式碼。

**1** 在 **Module1** 按兩下

開啟**程式碼視窗**

讀者的模組名稱可能會與範例顯示的不同

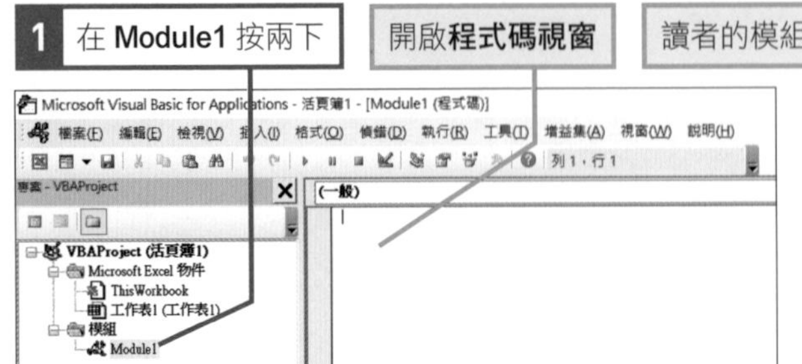


**HINT 沒有顯示模組時**

如果沒有顯示**模組**，請執行『**插入→模組**』命令，新增模組。

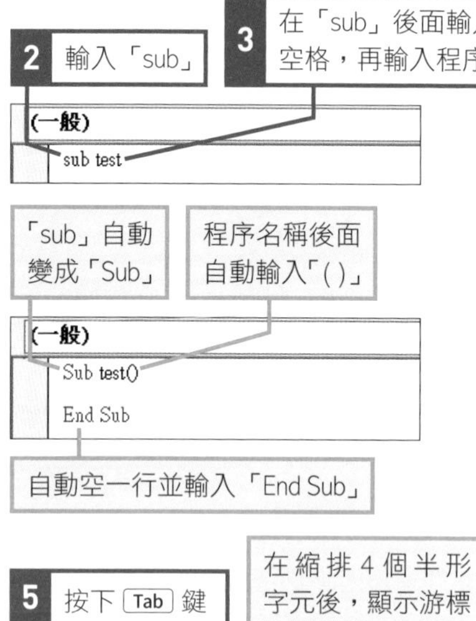
2 輸入「sub」
3 在「sub」後面輸入半形空格，再輸入程序名稱
(一般)
sub test
「sub」自動變成「Sub」
程序名稱後面自動輸入「( )」
(一般)
Sub test()
End Sub
自動空一行並輸入「End Sub」

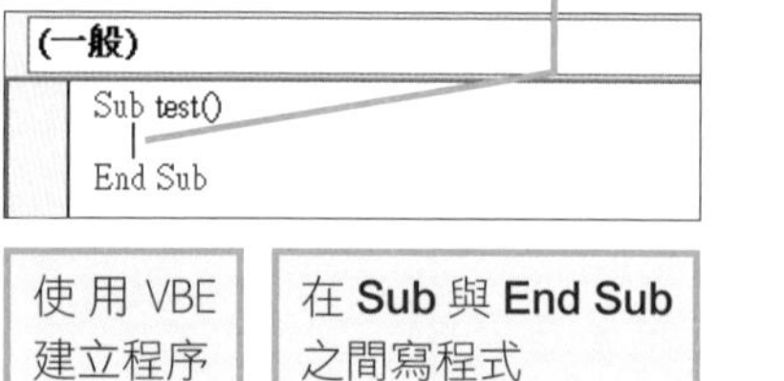
5 按下 Tab 鍵
在縮排 4 個半形字元後，顯示游標
(一般)
Sub test()
End Sub

使用 VBE 建立程序

在 **Sub** 與 **End Sub** 之間寫程式

4 按下 Enter 鍵

### 程序的命名規則

程序名稱的命名規則和變數名稱的命名規則一樣。 參照 命名規則……P.3-10

### 程序後面的「( )」

輸入程序名稱，按下 Enter 鍵後，會自動在程序名稱後面顯示 ( )。如果執行程序需要設定「值」時，會把這個值設定成參數。

### 使用功能表建立 Sub 程序

執行『**插入→程序**』命令，開啟**新增程序**交談窗，可以建立 Sub 程序。可在此選擇程序的種類及有效範圍。

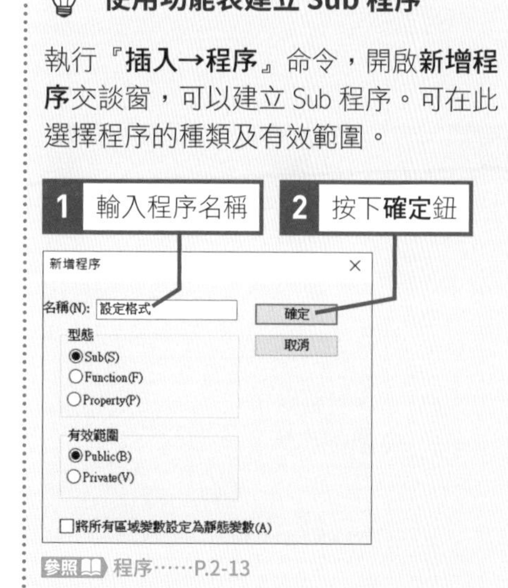
1 輸入程序名稱
2 按下確定鈕
新增程序
名稱(N): 設定格式
確定
取消
型態
Sub(S)
Function(F)
Property(P)
有效範圍
Public(B)
Private(V)
將所有區域變數設定為靜態變數(A)

參照 程序……P.2-13

### 縮排並撰寫程式碼

寫程式時最好適度縮排或插入空行，這樣日後要編輯程式，會比較容易檢視。按下 Tab 鍵後，預設是縮排 4 個半形字元。如果要改變縮排的字元數，可以執行『**工具→選項**』命令，開啟**選項**交談窗，更改**編輯器**頁次的**定位點寬度**。

## 程序的有效範圍

在 Sub 陳述式的前面加上 **Private** 關鍵字，會變成「Private Sub 程序名稱( )」，這個程序只能在相同模組內呼叫出來。事件程序會自動加上 Private 關鍵字，模組中的程序也可以加上 Private。此時，在 Excel 按下**開發人員**頁次的**巨集**鈕，開啟**巨集**交談窗時，不會顯示巨集名稱。另外，加上 **Public** 關鍵字後，所有模組都可以呼叫該程序，如果沒有加上任何關鍵字，會當作 **Public**，因此 **Sub 程序名稱( )** 與 **Public Sub 程序名稱( )** 意義相同。

## 使用輸入輔助功能

VBE 提供自動縮排、自動使用快速諮詢、自動列出成員等，可以快速且正確輸入程式碼。以下將分別說明這些功能。

### ● 自動縮排

**自動縮排**是在第一行按下 Tab 鍵，設定定位點後，從第二行開始，會在前一行的相同位置顯示游標。每次按下 Tab 鍵，即使沒有縮排，行頭也會對齊前一行的相同位置。

範例 3-1_001.xlsm

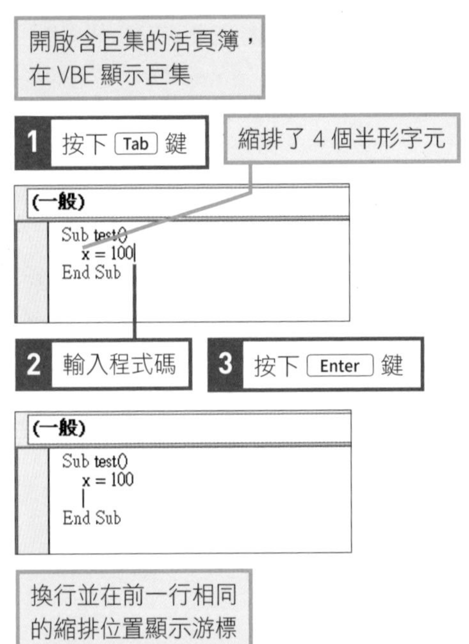


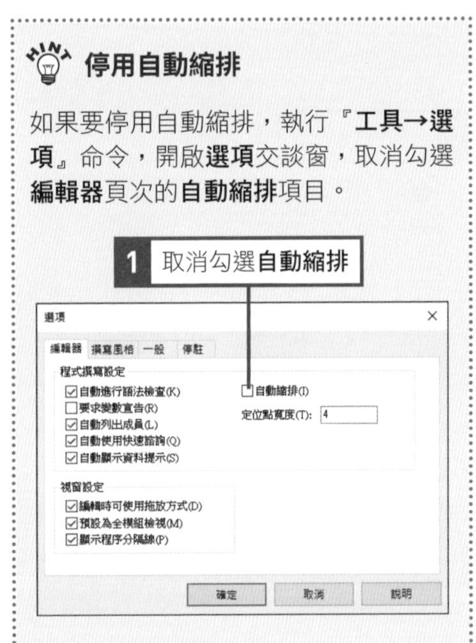




### ● 自動使用快速諮詢

**自動使用快速諮詢**是輸入函數、屬性、方法時，自動以彈出式提示訊息顯示語法的功能。當你輸入函數、屬性，接著輸入「(」或輸入空格時，就會顯示。此時，會顯示輸入中的程式碼語法，並以粗體字顯示設定中的參數名稱，可避免設定錯誤。

範例 3-1_001.xlsm

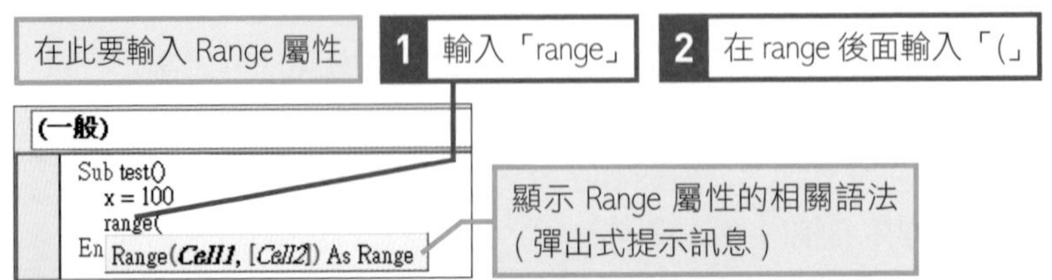

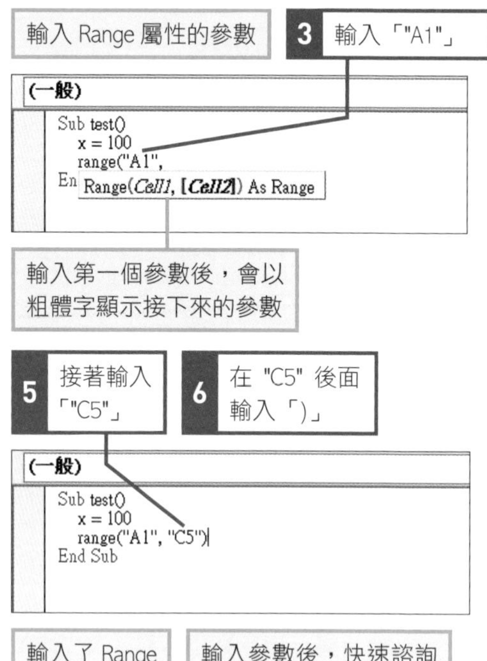

輸入 Range 屬性的參數
3 輸入「"A1",」
(一般)
Sub test()
x = 100
range("A1",
Range(Cell1, [Cell2]) As Range
輸入第一個參數後，會以粗體字顯示接下來的參數
5 接著輸入「"C5"」
6 在 "C5" 後面輸入「)」
(一般)
Sub test()
x = 100
range("A1", "C5")
End Sub
輸入了 Range 屬性的參數
輸入參數後，快速諮詢會自動消失

4 在 "A1" 後面輸入「,」

### 取消「自動使用快速諮詢」

按下 Esc 鍵可以取消顯示在畫面上的自動使用快速諮詢。

### 重新顯示「自動使用快速諮詢」

除了按下 Esc 鍵外，移動游標也能讓自動使用快速諮詢消失。假如想重新顯示消失的自動使用快速諮詢，請在希望顯示的屬性或方法等關鍵字按下滑鼠右鍵，執行『**快速諮詢**』命令。此外，按下 Ctrl + I 鍵也能重新顯示快速諮詢。

### 停用「自動使用快速諮詢」

若要停用自動使用快速諮詢，可以執行『**工具→選項**』命令，開啟**選項**交談窗，取消勾選**編輯器**頁次的**自動使用快速諮詢**。

## ● 自動列出成員

**自動列出成員**是顯示物件成員的屬性或方法清單，以及屬性、函數等可以使用的常數清單，從中選取就能完成輸入的功能。即使不記得屬性或方法的正確名稱，也能從清單中選取，可以避免輸入錯誤。在物件後面輸入「.（句號）」，或輸入函數的參數時，就會出現**自動列出成員**。

範例 3-1_001.xlsm

例如要輸入 Range 物件的 Select 方法

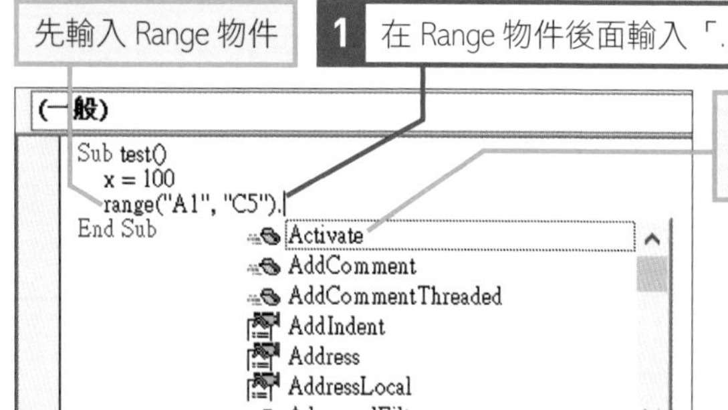

先輸入 Range 物件
1 在 Range 物件後面輸入「.」
(一般)
Sub test()
x = 100
range("A1", "C5").
End Sub
Activate
AddComment
AddCommentThreaded
AddIndent
Address
AddressLocal
AdvancedFilter
列出 Range 物件可以使用的屬性、方法清單

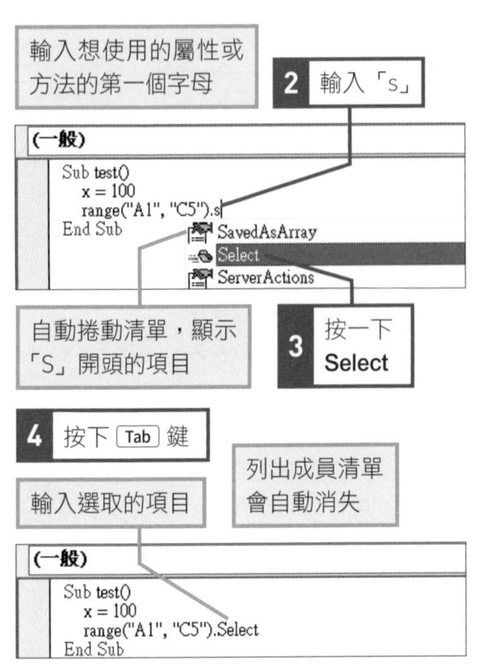
輸入想使用的屬性或方法的第一個字母
2 輸入「s」
(一般)
Sub test()
x = 100
range("A1", "C5").s
End Sub
SavedAsArray
Select
ServerActions
自動捲動清單，顯示「S」開頭的項目
3 按一下 Select
4 按下 Tab 鍵
輸入選取的項目
列出成員清單會自動消失
(一般)
Sub test()
x = 100
range("A1", "C5").Select
End Sub
使用自動列出成員輸入了 Select 屬性

### 停用自動列出成員

如果不想顯示自動列出成員，執行『**工具→選項**』命令，開啟**選項**交談窗，取消勾選**編輯器**頁次的**自動列出成員**。

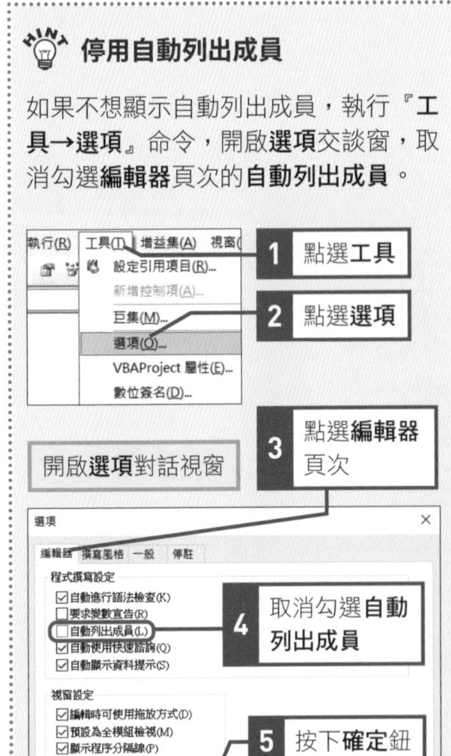
1 點選工具
2 點選選項
3 點選編輯器頁次
開啟選項對話視窗
4 取消勾選自動列出成員
5 按下確定鈕

### 從清單中選取項目

利用自動列出成員功能顯示清單，可以按下 ↓ 鍵或 ↑ 鍵，選取目標項目，再按下 Tab 鍵。此外，按下 . (句點) 會在輸入選取項目時，也輸入「.」，方便你輸入接下來的程式碼。按下 Enter 鍵，不僅會輸入選取項目，也會換行，將游標移到下一行。

### 取消顯示自動列出成員

按下 Esc 鍵可以取消顯示在畫面上的自動列出成員。

### 重新顯示自動列出成員

如果要重新顯示自動列出成員，在想顯示的位置按下滑鼠右鍵，執行『**自動完成**』命令，或按下 Ctrl ＋ space 鍵。

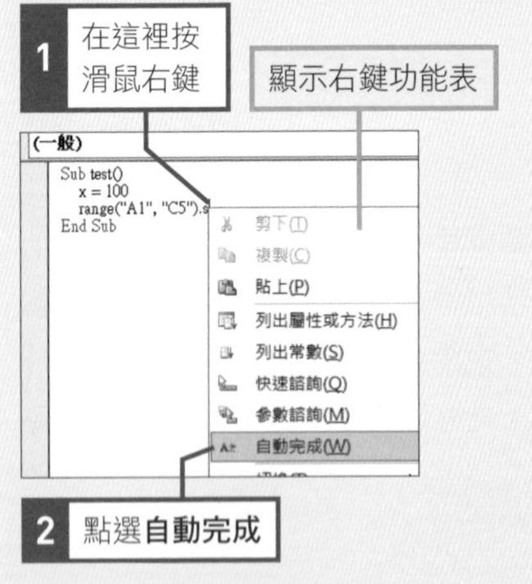
1 在這裡按滑鼠右鍵
顯示右鍵功能表
2 點選自動完成

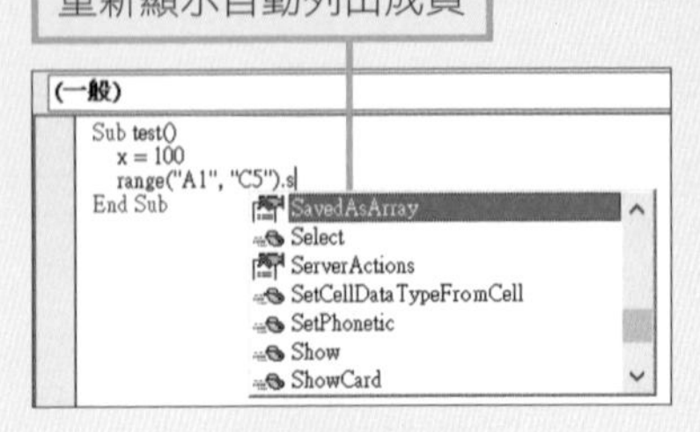
重新顯示自動列出成員

# 3-2 變數

## 認識「變數」

**變數**是用來暫時儲存執行程式時使用的值的「容器」。實際上，變數會佔用電腦的記憶體容量，藉此儲存或參照計算結果或值。執行程式的過程中，可以隨意取出或放入變數值。一般會在程序內設定要儲存的**資料型別**，宣告、使用變數。變數的使用範圍會隨著宣告的位置而異。

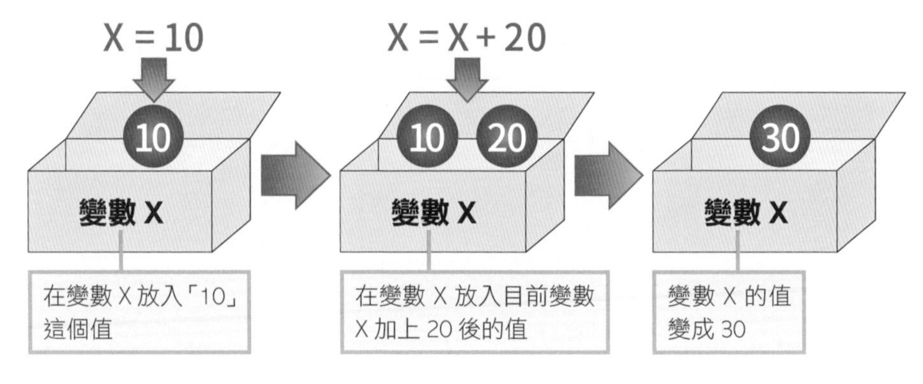


## 使用變數

你可以在變數內隨意儲存或參照任何值，所以使用變數能讓程式碼的撰寫變簡單，也能建立通用程序。程序內可以隨意撰寫、使用變數，也可以限制成只能使用宣告後的變數。以下將說明宣告變數的方法及命名規則。

### ● 宣告變數

如果在程序內隨意使用變數，日後編輯程式時，可能會搞不清楚當初怎麼使用變數，所以一般會先宣告變數再使用。使用 Dim 陳述式就可以宣告變數。

範例 3-2_001.xlsm

▶ 宣告變數

**Dim 變數名稱**

▶ 在變數儲存值

**變數名稱 = 儲存的值**

```
Sub␣宣告變數()
    Dim␣pay
    pay␣=␣Range("B1").Value
    Range("B2").Value␣=␣pay␣+␣150
End␣Sub
```

1. 「宣告變數」巨集
2. 宣告 **pay** 變數
3. 在變數 **pay** 儲存 B1 儲存格的值
4. 把變數加上 150 的值顯示在 B2 儲存格
5. 結束巨集

| | A | B | C | D | E |
|---|---|---|---|---|---|
| 1 | 時薪A | 950 | | | |
| 2 | 時薪B | 1100 | | | |
| 3 | | | | | |
| 4 | | | | | |
| 5 | | | | | |
| 6 | | | | | |

執行**宣告變數**巨集後，B1 儲存格的值會指定給變數 pay，並在 B2 儲存格顯示變數的計算結果

**同時宣告多個變數**

如果要同時宣告多個變數，請用「,（逗號）」分隔，如「Dim 變數名稱 1, 變數名稱 2, 變數名稱 3,……」。

## ● 強制宣告變數

如果希望程式中只能使用宣告後的變數，請在模組開頭的**宣告區塊**加上 **Option Explicit** 陳述式。輸入 Option Explicit 陳述式後，就得在該模組內宣告變數。當你使用沒有宣告的變數名稱，就會發生錯誤，因此也具有檢查變數名稱是否輸入錯誤的作用。為了減少因變數輸入錯誤而發生問題，請先把輸入 Option Explicit 陳述式設為預設值。請參照下一頁的 **HINT** 說明進行設定，就能在新增模組時，自動輸入 Option Explicit 陳述式。本書的範例也都有輸入 Option Explicit。

範例 3-2_002.xlsm

▶ 強制宣告變數

## Option Explicit

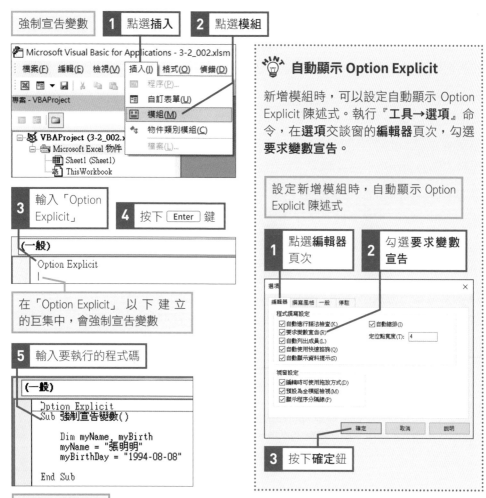

強制宣告變數

1 點選**插入**　2 點選**模組**

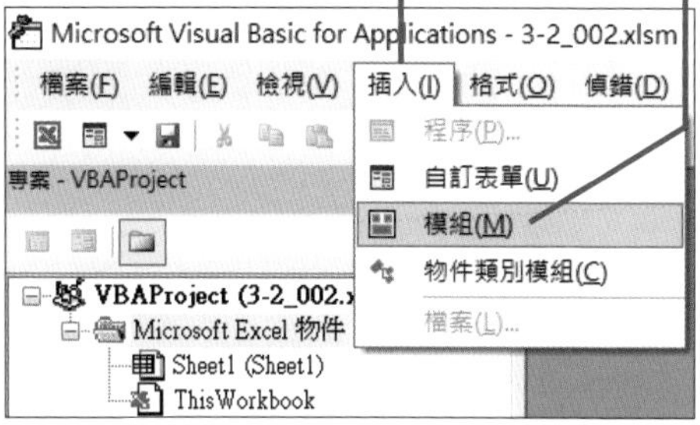

3 輸入「Option Explicit」　4 按下 Enter 鍵

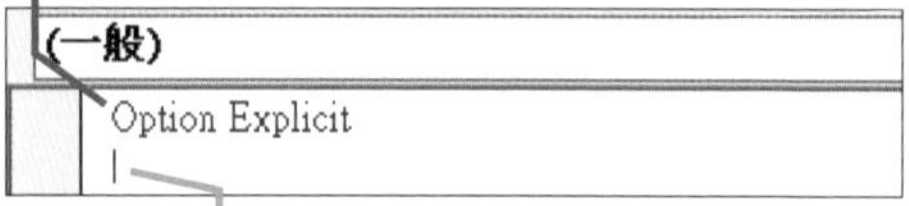

```
(一般)
Option Explicit
|
```

在「Option Explicit」以下建立的巨集中，會強制宣告變數

5 輸入要執行的程式碼

```
(一般)
Option Explicit
Sub 強制宣告變數()

    Dim myName, myBirth
    myName = "張明明"
    myBirthDay = "1994-08-08"

End Sub
```

◆未宣告的變數

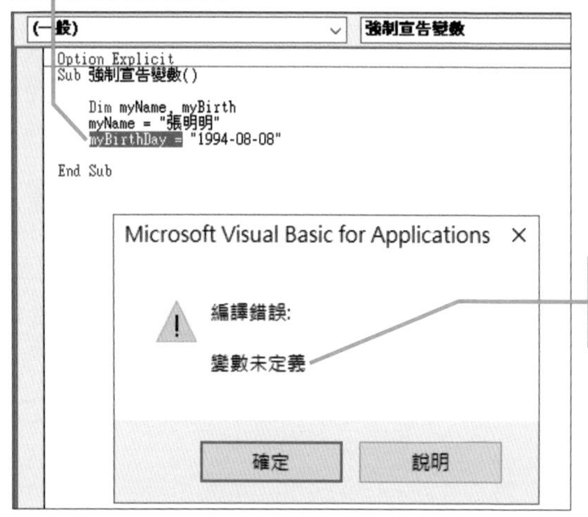


如果包含了未宣告的變數，執行巨集時，就會出現錯誤

### HINT 自動顯示 Option Explicit

新增模組時，可以設定自動顯示 Option Explicit 陳述式。執行『**工具→選項**』命令，在**選項**交談窗的**編輯器**頁次，勾選**要求變數宣告**。

設定新增模組時，自動顯示 Option Explicit 陳述式

1 點選**編輯器**頁次　2 勾選**要求變數宣告**

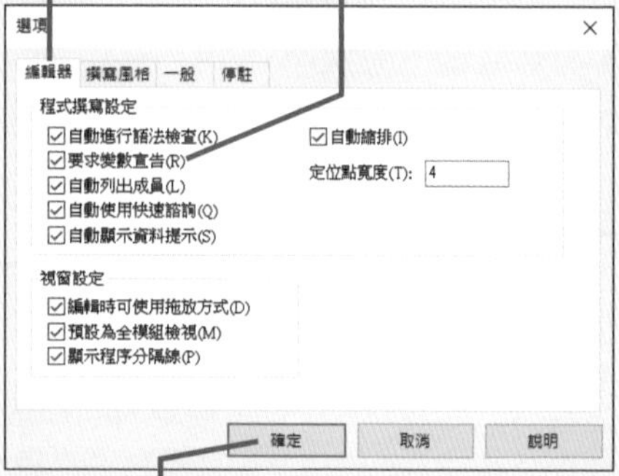

3 按下**確定**鈕

### ● 命名規則

在 VBA 命名變數名稱、程序名稱時，必須按照以下規則命名。請遵守這些規則，使用比較容易辨識的名稱。

❶ 變數名稱使用英數字、中文字、_（底線）

變數名稱可以用中文，但是一般會用半形英文字母。此外，不能以數字為開頭。

❷ 變數名稱不能使用空格及符號

變數名稱無法使用空格、.（句號）、!（驚嘆號）、@、&、$、# 等符號。

❸ 變數名稱的長度必須低於 255 個字元內

變數名稱必須使用半形英數字，且在 255 個字元以內。

❹ 使用的名稱不能與 VBA 函數名稱、陳述式名稱、方法名稱相同

不能使用 VBA 的函數名稱、陳述式名稱、方法名稱等已經固定用法的名稱。

❺ 在相同有效範圍內不能使用相同變數名稱

參照 變數的有效範圍……P.3-15

如果變數的範圍為共通時，在該範圍內不可使用相同的變數名稱。

❻ 變數名稱不分大小寫

在**程式碼視窗**中，會依宣告變數時使用的大小寫分別顯示，但是執行處理時卻沒有差別。因此，寫程式時不需要讓變數名稱的大小寫一致。

> **HINT 常數與參數也要遵守相同的命名規則**
>
> 變數的命名規則除了適用模組內的變數名稱、程序名稱外，也適用常數或參數命名等情況。
>
> 參照 常數……P.3-17
> 參照 認識 Sub 程序與 Function 程序……P.2-18

## 設定變數的資料型別

如果要設定儲存在變數中的值，會在宣告變數時，設定**資料型別**（類型）。**資料型別**包括數值、字串、日期、物件參照等，可以依照變數使用的值來設定。設定資料型別後，不能在變數中儲存錯誤的資料型別。使用 **As** 關鍵字可以設定資料型別。

▶ 設定資料型別並宣告變數

**Dim 變數名稱 As 資料型別**

◆As 關鍵字

> **HINT 沒有設定資料型別就宣告變數時的資料型別**
>
> 宣告變數時，如果沒有設定資料型別，該變數的資料型別會自動設為 **Variant**。Variant 型別可以儲存所有種類的值，但是有時會佔用較多的記憶體空間，使處理速度下降。為了避免佔用多餘的記憶體，最好在宣告變數時，也同時設定資料型別。

**同時設定多個變數的資料型別時的注意事項**

如果在同一行設定多個變數，例如輸入「Dim A,B As String」時，變數「B」會是 String 型別，而變數「A」則會變成 Variant 型別。所以當有多個變數要使用相同資料型別時，請一定要依變數來設定資料型別，例如「Dim A As String, B As String」。

## ● 常用的資料型別清單

不同資料型別使用的記憶體大小、可用值的範圍不同。請依照變數裡儲存的資料分別使用資料型別。下一頁將會介紹主要的資料型別範例，請仔細確認各個資料型別的特色及用法。

參照 型別宣告字元……P.3-14

主要的資料型別清單

| 資料型別 | 型別宣告字元 | 使用的記憶體 | 值的範圍 |
|---|---|---|---|
| 位元 (Byte) | 無 | 1 個位元組 | 儲存 0 ～ 255 的正整數 |
| 布林 (Boolean) | 無 | 2 個位元組 | 儲存 True 或 False |
| 整數 (Integer) | % | 2 個位元組 | 儲存 - 32,768 ～ 32,767 的整數值 |
| 長整數 (Long) | & | 4 個位元組 | 儲存整數 (Integer) 無法儲存的多位數整數值<br>- 2,147,483,648 ～ 2,147,483,647 |
| 單精度浮點數 (Single) | ! | 4 個位元組 | 儲存含小數點的數值<br>- 3.402823E38 ～ - 1.401298E-45 ( 負值 )<br>1.401298E-45 ～ 3.402823E38 ( 正值 ) |
| 雙精度浮點數 (Double) | # | 8 個位元組 | 儲存比 Single 還多位數的小數點數值<br>- 1.79769313486231E308 ～<br>- 4.94065645841247E-324 ( 負值 )<br>4.94065645841247E-324 ～<br>1.79769313486232E308 ( 正值 ) |
| 貨幣 (Currency) | @ | 8 個位元組 | 儲存 15 位數整數部分與 4 位數小數部分的數值<br>- 922,337,203,685,477.5808 ～<br>922,337,203,685,477.5807 |
| 日期 (Date) | 無 | 8 個位元組 | 西元 100 年 1 月 1 日～西元 9999 年 12 月 31 日<br>參照 使用日期型別變數……P.3-12 |
| 物件 (Object) | 無 | 4 個位元組 | 參照物件的資料型別<br>參照 使用物件型別變數……P.3-14 |
| 字串 (String) | $ | 10 個位元組＋字串長度 | 儲存字串 0 ～ 2GB<br>參照 使用字串型別、數值資料型別變數……P.3-12 |
| Variant | 無 | 數值：16 個位元組<br>字串：22 個位元組＋字串長度 | 儲存所有種類的值<br>參照 使用 Variant 型別變數……P.3-13 |
| 使用者定義 | 無 | 依照儲存元素 | 各個元素的範圍與該資料型別的範圍相同 |

**其他資料型別**

除了以上這些型別外，還有十進制、LongLong 型別、LongPtr 型別，有興趣的讀者可以參考 Excel 的說明檔。

## ● 使用字串型別、數值資料型別變數

字串型別變數可以儲存字串與數值。儲存字串時，會用「"（雙引號）」包圍字串前後，數值不需要用「"」包圍，但是儲存的數值會當作不用計算的字串處理。此外，整數型別的數值資料型別會儲存成可以計算的數值。請注意，可以儲存的數值範圍會隨著設定的資料型別而異。 範例 3-2_003.xlsm

```
1 Sub␣字串型別與數值型別範例()
2     Dim␣myName␣As␣String,␣myAge␣As␣Integer
3     myName␣=␣"張明明"
4     myAge␣=␣26
5     MsgBox␣"姓名:"␣&␣myName␣&␣"、年齡:"␣&␣myAge
6 End␣Sub
```

1 「字串型別與數值型別範例」巨集
2 宣告字串型別變數 myName 與整數型別變數 myAge
3 在變數 myName 儲存「張明明」
4 在變數 myAge 儲存「26」
5 用訊息顯示 myName 與 myAge
6 結束巨集

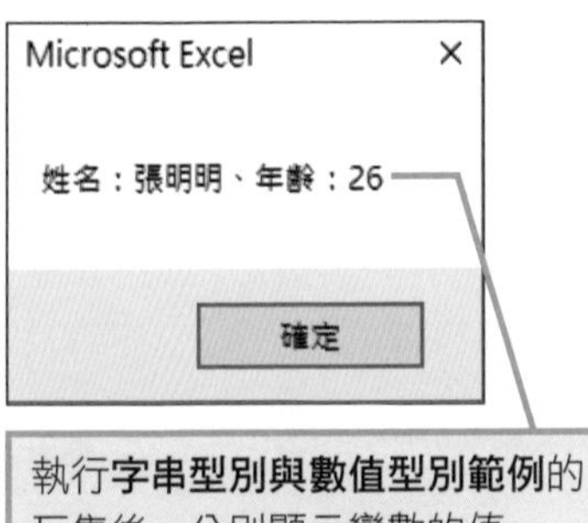


執行**字串型別與數值型別範例**的巨集後，分別顯示變數的值

**數值資料型別的種類**

**數值資料型別**是指內建的數值型別，包括位元、布林、整數、長整數、貨幣、單精度浮點數、雙精度浮點數、日期等。



## ● 使用日期型別變數

如果要在日期型別變數儲存日期資料，必須設定可以辨識為日期的字串，或**日期字面值**格式的字串。**日期字面值**是指在程式碼內撰寫日期型別值的方法，以「#」包圍日期。 範例 3-2_004.xlsm

▶ 使用可以辨識為日期的字串

myDate = "2022/12/31"

▶ 使用日期字面值設定日期與時間

myDate = #12/31/2022#
myDate = #1:15:30 PM#

在日期型別變數儲存「2022 年 12 月 31 日」、「13 點 15 分 30 秒」的值

```
1 Sub 日期型別範例()
2     Dim myDate As Date, myTime As Date
3     myDate = "2022/12/31"
4     myTime = #1:15:30 PM#
5     MsgBox "日期:" & myDate & "、時間:" & myTime
6 End Sub
```

1 「日期型別範例」巨集
2 宣告日期型別變數 myDate 與 myTime
3 在變數 myDate 儲存「2022/12/31」的值
4 在變數 myTime 儲存「下午 1 點 15 分 30 秒」的值
5 以訊息顯示 myDate 與 myTime
6 結束巨集

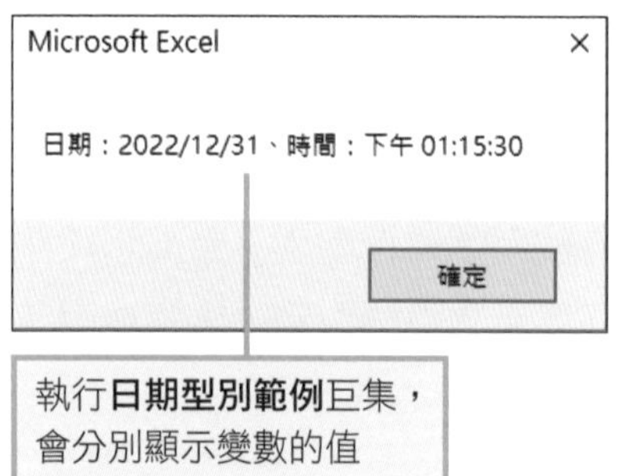


執行**日期型別範例**巨集，會分別顯示變數的值

**設定日期字面值**

**日期字面值**是在設定日期時，輸入「#2022/12/31#」、「#13:15:30#」，就會自動變成「#12/31/2022#」、「#1:15:30 PM#」。

## ● 使用 Variant 型別變數

**Variant 型別**的變數可以儲存所有資料型別的值。把值儲存在 Variant 型別變數中，就會根據該值進行內部的型別轉換。轉換後的格式稱作「內部處理格式」。例如在 Variant 型別變數儲存字串時，內部處理格式就會使用字串型別。使用 **TypeName** 函數可以確認變數的資料型別。

範例 3-2_005.xlsm

參照 確認物件與變數的種類……P.15-56

```
1 Sub Variant型別的內部處理格式()
2     Dim book As Variant
3     book = "職場範例聖經"
4     MsgBox book & " 的資料型別:" & TypeName(book)
5     book = 50000
6     MsgBox book & " 的資料型別:" & TypeName(book)
7 End Sub
```

1 「Variant 型別的內部處理格式」巨集
2 宣告 Variant 型別變數 book
3 在變數 book 儲存「職場範例聖經」的值
4 以訊息顯示變數 book 的值與變數 book 的內部處理格式
5 在變數 book 儲存「50000」的值
6 以訊息顯示變數 book 的值與變數 book 的內部處理格式
7 結束巨集

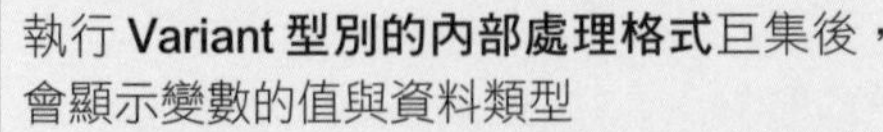

執行 Variant 型別的內部處理格式巨集後，
會顯示變數的值與資料類型


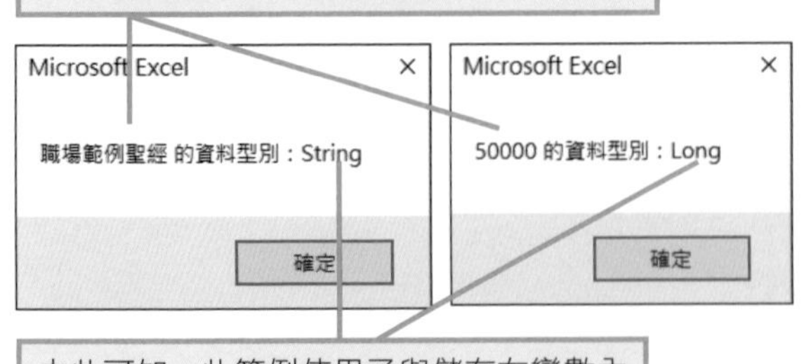


由此可知，此範例使用了與儲存在變數內的值對應的資料型別進行處理

> **HINT 型別宣告字元**
>
> 變數的資料型別一般會用 **As** 關鍵字宣告，也可以用**型別宣告字元**。使用型別宣告字元宣告字串型別變數「Moji」，可以在變數名稱後面加上型別宣告字元，例如「Dim Moji$」。
>
> 參照 常用的資料型別清單……P.3-11

## ● 使用物件型別變數

**物件型別變數**可以儲存工作表或儲存格等物件。物件型別變數的宣告方法有：**固定物件型別**、**總稱物件型別**等兩個方法。總稱物件型別可以儲存所有物件。固定物件型別是直接設定使用的物件型別。設定成固定物件型別，會顯示與該物件對應的成員，處理速度也會變快。如果已經熟悉物件的型別，請設成固定物件型別。若要在物件型別變數儲存值，可以使用 **Set** 陳述式。

範例 3-2_006.xlsm

▶ 設定為固定物件型別

**Dim 變數名稱 As Worksheet**
**Dim 變數名稱 As Range**

設定並宣告 **Worksheet**、**Range** 等具體的物件。只在變數中儲存設定的物件

▶ 設定為總稱物件型別

**Dim 變數名稱 As Object**

宣告時，若不設定物件種類，可以使用 **Object** 關鍵字

▶ 在物件型別變數中儲存值

**Set 變數名稱 = 儲存的物件**

```
1 Sub␣使用物件變數()
2     Dim␣mySheet␣As␣Worksheet
3     Set␣mySheet␣=␣Worksheets(1)
4     mySheet.Name␣="Data"
5     Set␣mySheet␣=␣Nothing
6 End␣Sub
```

1 「使用物件變數」巨集
2 宣告 Worksheet 型別物件變數 mySheet
3 在變數 mySheet 儲存第一個工作表
4 把儲存在變數 mySheet 的工作表名稱設為「Data」
5 解除變數 mySheet 的參照
6 結束巨集

執行**使用物件變數**巨集後，將第一個工作表儲存在變數中，Name 屬性更改成 Data

### 解除儲存在物件變數中的參照

如果要解除儲存在物件變數中的參照，請將物件變數指定為 Nothing。解除參照後，會釋放使用中的記憶體。物件變數使用完畢後，最好解除對物件變數的參照。

## 變數的有效範圍

變數可以使用的範圍會隨著宣告的位置而異，這稱作**有效範圍 (scope)**。**程序變數**是在程序內宣告的變數，只能在該程序內使用。**模組變數**是在模組開頭的**宣告區塊**宣告的變數，在該模組的所有程序都可以使用。

變數的有效範圍及有效期間

| 程序的種類 | 宣告位置 | 有效範圍 | 有效期間 |
|---|---|---|---|
| 模組變數 | 宣告區塊 | 模組內的所有程序都可以使用 | 可以儲存該值，直到關閉模組為止 |
| 程序變數 | 程序內 | 只能在宣告變數的程序內使用 | 只在執行程序的過程中儲存該值 |

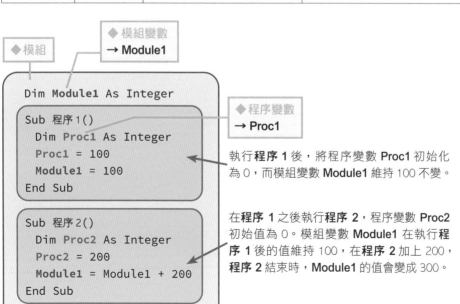

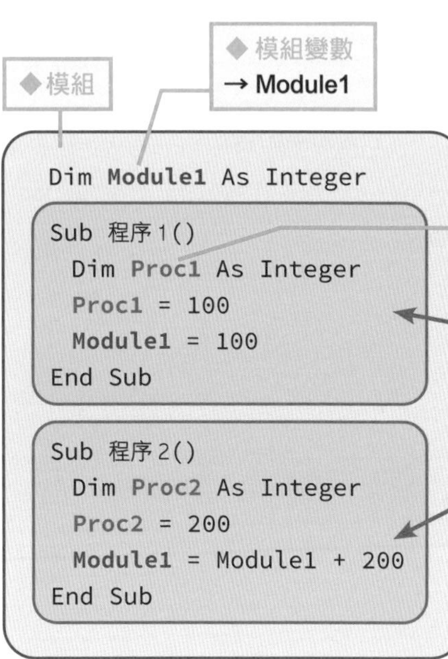
◆模組
◆模組變數
→ Module1
Dim Module1 As Integer
Sub 程序1()
Dim Proc1 As Integer
Proc1 = 100
Module1 = 100
End Sub
Sub 程序2()
Dim Proc2 As Integer
Proc2 = 200
Module1 = Module1 + 200
End Sub

◆程序變數
→ Proc1

執行**程序 1** 後，將程序變數 **Proc1** 初始化為 0，而模組變數 **Module1** 維持 100 不變。

在**程序 1** 之後執行**程序 2**，程序變數 **Proc2** 初始值為 0。模組變數 **Module1** 在執行**程序 1** 後的值維持 100，在**程序 2** 加上 200，**程序 2** 結束時，**Module1** 的值會變成 300。

### 宣告區塊

**宣告區塊**是指模組開頭到最初的程序為止的區域。將滑鼠游標移到模組開頭時，在**程式碼視窗**的**程序**方塊會顯示「（宣告）」。宣告模組變數時，請在此區域撰寫。此外，在**程序**方塊選擇 **(宣告)** 時，游標會移到模組開頭。

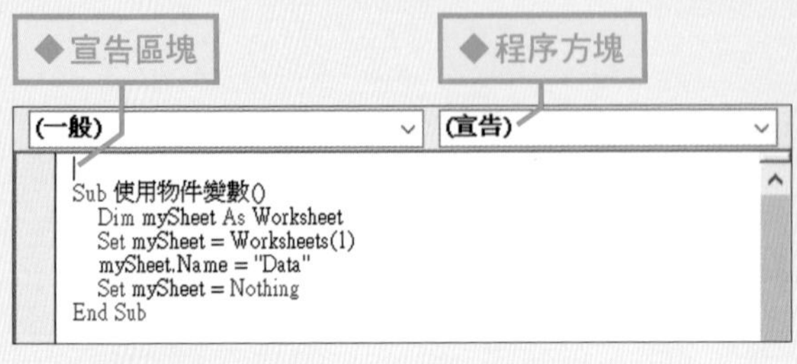


### 維持程序變數的值

**程序變數**在結束程序時，會將變數值初始化。如果希望結束程序後，仍維持變數值，請使用 **Static** 陳述式宣告變數。宣告變數時，用 Static 代替 Dim，寫成「Static myMoji As String」。

使用 Static 宣告變數的值，會一直儲存到包含程序的模組結束。例如執行以下巨集時，每次執行，就會增加變數 i 的數值。 範例 3-2_007.xlsm

使用 Static 陳述式宣告變數

```
Sub 確認Static變數()
    Static i As Integer
    i = i + 1
    MsgBox i & "次執行：" & Now
End Sub
```

### 在多個模組中使用相同變數

如果要在多個模組使用相同變數，請在**宣告區塊**使用 **Public** 陳述式宣告變數，例如「Public 變數名稱 As 資料型別」。

### 使用 Private 陳述式宣告變數

在**宣告區塊**使用 **Private** 陳述式可以宣告變數，例如「Private 變數名稱 As 資料型別」。這和在宣告區塊使用 **Dim** 陳述式一樣，會宣告為**模組變數**。

# 3-3 常數

## 常數

**常數**是用來儲存特定值的容器。常數與變數不同，執行程式的過程中，無法更改常數的值。常數通常會用容易辨別的名稱來指定值 (例如消費稅)，這樣就可以用常數來取代輸入值，方便編輯或輸入程式碼。常數包括可以隨意設定的**使用者自訂常數**以及 VBA 提供的**內建常數**。內建常數可以當作函數或屬性的參數或設定值。

### 使用者自訂常數

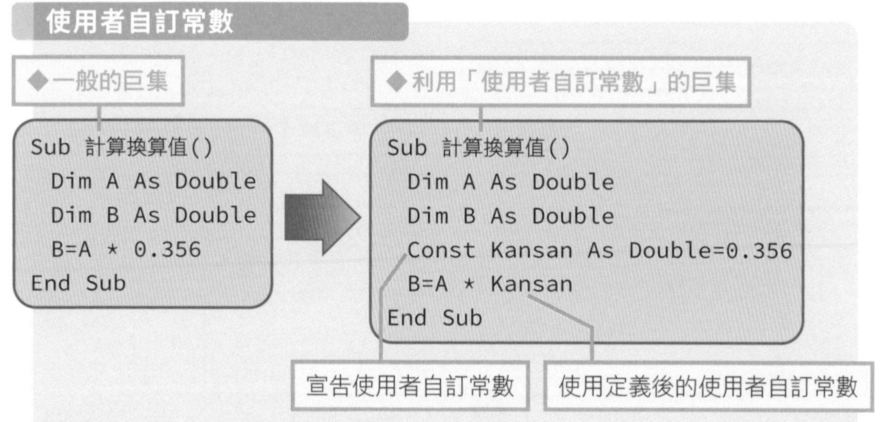

◆一般的巨集
Sub 計算換算值()
Dim A As Double
Dim B As Double
B=A * 0.356
End Sub
◆利用「使用者自訂常數」的巨集
Sub 計算換算值()
Dim A As Double
Dim B As Double
Const Kansan As Double=0.356
B=A * Kansan
End Sub
宣告使用者自訂常數
使用定義後的使用者自訂常數

### 確認內建常數

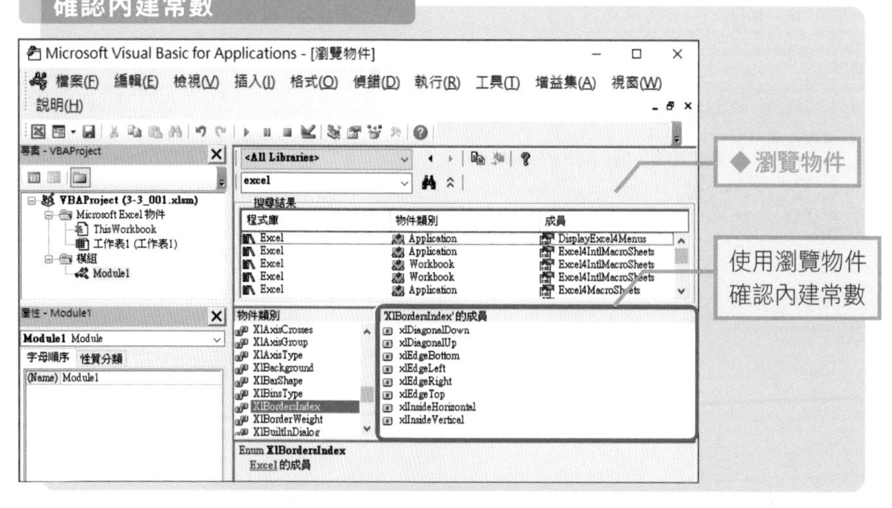

Microsoft Visual Basic for Applications - [瀏覽物件]
◆瀏覽物件
使用瀏覽物件
確認內建常數
'XlBordersIndex' 的成員
xlDiagonalDown
xlDiagonalUp
xlEdgeBottom
xlEdgeLeft
xlEdgeRight
xlEdgeTop
xlInsideHorizontal
xlInsideVertical
Enum XlBordersIndex
Excel 的成員

## 宣告使用者自訂常數

使用 Const 陳述式可以宣告**使用者自訂常數**。宣告常數時，也要一併設定儲存的值。常數同樣要寫在**宣告區塊**或**程序**內，有效範圍也和變數一樣。

參照 變數的有效範圍……P.3-15

▶ 宣告使用者自訂常數

**Const 常數名稱 As 資料型別 = 儲存值**

### ● 宣告模組使用者自訂常數

如果要設定模組內的所有程序都可以使用的**使用者自訂常數**，要在模組開頭的**宣告區塊**使用 Const 陳述式宣告常數。

範例 3-3_001.xlsm

啟動 VBE 並新增模組

參照 使用 VBA 建立巨集……P.2-5

在此要將**消費稅**的稅率值儲存在常數 sTax

建立值為「1.1」的常數「sTax」

1 將游標移到**宣告區塊**

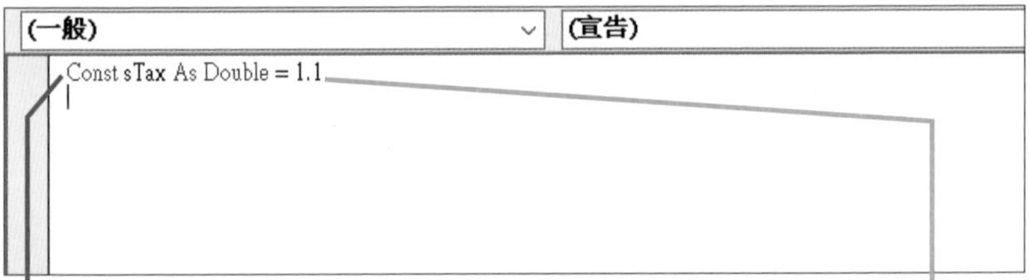

(一般) (宣告)

```
Const sTax As Double = 1.1
```

2 輸入「Const sTax As Double = 1.1」

3 按下 Enter 鍵

建立「sTax」模組常數

◆宣告區塊

4 輸入程式碼

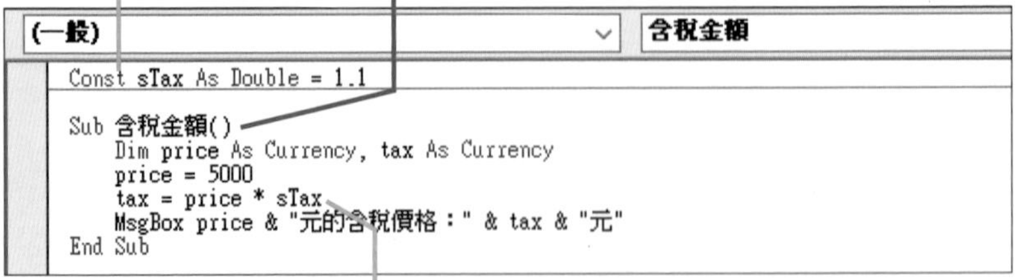

(一般) 含稅金額

```
Const sTax As Double = 1.1

Sub 含稅金額()
    Dim price As Currency, tax As Currency
    price = 5000
    tax = price * sTax
    MsgBox price & "元的含稅價格：" & tax & "元"
End Sub
```

使用剛才建立的常數計算「變數 price × 1.1」

```
1 Const sTax As Double = 1.1                    (宣告區塊)
```

```
1 Sub 含稅金額()
2     Dim price As Currency, tax As Currency
3     price = 5000
4     tax = price * sTax
5     MsgBox price & "元的含稅價格:" & tax & "元"
6 End Sub
```

1 以**雙精度浮點數**型別宣告模組常數「sTax」，並指定值為 1.1

1 「含稅金額」巨集
2 宣告**貨幣**型別變數 price 與變數 tax
3 在變數 price 儲存「5000」
4 將 price 乘以常數 sTax 的值 (1.1) 的結果儲存在變數 tax
5 以訊息顯示變數 price 與變數 tax 的值
6 結束巨集

執行**含稅金額**巨集後，顯示以常數 sTax 的值計算後的結果

> **HINT 在所有模組使用相同常數**
>
> **使用者自訂常數**的有效範圍和**變數**的有效範圍一樣。如果要讓所有模組的所有程序能使用相同常數，必須在**宣告區塊**加上關鍵字 **Public**，寫成「Public Const 常數名稱 As 資料型別 = 值」。
>
> 參照 程序的有效範圍……P.3-3

## 使用內建常數

**內建常數**是 VBA 事先準備好的常數，用來設定屬性的設定值或函數的參數值。輸入屬性或函數的程式碼時，會自動列出常數清單。此外，使用**瀏覽物件**也能顯示內建常數清單。

參照 自動列出成員……P.3-5

◆ 內建常數

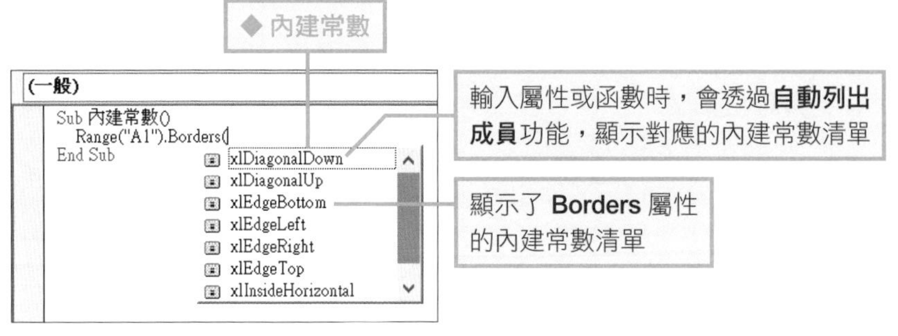


輸入屬性或函數時，會透過**自動列出成員**功能，顯示對應的內建常數清單

顯示了 **Borders** 屬性的內建常數清單

## ● 顯示瀏覽物件

快速鍵 F2

**瀏覽物件**除了顯示**內建常數**外，也可以顯示物件、屬性、方法、事件的清單。顯示在**瀏覽物件**的內容是**物件程式庫**的檔案內容。

啟動 VBE　1 點選**檢視**　2 點選**瀏覽物件**

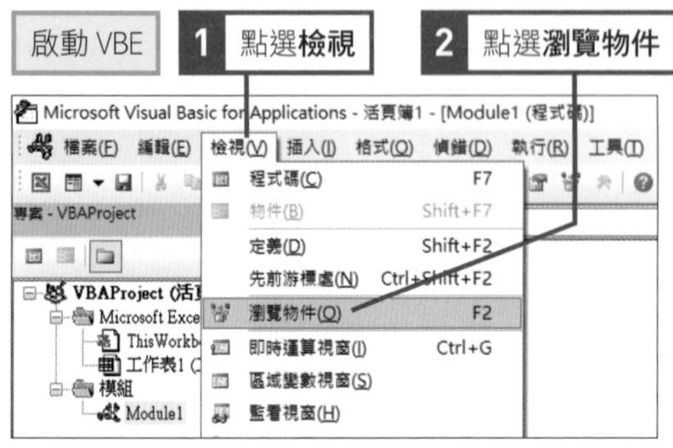


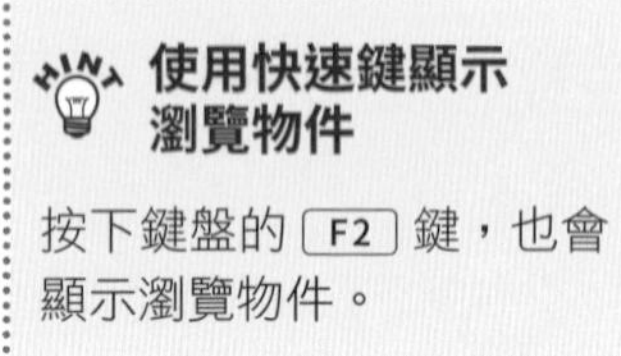

**使用快速鍵顯示瀏覽物件**

按下鍵盤的 F2 鍵，也會顯示瀏覽物件。

顯示瀏覽物件　◆ 瀏覽物件

**顯示瀏覽物件時的畫面**

顯示**瀏覽物件**時，在**搜尋結果**方塊內不會顯示任何內容。在**搜尋字串**方塊輸入想搜尋的語法或關鍵字，按下**搜尋**鈕，才會在**搜尋結果**顯示內容。

1 輸入「color」　2 按下**搜尋**鈕

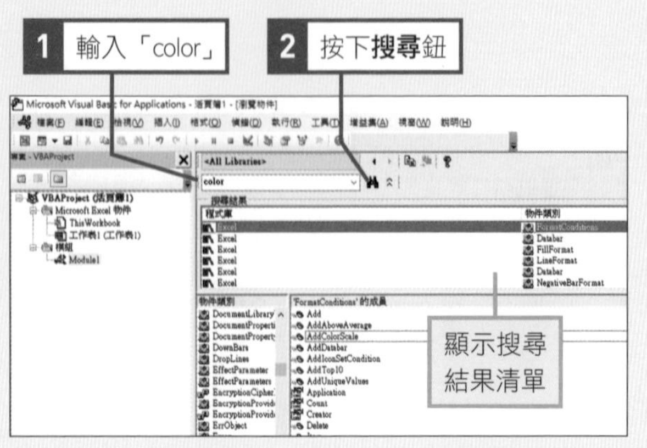

## 瀏覽物件的項目

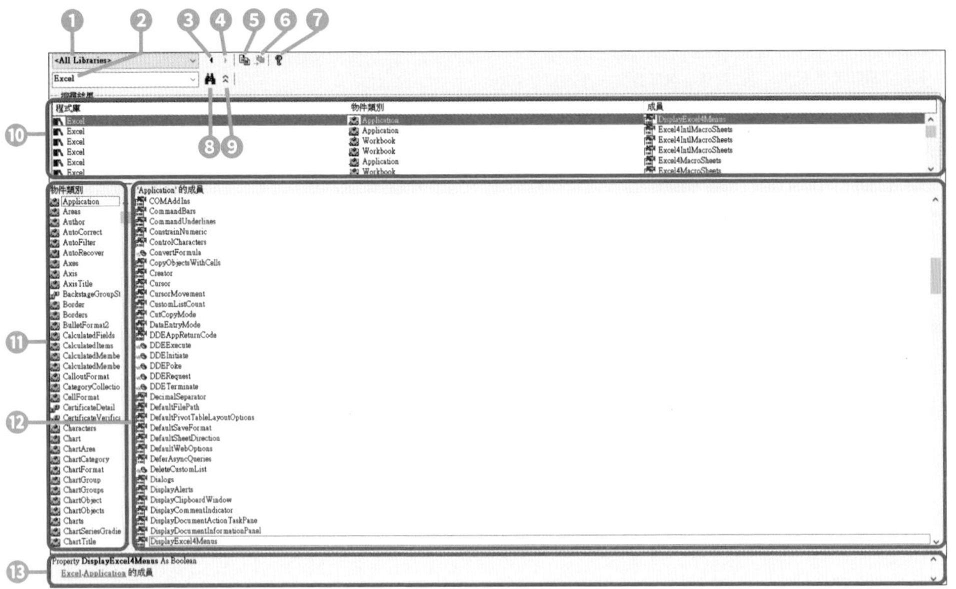

| 項目 | 功能 |
|---|---|
| ❶ **專案 / 程式庫**方塊 | 顯示目前專案參照的程式庫。你可以選擇想參照的程式庫 |
| ❷ **搜尋字串**方塊 | 在瀏覽物件中輸入想搜尋的字串 |
| ❸ **向後**鈕 | 在類別或成員清單中，顯示剛才選擇的項目 |
| ❹ **向前**鈕 | 重新顯示在使用**向後**鈕返回之前顯示的項目 |
| ❺ **複製到剪貼簿**鈕 | 在**成員清單**或**說明**的字串中，把選取的項目拷貝到剪貼簿 |
| ❻ **檢視定義**鈕 | 顯示**程式碼視窗**，其中定義了在**類別**或**成員清單**中選取的項目 |
| ❼ **說明**鈕 | 在**類別**或**成員清單**中，顯示選取項目的說明。按一下鍵盤的 F1 鍵，也會顯示說明 |
| ❽ **搜尋**鈕 | 對**搜尋關鍵字**方塊輸入的文字執行搜尋。搜尋結果會顯示在**搜尋結果**框 |
| ❾ **顯示搜尋結果 / 隱藏搜尋結果**鈕 | 切換顯示或隱藏**搜尋結果**框 |
| ❿ **搜尋結果**框 | 顯示與包含搜尋字串的項目一致的程式庫、類別、成員 |
| ⓫ **類別**框 | 顯示在**專案 / 程式庫**方塊選取的程式庫或專案可以使用的**類別** (Class) 或**列舉型** (Enum)。內建常數的組合是列舉型 |
| ⓬ **成員清單** | 每個群組依照英文字母順序顯示在**類別**框選取的類別構成元素 |
| ⓭ **說明**框 | 顯示所選取的成員定義 |

## 在瀏覽物件可以參照的內容

顯示在瀏覽物件的物件程式庫內容，可以在**專案 / 程式庫**方塊中確認、選取。如果要新增參照的物件程式庫，請執行『**工具→設定引用項目**』命令，開啟**設定引用項目**交談窗，勾選你想參照的物件程式庫。預設會選取 4 個物件程式庫。

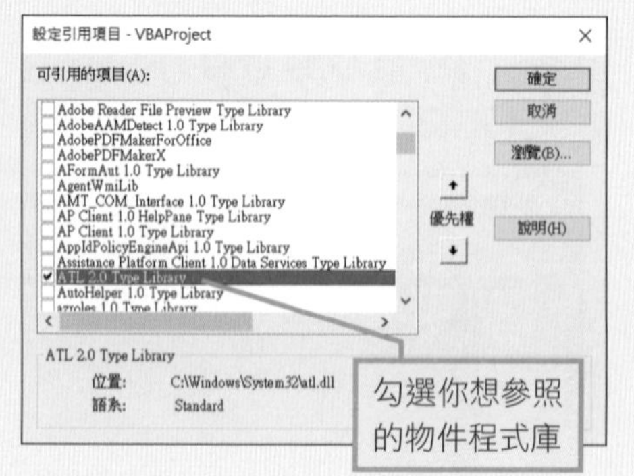


## ● 查詢內建常數

如果想在**瀏覽物件**顯示內建常數清單，要設定列舉型內建常數，再執行搜尋。以下將顯示使用 Borders 屬性的參數設定 XlBordersIndex 列舉型常數清單。

參照 顯示瀏覽物件……P.3-20

啟動 VBE，顯示瀏覽物件

選取**類別**框中內建常數清單的列舉型

1 點選 XlBordersIndex

顯示所選取的 **XlBordersIndex** 列舉型常數

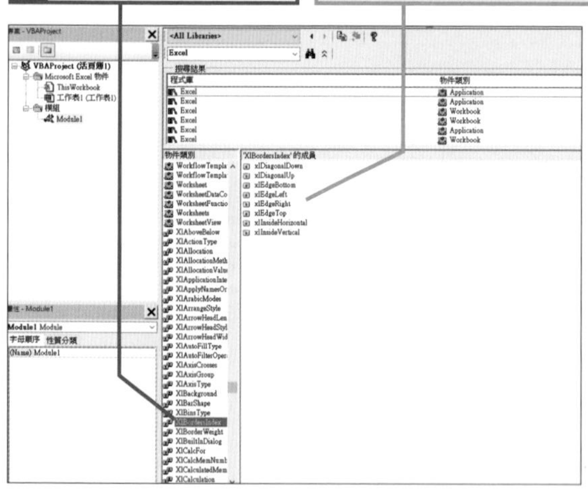

### 查詢列舉型內建常數

利用輸入程式碼時，會顯示的**自動使用快速諮詢**，可以查詢內建常數的列舉型。或是利用使用的屬性或函數的說明畫面，確認想查詢的內建常數。

## 設定要參照的程式庫

顯示物件程式庫之後，可以參照所有能使用的程式庫物件。瞭解參照的程式庫種類後，先在**專案 / 程式庫**方塊進行選擇，可以篩選要顯示的項目。

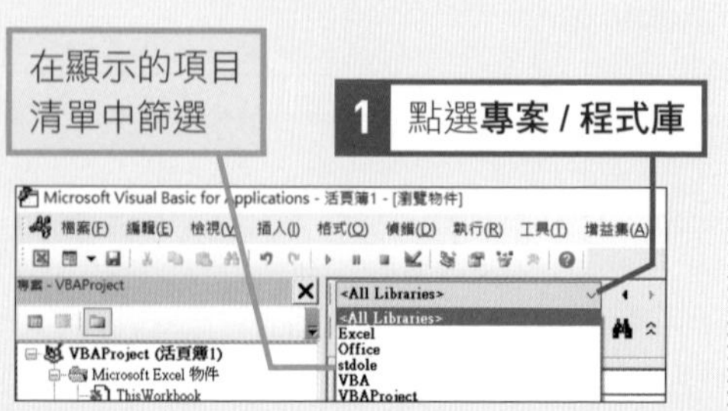

### 使用「搜尋字串」方塊搜尋常數

在**搜尋字串**方塊輸入「XlBordersIndex」，接著按下**搜尋**鈕，就會在設定的程式庫中，搜尋 XlBordersIndex，顯示含 XlBordersIndex 列舉型的內建常數。

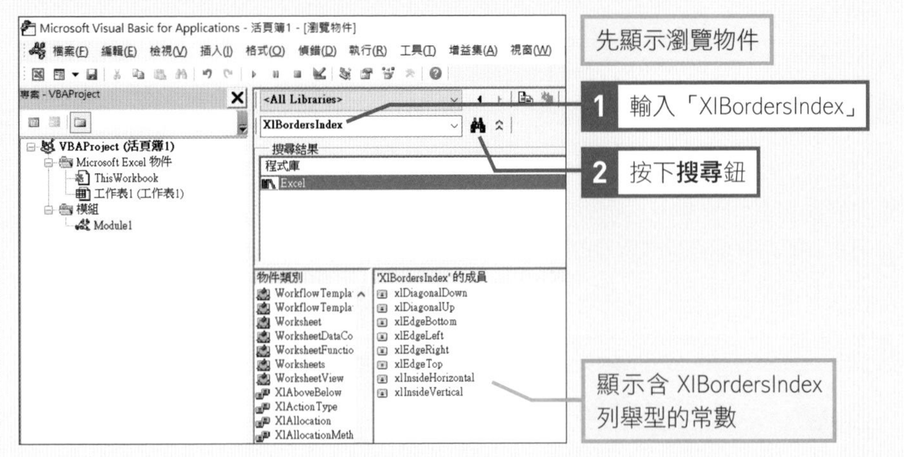
先顯示瀏覽物件
1 輸入「XlBordersIndex」
2 按下搜尋鈕
顯示含 XlBordersIndex 列舉型的常數

## 顯示物件的成員、屬性、方法的清單

在**瀏覽物件**中，除了常數外，也可以顯示物件成員的屬性及方法清單。例如在**類別**框選擇 **Workbook**，會顯示 Workbook 物件的**屬性** ( )、**方法** ( )、**事件** ( ) 清單。按一下其中一個成員，該成員的詳細內容會顯示在瀏覽物件的下方，你可以確認格式、資料類型等內容。此時，按下**說明**鈕，就會以新視窗顯示說明畫面。

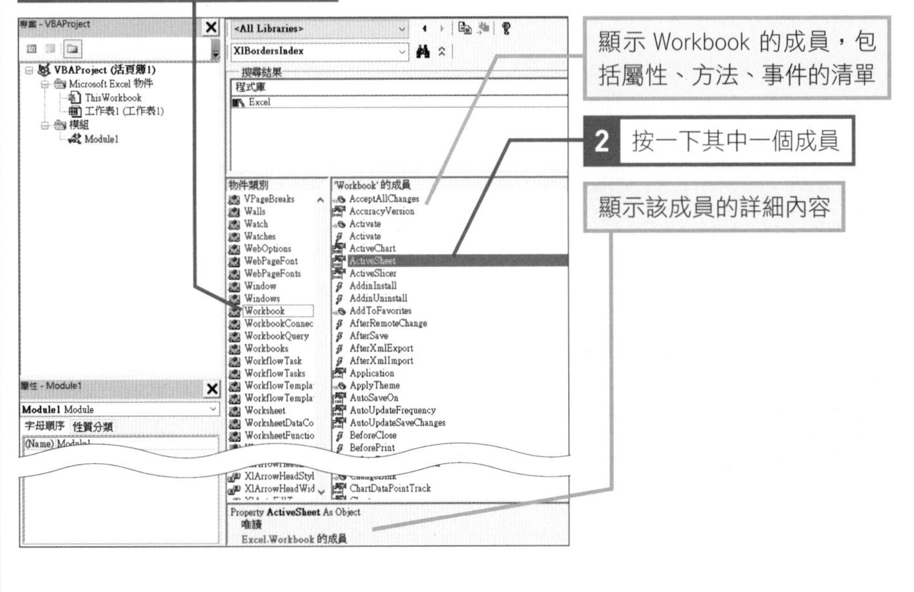
1 按下類別框的 Workbook
顯示 Workbook 的成員，包括屬性、方法、事件的清單
2 按一下其中一個成員
顯示該成員的詳細內容

# 3-4 陣列

## 認識「陣列」

相同資料類型的元素整合在一起稱作**陣列**，儲存陣列的變數稱作**陣列變數**。**陣列變數**有時也純粹代表「陣列」。陣列變數可以儲存多個資料，假設要處理五家分店的資料，必須準備五個變數，但是使用陣列變數，可以在一個陣列變數裡整合五家分店的資料，以更簡潔的程式碼執行處理。

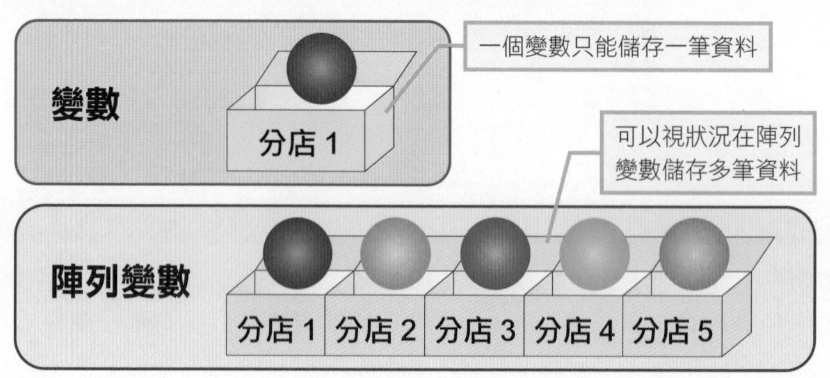




## 使用「陣列變數」

使用**陣列變數**必須注意儲存在陣列變數的元素個數，以及對應在陣列變數內各個元素的**索引編號**。陣列變數的索引編號從 0 開始分配給各個元素。各個元素以「變數名稱 ( 索引編號 )」表示，例如「sotre(0)」。以下將說明宣告陣列變數及儲存元素的方法，還有設定索引編號下限值、上限值的方法。

### ● 宣告陣列變數與儲存元素

宣告陣列變數時，要在變數名稱後面的「( )」內寫上陣列元素的數量。「( )」內的數值稱作**索引編號**，索引編號的最小值 (下限值) 為 0，因此宣告陣列變數時，會將元素數量減 1 的值輸入「( )」內，底下輸入的是索引編號的上限值 (最大值)。

範例 3-4_001.xlsm

▶ 宣告陣列變數

**Dim 變數名稱 ( 上限值 ) As 資料型別**

▶ 在陣列變數儲存資料

**變數名稱 ( 索引編號 ) = 儲存的值**

```
1  Sub␣宣告陣列變數1()
2      Dim␣stoer(2)␣As␣String
3      store(0)␣=␣"東京"
4      store(1)␣=␣"大阪"
5      store(2)␣=␣"福岡"
6  End␣Sub
```

1 「宣告陣列變數 1」巨集
2 宣告「字串」型別的陣列變數 store，其元素數量為 3
3 在陣列變數的第 1 個元素儲存「東京」
4 在陣列變數的第 2 個元素儲存「大阪」
5 在陣列變數的第 3 個元素儲存「福岡」
6 結束巨集

**HINT 陣列變數的資料型別變成 Variant 型別就能儲存各種資料**

Variant 型別是可以儲存所有資料的資料型別。宣告陣列變數時，把資料型別變成 Variant 型別後，除了字串外，還能儲存數值、日期等各種資料。

**HINT 陣列有時也可能是指陣列變數**

**陣列**是相同資料類型的元素集合，儲存該元素的變數稱作**陣列變數**。嚴格來說，**陣列**與**陣列變數**的定義不同，但是有時**陣列變數**也可能單純代表**陣列**。



## ● 更改陣列的索引編號下限值

陣列的索引編號最小值（也就是**下限值**）預設為「0」。因此宣告陣列變數的上限值時，必須把陣列元素的個數減 1，請特別注意這一點。使用 **Option Base** 陳述式，可以把索引編號的下限值改成 1。Option Base 陳述式必須寫在模組的**宣告區塊**，下限值可以設為「0」或「1」。在 Option Base 陳述式把下限值改成 1 時，該模組內所有陣列變數的下限值會變成 1。如果沒有寫 Option Base 陳述式，下限值為「0」。

範例 3-4_002.xlsm

參照 宣告區塊……P.3-16

▶ 更改陣列變數的下限值（寫在宣告區塊中）

### Option Base 下限值 (0 或 1)

```
1  Option␣Base␣1                                (宣告區塊)
```

```
1  Sub␣宣告陣列變數2()
2      Dim␣store(3)␣As␣String
3      store(1)␣=␣"東京"
4      store(2)␣=␣"大阪"
5      store(3)␣=␣"福岡"
6  End␣Sub
```

| | |
|---|---|
| 1 | 陣列變數的下限值變成 1 |

| | |
|---|---|
| 1 | 「宣告陣列變數 2」巨集 |
| 2 | 宣告「字串」型別的陣列變數 store，其元素個數為 3 |
| 3 | 在陣列變數第 1 個元素儲存「東京」 |
| 4 | 在陣列變數第 2 個元素儲存「大阪」 |
| 5 | 在陣列變數第 3 個元素儲存「福岡」 |
| 6 | 結束巨集 |

## ● 設定陣列變數的索引編號下限值與上限值

使用 **To** 關鍵字，可以依陣列變數指定下限值與上限值，因此能設定對應儲存格列號與欄號的值。此時，不論是否設定 Option Base 陳述式，都會使用已經設定的下限值。

範例 3-4_003.xlsm

### ▶ 設定陣列變數的下限值、上限值

**Dim 變數名稱 ( 下限值 To 上限值 ) As 資料型別**

```
1  Sub 宣告陣列變數3()
2      Dim store(2 To 4) As String
3      store(2) = Range("A2").Value
4      store(3) = Range("A3").Value
5      store(4) = Range("A4").Value
6  End Sub
```

| | |
|---|---|
| 1 | 「宣告陣列變數 3」巨集 |
| 2 | 宣告「字串」型別陣列變數 store 的下限值為 2，上限值為 4 ( 元素個數為 3) |
| 3 | 在陣列變數第 1 個元素儲存 A2 儲存格的值 |
| 4 | 在陣列變數第 2 個元素儲存 A3 儲存格的值 |
| 5 | 在陣列變數第 3 個元素儲存 A4 儲存格的值 |
| 6 | 結束巨集 |

## ● 利用 Array 函數在陣列變數儲存值

陣列變數必須對應每個元素來儲存值，例如「store(0) = " 東京 "」。使用 Array 函數，可以一次儲存陣列的每個元素。Array 函數會將設定參數的元素變成陣列傳回。由於傳回的是 Variant 型別的值，所以必須把變數的資料型別變成 Variant。此外，使用 Array 函數的陣列下限值不論是否設定 Option Base 陳述式都是 0。

範例 3-4_004.xlsm

### ▶ 宣告陣列變數與儲存值 ( 使用 Array 函數時 )

**Dim 變數名稱 As Variant**

**⋮**

**變數名稱 = Array( 元素 1, 元素 2, 元素 3, …)**

```
Sub 宣告陣列變數4()
    Dim store As Variant
    store = Array("東京", "大阪", "福岡")
    MsgBox store(0) & ":" & store(1) & ":" & store(2)
End Sub
```

1 「宣告陣列變數 4」巨集
2 宣告「Variant」型別的變數 store
3 建立含有三個元素（東京、大阪、福岡）的陣列並儲存在變數 store 內
4 以訊息交談窗顯示陣列變數的第一個元素（東京）、第二個元素（大阪）、第三個元素（福岡）
5 結束巨集

## 使用動態陣列

**動態陣列**是指不用在宣告時設定元素數量，可以在程序中設定的陣列。執行程序時，如果陣列的元素數量會變動，就要使用動態陣列。另外，事先決定元素數量的陣列稱作**靜態陣列**。宣告時，要一併設定元素數量。以下將說明動態陣列的宣告方法、元素數量的設定方法、索引編號的下限值與上限值的計算方法。

### ● 定義動態陣列

宣告動態陣列變數時，只要先在宣告陣列變數的陳述式中，於陣列變數後面輸入「( )」。如果已經知道程序中有多少個元素時，請使用 **ReDim** 陳述式，設定陣列變數的上限值。

範例 3-4_005.xlsm

▶ 動態陣列的語法

**Dim 變數名稱 ( ) As 資料型別**

⋮

**ReDim 變數名稱 ( 上限值 )**

```
Sub 動態陣列()
    Dim goods() As String
    Dim cnt As Integer, i As Integer
    cnt = Range("A1").CurrentRegion.Rows.Count - 1
    ReDim goods(cnt - 1)
    For i = 0 To cnt - 1
        goods(i) = Cells(i + 2, "A").Value
        Debug.Print goods(i)
    Next i
End Sub
```

| | |
|---|---|
| 1 | 「動態陣列」巨集 |
| 2 | 宣告字串型別的陣列變數 goods，不設定元素個數 |
| 3 | 宣告整數型別變數 cnt、i |
| 4 | 把包含 A1 儲存格的表格列數減 1 後的值指定給變數 cnt ( 取得商品數量 ) |
| 5 | 把商品數量 ( 變數 cnt 的值 ) 減 1 後的值設定為陣列變數 goods 的上限值 |
| 6 | 變數 i 從 0 到上限值 (cnt-1) 為止，重複執行以下處理 |
| 7 | 在陣列變數 goods(i) 儲存「i + 第 2 列、A 欄」儲存格的資料 |
| 8 | 在**即時運算視窗**匯出陣列變數 goods(i) 的值 |
| 9 | 變數 i 加 1 並回到第 6 列 |
| 10 | 結束巨集 |

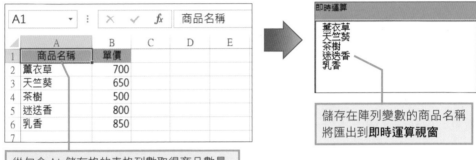

A1 商品名稱

| | A | B | C | D | E |
|---|---|---|---|---|---|
| 1 | 商品名稱 | 單價 | | | |
| 2 | 薰衣草 | 700 | | | |
| 3 | 天竺葵 | 650 | | | |
| 4 | 茶樹 | 500 | | | |
| 5 | 迷迭香 | 800 | | | |
| 6 | 乳香 | 850 | | | |
| 7 | | | | | |

從包含 A1 儲存格的表格列數取得商品數量，並將各個商品名稱儲存在陣列變數

即時運算

薰衣草
天竺葵
茶樹
迷迭香
乳香

儲存在陣列變數的商品名稱將匯出到**即時運算視窗**

**HINT 「Debug.Print」的意義**

輸入「Debug.Print 值」，該設定值會顯示在**即時運算視窗**。執行『**檢視→即時運算視窗**』命令，可以顯示**即時運算視窗**。 參照 即時運算視窗……P.3-90

## ● 查詢陣列的下限值與上限值

使用動態陣列導致元素數量有變動時、或是使用 Option Base 改變下限值時、還有使用 To 關鍵字，設定下限值與上限值時，都必須在執行陣列處理的過程中，確認正確的元素數量。此時，你可以用正確取得下限值的 LBound 函數，以及正確取得上限值的 UBound 函數。 範例 3-4_006.xlsm

▶ LBound 函數的語法

**LBound( 要查詢下限值的陣列變數名稱 )**

▶ UBound 函數的語法

**UBound( 要查詢上限值的陣列變數名稱 )**

```
1  Sub 查詢陣列的下限值與上限值()
2      Dim shampoo() As String, cnt As Integer
3      cnt = Range("A1").CurrentRegion.Rows.Count - 1
4      ReDim shampoo(cnt - 1)
5      MsgBox "下限值:" & LBound(shampoo) & Chr(10) & _
              "上限值:" & UBound(shampoo)
6  End Sub
```

註：「_（換行字元）」，當程式碼太長要接到下一行程式時，可用此斷行符號連接→參照 P.2-15

1 「查詢陣列的下限值與上限值」巨集
2 以不設定元素數量宣告字串型別的陣列變數 shampoo，以及宣告整數型別的變數 cnt
3 把包含 A1 儲存格的表格列數減 1 的值儲存在變數 cnt（取得商品數量）
4 設定陣列變數的上限值（上限值是元素個數 -1）
5 以訊息視窗顯示陣列變數的下限值與上限值
6 結束巨集

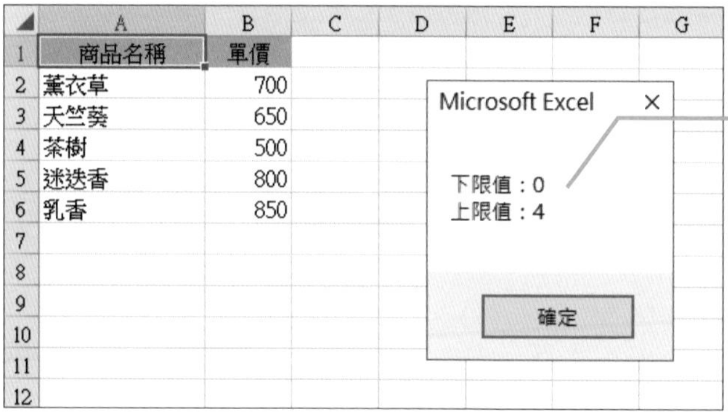

| | A | B | C | D | E | F | G |
|---|---|---|---|---|---|---|---|
| 1 | 商品名稱 | 單價 | | | | | |
| 2 | 薰衣草 | 700 | | | | | |
| 3 | 天竺葵 | 650 | | | | | |
| 4 | 茶樹 | 500 | | | | | |
| 5 | 迷迭香 | 800 | | | | | |
| 6 | 乳香 | 850 | | | | | |
| 7 | | | | | | | |
| 8 | | | | | | | |
| 9 | | | | | | | |
| 10 | | | | | | | |
| 11 | | | | | | | |
| 12 | | | | | | | |

Microsoft Excel

下限值：0
上限值：4

確定

執行「查詢陣列的下限值與上限值」巨集，會以訊息顯示陣列變數的下限值與上限值

### HINT 計算陣列的元素數量

使用 UBound 函數與 LBound 函數及以下算式就能計算變數的元素數量。

UBound( 陣列變數 ) – LBound( 陣列變數 ) +1

上限值　　下限值

### HINT 計算二維陣列的下限值與上限值

如果要使用 LBound 函數、UBound 函數計算二維陣列的下限值與上限值，格式會變成「LBound( 變數名稱 , 維數 )」、「UBound( 變數名稱 , 維數 )」，在第二個參數設定維數。如果要計算列數的下限值與上限值，維數設為 1，若要計算欄數的下限值與上限值，維數設為 2。二維陣列 shampoo 為「UBound(shampoo, 1)」時，會傳回 shampoo 的列數上限值。

參照 宣告二維陣列……P.3-31

## ● 保留陣列的值並更改元素個數

在動態陣列使用 ReDim 陳述式可以多次更改陣列的元素數量，但是在 ReDim 陳述式設定元素數量後，後續若要更改 ReDim 陳述式的元素數量，已經儲存的陣列值會消失。如果要保留已經儲存的值，並重新設定陣列的元素數量，要在 ReDim 陳述式加上 Preserve 關鍵字。

範例 3-4_007.xlsm

### 未使用 Preserve 關鍵字重新設定時

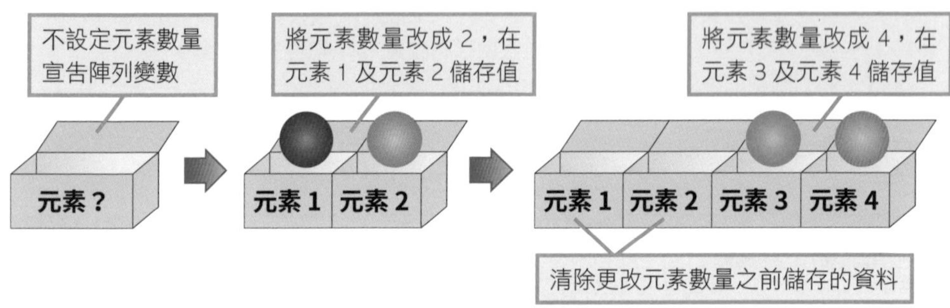


```
1  Sub␣更改陣列的元素數量()
2      Dim␣shampoo()␣As␣String
3      ReDim␣shampoo(1)
4      shampoo(0)␣=␣"薰衣草":␣shampoo(1)␣=␣"天竺葵"
5      ReDim␣Preserve␣shampoo(3)
6      shampoo(2)␣=␣"茶樹":␣shampoo(3)␣=␣"迷迭香"
7  End␣Sub
```

1 「更改陣列的元素數量」巨集
2 宣告不設定元素數量的字串型別陣列變數 shampoo
3 把陣列變數 shampoo 的元素數量設為 2
4 在陣列變數 shampoo 的第一個元素儲存「薰衣草」，第二個元素儲存「天竺葵」
5 保留陣列變數 shampoo 的陣列值，並把元素數量改成 4
6 在陣列變數 shampoo 的第三個元素儲存「茶樹」，第四個元素儲存「迷迭香」
7 結束巨集

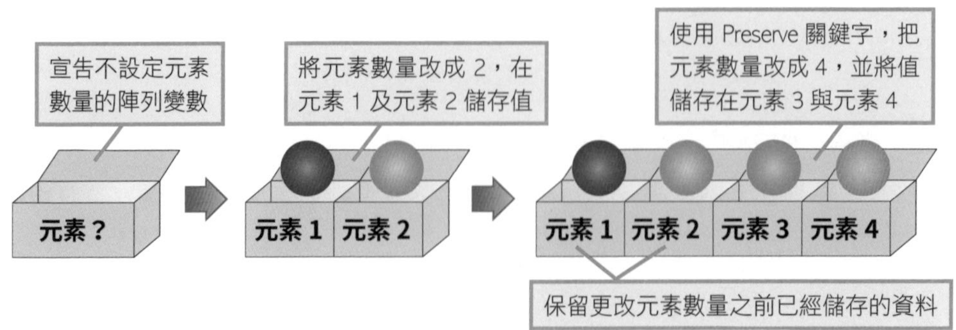

## 宣告二維陣列

二維陣列是指由列與欄組成的陣列，主要用來處理 Excel 的表格資料。如果要宣告二維陣列，要用「,（逗號）」隔開，設定列與欄的上限值。 範例 3-4_008.xlsm

▶ 宣告二維陣列的變數

**Dim 變數名稱 ( 列數 , 欄數 ) As 資料型別**

▶ 在二維陣列儲存資料

**變數名稱 ( 列的索引編號 , 欄的索引編號 ) = 儲存的值**

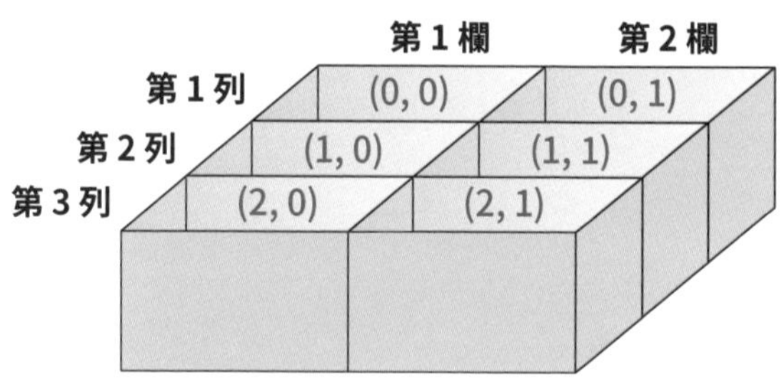


```
1  Sub 二維陣列()
2      Dim book(2, 1) As String
3      book(0, 0) = "學習 Excel"
4      book(0, 1) = "初級"
5      book(1, 0) = "學習 Excel 函數"
6      book(1, 1) = "中級"
7      book(2, 0) = "學習 Excel 巨集 VBA"
8      book(2, 1) = "中級"
9      Range("A2:B4").Value = book
10 End Sub
```

1 「二維陣列」巨集
2 宣告字串型別的二維陣列變數 book (3 列 × 2 欄 )
3 在二維陣列變數 book 的第 1 列、第 1 欄儲存「學習 Excel」
4 在二維陣列變數 book 的第 1 列、第 2 欄儲存「初級」
5 在二維陣列變數 book 的第 2 列、第 1 欄儲存「學習 Excel 函數」
6 在二維陣列變數 book 的第 2 列、第 2 欄儲存「中級」
7 在二維陣列變數 book 的第 3 列、第 1 欄儲存「學習 Excel 巨集 VBA」
8 在二維陣列變數 book 的第 3 列、第 2 欄儲存「中級」
9 在 A2 到 B4 儲存格範圍顯示二維陣列變數 book 的值
10 結束巨集

| | A | B | C |
|---|---|---|---|
| 1 | 書名 | 對象 | |
| 2 | | | |
| 3 | | | |
| 4 | | | |
| 5 | | | |
| 6 | | | |

| | A | B | C |
|---|---|---|---|
| 1 | 書名 | 對象 | |
| 2 | 學習 Excel | 初級 | |
| 3 | 學習 Excel 函數 | 中級 | |
| 4 | 學習 Excel 巨集 VBA | 中級 | |
| 5 | | | |
| 6 | | | |

在二維陣列 book 各個元素內儲存的資料會顯示在 A2 ～ B4 儲存格範圍

### 使用 To 關鍵字設定二維陣列的下限與上限

宣告二維陣列時，在列數、欄數使用 **To** 關鍵字，可以分別設定下限與上限。例如「Dim book(2 To 4, 3 To 8) As Integer」。想對應儲存格範圍的列號或欄號時，就很方便。

### 在 Variant 型別變數統一儲存儲存格的值

如果要在陣列變數中統一儲存在儲存格輸入的值時，要將陣列變數的資料型別宣告為 **Variant**。例如將 A2：B4 儲存格範圍的值儲存在陣列變數 book 裡（程式碼如下所示）。在 LBound 函數、UBound 函數的第二個參數設定維數，分別取得列數與欄數的下限值及上限值，並用訊息顯示。此外，Variant 型別的變數會消耗較多記憶體，所以處理大量資料時，處理速度會變慢。

如果要統一儲存 A2：B4 儲存格範圍的值，變數的資料型別要使用 Variant

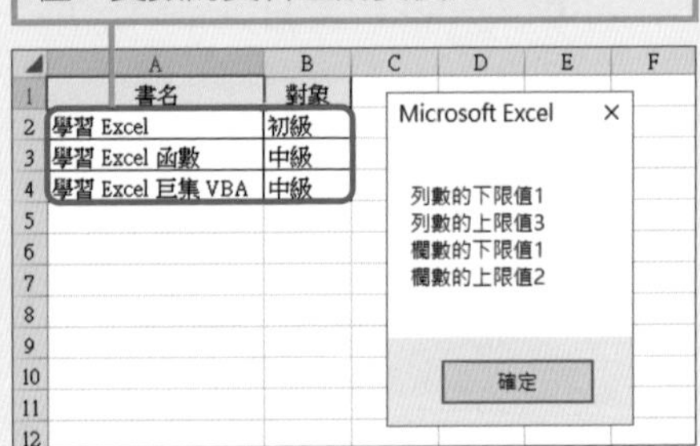


範例 3-4_009.xlsm

參照 查詢陣列的下限值與上限值……P.3-28

(一般)　　在二維陣列儲存儲存格範圍的值

```
Option Explicit

Sub 在二維陣列儲存儲存格範圍的值()
    Dim book As Variant
    book = Range("A2:B4").Value
    MsgBox "列數的下限值" & LBound(book, 1) & Chr(10) & _
        "列數的上限值" & UBound(book, 1) & Chr(10) & _
        "欄數的下限值" & LBound(book, 2) & Chr(10) & _
        "欄數的上限值" & UBound(book, 2)
End Sub
```

## 陣列初始化

使用 **Erase** 陳述式，可以統一刪除儲存在陣列的值。動態陣列在刪除值的同時也會釋放記憶體；靜態陣列只會將值初始化，不會釋放記憶體。此外，靜態陣列的資料型別會出現不同的執行結果，如下表所示。

▶ 將陣列的值初始化

Erase 陣列變數

| 陣列的型別 | Erase 陳述式的執行結果 |
|---|---|
| 靜態數值陣列 | 所有元素設為 0 |
| 靜態字串陣列（可變長度） | 所有元素的長度設為 0 的字串 ("") |
| 靜態字串陣列（固定長度） | 所有元素設為 0 |
| 靜態 Variant 陣列 | 所有元素設為 Empty 值 |
| 使用者定義陣列 | 各個元素設為個別變數 |
| 物件陣列 | 所有元素設為 Nothing |

**釋放記憶體**

**釋放記憶體**是指釋放使用變數時佔用的記憶體區域，變成能隨意使用的狀態。

**「Empty 值」與「Nothing」的差異**

**Empty** 值是 Variant 型別變數可使用的值，代表沒有儲存任何值的狀態。Empty 值把長度為 0 的字串當作字串或數值 0。**Nothing** 是物件型別變數使用的值，用來解除對物件的參照。

第 3 章　3-4 陣列

# 3-5 運算子

## 運算子

程式在執行計算、比較資料、字串連接等處理時，會使用**運算子**。運算子包括算術運算子、比較運算子、字串連接運算子、邏輯運算子、指定運算子 (Assignment Operator) 等五種。

VBA 可以使用的運算子

| 運算子的種類 | 內容 |
|---|---|
| 算術運算子 | 執行加法、減法、乘法、除法等運算時使用的運算子<br>參照 算術運算子……P.3-34 |
| 比較運算子 | 比較值的大小時所使用的運算子<br>參照 比較運算子……P.3-35 |
| 字串連接運算子 | 連接字串時使用的運算子<br>參照 字串連接運算子……P.3-36 |
| 邏輯運算子 | 「或」(or)、「且」(and) 等設定多項條件時使用的運算子<br>參照 邏輯運算子……P.3-36 |
| 指定運算子 | 將右邊的值指定給左邊時使用的運算子<br>參照 指定運算子……P.3-37 |

## 算術運算子

執行加法、減法、乘法、除法等單純運算時的算術運算子。

算術運算子清單

| 運算子 | 意義 | 範例 | 結果 |
|---|---|---|---|
| + | 加法 | 5+2 | 7 |
| - | 減法／符號反轉 (※) | 5-2 | 3 |
| * | 乘法 | 5*2 | 10 |
| / | 除法 | 5/2 | 2.5 |
| ^ | 次方 | 5^2 | 25 |
| \ | 整除 | 5\2 | 2 |
| Mod | 除法的餘數 | 5 Mod 2 | 1 |

※ 數值型別的變數在數值前加上「-」時，如「-x」，會反轉符號。

**HINT 算術運算子的優先順序**

算術運算子的優先順序是次方 (^)、符號反轉、乘法 (*) 與除法 (/)、整數除法 (\)、餘數 (Mod)、加法 (+) 與減法 (-)。使用 () 包圍運算式後，() 內的運算為優先。

# 比較運算子

比較運算子是用來比較兩個值。例如比較「A 等於 B」或「C 超過 10」，正確傳回 True，不正確傳回 False。在 If 陳述式這種條件式的處理中，會使用比較運算子設定條件式。

參照 控制結構……P.3-41

比較運算子清單

| 運算子 | 意義 | 範例 | 結果 |
|---|---|---|---|
| < | 小於 | 5<2 | False |
| <= | 小於等於（以下） | 5<=2 | False |
| > | 大於 | 5>2 | True |
| >= | 大於等於（以上） | 5>=2 | True |
| = | 等於 | 5=2 | False |
| <> | 不等於 | 5<>2 | True |
| Like | 字串比對 | "紫水晶" Like "* 水晶" | True |
| Is | 比較物件 | Worksheets("Sheet1") Is Worksheets(2) | False |

### Is 運算子

**Is** 運算子是比較物件的運算子，比較兩個物件是否參照相同物件，再傳回 True 或 False。假設 Range 型別物件變數 myRange 為「myRange Is Nothing」，如果 myRange 儲存了儲存格，就傳回 False，沒有儲存儲存格則傳回 True。

### Like 運算子可以使用的萬用字元

**Like** 運算子是比較兩個字元，判斷與字串的某個字元是否一致，再傳回 True 或 False。例如「"8 月 12 日" Like "8 月 *"」可以利用加上萬用字元的字元來比較字串。

| 萬用字元 | 意義 | 範例 |
|---|---|---|
| * | 0 個字以上的任意字串 | "*E*" → 含 E 的字串 |
| ? | 任何 1 個字 | "E????" → 以 E 為開頭 5 個字的字串 |
| # | 任何 1 個數字 | "#E" → 第 1 個字是數字並以 E 結尾的字串 |
| [] | 在 [] 內設定的 1 個字 | [VBA] → V、B、A 其中 1 個字 |
| [!] | [] 內設定的字以外的 1 個字 | [!VBA] → V、B、A 以外的 1 個字 |
| [-] | [] 設定範圍內的 1 個字 | [A-E] → A 到 E 為止的 1 個字 |

### 指定運算子的「=」與比較運算子的「=」

參照 指定運算子……P.3-37

「=」會隨著用法而改變意義。例如在 If 陳述式設定條件式時，「X=Y」是「X 等於 Y」的比較運算子，會傳回 True 或 False 的結果。可是如果單獨顯示「X=Y」，則是指「將 Y 的值指定給 X」的指定運算子。請注意，「=」的功能會隨著使用場合而異。

## 字串連接運算子

字串連接運算子是把字串連接成一整個字串的運算子。如果要連接儲存在變數內的字串，當作訊息內容時，常會使用這個運算子。由於「+」也會當作代表加法的算術運算子，比較難分辨。實際使用時，最好使用「&」。

字串連接運算子清單

| 運算子 | 意義 | 範例 | 結果 |
|---|---|---|---|
| & | 連接字串 | "Excel" & "VBA" | ExcelVBA |
| + | 連接字串 | "Excel" + "VBA" | ExcelVBA |

## 邏輯運算子

邏輯運算子是組合多項條件，例如「A 且 B」、「A 或 B」，滿足條件時，就傳回 True，沒有滿足時，則傳回 False。在執行不同條件的條件式，組合多項條件時，就會使用邏輯運算子。



邏輯運算子清單

| 運算子 | 意義與格式 | 範例（性別 = 男性、部門 = 業務） | 結果 |
|---|---|---|---|
| And | 滿足**條件 1** 且滿足**條件 2**（邏輯與）<br>條件 1 條件 2<br>**格式：條件 1** And **條件 2** | **條件 1：**性別 = 男性<br>**條件 2：**部門 = 業務<br>↓<br>性別 = " 男性 " And 部門 = " 業務 " | 因為範例是男性，所以滿足條件 1，部門是業務，也滿足條件 2<br>↓<br>True |
| Or | 滿足**條件 1** 或滿足**條件 2**（邏輯或）<br>條件 1 條件 2<br>**格式：條件 1** Or **條件 2** | **條件 1：**性別 = 女性<br>**條件 2：**部門 = 業務<br>↓<br>性別 = " 女性 " Or 部門 = " 業務 " | 因為範例是男性，沒有滿足條件 1，但是部門是業務，所以滿足條件 2<br>↓<br>True |
| Not | 不符合條件（邏輯非）<br>條件<br>**格式：**Not 條件 | **條件：**性別 = 男性<br>↓<br>Not 性別 = " 男性 " | 因為範例是男性，所以不符合條件<br>↓<br>False |

| 運算子 | 意義與格式 | 範例（性別＝男性、部門＝業務） | 結果 |
|---|---|---|---|
| Eqv | 滿足**條件 1** 且滿足**條件 2**，或沒有滿足**條件 1** 且沒有滿足**條件 2**<br>（邏輯等價運算）<br>格式：**條件 1** Eqv **條件 2** | **條件 1：**性別＝男性<br>**條件 2：**部門＝總務<br>↓<br>性別＝" 男性 " Eqv 部門＝" 總務 " | 因為範例是男性，所以滿足條件 1，部門是業務，沒有滿足條件 2<br>↓<br>False |
| | | **條件 1：**性別＝女性<br>**條件 2：**部門＝總務<br>↓<br>性別＝" 女性 " Eqv 部門＝" 總務 " | 因為範例是男性，所以沒有滿足條件 1，部門是業務，沒有滿足條件 2<br>↓<br>True |
| Imp | 不滿足**條件 1** 或滿足**條件 2**<br>（邏輯隱含運算）<br>格式：**條件 1** Imp **條件 2** | **條件 1：**性別＝女性<br>**條件 2：**部門＝業務<br>↓<br>性別＝" 女性 " Imp 部門＝" 業務 " | 因為範例是男性，所以沒有滿足條件 1，部門是業務，所以滿足條件 2<br>↓<br>True |
| Xor | 滿足**條件 1** 且不滿足**條件 2** 或滿足**條件 2** 且不滿足**條件 1**<br>（邏輯互斥或）<br>格式：**條件 1** Xor **條件 2** | **條件 1：**性別＝男性<br>**條件 2：**部門＝財務<br>↓<br>性別 =" 男性 " Xor 部門 =" 財務 " | 因為範例是男性，所以滿足條件 1，部門是業務，所以不滿足條件 2<br>↓<br>True |

**Not 運算子的用法**

**Not** 運算子把「Not 物件變數 Is Nothing」的寫法當作條件式，用在「物件變數非 Nothing 的情況」，亦即「物件變數儲存物件時」。此外，也能在含有 True 或 False 值的屬性輸入「屬性 = Not 屬性」，每次執行程序時會交互切換 True 與 False。例如「Rows(1).Visible=Not Rows(1).Visible」，每次執行時就會切換顯示或隱藏第一行。

## 指定運算子(Assignment Operator)

指定運算子是使用「=」，將右邊的值指定給左邊。指定運算子的「=」是用來設定屬性的值，或在變數指定值。

指定運算子清單

| 運算子 | 意義 | 範例 | 結果 |
|---|---|---|---|
| = | 將右邊的值指定給左邊 | X=X+1 | 把變數 X 加上 1 的值指定給變數 X |

# 3-6 函數

## 函數

VBA 提供了許多可用於程式的函數，這些函數稱作 **VBA 函數**。你還可以在 VBA 中使用 Excel 的**工作表函數**。利用 VBA 函數中沒有的 SUM 函數或 LOOKUP 函數，可以輕鬆完成用程式碼會變複雜的處理。VBA 函數與工作表函數有相同名稱，但是功能不同的部分；也有功能一樣，名稱卻不同的部分，使用時要多加留意。以下將說明 VBA 函數與工作表函數的差異，以及在 VBA 使用工作表函數的方法。

### 組合年、月、日建立日期資料

◆VBA 函數：DateSerial 函數
在 VBA 使用 DateSerial 函數建立日期資料

使用 VBA 函數「DateSerial」建立日期資料

(一般)　　建立日期_DateSerial

```
Sub 建立日期_DateSerial()
    Range("C5").Value = DateSerial(Range("A2"), Range("B2"), Range("C2"))
End Sub
```

◆工作表函數：DATE 函數
在 Excel 使用 DATE 函數建立日期資料

在 Excel 使用工作表函數 DATE 建立日期資料

C6　=DATE(A2,B2,C2)

| | A | B | C | D | E | F | G |
|---|---|---|---|---|---|---|---|
| 1 | 年 | 月 | 日 | | | | |
| 2 | 1985 | 11 | 5 | | | | |
| 3 | | | | | | | |
| 4 | 建立日期資料 | | | | | | |
| 5 | VBA函數 | DateSerial函數 | 1985/11/5 | ←使用DateSerial函數建立日期資料 | | | |
| 6 | 工作表函數 | DATE函數 | 1985/11/5 | ←使用DATE函數建立日期資料 | | | |

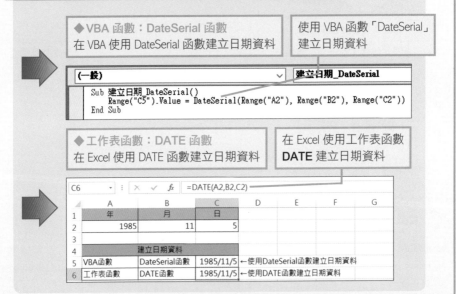

## VBA 函數與工作表函數

VBA 提供不同種類的函數，包括日期時間函數、字串函數、資料類型轉換函數等。使用這些函數可以執行計算或處理。VBA 函數包括了與工作表函數相同名稱相同功能的函數，也有相同名稱不同功能的函數。熟悉工作表的函數後，在使用 VBA 函數時，可能會因為與工作表函數的功能差異或格式差異而感到困惑。以下用表格說明 VBA 函數與工作表函數的差異，請確認兩者的差別。



參照 VBA 函數……P.15-1

比較 VBA 函數與工作表函數

| 項目 | 範例 |
| --- | --- |
| 同名、不同功能的函數 | DATE 函數<br>工作表函數：傳回以 DATE( 年 , 月 , 日 ) 設定**代表日期的序列值**<br>VBA 函數：傳回目前的系統日期 |
| 不同名、同功能的函數 | 產生亂數的函數<br>工作表函數：RAND 函數<br>VBA 函數：Rnd 函數 |
| 工作表函數獨有的函數 | SUM 函數、MAX 函數、AVERAGE 函數、VLOOKUP 函數等 |
| VBA 函數獨有的函數 | IsArray 函數、CInt 函數等 |

**也有同名但部分功能不同的函數**

請特別注意，VBA 函數與工作表函數有名稱相同，但是部分功能不同的函數。例如，ROUND 函數在工作表函數與 VBA 函數中，皆為四捨五入的函數，但是傳回結果卻可能不一樣。VBA 函數的 Round 函數是執行銀行慣用的捨去處理，所以「.5」的結果會當成偶數處理。例如，「0.5」會傳回「0」，「2.5」會傳回「2」。使用名稱與工作表函數一樣的 VBA 函數時，請特別注意兩者的功能差異。

## 在 VBA 使用工作表函數

使用 Application 物件的 WorksheetFunction 屬性可以在 VBA 使用工作表函數。WorksheetFunction 屬性的成員包括了部分工作表函數，但是並非所有的工作表函數都可以使用，請特別注意。

範例 3-6_001.xlsm

參照 讓訊息內容顯示成多行……P.3-60

▶ 在 VBA 使用工作表函數

**Application.WorksheetFunction. 工作表函數名稱 ( 參數 )**

※「Application」可以省略

```
1 Sub 工作表函數的範例()
2     Dim myMin As Long, myMax As Long
3     myMin = Application.WorksheetFunction.Min(Range("B3:E6"))
4     myMax = Application.WorksheetFunction.Max(Range("B3:E6"))
5     MsgBox "最小值:" & myMin & vbLf & "最大值:" & myMax
6 End Sub
```

1 「工作表函數的範例」巨集
2 宣告長整數型別的變數 myMin、myMax
3 在變數 myMin 儲存 B3 ～ E6 儲存格範圍內的最小值
4 在變數 myMax 儲存 B3 ～ E6 儲存格範圍內的最大值
5 以訊息顯示變數 myMin 與變數 myMax 的值
6 結束巨集

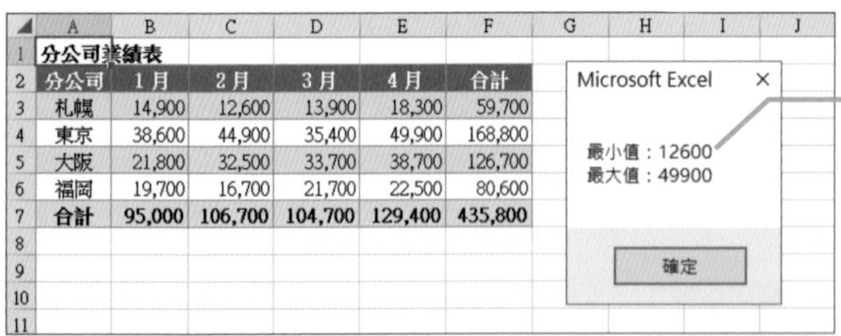

| | A | B | C | D | E | F |
|---|---|---|---|---|---|---|
| 1 | 分公司業績表 | | | | | |
| 2 | 分公司 | 1 月 | 2 月 | 3 月 | 4 月 | 合計 |
| 3 | 札幌 | 14,900 | 12,600 | 13,900 | 18,300 | 59,700 |
| 4 | 東京 | 38,600 | 44,900 | 35,400 | 49,900 | 168,800 |
| 5 | 大阪 | 21,800 | 32,500 | 33,700 | 38,700 | 126,700 |
| 6 | 福岡 | 19,700 | 16,700 | 21,700 | 22,500 | 80,600 |
| 7 | 合計 | 95,000 | 106,700 | 104,700 | 129,400 | 435,800 |



使用工作表函數的 **MIN 函數**與 **MAX 函數**顯示最小值與最大值

### 在 VBA 使用工作表函數時，選取範圍的方法

在 VBA 使用工作表函數時，可以利用 Range 物件設定儲存格範圍。例如在工作表中設定「SUN(B3:E6)」，VBA 會寫成「SUM(Range("B3:E6"))」。

參照 參照儲存格……P.4-2

### 查詢 VBA 可用的工作表函數

在**程式碼視窗**中輸入「Application.WorksheetFunction.」會顯示自動列出成員，能夠檢視可用的工作表函數清單。此外，在說明畫面輸入「工作表函數」再按下搜尋，也會顯示相關的標題。

參照 如何使用說明……P.2-51

### 利用角括弧 ([ ]) 或 Evaluate 方法使用工作表函數

在 VBA 使用工作表函數時，可以用角括弧 ([ ]) 或 Application 物件的 Evaluate 方法取代 WorksheetFunction 屬性。如果要用工作表函數 DATEDIF，請按照以下方式撰寫。Evaluate 方法的參數為字串，整個函數用「"」包圍，函數中的字串參數用兩個「"」包圍。

WorksheetFunction 屬性不能使用 DATEDIF 函數，但是運用這種方法，就能在 VBA 使用這個函數。以下範例不論用哪種方法都會傳回相同結果。此外，VBA 函數也有與 DATEDIF 函數類似的 DateDiff 函數，但是時間間隔的計算方法及格式不同。

參照 即時運算視窗……P.3-90

使用工作表函數的 DATEDIF 函數與 TODAY 函數，用生日與今日日期計算年齡，並顯示在**即時運算**視窗內

可以使用無法在 WorksheetFunction 運用的 DATEDIF 及 TODAY 函數

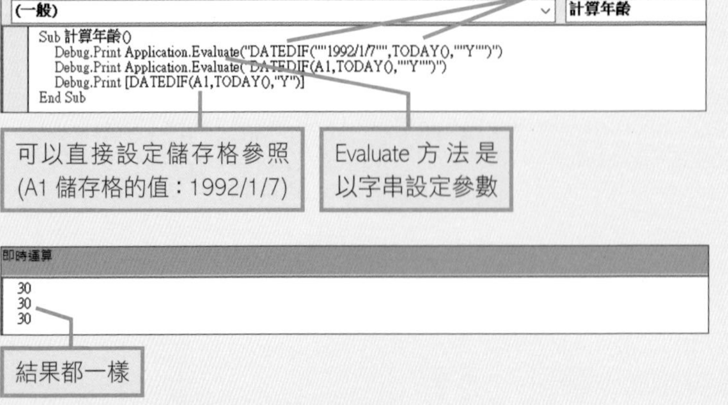

```
(一般)                                   計算年齡
Sub 計算年齡()
    Debug.Print Application.Evaluate("DATEDIF(""1992/1/7"",TODAY(),""Y"")")
    Debug.Print Application.Evaluate("DATEDIF(A1,TODAY(),""Y"")")
    Debug.Print [DATEDIF(A1,TODAY(),"Y")]
End Sub
```

# 3-7 控制結構

## 認識控制結構

「滿足條件與不滿足條件時，執行不同處理」，或是「重複執行相同處理直到滿足條件為止」，這種控制程式執行方法的結構稱作**控制結構**。**錄製巨集**功能沒有重複或條件判斷等控制結構，必須直接寫在 VBA。掌握這點，就能進行各種靈活有彈性的處理。以下將説明條件判斷、重複處理、省略物件等部分。

### 條件判斷

**條件判斷**會根據**滿足** (True) 或**不滿足** (False) 設定條件執行不同處理。若希望因應各種狀況執行處理，例如依屬性值或儲存格值執行不同處理等情況，就可以使用。

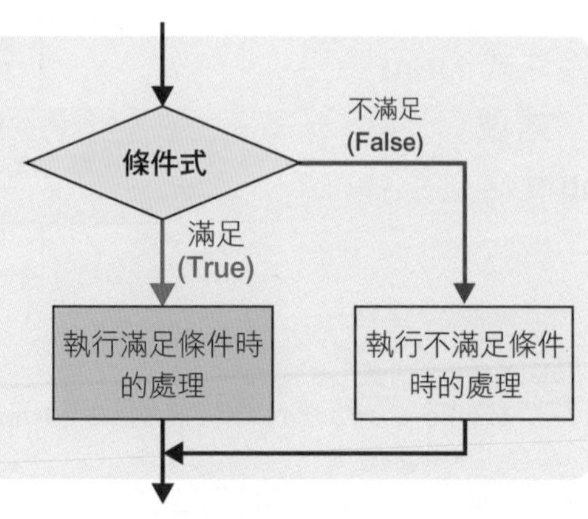


### 重複處理

**重複處理**是重複執行相同處理直到滿足設定的條件為止，或只重複處理設定的次數。我們可以依條件進行重複處理，例如變數變成某個值，儲存格的值變成空欄，對同類的物件執行處理等。

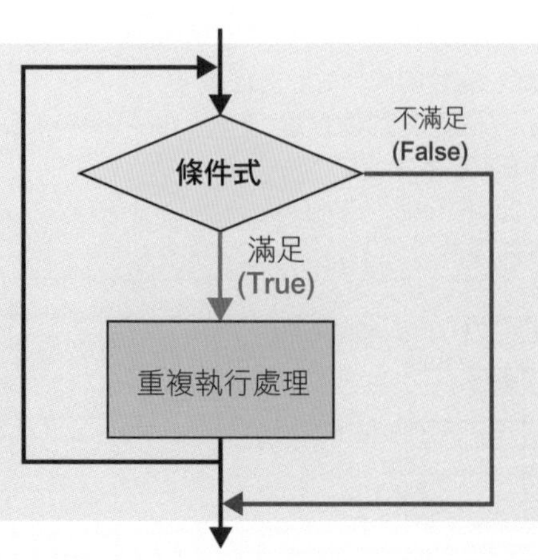


### 省略成為操作對象的物件

對一個物件設定多個屬性值時，使用 **With** 陳述式，可以省略相同物件的撰寫，節省輸入相同物件的時間。

# 依照條件執行不同的處理

使用 **If…Then…Else** 或 **Select Case** 陳述式，可以依照條件執行不同處理。If…Then…Else 陳述式有四種設定類型。

## ● 只在滿足一個條件時執行處理

如果要在滿足一個條件時執行處理，程式寫法如下。只在條件式為 True 時執行處理。當條件式為 False 時，結束 If…Then…Else 陳述式，進入下一個處理。

範例 3-7_001.xlsm

```
If 條件式 Then 處理
```

或

```
If 條件式 Then
    處理
End If
```

條件式
不滿足 (False)
滿足 (True)
處理

```
1 Sub 單一條件的條件式1()
2     If Range("B7").Value < 150 Then
3         Range("B7").Font.Color = RGB(255, 0, 0)
4     End If
5 End Sub
```

1 「單一條件的條件式 1」巨集
2 當 B7 儲存格的值未達 150 時 (If…Then…Else 陳述式開始 )
3 將 B7 儲存格的文字顏色設成紅色
4 結束 If…Then…Else 陳述式
5 結束巨集

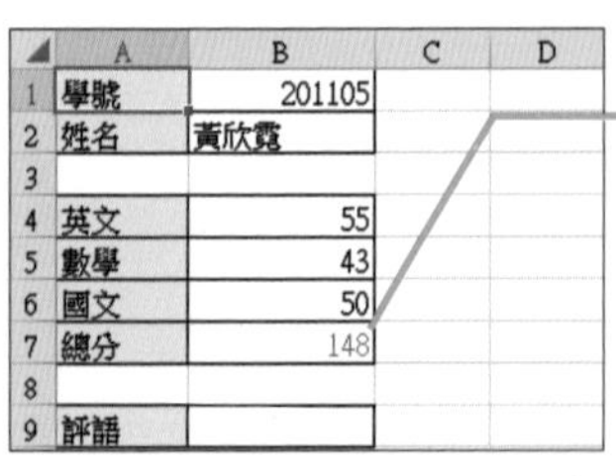

| | A | B | C | D |
|---|---|---|---|---|
| 1 | 學號 | 201105 | | |
| 2 | 姓名 | 黃欣霓 | | |
| 3 | | | | |
| 4 | 英文 | 55 | | |
| 5 | 數學 | 43 | | |
| 6 | 國文 | 50 | | |
| 7 | 總分 | 148 | | |
| 8 | | | | |
| 9 | 評語 | | | |

B7 儲存格的值未達 150 時，B7 儲存格的文字顯示成紅色

## ● 滿足與不滿足一個條件時的不同處理

如果希望滿足或不滿足單一條件時，執行不同處理，會搭配 **Else** 寫成以下程式碼。條件式為 True 時，執行處理 1；條件式為 False 時，執行處理 2。

範例 3-7_002.xlsm

**If 條件式 Then 處理 1 Else 處理 2**

**或**

```
If 條件式 Then
    處理 1
Else
    處理 2
End If
```

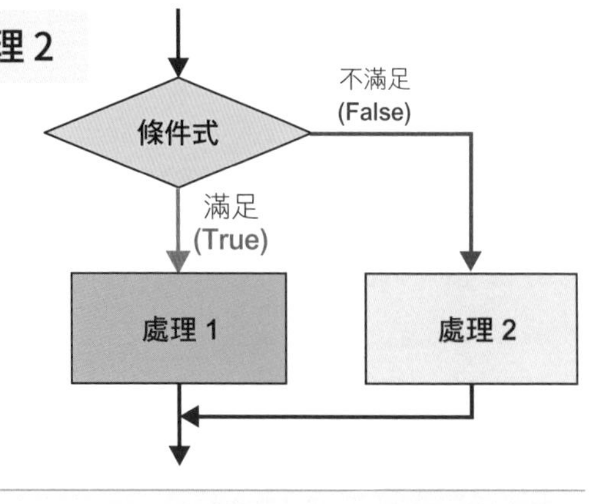


```
1  Sub 單一條件的條件式 2()
2      If Range("B7").Value >= 180 Then
3          Range("B9").Value = "升級"
4      Else
5          Range("B9").Value = "補考"
6      End If
7  End Sub
```

1 「單一條件的條件式 2」巨集
2 當 B7 儲存格的值超過 180 時 (If…Then…Else 陳述式開始 )
3 在 B9 儲存格顯示「升級」
4 除此之外
5 在 B9 儲存格顯示「補考」
6 結束 If…Then…Else 陳述式
7 結束巨集

| | A | B | C | D |
|---|---|---|---|---|
| 1 | 學號 | 201105 | | |
| 2 | 姓名 | 黃欣霓 | | |
| 3 | | | | |
| 4 | 英文 | 55 | | |
| 5 | 數學 | 43 | | |
| 6 | 國文 | 50 | | |
| 7 | 總分 | 148 | | |
| 8 | | | | |
| 9 | 評語 | 補考 | | |

總分超過 180 分時，在 B9 儲存格顯示「升級」，否則顯示「補考」

### HINT 設定多項條件

組合多項條件時，例如「A 且 B」或「A 或 B」時，會使用 **AND** 運算子、**OR** 運算子連結條件。例如「英文 50 分以上**且**數學 50 分以上」，以「Range("B4") >= 50 And Range("B5")>= 50」輸入條件式。若「英文 50 分以上**或**數學 50 分以上」時，則寫成「Range("B4")>= 50 Or Range("B5")>=50」條件式。

參照 邏輯運算子……P.3-36

### HINT 條件式的設定訣竅 (省略「=True」)

If…Then…Else 陳述式會根據設定的條件式為 True 或 False 執行不同處理。如「If Worksheets(1).Visible=True Then」( 顯示第一個工作表 ) 條件式可以省略「=True」，改寫成「If Worksheets(1).Visible Then」。此外，「If Worksheets(1).Visible=False Then」( 隱藏第一個工作表 ) 可以用 **Not** 運算子，寫成「If Not Worksheets(1).Visible Then」。

參照 邏輯運算子……P.3-36

## ● 多個條件的不同處理

使用 **ElseIf** 可以判斷多個條件。沒有滿足最初的條件時，會在 ElseIf 設定的其他條件進行判斷，如果仍不滿足該條件，就用下一個在 ElseIf 設定的條件進行判斷，你可以依需求使用條件式。最後的 Else 處理是當所有條件都不滿足時所執行的處理，這個部分可以省略。

範例 3-7_003.xlsm

```
If 條件式 1 Then
    處理 1
ElseIf 條件式 2 Then
    處理 2
ElseIf 條件式 3 Then
    處理 3
  ⋮
Else
    處理 4 ( 所有條件都不滿足時的處理 )
End If
```

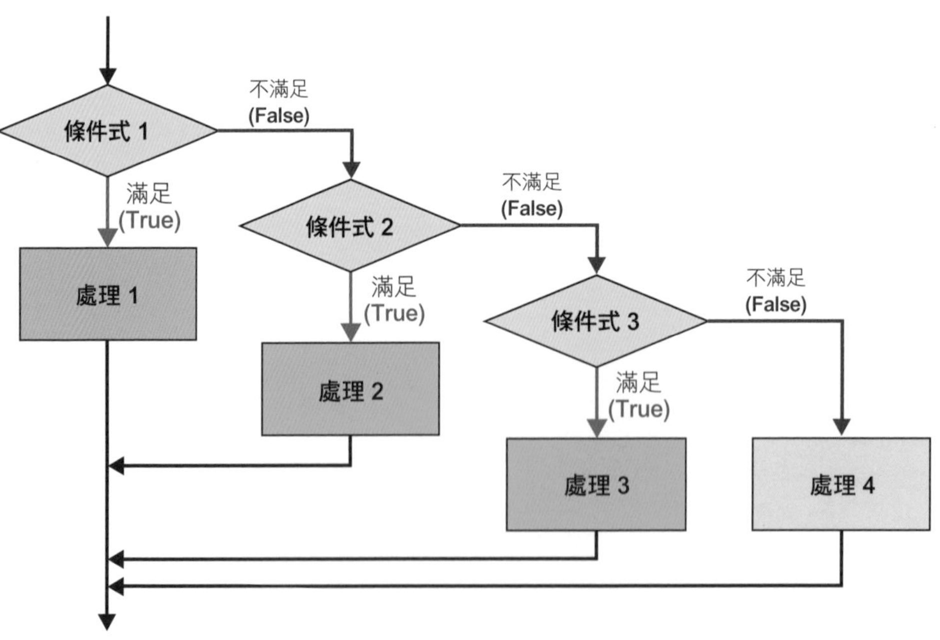

```
Sub␣多重條件的條件式1()
    If␣Range("B7").Value␣>=␣270␣Then
        Range("B9").Value␣=␣"表現不錯"
    ElseIf␣Range("B7").Value␣>=␣210␣Then
        Range("B9").Value␣=␣"請認真複習"
    ElseIf␣Range("B7").Value␣>=␣165␣Then
        Range("B9").Value␣=␣"請克服不擅長的科目"
    Else
        Range("B9").Value␣=␣"請參加課後輔導"
    End␣If
End␣Sub
```

```
「多重條件的條件式 1」巨集
如果 B7 儲存格的值超過 270 分時 (If 陳述式開始 )
在 B9 儲存格顯示「表現不錯」
如果 B7 儲存格的值超過 210 分
在 B9 儲存格顯示「請認真複習」
如果 B7 儲存格的值超過 165 分
在 B9 儲存格顯示「請克服不擅長的科目」
每個條件都不滿足時
在 B9 儲存格顯示「請參加課後輔導」
結束 If 陳述式
結束巨集
```

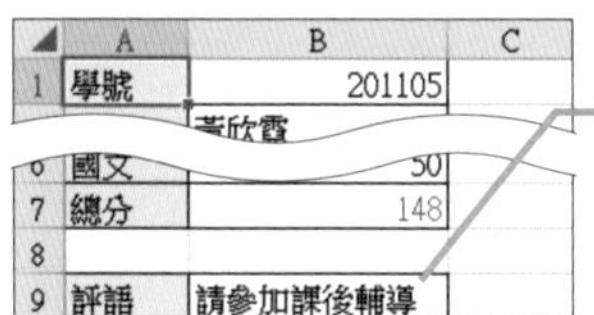


B7 儲存格的值小於 165 時，顯示「請參加課後輔導」

## ● 針對一個對象使用多個條件執行不同處理

**Select Case** 陳述式是對一個條件判斷對象設定多個條件，進行判斷處理。處理的流程和 ElseIf 的 If 陳述式一樣，但是 ElseIf 的條件判斷對象不需為同一個，而 Select Case 陳述式是條件判斷對象必須為同一個。此外，Case Else 可以省略。

範例 3-7_004.xlsm

```
Select Case 條件判斷的對象
Case 條件式 1
    對象滿足條件式 1 時的處理
Case 條件式 2
    對象滿足條件式 2 時的處理
  ⋮
Case Else
    對象所有條件都不滿足時的處理
End Select
```

```
1  Sub 多重條件的條件式2()
2      Select Case Range("B7").Value
3          Case Is >= 270
4              Range("B9").Value = "表現不錯"
5          Case Is >= 210
6              Range("B9").Value = "請認真複習"
7          Case Is >= 165
8              Range("B9").Value = "請克服不擅長的科目"
9          Case Else
10             Range("B9").Value = "請參加課後輔導"
11     End Select
12 End Sub
```

1 「多重條件的條件式 2」巨集
2 對 B7 儲存格的值執行以下處理 (Select Case 陳述式開始 )
3 如果 B7 儲存格的值超過 270 分
4 在 B9 儲存格顯示「表現不錯」
5 如果 B7 儲存格的值超過 210 分
6 在 B9 儲存格顯示「請認真複習」
7 如果 B7 儲存格的值超過 165 分
8 在 B9 儲存格顯示「請克服不擅長的科目」
9 每個條件都不滿足時
10 在 B9 儲存格顯示「請參加課後輔導」
11 結束 Select Case 陳述式
12 結束巨集

| | A | B | C | D |
|---|---|---|---|---|
| 1 | 學號 | 101120 | | |
| 2 | 姓名 | 黃仲吉 | | |
| 3 | | | | |
| 4 | 英文 | 100 | | |
| 5 | 數學 | 93 | | |
| 6 | 國文 | 95 | | |
| 7 | 總分 | 288 | | |
| 8 | | | | |
| 9 | 評語 | 表現不錯 | | |

B7 儲存格的值超過 270 分時，顯示「表現不錯」

### HINT Case 子句的條件設定方法

Select Case 陳述式 Case 子句的條件式設定方法如右表所示。使用比較運算子時，在 Case 後面輸入 **Is** 運算子，接著再輸入比較運算子，即使輸入時省略 Is，一旦確定條件式換行後，就會自動輸入 Is。 參照 Is 運算子……P.3-35

| 條件 | 寫法 |
|---|---|
| 等於 5 | Case 5 |
| 5 以上 | Case Is >= 5 |
| 大於 5 | Case Is > 5 |
| 10 以下 | Case Is <=10 |
| 小於 10 | Case Is < 10 |
| 5 以上 10 以下 | Case 5 To 10 |
| 5 或 10 | Case 5, 10 |

## 執行重複處理

如果要執行重複相同處理的陳述式，直到滿足條件或重複指定次數的處理，可用 Do…Loop、For…Next、For Each…Next 陳述式。以下將說明各個用法。

### ● 滿足條件時重複執行處理 (Do While…Loop)

**Do While…Loop** 陳述式是滿足條件的期間重複執行處理。在不滿足條件時，結束重複處理，並進入 Do While…Loop 陳述式的下一個處理。 範例 3-7_005.xlsm

▶ Do While…Loop 陳述式的語法

```
Do While 條件式
    重複執行處理
Loop
```

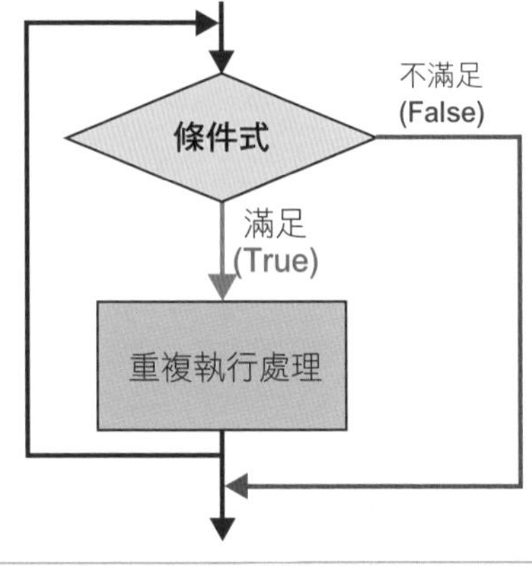


```
1 Sub 滿足條件期間重複執行處理()
2     Dim i As Integer
3     i = 1
4     Do While Cells(i + 2, "B").Value <> ""
5         Cells(i + 2, "A").Value = i
6         i = i + 1
7     Loop
8 End Sub
```

1 「滿足條件期間重複執行處理」巨集
2 宣告整數型別變數 i
3 將 1 指定給變數 i
4 在 B 欄 i+2 列儲存格的值為非空白時，重複執行以下處理
5 在 A 欄 i+2 列的儲存格設定變數 i 的值
6 將變數 i 加 1
7 回到第 4 列程式
8 結束巨集

| | A | B | C | D |
|---|---|---|---|---|
| 1 | 英文單字測驗 | | | |
| 2 | 次數 | 日期 | 分數 | |
| 3 | 1 | 11月1日 | 120 | |
| 4 | 2 | 11月2日 | 125 | |
| 5 | 3 | 11月3日 | 131 | |
| 6 | 4 | 11月4日 | 140 | |
| 7 | 5 | 11月5日 | 153 | |

在滿足「B 欄儲存格非空白」的條件時輸入次數

## ● 在不滿足條件的期間重複執行處理 (Do Until…Loop)

**Do Until…Loop** 陳述式是在不滿足條件的期間重複執行處理，一旦滿足條件，就結束重複處理，進入 Do Until…Loop 陳述式的下一個處理。 範例 3-7_006.xlsm

▶ Do Until…Loop 陳述式的語法

```
Do Until 條件式
    重複執行處理
Loop
```

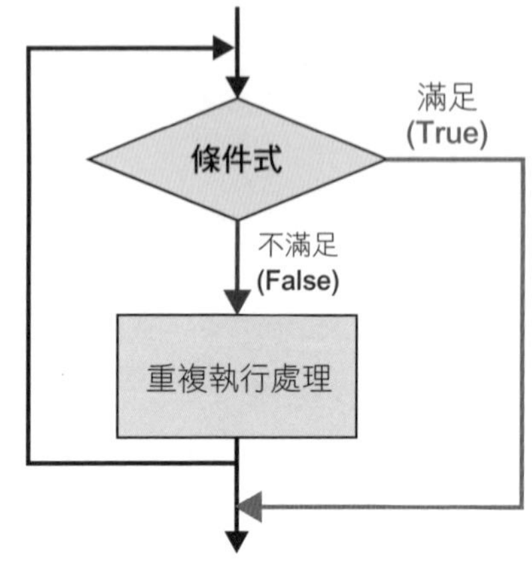


```
1 Sub 在不滿足條件的期間重複執行處理()
2     Dim i As Integer, cnt As Integer
3     i = 3
4     Do Until Cells(i, "A").Value = ""
5         Cells(i, "C").Value = Cells(i, "B").Value + cnt
6         cnt = Cells(i, "C").Value
7         i = i + 1
8     Loop
9 End Sub
```

1 「在不滿足條件的期間重複執行處理」巨集
2 宣告整數型別變數 i 、變數 cnt
3 在變數 i 儲存 3
4 在 A 欄 i 列儲存格的值非空白期間 ( 直到空白為止 )。重複執行以下處理
5 在 B 欄 i 列的儲存格值加上變數 cnt，並顯示在 C 欄 i 列儲存格
6 在變數 cnt 儲存 C 欄 i 列的值
7 將變數 i 加 1
8 回到第 4 列
9 結束巨集

| | A | B | C | D |
|---|---|---|---|---|
| 1 | 銷售數量 | | | |
| 2 | 日期 | 數量 | 累計 | |
| 3 | 11月1日 | 10 | 10 | |
| 4 | 11月2日 | 8 | 18 | |
| 5 | 11月3日 | 6 | 24 | |
| 6 | 11月4日 | 5 | 29 | |
| 7 | 11月5日 | 12 | 41 | |
| 8 | | | | |

在不滿足「A 欄儲存格為空白」的條件期間，在 C 欄輸入 B 欄值的累計

## ● 至少執行一次處理 (Do…Loop While、Do…Loop Until)

**Do While…Loop**、**Do Until…Loop** 陳述式一開始會進行條件判斷。因此根據最初的值與條件的內容，有時候可能完全不會執行處理。如果希望至少執行一次處理，要用最後進行條件判斷的 **Do...Loop While**、**Do...Loop Until** 陳述式。

▶ Do…Loop While 陳述式的語法

```
Do
    重複執行處理
Loop While 條件式
```

▶ Do…Loop Until 陳述式的語法

```
Do
    重複執行處理
Loop Until 條件式
```

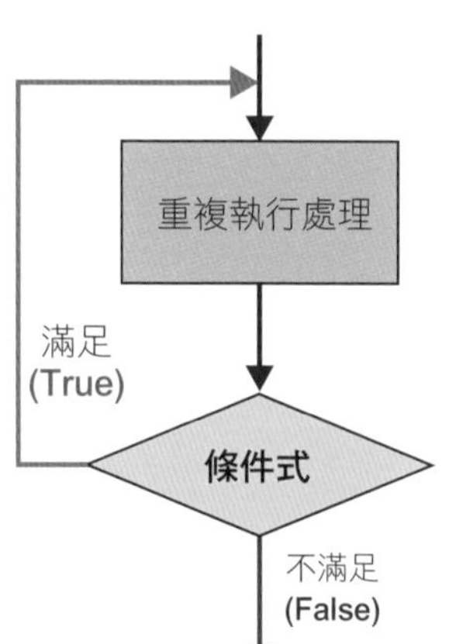


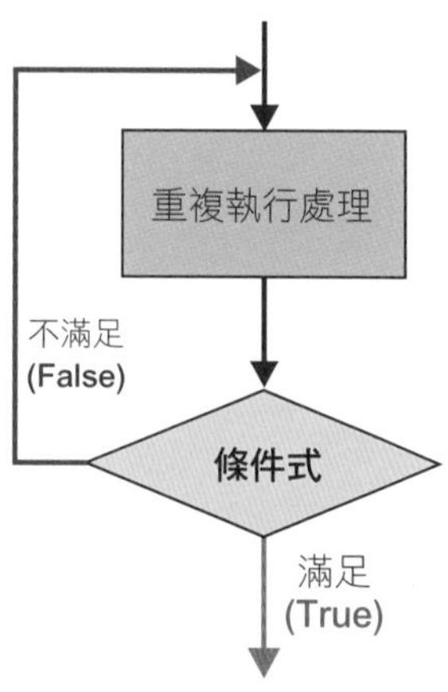


### 停止重複處理

**Do…Loop** 陳述式是在滿足條件期間重複執行處理。因此，如果總是滿足條件時，就不會停止重複處理。一直無法結束處理時，請按下 Esc 鍵或 Ctrl ＋ Break 鍵，強制中斷處理，並修改條件。此外，還有一種方法是先設定最多重複幾次。以下範例是在 B 欄儲存格的值為空白時，在 A 欄輸入連續編號，使用 If 陳述式，當變數 i 的值變成 100 之後，結束處理。

範例 3-7_007.xlsm

參照 依照條件執行不同的處理……P.3-42
參照 在處理途中停止重複處理或停止巨集……P.3-54

```
Sub 在滿足條件期間重複執行處理()
    Dim i
    i = 1
    Do While Cells(i, 2).Value = ""
        Cells(i, 1).Value = i
        If i = 100 Then Exit Do
        i = i + 1
    Loop
End Sub
```

使用 If 陳述式，重複 100 次之後中止處理

## ● 依設定次數重複執行處理 (For…Next)

**For…Next** 陳述式是從設定的初始值到最終值執行重複處理。例如「表格第 1 列到第 10 列」這種知道重複次數的情況。在以下格式中，如果 **Step 增加值**為 1，可以省略。此外，Next 後面的**計數變數**也可以省略。 範例 3-7_008.xlsm

▶ For...Next 陳述式的語法

```
Dim 計數變數
For 計數變數 = 初始值 To 最終值 (Step 增加值 )
    重複執行處理
Next ( 計數變數 )
```

```
1 Sub 依設定次數重複執行處理()
2     Dim i As Integer, cnt As Integer
3     cnt = Worksheets.Count
4     For i = 1 To cnt
5         Worksheets(i).Name = i & "次"
6     Next i
7 End Sub
```

1 「依設定次數重複執行處理」巨集
2 宣告整數型別變數 i 與變數 cnt
3 在變數 cnt 儲存工作表的數量
4 變數 i 從 1 開始到 cnt 的值為止，重複執行以下處理
5 第 i 個工作表的工作表名稱變成「i 次」
6 在 i 加上增加值 1，並回到第 4 列
7 結束巨集

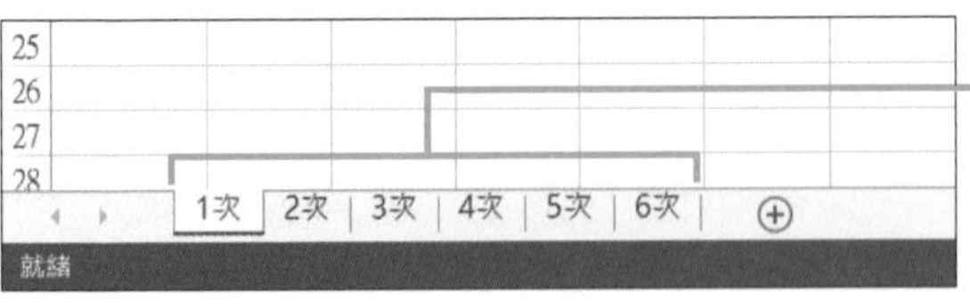


計算工作表的數量，從「1 次」開始依序設定工作表的名稱

### 「增加值」的設定值

**增加值**設為 2，變數值會加 2。例如設定「For i = 1 To 15 Step 2」，變數 i 會變成「1,3,5,7,9,11,13,15」。假設只要對奇數列執行處理，就可以這樣設定。此外，增加值也可以設成負值。例如「For 15 To 1 Step -2」，變數 i 會變成「15,13,11,9,7,5,3,1」。如果希望從表格下方的列往上執行處理時，就可以這樣設定。

## ● 巢狀重複處理

假如想針對二維陣列的各個元素執行處理，如工作表的表格，可以組合列方向的迴圈與欄方向的迴圈。此時，會在 **For…Next** 陳述式中，輸入其他 For…Next 陳述式，這種處理稱作**巢狀迴圈**。以下範例是利用巢狀迴圈執行 25 格的計算。

範例 3-7_009.xlsm

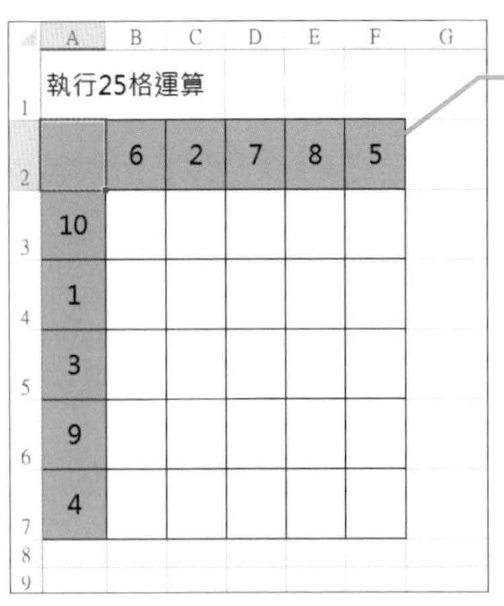


將表格第 1 列與 第 1 欄的數字相加，執行 25 格的運算

```
1  Sub 巢狀重複處理()
2      Dim i As Integer, j As Integer
3      For i = 3 To 7
4         For j = 2 To 6
5          Cells(i, j).Value = Cells(i, 1).Value + Cells(2, j).Value
6         Next j
7      Next i
8  End Sub
```

1 「巢狀重複處理」巨集
2 宣告整數型別變數 i 與 j
3 變數 i 從 3 到 7 重複以下處理（重複表格的列數）
4 變數 j 從 2 到 6 重複以下處理（重複表格的欄數）
5 將第 1 欄 i 列的值與第 j 欄 2 列的值相加，顯示在第 i 列 j 欄的儲存格
6 變數 j 加 1 後，回到第 4 列
7 變數 i 加 1 後，回到第 3 列
8 結束巨集

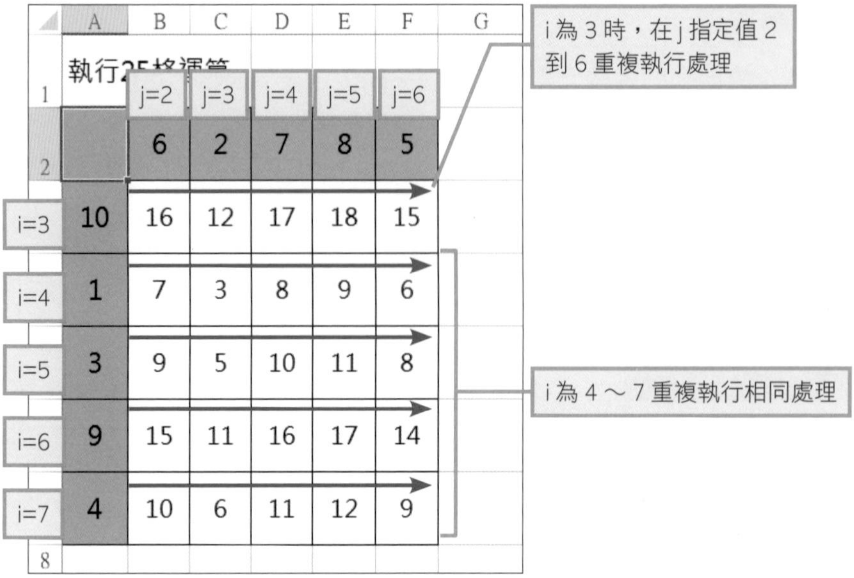

| | A | B | C | D | E | F | G |
|---|---|---|---|---|---|---|---|
| 1 | 執行25格運算 | j=2 | j=3 | j=4 | j=5 | j=6 | |
| 2 | | 6 | 2 | 7 | 8 | 5 | |
| 3 (i=3) | 10 | 16 | 12 | 17 | 18 | 15 | |
| 4 (i=4) | 1 | 7 | 3 | 8 | 9 | 6 | |
| 5 (i=5) | 3 | 9 | 5 | 10 | 11 | 8 | |
| 6 (i=6) | 9 | 15 | 11 | 16 | 17 | 14 | |
| 7 (i=7) | 4 | 10 | 6 | 11 | 12 | 9 | |
| 8 | | | | | | | |

i 為 3 時，在 j 指定值 2 到 6 重複執行處理

i 為 4 ~ 7 重複執行相同處理

## ● 對同類型的物件執行相同處理

在同類物件的集合中，若要對每個元素重複執行處理，如活頁簿內的所有工作表或指定儲存格範圍內的各個儲存格，可以使用 **For Each…Next** 陳述式。宣告物件型別變數，在物件型別變數內儲存集合的成員並執行處理。此外，可以省略 Next 後面的物件變數。

範例 3-7_010.xlsm

▶ For Each…Next 陳述式的語法

```
Dim 物件變數
For Each 物件變數 In 集合
    重複執行處理
Next ( 物件變數 )
```

```
Sub 對儲存格範圍內的各個儲存格執行處理()
    Dim myRange As Range
    For Each myRange In Range("C3:E12")
        If myRange.Value >= 90 Then
            myRange.Interior.ColorIndex = 38
        Else
          myRange.Interior.ColorIndex = xlNone
        End If
    Next
End Sub
```

```
1  「對儲存格範圍內的各個儲存格執行處理」巨集
2  宣告 Range 型別變數 myRange
3  將 C3 ～ E12 儲存格範圍內的各個儲存格依序存在變數 myRange 並重複執行以下處理
4  變數 myRange 的值超過 90 以上 (If 陳述式開始 )
5  將變數 myRange 的儲存格顏色設為粉紅色
6  其他情況
7  將變數 myRange 的儲存格顏色變成無
8  結束 If 陳述式
9  在變數 myRange 儲存下一個儲存格並回到第 4 列
10 結束巨集
```

| | A | B | C | D | E | F | G |
|---|---|---|---|---|---|---|---|
| 1 | 考試結果 | | | | | | |
| 2 | 學號 | 姓名 | 英文 | 數學 | 國文 | 總分 | |
| 3 | 102046 | 王明光 | 68 | 72 | 91 | 231 | |
| 4 | 102047 | 謝珍珍 | 86 | 93 | 100 | 279 | |
| 5 | 102048 | 林佩琪 | 65 | 50 | 51 | 166 | |
| 6 | 102049 | 柯光寶 | 85 | 66 | 71 | 222 | |
| 7 | 102050 | 高明幸 | 99 | 86 | 91 | 276 | |
| 8 | 102051 | 張志良 | 55 | 60 | 42 | 157 | |
| 9 | 102052 | 黃千惠 | 56 | 82 | 63 | 201 | |
| 10 | 102053 | 林佩琪 | 78 | 53 | 71 | 202 | |
| 11 | 102054 | 蔡錦玉 | 91 | 100 | 99 | 290 | |
| 12 | 102055 | 陳嘉偉 | 45 | 36 | 65 | 146 | |
| 13 | | | | | | | |

如果儲存格範圍內的各個儲存格值超過 90，該儲存格的顏色會設成粉紅色

### 可以對陣列執行處理

**For Each…Next** 陳述式也可以對陣列執行處理。以下範例是用 **Array** 函數建立 Hairetu，並把各個元素匯出至**即時運算**視窗。 範例 3-7_011.xlsm

參照 利用 Array 函數在陣列變數儲存值……P.3-26

```
Sub 對陣列重複執行處理()
    Dim myHairetu As Variant, Hairetu As Variant
    Hairetu = Array("Paris", "London", "NewYork", "Roma", "Berlin")
    For Each myHairetu In Hairetu
        Debug.Print myHairetu
    Next
End Sub
```

即時運算

```
Paris
London
NewYork
Roma
Berlin
```

對指定的陣列依序執行處理

## 在處理途中停止重複處理或停止巨集

使用 **Exit** 陳述式，可以在處理途中跳出重複處理，或中途停止執行程序。一般會在 If 陳述式設定停止條件，當滿足條件時，使用 Exit 陳述式停止處理。

範例 3-7_012.xlsm

### Exit 陳述式的主要種類

| 陳述式 | 功能 |
|---|---|
| Exit Do | 中途停止 Do…Loop 陳述式 |
| Exit For | 中途停止 For…Next 陳述式或 For Each…Next 陳述式 |
| Exit Sub | 中途停止 Sub 程序 |
| Exit Function | 中途停止 Function 程序 |

```
1  Sub 中途停止重複處理()
2      Dim i As Integer
3      i = 3
4      Do While Cells(i, "A").Value <> ""
5          If Cells(i, "C").Value >= 160 Then
6              MsgBox Cells(i, "A") & "次達到及格標準！！"
7              Exit Do
8          End If
9          i = i + 1
10     Loop
11 End Sub
```

1 「中途停止重複處理」巨集
2 宣告整數型別變數 i
3 在變數 i 儲存 3
4 在 A 欄 i 列的值為非空白，重複以下處理
5 當 C 欄 i 列的值超過 160 時 (If 陳述式開始 )
6 顯示 A 欄 i 列的值，並合併「次達到及格標準」字串
7 中途停止 Do While…Loop 陳述式
8 結束 If 陳述式
9 變數 i 加 1
10 回到第 4 列
11 結束巨集

| | A | B | C |
|---|---|---|---|
| 1 | 英文單字測驗 | | |
| 2 | 次數 | 日期 | 分數 |
| 3 | 1 | 11月1日 | 120 |
| 4 | 2 | 11月2日 | 125 |
| 5 | 3 | 11月3日 | 131 |
| 6 | 4 | 11月4日 | 140 |
| 7 | 5 | 11月5日 | 153 |
| 8 | 6 | 11月6日 | 156 |
| 9 | 7 | 11月7日 | 163 |
| 10 | 8 | 11月8日 | 172 |
| 11 | 9 | 11月9日 | 180 |
| 12 | 10 | 11月10日 | 198 |
| 13 | | | |

Microsoft Excel

7次達到及格標準！！

確定

**分數**欄的值超過 160 以上，會顯示訊息，並停止重複處理

## 省略物件名稱

使用 With 陳述式，對一個物件設定多個屬性值或執行方法時，可以省略相同物件。省略物件之後，程式碼會變得簡潔易懂。 範例 3-7_013.xlsm

▶ With 陳述式的語法

**With 省略的物件**
**　　. 對物件的處理**
**End With**

```
Sub 省略程式碼()
    Range("A1:C1").Font.Bold = True
    Range("A1:C1").Font.Size = 18
    Range("A1:C1").Merge
End Sub
```

利用 With 陳述式省略程式碼

```
Sub 省略程式碼()
    With Range("A1:C1")
        .Font.Bold = True
        .Font.Size = 18
        .Merge
    End With
End Sub
```

```
Sub␣省略程式碼()
    With␣Range("A1:C1")
        .Font.Bold␣=␣True
        .Font.Size␣=␣16
        .Merge
        .HorizontalAlignment␣=␣xlCenter
    End␣With
End␣Sub
```

1 編寫「省略程式碼」巨集
2 對 A1 ～ C1 儲存格範圍執行以下處理 (With 陳述式開始 )
3 文字變成粗體
4 文字大小變成 18pt
5 合併儲存格
6 水平置中對齊
7 結束 With 陳述式
8 結束巨集

| | A | B | C | D |
|---|---|---|---|---|
| 1 | 英文單字測驗 | | | |
| 2 | 次數 | 日期 | 分數 | |
| 3 | 1 | 11月1日 | 120 | |
| 4 | 2 | 11月2日 | 125 | |
| 5 | 3 | 11月3日 | 131 | |
| 6 | 4 | 11月4日 | 140 | |
| 7 | 5 | 11月5日 | 153 | |
| 8 | 6 | 11月6日 | 156 | |
| 9 | 7 | 11月7日 | 163 | |
| 10 | 8 | 11月8日 | 172 | |
| 11 | 9 | 11月9日 | 180 | |
| 12 | 10 | 11月10日 | 198 | |
| 13 | | | | |

省略「Range("A1:C1")」也能設定儲存格範圍的屬性

### HINT 巢狀 With 陳述式

上述範例在 **With** 陳述式內連續輸入了 **Font**，只要將 **With** 陳述式變成巢狀結構，就可以省略 **Font**。

# 3-8 顯示訊息

## 顯示訊息

VBA 內建**訊息**顯示功能可以與使用者互動。例如，當使用者關閉活頁簿或刪除工作表等處理前，顯示確認訊息，讓使用者選擇處理方式，或顯示含有輸入欄位的交談窗，讓使用者輸入內容。善用訊息視窗可以建立對使用者比較友善的程式。

### MsgBox 函數

顯示給使用者的訊息及按鈕的對話視窗。使用者可以按一下按鈕，選擇要執行的處理。

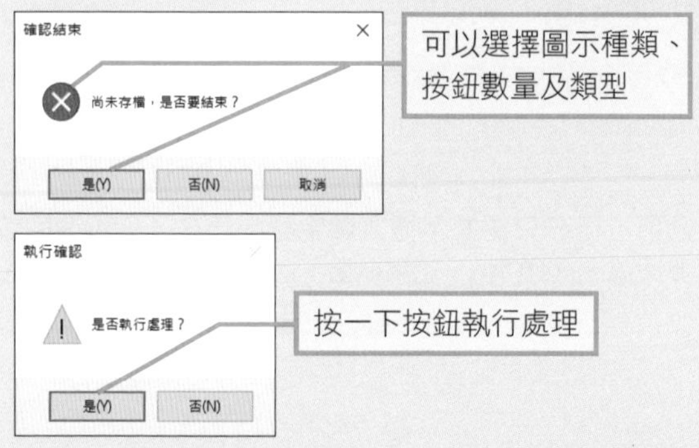

確認結束
尚未存檔，是否要結束？
是(Y)
否(N)
取消
可以選擇圖示種類、按鈕數量及類型
執行確認
是否執行處理？
是(Y)
否(N)
按一下按鈕執行處理

### InputBox 函數、InputBox 方法

顯示訊息及輸入欄位的交談窗，可以要求使用者輸入內容。

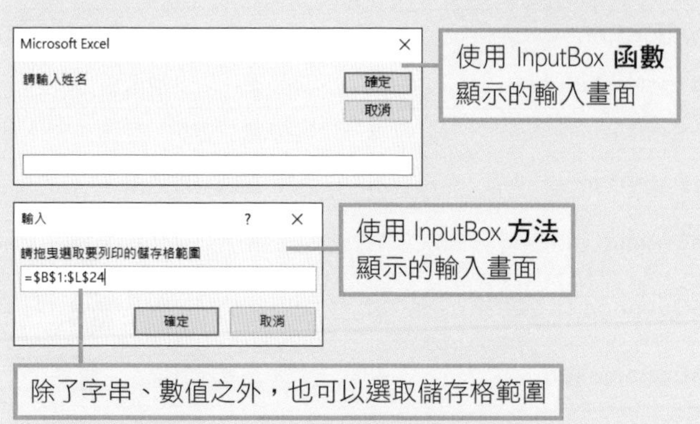

Microsoft Excel
請輸入姓名
確定
取消
使用 InputBox 函數顯示的輸入畫面
輸入
請拖曳選取要列印的儲存格範圍
=$B$1:$L$24
確定
取消
使用 InputBox 方法顯示的輸入畫面
除了字串、數值之外，也可以選取儲存格範圍

# 使用 MsgBox 函數顯示訊息

## MsgBox(Prompt, Buttons, Title, Helpfile, Context)

▶解說

使用 MsgBox 函數顯示的訊息包括**警告**或**注意**等圖示，以及**是**或**否**按鈕等。按下按鈕會傳回固定的傳回值，因此可以利用傳回值判斷條件，執行不同處理。

參照 按鈕的傳回值……P.3-62

▶設定項目

Prompt……要顯示在交談窗內的訊息字串。

Buttons……使用**常數**或**值**設定按鈕的種類、圖示種類、標準按鈕、訊息方塊是否為模態視窗 (Modal)。設定多個常數時，可以設定常數的合計值 (固定值為 0) (可省略)。

Title……要顯示在交談窗標題列的字串 (可省略)。

Helpfile……設定說明檔案 (可省略)。

Context……設定對應說明內容的編號 (可省略)。

避免發生錯誤

雖然按下按鈕會傳回不同的傳回值，但若只要顯示插入**確定**鈕的訊息，不用傳回值時，不需用 ( ) 包圍參數。如果需要傳回值，必須用 ( ) 包圍參數，輸入依傳回值執行的處理。

參數 Buttons 可以設定的常數清單

| 常數種類 | 常數 | 值 | 內容 |
|---|---|---|---|
| 設定按鈕種類的常數 | vbOKOnly | 0 | 顯示**確定**鈕 |
| | vbOKCancel | 1 | 顯示**確定**、**取消**鈕 |
| | vbAbortRetryIgnore | 2 | 顯示**中止**、**重試**、**忽略**、**取消**鈕 |
| | vbYesNoCancel | 3 | 顯示**是**、**否**、**取消**鈕 |
| | vbYesNo | 4 | 顯示**是**、**否**鈕 |
| | vbRetryCancel | 5 | 顯示**重試**、**取消**鈕 |
| 設定圖示種類的常數 | vbCritical | 16 | 顯示警告訊息圖示 |
| | vbQuestion | 32 | 顯示詢問訊息圖示 |
| | vbExclamation | 48 | 顯示注意訊息圖示 |
| | vbInformation | 64 | 顯示資訊訊息圖示 |

| 常數種類 | 常數 | 值 | 內容 |
|---|---|---|---|
| 設定一般按鈕常數 | vbDefaultButton1 | 0 | 第 1 個按鈕成為預設選取的按鈕 |
| | vbDefaultButton2 | 256 | 第 2 個按鈕成為預設選取的按鈕 |
| | vbDefaultButton3 | 512 | 第 3 個按鈕成為預設選取的按鈕 |
| | vbDefaultButton4 | 768 | 第 4 個按鈕成為預設選取的按鈕 |
| 設定訊息方塊狀態的常數 | vbApplicationModal | 0 | 設定應用程式**模態視窗**，在回答訊息方塊之前，無法執行 Excel 以外的操作 |
| | vbSystemModal | 4096 | 設定系統**模態視窗**，回答訊息方塊前，無法操作所有應用程式 |
| 其他常數 | vbMsgBoxHelpButton | 16384 | 新增說明鈕 |
| | VbMsgBoxSetForeground | 65536 | 顯示成最上層 ( 最前面 ) 的視窗 |
| | vbMsgBoxRight | 524288 | 文字靠右對齊 |
| | vbMsgBoxRtlReading | 1048576 | 由右往左顯示文字 |

### 模態視窗 (Modal)

**模態視窗** (Modal) 是指顯示在畫面上的訊息方塊，可以設定除非按一下按鈕，否則無法執行其他操作的限制方法。包括**應用程式模態視窗**與**系統模態視窗**。

### 一般按鈕

**一般按鈕**是指顯示訊息方塊時，最初呈現選取狀態的按鈕。按下 Enter 鍵，會執行和按下一般按鈕時相同的處理。

### 用 Buttons 參數設定多個常數

**Buttons** 參數提供設定按鈕及圖示種類的參數。如果要一次設定多個常數，可以採用連接常數的方式進行設定，例如「vbOkCancel+vbQuestion」，或設定成常數的合計值「33」(1+32)。

### 說明檔案與內容編號

**說明檔案**是當訊息方塊中的**說明**鈕被按下時，顯示說明檔案名稱，並設定說明檔案的路徑。**內容編號**是指開啟說明檔案時顯示的編號，可以設定對應說明內容的編號。

## ● 只顯示訊息

如果不需要讓使用者選擇處理方式，純粹顯示訊息時，只要設定 **MsgBox** 函數的第一個參數 **Prompt**。Prompt 參數可以設定計算結果、變數值、顯示字串等文字的字串形式，半形約可以設定 1024 個字元。

範例 3-8_001.xlsm

```
Sub␣只顯示訊息()
    MsgBox␣"目前時間:"␣&␣Now
End␣Sub
```

1. 「只顯示訊息」巨集
2. 將「目前時間：」字串與實際時間合併在一起顯示
3. 結束巨集

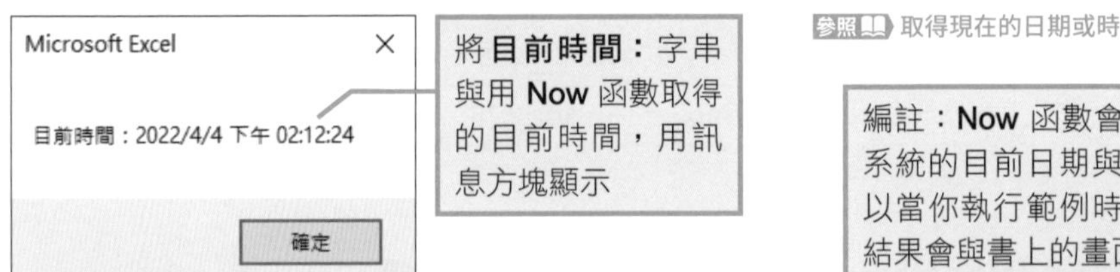

Microsoft Excel
目前時間：2022/4/4 下午 02:12:24
確定
將**目前時間：**字串與用 **Now** 函數取得的目前時間，用訊息方塊顯示

參照 取得現在的日期或時間……P.15-3

編註：**Now** 函數會抓取電腦系統的目前日期與時間，所以當你執行範例時，顯示的結果會與書上的畫面不同。

### HINT 讓訊息內容顯示成多行

如果要將訊息方塊內的文字分成多行顯示時，可以用「Chr(10)」(Line Feed)、「Chr(13)」(Carriage Return)、「Chr(13)+Chr(10)」( 組合 Carriage Return 與 Line Feed) 的格式使用 Chr 函數。你可以在想要換行的位置插入函數。或使用 VBA 的內建常數「vbLf」(Line Feed)、「vbCr」(Carriage Return)、「vbCrLf」( 組合 Carriage Return 與 Line Feed)。

參照 取得與 ASCII 碼對應的文字……P.15-22

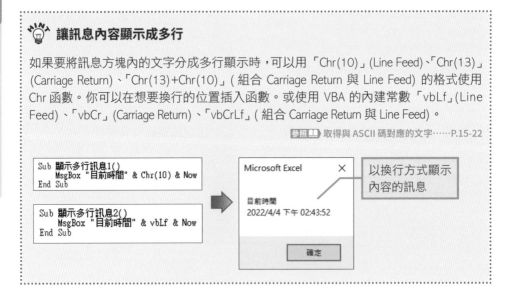

```
Sub 顯示多行訊息1()
    MsgBox "目前時間" & Chr(10) & Now
End Sub
```

```
Sub 顯示多行訊息2()
    MsgBox "目前時間" & vbLf & Now
End Sub
```

Microsoft Excel

目前時間
2022/4/4 下午 02:43:52

確定

以換行方式顯示內容的訊息

## ● 依照按鈕執行不同處理

按一下顯示在訊息方塊內的**是**鈕或**否**鈕，會根據按下按鈕傳回整數的傳回值。將傳回值儲存在變數內，使用 If 陳述式及 Select Case 陳述式，可以分別執行處理。使用傳回值時，要用 () 包圍參數。

範例 3-8_002.xlsm

參照 執行列印……P.10-3
參照 開啟預覽列印……P.10-5

▶ 在變數儲存 MsgBox 函數的傳回值

**變數 = MsgBox( 參數 )**

```
1  Sub␣依按鈕執行處理()
2      Dim␣ans␣As␣Integer
3      ans␣=␣MsgBox("顯示預覽後再列印？",␣_
           vbInformation␣+␣vbYesNoCancel,␣"確定列印")
4      Select␣Case␣ans
5          Case␣vbYes
6              ActiveSheet.PrintPreview
7          Case␣vbNo
8              ActiveSheet.PrintOut
9          Case␣Else
10             MsgBox␣"取消處理"
11     End␣Select
12 End␣Sub
```

註：「_（換行字元）」，當程式碼太長要接到下一行程式時，可用此斷行符號連接→參照 P.2-15

1. 「依按鈕執行處理」巨集
2. 以整數型別宣告儲存 MsgBox 函數傳回值的變數 ans
3. 在 MsgBox 函數分別設定要顯示的訊息、圖示、按鈕及標題，並將按下按鈕的傳回值儲存在變數 ans 內
4. 根據 ans 變數的值分別執行處理 (Select Case 陳述式開始 )
5. 當 ans 變數的值為「vbYes」時
6. 預覽列印選取的工作表
7. 當 ans 變數的值為「vbNo」時
8. 列印選取的工作表
9. 其他情況
10. 顯示「取消處理」訊息
11. 結束 Select Case 陳述式
12. 結束巨集

顯示的內容包括「顯示預覽後再列印？」訊息、標題為「確定列印」、「是」、「否」、「取消」按鈕，設定資訊圖示
確定列印
顯示預覽後再列印？
是(Y)
否(N)
取消
按一下**是**，會顯示預覽列印
按一下**否**，會執行列印
按一下**取消**會結束處理

按鈕的傳回值

| 常數 | 值 | 按鈕 |
|---|---|---|
| vbOK | 1 | **確定**鈕 |
| vbCancel | 2 | **取消**鈕 |
| vbAbort | 3 | **中止**鈕 |
| vbRetry | 4 | **重試**鈕 |
| vbIgnore | 5 | **忽略**鈕 |
| vbYes | 6 | **是**鈕 |
| vbNo | 7 | **否**鈕 |

HINT **用「()」包圍與不用「()」包圍 MsgBox 函數的參數**

MsgBox 函數沒有使用按鈕的傳回值時，不需要用「()」包圍參數。例如訊息中只有**確定**鈕時，就不用傳回值。可是置入多個按鈕，根據按鈕的傳回值執行不同處理時，就要用「()」包圍參數。其他屬性、方法也一樣。取得傳回值時，請用「()」包圍參數。

## 使用 InputBox 函數顯示訊息

**InputBox(Prompt, Title, Default, Xpos, Ypos, Helpfile, Context)**

▶解說

InputBox 函數會顯示輸入訊息文字及資料的輸入欄位。按下**確定**鈕後，會以字串型別傳回輸入的值。按一下**取消**鈕，傳回值會變成空的字串 ("")。

▶設定項目

Prompt..................要當作訊息顯示的字串。

Title..........................要顯示在交談窗標題列的字串 (可省略)。

Default...................設定在文字方塊內一開始顯示的字串 (可省略)。

Xpos........................設定畫面左邊到交談窗左邊的距離 (單位：Twip)。省略時，會顯示在畫面中央 (可省略)。

Ypos........................設定畫面上方到交談窗上方的距離 (單位：Twip)。省略時，會顯示在距離畫面上方約 1/3 的位置 (可省略)。

HelpTitle................設定說明檔案 (可省略)。

Context.................設定對應說明內容的內容 ID 編號 (可省略)。

避免發生錯誤

輸入文字方塊內的值會當作字串傳回。如果需要使用其他資料型別時，例如數值，就得另外確認傳回值的資料型別是否適當。此外，按下**取消**鈕，會傳回長度為 0 的字串 ("")。請視狀況撰寫執行處理的程式碼。

### Twip 單位

**Twip** 是「Twentieth of Point」的縮寫，1Twip 是 1/20 point，1 point 是 1/72 英吋，所以 1Twip = 1/20×1/72=1/1440 英吋。

範例 3-8_003.xlsm

```
1  Sub␣使用輸入的資料()
2      Dim␣myName␣As␣String
3      myName␣=␣InputBox("請輸入姓名",␣_
                   "全名",␣"〈不公開〉")
4      Range("B2").Value␣=␣myName
5  End␣Sub
```

註：「_（換行字元）」，當程式碼太長要接到下一行程式時，可用此斷行符號連接→參照 P.2-15

1 「使用輸入的資料」巨集
2 宣告字串型別變數 myName
3 設定訊息、標題、預設值，顯示輸入方塊，並將輸入的資料儲存在變數 myName
4 在 B2 儲存格輸入儲存在變數 myName 的值
5 結束巨集

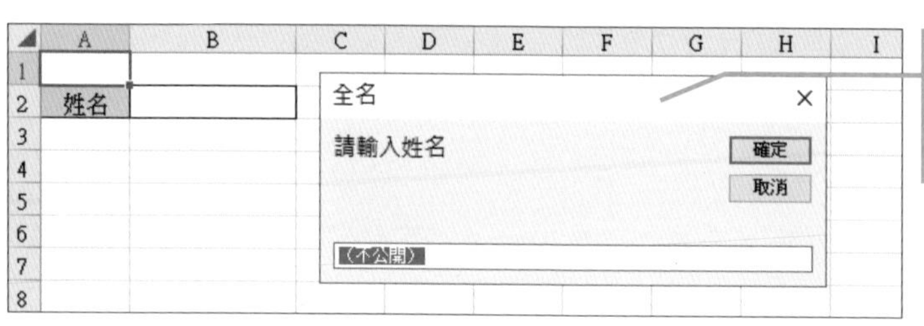


使用在 InputBox 函數設定的標題、訊息、預設值顯示交談窗

## 使用 InputBox 方法顯示訊息

**物件.InputBox(Prompt, Title, Default, Left, Top, HelpFile, HelpContextId, Type)**

▶解説

使用 InputBox 方法可以設定輸入資料，取得使用者輸入的內容。按下**確定**鈕後，傳回在傳回值輸入的資料，若按下**取消**鈕，則傳回 False 當作傳回值。

▶設定項目

**物件**……設定 Application 物件。

Prompt……要當作訊息顯示的字串。

Title……要顯示在交談窗標題列的字串。省略時顯示「輸入」(可省略)。

Default……設定文字方塊一開始顯示的字串 (可省略)。

Left............................以畫面左上方為基準，用 point 為單位設定交談窗的 X 座標 (可省略)。

Top............................以畫面左上方為基準，用 point 為單位設定交談窗的 Y 座標 (可省略)。

HelpFile...................設定說明檔案 (可省略)。

HelpContextId....設定對應說明的內容 ID 編號 (可省略)。

Type...........................用資料型別的代表值設定傳回值的資料型別。省略時，會變成字串。設定多個型別時，要設定成值的合計值。

| 值 | 資料型別 |
|---|---|
| 0 | 算式 |
| 1 | 數值 |
| 2 | 字串 ( 文字 ) |
| 4 | 邏輯值 (True 或 False) |
| 8 | 儲存格參照 (Range 物件 ) |
| 16 | 「#N/A」等錯誤值 |
| 64 | 數值陣列 |

避免發生錯誤

若是使用者按下交談窗中的**取消**鈕，會傳回 False。請視狀況，先輸入傳回 False 時的處理。此外，不可以省略 Application，若省略會變成 InputBox 函數。

### HINT 輸入了設定以外的資料時

如果輸入了非參數 **Type** 設定的資料型別，或是在未輸入的狀態按下**確定**鈕時，會顯示錯誤訊息。按下錯誤訊息中的**確定**鈕，會再次顯示輸入用的交談窗，可以重新輸入。

### HINT point 單位

**point** 單位是代表文字大小的單位之一，1 point = 1/72 英吋，約 0.35 公釐。

### HINT InputBox 方法與 InputBox 函數的差異

**InputBox 函數**會傳回字串，**InputBox 方法**除了字串之外，還能傳回各種資料型別的傳回值。按下**取消**鈕，InputBox 函數會傳回空字串「""」，但是 InputBox 方法是傳回 False。此外，在關閉以 InputBox 函數顯示的交談窗之前，無法執行 Excel 的其他操作。而 InpuBox 方法在顯示交談窗的狀態下，可以執行其他操作，例如選取儲存格等。請先瞭解 InputBox 函數與 InputBox 方法的差異，再根據用途妥善運用。

參照 使用 InputBox 函數顯示訊息……P.3-62

範例 3-8_004.xlsm

```
1  Sub 輸入數值資料()
2      Dim amount As Variant
3      amount = Application.InputBox(Prompt:="請設定數量", _
               Title:="輸入數量", Default:=1, Type:=1)
4      If TypeName(amount) = "Boolean" Then
5          Exit Sub
6      Else
7          Range("B4").Value = amount
8      End If
9  End Sub
```

註：「_（換行字元）」，當程式碼太長要接到下一行程式時，可用此斷行符號連接→參照 P.2-15

1 「輸入數值資料」巨集
2 以 Variant 型別宣告變數 amount，儲存 InputBox 方法的傳回值
3 在 InputBox 方法設定訊息、標題、預設值、資料型別（數值）。並顯示訊息，將輸入的數值儲存在變數 amount
4 如果變數 amount 儲存的資料型別為「Boolean」(If 陳述式開始）
5 結束處理
6 其他情況
7 在 B4 儲存格顯示變數 amount 的值
8 結束 If 陳述式
9 結束巨集

使用 InputBox 方法設定的標題、訊息、預設值顯示交談窗

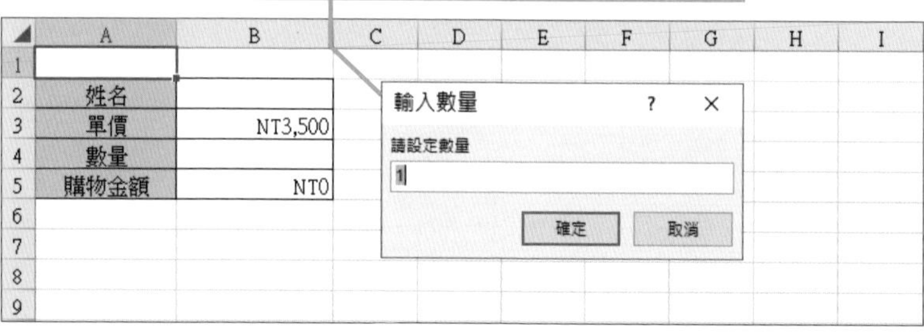


### 按下「取消」鈕時的處理

按下**取消**鈕後，會傳回 False 當作傳回值。由於 False 是**布林**型別 (Boolean) 資料，所以程式碼第 4 行用 **TypeName** 函數查詢傳回值的資料型別是否為 **Boolean**。如果資料型別為 Boolean，會判斷為按下**取消**鈕而結束處理；如果不是，會將傳回值顯示在儲存格內。

參照 確認物件與變數的種類……P.15-56

範例 3-8_005.xlsm

```
1 Sub 列印儲存格範圍()
2     Dim myRange As Range
3     Set myRange = Application.InputBox _
      (Prompt:="請拖曳選取要列印的儲存格範圍", Type:=8)
4     myRange.PrintOut Preview:=True
5 End Sub
```

註：「_（換行字元）」，當程式碼太長要接到下一行程式時，可用此斷行符號連接→參照 P.2-15

1 「列印儲存格範圍」巨集
2 宣告 Range 型別變數 myRange
3 使用 InputBox 方法設定訊息及資料型別（儲存格參照）。並顯示訊息，把取得的儲存格範圍儲存在變數 myRange
4 以預覽列印顯示儲存在變數 myRange 的儲存格範圍後再列印
5 結束巨集

使用 InputBox 方法取得列印範圍

顯示內容為「請拖曳選取要列印的儲存格範圍」，交談窗標題為「輸入」，資料型別為「儲存格參照」的輸入用交談窗

| | A | B | C | D | E | F | G | H | I | J | K | L | M |
|---|---|---|---|---|---|---|---|---|---|---|---|---|---|
| 1 | | 青山店 | | | | | | | | | | | |
| 2 | | 商品名稱 | 4月 | 5月 | 6月 | 7月 | 8月 | 9月 | 10月 | 11月 | 12月 | 合計 | |
| 3 | | 奶油捲麵包 | 120 | 135 | 105 | 123 | 130 | 124 | 136 | 124 | 130 | 359 | |
| 4 | | 可頌 | 180 | 169 | | | | | | 155 | 161 | 504 | |
| 5 | | 法國麵包 | 89 | 77 | | | | | | 73 | 84 | 223 | |
| 6 | | 菠蘿麵包 | 250 | 290 | | | | | | 315 | 323 | 932 | |
| 7 | | 飯店吐司 | 196 | 201 | | | | | | 203 | 196 | 620 | |
| 8 | | 熱狗麵包 | 340 | 325 | | | | | | 302 | 297 | 940 | |
| 9 | | 披薩 | 120 | 110 | | | | | | 100 | 96 | 328 | |
| 10 | | 螺旋麵包 | 330 | 315 | | | | | | 327 | 314 | 953 | |
| 11 | | 甜甜圈 | 280 | 290 | 277 | 268 | 288 | 265 | 246 | 250 | 241 | 783 | |
| 12 | | | | | | | | | | | | | |
| 13 | | | | | | | | | | | | | |
| 14 | | 表參道店 | | | | | | | | | | | |
| 15 | | 商品名稱 | 4月 | 5月 | 6月 | 7月 | 8月 | 9月 | 10月 | 11月 | 12月 | 合計 | |
| 16 | | 奶油捲麵包 | 120 | 135 | 105 | 123 | 130 | 124 | 136 | 124 | 130 | 359 | |
| 17 | | 可頌 | 180 | 169 | 174 | 182 | 163 | 169 | 179 | 155 | 161 | 504 | |
| 18 | | 法國麵包 | 89 | 77 | 65 | 69 | 74 | 74 | 88 | 73 | 84 | 223 | |
| 19 | | 菠蘿麵包 | 250 | 290 | 300 | 312 | 298 | 309 | 322 | 315 | 323 | 932 | |
| 20 | | 飯店吐司 | 196 | 201 | 216 | 200 | 199 | 208 | 219 | 203 | 196 | 620 | |
| 21 | | 熱狗麵包 | 340 | 325 | 336 | 303 | 296 | 307 | 310 | 302 | 297 | 940 | |
| 22 | | 披薩 | 120 | 110 | 126 | 109 | 97 | 106 | 107 | 100 | 96 | 328 | |
| 23 | | 螺旋麵包 | 330 | 315 | 325 | 312 | 321 | 314 | 330 | 327 | 314 | 953 | |
| 24 | | 甜甜圈 | 280 | 290 | 277 | 268 | 288 | 265 | 246 | 250 | 241 | 783 | |

輸入 ? ×
請拖曳選取要列印的儲存格範圍
$B$1:$L$24
確定 取消

把輸入的儲存格參照設定為列印範圍並顯示預覽列印

### HINT 按下「取消」鈕卻發生錯誤

**InputBox 方法**的 **Type** 參數為 **8** 時，會傳回 Range 物件型別的值。因此，變數 myRange 會變成 Range 物件型別，把值儲存在 Set 陳述式。此時，按下**取消**鈕，傳回值會變成 Boolean 型別的 False，所以會發生錯誤。發生錯誤時，請按下**結束**鈕結束處理。關於發生錯誤時的錯誤編號及處理方法請參照「錯誤編號與錯誤內容」。

按下交談窗中的**取消**鈕卻出現錯誤

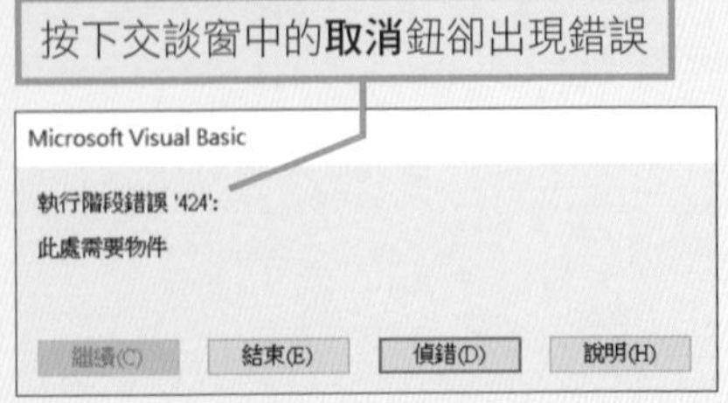


參照 執行階段錯誤……P.3-70
參照 錯誤編號與錯誤內容……P.3-76

# 3-9 錯誤處理

## 錯誤處理

即使依照讓程式正常執行處理的想法來寫程式，卻仍可能因為疏忽或使用者的意外操作而發生錯誤，或中途停止處理。設計程式時，必須盡可能思考所有可能性，避免發生錯誤。不過就算如此，仍很難完全避免發生錯誤。因此，你必須先瞭解執行程式時可能發生的錯誤種類，掌握發生錯誤時的處理方法。

錯誤的種類

| 種類 | 內容 |
| --- | --- |
| 編譯錯誤 | 程式語法錯誤時會發生的錯誤 |
| 執行階段錯誤 | 執行程式發生無法運算或處理時，如儲存在變數內的資料型別錯誤等 |
| 邏輯錯誤 | 即使沒有發生編譯錯誤或執行階段錯誤而中斷動作，卻仍未按照預期執行（出現意外的結果）的錯誤 |

錯誤處理的陳述式

| 陳述式 | 內容 |
| --- | --- |
| On Error GoTo 陳述式 | 設定發生錯誤時執行的處理 |
| On Error Resume 陳述式 | 即使發生錯誤也會忽略，繼續執行處理 |
| On Error GoTo 0 陳述式 | 讓發生錯誤時的處理無效。發生錯誤後，顯示錯誤訊息，中斷處理 |
| Resume 陳述式 | 執行發生錯誤時的處理後，回到發生錯誤的那一行 |
| Resume Next 陳述式 | 執行發生錯誤時的處理後，回到發生錯誤行的下一行 |

### 錯誤編號與錯誤內容

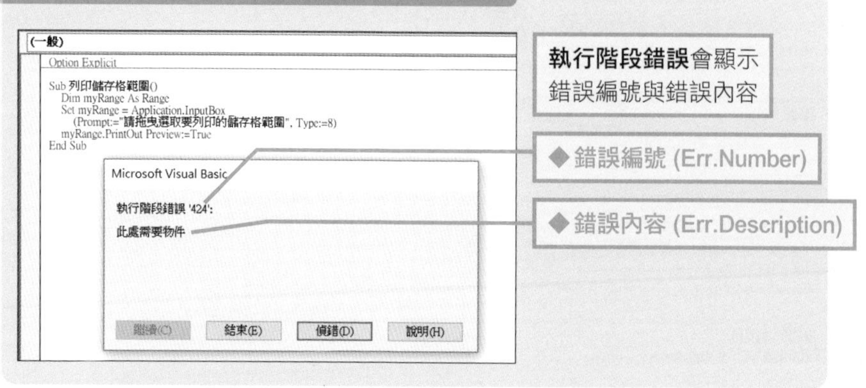

## 錯誤的種類

VBA 的錯誤包括**編譯錯誤**、**執行階段錯誤**、**邏輯錯誤**等三種。先瞭解這些錯誤內容，並掌握處理方法，是設計程式時，必須學會的重要技巧。以下將介紹錯誤的種類。

### ● 編譯錯誤

**編譯錯誤**是指 VBA 的語法不正確時發生的語法錯誤。通常在預設狀態下，都會啟用**自動進行語法檢查**功能，因此輸入錯誤的程式碼時，可能會顯示錯誤訊息，或在執行程式時，檢查程式碼內的語法，顯示錯誤訊息。

#### 編寫程式階段發生的編譯錯誤

啟用**自動進行語法檢查**之後，在編寫程式階段，發生編譯錯誤時，會顯示錯誤訊息，以紅字顯示發生錯誤的陳述式。

參照 停用自動進行語法檢查……P.3-70

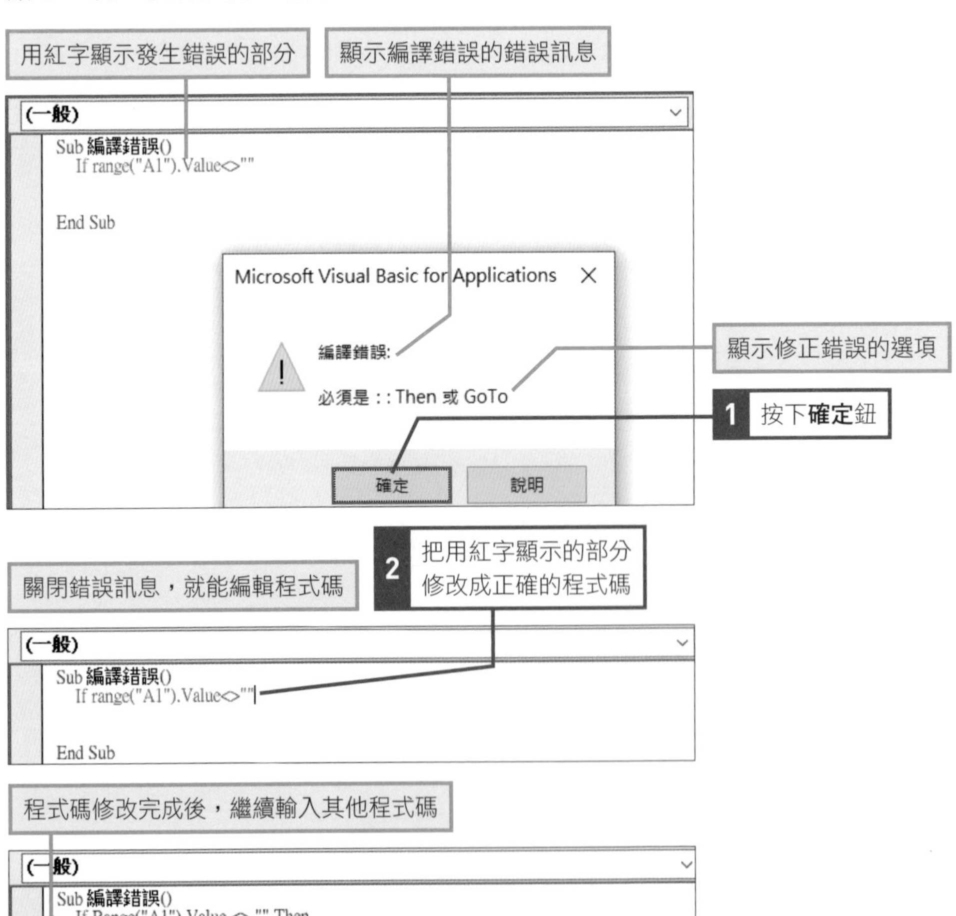

用紅字顯示發生錯誤的部分
顯示編譯錯誤的錯誤訊息
(一般)
Sub 編譯錯誤()
If range("A1").Value<>""
End Sub
Microsoft Visual Basic for Applications
編譯錯誤:
必須是 : : Then 或 GoTo
確定
說明
顯示修正錯誤的選項
1 按下確定鈕
關閉錯誤訊息，就能編輯程式碼
2 把用紅字顯示的部分修改成正確的程式碼
(一般)
Sub 編譯錯誤()
If range("A1").Value<>""
End Sub
程式碼修改完成後，繼續輸入其他程式碼
(一般)
Sub 編譯錯誤()
If Range("A1").Value <> "" Then
End Sub

## 執行程式階段發生的編譯錯誤

執行程式時，會檢查程式碼內的語法，如果發現語法錯誤時，會中斷處理，顯示錯誤訊息，並將有問題的部分反白顯示。

執行程序 參照 程序……P.2-13

反白顯示發生錯誤的部分　顯示編譯錯誤的錯誤訊息

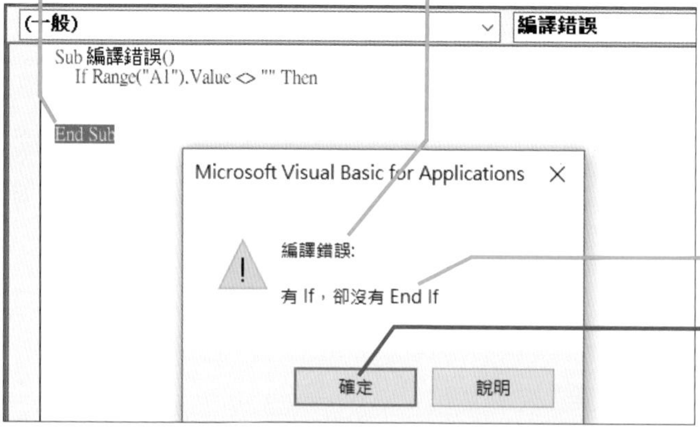

(一般)
編譯錯誤
Sub 編譯錯誤()
If Range("A1").Value <> "" Then
End Sub
Microsoft Visual Basic for Applications
編譯錯誤:
有 If，卻沒有 End If
確定
說明

顯示錯誤內容

**1** 按下**確定**鈕

關閉錯誤訊息，呈現中斷模式　結束執行中的巨集　**2** 按下**重新設定**鈕

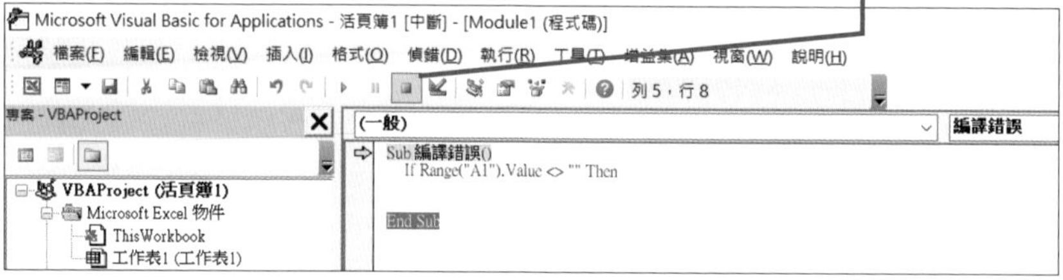

Microsoft Visual Basic for Applications - 活頁簿1 [中斷] - [Module1 (程式碼)]
檔案(F) 編輯(E) 檢視(V) 插入(I) 格式(O) 偵錯(D) 執行(R) 工具(T) 增益集(A) 視窗(W) 說明(H)
列 5，行 8
專案 - VBAProject
VBAProject (活頁簿1)
Microsoft Excel 物件
ThisWorkbook
工作表1 (工作表1)
(一般)
編譯錯誤
Sub 編譯錯誤()
If Range("A1").Value <> "" Then
End Sub

結束中斷模式

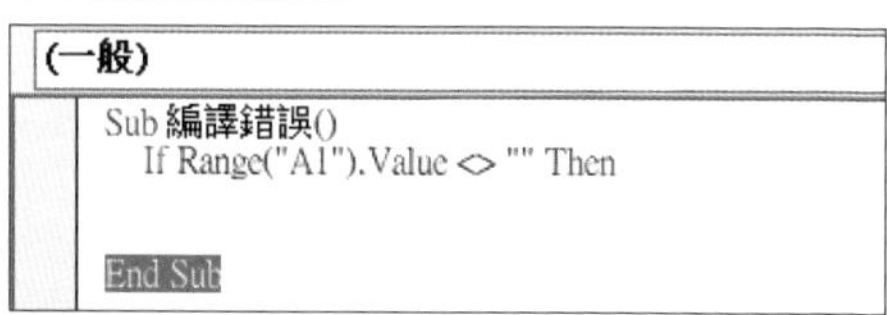

(一般)
Sub 編譯錯誤()
If Range("A1").Value <> "" Then
End Sub

**3** 把反白部分修改成正確的程式

(一般)
Sub 編譯錯誤()
If Range("A1").Value <> "" Then
Range("A1").Interior.ColorIndex = 3
End If
End Sub

### HINT 顯示錯誤提示

按下錯誤訊息中的**說明**鈕，會顯示該錯誤的說明畫面，你可以從中獲得發生錯誤的原因或修正錯誤的資料。

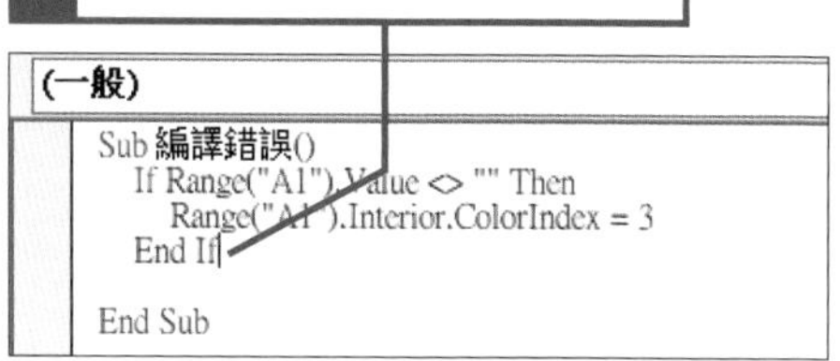

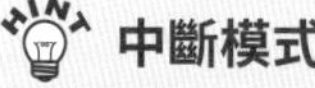

### HINT 中斷模式

**中斷模式**是指執行程序呈現中斷狀態，在 VBE 會以黃色顯示中斷的那一行。中斷模式時，可以修改程式碼。

參照 利用「中斷模式」找出錯誤……P.3-78

**停用自動進行語法檢查**

**自動進行語法檢查**預設為啟用狀態，即使在陳述式途中按下 Enter 鍵換行，也會顯示編譯錯誤的訊息。如果你覺得編譯錯誤的訊息很煩人，可以停用**自動進行語法檢查**功能。執行『**工具→選項**』命令，開啟**選項**交談窗，取消勾選**編輯器**頁次的**自動進行語法檢查**項目，就能關閉。此外，如果想用多行編寫陳述式，先在換行位置輸入**行接續字元**（ _），就不會發生錯誤。 參照 把一個陳述式分成多行……P.2-15

## ● 執行階段錯誤

**執行階段錯誤**是執行程式時，儲存在變數內的資料型別錯誤，或設定了錯誤的物件名稱而無法處理時所發生的錯誤，發生執行階段錯誤後，會中斷處理並顯示訊息。

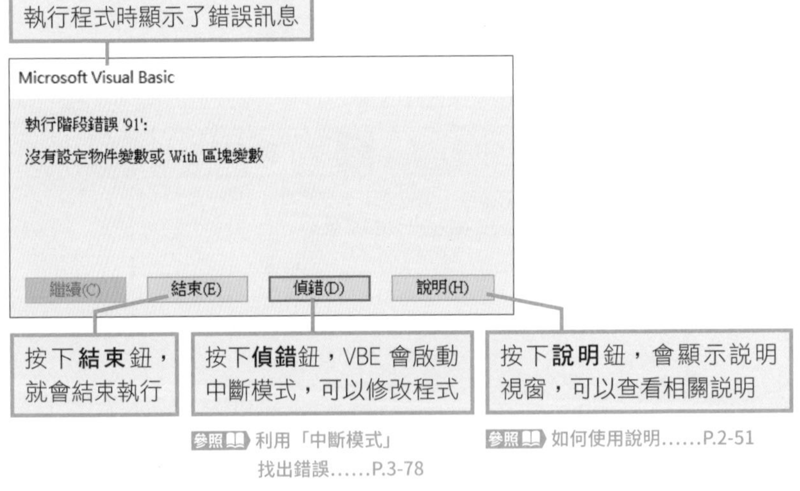
執行程式時顯示了錯誤訊息
Microsoft Visual Basic
執行階段錯誤 '91':
沒有設定物件變數或 With 區塊變數
繼續(C)
結束(E)
偵錯(D)
說明(H)
按下結束鈕，就會結束執行
按下偵錯鈕，VBE 會啟動中斷模式，可以修改程式
按下說明鈕，會顯示說明視窗，可以查看相關說明

參照 利用「中斷模式」找出錯誤……P.3-78

參照 如何使用說明……P.2-51

## ● 邏輯錯誤

**邏輯錯誤**是指沒有獲得預期的結果，而不是因為**編譯錯誤**或**執行階段錯誤**造成處理中斷的情況。這種錯誤很難找出錯誤部分，修改起來最花時間。這種錯誤的處理方法必須使用 VBE 提供的偵錯功能，仔細分析程式碼。 參照 偵錯……P.3-78

## 編寫處理錯誤的程式碼

發生執行階段錯誤時，會中斷處理並顯示錯誤訊息。如果你希望即使在執行程式碼的過程中發生錯誤，也不會中斷處理並讓程式結束，就要先編寫處理錯誤的程式碼。以下將說明如何編寫處理錯誤的程式碼。

### ● On Error GoTo 陳述式

**On Error GoTo** 陳述式是發生錯誤時，移到指定**行標籤**執行處理的陳述式。在可能發生錯誤的程式碼之前，先輸入 On Error GoTo 陳述式，利用行標籤設定發生錯誤時要移動到的位置。在行標籤之後輸入處理錯誤的程式碼。

▶ On Error GoTo 陳述式的語法

```
Sub 程序名稱 ()
    On Error GoTo 行標籤
        一般執行的處理
        Exit Sub
行標籤：
    發生錯誤時的處理
End Sub
```

- On Error GoTo 行標籤：發生錯誤時，依照**行標籤**執行不同處理（啟用**錯誤捕捉**）
- 一般執行的處理：沒有發生錯誤時的處理
- Exit Sub：沒有發生錯誤時，在此結束處理
- 行標籤：在**行標籤**後面輸入「:」
- 發生錯誤時的處理：發生錯誤時的處理（編寫**錯誤處理常式**）

**什麼是「行標籤」？**

在程式中，利用辨識特殊行的字串，顯示移到程式處理的位置時，會使用**行標籤**。利用「On Error GoTo 行標籤」顯示要移動到哪裡，並在該處的行頭輸入「行標籤 :」。

在行標籤後面加上「:（冒號）」，可以辨識成行標籤。行標籤的長度為半形 40 個字元以內，沒有區分大小寫。同一模組不能使用相同行標籤。

**錯誤捕捉**

**錯誤捕捉**是指執行程式的過程中，若發生錯誤時，移動到因應該錯誤執行處理的機制。

**錯誤處理常式 (Error Handling Routine)**

**錯誤處理常式**是指發生錯誤時執行的處理。一般錯誤處理常式會寫在程序的最後。為了避免沒有發生錯誤時，執行錯誤處理常式，必須在錯誤處理常式之前，輸入 Exit Sub 陳述式，結束處理。

參照 在處理途中停止重複處理或停止巨集……P.3-54

## 發生錯誤時，顯示訊息並結束

P.3-63 介紹過，使用 InputBox 方法取得儲存格範圍 (Range 物件 ) 的程序中，按下**取消**鈕時，會發生錯誤。以下將使用 **On Error GoTo** 陳述式，在發生錯誤時，跳轉到行標籤 **errHandler**，移動到錯誤處理常式，以避免按下**取消**鈕時發生的錯誤。

範例 3-9_001.xlsm

```
1 Sub 列印儲存格範圍_錯誤處理()
2     Dim myRange As Range
3     On Error GoTo errHandler
4     Set myRange = Application.InputBox _
          (Prompt:="請拖曳選取要列印的儲存格範圍", Type:=8)
5     myRange.PrintOut Preview:=True
6     Exit Sub
7 errHandler:
8     MsgBox "結束處理"
9 End Sub
```

1 「列印儲存格範圍 _ 錯誤處理」巨集
2 宣告 Range 型別變數 myRange
3 發生錯誤後，移動到行標籤 errHandler 的處理
4 在 InputBox 方法設定訊息與資料型別並顯示訊息，將取得的儲存格範圍儲存在變數 myRange
5 以預覽列印顯示儲存在變數 myRange 內的儲存格範圍後列印
6 結束處理 ( 正常執行到第 5 行時，避免執行**錯誤處理常式** )
7 行標籤 **errHandler** ( 發生錯誤時移動到的位置 )
8 顯示**結束處理**訊息
9 結束巨集

執行巨集的過程中發生錯誤時會顯示訊息

## ● On Error Resume Next 陳述式

**On Error Resume Next** 陳述式在程式發生錯誤時，會忽略並繼續執行處理。雖然不會中斷處理，卻因為忽略了錯誤，可能無法正常執行程式。因此，最好能夠寫出處理錯誤的程式碼。On Error Resume Next 陳述式適合用在即使忽略錯誤也不會造成影響的簡單處理。

### 忽略錯誤繼續執行處理

此範例是一個以訊息顯示下一個工作表名稱的巨集，如果在執行最後一個工作表時會發生錯誤，將使用 On Error Resume Next 陳述式，忽略錯誤。

範例 3-9_002.xlsm

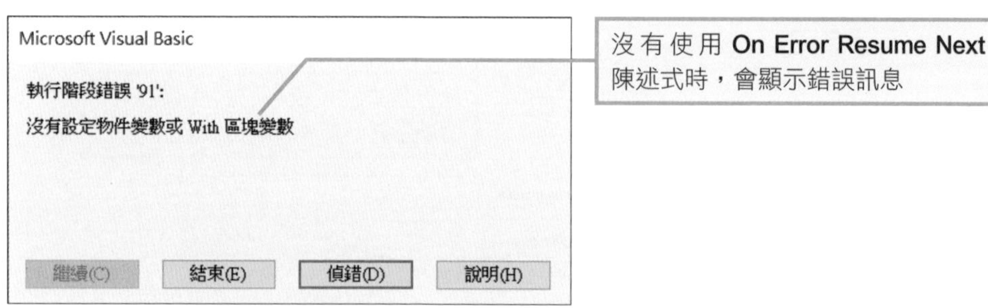
Microsoft Visual Basic
執行階段錯誤 '91':
沒有設定物件變數或 With 區塊變數
繼續(C)
結束(E)
偵錯(D)
說明(H)
沒有使用 On Error Resume Next 陳述式時，會顯示錯誤訊息

```
1  Sub 忽略錯誤繼續執行處理()
2      On Error Resume Next
3      ActiveSheet.Next.Activate
4      MsgBox ActiveSheet.Name
5  End Sub
```

1. 「忽略錯誤繼續執行處理」巨集
2. 即使發生錯誤仍會執行下一個陳述式
3. 選取目前工作表的下一個工作表
4. 以訊息顯示目前工作表的工作表名稱
5. 結束巨集

## ● On Error GoTo 0 陳述式

**On Error GoTo 0** 陳述式是停用**錯誤捕捉**的陳述式。寫了這個陳述式後，因其他陳述式而發生錯誤時，會中斷處理，並顯示錯誤訊息，不會執行錯誤處理。

參照 On Error GoTo 陳述式……P.3-71
參照 錯誤處理常式……P.3-71

## 停用「錯誤捕捉」功能

以下範例是選取目前工作表中的一個圖表，並將 A1 儲存格的值變成工作表的名稱，把該圖表移動到新的圖表工作表。利用第 2 行的 On Error GoTo 陳述式啟用**錯誤捕捉** (Error Trap)。並以**錯誤處理常式**處理沒有插入圖表時所發生的錯誤。由於第 4 行使用 On Error GoTo 0 陳述式停用了錯誤捕捉，因此將圖表移動到圖表工作表時，若出現相同工作表名稱，就會發生錯誤，中斷處理。

範例 3-9_003.xlsm

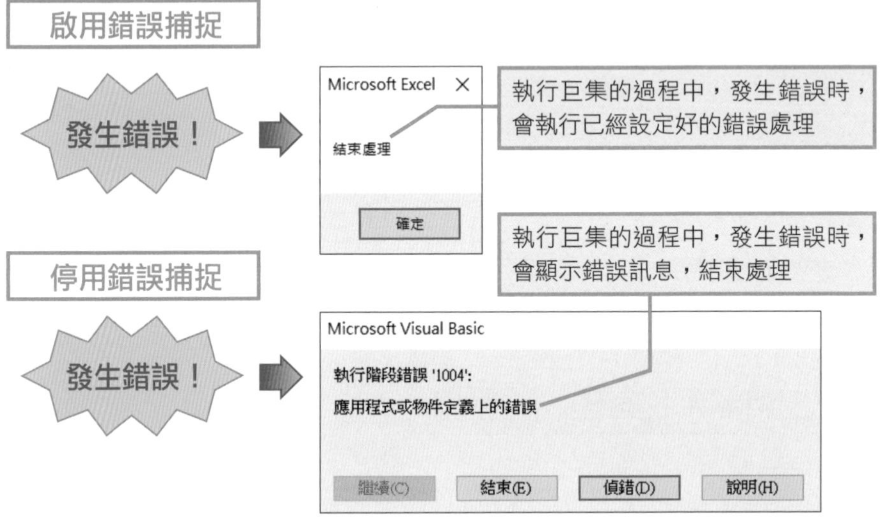


```
1  Sub 停用錯誤捕捉()
2      On Error GoTo errHandler
3      ActiveSheet.ChartObjects(1).Select
4      On Error GoTo 0
5      ActiveChart.Location Where:=xlLocationAsNewSheet, _
                           Name:=Range("A1").Value
6      Exit Sub
7  errHandler:
8      MsgBox "結束處理。"
9  End Sub
```

註：「_ (換行字元)」，當程式碼太長要接到下一行程式時，可用此斷行符號連接→參照 P.2-15

1. 「停用錯誤捕捉」巨集
2. 發生錯誤後，移動到行標籤 errHandler (啟用錯誤捕捉)
3. 選取目前工作表中的圖表
4. 停用錯誤捕捉
5. 將 A1 儲存格的值變成工作表名稱，把選取的圖表移動到新的圖表工作表
6. 結束處理 (正常執行到第 5 行時，不執行錯誤處理常式)
7. 行標籤 errHandler (發生錯誤時移動到的位置)
8. 顯示**結束處理**訊息
9. 結束巨集

## ● Resume 陳述式與 Resume Next 陳述式

執行錯誤處理常式之後，回到發生錯誤的那一行，再次執行處理時，會使用 Resume 陳述式。包括 Resume 陳述式、Resume Next 陳述式、Resume 行標籤等，功能如下所示。

參照 On Error GoTo 陳述式……P.3-71
參照 錯誤處理常式……P.3-71

Resume 陳述式的種類

| 種類 | 項目 |
| --- | --- |
| Resume | 從發生錯誤的那一行開始重新執行處理 |
| Resume Next | 從發生錯誤的下一行開始重新執行處理 |
| Resume 行標籤 | 回到指定的行標籤重新執行處理 |

### 執行錯誤處理後，回到發生錯誤的那一行再重新執行處理

選取目前工作表中的圖表，把圖表類型設為橫條圖。如果因為沒有插入圖表而發生錯誤時，利用 On Error GoTo 陳述式移動到行標籤 errHandler。執行錯誤處理後，使用 Resume 陳述式回到發生錯誤的那一行，重新執行處理。

範例 3-9_004.xlsm

```
1  Sub 錯誤處理後重新執行處理()
2      On Error GoTo errHandler
3      ActiveSheet.ChartObjects(1).Chart.ChartType = xlBarClustered
4      Exit Sub
5  errHandler:
6      MsgBox "沒有圖表，請先建立圖表"
7      Dim gr As Range
8      Set gr = Range("B8:F18")
9      ActiveSheet.ChartObjects.Add(gr.Left, gr.Top, gr.Width, _
           gr.Height) .Chart.SetSourceData Range("A1:F5")
10     Resume
11 End Sub
```

註：「_（換行字元）」，當程式碼太長要接到下一行程式時，可用此斷行符號連接→參照 P.2-15

1 「錯誤處理後重新執行處理」巨集
2 發生錯誤後，移動到行標籤 errHandler
3 把目前工作表中的圖表類型變成橫條圖
4 結束巨集處理（正常執行到第 3 行時，不執行錯誤處理常式）
5 行標籤 errHandler（發生錯誤時的移動位置）
6 顯示**沒有圖表，請先建立圖表**訊息
7 宣告 Range 型別變數 gr
8 在變數 gr 儲存 B8 ～ F18 儲存格範圍
9 把目前工作表的 A1 ～ F5 儲存格範圍當作資料範圍，將變數 gr 的儲存格範圍變成圖表大小
10 回到發生錯誤的那一行，重新執行處理
11 結束巨集

## 錯誤編號與錯誤內容

執行程式發生的執行階段錯誤，都會分配一個**錯誤編號**及**錯誤內容**，並顯示**執行階段錯誤**的訊息交談窗。錯誤編號與錯誤內容可以運用在錯誤處理程式碼中。使用 Err 物件的 Number 屬性可以取得錯誤編號，而 Err 物件的 Description 屬性能取得錯誤內容。

### 執行階段錯誤時顯示的錯誤訊息

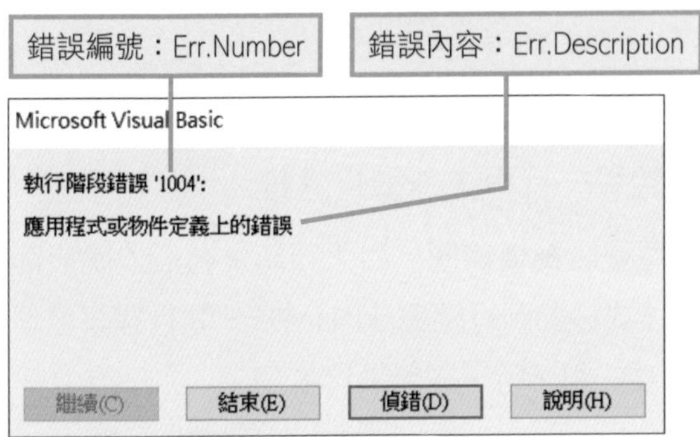


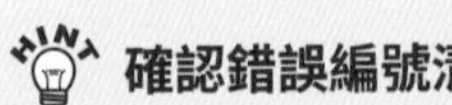

**確認錯誤編號清單**

在說明畫面中，請使用關鍵字「可截獲的錯誤」或「Trappable Errors」搜尋錯誤編號清單。

### ● 顯示錯誤編號與錯誤內容並結束處理

利用錯誤處理常式，以訊息顯示發生的錯誤編號與錯誤內容，並結束處理。雖然訊息內容與執行階段錯誤一樣，但是此時不會進入中斷模式，而能結束處理。

範例 3-9_005.xlsm

```
1 Sub 顯示錯誤編號與錯誤內容並結束處理()
2     On Error GoTo errHandler
3     ActiveSheet.ChartObjects(1).Chart.ChartType = xlBarClustered
4     Exit Sub
5 errHandler:
6     MsgBox Err.Number & ":" & Err.Description
7 End Sub
```

1 「顯示錯誤編號與錯誤內容並結束處理」巨集
2 發生錯誤後，移動到行標籤 errHandler
3 把目前工作表的圖表類型變成橫條圖
4 結束巨集處理（正常執行到第 3 行時，不執行錯誤處理常式）
5 行標籤 errHandler（發生錯誤時的移動位置）
6 用訊息顯示錯誤編號與錯誤內容
7 結束巨集

## ● 依照錯誤種類分別處理

若是事先知道有可能會發生的錯誤，可以先在程式碼中輸入錯誤編號並執行處理。以下範例是針對目前活頁簿中沒有圖表工作表時，發生錯誤編號 9，以及沒有準備儲存檔案的磁碟機（這裡是指 USB 隨身碟的 H 磁碟機），發生錯誤編號 68，以及其他錯誤，分別撰寫錯誤處理程式碼。

範例 3-9_006.xlsm

> **注意** 每部電腦配置的磁碟代號都不同，此範例的 USB 裝置以 H 磁碟機為例，請查看自己電腦中的磁碟代號，再將以下程式碼的第 4 行改成自己的磁碟機代號。

```
1  Sub␣依錯誤種類分別執行處理()
2      On␣Error␣GoTo␣errHandler
3      Charts("青山店").PrintPreview
4      ChDrive␣"H"
5      ActiveWorkbook.SaveCopyAs␣"業績圖表.xlsm"
6      Exit␣Sub
7  errHandler:
8      Select␣Case␣Err.Number
9          Case␣9
10             MsgBox␣"沒有圖表工作表"
11         Case␣68
12             MsgBox␣"找不到磁碟機"
13         Case␣Else
14             MsgBox␣"發生錯誤"
15     End␣Select
16 End␣Sub
```

1 「依錯誤種類分別執行處理」巨集
2 發生錯誤後，移動到行標籤 errHandler
3 顯示圖表工作表「青山店」的預覽列印
4 將磁碟機代號改成 H (USB 隨身碟 )
5 將目前活頁簿另存成「業績圖表 .xlsm」
6 結束巨集處理 ( 正常執行到第 5 行時，不執行錯誤處理常式 )
7 行標籤 errHandler ( 發生錯誤時移動到的位置 )
8 針對錯誤編號的值執行以下處理 (Select Case 陳述式開始 )
9 如果錯誤編號是 9
10 顯示**沒有圖表工作表**訊息
11 如果錯誤編號是 68
12 顯示**找不到磁碟機**訊息
13 其餘狀況
14 顯示**發生錯誤**訊息
15 結束 Select 陳述式
16 結束巨集

# 3-10 偵錯

## 什麼是「偵錯」？

程式中的錯誤稱作 **Bug** (害蟲)。包括編譯錯誤、執行階段錯誤、邏輯錯誤。去除這些錯誤就叫作**偵錯**。VBE 提供了各種偵錯功能，使用**偵錯**工具列，就能運用偵錯功能，非常方便。

VBE 的偵錯功能

| 功能 | 內容 |
|---|---|
| 設計模式 | 逐行執行陳述式，確認每一行變數值的變化及動作 |
| 監看視窗 | 能以**中斷模式**確認特定變數、運算式、屬性值 |
| 區域變數視窗 | 顯示執行中程序所有變數值的清單，能以**中斷模式**確認這些值 |
| 即時運算視窗 | 可以匯出變數值的變化，或執行 VBA 的陳述式，能測試或確認程式碼 |

## 利用「中斷模式」找出錯誤

在發生**執行階段錯誤**，顯示錯誤訊息時，按一下**偵錯**鈕，會以中斷模式顯示 VBE 畫面。**中斷模式**是指在執行程序途中，暫時停止處理的狀態。此時，在 VBE 畫面中，會以黃色反白狀態顯示造成錯誤的陳述式，有助於找出錯誤原因。

範例 3-10_001.xlsm

參照 執行階段錯誤……P.3-70

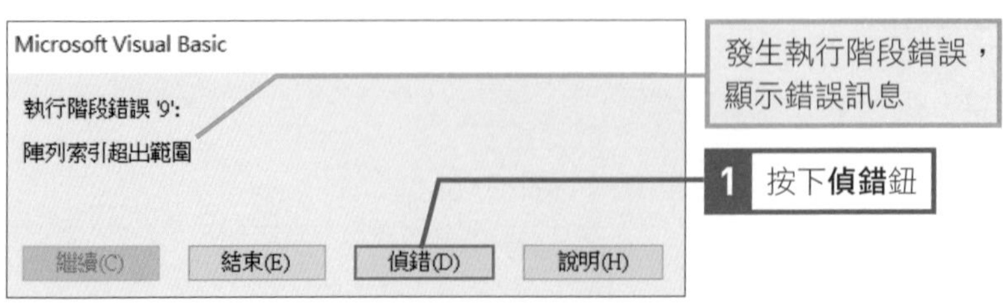

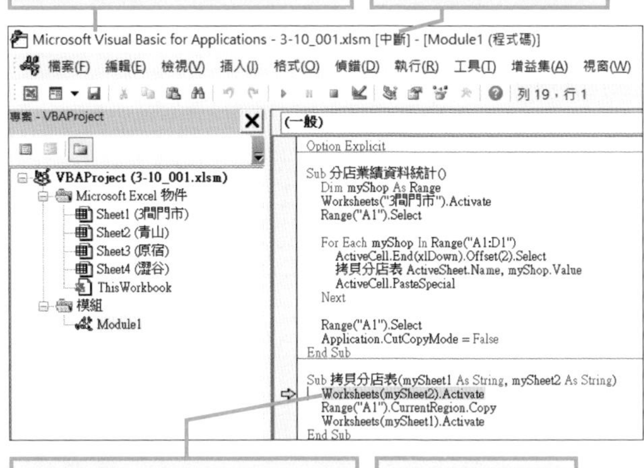


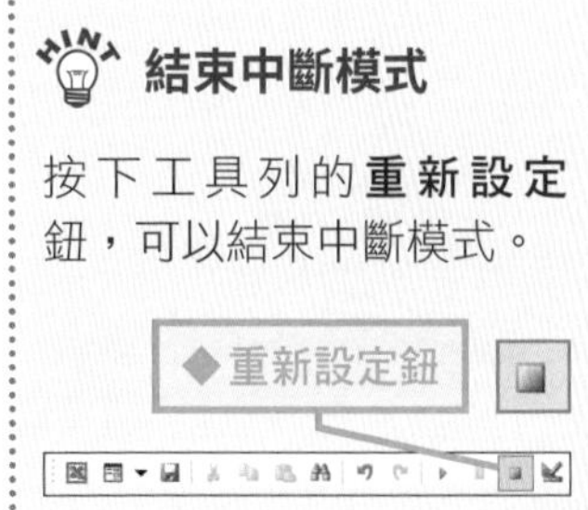

結束中斷模式
按下工具列的重新設定鈕，可以結束中斷模式。
◆重新設定鈕


## ● 設定中斷點

快速鍵 F9

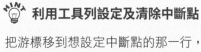

發生**執行階段錯誤**時，會以黃色反白顯示造成錯誤的位置，所以能輕易鎖定發生問題的地方，但是邏輯錯誤不會發生執行階段錯誤，所以必須詳細確認程序內容。尋找邏輯錯誤的方法之一，是先暫時中斷程序內可能有問題的部分，之後再**逐行執行**，確認內容。如果要在特定位置中斷處理，進入中斷模式，要設定**中斷點**。

參照 邏輯錯誤……P.3-70

例如中斷「ActiveCell.End(xlDown).Offset(2).Select」這一行的處理

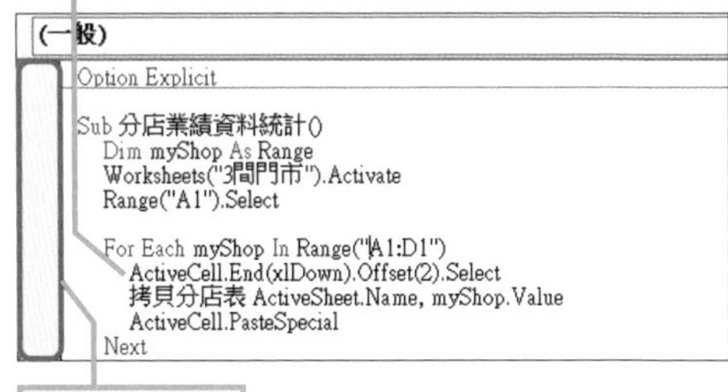


**1** 在想中斷處理的那一行按一下**邊界指標**

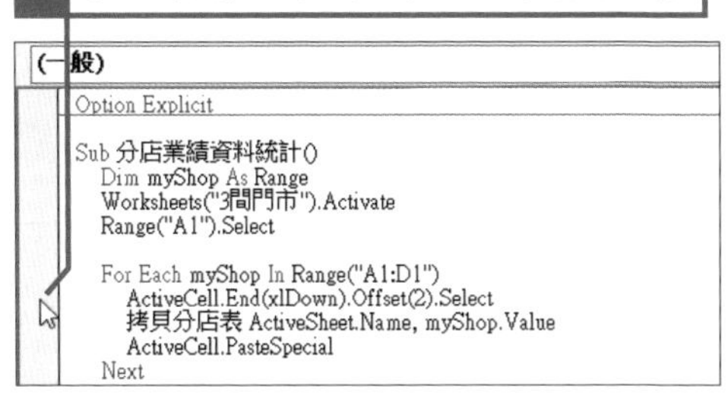

### 利用工具列設定及清除中斷點

把游標移到想設定中斷點的那一行，按下**編輯**工具列或**偵錯**工具列的**切換中斷點**鈕 (  )。可以切換設定或清除中斷點。執行『**檢視→工具列→編輯或偵錯**』命令，可以顯示工具列。

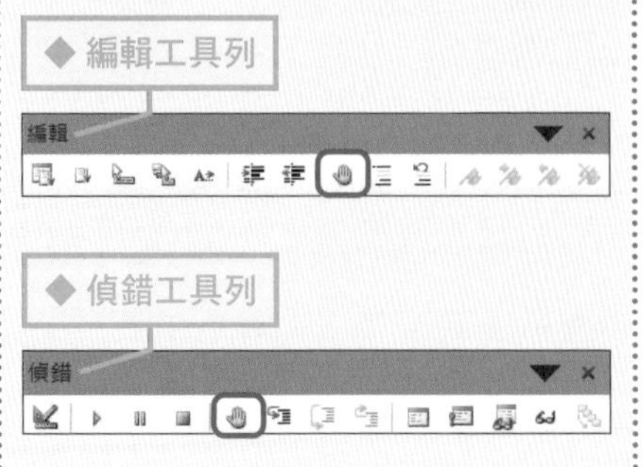

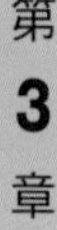

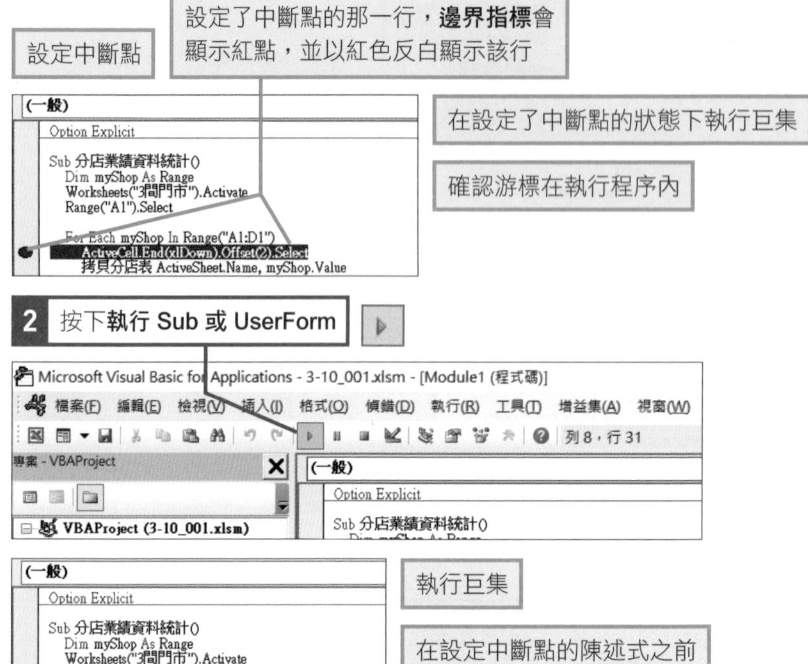
設定中斷點
設定了中斷點的那一行，邊界指標會顯示紅點，並以紅色反白顯示該行
在設定了中斷點的狀態下執行巨集
確認游標在執行程序內
(一般)
Option Explicit
Sub 分店業績資料統計()
Dim myShop As Range
Worksheets("3間門市").Activate
Range("A1").Select
For Each myShop In Range("A1:D1")
ActiveCell.End(xlDown).Offset(2).Select
拷貝分店表 ActiveSheet.Name, myShop.Value
2 按下執行 Sub 或 UserForm
Microsoft Visual Basic for Applications - 3-10_001.xlsm - [Module1 (程式碼)]
檔案(F) 編輯(E) 檢視(V) 插入(I) 格式(O) 偵錯(D) 執行(R) 工具(T) 增益集(A) 視窗(W)
列 8，行 31
專案 - VBAProject
VBAProject (3-10_001.xlsm)
執行巨集
在設定中斷點的陳述式之前中斷處理，變成中斷模式

**清除中斷點**

按一下設定了中斷點的邊界指標紅點，就能清除中斷點。

**利用快速鍵設定或清除中斷點**

把游標移動到想設定中斷點的那一行，每次按下 F9 鍵，就能切換設定或清除中斷點。

**一次解除所有中斷點**

如果要一次解除設定在多個地方的中斷點，請執行『**偵錯→清除所有中斷點**』命令。此外，按下 Ctrl ＋ Shift ＋ F9 鍵，同樣也可以一次清除所有中斷點。

## 使用「步驟模式」執行巨集

中斷模式時，接下來執行的程式會以黃色反白顯示。執行逐行處理，可以確認陳述式的處理狀態，比較容易找到錯誤。逐行執行陳述式的操作狀態稱作**步驟模式**。步驟模式包括逐行、逐程序、跳出、執行至游標處等四種。

範例 3-10_002.xlsm

參照 利用「中斷模式」找出錯誤……P.3-78

## ● 逐行

逐行是一行一行執行處理。在程序內呼叫其他程序時，呼叫出來的程序也會逐行執行。在**中斷模式**按一下**偵錯**工具列的**逐行**鈕（），就能執行逐行處理。

(一般)
Option Explicit
Sub 分店業績資料統計()
Dim myShop As Range
Worksheets("3間門市").Activate
Range("A1").Select
For Each myShop In Range("B1:D1")
ActiveCell.End(xlDown).Offset(2).Select
拷貝分店表 ActiveSheet.Name, myShop.Value
ActiveCell.PasteSpecial
Next
Range("A1").Select
Application.CutCopyMode = False
End Sub
Sub 拷貝分店表(mySheet1 As String, mySheet2 As String)
先在要中斷處理的那一行設定中斷點
一行一行執行中斷該行之後的處理，確認動作

參照 設定中斷點……P.3-79

執行巨集

**1** 按下**一般**工具列的**執行** Sub 或 UserForm

(一般)
Option Explicit
Sub 分店業績資料統計()
Dim myShop As Range
Worksheets("3間門市").Activate
Range("A1").Select
For Each myShop In Range("B1:D1")
ActiveCell.End(xlDown).Offset(2).Select
拷貝分店表 ActiveSheet.Name, myShop.Value
ActiveCell.PasteSpecial
Next

在設定中斷點的那一行之前中斷處理

執行中斷的那一行（以黃色反白顯示）

**2** 按下**偵錯**工具列的**逐行**鈕

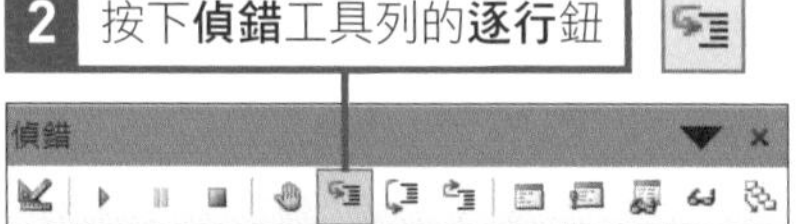
偵錯

執行已經中斷的那一行，在執行下一行之前，中斷處理

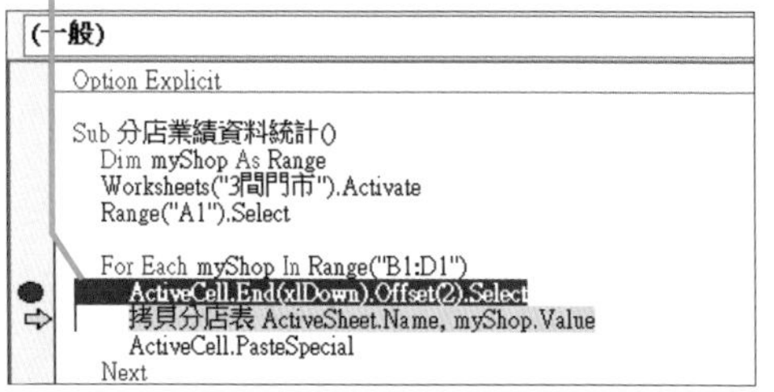
(一般)
Option Explicit
Sub 分店業績資料統計()
Dim myShop As Range
Worksheets("3間門市").Activate
Range("A1").Select
For Each myShop In Range("B1:D1")
ActiveCell.End(xlDown).Offset(2).Select
拷貝分店表 ActiveSheet.Name, myShop.Value
ActiveCell.PasteSpecial
Next

執行中斷的那一行（以黃色反白顯示）

**3** 按下**偵錯**工具列的**逐行**鈕 

### HINT 顯示「偵錯」工具列

執行『**檢視→工具列→偵錯**』命令，可以開啟**偵錯**工具列。

### HINT 使用快速鍵逐行執行處理

按下 F8 鍵，可以逐行執行處理。習慣按鍵操作後，就很方便。

### HINT 確認程序的執行狀況

以全螢幕顯示 VBE 畫面時，即使刻意執行逐行處理，也無法確認在 Excel 的處理狀態。因此，利用步驟模式確認動作時，同時顯示 VBE 與 Excel 視窗，就能確認執行狀況。如果要排列視窗，請先隱藏 VBE 與 Excel 以外的視窗，在 Windows **工作列**按右鍵，執行**並排顯示視窗**命令。

第 3 章

這裡呼叫了子程序，所以要執行的下一行變成子程序的第一行

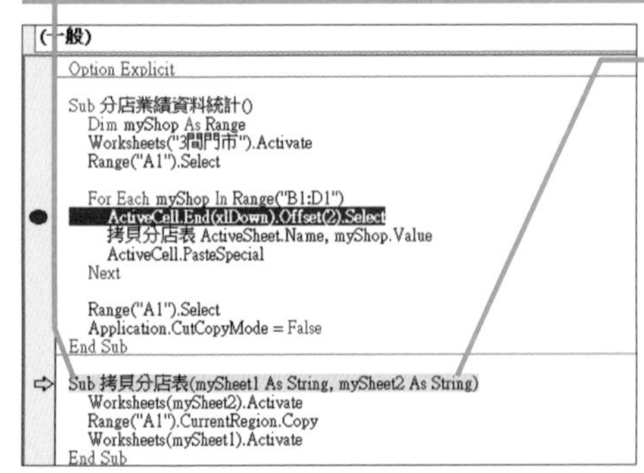
(一般)
Option Explicit
Sub 分店業績資料統計()
Dim myShop As Range
Worksheets("3間門市").Activate
Range("A1").Select
For Each myShop In Range("B1:D1")
ActiveCell.End(xlDown).Offset(2).Select
拷貝分店表 ActiveSheet.Name, myShop.Value
ActiveCell.PasteSpecial
Next
Range("A1").Select
Application.CutCopyMode = False
End Sub
Sub 拷貝分店表(mySheet1 As String, mySheet2 As String)
Worksheets(mySheet2).Activate
Range("A1").CurrentRegion.Copy
Worksheets(mySheet1).Activate
End Sub

接著只執行已經中斷的那一行

呼叫子程序時，也逐行執行子程序內的處理

**4** 按下**偵錯**工具列的**逐行**鈕

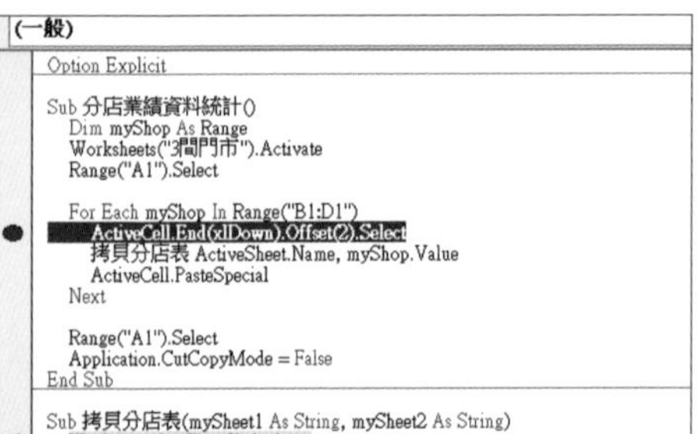
(一般)
Option Explicit
Sub 分店業績資料統計()
Dim myShop As Range
Worksheets("3間門市").Activate
Range("A1").Select
For Each myShop In Range("B1:D1")
ActiveCell.End(xlDown).Offset(2).Select
拷貝分店表 ActiveSheet.Name, myShop.Value
ActiveCell.PasteSpecial
Next
Range("A1").Select
Application.CutCopyMode = False
End Sub
Sub 拷貝分店表(mySheet1 As String, mySheet2 As String)
Worksheets(mySheet2).Activate
Range("A1").CurrentRegion.Copy
Worksheets(mySheet1).Activate
End Sub

執行已經中斷的那一行的處理，並在執行下一行之前中斷處理

### HINT 從逐行中途開始一次執行處理

逐行執行處理，並修正程式碼後，請按下**一般**工具列的**繼續**鈕（ ）。在中斷模式時，**繼續**鈕會顯示成**中斷**鈕。但是非中斷模式時，會顯示成**執行 Sub 或 UserForm** 鈕。按鈕的顯示內容會隨著是否正在執行程序而異，請特別注意這一點。

## ● 逐程序

快速鍵 Shift ＋ F8

**逐程序**是呼叫出子程序時，直接在子程序逐行執行處理。按下**偵錯**工具列的**逐程序**鈕（ ），就能執行處理。假如不需要逐行執行子程序，可以按下**跳出**鈕。**跳出**能統一執行子程序。

參照 設定中斷點……P.3-79

先在想中斷處理的那一行設定中斷點

逐行確認該行後面的處理動作

(一般)
Option Explicit
Sub 分店業績資料統計()
Dim myShop As Range
Worksheets("3間門市").Activate
Range("A1").Select
For Each myShop In Range("B1:D1")
ActiveCell.End(xlDown).Offset(2).Select
拷貝分店表 ActiveSheet.Name, myShop.Value
ActiveCell.PasteSpecial
Next
Range("A1").Select
Application.CutCopyMode = False
End Sub
Sub 拷貝分店表(mySheet1 As String, mySheet2 As String)
Worksheets(mySheet2).Activate
Range("A1").CurrentRegion.Copy
Worksheets(mySheet1).Activate
End Sub

### HINT 逐行與逐程序的差異

**逐行**與**逐程序**的差別只在子程序的處理方法。逐行是連子程序都逐行處理，逐程序是統一執行子程序。

3-10 偵錯

執行巨集

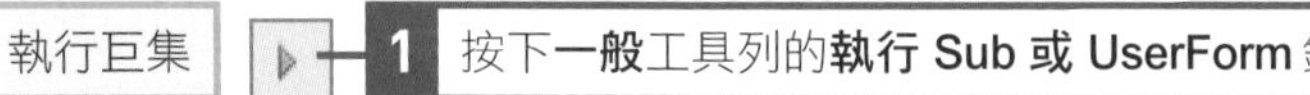

**1** 按下**一般**工具列的**執行 Sub 或 UserForm** 鈕

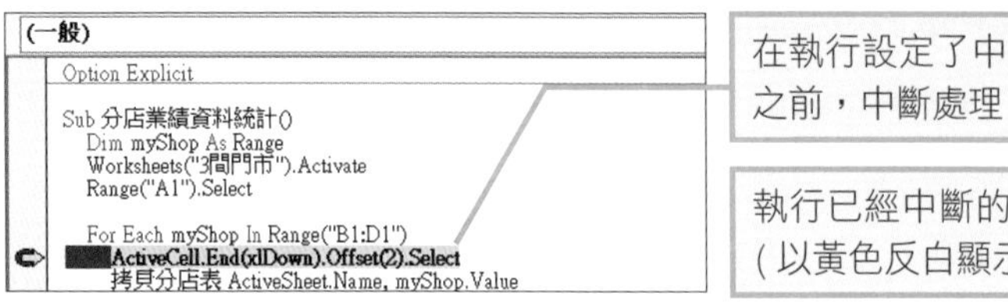
(一般)
Option Explicit
Sub 分店業績資料統計()
Dim myShop As Range
Worksheets("3間門市").Activate
Range("A1").Select
For Each myShop In Range("B1:D1")
ActiveCell.End(xlDown).Offset(2).Select
拷貝分店表 ActiveSheet.Name, myShop.Value

在執行設定了中斷點的那一行之前，中斷處理

執行已經中斷的那一行（以黃色反白顯示）

**2** 按下**偵錯**工具列的**逐程序**鈕

參照 顯示「偵錯」工具列……P.3-81

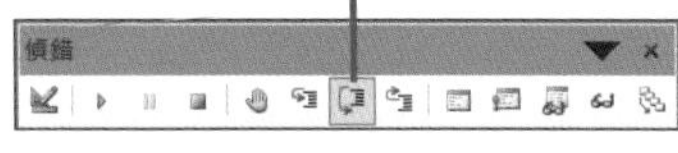
偵錯

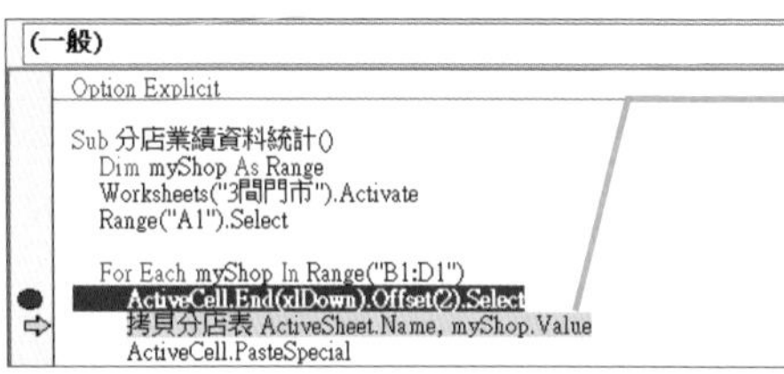
(一般)
Option Explicit
Sub 分店業績資料統計()
Dim myShop As Range
Worksheets("3間門市").Activate
Range("A1").Select
For Each myShop In Range("B1:D1")
ActiveCell.End(xlDown).Offset(2).Select
拷貝分店表 ActiveSheet.Name, myShop.Value
ActiveCell.PasteSpecial

執行已經中斷的那一行，在執行下一行之前先中斷處理

接下來要執行的是子程序「拷貝分店表」那一行

**3** 按下**偵錯**工具列的**逐程序**鈕

**HINT 用快速鍵執行「跳出」**

假如不需要逐行執行子程序，可以按下 Shift ＋ F8 鍵來**跳出**。

```
(一般)
Option Explicit

Sub 分店業績資料統計()
    Dim myShop As Range
    Worksheets("3間門市").Activate
    Range("A1").Select

    For Each myShop In Range("B1:D1")
        ActiveCell.End(xlDown).Offset(2).Select
        拷貝分店表 ActiveSheet.Name, myShop.Value
        ActiveCell.PasteSpecial
    Next

    Range("A1").Select
    Application.CutCopyMode = False
End Sub

Sub 拷貝分店表(mySheet1 As String, mySheet2 As String)
    Worksheets(mySheet2).Activate
    Range("A1").CurrentRegion.Copy
    Worksheets(mySheet1).Activate
End Sub
```

執行呼叫出來的子程序「拷貝分店表」，以黃色反白顯示下一個要執行的陳述式

統一執行呼叫出來的子程序，而不是一行一行執行

執行已經中斷的那一行，在執行下一行之前中斷處理

**4** 按下**偵錯**工具列的**逐程序**鈕

執行了 ActiveCell.PasteSpecial

執行已經中斷的那一行，在執行下一行之前中斷處理

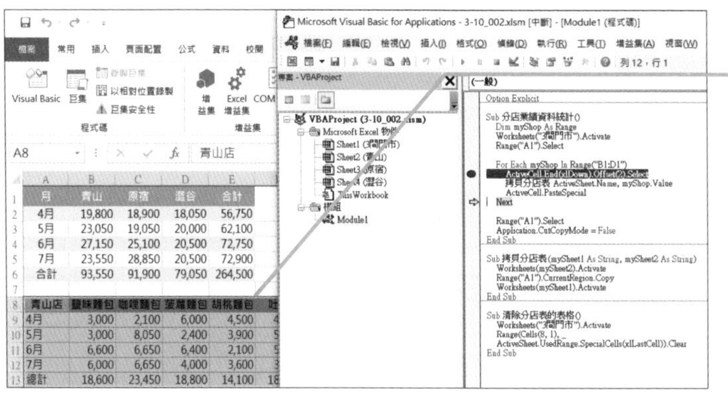
Microsoft Visual Basic for Applications - 3-10_002.xlsm [中斷] - [Module1 (程式碼)]
Visual Basic
巨集
以相對位置錄製
巨集安全性
程式碼
增益集
A8
青山店
VBAProject (3-10_002.xlsm)
Microsoft Excel 物件
ThisWorkbook
Module1
Sub 分店業績資料統計()
Sub 拷貝分店表(mySheet1 As String, mySheet2 As String)
Sub 清除分店表的表格()

顯示 Excel，可以立即確認執行了子程序「拷貝分店表」，已經貼上表格了

## ● 跳出

**跳出**是在中斷模式時，統一執行程序剩下的部分。例如，使用逐行執行子程序內的程式時，統一執行子程序剩餘的陳述式，若想回到主程序，中斷要執行的下一行時，就可以使用這個功能。此外，在主程序內執行**跳出**時，會執行到主程序的最後。

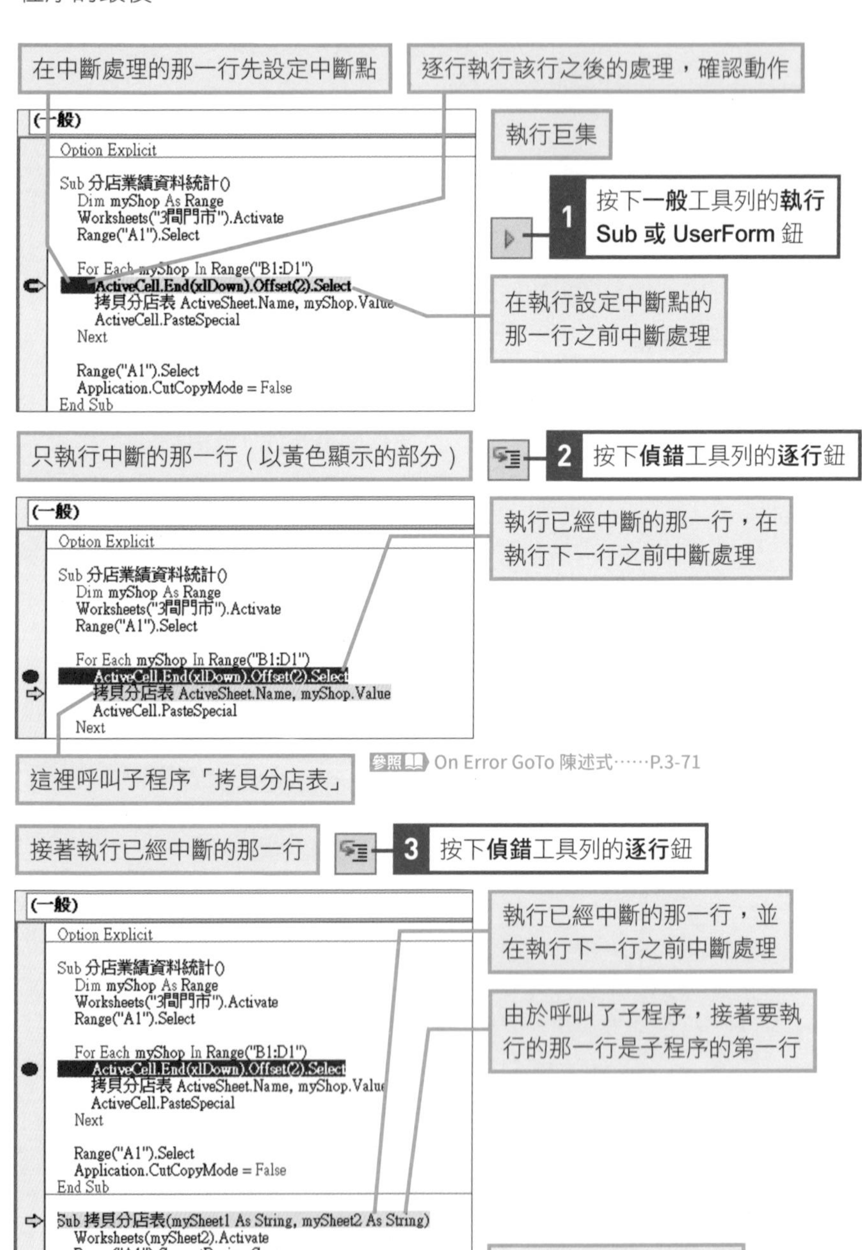
在中斷處理的那一行先設定中斷點
逐行執行該行之後的處理，確認動作
執行巨集
1 按下**一般**工具列的**執行 Sub 或 UserForm** 鈕
在執行設定中斷點的那一行之前中斷處理
只執行中斷的那一行（以黃色顯示的部分）
2 按下**偵錯**工具列的**逐行**鈕
執行已經中斷的那一行，在執行下一行之前中斷處理
這裡呼叫子程序「拷貝分店表」
接著執行已經中斷的那一行
3 按下**偵錯**工具列的**逐行**鈕
執行已經中斷的那一行，並在執行下一行之前中斷處理
由於呼叫了子程序，接著要執行的那一行是子程序的第一行
統一執行子程序的處理
(一般)
Option Explicit
Sub 分店業績資料統計()
Dim myShop As Range
Worksheets("3間門市").Activate
Range("A1").Select
For Each myShop In Range("B1:D1")
ActiveCell.End(xlDown).Offset(2).Select
拷貝分店表 ActiveSheet.Name, myShop.Value
ActiveCell.PasteSpecial
Next
Range("A1").Select
Application.CutCopyMode = False
End Sub
Sub 拷貝分店表(mySheet1 As String, mySheet2 As String)
Worksheets(mySheet2).Activate
Range("A1").CurrentRegion.Copy
Worksheets(mySheet1).Activate
End Sub

參照 On Error GoTo 陳述式……P.3-71

參照 顯示「偵錯」工具列……P.3-81

4 按下偵錯工具列的跳出鈕
偵錯
(一般)
Option Explicit
Sub 分店業績資料統計()
Dim myShop As Range
Worksheets("3間門市").Activate
Range("A1").Select
For Each myShop In Range("B1:D1")
ActiveCell.End(xlDown).Offset(2).Select
拷貝分店表 ActiveSheet.Name, myShop.Value
ActiveCell.PasteSpecial
Next
Range("A1").Select
Application.CutCopyMode = False
End Sub
統一執行子程序的處理，在主程序要執行的下一行中斷處理

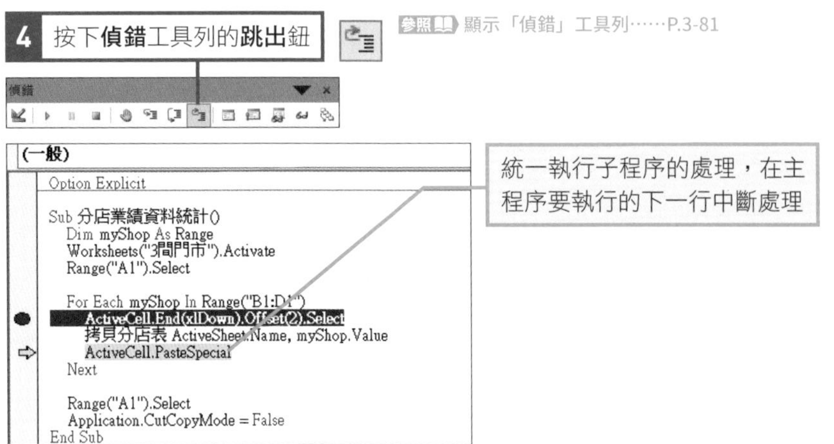

## ● 執行至游標處

要在程序內的其中一行顯示游標，請執行『**偵錯→執行至游標處**』命令，會在游標顯示的那一行執行中斷處理，該行顯示黃色反白狀態。如果沒有設定中斷點，只想暫時統一執行到游標所在位置時，可以使用這個功能。

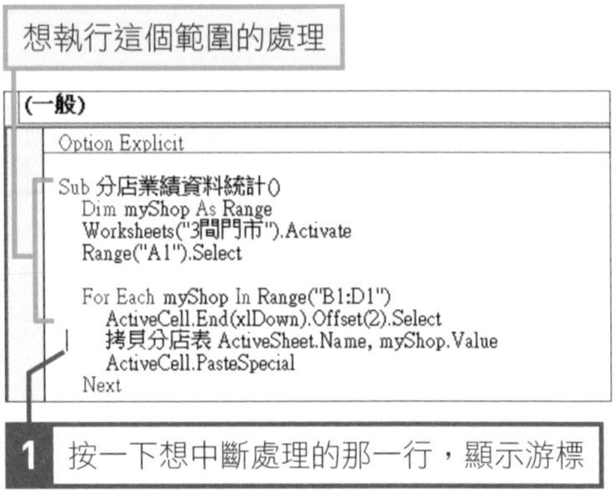

想執行這個範圍的處理
(一般)
Option Explicit
Sub 分店業績資料統計()
Dim myShop As Range
Worksheets("3間門市").Activate
Range("A1").Select
For Each myShop In Range("B1:D1")
ActiveCell.End(xlDown).Offset(2).Select
拷貝分店表 ActiveSheet.Name, myShop.Value
ActiveCell.PasteSpecial
Next
1 按一下想中斷處理的那一行，顯示游標

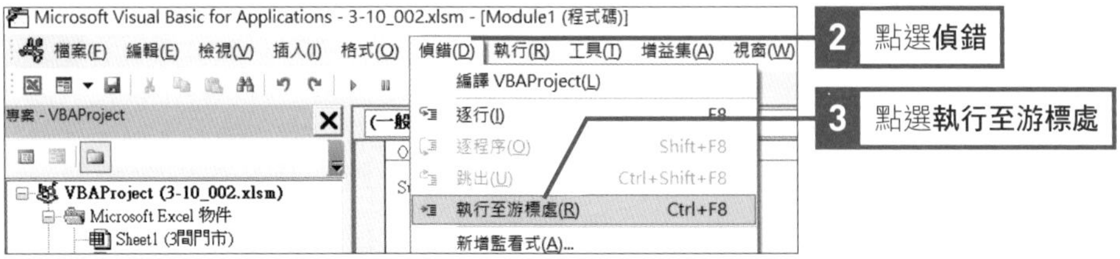

Microsoft Visual Basic for Applications - 3-10_002.xlsm - [Module1 (程式碼)]
檔案(F) 編輯(E) 檢視(V) 插入(I) 格式(O) 偵錯(D) 執行(R) 工具(T) 增益集(A) 視窗(W)
專案 - VBAProject
VBAProject (3-10_002.xlsm)
Microsoft Excel 物件
Sheet1 (3間門市)
編譯 VBAProject(L)
逐行(I) F8
逐程序(O) Shift+F8
跳出(U) Ctrl+Shift+F8
執行至游標處(R) Ctrl+F8
新增監看式(A)...
2 點選偵錯
3 點選執行至游標處

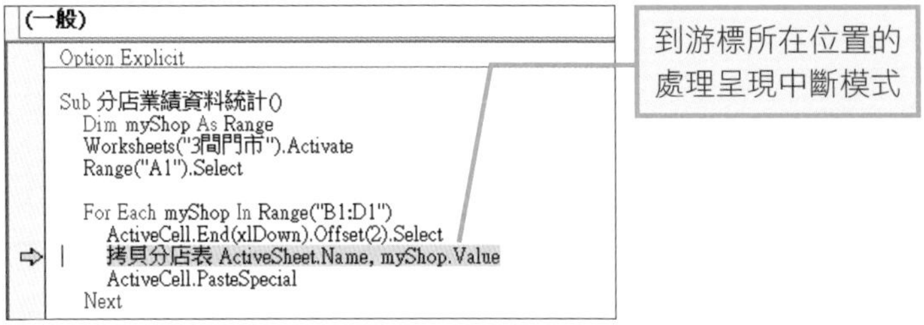

(一般)
Option Explicit
Sub 分店業績資料統計()
Dim myShop As Range
Worksheets("3間門市").Activate
Range("A1").Select
For Each myShop In Range("B1:D1")
ActiveCell.End(xlDown).Offset(2).Select
拷貝分店表 ActiveSheet.Name, myShop.Value
ActiveCell.PasteSpecial
Next
到游標所在位置的處理呈現中斷模式

## 監看視窗

**監看視窗**可以確認在中斷模式時設定的變數、運算式、屬性值等。想查看錯誤原因或確認動作時，把變數、運算式、屬性新增至監看式中，就能確認處理中，值產生的變化，或變成特定值時，中斷處理。 範例 3-10_002.xlsm

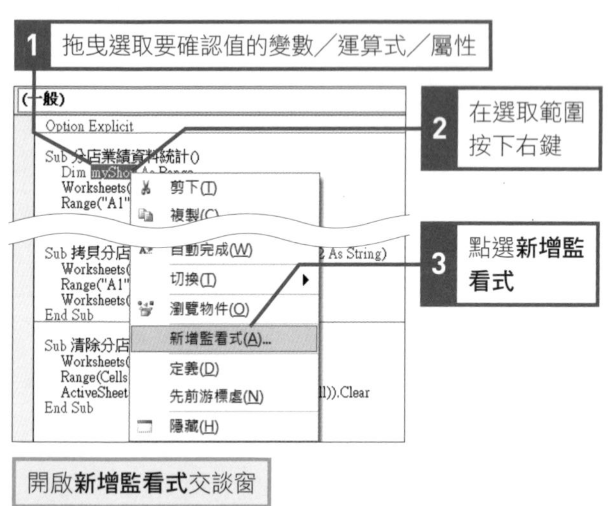


開啟**新增監看式**交談窗

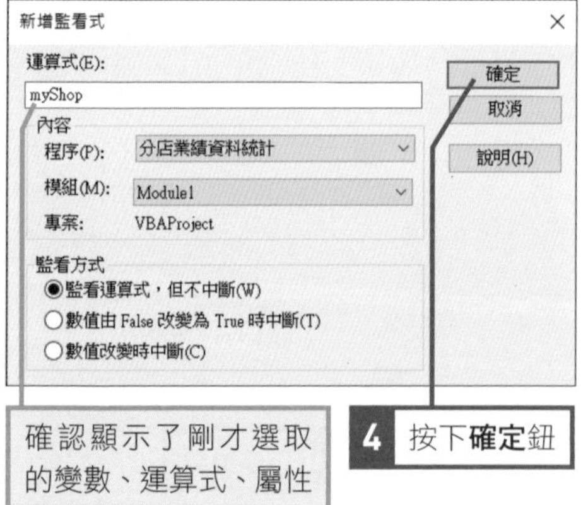


確認顯示了剛才選取的變數、運算式、屬性

4 按下**確定**鈕

剛才選取的變數／運算式／屬性新增至監看式

### HINT 「新增監看式」視窗的功能

在**新增監看式**交談窗中，可以設定想新增的變數、運算、屬性的監看式有效範圍。還可以針對新增的監看式設定只顯示內容，或依照內容中斷處理。

設定監看式的有效範圍

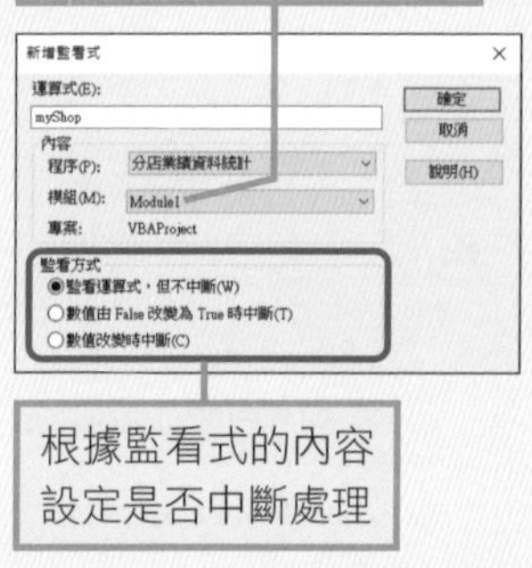

根據監看式的內容設定是否中斷處理

### HINT 沒有顯示監看視窗

如果畫面上沒有顯示**監看視窗**，請執行『**檢視→監看視窗**』命令，或按下**偵錯**工具列的**監看視窗**鈕（ ）。

| 運算式 | 值 | 型態 | 內容 |
|---|---|---|---|
| mySHop | <無法決定> | Range | Module1.分店業績資料統計 |
| mySheet1 | <無法決定> | Empty | Module1.拷貝分店表 |
| mySheet2 | <無法決定> | Empty | Module1.拷貝分店表 |

依照相同操作，把想確認的變數／運算式／屬性新增至監看式

將 Excel 與 VBE 畫面並排在一起比較方便確認處理狀況

**5** 按下**偵錯**工具列的**逐行**鈕 

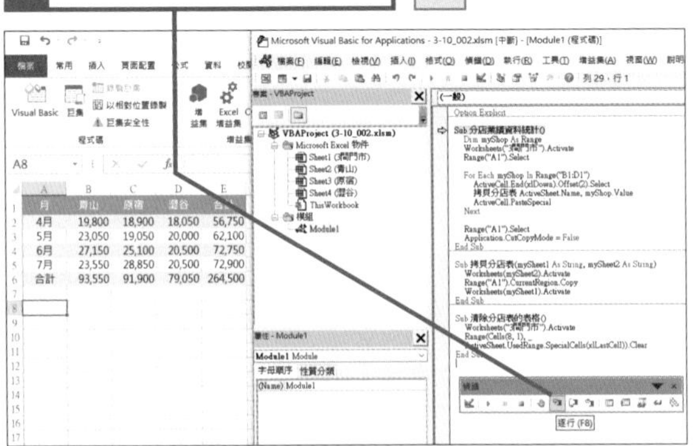

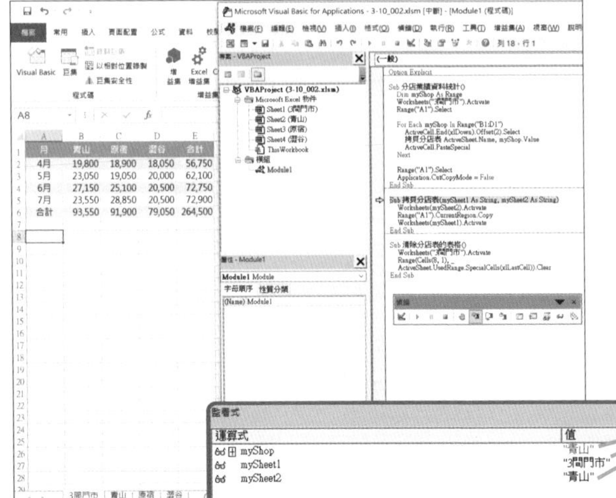


### 刪除監看式

若要刪除監看式，請在**監看視窗**內，點選要刪除的監看式，再按下 Delete 鍵。

### 利用彈出式提示訊息確認變數值

即使沒有新增至監看式，在中斷模式時，將游標移動到變數、運算式、屬性上，會以彈出式提示訊息顯示該值，這樣就能進行確認，非常方便。

在中斷模式狀態，將游標移動到想確認的變數、運算式、屬性上

```
Sub 拷貝分店表(mySheet1 As String, mySheet2 As String)
    Worksheets(mySheet2).Activate
    Rang mySheet2 = "青山" opy
    Wor
End Sub
```

執行的陳述式，若含有新增至監看式的變數，會在**監看視窗**顯示儲存的值

### 在「監看視窗」中顯示的內容

**監看視窗**內會顯示運算式、值、型態、內容等四個部分。

| 項目 | 說明 |
|---|---|
| 運算式 | 顯示新增的變數、屬性、運算式 |
| 值 | 顯示監看式目前的值 |
| 型態 | 顯示監看式的資料類型 |
| 內容 | 顯示監看式的有效範圍 |

## 「快速監看」交談窗可以確認的內容

在中斷狀態，按一下或拖曳選取想確認的變數或屬性，接著按下**偵錯**工具列的**快速監看**鈕（）。開啟**快速監看**交談窗，即可進行確認。在沒有新增至**監看視窗**的狀態，利用這個視窗就能確認值，而且按下**新增**鈕，也可以新增至**監看視窗**。

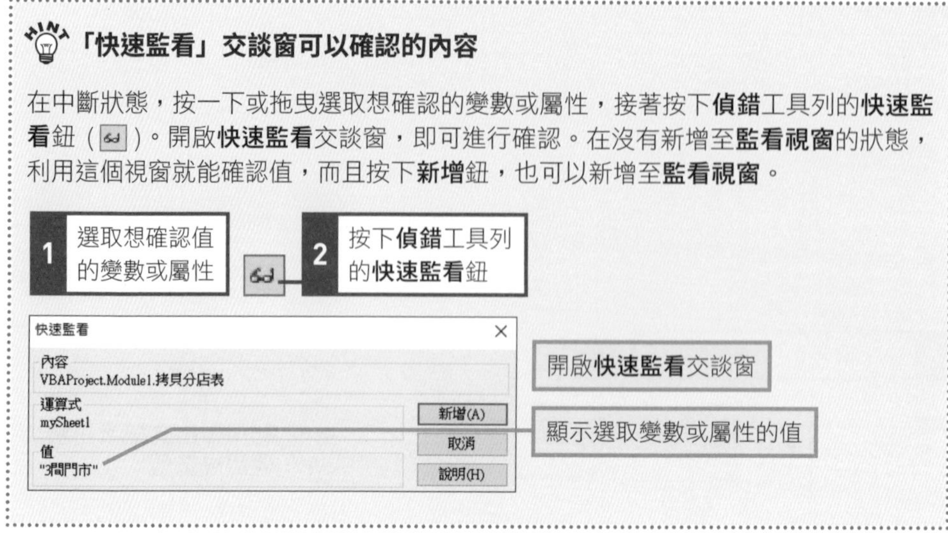

1 選取想確認值的變數或屬性
2 按下偵錯工具列的快速監看鈕
快速監看
內容
VBAProject.Module1.拷貝分店表
運算式
mySheet1
值
"3間門市"
新增(A)
取消
說明(H)
開啟快速監看交談窗
顯示選取變數或屬性的值

# 區域變數視窗

**監看視窗**只能確認新增的變數、運算式、屬性的值，但是開啟**區域變數視窗**，可以顯示在中斷模式下，程序內使用的所有變數值。想確認所有變數的狀態時，使用這個功能就很方便。

範例 3-10_003.xlsm

參照 顯示「偵錯」工具列……P.3-81

### 從功能表選單開啟「區域變數視窗」

執行**檢視→區域變數視窗**命令，也可以開啟**區域變數視窗**。

開啟區域變數視窗
◆開啟「偵錯」工具列
1 按下偵錯工具列的區域變數視窗鈕
偵錯
Microsoft Visual Basic for Applications - [Module1 (程式碼)]
Option Explicit
Sub 確認分數()
Dim i As Integer, myRange As Range
i = 1
For Each myRange In Range("A3:A12")
myRange.Value = i
If myRange.Offset(, 2).Value >= 160 Then
myRange.Offset(, 2).Font.ColorIndex = 3
End If
i = i + 1
Next
End Sub
顯示區域變數視窗
◆區域變數視窗
開啟之後，裡面沒有內容

**2** 在程序內按一下，顯示游標

**3** 按下**偵錯**工具列的**逐行**，一行一行執行處理

逐一執行每一行，區域變數視窗的變數值會出現變化

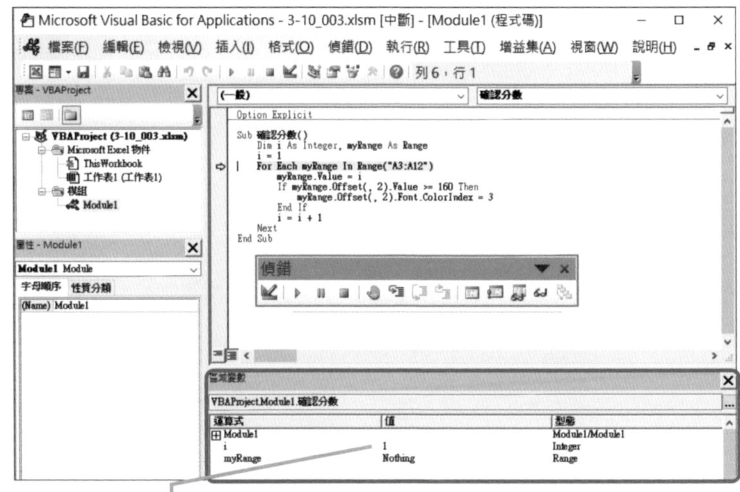


可以確認變數的值出現了變化

## 確認物件變數及陣列變數的詳細內容

如果是物件變數或陣列變數，在**區域變數視窗**的變數左邊會顯示（⊞）或（⊟）。按一下（⊞）。可以展開，顯示詳細內容。

範例 3-10_004.xlsm

參照 陣列……P.3-24

展開項目，顯示物件變數或陣列的詳細資料

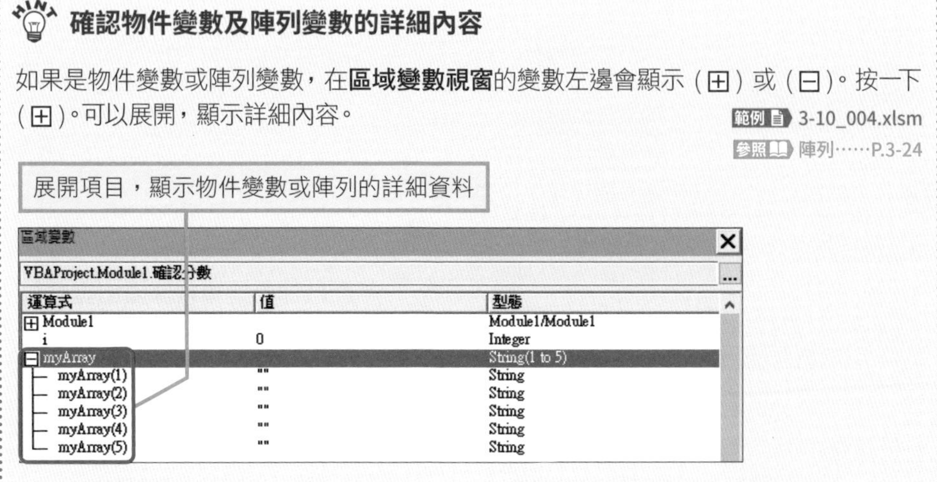

## 即時運算視窗

**即時運算視窗**可以匯出執行程序中的變數、屬性值，或直接執行陳述式，顯示計算結果。對於找出錯誤的部分，驗證程式碼非常有用。

### ● 在「即時運算視窗」匯出變數值的變化

在**監看視窗**或**區域變數視窗**中，能以中斷模式確認當下變數的值，結束程序後就會消失。匯出到**即時運算視窗**，可以保留變數值的變化，當作歷史記錄，這樣有助於確認動作或鎖定問題。將變數的值匯出到**即時運算視窗**時，會寫成「Debug.print 變數名稱」。若在變數名稱輸入屬性或運算式，該值會匯出到**即時運算視窗**。

▶ 匯出變數的值

**Debug.Print 變數名稱**

範例 3-10_005.xlsm

```
1  Sub 匯出變數的值()
2      Dim i As Integer, myArray(1 To 5) As String
3      For i = 1 To 5
4          myArray(i) = Cells(i + 2, 2).Value
5          Debug.Print i & ":" & myArray(i)
6      Next
7  End Sub
```

1 「匯出變數的值」巨集
2 宣告變數型別的變數 i 與字串型別的陣列變數 myArray ( 下限值 1，上限值 5)
3 在變數 i 依序指定值 1 到 5，重複以下處理
4 在陣列變數 myArray(i) 儲存第 2 欄，i+2 列的儲存格值
5 將變數 i 的值與陣列變數 myArray(i) 的值匯出到**即時運算視窗**
6 變數 i 加 1 並回到第 3 列
7 結束巨集

先輸入想匯出數值變化的變數程式碼

開啟**即時運算視窗**

**1** 按下**偵錯**工具列的**即時運算視窗**鈕

**用快速鍵開啟「即時運算視窗」**

按下 Ctrl ＋ G 鍵，可以用快速鍵開啟**即時運算視窗**。習慣鍵盤操作後，使用這種方法就很方便。

**不開啟即時運算視窗匯出變數值**

在沒有開啟**即時運算視窗**的狀態下，執行包含「Debug.print…」程式碼的程序時，該值也會匯出到**即時運算視窗**。執行程序後，開啟**即時運算視窗**，就會顯示匯出的內容。

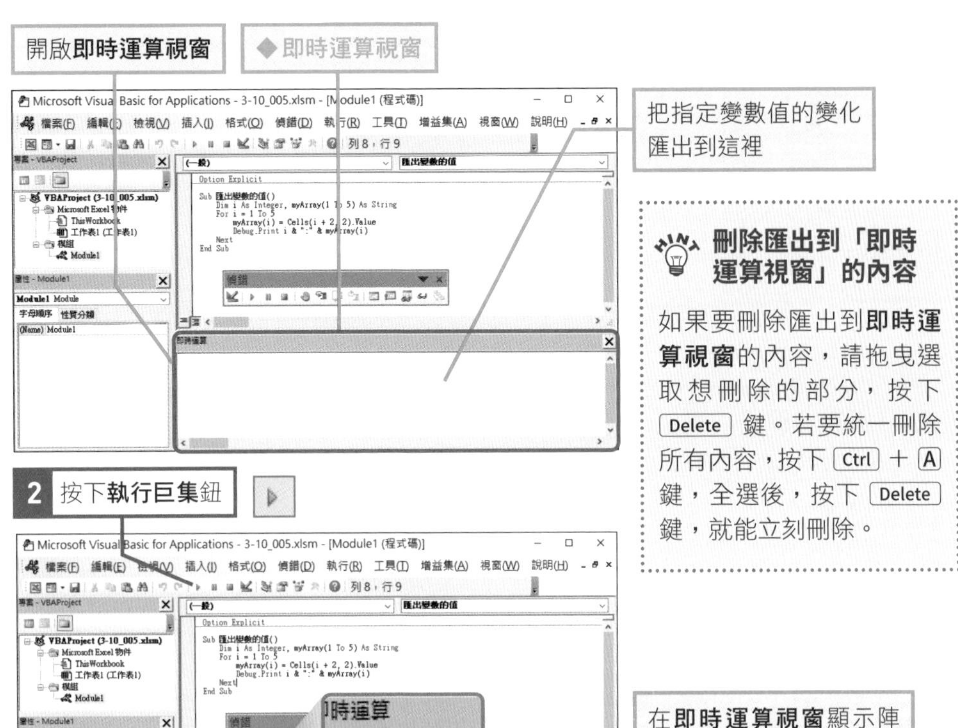
開啟即時運算視窗
◆即時運算視窗
把指定變數值的變化匯出到這裡
2 按下執行巨集鈕
在即時運算視窗顯示陣列 myArray 各個元素的值
1:2022/11/1
2:2022/11/2
3:2022/11/3
4:2022/11/4
5:2022/11/5

> **HINT 刪除匯出到「即時運算視窗」的內容**
>
> 如果要刪除匯出到**即時運算視窗**的內容，請拖曳選取想刪除的部分，按下 Delete 鍵。若要統一刪除所有內容，按下 Ctrl + A 鍵，全選後，按下 Delete 鍵，就能立刻刪除。

## ● 執行 VBA 的陳述式

在**即時運算視窗**內，直接輸入想執行的 VBA 陳述式就可以執行，這樣有助於確認陳述式的動作。

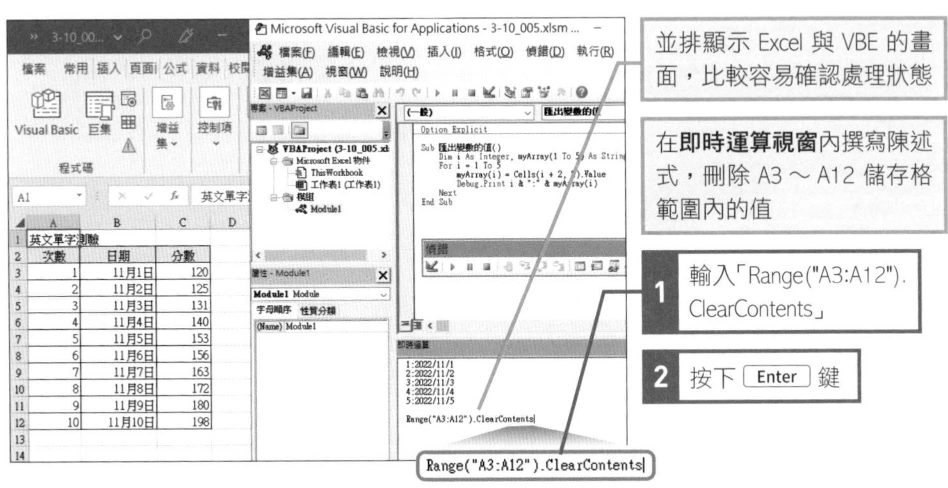
並排顯示 Excel 與 VBE 的畫面，比較容易確認處理狀態
在即時運算視窗內撰寫陳述式，刪除 A3 ~ A12 儲存格範圍內的值
1 輸入「Range("A3:A12").ClearContents」
2 按下 Enter 鍵
Range("A3:A12").ClearContents

| | A | B | C | D | E |
|---|---|---|---|---|---|
| 1 | 英文單字測驗 | | | | |
| 2 | 次數 | 日期 | 分數 | | |
| 3 | | 11月1日 | 120 | | |
| 4 | | 11月2日 | 125 | | |
| 5 | | 11月3日 | 131 | | |
| 6 | | 11月4日 | 140 | | |
| 7 | | 11月5日 | 153 | | |
| 8 | | 11月6日 | 156 | | |
| 9 | | 11月7日 | 163 | | |
| 10 | | 11月8日 | 172 | | |
| 11 | | 11月9日 | 180 | | |
| 12 | | 11月10日 | 198 | | |
| 13 | | | | | |

刪除 A3 ～ A12 儲存格範圍內的值

## ● 在「即時運算視窗」顯示計算結果

在**即時運算視窗**輸入運算式，可以求出計算結果。當你想查詢屬性的值，測試 Function 程序的傳回值，或進行運算時都很方便。如果要顯示計算結果，可以使用 Print 方法。

### ▶ 執行計算並顯示結果

**Print 運算式**

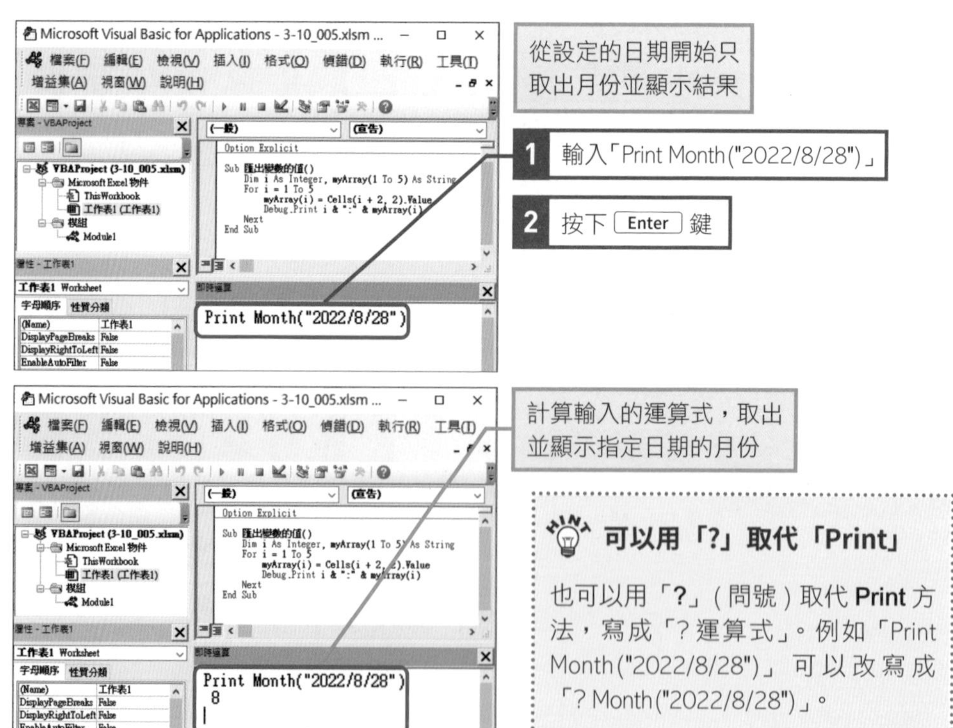
從設定的日期開始只取出月份並顯示結果
1 輸入「Print Month("2022/8/28")」
2 按下 Enter 鍵
Print Month("2022/8/28")
計算輸入的運算式，取出並顯示指定日期的月份
Print Month("2022/8/28")
8

**HINT 可以用「?」取代「Print」**

也可以用「?」(問號) 取代 Print 方法，寫成「? 運算式」。例如「Print Month("2022/8/28")」可以改寫成「? Month("2022/8/28")」。

**HINT 使用「呼叫堆疊」交談窗**

在**呼叫堆疊**交談窗中，呈現中斷模式時，會顯示執行中還未結束的程序清單。因此在程序中呼叫另外的程序時，可以確認哪個程序正在執行中。按下**偵錯**工具列的**呼叫堆疊**鈕 ( )。就會開啟**呼叫堆疊**交談窗。

# 第 4 章

# 儲存格的操作

# 4-1 參照儲存格

## 參照儲存格

在 Excel 中處理資料的重點是操作儲存格，同樣地，在 VBA 中的處理也是以儲存格的參照、設定為主。要利用 VBA 參照儲存格可使用 Range 物件。透過 Range 物件的屬性與方法即可操作工作表裡的儲存格。要取得 Range 物件可使用 Range 屬性或 Cells 屬性。此外，若要參照目前選取的儲存格，可使用 Selection 屬性或 ActiveCell 屬性。

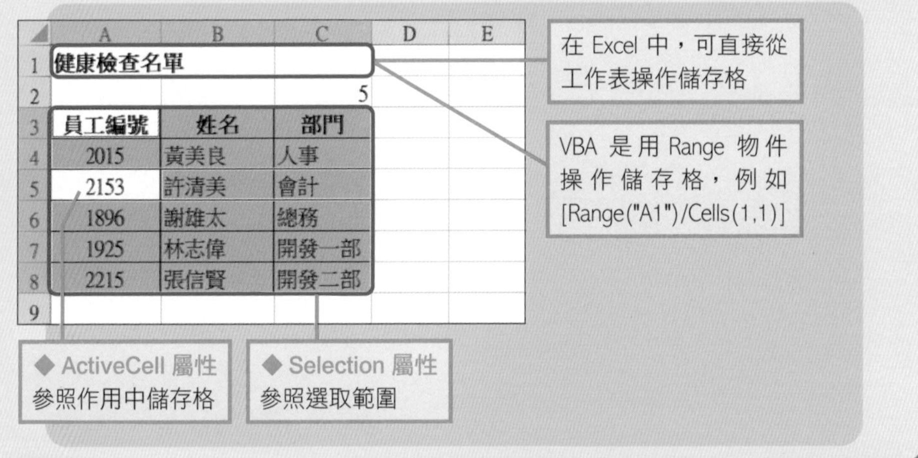


## 參照儲存格的方法 ①

**物件.Range (指定儲存格)** —— 取得

**物件.Range (開頭的儲存格, 結束的儲存格)** —— 取得

▶解說

Range 屬性可取得單一儲存格或儲存格範圍的 Range 物件。要指定儲存格時，可用「" (雙引號)」括住儲存格編號，寫成「"A1"」的格式。此外，若指定開頭儲存格與結束儲存格這兩個參數，可取得參照儲存格範圍的 Range 物件。

▶設定項目

**物件**......指定 Application 物件、Worksheet 物件、Range 物件。若省略這些項目，將取得作用中工作表(或稱啟用中工作表) (可省略)。

指定儲存格……代表單一儲存格或儲存格範圍的 A1 格式。
開頭儲存格……以 A1 格式指定儲存格範圍的左上角儲存格。
結束儲存格……以 A1 格式指定儲存格範圍的右下角儲存格。

參照 認識「A1 格式」、「R1C1 格式」……P.4-47

**避免發生錯誤**

假設省略了物件的設定，但取得的對象不是作用中工作表，而是圖表工作表時，就無法取得 Range 物件，會因此發生錯誤。此時必須將要操作的工作表指定為物件，或是開啟要操作的工作表。

## 範例 參照單一儲存格與儲存格範圍

此範例要以 Range("A1") 取得參照 A1 儲存格的 Range 物件，再利用 Font 屬性取得代表字型的 Font 物件，接著利用 Size 屬性取得文字大小。此外，要利用 Range("A3","C3") 取得參照 A3 ～ C3 儲存格範圍的 Range 物件，再利用 HorizontalAlignment 屬性設定水平方向的對齊方式。

範例 4-1_001 xlsm

參照 設定文字字型大小……P.4-93
參照 指定文字在儲存格內的水平與垂直位置……P.4-82

```
Sub 參照單一儲存格與儲存格範圍()
    Range("A1").Font.Size = 18
    Range("A3", "C3").HorizontalAlignment = xlCenter
End Sub
```

1 「參照單一儲存格與儲存格範圍」巨集
2 將 A1 儲存格的文字大小設為 18 點
3 讓 A3 ～ C3 儲存格的文字水平置中
4 結束巨集

想要調整 A1 儲存格的字型大小

想將 A3 ～ C3 儲存格設為水平置中

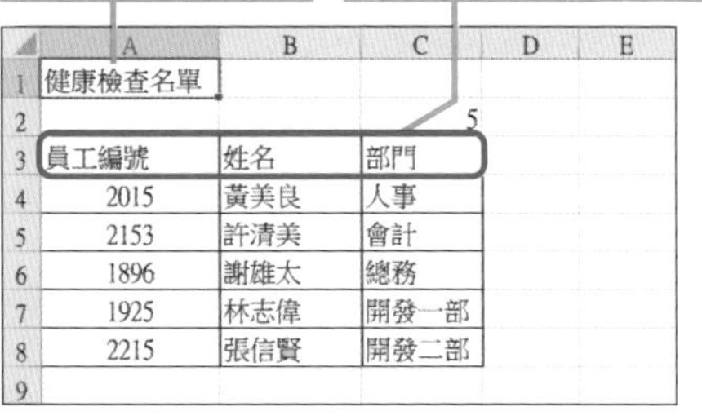

| | A | B | C | D | E |
|---|---|---|---|---|---|
| 1 | 健康檢查名單 | | | | |
| 2 | | | | | |
| 3 | 員工編號 | 姓名 | 部門 | | |
| 4 | 2015 | 黃美良 | 人事 | | |
| 5 | 2153 | 許清美 | 會計 | | |
| 6 | 1896 | 謝雄太 | 總務 | | |
| 7 | 1925 | 林志偉 | 開發一部 | | |
| 8 | 2215 | 張信賢 | 開發二部 | | |
| 9 | | | | | |

### 在 VBA 操作儲存格的方法

在 Excel 操作儲存格時，要先選取儲存格才能進行相關設定。若使用**錄製巨集**功能建立巨集，就能記錄選取儲存格與設定儲存格的過程。不過，在 VBA 操作儲存格時，只需要參照儲存格，不需要選取儲存格，所以範例才會跳過選取的步驟，直接設定儲存格與儲存格範圍。

**1** 啟動 VBE，輸入程式碼

參照 使用 VBA 撰寫巨集的方法……P.2-5

(一般) 參照單一儲存格與儲存格範圍

```
Option Explicit

Sub 參照單一儲存格與儲存格範圍()
    Range("A1").Font.Size = 18
    Range("A3", "C3").HorizontalAlignment = xlCenter
End Sub
```

**2** 執行巨集

參照 執行巨集的方法……P.1-17

| | A | B | C | D |
|---|---|---|---|---|
| 1 | 健康檢查名單 | | | |
| 2 | | | 5 | |
| 3 | 員工編號 | 姓名 | 部門 | |
| 4 | 2015 | 黃美良 | 人事 | |
| 5 | 2153 | 許清美 | 會計 | |
| 6 | 1896 | 謝雄太 | 總務 | |
| 7 | 1925 | 林志偉 | 開發一部 | |
| 8 | 2215 | 張信賢 | 開發二部 | |

改變 A1 儲存格的字型大小了

A3 ～ C3 儲存格的文字改成水平置中的對齊方式

## HINT 參照儲存格的方法

下表整理了 Range 屬性參照儲存格或儲存格範圍的方法。

| 參照的儲存格 | 範例 | 內容 |
|---|---|---|
| 單一儲存格 | Range("A1") | 參照 A1 儲存格 |
| 不連續的單一儲存格 | Range("A1,E1") | 參照 A1 與 E1 儲存格 |
| 儲存格範圍 | Range("A1:E1")<br>Range("A1","E1") | 參照 A1 ～ E1 儲存格 |
| 不連續的儲存格範圍 | Range("A1:C1,A5:C5") | 參照 A1 ～ C1 與 A5 ～ C5 儲存格（也可以用 Union 方法參照不連續的儲存格範圍）<br>參照 統整多個儲存格範圍的方法……P.4-24 |
| 整欄 | Range("A:C") | 參照 A 欄～ C 欄 |
| 整列 | Range("1:3") | 參照第 1 列～第 3 列 |
| 定義名稱的儲存格範圍 | Range(" 成績 ") | 參照名稱為**成績**的儲存格範圍 |

## HINT 「Range("A1:E1")」與「Range("A1","E1")」的使用時機

要參照 A1 ～ E1 儲存格時，可利用「Range("A1:E1")」這種以雙引號括住的字串，在字串中用「：（冒號）」指定儲存格範圍，也可以用「Range("A1","E1")」這種以「，（逗號）」間隔開頭儲存格與結束儲存格的方式，藉此指定儲存格範圍。

前者與 Excel 指定儲存格的格式相同，比較容易理解，但無法在巨集中變更儲存格範圍。後者，則是分別指定起點與終點，可搭配 Cells 屬性調整儲存格範圍，所以請視程式指定儲存格範圍的方法來做選擇。

參照 參照儲存格的方法②……P.4-5

## HINT 使用 [ ] 參照儲存格

也可以用 [ ] 參照儲存格，這樣就不需像 Range 屬性用「"」括住要參照的儲存格。適合在快速參照儲存格時使用。

| | |
|---|---|
| **參照 A3 儲存格** | [A3] |
| **參照 A3 ～ E3 儲存格範圍** | [A3:E3] |
| **參照名稱為「成績」的儲存格範圍** | [ 成績 ] |
| **參照 A 欄到 E 欄** | [A:E] |

## HINT 對 Range 物件使用 Range 屬性

若對 Range 物件使用 Range 屬性時，會以相對參照的方式，指定儲存格範圍中的儲存格。例如，Range("B1:D10").Range("A1")，指的是 B1 儲存格，它是對應 B1 ～ D10 儲存格範圍內的 A1（第 1 欄第 1 列）。

## 參照儲存格的方法 ②

### 物件.Cells(列編號, 欄編號) —— 取得

**▶解說**

Cells 屬性可取得單一儲存格或所有儲存格的 Range 物件。由於可利用數值指定列編號與欄編號，所以調整數值就能隨意參照需要的儲存格。若只有 Cells 則可參照所有儲存格。

**▶設定項目**

**物件**……指定 Application 物件、Worksheet 物件、Range 物件。若省略這些項目，將取得作用中工作表 (可省略)。

**列編號**……指定從上數來的第幾列 (可省略)。

**欄編號**……指定從左數來的第幾欄，或是直接以欄位名稱的英文字母指定。若以英文字母指定，必須使用「"A"」這種格式，用「" (雙引號)」括住英文字母 (可省略)。

**避免發生錯誤**

Cells 屬性指定儲存格的方法為「Cells ( 列編號 , 欄編號 )」，可依序指定列與欄。要注意的是，平常指定儲存格的方法是「A1」，也就是先欄再列，但 Cells 屬性指定儲存格的方法卻是先列再欄，所以千萬別弄錯順序。此外，若只有 Cells 的話，就會指定所有儲存格，此時要處理的範圍就會變大，也需要更多的處理時間。

### 範例 參照單一儲存格

此範例要使用 Cells 屬性參照單一儲存格。若不特別指定工作表，就會以作用中工作表為對象。若指定了 Range 物件 ( 儲存格範圍 )，就會以相對參照的方式參照該儲存格範圍中的儲存格。

範例 4-1_002.xlsm

```
Sub 參照單一儲存格()
    Cells(1, 1).Font.Color = RGB(0, 0, 255)
    Range("A3:C8").Cells(1, 1).Value = "NO"
End Sub
```

1 「參照單一儲存格」巨集
2 將第 1 列第 1 欄的儲存格 (A1 儲存格 ) 文字顏色設為藍色
3 在 A3 ～ C8 儲存格中的第 1 列第 1 欄儲存格 (A3 儲存格 ) 輸入「NO」
4 結束巨集

| | A | B | C | D | E |
|---|---|---|---|---|---|
| 1 | 健康檢查名單 | | | | |
| 2 | | | 5 | | |
| 3 | 員工編號 | 姓名 | 部門 | | |
| 4 | 2015 | 黃美良 | 人事 | | |
| 5 | 2153 | 許清美 | 會計 | | |
| 6 | 1896 | 謝雄太 | 總務 | | |
| 7 | 1925 | 林志偉 | 開發一部 | | |
| 8 | 2215 | 張信賢 | 開發二部 | | |
| 9 | | | | | |

想將 A1 儲存格的文字顏色設為藍色

想在 A3 ～ C8 儲存格範圍中的第 1 列第 1 欄輸入字串

**1** 啟動 VBE，輸入程式碼

參照 使用 VBA 撰寫巨集的方法……P.2-5

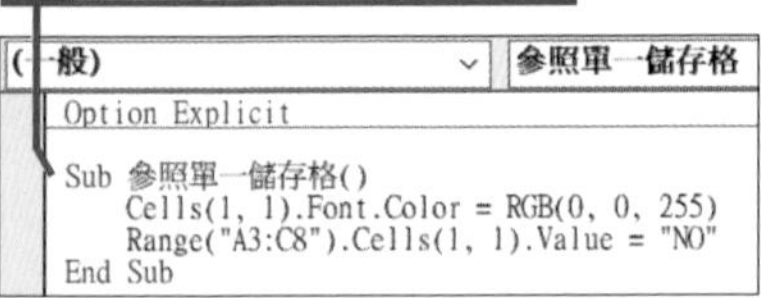

```
(一般)                    參照單一儲存格
Option Explicit

Sub 參照單一儲存格()
    Cells(1, 1).Font.Color = RGB(0, 0, 255)
    Range("A3:C8").Cells(1, 1).Value = "NO"
End Sub
```

**2** 執行巨集

參照 執行巨集的方法……P.1-17

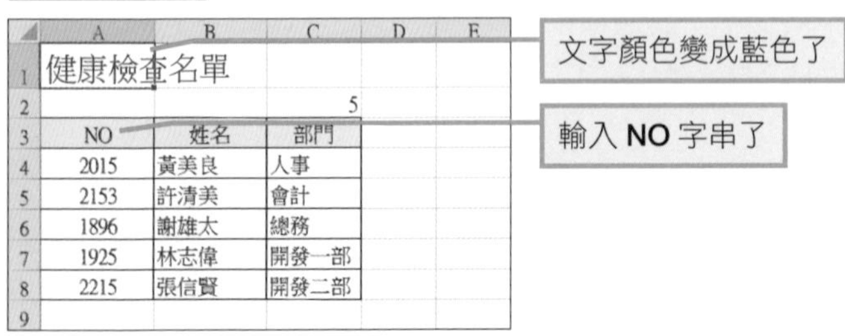

| | A | B | C | D | E |
|---|---|---|---|---|---|
| 1 | 健康檢查名單 | | | | |
| 2 | | | 5 | | |
| 3 | NO | 姓名 | 部門 | | |
| 4 | 2015 | 黃美良 | 人事 | | |
| 5 | 2153 | 許清美 | 會計 | | |
| 6 | 1896 | 謝雄太 | 總務 | | |
| 7 | 1925 | 林志偉 | 開發一部 | | |
| 8 | 2215 | 張信賢 | 開發二部 | | |
| 9 | | | | | |



## HINT 將工作表的「欄編號」改成數值

Cells 屬性雖然可利用數值指定欄編號，但工作表裡的欄編號是英文字母，所以指定時，得算出欄位是從左邊數來第幾欄。如果覺得這樣很麻煩，不妨將工作表裡的欄編號改成數值。請切換到**檔案**頁次，點選**選項**，接著從 **Excel 選項**交談窗的**公式**頁次，勾選 **[R1C1] 欄名列號表示法**，再按下**確定**鈕。

開啟 **Excel 選項**交談窗

**1** 點選**公式**

**2** 勾選 **[R1C1] 欄名列號表示法**選項

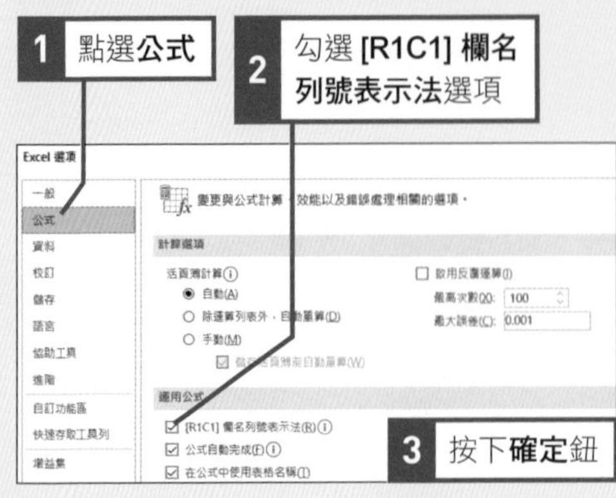



**3** 按下**確定**鈕

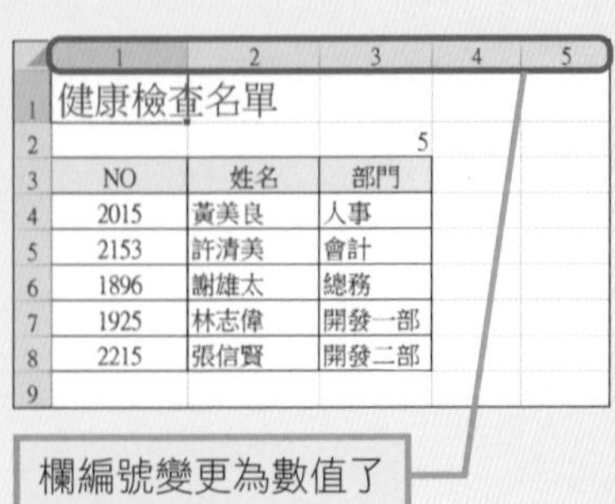

| | 1 | 2 | 3 | 4 | 5 |
|---|---|---|---|---|---|
| 1 | 健康檢查名單 | | | | |
| 2 | | | 5 | | |
| 3 | NO | 姓名 | 部門 | | |
| 4 | 2015 | 黃美良 | 人事 | | |
| 5 | 2153 | 許清美 | 會計 | | |
| 6 | 1896 | 謝雄太 | 總務 | | |
| 7 | 1925 | 林志偉 | 開發一部 | | |
| 8 | 2215 | 張信賢 | 開發二部 | | |
| 9 | | | | | |

欄編號變更為數值了

參照 認識「A1 格式」、「R1C1 格式」……P.4-47

## 範例 透過索引編號參照儲存格

Cells 屬性可在參數中使用索引編號，以便參照儲存格。工作表的 A1、B1、C1 儲存格是依序輸入 1、2、3 的編號，直到第 1 列的最右端，再從第 2 列的 A2 繼續輸入編號。此外，也可以將儲存格範圍當作操作對象。此範例要利用儲存格的索引編號參照 A3 ～ C8 儲存格範圍的第 1 個儲存格與最後 1 個儲存格。

範例 4-1_003.xlsm

參照 省略物件名稱的方法……P.3-55

```
1  Sub 透過索引編號參照儲存格()
2      With Range("A3:C8")
3          .Cells(1).Interior.Color = RGB(255, 0, 0)
4          .Cells(.Cells.Count).Interior.Color = RGB(0, 255, 0)
5      End With
6  End Sub
```

1 「透過索引編號參照儲存格」巨集
2 對 A3 ～ C8 儲存格範圍進行下列處理 (With 陳述式的開頭 )
3 將第 1 個儲存格 ( 左上角 ) 填滿紅色
4 將最後 1 個儲存格 ( 右下角 ) 填滿綠色
5 結束 With 陳述式
6 結束巨集

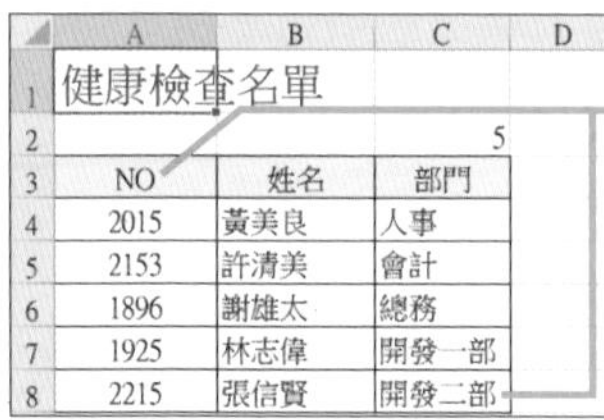

| | A | B | C | D |
|---|---|---|---|---|
| 1 | 健康檢查名單 | | | |
| 2 | | | 5 | |
| 3 | NO | 姓名 | 部門 | |
| 4 | 2015 | 黃美良 | 人事 | |
| 5 | 2153 | 許清美 | 會計 | |
| 6 | 1896 | 謝雄太 | 總務 | |
| 7 | 1925 | 林志偉 | 開發一部 | |
| 8 | 2215 | 張信賢 | 開發二部 | |

想要利用索引編號變更儲存格的格式

**1** 啟動 VBE，輸入程式碼

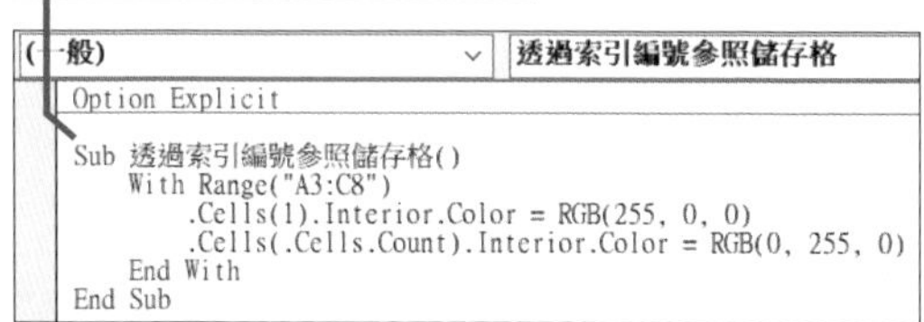


**2** 執行巨集

第 1 個儲存格填滿紅色了

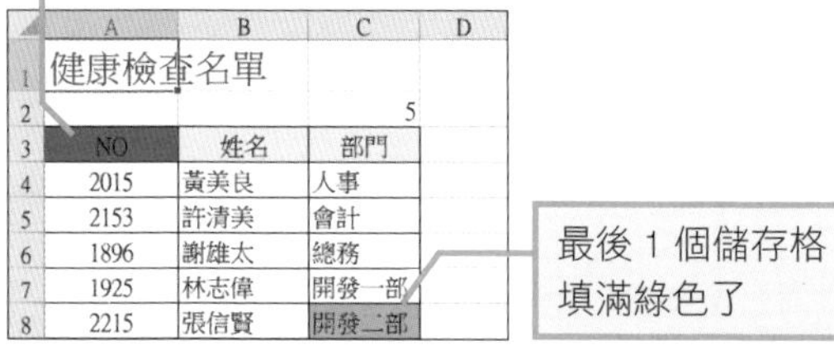

| | A | B | C | D |
|---|---|---|---|---|
| 1 | 健康檢查名單 | | | |
| 2 | | | 5 | |
| 3 | NO | 姓名 | 部門 | |
| 4 | 2015 | 黃美良 | 人事 | |
| 5 | 2153 | 許清美 | 會計 | |
| 6 | 1896 | 謝雄太 | 總務 | |
| 7 | 1925 | 林志偉 | 開發一部 | |
| 8 | 2215 | 張信賢 | 開發二部 | |

最後 1 個儲存格填滿綠色了

### HINT 如何計算儲存格的數量？

要計算儲存格的數量可使用 Count 屬性。若要取得儲存格範圍的儲存格數量，可用「Range("A3:C8").Cells.Count」或「Range("A3:C8").Count」語法。不過，若將計算對象換成所有儲存格，寫成「Cells.Count」就會發生錯誤，因為 Count 屬性可傳回長整數型別的值，但工作表中所有儲存格的數量超過長整數型別的最大值 (2,147,483,647)。若要避免這類錯誤，可使用 CountLarge 屬性，寫成「Cells.CountLarge」，就能計算所有儲存格的個數。

**將 Range 屬性與 Cells 屬性組合在一起使用**

你可以將 Range 屬性與 Cells 屬性組合在一起參照儲存格範圍。例如，要參照 A1 ～ E5 儲存格，可寫成「Range(Cells(1,1),Cells(5,5))」。在 Cells 屬性的參數中使用變數，就能調整變數值，參照不同的儲存格範圍。



## 參照選取的儲存格

**物件.Selection** —— 取得

**物件.ActiveCell** —— 取得

▶解說

Selection 屬性可取得啟用中視窗或指定視窗中的作用中儲存格、儲存格範圍的 Range 物件。ActiveCell 屬性則可取得啟用中視窗或指定視窗的作用中儲存格的 Range 物件 (作用中儲存格就是目前正在操作的儲存格)。這兩個屬性可在需要對目前選取的儲存格或儲存格範圍進行處理時使用。

▶設定項目

**物件**……指定 Application 物件、Window 物件。若省略這些項目，將取得啟用中視窗 (可省略)。

避免發生錯誤

使用 ActiveCell 屬性時，如果啟用中視窗不是工作表會發生錯誤。此外，Selection 屬性會根據選取的物件傳回不同的值。假設選取的是儲存格，將會參照儲存格，如果選取的是圖案，就會傳回該圖案。當什麼都沒有選取時，就會傳回 Nothing。

### 範例 參照選取範圍與作用中儲存格

此範例要選取工作表中的 A3 ～ C8 儲存格範圍，並在此範圍加上框線以及在作用中儲存格輸入文字。

範例 4-1_004.xlsm

參照 參照工作表……P.5-2

參照 取得儲存格範圍的位址……P.4-25

```
Sub␣參照選取範圍與作用中儲存格()
    Range("A3:C8").Select
    Selection.Borders.LineStyle␣=␣xlContinuous
    ActiveCell.Value␣=␣"NO"
End␣Sub
```

1 「參照選取範圍與作用中儲存格」巨集
2 選取 A3 ～ C8 儲存格範圍
3 在選取的儲存格範圍設定框線
4 在作用中儲存格輸入「NO」
5 結束巨集

想要選取表格並設定框線，再於作用中儲存格輸入文字

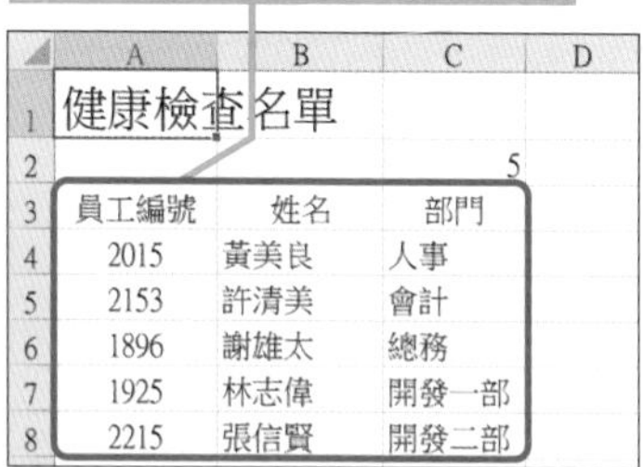

| | A | B | C | D |
|---|---|---|---|---|
| 1 | 健康檢查名單 | | | |
| 2 | | | 5 | |
| 3 | 員工編號 | 姓名 | 部門 | |
| 4 | 2015 | 黃美良 | 人事 | |
| 5 | 2153 | 許清美 | 會計 | |
| 6 | 1896 | 謝雄太 | 總務 | |
| 7 | 1925 | 林志偉 | 開發一部 | |
| 8 | 2215 | 張信賢 | 開發二部 | |

**1** 啟動 VBE，輸入程式碼

參照 使用 VBA 撰寫巨集的方法……P.2-5

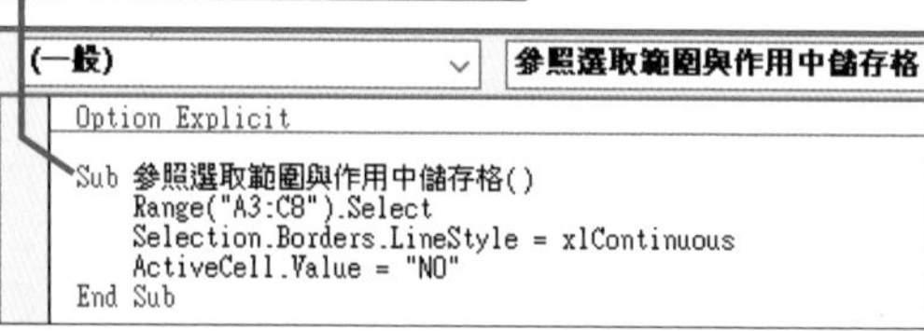

```
(一般)                    參照選取範圍與作用中儲存格
Option Explicit

Sub 參照選取範圍與作用中儲存格()
    Range("A3:C8").Select
    Selection.Borders.LineStyle = xlContinuous
    ActiveCell.Value = "NO"
End Sub
```

**2** 執行巨集

參照 執行巨集的方法……P.1-17

選取 A3 ～ C8 儲存格，也設定了框線

| | A | B | C | D |
|---|---|---|---|---|
| 1 | 健康檢查名單 | | | |
| 2 | | | 5 | |
| 3 | NO | 姓名 | 部門 | |
| 4 | 2015 | 黃美良 | 人事 | |
| 5 | 2153 | 許清美 | 會計 | |
| 6 | 1896 | 謝雄太 | 總務 | |
| 7 | 1925 | 林志偉 | 開發一部 | |
| 8 | 2215 | 張信賢 | 開發二部 | |

在作用中儲存格 (A3) 輸入文字

### HINT 查詢作用中儲存格的位置

要確認作用中儲存格位於哪張工作表，可使用 Parent 屬性。例如將程式碼寫成「MsgBoxActiveCell.Parent.Name」就能以訊息的方式，顯示作用中儲存格所在位置的工作表名稱。

### HINT 選取的儲存格與作用中儲存格在顯示上的差異

當選取儲存格範圍後，該儲存格範圍會變成灰色，其中沒變色的儲存格就是作用中儲存格。Selection 屬性可參照選取範圍，而 ActiveCell 屬性可參照選取範圍中，沒變色的作用中儲存格。

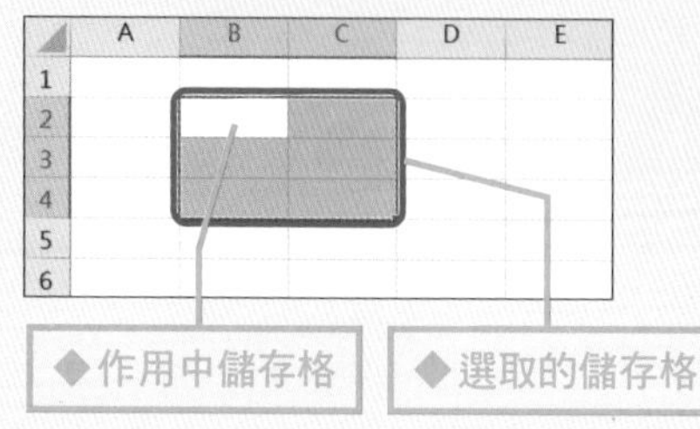

# 4-2 選取儲存格

## 選取儲存格

在 VBA 中選取儲存格，通常會用 Select 方法，但其實也可以使用 Activate 方法或是 Goto 方法。了解這些方法的差異就能更有效率地選取儲存格。

選取儲存格的主要方法

| | |
|---|---|
| Select 方法 | 選取儲存格或儲存格範圍 |
| Activate 方法 | 選取作用中儲存格 |
| Goto 方法 | 移到指定的儲存格或儲存格範圍 |

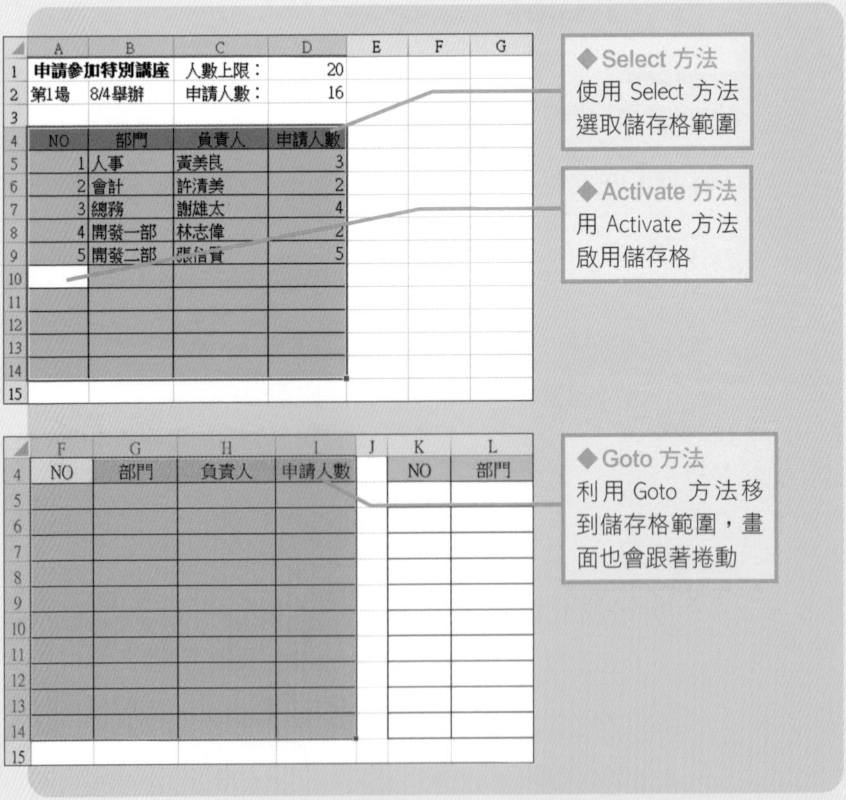

| | A | B | C | D | E | F | G |
|---|---|---|---|---|---|---|---|
| 1 | 申請參加特別講座 | | 人數上限： | 20 | | | |
| 2 | 第1場 | 8/4舉辦 | 申請人數： | 16 | | | |
| 3 | | | | | | | |
| 4 | NO | 部門 | 負責人 | 申請人數 | | | |
| 5 | 1 | 人事 | 黃美良 | 3 | | | |
| 6 | 2 | 會計 | 許清美 | 2 | | | |
| 7 | 3 | 總務 | 謝雄太 | 4 | | | |
| 8 | 4 | 開發一部 | 林志偉 | 2 | | | |
| 9 | 5 | 開發二部 | 張信賢 | 5 | | | |
| 10 | | | | | | | |
| 11 | | | | | | | |
| 12 | | | | | | | |
| 13 | | | | | | | |
| 14 | | | | | | | |
| 15 | | | | | | | |

◆Select 方法
使用 Select 方法選取儲存格範圍

◆Activate 方法
用 Activate 方法啟用儲存格

| | F | G | H | I | J | K | L |
|---|---|---|---|---|---|---|---|
| 4 | NO | 部門 | 負責人 | 申請人數 | | NO | 部門 |
| 5 | | | | | | | |
| 6 | | | | | | | |
| 7 | | | | | | | |
| 8 | | | | | | | |
| 9 | | | | | | | |
| 10 | | | | | | | |
| 11 | | | | | | | |
| 12 | | | | | | | |
| 13 | | | | | | | |
| 14 | | | | | | | |
| 15 | | | | | | | |

◆Goto 方法
利用 Goto 方法移到儲存格範圍，畫面也會跟著捲動

# 選取儲存格的方法

## 物件.Select
## 物件.Activate

**▶解說**

Select 方法可選取單一儲存格或儲存格範圍，Activate 方法可啟用單一儲存格。

**▶設定項目**

**物件**……指定 Range 物件。

**避免發生錯誤**

若未指定工作表，作用中工作表就會成為操作對象。若指定了工作表，該工作表若非啟用中，就會發生錯誤。請先啟用工作表再選取儲存格。

## 範例 指定工作表再選取儲存格

使用 Select 方法選取儲存格範圍，再利用 Activate 方法啟用特定的儲存格。假設要啟用的儲存格位於選取範圍內，該選取狀態就不會解除。如果要指定工作表，就必須先啟用該工作表，此時可先對該工作表使用 Activate 方法。

範例 4-2_001 xlsm
參照 啟用工作表……P.5-5

```
1 Sub␣指定工作表再選取儲存格()
2     Worksheets("第 1 場").Activate
3     Range("A4:D14").Select
4     Range("A10").Activate
5 End␣Sub
```

1 「指定工作表再選取儲存格」巨集
2 啟用**第 1 場**工作表
3 選取 A4 ～ D14 儲存格範圍
4 啟用 A10 儲存格
5 結束巨集

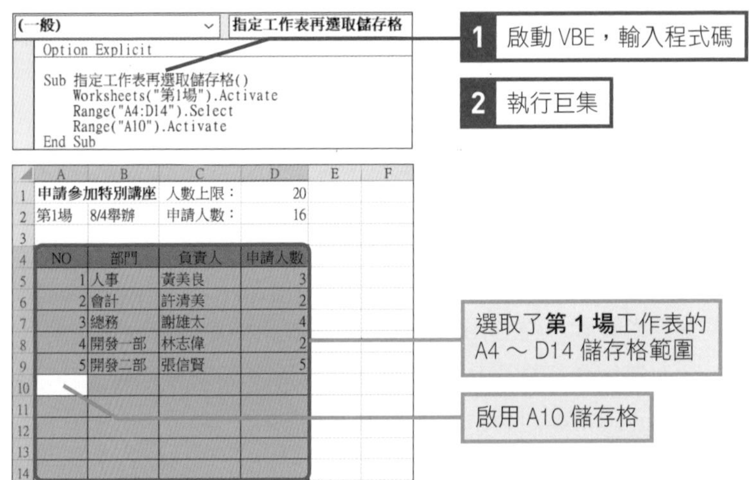
想啟用第 1 場工作表
想選取 A4 ～ D14 儲存格，再啟用 A10 儲存格
1 啟動 VBE，輸入程式碼
2 執行巨集
選取了第 1 場工作表的 A4 ～ D14 儲存格範圍
啟用 A10 儲存格

```
Option Explicit

Sub 指定工作表再選取儲存格()
    Worksheets("第1場").Activate
    Range("A4:D14").Select
    Range("A10").Activate
End Sub
```

### 選取儲存格的注意事項

假設要選取 **Data** 工作表的 A1 儲存格，將程式碼寫成「Worksheets("Data").Range("A1").Select」時，**Data** 工作表若已經啟用就能選取，但如果啟用的是其他工作表就會出現錯誤。此時可仿照範例的方法，先用「Worksheets("Data").Activate」選取工作表，就能確實選取指定的儲存格。

## 前往指定儲存格的方法

### 物件.Goto(Reference, Scroll)

**解說**

Goto 方法可在活頁簿中選取指定的儲存格範圍。假設指定的活頁簿或工作表尚未啟用，就會在選取儲存格範圍時啟用。此外，選取的儲存格範圍會捲動至畫面的左上角，可以方便輸入資料。

**▶設定項目**

**物件**……指定 Application 物件。

**Reference**……指定要移動到的儲存格範圍。若省略，就會移動到前一個利用 Goto 方法前往的儲存格範圍 (可省略)。

**Scroll**……當參數為 True，前往的儲存格範圍就會捲動到畫面的左上角。若參數為 False 或是省略，畫面就不會捲動 (可省略)。

**避免發生錯誤**

Goto 方法可寫在 Application 物件之後。若省略 Application，VBA 就會解讀成在程序內前往指定列的 Goto 陳述式，因而導致錯誤。 參照 On Error Goto 陳述式……P.3-71

## 範例 選取特定工作表中的儲存格

此範例要選取第 1 張工作表的 F4 ~ I14 儲存格，再讓 F4 儲存格捲動至畫面左上角。Goto 方法會在指定工作表尚未啟用時，啟用該工作表，再選取儲存格。

範例 4-2_002.xlsm

```
1  Sub␣選取特定工作表的儲存格()
2      Application.Goto␣_
           Reference:=Worksheets(1).Range("F4:I14"),␣Scroll:=True
3  End␣Sub
```

| | |
|---|---|
| 1 | 「選取特定工作表的儲存格」巨集 |
| 2 | 前往第 1 張工作表的 F4 ~ I14 儲存格，再捲動畫面 |
| 3 | 結束巨集 |

註：「_（換行字元）」，當程式碼太長要接到下一行程式時，可用此斷行符號連接→參照 P.2-15

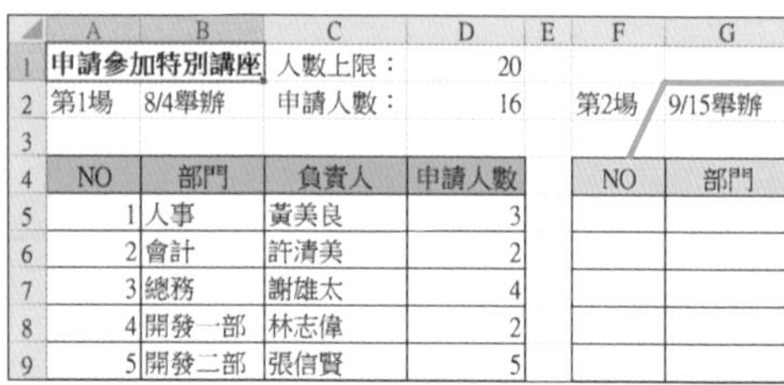

| | A | B | C | D | E | F | G |
|---|---|---|---|---|---|---|---|
| 1 | 申請參加特別講座 | | 人數上限： | 20 | | | |
| 2 | 第1場 | 8/4舉辦 | 申請人數： | 16 | | 第2場 | 9/15舉辦 |
| 3 | | | | | | | |
| 4 | NO | 部門 | 負責人 | 申請人數 | | NO | 部門 |
| 5 | 1 | 人事 | 黃美良 | 3 | | | |
| 6 | 2 | 會計 | 許清美 | 2 | | | |
| 7 | 3 | 總務 | 謝雄太 | 4 | | | |
| 8 | 4 | 開發一部 | 林志偉 | 2 | | | |
| 9 | 5 | 開發二部 | 張信賢 | 5 | | | |

想要選取第 1 張工作表的第 2 個表格，再讓畫面捲動至左上角

**1** 啟動 VBE，輸入程式碼

```
(一般)                              選取特定工作表的儲存格
Option Explicit

Sub 選取特定工作表的儲存格()
    Application.Goto _
        Reference:=Worksheets(1).Range("F4:I14"), Scroll:=True
End Sub
```

**2** 執行巨集

| | F | G | H | I | J | K | L |
|---|---|---|---|---|---|---|---|
| 4 | NO | 部門 | 負責人 | 申請人數 | | NO | 部門 |
| 5 | | | | | | | |
| 6 | | | | | | | |
| 7 | | | | | | | |
| 8 | | | | | | | |
| 9 | | | | | | | |
| 10 | | | | | | | |
| 11 | | | | | | | |
| 12 | | | | | | | |
| 13 | | | | | | | |
| 14 | | | | | | | |
| 15 | | | | | | | |

選取了第 2 張表格

畫面會捲動到 F4 儲存格，作為左上角的位置

# 4-3 各種參照儲存格的方式

## 各種參照儲存格的方式

VBA 可操作儲存格、表格以及進行各種處理。有時會遇到無法直接指定儲存格編號的情況，例如想選取作用中儲存格正下方的儲存格，或是想選取經常變更大小的表格。此外，有時候會需要對特定儲存格進行合併或是其他操作。VBA 為了參照與選取這類儲存格與工作表，內建了許多通用的屬性與方法。

參照儲存格的主要方法或屬性

| | |
|---|---|
| CurrentRegion 屬性 | 作用中的儲存格範圍 |
| Offset 屬性 | 指定與目前儲存格相對的位置 |
| End 屬性 | 參照表格邊緣的儲存格 |
| UsedRange 屬性 | 參照已使用的儲存格範圍 |
| Resize 屬性 | 調整儲存格範圍大小 |
| MergeArea 屬性 | 參照合併的儲存格 |
| Address 屬性 | 取得參照的儲存格位址 |
| SpecialCells 方法 | 參照空白儲存格、顯示的儲存格與設定條件的儲存格 |
| Union 方法 | 參照多個儲存格範圍 |
| Intersect 方法 | 參照多個儲存格範圍的重複範圍 |

| NO | 姓名 | 基分 | 年中 | 年底 | 總分 |
|---|---|---|---|---|---|
| 1 | 張美慧 | 67 | 71 | 86 | 224 |
| 2 | 許浩婷 | 78 | 86 | 74 | 238 |
| 3 | 葉佳隆 | 96 | 89 | 91 | 276 |
| 4 | 黃誌其 | 100 | 99 | 93 | 292 |
| 5 | 簡新造 | 66 | 73 | 74 | 213 |
| 6 | 施信綺 | 54 | 68 | 62 | 184 |

◆CurrentRegion 屬性
參照作用中儲存格範圍

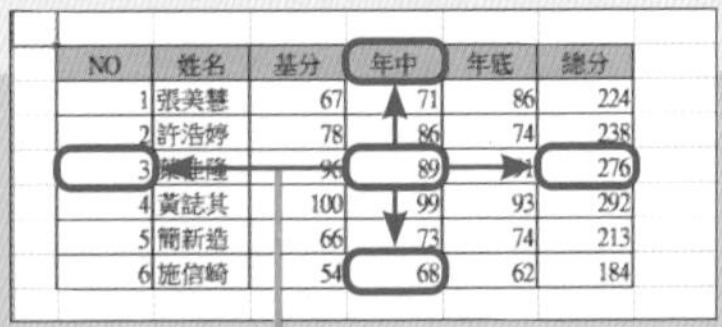

◆End 屬性
參照特定範圍的上緣、下緣、左端與右端的儲存格

◆Offset 屬性
參照與目標儲存格相對的位置

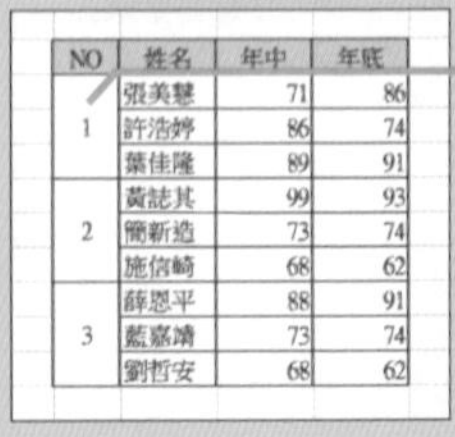

| NO | 姓名 | 年中 | 年底 |
|---|---|---|---|
| 1 | 張美慧 | 71 | 86 |
| | 許浩婷 | 86 | 74 |
| | 葉佳隆 | 89 | 91 |
| 2 | 黃誌其 | 99 | 93 |
| | 簡新造 | 73 | 74 |
| | 施信綺 | 68 | 62 |
| 3 | 薛恩平 | 88 | 91 |
| | 藍嘉靖 | 73 | 74 |
| | 劉哲安 | 68 | 62 |

◆MergeArea 屬性
參照合併的儲存格

# 選取整張表格的方法

## 物件.CurrentRegion —— 取得

▶ **解說**

CurrentRegion 屬性可參照包含指定儲存格的作用中儲存格範圍。所謂的作用中儲存格範圍就是被空白列、空白欄包圍的區域。由於不需要透過儲存格指定要參照的整個儲存格範圍，所以很適合在參照列數或欄數會變動的表格時使用。

▶ **設定項目**

**物件** ...................... 指定 Range 物件。

**避免發生錯誤**

受保護的工作表無法使用 CurrentRegion 屬性，而且要參照的範圍必須被空白列與空白欄包圍，所以表格旁邊的儲存格若是輸入了文字，該儲存格的列或欄就會被納入參照範圍。

## 範例 選取整張表格

此範例要選取包含 B2 儲存格的整張表格。其實只要是表格內的儲存格都可以，不一定要指定 B2 儲存格，但最好指定成表格標題這類不會經常變動的儲存格。

範例 4-3_001 xlsm

```
1 Sub 選取整張表格()
2     Range("B2").CurrentRegion.Select
3 End Sub
```

1 「選取整張表格」巨集
2 選取包含 B2 儲存格的作用中儲存格範圍
3 結束巨集

| NO | 姓名 | 基分 | 年中 | 年底 | 總分 |
|---|---|---|---|---|---|
| 1 | 張美慧 | 67 | 71 | 86 | 224 |
| 2 | 許浩婷 | 78 | 86 | 74 | 238 |
| 3 | 葉佳隆 | 96 | 89 | 91 | 276 |
| 4 | 黃誌其 | 100 | 99 | 93 | 292 |
| 5 | 簡新造 | 66 | 73 | 74 | 213 |
| 6 | 施信崎 | 54 | 68 | 62 | 184 |

想選取包含 B2 儲存格的表格範圍

**1** 啟動 VBE，輸入程式碼

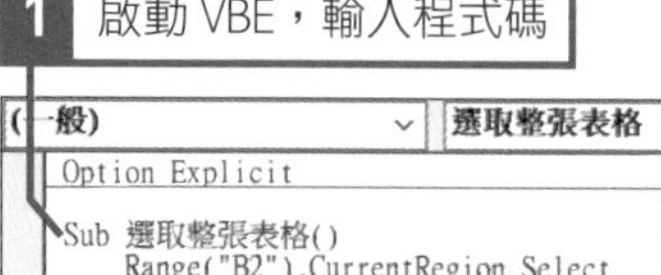
(一般)
選取整張表格
Option Explicit
Sub 選取整張表格()
Range("B2").CurrentRegion.Select
End Sub

| NO | 姓名 | 基分 | 年中 | 年底 | 總分 |
|---|---|---|---|---|---|
| 1 | 張美慧 | 67 | 71 | 86 | 224 |
| 2 | 許浩婷 | 78 | 86 | 74 | 238 |
| 3 | 葉佳隆 | 96 | 89 | 91 | 276 |
| 4 | 黃誌其 | 100 | 99 | 93 | 292 |
| 5 | 簡新造 | 66 | 73 | 74 | 213 |
| 6 | 施信崎 | 54 | 68 | 62 | 184 |

**2** 執行巨集

選取整張表格了

## 以相對參照的方式參照儲存格

### 物件.Offset(列方向的移動數, 欄方向的移動數) —— 取得

▶解說

Offset 屬性可根據目前儲存格與移動的列數、欄數，參照位於相對位置的儲存格範圍。例如，想選取距離作用中儲存格下方 3 列、右方 2 欄的儲存格時，就可使用 Offset 屬性參照。

▶設定項目

**物件**............................ 指定 Range 物件。

列方向的移動數.... 指定列方向的移動數。正數為往下移動，負數為往上移動。省略時，將自動指定為「0」(可省略)。

欄方向的移動數.... 指定欄方向的移動數。正數為往右移動，負數為往左移動。省略時，將自動指定為「0」(可省略)。

避免發生錯誤

假設指定的儲存格已經位於工作表的上緣、下緣、右側、左側，無法再往這些方向移動時，就會出現錯誤。為了避免在出現這類錯誤時強制結束程式，最好另外撰寫錯誤處理的程式碼。

參照 撰寫錯誤處理程式碼……P.3-71

### 範例 在表格新增資料

此範例要在 B9 ～ E9 儲存格中輸入資料。要輸入資料可使用 Value 屬性。

範例 4-3_002.xlsm

參照 取得與設定儲存格的值……P.4-42

```
1 Sub 在表格新增資料()
2     With Range("B9")
3         .Value = .Offset(-1, 0).Value + 1
4         .Offset(0, 1).Value = "林筱喬"
5         .Offset(0, 2).Value = 82
6         .Offset(0, 3).Value = 91
7     End With
8 End Sub
```

1 「在表格新增資料」巨集
2 對 B9 儲存格進行下列處理 (With 陳述式的開頭 )
3 將 B9 儲存格的上方儲存格 (B8 儲存格 ) 的值加 1，再將資料寫入 B9 儲存格
4 在 B9 儲存格的右邊一格儲存格 (C9 儲存格 ) 輸入「林筱喬」
5 在 B9 儲存格的右邊兩格儲存格 (D9 儲存格 ) 輸入「82」
6 在 B9 儲存格的右邊三格儲存格 (E9 儲存格 ) 輸入「91」
7 結束 With 陳述式
8 結束巨集

| | A | B | C | D | E | F |
|---|---|---|---|---|---|---|
| 1 | | | | | | |
| 2 | | NO | 姓名 | 期中 | 期末 | |
| 3 | | 1 | 張美慧 | 71 | 86 | |
| 4 | | 2 | 許浩婷 | 86 | 74 | |
| 5 | | 3 | 葉佳隆 | 89 | 91 | |
| 6 | | 4 | 黃誌其 | 99 | 93 | |
| 7 | | 5 | 簡新造 | 73 | 74 | |
| 8 | | 6 | 施信崎 | 68 | 62 | |
| 9 | | | | | | |

想在表格結尾處新增資料

**1** 啟動 VBE，輸入程式碼

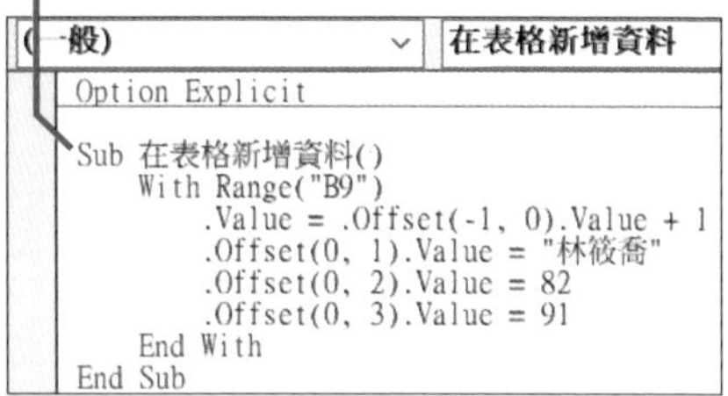

(一般) 在表格新增資料

```
Option Explicit

Sub 在表格新增資料()
    With Range("B9")
        .Value = .Offset(-1, 0).Value + 1
        .Offset(0, 1).Value = "林筱喬"
        .Offset(0, 2).Value = 82
        .Offset(0, 3).Value = 91
    End With
End Sub
```

**2** 執行巨集

| | A | B | C | D | E | F |
|---|---|---|---|---|---|---|
| 1 | | | | | | |
| 2 | | NO | 姓名 | 期中 | 期末 | |
| 3 | | 1 | 張美慧 | 71 | 86 | |
| 4 | | 2 | 許浩婷 | 86 | 74 | |
| 5 | | 3 | 葉佳隆 | 89 | 91 | |
| 6 | | 4 | 黃誌其 | 99 | 93 | |
| 7 | | 5 | 簡新造 | 73 | 74 | |
| 8 | | 6 | 施信崎 | 68 | 62 | |
| 9 | | 7 | 林筱喬 | 82 | 91 | |
| 10 | | | | | | |

在表格結尾處輸入指定的資料了

### HINT 在不移動列與欄的情況下，指定 Offset 屬性的參數

若想在不移動列與欄的情況下指定 Offset 屬性，可省略列或欄的指定。例如，要參照 A1 儲存格下方 1 列的儲存格時，可寫成「Range("A1").Offset(1)」，若要參照右邊 1 欄的儲存格，可寫成「Range("A1").Offset(,1)」。

## 參照最後一個存有資料的儲存格

### 物件.End(方向) —— 取得

▶解說

End 屬性可取得指定儲存格範圍中，最後一個存有資料的儲存格，因此可快速取得表格上緣、下緣、左側、右側的儲存格，這和按下 Ctrl+↑、Ctrl+↓、Ctrl+←、Ctrl+→ 快速鍵的操作相同。很適合替經常需要新增資料的資料庫，新增資料列時使用。

▶設定項目

**物件**……指定 Range 物件。指定用於取得終端儲存格的基準儲存格。

方向……利用 XlDirection 列舉型常數指定方向。

XlDirection 列舉型常數

| 常數 | 方向 | 常數 | 方向 |
|---|---|---|---|
| xlDown | 下緣 | xlToLeft | 左側 |
| xlUp | 上緣 | xlToRight | 右側 |

避免發生錯誤

假設基準儲存格與終端儲存格之間有空白的儲存格，就無法取得終端儲存格，只能取得空白儲存格前一個存有資料的儲存格。請盡可能在資料為連續輸入的表格使用 End 屬性。

### 範例 選取新增的資料列

如果從 B2 儲存格開始輸入表格資料，第一列為表格標題，第二列之後為資料列，當表格標題列 (B2 儲存格 ) 下方沒有任何資料時，使用 End 屬性會參照工作表底部的儲存格。所以第一步要先確認 B2 儲存格下方的儲存格是否為空白，若為空白就選取該儲存格，否則就利用 End 屬性選取存有資料的表格下方一格的資料列。

範例 4-3_003xlsm

參照 以相對參照的方式參照儲存格……P.4-16

```
Sub 選取新增的資料列()
    If Range("B2").Offset(1).Value = "" Then
        Range("B2").Offset(1).Select
    Else
        Range("B2").End(xlDown).Offset(1).Select
    End If
End Sub
```

1 「選取新增的資料列」巨集
2 當 B2 儲存格下方一列的儲存格為空白時 (If 陳述式的開頭 )
3 選取 B2 儲存格下方一列的儲存格
4 否則
5 以 B2 儲存格為基準，選取終端儲存格下方一格的儲存格
6 結束 If 陳述式
7 結束巨集

想選取表格最後一列的下一列

| | A | B | C | D | E | F | G |
|---|---|---|---|---|---|---|---|
| 1 | | | | | | | |
| 2 | | NO | 姓名 | 期中 | 期末 | | |
| 3 | | 1 | 張美慧 | 71 | 86 | | |
| 4 | | 2 | 許浩婷 | 86 | 74 | | |
| 5 | | 3 | 葉佳隆 | 89 | 91 | | |
| 6 | | 4 | 黃誌其 | 99 | 93 | | |
| 7 | | 5 | 簡新造 | 73 | 74 | | |
| 8 | | 6 | 施信崎 | 68 | 62 | | |
| 9 | | | | | | | |
| 10 | | | | | | | |

**1** 啟動 VBE，輸入程式碼

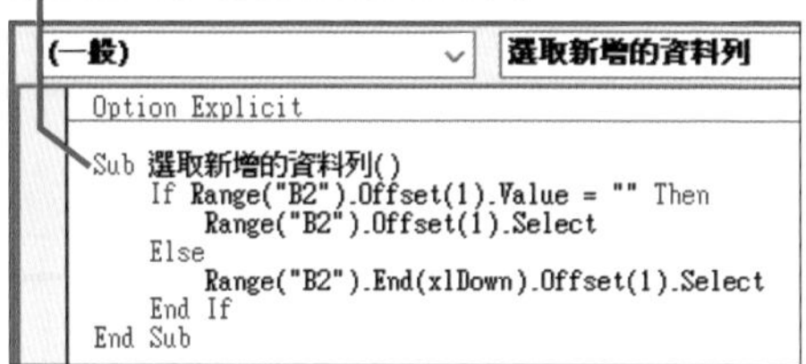

```
(一般)                                選取新增的資料列
Option Explicit

Sub 選取新增的資料列()
    If Range("B2").Offset(1).Value = "" Then
        Range("B2").Offset(1).Select
    Else
        Range("B2").End(xlDown).Offset(1).Select
    End If
End Sub
```

**2** 執行巨集

| | A | B | C | D | E | F | G |
|---|---|---|---|---|---|---|---|
| 1 | | | | | | | |
| 2 | | NO | 姓名 | 期中 | 期末 | | |
| 3 | | 1 | 張美慧 | 71 | 86 | | |
| 4 | | 2 | 許浩婷 | 86 | 74 | | |
| 5 | | 3 | 葉佳隆 | 89 | 91 | | |
| 6 | | 4 | 黃誌其 | 99 | 93 | | |
| 7 | | 5 | 簡新造 | 73 | 74 | | |
| 8 | | 6 | 施信崎 | 68 | 62 | | |
| 9 | | | | | | | |
| 10 | | | | | | | |

選取表格最後一列的下一列開頭欄了

### HINT 假設基準儲存格與終端儲存格之間有空白儲存格

假設基準儲存格與終端儲存格之間有空白儲存格，就無法使用 End 屬性選取終端儲存格。此時必須改以 CurrentRegion 屬性參照啟用中範圍，再選取該範圍的下方 1 格的第 1 欄儲存格，就能選取新增資料列。

```
Sub 選取新增的資料列2()
    With Range("B2").CurrentRegion
        .Cells(.Rows.Count + 1, 1).Select
    End With
End Sub
```

範例 4-3_004.xlsm

參照 選取整張表格……P.4-15

## 變更儲存格選取範圍的大小

### 物件.Resize(RowSize, ColumnSize) —— 取得

▶解說

Resize 屬性可從儲存格範圍取得指定列數與欄數的儲存格範圍。這個屬性可在忽略表格標題，直接參照資料時使用，也可以在忽略合計列、合計欄，重新參照其他資料時使用。

▶設定項目

**物件**..................... 指定 Range 物件

**RowSize**........... 指定新範圍的列數。省略時，直接採用變更前的列數 (可省略)。

**ColumnSize**..... 指定新範圍的欄數。省略時，直接採用變更前的欄數 (可省略)。

避免發生錯誤

Resize 屬性會以目前參照範圍的左上角儲存格為基準，調整要參照的列數與欄數。假設希望從參照範圍排除第 1 欄或第 1 列，可使用 Offset 屬性移動參照範圍的左上角儲存格。

參照 以相對參照的方式參照儲存格……P.4-16

### 範例 選取表格的資料部分

此範例要在包含 B2 儲存格的表格中，忽略第 1 列的表格標題，只選取第二列之後的資料。透過 With 陳述式對作用中儲存格範圍操作儲存格。表格的列數減 1 就能取得儲存格範圍的資料列數，所以程式碼只要寫成「儲存格範圍 .Rows.Count-1」即可。

範例 4-3_005.xlsm

參照 利用 Count 屬性取得列數與欄數……P.4-34

```
Sub 選取表格的資料部分()
    With Range("B2").CurrentRegion
        .Offset(1).Resize(.Rows.Count - 1).Select
    End With
End Sub
```

1 「選取表格的資料部分」巨集
2 對包含 B2 儲存格的儲存格範圍進行下列處理 (With 陳述式的開頭 )
3 讓作用中儲存格範圍往下移動 1 列，變更為減少 1 列的範圍，再選取該範圍
4 結束 With 陳述式
5 結束巨集

| | A | B | C | D | E | F |
|---|---|---|---|---|---|---|
| 1 | | | | | | |
| 2 | | NO | 姓名 | 期中 | 期末 | |
| 3 | | 1 | 張美慧 | 71 | 86 | |
| 4 | | 2 | 許浩婷 | 86 | 74 | |
| 5 | | 3 | 葉佳隆 | 89 | 91 | |
| 6 | | 4 | 黃誌其 | 99 | 93 | |
| 7 | | 5 | 簡新造 | 73 | 74 | |
| 8 | | 6 | 施信崎 | 68 | 62 | |
| 9 | | | | | | |

想選取不包含表格標題的資料列

**1** 啟動 VBE，輸入程式碼

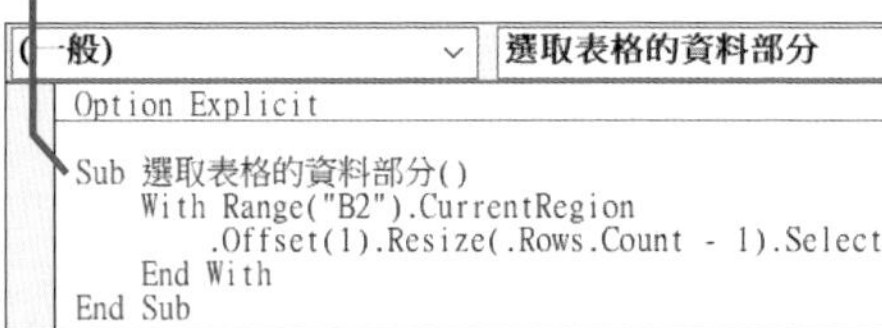
(一般)
選取表格的資料部分

```
Option Explicit

Sub 選取表格的資料部分()
    With Range("B2").CurrentRegion
        .Offset(1).Resize(.Rows.Count - 1).Select
    End With
End Sub
```

**2** 執行巨集

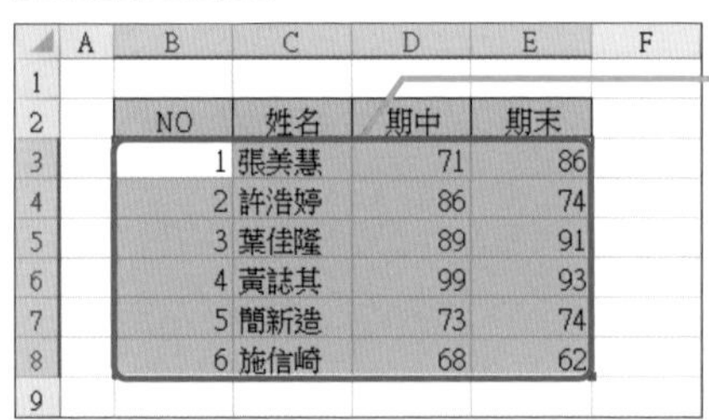

| | A | B | C | D | E | F |
|---|---|---|---|---|---|---|
| 1 | | | | | | |
| 2 | | NO | 姓名 | 期中 | 期末 | |
| 3 | | 1 | 張美慧 | 71 | 86 | |
| 4 | | 2 | 許浩婷 | 86 | 74 | |
| 5 | | 3 | 葉佳隆 | 89 | 91 | |
| 6 | | 4 | 黃誌其 | 99 | 93 | |
| 7 | | 5 | 簡新造 | 73 | 74 | |
| 8 | | 6 | 施信崎 | 68 | 62 | |
| 9 | | | | | | |

選取沒有表格標題的資料列

### HINT 利用 Resize 屬性參照表格的第 1 列、第 1 欄

若將 Resize 屬性寫成「儲存格範圍 .Resize(1)」，就能只參照儲存格範圍的第 1 列。同樣地，寫成「儲存格範圍 .Resize(,1)」，就能只參照儲存格範圍的第 1 欄。這種方法可設定整張表格的格式、表格的欄標題、列標題格式，美化表格的外觀。

範例 4-3_006.xlsm

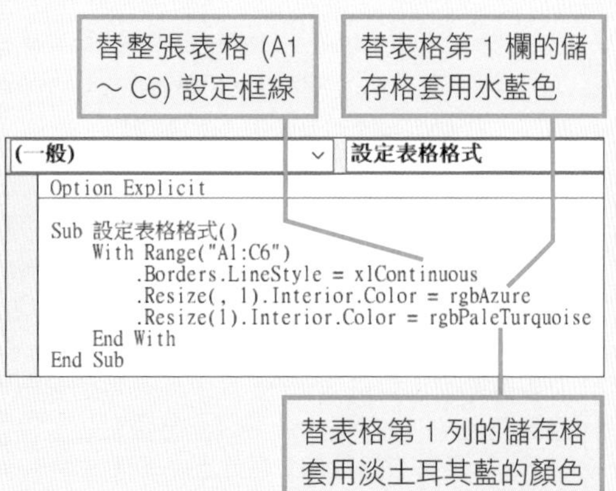
替整張表格 (A1 ～ C6) 設定框線
替表格第 1 欄的儲存格套用水藍色
(一般)
設定表格格式
替表格第 1 列的儲存格套用淡土耳其藍的顏色

```
Option Explicit

Sub 設定表格格式()
    With Range("A1:C6")
        .Borders.LineStyle = xlContinuous
        .Resize(, 1).Interior.Color = rgbAzure
        .Resize(1).Interior.Color = rgbPaleTurquoise
    End With
End Sub
```

## 參照合併的儲存格

### 物件.MergeArea —— 取得

▶解說

MergeArea 屬性可取得包含特定儲存格的合併儲存格範圍。假設該特定儲存格不在合併儲存格範圍內，就會直接傳回該特定儲存格。若想在合併的儲存格中輸入或刪除資料，可利用 MergeArea 屬性參照合併儲存格。

▶設定項目

**物件**……………指定 Range 物件。也可以只指定單一儲存格。

避免發生錯誤

指定為物件的儲存格只能一個，不能是儲存格範圍或是多個儲存格。

### 範例 刪除合併儲存格中的資料

此範例要刪除 B1 ～ E1 的合併儲存格資料，還要刪除 B4 ～ B6、B7 ～ B9、B10 ～ B12 的合併儲存格資料。由於表格第 1 欄的儲存格已經合併，所以可將合併儲存格放入變數 myRange，再刪除該合併儲存格的資料。 範例 4-3_007.xlsm

```
1  Sub 刪除合併儲存格的資料()
2      Dim lastRow As Integer, myRange As Range
3      Range("B1").MergeArea.ClearContents
4      lastRow = Range("B3").CurrentRegion.Rows.Count + 2
5      Set myRange = Range("B4").MergeArea
6      Do While myRange.Row <= lastRow
7          myRange.ClearContents
8          Set myRange = myRange.Offset(1).MergeArea
9      Loop
10     Set myRange = Nothing
11 End Sub
```

1 「刪除合併儲存格的資料」巨集
2 宣告整數型別變數 lastRow 與 Range 型別變數 myRange
3 刪除包含 B1 儲存格的合併儲存格資料
4 在 B3 儲存格的列數加 2 後，放入變數 lastRow（取得表格最下方的列編號）
5 將包含 B4 儲存格（表格資料中最上方的儲存格）的合併儲存格放入變數 myRange
6 當變數 myRange 的列編號小於、等於變數 lastRow 時，重複執行下列的處理
7 刪除變數 myRange 的資料
8 將變數 myRange 下方 1 格的合併儲存格存入變數 myRange
9 回到第 6 行程式碼
10 解除對變數 myRange 的參照
11 結束巨集

| | A | B | C | D | E | F |
|---|---|---|---|---|---|---|
| 1 | | 考核表 | | | | |
| 2 | | | | | | |
| 3 | | NO | 姓名 | 年中 | 年底 | |
| 4 | | 1 | 張美慧 | 71 | 86 | |
| 5 | | | 許浩婷 | 86 | 74 | |
| 6 | | | 葉佳隆 | 89 | 91 | |
| 7 | | 2 | 黃誌其 | 99 | 93 | |
| 8 | | | 簡新造 | 73 | 74 | |
| 9 | | | 施信崎 | 68 | 62 | |
| 10 | | 3 | 薛恩平 | 88 | 91 | |
| 11 | | | 藍嘉靖 | 73 | 74 | |
| 12 | | | 劉哲安 | 68 | 62 | |
| 13 | | | | | | |

要刪除合併儲存格的資料

**1** 啟動 VBE，輸入程式碼

```
(一般)                                    刪除合併儲存格的資料
Option Explicit

Sub 刪除合併儲存格的資料()
    Dim lastRow As Integer, myRange As Range
    Range("B1").MergeArea.ClearContents

    lastRow = Range("B3").CurrentRegion.Rows.Count + 2
    Set myRange = Range("B4").MergeArea
    Do While myRange.Row <= lastRow
        myRange.ClearContents
        Set myRange = myRange.Offset(1).MergeArea
    Loop
    Set myRange = Nothing
End Sub
```

**2** 執行巨集

| | A | B | C | D | E | F |
|---|---|---|---|---|---|---|
| 1 | | | | | | |
| 2 | | | | | | |
| 3 | | NO | 姓名 | 年中 | 年底 | |
| 4 | | | 張美慧 | 71 | 86 | |
| 5 | | | 許浩婷 | 86 | 74 | |
| 6 | | | 葉佳隆 | 89 | 91 | |
| 7 | | | 黃誌其 | 99 | 93 | |
| 8 | | | 簡新造 | 73 | 74 | |
| 9 | | | 施信崎 | 68 | 62 | |
| 10 | | | 薛恩平 | 88 | 91 | |
| 11 | | | 藍嘉靖 | 73 | 74 | |
| 12 | | | 劉哲安 | 68 | 62 | |
| 13 | | | | | | |

刪除合併儲存格中的資料了

### HINT 在合併儲存格中輸入與刪除資料的注意事項

要在合併儲存格中輸入與刪除資料時，可利用 MergeArea 屬性參照合併儲存格。指定為物件的儲存格是合併儲存格的開頭儲存格（左上角的儲存格）時，就算不使用 MergeArea 屬性也能輸入值，但如果不是開頭儲存格，就必須使用 MergeArea 才能輸入值。此外，必須使用 MergeArea 屬性刪除合併儲存格的值，否則會發生錯誤。

### 在合併儲存格中輸入資料

要在合併儲存格中輸入資料時，可利用 MergeArea 屬性參照合併儲存格。雖然合併儲存格包含了 B1 儲存格，但 B1 儲存格為合併儲存格中的開頭儲存格，就算不參照合併儲存格也能輸入資料。此外，表格第 1 欄的合併儲存格內容為要輸入編號的儲存格，所以此範例才一步步往下參照合併儲存格，一邊讓變數 i 遞增 1，一邊對合併儲存格輸入變數 i 的值。

範例 4-3_008.xlsm

```
(一般)                                    在合併儲存格輸入資料
Option Explicit

Sub 在合併儲存格輸入資料()
    Dim i As Integer, lastRow As Integer, myRange As Range
    Range("B1").Value = "考核表"

    lastRow = Range("B3").CurrentRegion.Rows.Count + 2
    Set myRange = Range("B4").MergeArea
    i = 1
    Do While myRange.Row <= lastRow
        myRange.Value = i
        Set myRange = myRange.Offset(1).MergeArea
        i = i + 1
    Loop
    Set myRange = Nothing
End Sub
```

### HINT 合併與解除合併儲存格的方法

若要合併特定的儲存格範圍可使用 Merge 方法，若要解除合併可使用 UnMerge 方法或是 MergeCells 屬性。

參照 合併儲存格……P.4-62

## 同時對多個儲存格範圍進行相同處理

### 物件.Union(儲存格範圍1, 儲存格範圍2, …, 儲存格範圍 n)

▶解說

Union 方法可傳回 2 個到 n 個特定儲存格範圍的集合。只要使用 Union 方法就能同時操作多個範圍。這個方法可在目前的選取範圍外，再新增其他選取範圍，以進行相同的操作。

▶設定項目

**物件**……………………Application 物件。

儲存格範圍………以「, (逗號) 」間隔多個儲存格範圍。

避免發生錯誤

Union 方法的參數若只有指定一個儲存格範圍就會發生錯誤，所以一定要指定兩個以上的儲存格範圍。

### 範例　同時替多個儲存格範圍設定框線

此範例要同時替 B2 ～ E5 儲存格範圍與 B7 ～ E10 儲存格範圍設定框線。

範例 4-3_009.xlsm

```
1  Sub␣同時替多個儲存格範圍設定框線()
2      Application.Union(Range("B2").CurrentRegion,␣_
                           Range("B7").CurrentRegion)␣_
           .Borders.LineStyle␣=␣xlContinuous
3  End␣Sub
```

1　「同時替多個儲存格範圍設定框線」巨集
2　替包含 B2 儲存格與 B7 儲存格的表格設定框線
3　結束巨集

註：「_ ( 換行字元 )」，當程式碼太長要接到下一行程式時，可用此斷行符號連接→參照 P.2-15

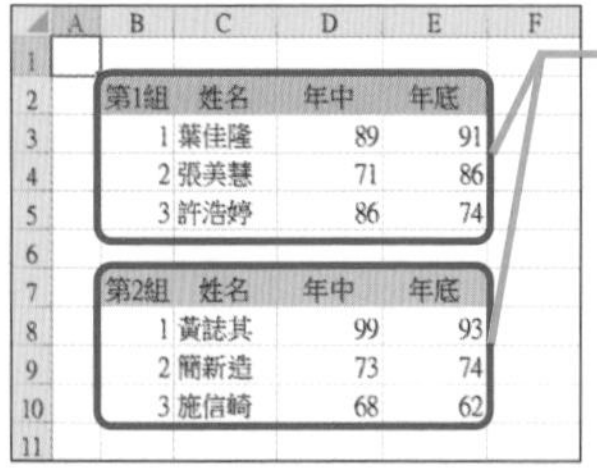


想同時替這兩張表格設定框線

1 啟動 VBE，輸入程式碼

2 執行巨集

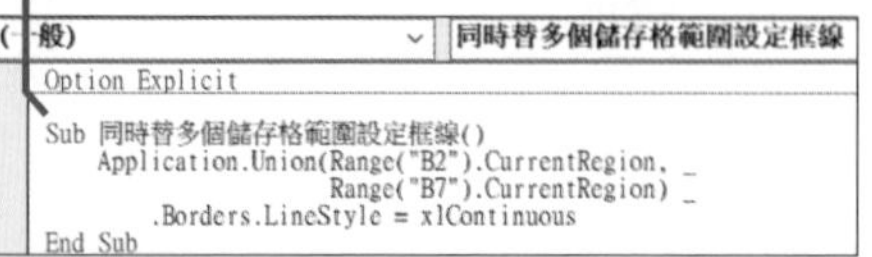


兩張表格同時套用了框線

| 第1組 | 姓名 | 年中 | 年底 |
|---|---|---|---|
| 1 | 葉佳隆 | 89 | 91 |
| 2 | 張美慧 | 71 | 86 |
| 3 | 許浩婷 | 86 | 74 |

| 第2組 | 姓名 | 年中 | 年底 |
|---|---|---|---|
| 1 | 黃誌其 | 99 | 93 |
| 2 | 簡新造 | 73 | 74 |
| 3 | 施信崎 | 68 | 62 |

### 選取多個儲存格範圍的重疊部分

Union 方法為整合多個儲存格範圍，Intersect 方法則可以參照多個儲存格範圍的重疊部分，語法為「Application.Intersect( 儲存格範圍 1, 儲存格範圍 2,⋯, 儲存格範圍 n)」。例如，要選取 A1 ～ D5 儲存格與 C4 ～ E7 儲存格的重疊範圍時，可寫成「Application.Intersect(Range("A1:D5"),Range("C4:F7"))。如果沒有重疊的部分就會傳回 Nothing。

## 取得儲存格範圍的位址

**物件.Address(RowAbsolute, ColumnAbsolute, ReferenceStyle, External, RelativeTo)** ——— 取得

▶解說

Address 屬性可取得特定儲存格範圍的位址。若省略參數，就能以絕對參照的方式取得位址。此外，也可透過各種指定參數的方法，以相對參照或外部參照的方式取得位址。

▶設定項目

**物件**……指定 Range 物件。指定為要取得位址的儲存格或是儲存格範圍。

**RowAbsolute**……此參數若為 True 或省略，即可用絕對參照的方式取得列，若為 False 則可用相對參照的方式取得列。

**ColumnAbsolute**……此參數若為 True 或省略，即可用絕對參照的方式取得欄，若為 False 則可用相對參照的方式取得欄。

**ReferenceStyle**……利用 XlReferenceStyle 列舉型常數指定參照方式 (可省略)。此參數為 xlA1(預設值) 時，會以 A1 格式參照，若為 xlR1C1，則以 R1C1 格式參照。

**External**……此參數若為 True，將以外部參照的方式參照，若為 False 或省略，則以本地參照的方式參照 (可省略)。

**RelativeTo**……參數 RowAbsolute 與參數 ColumnAbsolute 為 False，且參數 ReferenceStyle 為 xlR1C1 時，可指定相對參照的起點儲存格 (可省略)。

避免發生錯誤

希望以 R1C1 格式與相對參照的方式顯示特定儲存格位址時，必須指定相對參照的起點儲存格。當參數 RowAbsolute、ColumnAbsolute 為 False 且參數 ReferenceStyle 為 xlR1C1 時，一定要以參數 RelativeTo 指定起點儲存格。

參照 認識「A1 格式」、「R1C1 格式」……P.4-47

## 範例 取得目標儲存格的位址

此範例要在 C5 ～ C13 儲存格中，搜尋 C2 儲存格的姓名，並在找到姓名的同時，選取該儲存格，再以訊息的方式顯示該儲存格的位址。此範例為了搜尋資料使用了 Find 方法。

範例 4-3_010.xlsm

```
1 Sub␣取得目標儲存格的位址()
2     Dim␣myRange␣As␣Range,␣myName␣As␣String
3     myName␣=␣Range("C2").Value
4     Set␣myRange␣=␣Range("C5:C13").Find(what:=myName)
5     If␣Not␣myRange␣Is␣Nothing␣Then
6         myRange.Select
7         MsgBox␣myName␣&␣"先生的儲存格在"␣&␣myRange.Address␣_
          &␣"」的位置"
8     End␣If
9 End␣Sub
```

註：「_（換行字元）」，當程式碼太長要接到下一行程式時，可用此斷行符號連接→參照 P.2-15

1 「取得目標儲存格的位址」巨集
2 宣告 Range 型別變數 myRange 與字串型別變數 myName
3 將 C2 儲存格的值存入變數 myName
4 在 C5 ～ C13 儲存格中搜尋與變數 myName 相同的值，並將第一個找到的儲存格存入變數 myRange
5 當變數 myRange 的值不為 Nothing（找到相同值的情況）(If 陳述式的開頭）
6 選取變數 myRange 的儲存格
7 以訊息的方式顯示變數 myName 的值與變數 myRange 的位址
8 結束 If 陳述式
9 結束巨集

| | A | B | C | D | E | F | G | H |
|---|---|---|---|---|---|---|---|---|
| 1 | | | | | | | | |
| 2 | | 搜尋姓名 | 施信崎 | | | | | |
| 3 | | | | | | | | |
| 4 | | 班級 | 姓名 | 年中 | 年底 | 合計 | 名次 | |
| 5 | | 1 | 張美慧 | 71 | 86 | 157 | 5 | |
| 6 | | | 許浩婷 | 86 | 74 | 160 | 4 | |
| 7 | | | 葉佳隆 | 89 | 91 | 180 | 2 | |
| 8 | | 2 | 黃誌其 | 99 | 93 | 192 | 1 | |
| 9 | | | 簡新造 | 73 | 74 | 147 | 6 | |
| 10 | | | 施信崎 | 68 | 62 | 130 | 8 | |
| 11 | | 3 | 薛恩平 | 88 | 91 | 179 | 3 | |
| 12 | | | 藍嘉靖 | 73 | 74 | 147 | 6 | |
| 13 | | | 劉哲安 | 68 | 62 | 130 | 8 | |
| 14 | | | | | | | | |

想從表格中搜尋 C2 儲存格的姓名，並顯示資料所在的儲存格編號

**1** 啟動 VBE，輸入程式碼

**2** 執行巨集

```
(一般)                     取得目標儲存格的位址
Option Explicit

Sub 取得目標儲存格的位址()
    Dim myRange As Range, myName As String
    myName = Range("C2").Value
    Set myRange = Range("C5:C13").Find(what:=myName)
    If Not myRange Is Nothing Then
        myRange.Select
        MsgBox myName & "先生的儲存格在「" & myRange.Address _
            & "」的位置"
    End If
End Sub
```

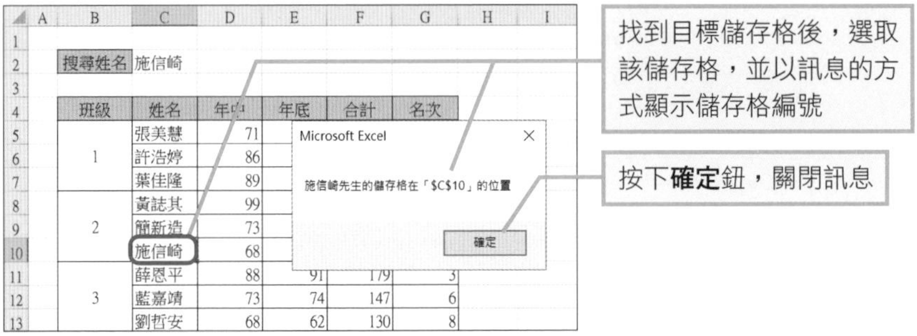
Microsoft Excel
施信崎先生的儲存格在「$C$10」的位置
確定
找到目標儲存格後，選取該儲存格，並以訊息的方式顯示儲存格編號
按下**確定**鈕，關閉訊息

## 參照特定儲存格

### 物件.SpecialCells(Type, Value)

▶**解說**

SpecialCells 方法可在特定的儲存格範圍內，取得所有滿足條件的儲存格。只要參數的設定正確，就能參照空白儲存格、可見儲存格、設定了公式的儲存格以及各種儲存格。可設定的內容與**特殊目標**視窗的項目相同。從**常用**頁次的**編輯**區點選**尋找與選取**，再點選**特殊目標**就能開啟這個視窗。

▶**設定項目**

**物件**............. 指定 Range 物件。

**Type**............以 XlCellType 列舉型常數指定要取得的儲存格。

XlCellType 列舉型常數

| 常數 | 內容 |
|---|---|
| xlCellTypeAllFormatConditions | 任何格式的儲存格 |
| xlCellTypeAllValidation | 設定了**資料驗證**的儲存格 |
| xlCellTypeBlanks | 空白儲存格 |
| xlCellTypeComments | 包含註解的儲存格 |
| xlCellTypeConstants | 包含常數的儲存格 |
| xlCellTypeFormulas | 包含公式的儲存格 |
| xlCellTypeLastCell | 特定儲存格範圍最後的儲存格 |
| xlCellTypeSameFormatConditions | 套用相同格式的儲存格 |
| xlCellTypeSameValidation | 套用相同**資料驗證**規則的儲存格 |
| xlCellTypeVisible | 所有可見儲存格 |

**Value**...........當參數 Type 指定為 xlCellTypeConstants (常數) 或 xlCellTypeFormulas (公式) 時，將參數 Value 指定為 XlSpecialCellsValue 列舉型常數，就能取得儲存特定種類的常數或公式的儲存格。假設參略這個參數，所有的常數或公式就會是參照對象 (可省略)。

XlSpecialCellsValue 列舉型常數

| 常數 | 內容 | 常數 | 內容 |
|---|---|---|---|
| xlErrors | 錯誤值 | xlNumbers | 數值 |
| xlLogical | 邏輯值 | xlTextValues | 字元 |

避免發生錯誤

使用 SpecialCells 方法的前提是特定種類的儲存格存在，所以儲存格範圍內若無該特定種類的儲存格就會出現錯誤。

## 範例 在所有空白儲存格輸入 0

在 D3 ～ E11 儲存格範圍內的空白儲存格輸入 0。 範例 4-3_011 xlsm

```
1  Sub␣在所有空白儲存格輸入0()
2      On␣Error␣Resume␣Next
3      Range("D3:E11").SpecialCells(xlCellTypeBlanks).Value␣=␣0
4  End␣Sub
```

1 「在所有空白儲存格輸入 0」巨集
2 若發生錯誤就執行下列的陳述式
3 在 D3 ～ E11 儲存格中的空白儲存格輸入「0」
4 結束巨集

| | A | B | C | D | E | F | G |
|---|---|---|---|---|---|---|---|
| 1 | | | | | | | |
| 2 | | NO | 姓名 | 年中 | 年底 | 合計 | |
| 3 | | 1 | 張美慧 | 71 | 86 | 157 | |
| 4 | | 2 | 許浩婷 | 86 | | 86 | |
| 5 | | 3 | 葉佳隆 | 89 | 91 | 180 | |
| 6 | | 4 | 黃誌其 | 99 | 93 | 192 | |
| 7 | | 5 | 簡新造 | | 74 | 74 | |
| 8 | | 6 | 施信崎 | 68 | 62 | 130 | |
| 9 | | 7 | 薛恩平 | 88 | 91 | 179 | |
| 10 | | 8 | 藍嘉靖 | 73 | 74 | 147 | |
| 11 | | 9 | 劉哲安 | 68 | | 68 | |
| 12 | | | | | | | |

想在空白的儲存格輸入「0」

**1** 啟動 VBE，輸入程式碼

(一般) 在所有空白儲存格輸入0

```
Option Explicit

Sub 在所有空白儲存格輸入0()
    On Error Resume Next
    Range("D3:E11").SpecialCells(xlCellTypeBlanks).Value = 0
End Sub
```

**2** 執行巨集

| | A | B | C | D | E | F | G |
|---|---|---|---|---|---|---|---|
| 1 | | | | | | | |
| 2 | | NO | 姓名 | 年中 | 年底 | 合計 | |
| 3 | | 1 | 張美慧 | 71 | 86 | 157 | |
| 4 | | 2 | 許浩婷 | 86 | 0 | 86 | |
| 5 | | 3 | 葉佳隆 | 89 | 91 | 180 | |
| 6 | | 4 | 黃誌其 | 99 | 93 | 192 | |
| 7 | | 5 | 簡新造 | 0 | 74 | 74 | |
| 8 | | 6 | 施信崎 | 68 | 62 | 130 | |
| 9 | | 7 | 薛恩平 | 88 | 91 | 179 | |
| 10 | | 8 | 藍嘉靖 | 73 | 74 | 147 | |
| 11 | | 9 | 劉哲安 | 68 | 0 | 68 | |
| 12 | | | | | | | |

在空白的儲存格輸入數字「0」了

## 在儲存格範圍中，參照非公式的數值與字串

要在儲存格範圍參照非公式的數值或字串，可將參數 Type 設為 xlCellTypeConstants。要參照數值，可將參數 Value 設為 xlNumbers；要參照文字，可設為 xlTextValues。若要同時參照數值與字串，可用「+」將兩個常數串起來，寫成「xlNumbers + xlTextValues」。

範例 4-3_012.xlsm

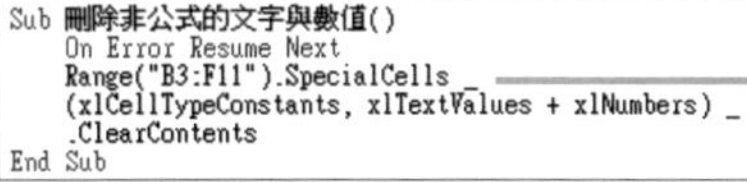

```
Sub 刪除非公式的文字與數值()
    On Error Resume Next
    Range("B3:F11").SpecialCells _
    (xlCellTypeConstants, xlTextValues + xlNumbers) _
    .ClearContents
End Sub
```

想從 B3～F11 儲存格中，刪除非公式的數值與字元

| | A | B | C | D | E | F | G |
|---|---|---|---|---|---|---|---|
| 1 | | | | | | | |
| 2 | | NO | 姓名 | 年中 | 年底 | 合計 | |
| 3 | | | | | | 0 | |
| 4 | | | | | | 0 | |
| 5 | | | | | | 0 | |
| 6 | | | | | | 0 | |
| 7 | | | | | | 0 | |
| 8 | | | | | | 0 | |
| 9 | | | | | | 0 | |
| 10 | | | | | | 0 | |
| 11 | | | | | | 0 | |

非公式的數值與字串被刪除了

## 選取已使用完畢的儲存格範圍

若使用 UsedRange 屬性，就能參照在工作表中使用過的儲存格範圍，這個屬性可在想一口氣刪除所有使用過的儲存格資料時使用。範例透過 UsedRange 屬性選取用過的儲存格。此外，若對新增的工作表使用這個屬性，將會選取 A1 儲存格 。

範例 4-3_013.xlsm

想在作用中工作表選取使用過的儲存格範圍

```
Sub 選取使用完畢的儲存格範圍()
    ActiveSheet.UsedRange.Select
End Sub
```

選取使用過的儲存格範圍

| | A | B | C | D | E | F | G |
|---|---|---|---|---|---|---|---|
| 1 | | 考核表 | | | 製作日期： | 2022/1/10 | |
| 2 | | NO | 姓名 | 年中 | 年底 | 合計 | |
| 3 | | 1 | 張美慧 | 71 | 86 | 157 | |
| 4 | | 2 | 許浩婷 | 86 | | 86 | |
| 5 | | 3 | 葉佳隆 | 89 | 91 | 180 | |
| 6 | | 4 | 黃誌其 | 99 | 93 | 192 | |
| 7 | | 5 | 簡新造 | | 74 | 74 | |
| 8 | | 6 | 施信崎 | 68 | 62 | 130 | |
| 9 | | 7 | 薛恩平 | 88 | 91 | 179 | |
| 10 | | 8 | 藍嘉靖 | 73 | 74 | 147 | |
| 11 | | 9 | 劉哲安 | 68 | | 68 | |

# 4-4 列與欄的參照



## 列與欄的參照

有時我們需要進行表格的列或欄操作，例如要查找表格中第一個或最後一個列編號、欄編號，或是取得整張表格的列數、欄數，再從中計算資料個數，以及在表格中刪除或插入列、欄的操作等。VBA 可利用 Row 或 Column 屬性取得列編號或欄編號，也可以使用 Rows 或 Columns 屬性參照列或欄。此外，要參照包含特定儲存格的整列或整欄時，可用 EntireRow 或 EntireColumn 屬性。

### Rows 屬性：參照列

◆參照表格中的列
Range("B2:F11").Rows("4:6")

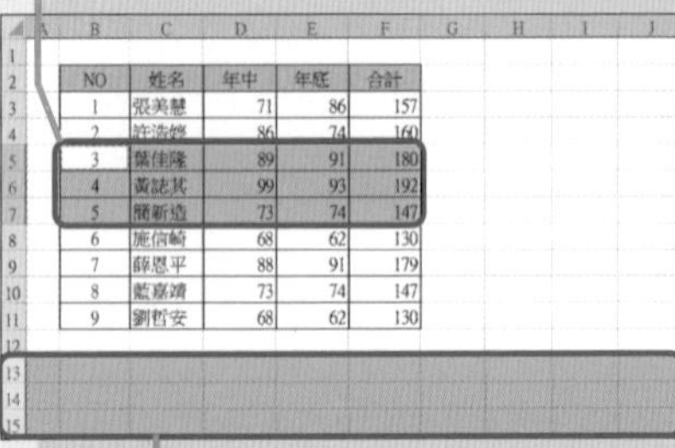

◆參照工作表的列
Rows("13:15")

### Columns 屬性：參照欄

◆參照表格中的欄
Range("B2:F11").Columns("C:D")

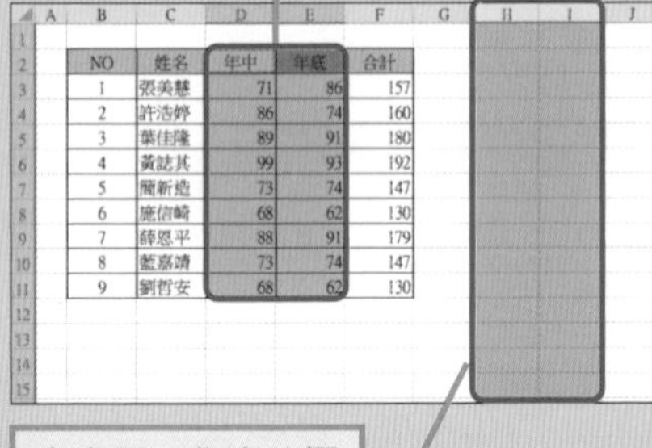

◆參照工作表的欄
Columns("H:I")

### EntireRow 屬性：參照包含特定儲存格範圍的整列

◆參照包含表格的整列
Range("B2:F11").EntireRow

### EntireColumn 屬性：參照包含特定儲存格範圍的整欄

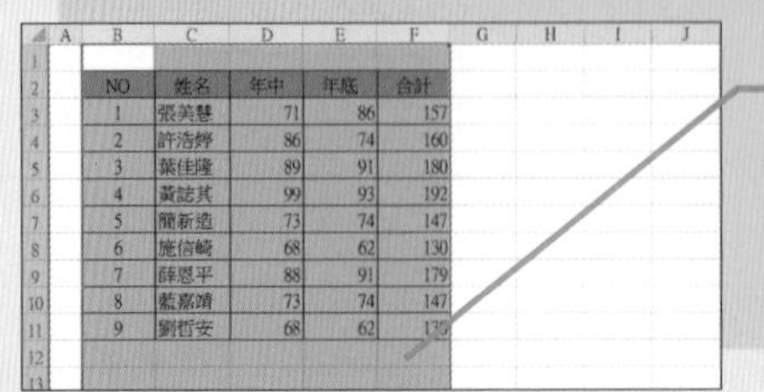

◆參照包含表格的整欄
Range("B2:F11").EntireColumn

# 取得列編號或欄編號

**物件.Row** ―――― 取得

**物件.Column** ―――― 取得

▶解説

Row 屬性與 Column 屬性會以長整數型別的數值，分別傳回指定儲存格的列編號或欄編號。假設指定了儲存格範圍，將傳回最小的列編號或欄編號。

▶設定項目

**物件**……………………指定 Range 物件。

避免發生錯誤

Row 屬性或 Column 屬性，只能取得指定儲存格範圍開頭的列編號與欄編號，所以要取得最後的列編號與欄編號，必須額外撰寫程式。

## 範例 取得表格最後一個儲存格的列編號與欄編號

要取得表格最後一個儲存格，可對表格的儲存格範圍以 Cells 屬性將表格的儲存格數量指定給索引編號。取得儲存格後，算出 Row 屬性與 Column 屬性的值，就能取得最後一個儲存格的列編號與欄編號。

範例 4-4_001.xlsm

參照 參照儲存格的方法②……P.4-5

```
1 Sub␣取得表格最後一個儲存格的列編號與欄編號()
2     Dim␣myRange␣As␣Range,␣cnt␣As␣Integer
3     Set␣myRange␣=␣Range("B2").CurrentRegion
4     cnt␣=␣myRange.Count
5     MsgBox␣"表格最後的儲存格:"␣&␣myRange.Cells(cnt).Address␣&␣vbLf␣&␣_
              "儲存格的列編號□:"␣&␣myRange.Cells(cnt).Row␣&␣vbLf␣&␣_
              "儲存格的欄編號□:"␣&␣myRange.Cells(cnt).Column
6     Set␣myRange␣=␣Nothing
7 End␣Sub
```

註：「_（換行字元）」，當程式碼太長要接到下一行程式時，可用此斷行符號連接→參照 P.2-15

1 「取得表格最後一個儲存格的列編號與欄編號」巨集
2 宣告 Range 型別變數 myRange 與整數型別變數 cnt
3 將包含 B2 儲存格的作用中儲存格範圍存入變數 myRange
4 將變數 myRange 的儲存格範圍的儲存格數量存入變數 cnt
5 利用「myRange.Cells(cnt)」取得儲存格範圍的最後一個儲存格，再以訊息的方式顯示該儲存格的位址、列編號與欄編號
6 解除對變數 myRange 的參照
7 結束巨集

| | A | B | C | D | E | F | G |
|---|---|---|---|---|---|---|---|
| 1 | | | | | | | |
| 2 | | NO | 姓名 | 年中 | 年底 | 合計 | |
| 3 | | 1 | 張美慧 | 71 | 86 | 157 | |
| 4 | | 2 | 許浩婷 | 86 | 74 | 160 | |
| 5 | | 3 | 葉佳隆 | 89 | 91 | 180 | |
| 6 | | 4 | 黃誌其 | 99 | 93 | 192 | |
| 7 | | 5 | 簡新造 | 73 | 74 | 147 | |
| 8 | | 6 | 施信崎 | 68 | 62 | 130 | |
| 9 | | 7 | 薛恩平 | 88 | 91 | 179 | |
| 10 | | 8 | 藍嘉靖 | 73 | 74 | 147 | |
| 11 | | 9 | 劉哲安 | 68 | 62 | 130 | |
| 12 | | | | | | | |

想要取得表格最後一個儲存格的列編號與欄編號

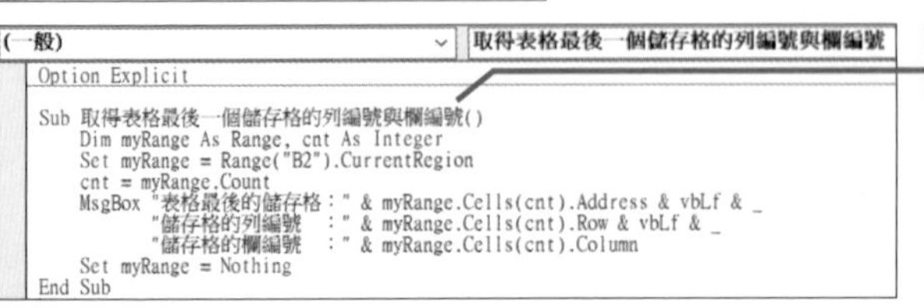


```
Option Explicit

Sub 取得表格最後一個儲存格的列編號與欄編號()
    Dim myRange As Range, cnt As Integer
    Set myRange = Range("B2").CurrentRegion
    cnt = myRange.Count
    MsgBox "表格最後的儲存格：" & myRange.Cells(cnt).Address & vbLf & _
           "儲存格的列編號　：" & myRange.Cells(cnt).Row & vbLf & _
           "儲存格的欄編號　：" & myRange.Cells(cnt).Column
    Set myRange = Nothing
End Sub
```

**1** 啟動 VBE，輸入程式碼

**2** 執行巨集

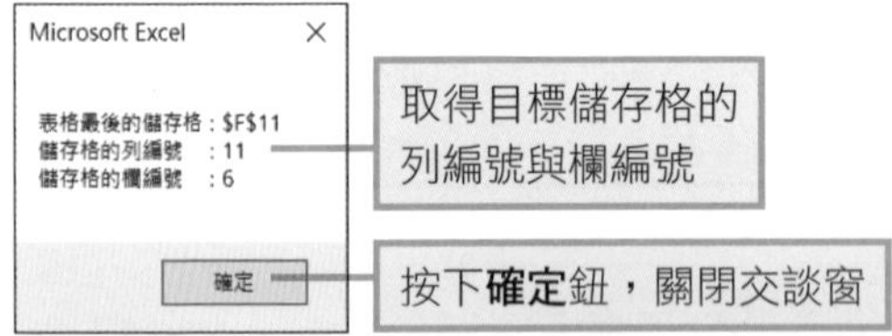


取得目標儲存格的列編號與欄編號

按下**確定**鈕，關閉交談窗

## 參照列或欄

**物件.Rows(列數)** ———— 取得

**物件.Columns(欄數)** ———— 取得

▶解說

Rows 屬性和 Columns 屬性可參照指定物件的列與欄。將參數指定成列數或欄數，就可以只參照指定的列或欄，若是省略參數，就會參照所有的列與欄。

▶設定項目

**物件**..................Application 物件、Worksheet 物件或 Range 物件。若省略指定物件，就會以作用中工作表的列或欄為對象 (可省略)。

列數..................指定列編號。單列可利用索引編號指定，多列可利用「:(冒號)」連接要參照的列編號，請記得以「"(雙引號)」括住整個列編號設定 (可省略)。

欄數..................指定欄編號。單欄可利用索引編號指定，或是利用欄編號的英文字母指定，記得以「"」括住英文字母。多欄可利用「:(冒號)」連接要參照的欄編號，請記得以「"(雙引號)」括住整個欄編號的設定 (可省略)。

避免發生錯誤

假設要參照的是「第 1 列與第 5 列」或「A 欄與 E 欄」這種不連續的列或欄，無法利用 Rows 屬性或 Columns 屬性的「Rows("1,5")」或「Columns("A,E")」參照。此時得改用 Range 屬性寫成「Range("1:1,5:5")] 或「Range("A:A,E:E")」的格式。

## 範例 設定表格的列、欄標題與合計欄的顏色

此範例要將表格的第一列（欄位標題）、表格的第 1 欄（編號）及最後一欄（合計）設定顏色。當物件為儲存格範圍，就能參照儲存格範圍的列或欄。此外，若省略物件的設定，就會以作用中工作表為對象。 範例 4-4_002.xlsm

```
1 Sub 替表格的列欄標題與合計欄設定顏色()
2     With Range("B2").CurrentRegion
3         .Columns(1).Interior.Color = rgbBeige
4         .Columns(.Columns.Count).Interior.Color = rgbBeige
5         .Rows(1).Interior.Color = rgbSpringGreen
6     End With
7     Rows(1).Insert
8 End Sub
```

1 「替表格的列欄標題與合計欄設定顏色」巨集
2 對包含 B2 儲存格的作用中儲存格範圍進行下列處理 (With 陳述式的開頭 )
3 將第 1 欄的背景色設為米白色
4 將最後 1 欄的背景色設為米白色
5 將第 1 列的背景色設為草綠色
6 結束 With 陳述式
7 在作用中工作表的第 1 列插入一列
8 結束巨集

想替表格的列、欄標題與合計欄設定顏色

| | A | B | C | D | E | F | G |
|---|---|---|---|---|---|---|---|
| 1 | | | | | | | |
| 2 | | NO | 姓名 | 年中 | 年底 | 合計 | |
| 3 | | 1 | 張美慧 | 71 | 86 | 157 | |
| 4 | | 2 | 許浩婷 | 86 | 74 | 160 | |
| 5 | | 3 | 葉佳隆 | 89 | 91 | 180 | |
| 6 | | 4 | 黃誌其 | 99 | 93 | 192 | |
| 7 | | 5 | 簡新造 | 73 | 74 | 147 | |
| 8 | | 6 | 施信崎 | 68 | 62 | 130 | |
| 9 | | 7 | 薛恩平 | 88 | 91 | 179 | |
| 10 | | 8 | 藍嘉靖 | 73 | 74 | 147 | |
| 11 | | 9 | 劉哲安 | 68 | 62 | 130 | |

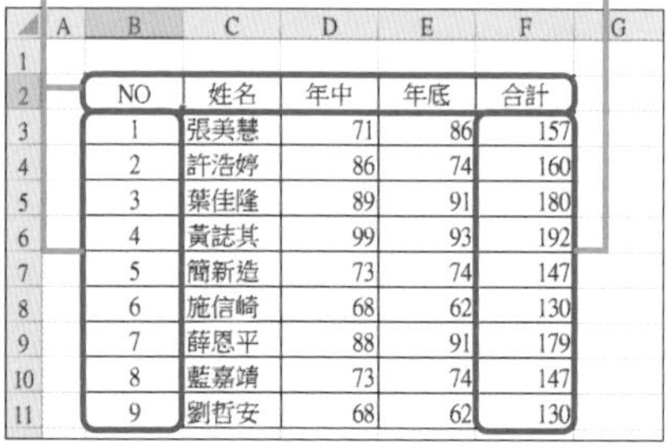

1 啟動 VBE，輸入程式碼

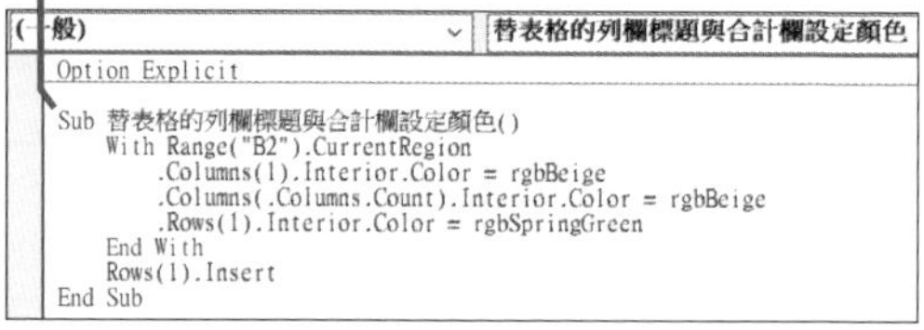

```
(一般)                    替表格的列欄標題與合計欄設定顏色
Option Explicit

Sub 替表格的列欄標題與合計欄設定顏色()
    With Range("B2").CurrentRegion
        .Columns(1).Interior.Color = rgbBeige
        .Columns(.Columns.Count).Interior.Color = rgbBeige
        .Rows(1).Interior.Color = rgbSpringGreen
    End With
    Rows(1).Insert
End Sub
```

2 執行巨集

|  | A | B | C | D | E | F | G |
|---|---|---|---|---|---|---|---|
| 1 |  |  |  |  |  |  |  |
| 2 |  |  |  |  |  |  |  |
| 3 |  | NO | 姓名 | 年中 | 年底 | 合計 |  |
| 4 |  | 1 | 張美慧 | 71 | 86 | 157 |  |
| 5 |  | 2 | 許浩婷 | 86 | 74 | 160 |  |
| 6 |  | 3 | 葉佳隆 | 89 | 91 | 180 |  |
| 7 |  | 4 | 黃誌其 | 99 | 93 | 192 |  |
| 8 |  | 5 | 簡新造 | 73 | 74 | 147 |  |
| 9 |  | 6 | 施信崎 | 68 | 62 | 130 |  |
| 10 |  | 7 | 薛恩平 | 88 | 91 | 179 |  |
| 11 |  | 8 | 藍嘉靖 | 73 | 74 | 147 |  |
| 12 |  | 9 | 劉哲安 | 68 | 62 | 130 |  |

插入空白列

表格的標題列套用了草綠色

表格的 **NO** 欄與**合計**欄套用了米白色

### 利用 Count 屬性取得列數與欄數

Count 屬性會以長整數型別的數值傳回指定集合的元素數量。要取得表格的列數、欄數，可用「儲存格範圍 .Rows.Count」與「儲存格範圍 .Columns.Count」的語法。若只寫成「Rows.Count」、「Columns.Count」，就會傳回整張工作表的列數或欄數。此外，當元素數量超過長整數型別的範圍，必須改用 CountLarge 屬性。CountLarge 屬性會傳回 variant 資料型別的值，所以能比 Count 屬性處理更多的元素數量。

### 參照列與欄的方法

使用 Rows 屬性和 Columns 屬性參照列和欄的方法，可參照下列表格。如果操作的對象是工作表，則利用英文字母指定欄，該英文字母將與欄編號對應；如果操作的對象是儲存格範圍，就會與該儲存格範圍的欄對應。以「Range("B2:E5").Columns("A")」為例，B2 ～ E5 儲存格的 A 欄為這個表格的第 1 欄，所以參照儲存格為 B2 ～ B5。

| 要參照的列或欄 | 語法範例 | 內容 |
|---|---|---|
| 單列 | Rows(1) | 參照第 1 列 |
| 單欄 | Columns(3)<br>Columns("C") | 參照第 3 欄<br>參照 C 欄 |
| 連續列 | Rows("1:5") | 參照第 1 列到第 5 列 |
| 連續欄 | Columns("1:5")<br>Columns("A:E") | 參照第 1 欄到第 5 欄<br>參照 A 欄到 E 欄 |
| 所有列 | Rows | 參照所有列 |
| 所有欄 | Columns | 參照所有欄 |

## 參照指定儲存格範圍中的整列或整欄

**物件.EntireRow** —— 取得
**物件.EntireColumn** —— 取得

▶解說

EntireRow 與 EntireColumn 屬性，可參照指定儲存格或儲存格範圍的整列或整欄。這兩個屬性適合對指定儲存格的整列或整欄執行特定處理時使用。

▶ 設定項目

**物件**........................指定 Range 物件。

避免發生錯誤

若是在工作表以外的工作表使用，就會發生錯誤。請先將對象設為工作表，再使用這兩個屬性。

## 範例　對包含指定儲存格的整列與整欄進行操作

此範例要在包含 F2 儲存格的整欄插入新欄（也就是在 F 欄左側插入新欄），再刪除包含 B8 ～ B11 儲存格的整列（刪除第 8 列到第 11 列）。 範例 4-4_003.xlsm

```
Sub␣操作具有特定儲存格的整列與整欄()
    Range("F2").EntireColumn.Insert
    Range("B8:B11").EntireRow.Delete
End␣Sub
```

1 「操作具有特定儲存格的整列與整欄」巨集
2 在包含 F2 儲存格的整欄插入欄
3 刪除包含 B8 ～ B11 儲存格的整列
4 結束巨集

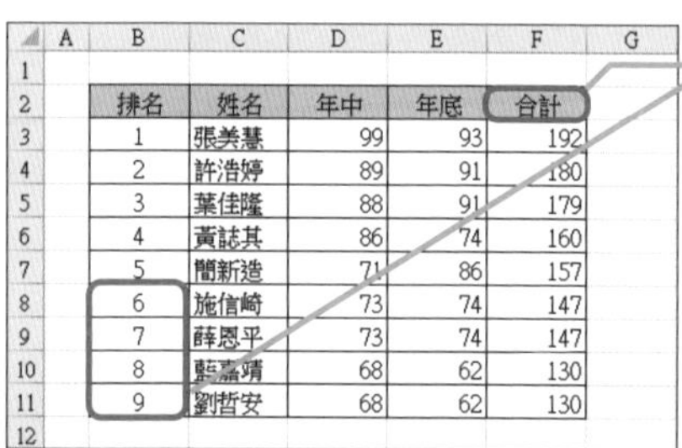

| 排名 | 姓名 | 年中 | 年底 | 合計 |
|---|---|---|---|---|
| 1 | 張美慧 | 99 | 93 | 192 |
| 2 | 許浩婷 | 89 | 91 | 180 |
| 3 | 葉佳隆 | 88 | 91 | 179 |
| 4 | 黃誌其 | 86 | 74 | 160 |
| 5 | 簡新造 | 71 | 86 | 157 |
| 6 | 施信崎 | 73 | 74 | 147 |
| 7 | 薛恩平 | 73 | 74 | 147 |
| 8 | 藍嘉靖 | 68 | 62 | 130 |
| 9 | 劉哲安 | 68 | 62 | 130 |

在包含 F2 儲存格的欄插入欄，再刪除包含 B8 ～ B11 儲存格的整列

**1** 啟動 VBE，輸入程式碼

```
Option Explicit

Sub 操作具有特定儲存格的整列與整欄()
    Range("F2").EntireColumn.Insert
    Range("B8:B11").EntireRow.Delete
End Sub
```

**2** 執行巨集

| 排名 | 姓名 | 年中 | 年底 | | 合計 |
|---|---|---|---|---|---|
| 1 | 張美慧 | 99 | 93 | | 192 |
| 2 | 許浩婷 | 89 | 91 | | 180 |
| 3 | 葉佳隆 | 88 | 91 | | 179 |
| 4 | 黃誌其 | 86 | 74 | | 160 |
| 5 | 簡新造 | 71 | 86 | | 157 |

刪除列與插入欄了

# 4-5 定義與刪除名稱

## 定義與刪除名稱

Excel 可替特定儲存格範圍命名，再透過該名稱參照儲存格。例如，可在指定的圖表範圍或函數的引數中參照儲存格範圍時使用。要在 VBA 定義或參照名稱，可用 Name 物件。Name 物件是活頁簿 Names 集合的成員之一。可替儲存格範圍命名的名稱包括像「Print_Area」這類預先定義的名稱或是自訂名稱。在此將介紹定義、參照與刪除名稱的方法。

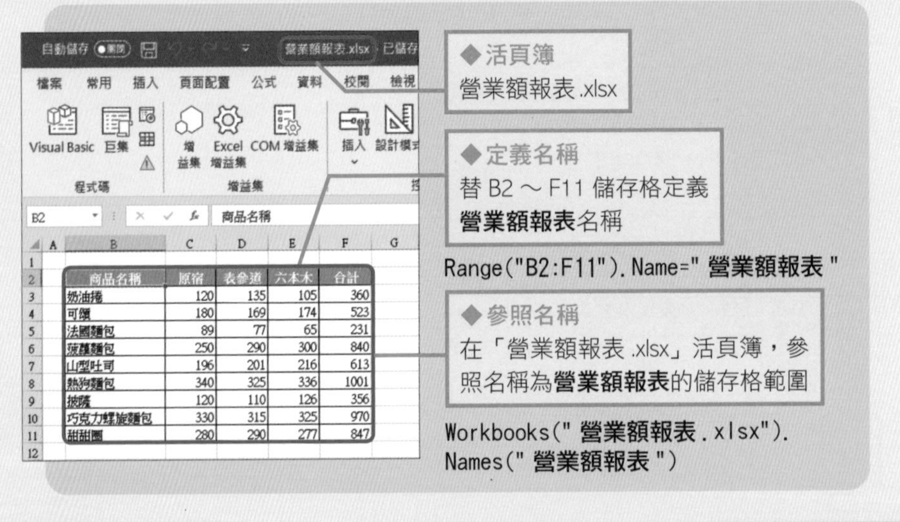
◆活頁簿
營業額報表.xlsx
◆定義名稱
替 B2 ～ F11 儲存格定義**營業額報表**名稱
Range("B2:F11").Name=" 營業額報表 "
◆參照名稱
在「營業額報表.xlsx」活頁簿，參照名稱為**營業額報表**的儲存格範圍
Workbooks(" 營業額報表.xlsx").
Names(" 營業額報表 ")

## 替儲存格範圍定義名稱

**物件.Name** —— 取得

**物件.Name = 設定值** —— 設定

▶解說

Name 屬性可設定名稱也能取得定義完畢的名稱。替儲存格範圍命名後，就能快速指定儲存格範圍。

▶設定項目

**物件**........................指定 Range 物件。

**設定值**....................指定儲存格範圍的名稱。

> **避免發生錯誤**
> 為了替儲存格範圍命名而建立的 Name 物件，會新增到活頁簿的 Names 集合裡。要使用 Name 屬性參照名稱時，必須使用 Application 或 Workbook 物件的 Names 屬性。

## 範例 替儲存格範圍命名

此範例要替包含 B2 儲存格的表格，命名為**各門市營業額**，接著再利用這個名稱選取儲存格範圍。

範例 4-5_001 xlsm

```
1 Sub␣替儲存格範圍命名()
2     Range("B2").CurrentRegion.Name␣=␣"各門市營業額"
3     Range("各門市營業額").Select
4 End␣Sub
```

1 「替儲存格範圍命名」巨集
2 將包含 B2 儲存格的整張表格命名為**各門市營業額**
3 選取名稱為**各門市營業額**的儲存格範圍
4 結束巨集

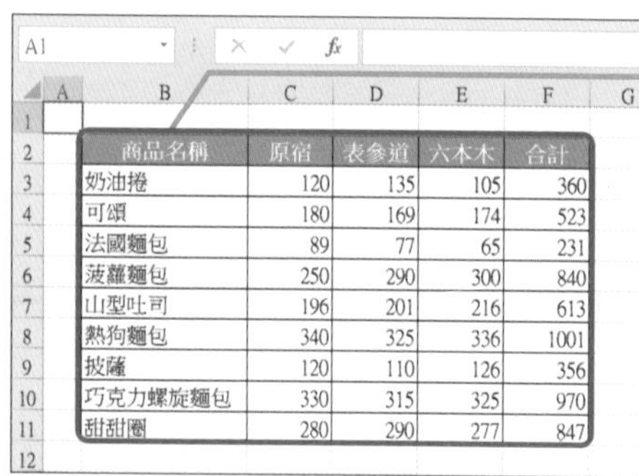

| 商品名稱 | 原宿 | 表參道 | 六本木 | 合計 |
|---|---|---|---|---|
| 奶油捲 | 120 | 135 | 105 | 360 |
| 可頌 | 180 | 169 | 174 | 523 |
| 法國麵包 | 89 | 77 | 65 | 231 |
| 菠蘿麵包 | 250 | 290 | 300 | 840 |
| 山型吐司 | 196 | 201 | 216 | 613 |
| 熱狗麵包 | 340 | 325 | 336 | 1001 |
| 披薩 | 120 | 110 | 126 | 356 |
| 巧克力螺旋麵包 | 330 | 315 | 325 | 970 |
| 甜甜圈 | 280 | 290 | 277 | 847 |

在此要將包含 B2 儲存格的表格，命名為**各門市營業額**

**1** 啟動 VBE，輸入程式碼

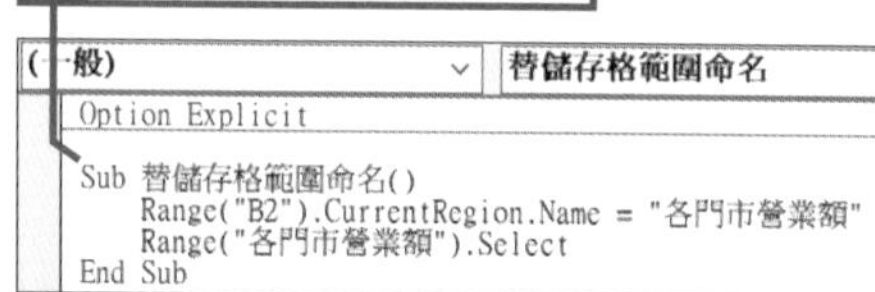

```
Option Explicit

Sub 替儲存格範圍命名()
    Range("B2").CurrentRegion.Name = "各門市營業額"
    Range("各門市營業額").Select
End Sub
```

**2** 執行巨集

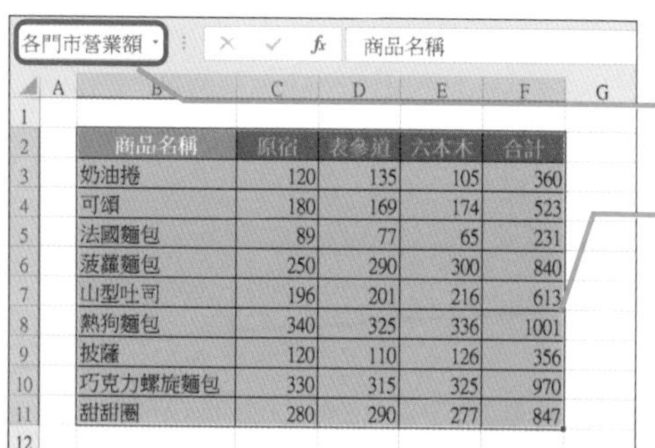


| 商品名稱 | 原宿 | 表參道 | 六本木 | 合計 |
|---|---|---|---|---|
| 奶油捲 | 120 | 135 | 105 | 360 |
| 可頌 | 180 | 169 | 174 | 523 |
| 法國麵包 | 89 | 77 | 65 | 231 |
| 菠蘿麵包 | 250 | 290 | 300 | 840 |
| 山型吐司 | 196 | 201 | 216 | 613 |
| 熱狗麵包 | 340 | 325 | 336 | 1001 |
| 披薩 | 120 | 110 | 126 | 356 |
| 巧克力螺旋麵包 | 330 | 315 | 325 | 970 |
| 甜甜圈 | 280 | 290 | 277 | 847 |

將指定的儲存格範圍，命名為**各門市營業額**了

選取**各門市營業額**的儲存格範圍

### 使用 Add 方法命名

要替儲存格範圍命名，也可以使用 Names 集合的 Add 方法。其語法為「Workbook 物件 .Names.Add Name:= 範圍名稱 , RefersTo:= 儲存格範圍」。若是要將上一頁的範例改成 Add 方法，可寫成「ActiveWorkbook.Names.Add Name:=" 各門市營業額 ", RefersTo:=Range("B2").CurrentRegion」。

範例 4-5_002.xlsm

```
Sub 定義名稱2()
    ActiveWorkbook.Names.Add Name:="各門市營業額", RefersTo:=Range("B2").CurrentRegion
End Sub
```

### 關於 Name 屬性取得的值

Name 屬性可取得與設定名稱。完成設定後，會自動新增 Name 物件。要取得名稱時，不是取得 Name 物件，而是取得名稱。例如，要取得第一個 Name 物件的名稱，必須使用 Name 屬性寫成「Names(1).Name」才行。

## 參照已命名的儲存格範圍

### 物件.Names(索引) —— 取得

▶解說

儲存格或儲存格範圍的名稱都被視為 Name 物件，要參照完成定義的 Name 物件可使用 Names 屬性。

▶設定項目

**物件**……指定 Application 物件與 Workbook 物件。若指定的是 Application 物件或是未指定，就會以啟用中活頁簿的 Names 集合為對象，但如果指定的是 Workbook 物件，就會以該活頁簿的 Names 集合為對象。

索引……指定為名稱的索引編號或名稱。

避免發生錯誤

儲存格範圍的名稱會以 Name 物件的方式新增至 Names 集合。若要參照 Name 物件，請使用 Application 或 Workbook 物件的 Names 屬性。

## 範例 編輯與刪除儲存格範圍的名稱

此範例要利用 Names 屬性參照**各門市營業額**的儲存格範圍，再將這個名稱改成**業績表**，同時將儲存格範圍改成包含 B2 儲存格的整張表格。接著刪除**商品列表**名稱。要變更名稱可使用 Name 屬性，要變更儲存格範圍可利用 RefersTo 屬性。此外，要刪除 Name 物件可使用 Delete 方法。 範例 4-5_003.xlsm

```
1 Sub␣編輯與刪除儲存格範圍的名稱()
2     With␣ActiveWorkbook.Names("各門市營業額")
3         .Name␣=␣"業績表"
4         .RefersTo␣=␣"=工作表1!"␣&␣Range("B2").CurrentRegion.Address
5     End␣With
6     ActiveWorkbook.Names("商品列表").Delete
7 End␣Sub
```

1 「編輯與刪除儲存格範圍的名稱」巨集
2 對**各門市營業額**名稱進行下列處理 (With 陳述式的開頭 )
3 將名稱改成**業績表**
4 將名稱範圍設成**工作表 1** 的作用中儲存格範圍 ( 包含 B2 儲存格 )
5 結束 With 陳述式
6 刪除**商品列表**名稱
7 結束巨集

想將**各門市營業額**這個名稱改成**業績表**，以及將儲存格範圍重新設定為包含 B2 儲存格的整張表格，還要刪除**商品列表**名稱

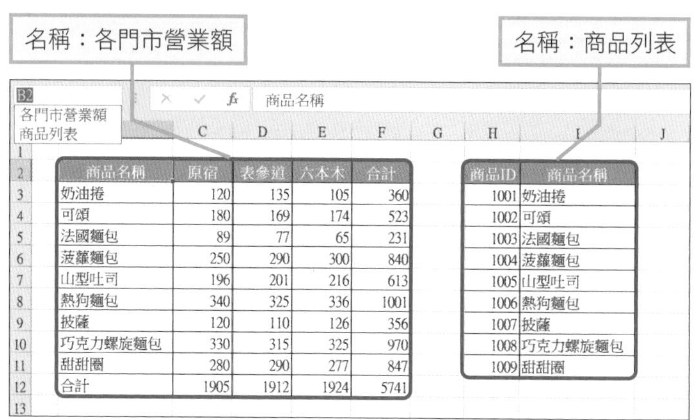


| 商品名稱 | 原宿 | 表參道 | 六本木 | 合計 |
|---|---|---|---|---|
| 奶油捲 | 120 | 135 | 105 | 360 |
| 可頌 | 180 | 169 | 174 | 523 |
| 法國麵包 | 89 | 77 | 65 | 231 |
| 菠蘿麵包 | 250 | 290 | 300 | 840 |
| 山型吐司 | 196 | 201 | 216 | 613 |
| 熱狗麵包 | 340 | 325 | 336 | 1001 |
| 披薩 | 120 | 110 | 126 | 356 |
| 巧克力螺旋麵包 | 330 | 315 | 325 | 970 |
| 甜甜圈 | 280 | 290 | 277 | 847 |
| 合計 | 1905 | 1912 | 1924 | 5741 |

| 商品ID | 商品名稱 |
|---|---|
| 1001 | 奶油捲 |
| 1002 | 可頌 |
| 1003 | 法國麵包 |
| 1004 | 菠蘿麵包 |
| 1005 | 山型吐司 |
| 1006 | 熱狗麵包 |
| 1007 | 披薩 |
| 1008 | 巧克力螺旋麵包 |
| 1009 | 甜甜圈 |

1 啟動 VBE，輸入程式碼

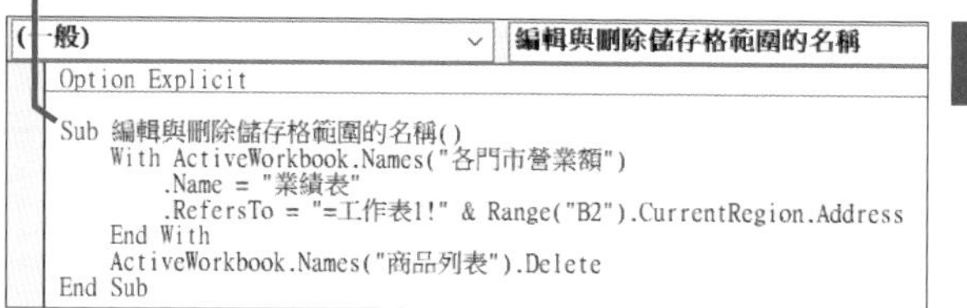


```
Option Explicit

Sub 編輯與刪除儲存格範圍的名稱()
    With ActiveWorkbook.Names("各門市營業額")
        .Name = "業績表"
        .RefersTo = "=工作表1!" & Range("B2").CurrentRegion.Address
    End With
    ActiveWorkbook.Names("商品列表").Delete
End Sub
```

2 執行巨集

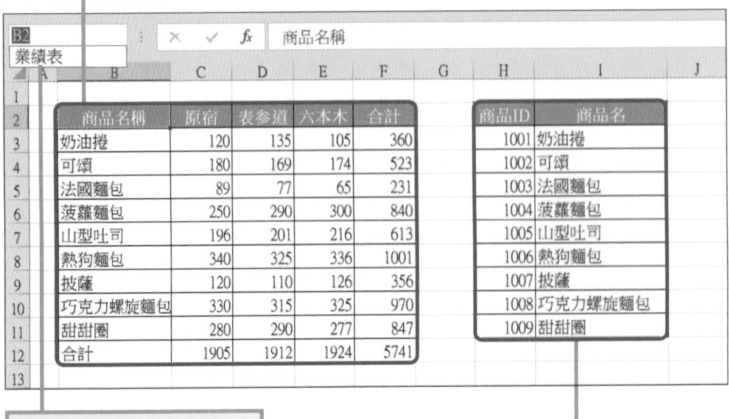


| 商品名稱 | 原宿 | 表参道 | 六本木 | 合計 |
|---|---|---|---|---|
| 奶油捲 | 120 | 135 | 105 | 360 |
| 可頌 | 180 | 169 | 174 | 523 |
| 法國麵包 | 89 | 77 | 65 | 231 |
| 菠蘿麵包 | 250 | 290 | 300 | 840 |
| 山型吐司 | 196 | 201 | 216 | 613 |
| 熱狗麵包 | 340 | 325 | 336 | 1001 |
| 披薩 | 120 | 110 | 126 | 356 |
| 巧克力螺旋麵包 | 330 | 315 | 325 | 970 |
| 甜甜圈 | 280 | 290 | 277 | 847 |
| 合計 | 1905 | 1912 | 1924 | 5741 |

| 商品ID | 商品名 |
|---|---|
| 1001 | 奶油捲 |
| 1002 | 可頌 |
| 1003 | 法國麵包 |
| 1004 | 菠蘿麵包 |
| 1005 | 山型吐司 |
| 1006 | 熱狗麵包 |
| 1007 | 披薩 |
| 1008 | 巧克力螺旋麵包 |
| 1009 | 甜甜圈 |

### HINT Names 集合的索引編號

新增到 Names 集合中的 Name 物件，其索引編號不是依照新增順序分配的。在**公式**頁次的**已定義之名稱**按下**名稱管理員**鈕，開啟**名稱管理員**交談窗後，每個名稱會依序由上往下指派成 1、2、3 這種索引編號。

### 刪除活頁簿的所有名稱

若要刪除活頁簿的所有名稱，可將程式碼寫成下列的內容。

```
Sub 刪除所有定義的名稱()
    Dim myName As Name
    For Each myName In ActiveWorkbook.Names
        myName.Delete
    Next
End Sub
```

將刪除儲存格範圍的所有名稱

範例 4-5_004.xlsm

# 4-6 取得與設定儲存格的值

## 取得與設定儲存格的值

要在 VBA 設定或取得儲存格的值，或是要在儲存格取得或設定公式時，需使用不同屬性。要取得或設定值，可以用 Value 屬性或 Text 屬性，要取得或設定公式的屬性，可以使用 Formula 屬性或 FormulaR1C1 屬性。此外，要在 VBA 使用**自動填滿**功能 (在儲存格中快速輸入值)，可使用 AutoFill 方法。本節將介紹設定與取得儲存格的值或公式的方法。

### 取得與設定值

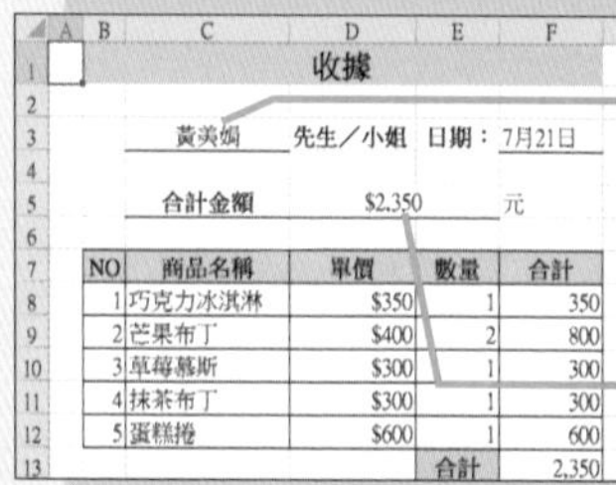

收據

黃美娟 先生／小姐 日期：7月21日

合計金額 $2,350 元

| NO | 商品名稱 | 單價 | 數量 | 合計 |
|---|---|---|---|---|
| 1 | 巧克力冰淇淋 | $350 | 1 | 350 |
| 2 | 芒果布丁 | $400 | 2 | 800 |
| 3 | 草莓慕斯 | $300 | 1 | 300 |
| 4 | 抹茶布丁 | $300 | 1 | 300 |
| 5 | 蛋糕捲 | $600 | 1 | 600 |
| | | | 合計 | 2,350 |

◆值的設定

在 C3 儲存格輸入「黃美娟」

Range("C3").Value=" 黃美娟 "

◆取得值

取得 F13 儲存格的值，再輸入到 D5 儲存格

Range("D5").Value=Range("F13").Value

### 取得與設定公式

| 姓名 | 總分 | 考核 |
|---|---|---|
| 張美慧 | 230 | 合格 |

| 工作態度 | 學習能力 | 專業能力 | 總分 |
|---|---|---|---|
| 77 | 86 | 67 | 230 |

◆設定公式

在 E6 儲存格設定公式「=B6+C6+D6」

．A1 格式

Range("E6").Formula="=B6+C6+D6"

．R1C1 格式

Range("E6").FormulaR1C1="=RC[-3]+RC[-2]+RC[-2]"

參照 認識「A1 格式」、「R1C1 格式」……P.4-47

### 自動填滿

| | 負責人1 | 負責人2 | 負責人3 | 負責人4 |
|---|---|---|---|---|
| 04/01(週五) | | | | |
| 05/01(週日) | | | | |
| 06/01(週三) | | | | |
| 07/01(週五) | | | | |
| 08/01(週一) | | | | |
| 09/01(週四) | | | | |
| 10/01(週六) | | | | |
| 11/01(週二) | | | | |
| 12/01(週四) | | | | |
| 01/01(週日) | | | | |
| 02/01(週三) | | | | |
| 03/01(週三) | | | | |

◆在儲存格輸入連續資料 ( 自動填滿 )

以 C2 儲存格的值為基準，連續輸入資料，直到 F2 儲存格為止

Range("C2").AutoFill Range("C2:F2")

# 取得與設定儲存格的值

**物件.Value(資料型別)** ―――― 取得
**物件.Value(資料型別) = 設定值** ―――― 設定

▶解說

Value 屬性可取得或設定儲存格的值，但只能取得不包含格式的值。若指定了參數的資料型別，就能以 XML 格式或是 XML Spreadsheet 取得儲存格範圍的值。此外，Value 屬性是 Range 物件內建的屬性，所以「Range("A1")=20」與「Range("A1").Value=20」意思相同。

▶設定項目

**物件**……指定 Range 物件。

資料型別……指定要取得的資料型別。可使用 XlRangeValueDataType 列舉型常數指定 (可省略)。

XlRangeValueDataType 列舉型常數

| 名稱 | 內容 |
|---|---|
| xlRangeValueDefault (預設值) | 當指定的 Range 物件值為空白時，會傳回 Empty 值。此外，若 Range 物件包含多個儲存格將傳回值的陣列 |
| xlRangeValueMSPersistXML | 傳回指定的 XML 格式的 Range 物件的記錄集 |
| xlRangeValueXMLSpreadsheet | 傳回指定的 XML Spreadsheet 格式的 Range 物件的值、格式設定、公式與名稱 |

**設定值**……指定要在儲存格中輸入的值。

避免發生錯誤

如果儲存格中已經輸入了公式，則 Value 屬性無法取得公式，只能取得公式的計算結果。要取得公式必須使用 Formula 屬性。

## 範例 取得與設定儲存格的值

此範例要在 C3 儲存格輸入「黃美娟」，以及在 F3 儲存格輸入「7 月 21 日」，也要在 D5 儲存格輸入 F13 儲存格的值。雖然 F13 儲存格已經輸入了公式，但是 Value 屬性可取得公式的計算結果，所以 D5 儲存格將輸入該公式的計算結果。此外，要輸入字串時，必須在字串的前後加上「" (雙引號)」。 範例 4-6_001 xlsm

```
Sub␣取得與設定儲存格的值()
    Range("C3").Value␣=␣"黃美娟"
    Range("F3").Value␣=␣"7/21"
    Range("D5").Value␣=␣Range("F13").Value
End␣Sub
```

1. 「取得與設定儲存格的值」巨集
2. 在 C3 儲存格輸入「黃美娟」
3. 在 F3 儲存格輸入「7 /21」
4. 在 D5 儲存格輸入 F13 儲存格的值
5. 結束巨集

想在 C3 儲存格輸入姓名、在 F3 儲存格輸入日期、在 D5 儲存格輸入合計金額

**1** 啟動 VBE，輸入程式碼

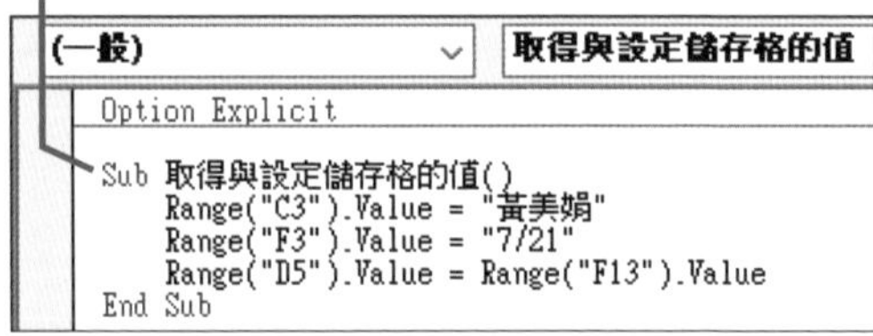

```
(一般)    取得與設定儲存格的值
Option Explicit

Sub 取得與設定儲存格的值()
    Range("C3").Value = "黃美娟"
    Range("F3").Value = "7/21"
    Range("D5").Value = Range("F13").Value
End Sub
```

**2** 執行巨集

輸入姓名、日期與合計金額了

### HINT 自動辨識儲存格的值以及儲存格格式

在儲存格中輸入「7/21」這類字串時，Excel 會自動辨識為日期。就算畫面上顯示的是「7 月 21 日」，**資料編輯列**還是會顯示「2023/7/21」。由此可知，這個字串被自動轉換成日期資料，並以日期格式顯示。

參照 儲存格的顯示格式……P.4-77

### 利用 Text 屬性取得儲存格的值

Text 屬性可將儲存格的值當成字串再取得。要注意的是，這個屬性只能取得，無法設定。雖然 Value 屬性可取得儲存格的值，但 Text 屬性可直接取得儲存格在畫面上顯示的值。

範例 4-6_002.xlsm

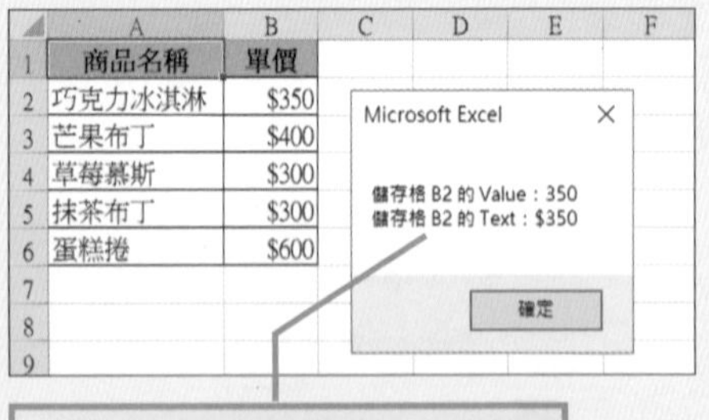


Value 屬性能以**數值**的方式取得儲存格的值，Text 屬性則可取得螢幕上的儲存格文字

## 取得與設定儲存格的公式

**物件.Formula** —— 取得
**物件.Formula = 設定值 1** —— 設定
**物件.FormulaR1C1** —— 取得
**物件.FormulaR1C1 = 設定值 2** —— 設定

▶ 解說

Formula 屬性可取得或設定 A1 格式的儲存格公式，FormulaR1C1 屬性則可取得或設定 R1C1 格式的儲存格公式。此外，儲存格的值為空白時，將傳回空白字串「""」。

▶ 設定項目

**物件**……指定 Range 物件。

**設定值 1**……以 A1 格式指定公式。A1 格式為「"=A1+B1"」這種格式。

**設定值 2**……以 R1C1 格式指定公式。R1C1 格式為「"=RC[-2]+RC[-1]"」這種格式。

參照 認識「A1格式」、「R1C1格式」……P.4-47

避免發生錯誤

利用 Formula 屬性或 FormulaR1C1 屬性在儲存格輸入公式時，公式都必須以「=」為開頭，也必須以「"」括住整個公式。若不輸入「=」就會被辨識為直接在儲存格顯示的文字。

## 範例 以 A1 格式輸入公式

此範例要以 A1 格式在儲存格中輸入公式。只要在工作表中的**資料編輯列**輸入公式時加上「"」即可。若是要在公式中使用字串當參數，必須以 2 個「"」括住。

範例 4-6_003.xlsm

```
1 Sub 輸入A1格式的公式()
2     Range("E6").Formula = "=B6+C6+D6"
3     Range("C3").Formula = Range("E6").Formula
4     Range("D3").Formula = "=IF(C3>=210, ""及格"",""不及格"")"
5 End Sub
```

1 「輸入 A1 格式的公式」巨集
2 在 E6 儲存格，輸入「=B6+C6+D6」的公式
3 在 C3 儲存格，輸入 E6 儲存格的公式
4 在 D3 儲存格，輸入「=IF(C3>=210," 及格 "," 不及格 ")」的公式
5 結束巨集

想在 C3、D3、E6 儲存格輸入 A1 格式的公式

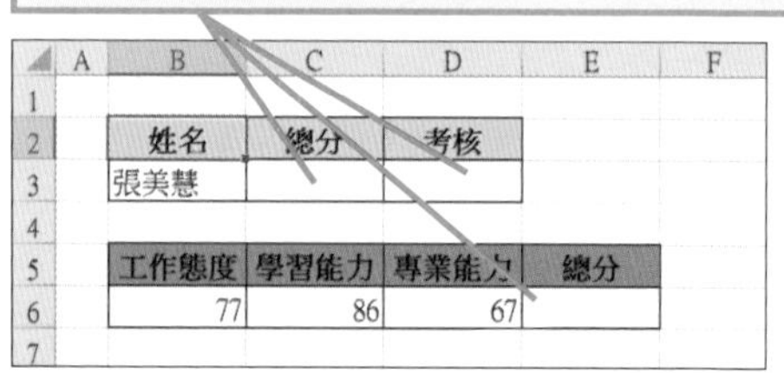


**1** 啟動 VBE，輸入程式碼

```
(一般)                    輸入A1格式的公式
Option Explicit

Sub 輸入A1格式的公式()
    Range("E6").Formula = "=B6+C6+D6"
    Range("C3").Formula = Range("E6").Formula
    Range("D3").Formula = "=If(C3>=210, ""合格"",""不合格"")"
End Sub
```

**2** 執行巨集

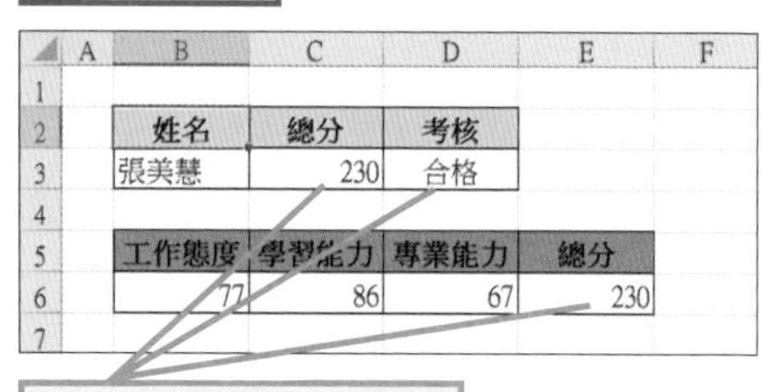


在 C3、D3、E6 儲存格輸入公式與完成計算了

> **HINT 公式中的字串要以兩個「"」括住**
>
> 如果要像範例的 If 函數在公式中使用字串，卻寫成「"=IF(C3>=210," 及格 "," 不及格 ")"」，就會出現錯誤。要在公式使用字串，必須在該字串前後分別以兩個「"」括住，寫成「"=IF(C3>=210,"" 及格 "","" 不及格 "")"」，就能在儲存格輸入不會顯示錯誤訊息的正確公式了。

## 範例 輸入 R1C1 格式的公式

R1C1 是以相對參照的方式取得與設定公式。由於是相對參照，所以就算在 F4 ～ F11 儲存格輸入 F3 儲存格的公式，也能以正確的參照方式輸入公式。公式中的「RC[-2]」是指從輸入公式的儲存格往左移動 2 格的意思。 範例 4-6_004.xlsm

```
1 Sub␣輸入 R1C1 格式的公式()
2     Range("F3").FormulaR1C1␣=␣"=SUM(RC[-2]:RC[-1])"
3     Range("F4:F11").FormulaR1C1␣=␣Range("F3").FormulaR1C1
4     Range("G3:G11").FormulaR1C1␣=␣"=IF(RC[-1]>140,""○"",""×"")"
5 End␣Sub
```

| | |
|---|---|
| 1 | 「輸入 R1C1 格式的公式」巨集 |
| 2 | 在 F3 儲存格輸入合計範圍為「從左邊 2 格儲存格到左邊 1 格儲存格」的 SUM 函數 |
| 3 | 在 F4 ～ F11 儲存格輸入 F3 儲存格的相對參照公式 |
| 4 | 在 G3 ～ G11 儲存格輸入「=IF(RC[-1]>140,"" ○ "",""×"")」的公式 |
| 5 | 結束巨集 |

想在 F3 ～ F11 儲存格輸入計算總分的公式

想在 G3 ～ G11 儲存格輸入排名的公式

| NO | 姓名 | 年中 | 年底 | 總分 | 排名 |
|---|---|---|---|---|---|
| 1 | 張美慧 | 71 | 86 | | |
| 2 | 許浩婷 | 86 | 74 | | |
| 3 | 葉佳隆 | 89 | 91 | | |
| 4 | 黃誌其 | 99 | 93 | | |
| 5 | 簡新造 | 73 | 74 | | |
| 6 | 施信崎 | 68 | 62 | | |
| 7 | 薛恩平 | 88 | 91 | | |
| 8 | 藍嘉靖 | 73 | 74 | | |
| 9 | 劉哲安 | 68 | 62 | | |

**1** 啟動 VBE，輸入程式碼

```
(一般)                                輸入R1C1格式的公式
Option Explicit

Sub 輸入R1C1格式的公式()
    Range("F3").FormulaR1C1 = "=SUM(RC[-2]:RC[-1])"
    Range("F4:F11").FormulaR1C1 = Range("F3").FormulaR1C1
    Range("G3:G11").FormulaR1C1 = "=IF(RC[-1]>140,""○"",""×"")"
End Sub
```

**2** 執行巨集

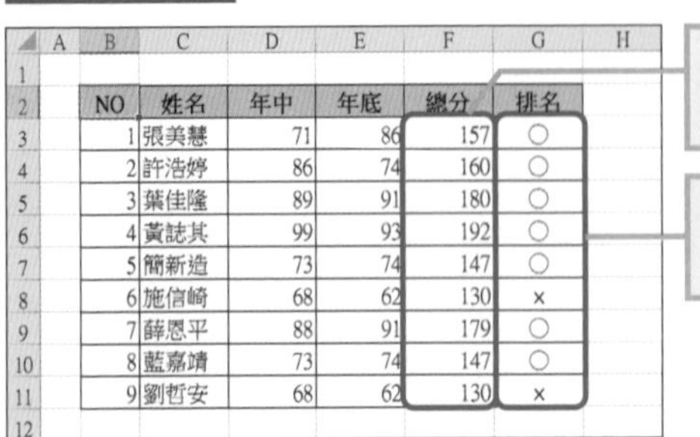

| NO | 姓名 | 年中 | 年底 | 總分 | 排名 |
|---|---|---|---|---|---|
| 1 | 張美慧 | 71 | 86 | 157 | ○ |
| 2 | 許浩婷 | 86 | 74 | 160 | ○ |
| 3 | 葉佳隆 | 89 | 91 | 180 | ○ |
| 4 | 黃誌其 | 99 | 93 | 192 | ○ |
| 5 | 簡新造 | 73 | 74 | 147 | ○ |
| 6 | 施信崎 | 68 | 62 | 130 | × |
| 7 | 薛恩平 | 88 | 91 | 179 | ○ |
| 8 | 藍嘉靖 | 73 | 74 | 147 | ○ |
| 9 | 劉哲安 | 68 | 62 | 130 | × |

F3 儲存格的公式，也輸入到 F4 ～ F11 儲存格了

在 G3 ～ G11 儲存格輸入公式

 **認識「A1 格式」、「R1C1 格式」**

**A1 格式**是由欄編號的英文字母與列編號組成的儲存格編號，由於「A1」、「E5」非常容易閱讀，所以這種格式的最大特色就是易讀性。**R1C1 格式**則是以相對於基準儲存格的方式參照儲存格，語法是 **R [ 列的移動量 ] C [ 欄的移動量 ]**。以列為例，往下移動是正數，往上移動是負數；以欄為例，往右移動是正數，往左移動是負數。若不需移動可省略 []。例如，「要往下移動 2 列、往左移動 1 欄」時，可寫成「R[2]C[-1]」，若是「往上移動 2 列」則可寫成「R[-2]C」。由於是以相對位置指定儲存格，所以就算在多個儲存格輸入相同的公式，該公式也能自動調整參照位置。

## 在儲存格中輸入連續資料（自動填滿功能）

### 物件.AutoFill(Destination, Type)

▶解說

要在儲存格中輸入連續資料可使用 AutoFill 方法。AutoFill 方法相當於 Excel 的**自動填滿**功能。參數 Type 可對指定的儲存格範圍輸入連續資料、複製值或公式等各種資料。

▶設定項目

**物件**........................指定 Range 物件。指定作為基準的儲存格。

Destination.........指定 Range 物件。指定要以**自動填滿**功能輸入資料的目的地。

Type......................以 XlAutoFillType 列舉型常數指定要在儲存格中連續輸入的資料類型。若省略這個參數，就會依基準儲存格的資料類型為主。

XlAutoFillType 列舉型常數

| 常數 | 內容 |
|---|---|
| xlFillDefault（預設值） | Excel 決定用來填滿目標範圍的值與格式 |
| xlFillSeries | 連續資料 |
| xlFillCopy | 複製 |
| xlFillFormats | 只複製格式 |
| xlFillValues | 只複製值（不含格式） |
| xlFillYears | 以年為單位 |
| xlFill Months | 以月為單位 |
| xlFillDays | 以日為單位 |
| xlFillWeekdays | 將來源範圍中的**工作日**延伸到目標範圍 |
| XlLinearTrend | 遞增 |
| xlGrowthTrend | 次方運算 |
| XlFlashFill | Excel **資料**頁次裡的**快速填入**功能 |

避免發生錯誤

假設參數 Destination 只有指定目標儲存格範圍就會發生錯誤，一定要連同基準儲存格或儲存格範圍一併指定。

## 範例 輸入連續資料

此範例要在 B3 儲存格設定日期的顯示格式，接著輸入第一個日期，再以該儲存格為基準，以自動填滿的方式連續輸入日期，直到 B14 儲存格為止。為了讓連續輸入的資料以**月**為單位，設定了參數 xlFillMonths。此外，也在 C2 儲存格輸入「負責人 1」，再以自動填滿的方式連續輸入資料，直到 F2 儲存格為止。

範例 4-6_005.xlsm

```
Sub 輸入連續資料()
    Range("B3").NumberFormatLocal = "mm/dd(aaa)"
    Range("B3").Value = "4/1"
    Range("B3").AutoFill Range("B3:B14"), xlFillMonths
    Range("C2").Value = "負責人 1"
    Range("C2").AutoFill Range("C2:F2")
End Sub
```

1 「輸入連續資料」巨集
2 在 B3 儲存格設定「mm/dd/(aaa)」的日期格式
3 在 B3 儲存格輸入「4/1」
4 以 B3 儲存格為基準執行自動填滿，連續輸入以**月**為單位的資料，直到 B14 儲存格為止
5 在 C2 儲存格輸入「負責人 1」
6 以 C2 儲存格的字串為基準執行自動填滿，直到 F2 儲存格為止
7 結束巨集

想利用**自動填滿**建立列標題與欄標題

| | A | B | C | D | E | F | G |
|---|---|---|---|---|---|---|---|
| 1 | | | | | | | |
| 2 | | | | | | | |
| 3 | | | | | | | |
| 4 | | | | | | | |
| 5 | | | | | | | |
| 6 | | | | | | | |
| 7 | | | | | | | |
| 8 | | | | | | | |
| 9 | | | | | | | |
| 10 | | | | | | | |
| 11 | | | | | | | |
| 12 | | | | | | | |
| 13 | | | | | | | |
| 14 | | | | | | | |
| 15 | | | | | | | |

**1** 啟動 VBE，輸入程式碼

```
(一般)  輸入連續資料
Option Explicit

Sub 輸入連續資料()
    Range("B3").NumberFormatLocal = "mm/dd(aaa)"
    Range("B3").Value = "4/1"
    Range("B3").AutoFill Range("B3:B14"), xlFillMonths
    Range("C2").Value = "負責人1"
    Range("C2").AutoFill Range("C2:F2")
End Sub
```

**2** 執行巨集

以 B3 儲存格的日期為基準，利用**自動填滿**功能輸入連續資料，直到 B14 儲存格為止

| | A | B | C | D | E | F | G |
|---|---|---|---|---|---|---|---|
| 1 | | | | | | | |
| 2 | | | 負責人1 | 負責人2 | 負責人3 | 負責人4 | |
| 3 | | 04/01(週五) | | | | | |
| 4 | | 05/01(週日) | | | | | |
| 5 | | 06/01(週三) | | | | | |
| 6 | | 07/01(週五) | | | | | |
| 7 | | 08/01(週一) | | | | | |
| 8 | | 09/01(週四) | | | | | |
| 9 | | 10/01(週六) | | | | | |
| 10 | | 11/01(週二) | | | | | |
| 11 | | 12/01(週四) | | | | | |
| 12 | | 01/01(週日) | | | | | |
| 13 | | 02/01(週三) | | | | | |
| 14 | | 03/01(週三) | | | | | |
| 15 | | | | | | | |

以 C2 儲存格的字串為基準，利用**自動填滿**功能輸入連續資料，直到 F2 儲存格為止

### 輸入連續數值的方法

要輸入連續數值，可將參數 Type 設為 xlFillSeries。例如，要在 A1 ～ A10 儲存格中，輸入 1 ～ 10 的連續數字，可將程式碼寫成下列內容。

```
(一般)  輸入連續數值
Option Explicit

Sub 輸入連續數值()
    Range("A1").Value = 1
    Range("A1").AutoFill Range("A1:A10"), xlFillSeries
End Sub
```

範例 4-6_006.xlsm

### 使用 FlashFill 輸入資料 (Excel 的「快速填入」功能)

將參數 Type 指定為 xlFlashFill，可用**快速填入**的方式輸入資料。**快速填入**功能會偵測基準儲存格的資料模式，再利用表格內欄資料的輸入連續資料功能。此範例要根據 E3 儲存格的資料，合併 C 欄與 D 欄的值，輸入完整姓名。

範例 4-6_007.xlsm

想在 E 欄輸入 C 欄的姓與 D 欄的名字組合而成的姓名

| | A | B | C | D | E | F |
|---|---|---|---|---|---|---|
| 1 | | | | | | |
| 2 | | 會員NO | 姓 | 名 | 姓名 | |
| 3 | | 1001 | 謝 | 立安 | 謝立安 | |
| 4 | | 1002 | 劉 | 詩佩 | | |
| 5 | | 1003 | 林 | 巧馨 | | |
| 6 | | 1004 | 陳 | 川楓 | | |
| 7 | | 1005 | 王 | 立晴 | | |
| 8 | | 1006 | 張 | 家靖 | | |

以 E3 儲存格的值為基準，在 E3 到 E8 儲存格快速填入連續資料

```
(一般)  (宣告)
Option Explicit

Sub FlashFill()
    Range("E3").AutoFill Range("E3:E8"), xlFlashFill
End Sub
```

**1** 執行巨集

在 E 欄輸入姓名了

| | A | B | C | D | E | F |
|---|---|---|---|---|---|---|
| 1 | | | | | | |
| 2 | | 會員NO | 姓 | 名 | 姓名 | |
| 3 | | 1001 | 謝 | 立安 | 謝立安 | |
| 4 | | 1002 | 劉 | 詩佩 | 劉詩佩 | |
| 5 | | 1003 | 林 | 巧馨 | 林巧馨 | |
| 6 | | 1004 | 陳 | 川楓 | 陳川楓 | |
| 7 | | 1005 | 王 | 立晴 | 王立晴 | |
| 8 | | 1006 | 張 | 家靖 | 張家靖 | |

# 4-7 編輯儲存格

## 編輯儲存格

VBA 內建了各種插入、刪除、複製、移動儲存格的方法與屬性，這些方法與屬性可利用參數編輯儲存格，只要了解參數的設定，就能有效率地編輯儲存格。

◆刪除儲存格
利用 Delete 方法刪除儲存格

春夏・分店業績表

| 月 | 高雄 | 台中 | 台南 | 台北 | 合計 |
|---|---|---|---|---|---|
| 4月 | 18,900 | 18,050 | 12,950 | 8,500 | 58,400 |
| 5月 | 19,050 | 24,600 | 12,250 | 23,050 | 78,950 |
| 6月 | 25,100 | 20,500 | 16,400 | 27,150 | 89,150 |
| 合計 | 63,050 | 63,150 | 41,600 | 58,700 | 226,500 |

◆插入儲存格
利用 Insert 方法插入儲存格

◆剪下 / 複製儲存格
利用 Cut / Copy 方法剪下 / 複製儲存格

◆貼上儲存格
利用 Paste 方法貼上儲存格

◆清除儲存格
Clear/ClearContents/ClearFormats/ClearComment 等方法，都可以清除儲存格

春夏・分店業績表

| 月 | 高雄 | 台中 | 台南 | 台北 | 合計 |
|---|---|---|---|---|---|
| 4月 | 18,900 | 18,050 | 12,950 | 8,500 | 58,400 |
| 5月 | 19,050 | 24,600 | 12,250 | 23,050 | 78,950 |
| 6月 | 25,100 | 20,500 | 16,400 | 27,150 | 89,150 |
| 合計 | 63,050 | 63,150 | 41,600 | 58,700 | 226,500 |

◆插入註解
用 AddComment 方法插入註解

◆刪除註解
用 ClearComment 方法刪除註解

| 門市 | 日期 | 商品 | 單價 | 數量 | 金額 |
|---|---|---|---|---|---|
| 台北 | 7月1日 | 蛋糕捲 | 600 | 1 | 600 |
| 台北 | 7月1日 | 草莓慕斯 | 300 | 1 | 300 |
| 台北 | 7月2日 | 芒果布丁 | 400 | 1 | 400 |
| 台北 | 7月2日 | 抹茶布丁 | 300 | 2 | 600 |
| 台中 | 7月3日 | 草莓慕斯 | 300 | 1 | 300 |
| 台中 | 7月3日 | 蛋糕捲 | 600 | 2 | 1,200 |
| 台中 | 7月3日 | 草莓慕斯 | 300 | 1 | 300 |
| 台南 | 7月1日 | 草莓慕斯 | 300 | 2 | 600 |
| 台南 | 7月1日 | 蛋糕捲 | 600 | 3 | 1,800 |
| 台南 | 7月5日 | 芒果布丁 | 400 | 1 | 400 |
| 台南 | 7月5日 | 巧克力冰淇淋 | 350 | 3 | 1,050 |
| 高雄 | 7月1日 | 蛋糕捲 | 600 | 3 | 1,800 |
| 高雄 | 7月2日 | 抹茶布丁 | 300 | 2 | 600 |
| 高雄 | 7月3日 | 巧克力冰淇淋 | 350 | 1 | 350 |
| 高雄 | 7月3日 | 草莓慕斯 | 300 | 1 | 300 |

◆合併儲存格

利用 Merge 方法合併儲存格

◆合併 / 解除合併儲存格

利用 MergeCells 屬性合併 / 解除合併儲存格

| 門市 | 日期 | 商品 | 單價 | 數量 | 金額 |
|---|---|---|---|---|---|
| 台北 | 7月1日 | 蛋糕捲 | 600 | 1 | 600 |
| | 7月1日 | 草莓慕斯 | 300 | 1 | 300 |
| | 7月2日 | 芒果布丁 | 400 | 1 | 400 |
| | 7月2日 | 抹茶布丁 | 300 | 2 | 600 |
| 台中 | 7月3日 | 草莓慕斯 | 300 | 1 | 300 |
| | 7月3日 | 蛋糕捲 | 600 | 2 | 1,200 |
| | 7月3日 | 草莓慕斯 | 300 | 1 | 300 |
| 台南 | 7月1日 | 草莓慕斯 | 300 | 2 | 600 |
| | 7月1日 | 蛋糕捲 | 600 | 3 | 1,800 |
| | 7月5日 | 芒果布丁 | 400 | 1 | 400 |
| | 7月5日 | 巧克力冰淇淋 | 350 | 3 | 1,050 |
| 高雄 | 7月1日 | 蛋糕捲 | 600 | 3 | 1,800 |
| | 7月2日 | 抹茶布丁 | 300 | 2 | 600 |
| | 7月3日 | 巧克力冰淇淋 | 350 | 1 | 350 |
| | 7月3日 | 草莓慕斯 | 300 | 1 | 300 |

## 插入儲存格

### 物件.Insert(Shift, CopyOrigin)

▶解說

Insert 方法可在指定的儲存格範圍插入儲存格，此時該儲存格會往右或往下移動。此外，可在插入儲存格後指定方向，決定要套用哪個相鄰的儲存格格式。

▶設定項目

**物件**.................... 指定 Range 物件。

**Shift**.................... 在插入儲存格後，以 XlInsertShiftDirection 列舉型常數指定位於原本位置的儲存格要往哪個方向移動。若省略此參數，將由 Excel 自行決定移動的方向 (可省略)。若指定為 xlShiftToRight 將往右側位移，若指定為 xlShiftDown 則將往下位移。

**CopyOrigin**...... 利用 XlInsertFormatOrigin 列舉型常數在插入儲存格後，決定套用哪個相鄰儲存格的格式。若省略此參數，將由 Excel 自行決定套用的格式 (可省略)。若設定為 xlFormatFromLeftOrAbove 將套用左側或上方儲存格的格式，若設定為 xlFormatFromRightOrBelow 則會套用右側或下方儲存格的格式。

**避免發生錯誤**

一旦插入儲存格後，表格內的儲存格就會位移。請先預判儲存格的位移程度，再對儲存格進行處理。

# 刪除儲存格

## 物件.Delete(Shift)

▶解說

Delete 方法可刪除指定儲存格範圍內的儲存格，此時儲存格將往左或往上移動。

▶設定項目

**物件**........................指定 Range 物件。

**Shift**........................可利用 XlDeleteShiftDirection 列舉型常數指定刪除儲存格後，儲存格的移動方向。若省略這個參數，將由 Excel 自行決定移動方向 (可省略)。若指定為 xlShiftToLeft 將往左側移動，若指定為 xlShiftUp 將往上方移動。

避免發生錯誤

一旦刪除儲存格，表格內的儲存格就會位移。請先預判儲存格的位移程度，再對儲存格進行處理。

## 範例 插入與刪除儲存格

此範例要刪除表格內的 A6 ～ F6 儲存格，並讓下方的儲存格往上移動。接著要在 B 欄插入一欄並套用右側儲存格的格式。 範例 4-7_001 xlsm

```
1  Sub␣插入與刪除儲存格()
2      Range("A6:F6").Delete␣Shift:=xlShiftUp
3      Range("B2").EntireColumn.Insert␣_
           CopyOrigin:=xlFormatFromRightOrBelow
4  End␣Sub
```

註：「_(換行字元)」，當程式碼太長要接到下一行程式時，可用此斷行符號連接→參照 P.2-15

1 「插入與刪除儲存格」巨集
2 刪除 A6 ～ F6 儲存格，再讓儲存格往上移動
3 在 B2 儲存格插入整欄，再於插入的儲存格套用右側儲存格的格式
4 結束巨集

| | A | B | C | D | E | F | G | H | I |
|---|---|---|---|---|---|---|---|---|---|
| 1 | 業績表 | | | | | | | 商品列表 | |
| 2 | 月份 | 高雄 | 台中 | 台南 | 台北 | 合計 | | 商品名稱 | |
| 3 | 4月 | 18,900 | 18,050 | 12,950 | 19,800 | 69,700 | | 奶油捲 | |
| 4 | 5月 | 19,050 | 24,600 | 12,250 | 23,050 | 78,950 | | 可頌 | |
| 5 | 6月 | 25,100 | 20,500 | 16,400 | 27,150 | 89,150 | | 法國麵包 | |
| 6 | 7月 | 31,050 | 22,200 | 23,150 | 23,550 | 99,950 | | 菠蘿麵包 | |
| 7 | 合計 | 94,100 | 85,350 | 64,750 | 93,550 | 337,750 | | 山型吐司 | |
| 8 | | | | | | | | 熱狗麵包 | |
| 9 | | | | | | | | 披薩 | |
| 10 | | | | | | | | 巧克力捲 | |
| 11 | | | | | | | | 甜甜圈 | |
| 12 | | | | | | | | | |

想在 B 欄插入整欄，再套用右側儲存格的格式

想刪除表格裡的 7 月的列

**1** 啟動 VBE，輸入程式碼

```
(一般)                    插入與刪除儲存格
Option Explicit

Sub 插入與刪除儲存格()
    Range("A6:F6").Delete Shift:=xlShiftUp
    Range("B2").EntireColumn.Insert _
        CopyOrigin:=xlFormatFromRightOrBelow
End Sub
```

**2** 執行巨集

| | A | B | C | D | E | F | G | H | I | J |
|---|---|---|---|---|---|---|---|---|---|---|
| 1 | 業績表 | | | | | | | | 商品列表 | |
| 2 | 月份 | | 高雄 | 台中 | 台南 | 台北 | 合計 | | 商品名稱 | |
| 3 | 4月 | | 18,900 | 18,050 | 12,950 | 19,800 | 69,700 | | 奶油捲 | |
| 4 | 5月 | | 19,050 | 24,600 | 12,250 | 23,050 | 78,950 | | 可頌 | |
| 5 | 6月 | | 25,100 | 20,500 | 16,400 | 27,150 | 89,150 | | 法國麵包 | |
| 6 | 合計 | | 63,050 | 63,150 | 41,600 | 70,000 | 237,800 | | 菠蘿麵包 | |
| 7 | | | | | | | | | 山型吐司 | |
| 8 | | | | | | | | | 熱狗麵包 | |
| 9 | | | | | | | | | 披薩 | |
| 10 | | | | | | | | | 巧克力捲 | |
| 11 | | | | | | | | | 甜甜圈 | |
| 12 | | | | | | | | | | |

在 B 欄插入儲存格後，套用右側儲存格的格式
刪除 7 月所在的整列，再讓下方的列往上方移動



## 刪除儲存格的格式或資料

### 物件.Clear
### 物件.ClearContents
### 物件.ClearFormats
### 物件.ClearComments

▶解說

Clear 方法可刪除儲存格的格式與資料，ClearContents 方法只會刪除資料。ClearFormats 方法只會刪除格式，ClearComments 方法則是刪除儲存格的註解。可根據要刪除的內容指定不同的方法。

▶設定項目

**物件**......................指定 Range 物件。

避免發生錯誤

若使用 Clear 方法與 ClearFormats 方法，會刪除儲存格的所有格式。假設日期資料的格式被刪除就會變成顯示日期的**序列值**。如果有些格式要刪除，有些想要保留，可分別刪除格式或是先刪除所有格式再重新設定格式。

## 範例 刪除儲存格的格式或資料

此範例要刪除指定儲存格或儲存格範圍的資料或格式。可依照要刪除的內容選擇適當的方法。

範例 4-7_002.xlsm

```
Sub␣刪除資料或格式()
    Range("B9").CurrentRegion.Clear
    Range("E3").ClearComments
    Range("A1").MergeArea.ClearFormats
End␣Sub
```

1. 「刪除資料或格式」巨集
2. 刪除包含 B9 儲存格的作用中儲存格範圍
3. 刪除 E3 儲存格的註解
4. 刪除包含 A1 儲存格的合併儲存格格式
5. 結束巨集

刪除合併儲存格的格式

| | A | B | C | D | E | F |
|---|---|---|---|---|---|---|
| 1 | 春夏・分店業績表 | | | | | |
| 2 | | | | | | |
| 3 | 月 | 高雄 | 台中 | 台南 | 台北 | |
| 4 | 4月 | 18,900 | 18,050 | 12,950 | 8,500 | |
| 5 | 5月 | 19,050 | 24,600 | 12,250 | 23,050 | 78,950 |
| 6 | 6月 | 25,100 | 20,500 | 16,400 | 27,150 | 89,150 |
| 7 | 合計 | 63,050 | 63,150 | 41,600 | 58,700 | 226,500 |
| 8 | | | | | | |
| 9 | 月 | 高雄 | 台中 | 台南 | 台北 | 合計 |
| 10 | 7月 | 22,680 | 21,660 | 15,540 | 10,200 | 70,080 |
| 11 | 8月 | 22,860 | 29,520 | 14,700 | 27,660 | 94,740 |
| 12 | 9月 | 30,120 | 24,600 | 19,680 | 32,580 | 106,980 |
| 13 | 合計 | 75,660 | 75,780 | 49,920 | 70,440 | 271,800 |



刪除 E3 儲存格的註解

刪除包含 B9 儲存格的作用中儲存格範圍

1 啟動 VBE，輸入程式碼

2 執行巨集

```
(一般)                    刪除資料或格式
Option Explicit

Sub 刪除資料或格式()
    Range("B9").CurrentRegion.Clear
    Range("E3").ClearComments
    Range("A1").MergeArea.ClearFormats
End Sub
```

清除合併儲存格的格式了

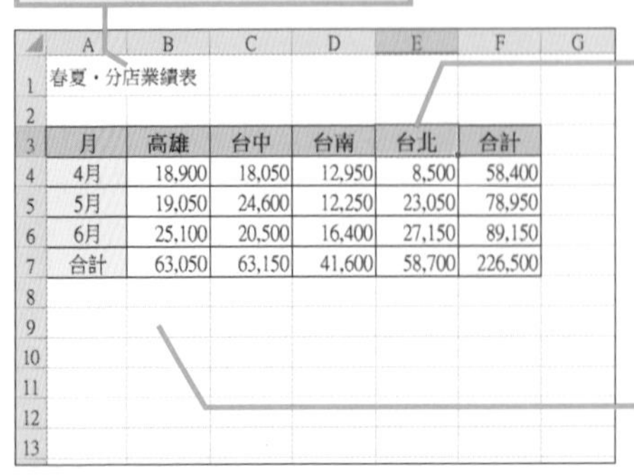

| | A | B | C | D | E | F |
|---|---|---|---|---|---|---|
| 1 | 春夏・分店業績表 | | | | | |
| 2 | | | | | | |
| 3 | 月 | 高雄 | 台中 | 台南 | 台北 | 合計 |
| 4 | 4月 | 18,900 | 18,050 | 12,950 | 8,500 | 58,400 |
| 5 | 5月 | 19,050 | 24,600 | 12,250 | 23,050 | 78,950 |
| 6 | 6月 | 25,100 | 20,500 | 16,400 | 27,150 | 89,150 |
| 7 | 合計 | 63,050 | 63,150 | 41,600 | 58,700 | 226,500 |
| 8 | | | | | | |
| 9 | | | | | | |
| 10 | | | | | | |
| 11 | | | | | | |
| 12 | | | | | | |
| 13 | | | | | | |

刪除 E3 儲存格的註解了

包含 B9 儲存格的作用中儲存格範圍全部刪除了

# 移動儲存格

## 物件.Cut(Destination)

▶解說

Cut 方法可剪下指定的儲存格，再儲存到剪貼簿中。若指定了參數 Destination，就能直接貼在指定儲存格的位置，不需要再儲存到剪貼簿。剪貼簿中的資料可利用 Paste 方法貼上。

▶設定項目

**物件**......................指定 Range 物件。請指定要移動的儲存格範圍。

Destination.........指定貼上儲存格的位置。若省略這個參數，儲存格將儲存在剪貼簿中 (可省略)。

避免發生錯誤

若省略了參數，剪下的儲存格就會儲存到剪貼簿，此時若不利用 Paste 方法貼上儲存格，就無法移動儲存格資料。此外，要剪下的儲存格範圍必須是連續的儲存格範圍，若指定為不連續的儲存格範圍就會發生錯誤。

## 範例 移動整張表格

此範例不透過剪貼簿，直接將包含 A3 儲存格的表格移動到 A9 儲存格的位置。

範例 4-7_003.xlsm

```
1 Sub␣移動儲存格()
2     Range("A3").CurrentRegion.Cut␣Destination:=Range("A9")
3 End␣Sub
```

1 「移動儲存格」巨集
2 剪下包含 A3 儲存格的作用中儲存格範圍，再以 A9 儲存格為起點貼上表格
3 結束巨集

將包含 A3 儲存格的表格移動到以 A9 儲存格為起點的位置

| | A | B | C | D | E | F | G |
|---|---|---|---|---|---|---|---|
| 1 | 春夏・分店業績表 | | | | | | |
| 2 | | | | | | | |
| 3 | 月 | 高雄 | 台中 | 台南 | 台北 | 合計 | |
| 4 | 4月 | 18,900 | 18,050 | 12,950 | 8,500 | 58,400 | |
| 5 | 5月 | 19,050 | 24,600 | 12,250 | 23,050 | 78,950 | |
| 6 | 6月 | 25,100 | 20,500 | 16,400 | 27,150 | 89,150 | |
| 7 | 合計 | 63,050 | 63,150 | 41,600 | 58,700 | 226,500 | |
| 8 | | | | | | | |

**1** 啟動 VBE，輸入程式碼

```
(一般)                          移動儲存格
Option Explicit

Sub 移動儲存格()
    Range("A3").CurrentRegion.Cut Destination:=Range("A9")
End Sub
```

**2** 執行巨集

| | A | B | C | D | E | F | G |
|---|---|---|---|---|---|---|---|
| 1 | 春夏・分店業績表 | | | | | | |
| 2 | | | | | | | |
| 3 | | | | | | | |
| 4 | | | | | | | |
| 5 | | | | | | | |
| 6 | | | | | | | |
| 7 | | | | | | | |
| 8 | | | | | | | |
| 9 | 月 | 高雄 | 台中 | 台南 | 台北 | 合計 | |
| 10 | 4月 | 18,900 | 18,050 | 12,950 | 8,500 | 58,400 | |
| 11 | 5月 | 19,050 | 24,600 | 12,250 | 23,050 | 78,950 | |
| 12 | 6月 | 25,100 | 20,500 | 16,400 | 27,150 | 89,150 | |
| 13 | 合計 | 63,050 | 63,150 | 41,600 | 58,700 | 226,500 | |
| 14 | | | | | | | |

包含 A3 儲存格的表格移動了

## 複製儲存格

### 物件.Copy(Destination)

▶解説

Copy 方法可將指定的儲存格複製到剪貼簿。若指定了參數 Destination，就能直接貼到指定的儲存格，不需要再儲存到剪貼簿。

▶設定項目

**物件**........................指定 Range 物件。請指定要複製的儲存格範圍。

**Destination**.........指定貼上儲存格的位置。若省略這個參數，儲存格將儲存在剪貼簿中(可省略)。

避免發生錯誤

若省略了參數，複製的儲存格就會儲存到剪貼簿，此時若不利用 Paste 方法貼上儲存格，就無法複製儲存格的資料。

## 範例 複製整張表格

此範例不透過剪貼簿，要直接將包含 A3 儲存格的表格複製到以 A9 儲存格為起點的位置。

範例 4-7_004.xlsm

```
1 Sub␣複製整張表格()
2     Range("A3").CurrentRegion.Copy␣Destination:=Range("A9")
3 End␣Sub
```

1 「複製整張表格」巨集
2 複製包含 A3 儲存格的作用中儲存格範圍，再貼到以 A9 儲存格為起點的位置
3 結束巨集

想將包含 A3 儲存格的表格貼到 A9 儲存格的位置

| | A | B | C | D | E | F | G |
|---|---|---|---|---|---|---|---|
| 1 | 分店業績表 | | | | | | |
| 2 | | | | | | | |
| 3 | 月 | 高雄 | 台中 | 台南 | 台北 | 合計 | |
| 4 | 4月 | 18,900 | 18,050 | 12,950 | 8,500 | 58,400 | |
| 5 | 5月 | 19,050 | 24,600 | 12,250 | 23,050 | 78,950 | |
| 6 | 6月 | 25,100 | 20,500 | 16,400 | 27,150 | 89,150 | |
| 7 | 合計 | 63,050 | 63,150 | 41,600 | 58,700 | 226,500 | |
| 8 | | | | | | | |

**1** 啟動 VBE，輸入程式碼

(一般) 複製整張表格

```
Option Explicit

Sub 複製整張表格()
    Range("A3").CurrentRegion.Copy Destination:=Range("A9")
End Sub
```

**2** 執行巨集

| | A | B | C | D | E | F | G |
|---|---|---|---|---|---|---|---|
| 1 | 分店業績表 | | | | | | |
| 2 | | | | | | | |
| 3 | 月 | 高雄 | 台中 | 台南 | 台北 | 合計 | |
| 4 | 4月 | 18,900 | 18,050 | 12,950 | 8,500 | 58,400 | |
| 5 | 5月 | 19,050 | 24,600 | 12,250 | 23,050 | 78,950 | |
| 6 | 6月 | 25,100 | 20,500 | 16,400 | 27,150 | 89,150 | |
| 7 | 合計 | 63,050 | 63,150 | 41,600 | 58,700 | 226,500 | |
| 8 | | | | | | | |
| 9 | 月 | 高雄 | 台中 | 台南 | 台北 | 合計 | |
| 10 | 4月 | 18,900 | 18,050 | 12,950 | 8,500 | 58,400 | |
| 11 | 5月 | 19,050 | 24,600 | 12,250 | 23,050 | 78,950 | |
| 12 | 6月 | 25,100 | 20,500 | 16,400 | 27,150 | 89,150 | |
| 13 | 合計 | 63,050 | 63,150 | 41,600 | 58,700 | 226,500 | |
| 14 | | | | | | | |

表格貼在 A9 儲存格的位置了

**HINT 若只想貼上文字或格式**

利用 Copy 方法將資料存入剪貼簿後，可利用 PasteSpecial 方法指定要貼上文字、格式還是欄寬。

參照 指定貼上的內容……P.4-60

# 貼上剪貼簿的資料

## 物件.Paste(Destination, Link)

▶解說

以 Cut 方法或 Copy 方法存入剪貼簿的資料，可利用 Paste 方法貼在指定的位置。除了可將資料貼在目前的選取範圍，還可利用參數 Destination 指定貼入資料的儲存格。

▶設定項目

**物件**……指定 Worksheet 物件。

**Destination**……指定要貼入資料的儲存格。若省略這個參數，就會將資料貼入目前的選取範圍。假設指定了這個參數，就無法指定參數 Link (可省略)。

**Link**……當這個參數為 True，貼上的資料將與原始資料連結。假設這個參數為 False 或被省略，貼上的資料與原始資料就不會連結。若指定了這個參數，就無法指定參數 Destination (可省略)。

**避免發生錯誤**

Range 物件沒有 Paste 方法，所以將程式寫成「Range("A1").Paste」就會發生錯誤。若想使用 Range 物件請改用 PasteSpecial 方法。

參照 若只想貼上文字或格式……P.4-57

## 範例 貼上剪貼簿的資料

此範例要貼上剪貼簿的資料。先複製包含 A3 儲存格的整張表格，再將資料貼到 A9 儲存格，接著在 A15 儲存格貼上連結。

範例 4-7_005.xlsm

參照 複製儲存格……P.4-56

```
Sub 貼上剪貼簿的資料()
    Range("A3").CurrentRegion.Copy
    ActiveSheet.Paste Destination:=Range("A9")
    Range("A15").Select
    ActiveSheet.Paste Link:=True
End Sub
```

1. 「貼上剪貼簿的資料」巨集
2. 將包含 A3 儲存格的作用中儲存格範圍複製到剪貼簿
3. 將複製的儲存格範圍，貼在 A9 儲存格
4. 選取 A15 儲存格
5. 在目前的工作表貼入連結
6. 結束巨集

| | A | B | C | D | E | F |
|---|---|---|---|---|---|---|
| 1 | 分店業績表 | | | | | |
| 2 | | | | | | |
| 3 | 月 | 高雄 | 台中 | 台南 | 台北 | 合計 |
| 4 | 4月 | 18,900 | 18,050 | 12,950 | 8,500 | 58,400 |
| 5 | 5月 | 19,050 | 24,600 | 12,250 | 23,050 | 78,950 |
| 6 | 6月 | 25,100 | 20,500 | 16,400 | 27,150 | 89,150 |
| 7 | 合計 | 63,050 | 63,150 | 41,600 | 58,700 | 226,500 |

想將表格複製到 A9 儲存格

想以連結的方式將表格貼到 A15 儲存格

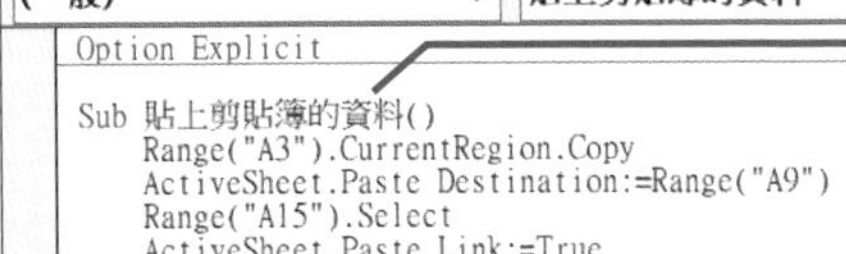

```
(一般)                    貼上剪貼簿的資料
Option Explicit

Sub 貼上剪貼簿的資料()
    Range("A3").CurrentRegion.Copy
    ActiveSheet.Paste Destination:=Range("A9")
    Range("A15").Select
    ActiveSheet.Paste Link:=True
End Sub
```

**1** 啟動 VBE，輸入程式碼

**2** 執行巨集

A15 =A3

| | A | B | C | D | E | F |
|---|---|---|---|---|---|---|
| 1 | 分店業績表 | | | | | |
| 2 | | | | | | |
| 3 | 月 | 高雄 | 台中 | 台南 | 台北 | 合計 |
| 4 | 4月 | 18,900 | 18,050 | 12,950 | 8,500 | 58,400 |
| 5 | 5月 | 19,050 | 24,600 | 12,250 | 23,050 | 78,950 |
| 6 | 6月 | 25,100 | 20,500 | 16,400 | 27,150 | 89,150 |
| 7 | 合計 | 63,050 | 63,150 | 41,600 | 58,700 | 226,500 |
| 8 | | | | | | |
| 9 | 月 | 高雄 | 台中 | 台南 | 台北 | 合計 |
| 10 | 4月 | 18,900 | 18,050 | 12,950 | 8,500 | 58,400 |
| 11 | 5月 | 19,050 | 24,600 | 12,250 | 23,050 | 78,950 |
| 12 | 6月 | 25,100 | 20,500 | 16,400 | 27,150 | 89,150 |
| 13 | 合計 | 63,050 | 63,150 | 41,600 | 58,700 | 226,500 |
| 14 | | | | | | |
| 15 | 月 | 高雄 | 台中 | 台南 | 台北 | 合計 |
| 16 | 4月 | 18900 | 18050 | 12950 | 8500 | 58400 |
| 17 | 5月 | 19050 | 24600 | 12250 | 23050 | 78950 |
| 18 | 6月 | 25100 | 20500 | 16400 | 27150 | 89150 |
| 19 | 合計 | 63050 | 63150 | 41600 | 58700 | 226500 |

複製來源的表格框線會不斷閃爍

表格貼到 A9 儲存格了

以連結的方式將表格貼到 A15 儲存格，再選取該表格的狀態

### 若要貼上連結先選取目標儲存格

將 Paste 方法的參數 Link 設為 True 就能貼上連結。但無法設定 Destination 參數，請先選取要貼上連結的儲存格。此外，貼上連結時，無法貼上格式，而且還會選取該儲存格範圍，可在下一行程式輸入「Selection.PasteSpecial xlPaste Formats」以貼上格式，就能調整表格的樣式。

參照 指定貼上的內容……P.4-60

### 將表格當成圖片貼上

若程式寫成「Worksheet 物件 .Pictures. PasteLink:=True」，就能將剪貼簿的資料當成圖片，以連結的方式貼上。以連結的方式貼上後，資料就會與原始表格的內容連動，原始表格的內容一旦有變動，圖片內容也會更新。若省略參數 Link，就不會以連結的方式貼上圖片。將資料當成圖片貼上後，就能將欄寬不一致或是分散在多個工作表的表格整理到同一張工作表，也會更容易列印。

### 將 CutCopyMode 屬性設為 False，解除複製模式

將要複製的資料放入剪貼簿後，複製來源的儲存格範圍邊框會不停閃爍，這種狀態就稱為**複製模式**。此時可繼續貼上資料。若要解除**複製模式**可輸入「Application. CutCopyMode=False」。

## 指定貼上的內容

### **物件.PasteSpecial**(Paste, Operation, SkipBlanks, Transpose)

▶解説

PasteSpecial 方法可將剪貼簿的資料，以指定的內容貼入指定的儲存格範圍。可指定的內容包括只有值、只有格式或只有公式。從**常用**頁次的**剪貼簿**區點選**貼上**鈕的▼，點選**選擇性貼上**，開啟**選擇性貼上**交談窗，就能看到有哪些可貼上的內容。

▶設定項目

**物件**........................指定 Range 物件。指定要貼入剪貼簿資料的儲存格。

Paste.....................以 XlPasteType 列舉型常數指定要貼上的內容 (可省略)。

XlPasteType 列舉型常數

| 常數 | 內容 |
| --- | --- |
| xlPasteAll ( 預設值 ) | 貼上所有資料 |
| xlPasteFormulas | 貼上公式 |
| xlPasteValues | 貼上值 |
| xlPasteFormats | 貼上來源格式 |
| xlPasteComments | 貼上註解 |
| xlPasteValidation | 貼上資料驗證 |
| xlPasteAllUsingSourceTheme | 使用來源佈景主題貼上 |
| xlPasteAllExceptBorders | 貼上框線以外的全部項目 |
| xlPasteColumnWidths | 貼上複製的欄寬 |
| xlPasteFormulasAndNumberFormats | 貼上公式與數字格式 |
| xlPasteValuesAndNumberFormat | 貼上值與數字格式 |

Operation............以 XlPasteSpecialOperation 列舉型常數來指定貼上資料時的運算內容 (可省略)。

XlPasteSpecialOperation 列舉型常數

| 常數 | 內容 |
|---|---|
| xlPasteSpecialOperationNone ( 預設值 ) | 無 |
| xlPasteSpecialOperationAdd | 加 |
| xlPasteSpecialOperationSubtract | 減 |
| xlPasteSpecialOperationMultiply | 乘 |
| xlPasteSpecialOperationDivide | 除 |

SkipBlanks......... 當這個參數為 True，就不會在空白儲存格貼入資料。若為 False 或省略，就會在空白儲存格貼入資料 (可省略)。

Transpose.......... 當這個參數為 True，貼入資料時，列與欄的位置會互換。若為 False 或省略時，就不會互換位置 (可省略)。

**避免發生錯誤**

以 Cut 方法存入剪貼簿的資料，無法用 PasteSpecial 方法貼上，必須改用 Paste 方法。

## 範例 只貼上表格的格式

此範例要將包含 A3 儲存格的表格複製到剪貼簿，再將格式貼到以 A9 儲存格為開頭的儲存格範圍，最後將 CutCopyMode 屬性設為 False，解除複製模式。

範例 4-7_006.xlsm

參照 複製儲存格……P.4-56
參照 將 CutCopyMode 屬性設為 False，解除複製模式……P.4-59

```
Sub␣選擇格式再貼上()
    Range("A3").CurrentRegion.Copy
    Range("A9").PasteSpecial␣Paste:=xlPasteFormats
    Application.CutCopyMode␣=␣False
End␣Sub
```

1 「選擇格式再貼上」巨集
2 將包含 A3 儲存格的作用中儲存格範圍複製到剪貼簿
3 在以 A9 儲存格為左上角的儲存格範圍，貼上剛剛複製的表格格式
4 解除複製模式
5 結束巨集

| | A | B | C | D | E | F | G |
|---|---|---|---|---|---|---|---|
| 1 | 分店業績表 | | | | | | |
| 2 | | | | | | | |
| 3 | 月 | 高雄 | 台中 | 台南 | 台北 | 合計 | |
| 4 | 4月 | 18,900 | 18,050 | 12,950 | 8,500 | 58,400 | |
| 5 | 5月 | 19,050 | 24,600 | 12,250 | 23,050 | 78,950 | |
| 6 | 6月 | 25,100 | 20,500 | 16,400 | 27,150 | 89,150 | |
| 7 | 合計 | 63,050 | 63,150 | 41,600 | 58,700 | 226,500 | |
| 8 | | | | | | | |

想複製包含 A3 儲存格的表格格式

```
Option Explicit

Sub 選擇格式再貼上()
    Range("A3").CurrentRegion.Copy
    Range("A9").PasteSpecial Paste:=xlPasteFormats
    Application.CutCopyMode = False
End Sub
```

2 執行巨集

| | A | B | C | D | E | F | G |
|---|---|---|---|---|---|---|---|
| 1 | 分店業績表 | | | | | | |
| 2 | | | | | | | |
| 3 | 月 | 高雄 | 台中 | 台南 | 台北 | 合計 | |
| 4 | 4月 | 18,900 | 18,050 | 12,950 | 8,500 | 58,400 | |
| 5 | 5月 | 19,050 | 24,600 | 12,250 | 23,050 | 78,950 | |
| 6 | 6月 | 25,100 | 20,500 | 16,400 | 27,150 | 89,150 | |
| 7 | 合計 | 63,050 | 63,150 | 41,600 | 58,700 | 226,500 | |
| 8 | | | | | | | |
| 9 | | | | | | | |
| 10 | | | | | | | |
| 11 | | | | | | | |
| 12 | | | | | | | |
| 13 | | | | | | | |
| 14 | | | | | | | |



## 合併儲存格

### 物件.Merge(Across)

▶解説

Merge 方法可合併指定範圍的儲存格。假設表格中有多個連續儲存格的內容相同，建議合併這些儲存格，表格會變得比較簡潔與容易閱讀。

▶設定項目

**物件**........................指定 Range 物件。指定要合併的儲存格範圍

Across.................當參數為 True，會以**列**為單位合併指定的儲存格。若參數為 False 或省略，則會合併指定的所有儲存格範圍。

避免發生錯誤

請注意，合併儲存格後，只會顯示指定範圍左上角的儲存格內容，其他儲存格的內容，則會被刪除。

## 範例 合併儲存格

此範例要合併 A3 ～ A6 儲存格。合併儲存格時，會顯示警告訊息，說明只會保留左上角的儲存格內容，其他儲存格資料都將會被刪除。 範例 4-7_007.xlsm

```
Sub␣合併儲存格()
    Range("A3:A6").Merge
End␣Sub
```

「合併儲存格」巨集
合併 A3 ～ A6 儲存格
結束巨集

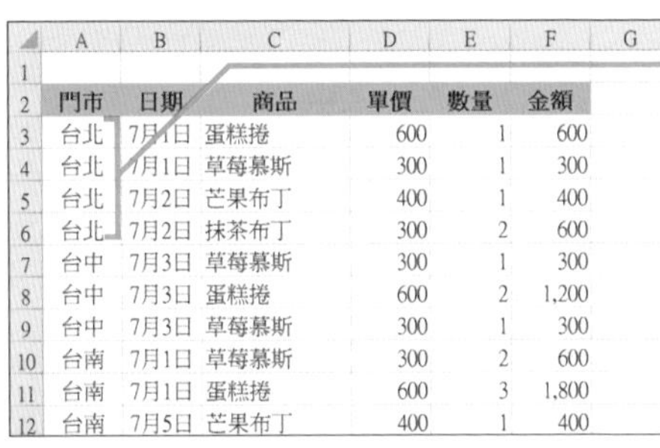

| | A | B | C | D | E | F | G |
|---|---|---|---|---|---|---|---|
| 1 | | | | | | | |
| 2 | 門市 | 日期 | 商品 | 單價 | 數量 | 金額 | |
| 3 | 台北 | 7月1日 | 蛋糕捲 | 600 | 1 | 600 | |
| 4 | 台北 | 7月1日 | 草莓慕斯 | 300 | 1 | 300 | |
| 5 | 台北 | 7月2日 | 芒果布丁 | 400 | 1 | 400 | |
| 6 | 台北 | 7月2日 | 抹茶布丁 | 300 | 2 | 600 | |
| 7 | 台中 | 7月3日 | 草莓慕斯 | 300 | 1 | 300 | |
| 8 | 台中 | 7月3日 | 蛋糕捲 | 600 | 2 | 1,200 | |
| 9 | 台中 | 7月3日 | 草莓慕斯 | 300 | 1 | 300 | |
| 10 | 台南 | 7月1日 | 草莓慕斯 | 300 | 2 | 600 | |
| 11 | 台南 | 7月1日 | 蛋糕捲 | 600 | 3 | 1,800 | |
| 12 | 台南 | 7月5日 | 芒果布丁 | 400 | 1 | 400 | |

想要合併 A3 ～ A6 儲存格

**1** 啟動 VBE，輸入程式碼

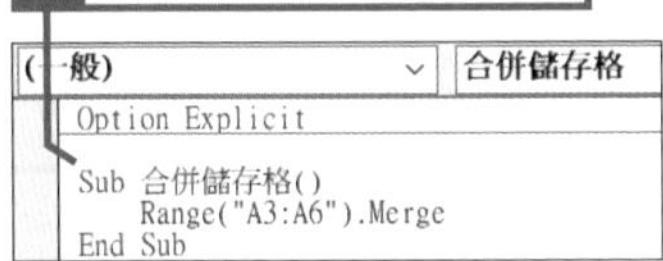

```
(一般)    合併儲存格
Option Explicit

Sub 合併儲存格()
    Range("A3:A6").Merge
End Sub
```

**2** 執行巨集　**3** 按下**確定**鈕

顯示資料將被刪除的警告訊息

| | A | B | C | D | E | F | G |
|---|---|---|---|---|---|---|---|
| 1 | | | | | | | |
| 2 | 門市 | 日期 | 商品 | 單價 | 數量 | 金額 | |
| 3 | 台北 | 7月1日 | 蛋糕捲 | 600 | 1 | 600 | |
| 4 | | 7月1日 | 草莓慕斯 | 300 | 1 | 300 | |
| 5 | | 7月2日 | 芒果布丁 | 400 | 1 | 400 | |
| 6 | | 7月2日 | 抹茶布丁 | 300 | 2 | 600 | |
| 7 | 台中 | 7月3日 | 草莓慕斯 | 300 | 1 | 300 | |
| 8 | 台中 | 7月3日 | 蛋糕捲 | 600 | 2 | 1,200 | |
| 9 | 台中 | 7月3日 | 草莓慕斯 | 300 | 1 | 300 | |
| 10 | 台南 | 7月1日 | 草莓慕斯 | 300 | 2 | 600 | |
| 11 | 台南 | 7月1日 | 蛋糕捲 | 600 | 3 | 1,800 | |
| 12 | 台南 | 7月5日 | 芒果布丁 | 400 | 1 | 400 | |

合併 A3 ～ A6 儲存格了

### HINT 取消儲存格的合併

要取消儲存格的合併，可使用 UnMerge 方法。語法為「儲存格範圍.UnMerge」。例如，要解除 A3 儲存格的合併，可將程式寫成「Range("A3").MergeArea.UnMerge」。

### HINT 避免出現警告訊息

在合併儲存格時，若是多個儲存格都有資料，就會顯示警告訊息交談窗，說明某些儲存格的資料會被刪除，此時合併的處理會暫停。按下**確定**鈕，就能合併儲存格，按下**取消**鈕，則會出現錯誤。若是不想出現此訊息交談窗，可在使用 Merge 方法的上一行程式碼輸入「Application.DisplayAlerts = False」，或是在最後一行程式碼輸入「Application.DisplayAlerts = True」還原設定。

## 範例 合併內容相同的儲存格

此範例要合併 A 欄中內容相同的儲存格。在此要用計數變數與 Do Until 陳述式重複合併內容相同的儲存格，也會用 DispalyAlerts 屬性避免跳出警告訊息視窗。

範例 4-7_008.xlsm

參照 執行重複處理……P.3-47

```
1  Sub 合併內容相同的儲存格()
2      Dim i As Integer, j As Integer
3      Application.DisplayAlerts = False
4      i = 3
5      Do Until Cells(i, 1).Value = ""
6          j = 1
7          Do While Cells(i, 1).Value = Cells(i + j, 1).Value
8              j = j + 1
9          Loop
10         Range(Cells(i, 1), Cells(i + j - 1, 1)).Merge
11         i = i + j
12     Loop
13     Application.DisplayAlerts = True
14 End Sub
```

1 「合併內容相同的儲存格」巨集
2 宣告整數型別變數 i 與 j
3 禁止顯示警告訊息
4 將 3 代入變數 i
5 在「i 列第 1 欄」的儲存格為空白之前，不斷執行下列處理 (Do Until 陳述式的開頭 )
6 將 1 代入變數 i
7 當「i 列第 1 欄」的儲存格與「i + j 列第 1 欄」的儲存格值相同時，不斷執行下列處理 (Do While 陳述式的開頭 )
8 在目前的變數 j 加 1，再將結果指定給變數 j
9 回到第 7 行程式
10 合併「i 列第 1 欄」到「i+j-1 列第 1 欄」的儲存格範圍
11 在目前的變數 i 加入變數 j 的值，再指定給變數 i
12 回到第 5 行的程式
13 恢復顯示 Excel 警告訊息的設定
14 結束巨集

想合併 A 欄中內容相同的儲存格

| | A | B | C | D | E | F | G |
|---|---|---|---|---|---|---|---|
| 1 | | | | | | | |
| 2 | 門市 | 日期 | 商品 | 單價 | 數量 | 金額 | |
| 3 | 台北 | 7月1日 | 蛋糕捲 | 600 | 1 | 600 | |
| 4 | 台北 | 7月1日 | 草莓慕斯 | 300 | 1 | 300 | |
| 5 | 台北 | 7月2日 | 芒果布丁 | 400 | 1 | 400 | |
| 6 | 台北 | 7月2日 | 抹茶布丁 | 300 | 2 | 600 | |
| 7 | 台中 | 7月3日 | 草莓慕斯 | 300 | 1 | 300 | |
| 8 | 台中 | 7月3日 | 蛋糕捲 | 600 | 2 | 1,200 | |
| 9 | 台中 | 7月3日 | 草莓慕斯 | 300 | 1 | 300 | |
| 10 | 台南 | 7月1日 | 草莓慕斯 | 300 | 2 | 600 | |
| 11 | 台南 | 7月1日 | 蛋糕捲 | 600 | 3 | 1,800 | |
| 12 | 台南 | 7月5日 | 芒果布丁 | 400 | 1 | 400 | |
| 13 | 台南 | 7月5日 | 巧克力冰淇淋 | 350 | 3 | 1,050 | |
| 14 | 高雄 | 7月1日 | 蛋糕捲 | 600 | 3 | 1,800 | |
| 15 | 高雄 | 7月2日 | 抹茶布丁 | 300 | 2 | 600 | |
| 16 | 高雄 | 7月3日 | 巧克力冰淇淋 | 350 | 1 | 350 | |
| 17 | 高雄 | 7月3日 | 草莓慕斯 | 300 | 1 | 300 | |

**1** 啟動 VBE，輸入程式碼

(一般)　合併內容相同的儲存格

```
Option Explicit

Sub 合併內容相同的儲存格()
    Dim i As Integer, j As Integer
    Application.DisplayAlerts = False
    i = 3
    Do Until Cells(i, 1).Value = ""
        j = 1
        Do While Cells(i, 1).Value = Cells(i + j, 1).Value
            j = j + 1
        Loop
        Range(Cells(i, 1), Cells(i + j - 1, 1)).Merge
        i = i + j
    Loop
    Application.DisplayAlerts = True
End Sub
```

**2** 執行巨集

將 A 欄中內容相同的儲存格合併了

| | A | B | C | D | E | F | G |
|---|---|---|---|---|---|---|---|
| 1 | | | | | | | |
| 2 | 門市 | 日期 | 商品 | 單價 | 數量 | 金額 | |
| 3 | 台北 | 7月1日 | 蛋糕捲 | 600 | 1 | 600 | |
| 4 | | 7月1日 | 草莓慕斯 | 300 | 1 | 300 | |
| 5 | | 7月2日 | 芒果布丁 | 400 | 1 | 400 | |
| 6 | | 7月2日 | 抹茶布丁 | 300 | 2 | 600 | |
| 7 | 台中 | 7月3日 | 草莓慕斯 | 300 | 1 | 300 | |
| 8 | | 7月3日 | 蛋糕捲 | 600 | 2 | 1,200 | |
| 9 | | 7月3日 | 草莓慕斯 | 300 | 1 | 300 | |
| 10 | 台南 | 7月1日 | 草莓慕斯 | 300 | 2 | 600 | |
| 11 | | 7月1日 | 蛋糕捲 | 600 | 3 | 1,800 | |
| 12 | | 7月5日 | 芒果布丁 | 400 | 1 | 400 | |
| 13 | | 7月5日 | 巧克力冰淇淋 | 350 | 3 | 1,050 | |
| 14 | 高雄 | 7月1日 | 蛋糕捲 | 600 | 3 | 1,800 | |
| 15 | | 7月2日 | 抹茶布丁 | 300 | 2 | 600 | |
| 16 | | 7月3日 | 巧克力冰淇淋 | 350 | 1 | 350 | |
| 17 | | 7月3日 | 草莓慕斯 | 300 | 1 | 300 | |
| 18 | | | | | | | |

合併資料時，不會顯示警告訊息的交談窗了

### HINT 利用 MergeCells 屬性合併儲存格或取消合併

MergeCells 屬性可以合併儲存格或是取消儲存格的合併。合併的語法是「儲存格範圍 .MergeCells = True」，取消合併的語法是「儲存格範圍 .MergeCells = False」。

此外，MergeCells 屬性也能取得值，所以可知道指定的儲存格範圍是否為合併的儲存格範圍。

參照 取消儲存格的合併……P.4-63

### HINT 使用 Range 屬性與變數參照儲存格

可同時使用 Range 屬性與變數參照儲存格。例如，要以變數 i 代表 A 欄儲存格的列編號，可寫成：

Range("A" & i)

當變數 i 在迴圈裡不斷遞增，就能依序往下參照儲存格。由於是以數字呈現列編號，所以要沿著列的方向依序參照儲存格，使用 Range 屬性與變數，會比用 Cells 屬性更簡潔。

# 在儲存格中插入註解

## 物件.AddComment(Text)

▶解説

AddComment 方法可在指定的儲存格中增加註解，再傳回 Comment 物件。參數 Text 雖然能指定註解字串，但也可以在插入註解後，利用 Comment 物件的 Text 方法指定字串。

▶設定項目

**物件**……………………指定 Range 物件。指定要插入註解的儲存格。

**Text**……………………指定註解的內容 (可省略)。

**避免發生錯誤**

對已經有註解的儲存格執行 AddComment 方法會出現錯誤。此時可透過程式確認儲存格是否已經有註解，或是撰寫錯誤處理程式。

### 範例 在儲存格中插入註解

此範例要在 B1 儲存格插入目前的年、月當作註解，在 B9 儲存格插入註解的同時，設定文字及形狀。由於對已經有註解的儲存格插入註解會出現錯誤，所以另外撰寫了錯誤處理程式。

範例 4-7_009.xlsm

參照 錯誤處理常式……P.3-71

```
Sub 插入註解()
    On Error GoTo errHandler
    Range("B1").AddComment Text:=Format(Date, "yyyy/mm") & "現在"
    With Range("B9").AddComment
        .Text "熱銷商品"
        .Visible = True
        .Shape.AutoShapeType = msoShapeVerticalScroll
    End With
    Exit Sub
errHandler:
    MsgBox "此儲存格已有註解，結束處理。"
End Sub
```

1 「插入註解」巨集
2 若發生錯誤，將處理移動到行標籤 errHandler
3 在 B1 儲存格插入註解，顯示「4 位數西元年份／ 2 位數月份」及「現在」字串
4 在 B9 儲存格插入註解，進行下列處理 (With 陳述式的開頭 )
5 在註解輸入「熱銷商品」字串
6 讓註解常駐在畫面上
7 將註解設定為自動形狀的**垂直捲動**
8 結束 With 陳述式
9 結束處理
10 行標籤 errHandler ( 發生錯誤時，會跳到這裡 )
11 顯示「此儲存格已有註解，結束處理。」
12 結束巨集

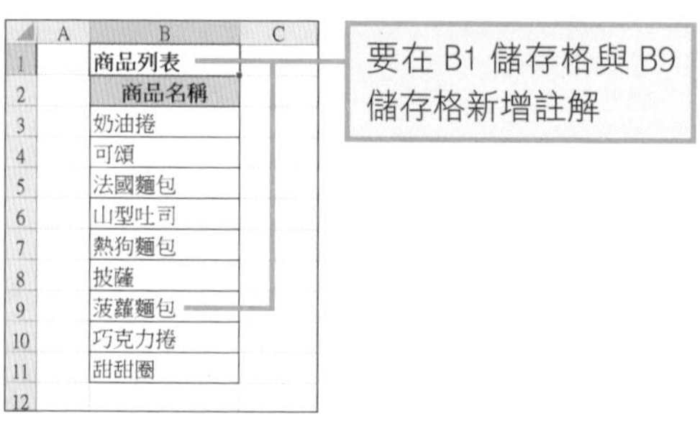


要在 B1 儲存格與 B9 儲存格新增註解

**1** 啟動 VBE，輸入程式碼

(一般) 插入註解

```
Option Explicit

Sub 插入註解()
    On Error GoTo errHandler
    Range("B1").AddComment Text:=Format(Date, "yyyy/mm") & "現在"
    With Range("B9").AddComment
        .Text "熱銷商品"
        .Visible = True
        .Shape.AutoShapeType = msoShapeVerticalScroll
    End With
    Exit Sub
errHandler:
    MsgBox "此儲存格已有註解，結束處理。"
End Sub
```

**2** 執行巨集

將滑鼠游標移到 B1 儲存格就會顯示註解

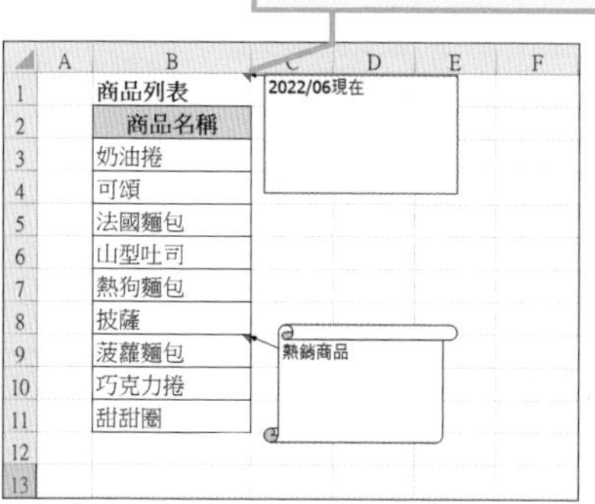

### 編輯註解的內容

要編輯註解的內容可參照儲存格的 Comment 物件。範例以 AddComment 插入註解時，自動新增 Comment 物件，此時若參照這個物件就能編輯註解的內容。不過要在插入註解後參照 Comment 物件可使用 Comment 屬性。語法為「儲存格 .Comment」。例如，要參照 B1 儲存格的 Comment 物件，可將程式碼寫成「Range("B1").Comment」。

### Comment 物件的主要方法與屬性

使用 Comment 物件的方法與屬性可以操作註解，請參考下表的內容。

| 方法 | 內容 | 屬性 | 內容 |
|---|---|---|---|
| Text | 指定註解的字串 | Shape | 參照註解圖形的 Shape 物件 |
| Delete | 刪除註解 | Visible | 顯示／隱藏註解 |

### 如何查看儲存格是否已經插入註解？

TypeName 函數可取得儲存格是否已經插入註解的資訊。假設 B1 儲存格已經插入了註解，使用 TypeName 函數，將程式碼寫成「TypeName(Range("B1").Comment)」，就會傳回「"Comment"」。如果還沒插入註解，就會傳回「"Nothing"」。要用這個函數在已經插入註解的情況下結束處理，可將程式碼寫成「If TypeName(Range("B1").Comment)="Comment" Then Exit Sub」。

### 刪除註解

要刪除儲存格的註解，可使用 ClearComments 方法，或參照儲存格的 Comment 物件，再利用 Delete 方法刪除。

範例 4-7_010.xlsm

參照 刪除儲存格的格式或資料……P.4-53

想刪除儲存格的註解

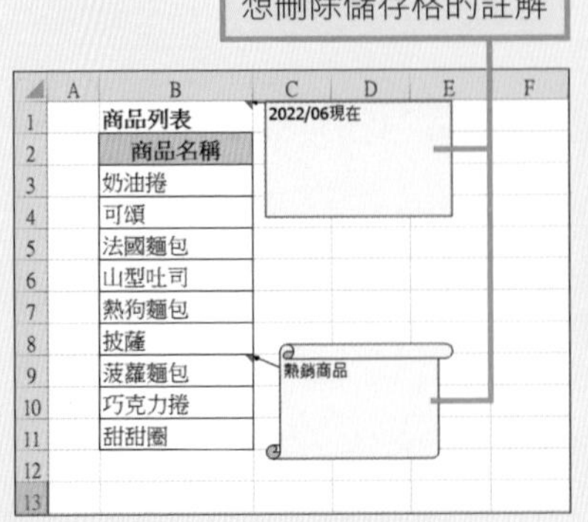


撰寫刪除註解的程式碼

(一般) | 想刪除註解

```
Option Explicit

Sub 想刪除註解()
    ActiveSheet.UsedRange.ClearComments
End Sub
```

1 執行巨集

註解被刪除了

# 4-8 編輯列或欄

## 編輯列或欄

在 Excel 中要調整儲存格的高度或寬度時，是以列或欄為單位。此外，儲存格的顯示或隱藏也是以列或欄為單位做設定。因此，與工作表有關的編輯與操作除了以儲存格為對象，也會以列或欄為對象。要用 VBA 取得或調整列高與欄寬時，可用 RowHeight 屬性以及 ColumnWidth 屬性。儲存格範圍的高度或寬度，則可用 Height 與 Width 屬性取得。若要設定列與欄的顯示或隱藏狀態，可使用 Hidden 屬性。

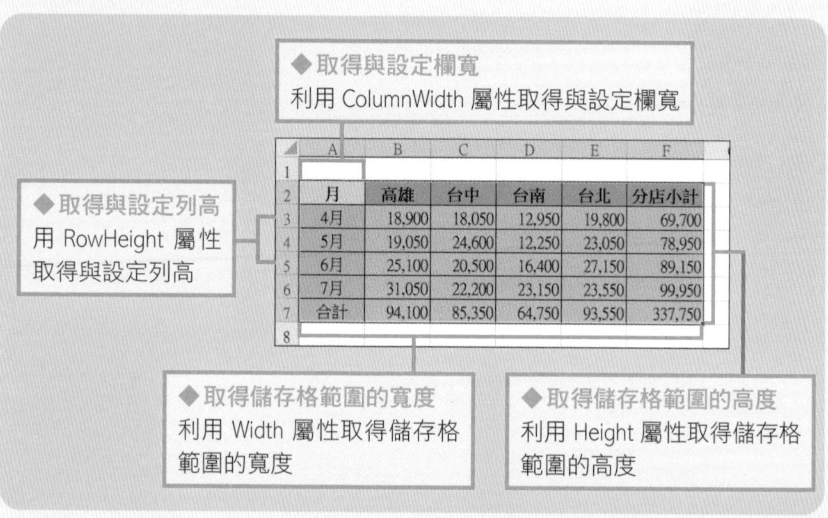
◆取得與設定欄寬
利用 ColumnWidth 屬性取得與設定欄寬
◆取得與設定列高
用 RowHeight 屬性取得與設定列高
◆取得儲存格範圍的寬度
利用 Width 屬性取得儲存格範圍的寬度
◆取得儲存格範圍的高度
利用 Height 屬性取得儲存格範圍的高度

| 月 | 高雄 | 台中 | 台南 | 台北 | 分店小計 |
|---|---|---|---|---|---|
| 4月 | 18,900 | 18,050 | 12,950 | 19,800 | 69,700 |
| 5月 | 19,050 | 24,600 | 12,250 | 23,050 | 78,950 |
| 6月 | 25,100 | 20,500 | 16,400 | 27,150 | 89,150 |
| 7月 | 31,050 | 22,200 | 23,150 | 23,550 | 99,950 |
| 合計 | 94,100 | 85,350 | 64,750 | 93,550 | 337,750 |

◆顯示與隱藏列

利用 Hidden 屬性顯示或隱藏**列**

| 月 | 分店小計 |
|---|---|
| 合計 | 337,750 |

◆顯示與隱藏欄

利用 Hidden 屬性顯示或隱藏**欄**

# 切換列或欄的顯示狀態

**物件.Hidden** —— 取得
**物件.Hidden = 設定值** —— 設定

▶解説

Hidden 屬性可切換列或欄的顯示狀態。例如，有部份資料不想列印時，可先隱藏起來，或是欄位太多想暫時隱藏某些欄位時使用。

▶設定項目

**物件**......................指定 Range 物件。指定要設定顯示狀態的列或欄。
**設定值**..................參數為 True 時，列或欄將會隱藏，參數為 False 則會顯示。

避免發生錯誤

Hidden 屬性是以列或欄為單位，因此需要使用物件的 Rows 屬性或 Columns 屬性，來參照列或欄的物件。

參照 參照列或欄……P.4-32

## 範例 設定列與欄的顯示狀態

此範例要利用列與欄的 Hidden 屬性隱藏 B3 ～ E6 表格中的部份資料。使用 Hidden 屬性的 True 或 False，再搭配 Not 運算子，就能在每次執行程式時，讓 True 與 False 互相交替。

範例 4-8_001 xlsm

```
Sub␣設定列與欄的顯示狀態()
    With␣Range("B3:E6")
        .Rows.Hidden␣=␣Not␣.Rows.Hidden
        .Columns.Hidden␣=␣Not␣.Columns.Hidden
    End␣With
End␣Sub
```

1 「設定列與欄的顯示狀態」巨集
2 對 B3 ～ E6 儲存格進行下列處理 (With 陳述式的開頭 )
3 當 B3 ～ E6 儲存格的**列**為顯示時就設為**隱藏**；若為隱藏就設為**顯示**
4 當 B3 ～ E6 儲存格的**欄**為顯示時就設為**隱藏**；若為隱藏就設為**顯示**
5 結束 With 陳述式
6 結束巨集

想要將 B3 ～ E6 儲存格範圍的欄與列都隱藏

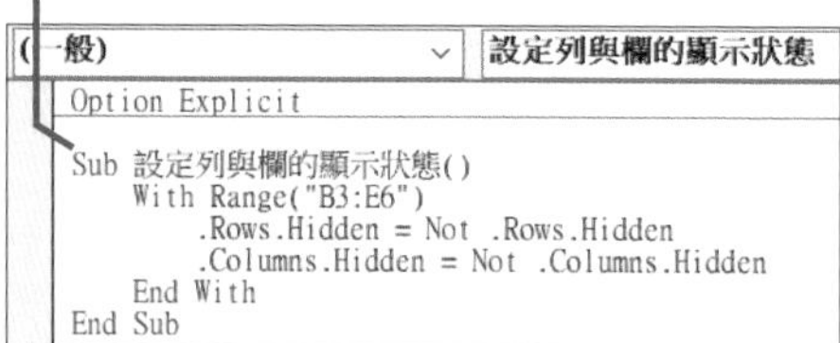

| | A | B | C | D | E | F | G |
|---|---|---|---|---|---|---|---|
| 1 | | | | | | | |
| 2 | 月 | 高雄 | 台中 | 台南 | 台北 | 分店小計 | |
| 3 | 4月 | 18,900 | 18,050 | 12,950 | 19,800 | 69,700 | |
| 4 | 5月 | 19,050 | 24,600 | 12,250 | 23,050 | 78,950 | |
| 5 | 6月 | 25,100 | 20,500 | 16,400 | 27,150 | 89,150 | |
| 6 | 7月 | 31,050 | 22,200 | 23,150 | 23,550 | 99,950 | |
| 7 | 合計 | 94,100 | 85,350 | 64,750 | 93,550 | 337,750 | |
| 8 | | | | | | | |

**1** 啟動 VBE，輸入程式碼

```
(一般)                    設定列與欄的顯示狀態
Option Explicit

Sub 設定列與欄的顯示狀態()
    With Range("B3:E6")
        .Rows.Hidden = Not .Rows.Hidden
        .Columns.Hidden = Not .Columns.Hidden
    End With
End Sub
```

**2** 執行巨集

表格的 B ～ E 欄、3 ～ 6 列都隱藏了

此時再度執行巨集，就會顯示 B ～ E 欄與 3 ～ 6 列

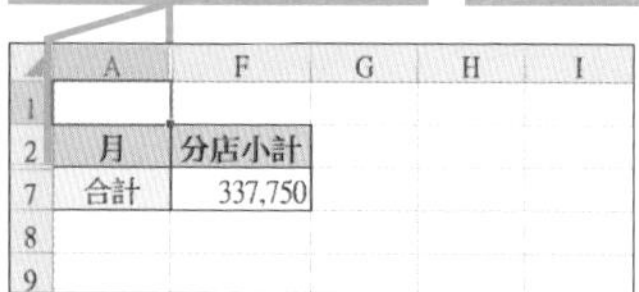

| | A | F | G | H | I |
|---|---|---|---|---|---|
| 1 | | | | | |
| 2 | 月 | 分店小計 | | | |
| 7 | 合計 | 337,750 | | | |
| 8 | | | | | |
| 9 | | | | | |

## 取得與設定列高

**物件.RowHeight** ———— 取得

**物件.RowHeight = 設定值** ———— 設定

▶解說

RowHeight 屬性可取得或設定指定儲存格範圍的列高。要同時設定多列的高度，或是取得指定儲存格的列高，再設定其他儲存格的列高，都可用這個屬性。設定的單位為**點** (1 point = 1/72 英吋，約 0.35 公釐)。

▶設定項目

**物件**……………… 指定 Range 物件。取得或設定儲存格範圍的列高。

**設定值**…………… 以點為單位，設定列高。

避免發生錯誤

如果指定的儲存格範圍中所有列高都不同，就無法取得列高，此時會傳回 Null。要取得列高時，最好逐列取得。

# 取得或設定欄寬

**物件.ColumnWidth** —— 取得
**物件.ColumnWidth = 設定值** —— 設定

▶解說

ColumnWidth 屬性可取得或設定指定儲存格範圍的欄寬。若要取得指定儲存格的欄寬再設定其他儲存格的欄寬，或是同時設定多欄的寬度，都可以使用這個屬性。設定的單位將標準字型的 1 個字元寬度視為 1。此外，若使用的是固定寬度字型，則以數字「0」的寬度為 1。

▶設定項目

**物件**........................指定 Range 物件。取得或設定儲存格範圍的欄寬。

**設定值**...................以標準字型的 1 個字元寬度為 1，指定欄寬。

避免發生錯誤

如果指定的儲存格範圍中所有欄寬都不同，就無法取得欄寬，此時會傳回 Null。要取得欄寬時，最好逐欄取得。

## 範例 調整列高與欄寬

此範例要先取得 A2 儲存格的列高，再以這個列高設定 A7 儲存格的列高。接著將 B2 ～ E2 儲存格範圍的欄寬設為 8 個字元的寬度。 範例 4-8_002.xlsm

```
Sub 調整列高與欄寬()
    Range("A7").RowHeight = Range("A2").RowHeight
    Range("B2:E2").ColumnWidth = 8
End Sub
```

1 「調整列高與欄寬」巨集
2 將 A7 儲存格的列高，設為 A2 儲存格的列高
3 將 B2 ～ E2 儲存格的欄寬，設為 8 個字元的寬度
4 結束巨集

想調整 B 欄～ E 欄的欄寬

| | A | B | C | D | E | F | G |
|---|---|---|---|---|---|---|---|
| 1 | | | | | | | |
| 2 | 月 | 高雄 | 台中 | 台南 | 台北 | 分店小計 | |
| 3 | 4月 | 18,900 | 18,050 | 12,950 | 19,800 | 69,700 | |
| 4 | 5月 | 19,050 | 24,600 | 12,250 | 23,050 | 78,950 | |
| 5 | 6月 | 25,100 | 20,500 | 16,400 | 27,150 | 89,150 | |
| 6 | 7月 | 31,050 | 22,200 | 23,150 | 23,550 | 99,950 | |
| 7 | 合計 | 94,100 | 85,350 | 64,750 | 93,550 | 337,750 | |
| 8 | | | | | | | |

想將第 7 列的列高，設成和第 2 列的列高一樣

**1 啟動 VBE，輸入程式碼**

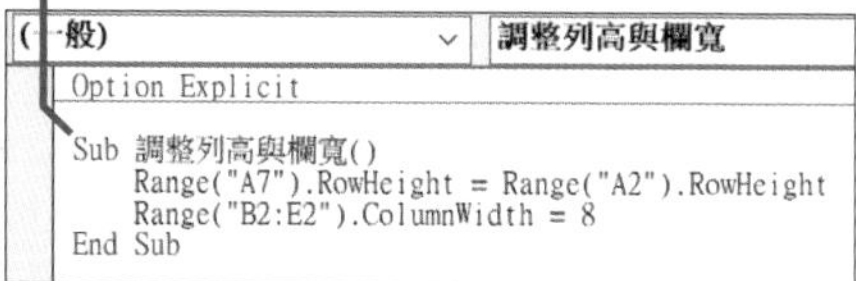

```
(一般)                    調整列高與欄寬
Option Explicit

Sub 調整列高與欄寬()
    Range("A7").RowHeight = Range("A2").RowHeight
    Range("B2:E2").ColumnWidth = 8
End Sub
```

**2 執行巨集**

| | A | B | C | D | E | F | G |
|---|---|---|---|---|---|---|---|
| 1 | | | | | | | |
| 2 | 月 | 高雄 | 台中 | 台南 | 台北 | 分店小計 | |
| 3 | 4月 | 18,900 | 18,050 | 12,950 | 19,800 | 69,700 | |
| 4 | 5月 | 19,050 | 24,600 | 12,250 | 23,050 | 78,950 | |
| 5 | 6月 | 25,100 | 20,500 | 16,400 | 27,150 | 89,150 | |
| 6 | 7月 | 31,050 | 22,200 | 23,150 | 23,550 | 99,950 | |
| 7 | 合計 | 94,100 | 85,350 | 64,750 | 93,550 | 337,750 | |
| 8 | | | | | | | |

第 7 列的列高與第 2 列的列高一樣了

B 欄～ E 欄的寬度調整完畢

### 參照列或欄，再調整列高或欄寬

此範例先指定儲存格範圍，接著取得列高與欄寬，最後才設定指定儲存格的列高與欄寬，但其實可以透過 Rows 屬性、Columns 屬性參照列或欄，或是取得列高與欄寬後，再進行設定。例如，要將第 2 列的列高套用到第 7 列，可寫成「Rows(7).RowHeight=Rows(2).RowHeight」。

### 設定標準的列高或欄寬

要設定標準的列高可將 UseStandardHeight 屬性設為 True；要設定標準的欄寬可將 UseStandardWidth 屬性設為 True。例如，要將 A2 ～ A7 儲存格的列高設為標準高度，可寫成「Range("A2:A7").UseStandardHeight = True」。此外，也可以先取得工作表的標準列高，再利用 StandardHeight 屬性寫成「Range("A2:A7").RowHeight = ActiveSheet.StandardHeight」。

## 自動調整列高或欄寬

### 物件.AutoFit

**▶解說**

AutoFit 方法可依儲存格中顯示的字串調整欄寬或列高。如果要調整的是列高，會依據指定列中的最大字型大小調整；如果要調整的是欄寬，會依據該欄中最長的字串寬度進行調整。

**▶設定項目**

**物件**......................指定 Range 物件。指定要調整高度或寬度的列或欄。

**避免發生錯誤**

如果沒有參照列或欄的物件，就不能使用這個方法，否則會發生錯誤。請使用 Rows 屬性或 Columns 屬性，指定參照列或欄的物件。

## 範例 自動調整列高與欄寬

此範例要依據第 2 ～ 7 列的文字大小自動調整列高，也要依據這個範圍的各欄文字寬度調整欄寬。A1 儲存格是標題，不需要調整高度或寬度，所以只要從 A2 儲存格開始依表格的大小調整欄寬。

範例 4-8_003.xlsm

```
1  Sub␣自動調整列高與欄寬()
2      Rows("2:7").AutoFit
3      Range("A2:F7").Columns.AutoFit
4  End␣Sub
```

1 「自動調整列高與欄寬」巨集
2 自動調整第 2 ～ 7 列的高度
3 依據 A2 ～ F7 儲存格的內容調整欄寬
4 結束巨集

想自動調整表格的寬度與高度

想依據 A2 ～ F7 儲存格各欄中的文字寬度調整欄寬

| | A | B | C | D | E | F | G |
|---|---|---|---|---|---|---|---|
| 1 | 分店業績狀況（4月－7月） | | | | | | |
| 2 | 月 | 高雄 | 台中 | 台南 | 台北 | 分店小計 | |
| 3 | 4月 | 18,900 | 18,050 | 12,950 | 19,800 | 69,700 | |
| 4 | 5月 | 19,050 | 24,600 | 12,250 | 23,050 | 78,950 | |
| 5 | 6月 | 25,100 | 20,500 | 16,400 | 27,150 | 89,150 | |
| 6 | 7月 | 31,050 | 22,200 | 23,150 | 23,550 | 99,950 | |
| 7 | 合計 | 94,100 | 85,350 | 64,750 | 93,550 | 337,750 | |
| 8 | | | | | | | |

**1** 啟動 VBE，輸入程式碼

(一般) ｜ 自動調整列高與欄寬

```
Option Explicit

Sub 自動調整列高與欄寬()
    Rows("2:7").AutoFit
    Range("A2:F7").Columns.AutoFit
End Sub
```

**2** 執行巨集

自動調整表格的欄寬與列高

| | A | B | C | D | E | F | G |
|---|---|---|---|---|---|---|---|
| 1 | 分店業績狀況（4月－7月） | | | | | | |
| 2 | 月 | 高雄 | 台中 | 台南 | 台北 | 分店小計 | |
| 3 | 4月 | 18,900 | 18,050 | 12,950 | 19,800 | 69,700 | |
| 4 | 5月 | 19,050 | 24,600 | 12,250 | 23,050 | 78,950 | |
| 5 | 6月 | 25,100 | 20,500 | 16,400 | 27,150 | 89,150 | |
| 6 | 7月 | 31,050 | 22,200 | 23,150 | 23,550 | 99,950 | |
| 7 | 合計 | 94,100 | 85,350 | 64,750 | 93,550 | 337,750 | |
| 8 | | | | | | | |

A1 儲存格不在調整範圍內，所以未自動調整高度與寬度

## 取得儲存格範圍的高度與寬度

**物件.Height** ——— 取得
**物件.Width** ——— 取得

▶解說

Height 屬性可取得指定儲存格的高度，Width 屬性可取得指定儲存格的寬度。如果指定單一儲存格，可取得該儲存格的列高與欄寬。如果指定儲存格範圍，可取得該範圍各列的高度總和與各欄的寬度總和。這兩種屬性的單位都是**點**。

▶設定項目

**物件**……………………指定 Range 物件。指定要取得高度或寬度的儲存格範圍。

**避免發生錯誤**

Height 屬性與 Width 屬性都只能取得值，無法設定值。要設定高度或寬度，請改用 RowHeight 屬性或 ColumnWith 屬性，再以列或欄為單位設定。 參照 取得或設定欄寬……P.4-72

### 範例 取得儲存格範圍的高度與寬度

此範例要取得 A2 ～ F7 儲存格的表格高度與寬度，並顯示在訊息交談窗中。為了讓交談窗中的訊息可以換行，使用了 vbCrLf 常數。 範例 4-8_004.xlsm

參照 利用 MsgBox 函數顯示訊息……P.3-58

```
1 Sub 取得儲存格範圍的高度與寬度()
2     MsgBox "儲存格範圍的高度:" & Range("A2:F7").Height & vbCrLf & _
             "儲存格範圍的寬度:" & Range("A2:F7").Width
3 End Sub
```

註：「_（換行字元）」，當程式碼太長要接到下一行程式時，可用此斷行符號連接→參照 P.2-15

1 「取得儲存格範圍的高度與寬度」巨集
2 取得 A2 ～ F7 的儲存格範圍高度與寬度，再用訊息交談窗顯示
3 結束巨集

想取得 A2 ～ F7 儲存格範圍的高度與寬度

| | A | B | C | D | E | F | G |
|---|---|---|---|---|---|---|---|
| 1 | 分店業績狀況（4月－7月） | | | | | | |
| 2 | 月 | 高雄 | 台中 | 台南 | 台北 | 分店小計 | |
| 3 | 4月 | 18,900 | 18,050 | 12,950 | 19,800 | 69,700 | |
| 4 | 5月 | 19,050 | 24,600 | 12,250 | 23,050 | 78,950 | |
| 5 | 6月 | 25,100 | 20,500 | 16,400 | 27,150 | 89,150 | |
| 6 | 7月 | 31,050 | 22,200 | 23,150 | 23,550 | 99,950 | |
| 7 | 合計 | 94,100 | 85,350 | 64,750 | 93,550 | 337,750 | |
| 8 | | | | | | | |

**1** 啟動 VBE，輸入程式碼

(一般)　　取得儲存格範圍的高度與寬度

```
Option Explicit

Sub 取得儲存格範圍的高度與寬度()
    MsgBox "儲存格範圍的高度：" & Range("A2:F7").Height & vbCrLf & _
           "儲存格範圍的寬度：" & Range("A2:F7").Width
End Sub
```

**2** 執行巨集

在交談窗中顯示儲存格範圍的高度與寬度。單位為**點**

按下**確定**鈕，即可關閉視窗

### 取得的值可用在調整圖案大小或是內嵌圖表的大小

利用 Height 屬性或 Width 屬性取得儲存格範圍的高度或寬度，可用來調整圖案或內嵌圖表的大小，讓圖案或內嵌圖表的大小與儲存格範圍一致。

參照 建立圖案……P.11-14
參照 建立內嵌在工作表中的圖表……P.12-7

# 4-9 儲存格的顯示格式

## 儲存格的顯示格式

儲存格資料的顯示格式可在**設定儲存格格式**交談窗的**數值**頁次設定。這個交談窗可在**常用**頁次的**數值**區按下 ⧅ 鈕開啟。要用 VBA 設定資料的顯示格式，可使用 NumberFormat 屬性或 NumberFormatLocal 屬性。

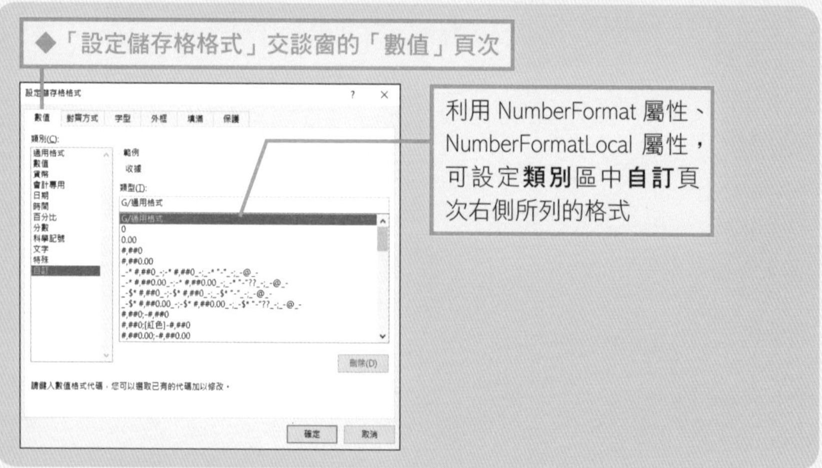
◆「設定儲存格格式」交談窗的「數值」頁次
利用 NumberFormat 屬性、NumberFormatLocal 屬性，可設定類別區中自訂頁次右側所列的格式

要利用 NumberFormat 屬性與 NumberFormatLocal 屬性設定資料的格式，可如下分成四個區段設定。每個區段用「；(分號)」隔開，由左至右分別為設定正數、負數、零、字串的格式。

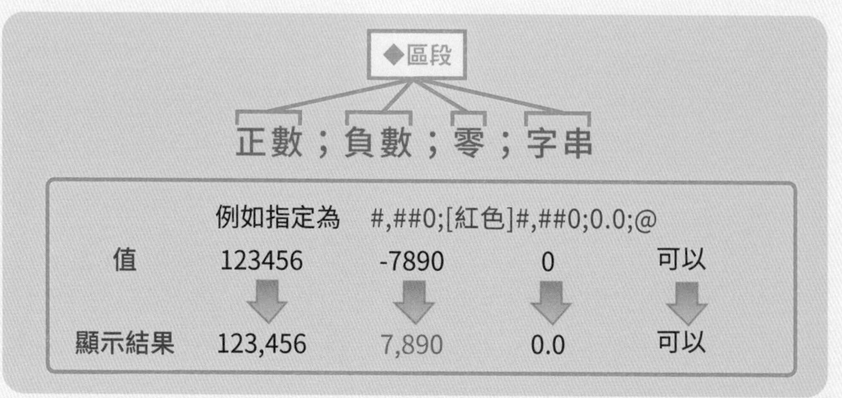
◆區段
正數；負數；零；字串
例如指定為 #,##0;[紅色]#,##0;0.0;@
值 123456 -7890 0 可以
顯示結果 123,456 7,890 0.0 可以

儲存格格式可利用格式符號設定。格式符號可設定數值、日期與時間、貨幣、百分比、分數、文字以及其他格式。

參照 主要格式的符號……P.4-80

# 設定儲存格格式

**物件.NumberFormat** —— 取得
**物件.NumberFormat = 顯示格式** —— 設定
**物件.NumberFormatLocal** —— 取得
**物件.NumberFormatLocal = 顯示格式** —— 設定

▶解說

NumberFormat 屬性與 NumberFormatLocal 屬性可設定儲存格的格式。由於可以取得與設定格式，所以也能先取得儲存格格式，再將取得的儲存格格式套用到其他儲存格上。NumberFormatLocal 屬性，可利用執行程式時的語言 (中文) 設定儲存格格式。 參照 NumberFormat 屬性與 NumberFormatLocal 屬性的差異……P.4-79

▶設定項目

**物件**……指定 Range 物件。指定要設定儲存格格式的範圍。

**顯示格式**……以定義完成的格式或格式符號的字串設定儲存格格式。在**設定儲存格格式**交談窗點選**數值**頁次，再於**類別**欄點選**自訂**，就能知道哪些儲存格格式可以設定。 參照 設定儲存格格式的方法……P.4-79

避免發生錯誤

在取得儲存格格式時，若指定的儲存格範圍，已經設定不同的儲存格格式，就會傳回 **Null**，所以要取得儲存格格式請指定單一儲存格。NumberFormat、NumberFormatLocal 屬性與 Format 函數用於設定儲存格格式的字串是不同的，請不要搞混。

## 範例 變更儲存格的顯示格式

此範例要變更儲存格資料的顯示格式。範例中使用 NumberFormatLocal 屬性示範各種設定。

範例 4-9_001 xlsm

```
1 Sub 取得與設定儲存格顯示格式()
2     Range("C3").NumberFormatLocal = "@先生 (小姐)"
3     Range("F3").NumberFormatLocal = "ge/mm/dd"
4     Range("B9:B13").NumberFormatLocal = Range("F3").NumberFormatLocal
5     Range("F9:F14").NumberFormatLocal = "$#,##0;[紅色]-$#,##0"
6 End Sub
```

1 「取得與設定儲存格格式」巨集
2 將 C3 儲存格的格式設為「@　先生 ( 小姐 )」
3 將 F3 儲存格的格式設為「ge/mm/dd」
4 取得 F3 儲存格的格式，再套用到 B9 ～ B13 儲存格
5 將 F9 ～ F14 儲存格的格式設為「$#,##0;[ 紅色 ]-$#,##0」
6 結束巨集

要將 F3 與 B9 ～ B13 儲存格的格式設為「民國 111/08/15」

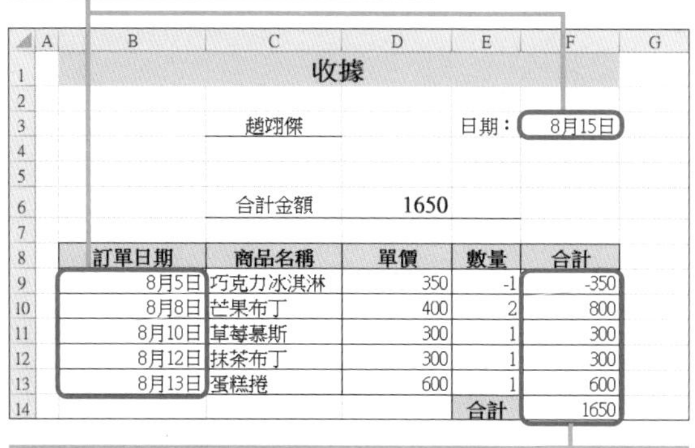

| | B | C | D | E | F |
|---|---|---|---|---|---|
| 1 | | 收據 | | | |
| 3 | | 趙翊傑 | | 日期： | 8月15日 |
| 6 | | 合計金額 | 1650 | | |
| 8 | 訂單日期 | 商品名稱 | 單價 | 數量 | 合計 |
| 9 | 8月5日 | 巧克力冰淇淋 | 350 | -1 | -350 |
| 10 | 8月8日 | 芒果布丁 | 400 | 2 | 800 |
| 11 | 8月10日 | 草莓慕斯 | 300 | 1 | 300 |
| 12 | 8月12日 | 抹茶布丁 | 300 | 1 | 300 |
| 13 | 8月13日 | 蛋糕捲 | 600 | 1 | 600 |
| 14 | | | | 合計 | 1650 |

設定 F9 ～ F14 的儲存格格式。整數為「$1,650」，負數為紅色的「-$350」

**1** 啟動 VBE，輸入程式碼

```
(一般)                                  取得與設定儲存格顯示格式
Option Explicit

Sub 取得與設定儲存格顯示格式()
    Range("C3").NumberFormatLocal = "@  先生(小姐)"
    Range("F3").NumberFormatLocal = "ge/mm/dd"
    Range("B9:B13").NumberFormatLocal = Range("F3").NumberFormatLocal
    Range("F9:F14").NumberFormatLocal = "$#,##0;[紅色]-$#,##0"
End Sub
```

**2** 執行輸入的巨集

顯示為指定的日期格式　　顯示為指定的貨幣格式

| | B | C | D | E | F |
|---|---|---|---|---|---|
| 1 | | 收據 | | | |
| 3 | | 趙翊傑　先生(小姐) | | 日期： | 民國111/08/15 |
| 6 | | 合計金額 | 1650 | | |
| 8 | 訂單日期 | 商品名稱 | 單價 | 數量 | 合計 |
| 9 | 民國111/08/05 | 巧克力冰淇淋 | 350 | -1 | -$350 |
| 10 | 民國111/08/08 | 芒果布丁 | 400 | 2 | $800 |
| 11 | 民國111/08/10 | 草莓慕斯 | 300 | 1 | $300 |
| 12 | 民國111/08/12 | 抹茶布丁 | 300 | 1 | $300 |
| 13 | 民國111/08/13 | 蛋糕捲 | 600 | 1 | $600 |
| 14 | | | | 合計 | $1,650 |

### HINT NumberFormat 屬性與 NumberFormatLocal 屬性的差異

NumberFormat 屬性的格式是以英文輸入，會寫成「"#,##0;[red]-#,##0"」或「"General"」這種內容，但 NumberFormatLocal 屬性則可利用執行程式時的語言（中文）設定。例如，可設定為「"#,##0;[ 紅色 ]-#,##0"」或「G / 通用格式」這種內容。

### 設定儲存格格式的方法

如 4-77 頁所述，儲存格格式的設定方法分成四個區段，但也可以只設定必須的區段，例如只設定兩個區段或是一個區段。若只有指定兩個區段，由左至右分別是**正數與零 / 負數**的顯示格式，若只設定一個區段，代表所有數值都會套用這個儲存格格式。若想省略負數與零的顯示格式，只設定正數與字串的格式，可以只輸入省略的區段後面的分號。建議自己視情況在不同區段設定顯示格式。

參照 儲存格的顯示格式……P.4-77
參照 日期的格式符號……P.4-80

### HINT 還原儲存格的顯示格式

若要還原成儲存格的顯示格式，只要設成預設格式即可。請將 NumberFormatLocal 屬性設為「G/通用格式」或是將 NumberFormat 屬性設為「"General"」。請注意，將日期的儲存格格式設為預設值，日期就會轉換成**序列值**（日期編號）類型的數值。

### 使用樣式設定顯示格式

Excel 內建的樣式也有**百分比**或**貨幣**這類儲存格格式，所以也能使用這些功能來設定。例如，要在 D6 儲存格套用貨幣樣式可將程式碼寫成「Range("D6").Style= " 貨幣 "」。

參照 替儲存格設定樣式……P.4-120

## 主要格式的符號

可在 NumberFormat 屬性與 NumberFormatLocal 屬性使用的格式符號，包含數值、日期／時間、字串等，這些都有內建的格式符號。

### ● 數值的格式符號

數值可用 **#** 與 **0** 代表一位數字，再以「,」代表千分位，以及「.」代表小數點。

數值的格式符號

| 格式符號 | 內容 | 儲存格格式 | 數值 | 顯示結果 |
|---|---|---|---|---|
| # | 代表 1 位數 | ##.## | 123.456 | 123.46 |
| | | ## | 0 | 不顯示 |
| 0 | 代表 1 位數 | 0000.0 | 123.456 | 0123.5 |
| | | 00 | 0 | 00 |
| ,（逗號） | 代表千分位 | #,##0 | 55555555 | 55,555,555 |
| | | #,##0, | | 55,556 |
| .（句號） | 小數點 | 0.0 | 12.34 | 12.3 |
| % | 百分比 | 0.0% | 0.2345 | 23.5% |
| ? | 對齊小數點的位置 | ???.??? | 123.45<br>12.456 | 123.45<br> 12.456 |

**# 與 0 的差異**

**#** 與 **0** 都代表 1 位數，但以 **#** 設定時，實際的位數若少於指定的位數，就會直接顯示實際的位數，如果以 **0** 設定，就會以 0 填補不足的位數。此外，當位數比儲存格格式的設定還多，而且是整數時，會直接顯示數值，如果有小數點，則會依照指定的位數顯示四捨五入後的值。

### ● 日期的格式符號

日期的儲存格格式可用「y」、「m」、「d」這些符號設定。

日期的格式符號

| 格式符號 | 內容 | 顯示結果（日期：2020/1/3） |
|---|---|---|
| yy<br>yyyy | 西元 | 20<br>2020 |
| g<br>gg<br>ggg | 民國 | 民國<br>民國<br>中華民國 |
| e<br>ee | 民國 | 109<br>109 |

| 格式符號 | 內容 | 顯示結果（日期：2020/1/3） |
|---|---|---|
| m<br>mm<br>mmm<br>mmmm | 月 | 1<br>01<br>Jan<br>January |
| d<br>dd | 日 | 3<br>03 |
| ddd<br>dddd<br>aaa<br>aaaa | 星期 | Fri<br>Friday<br>週五<br>星期五 |

## ● 時間的格式符號

時間的儲存格格式可用「h」、「m」、「s」這些符號設定。

時間的格式符號

| 格式符號 | 內容 | 顯示結果 ( 時間：16 時 5 分 30 秒 ) |
|---|---|---|
| h | 小時 (24 小時制 ) | 16 |
| hh | | 16 |
| m | 分 ( 與 h 或 s 一起使用 ) | 16:5 ( 設定為 h:m 的情況 ) |
| mm | | 16:05 ( 設定為 hh:mm 的情況 ) |
| s | 秒 | 16:5:30 ( 設定為 h:m:s 的情況 ) |
| ss | | 16:05:30 ( 設定為 hh:mm:ss 的情況 ) |
| h AM/PM | 時 AM ／ PM (12 小時制 ) | 4 PM |
| h:mm AM/PM | 時：分 AM ／ PM (12 小時制 ) | 4:05 PM |
| h:mm:ss A/P | 時：分：秒 A ／ P (12 小時制 ) | 4:05:30 P |

**HINT 將日期格式符號與字串組合使用**

將格式符號與利用「"」括起來的字串寫成「m" 月 "」這種格式後，就能顯示為「9 月」的字串格式。

**要顯示經過的時間可用 [ ] 括住**

若想顯示「28:45」這類經過時間可寫成「[hh]:mm」。如果想將經過時間的單位設定為分鐘，可寫成「[mm]:ss」，如果要將單位設定為秒，可寫成「[ss]」。

## ● 文字與其他格式符號

文字的格式符號為「@」，可直接顯示儲存格裡的文字。此外，顏色與條件的格式符號請參考下表。

文字與其他格式符號

| 格式符號 | 內容 | 範例 | 顯示結果 |
|---|---|---|---|
| @ | 輸入的文字 | @" 先生 ( 小姐 )" | 趙翊傑先生 ( 小姐 ) |
| [ 顏色 ] | 文字顏色 ( 黑、紅、藍、綠、黃、紫、水藍、白 ) | [ 綠色 ] 0.0; [ 紅色 ]-0.0 | 1.5 → 1.5<br>-1.5 → -1.5 |
| [ 條件式 ] | 條件式格式 | [>90] #"OK!";# | 95 → 95OK!<br>60 → 60 |

**HINT 將格式符號與專有名詞組合**

如果要設定「@" 先生 ( 小姐 )"」這種格式符號與專有名詞組合的儲存格格式，可在程式碼中輸入「"@"" 先生 ( 小姐 )"""」這種以兩個「" ( 雙引號 ) 」括住專有名詞前後的語法。也可以仿照範例輸入「Range("C3").NumberFormatLocal= "@ 先生 ( 小姐 )」這種語法，此時就算不以「""」括住專有名詞，Excel 也會自動修正，所以可設定儲存格格式。為了能正確辨識，建議盡量用「""」括住專有名詞。

# 4-10 儲存格中的文字配置

## 文字在儲存格裡的位置

文字在儲存格裡的位置，可在**設定儲存格格式**交談窗的**對齊方式**頁次設定。從**常用**頁次的**對齊方式**區按下 ◲ 鈕，就能開啟交談窗。

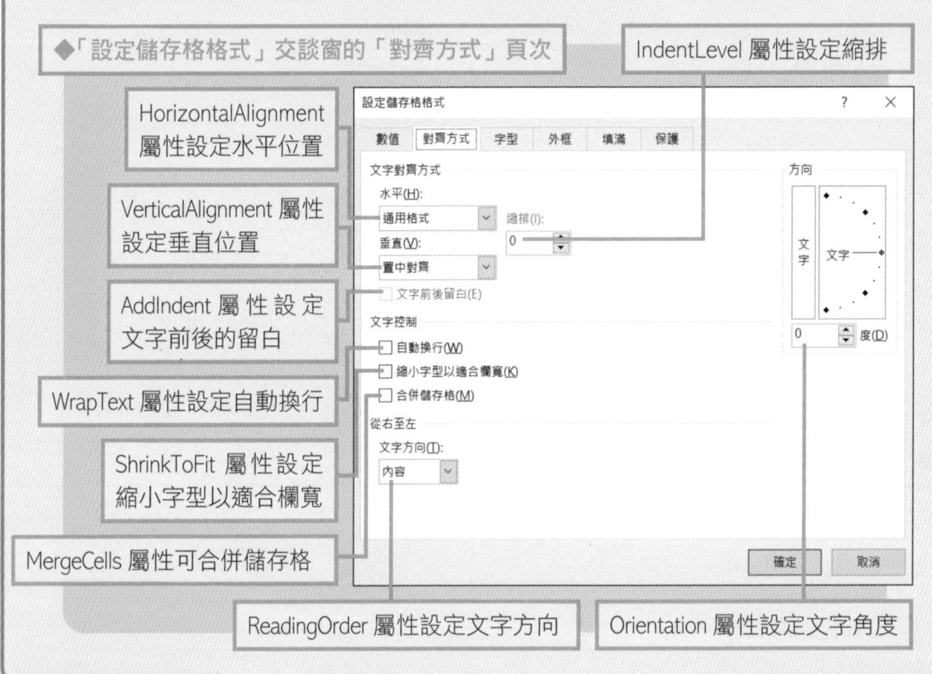


## 指定文字在儲存格內的水平與垂直位置

**物件.HorizontalAlignment** ——— 取得
**物件.HorizontalAlignment = 設定值 1** ——— 設定
**物件.VerticalAlignment** ——— 取得
**物件.VerticalAlignment = 設定值 2** ——— 設定

▶解說

HorizontalAlignment 屬性與 VerticalAlignment 屬性，可分別取得或設定文字在儲存格中的水平或垂直位置。水平位置的設定包含**靠左對齊**、**置中**、**靠右對齊**，垂直位置則有**靠上對齊**這類設定。在**設定儲存格格式**交談窗的**對齊方式**頁次，點選**水平**或**垂直**的下拉列示窗後，其中的選項都可透過常數設定。

▶設定項目

**物件**……………………指定 Range 物件。指定要調整水平或垂直位置的儲存格。

**設定值 1**……………以常數指定文字的水平位置。

| 常數 | 內容 |
|---|---|
| xlGeneral（預設值） | 通用格式 |
| xlLeft | 向左（縮排） |
| xlCenter | 置中對齊 |
| xlRight | 向右（縮排） |
| xlFill | 填滿 |
| xlJustify | 左右對齊 |
| xlCenterAcrossSelection | 跨欄置中 |
| xlDistributed | 分散對齊（縮排） |

**設定值 2**……………以常數指定文字的垂直位置。

| 常數 | 內容 |
|---|---|
| xlTop | 靠上 |
| xlCenter | 置中對齊 |
| xlBottom | 靠下 |
| xlJustify | 左右對齊 |
| xlDistributed | 分散對齊 |

避免發生錯誤

IndentLevel 屬性、Orientation 屬性或其他屬性，會因水平或垂直位置的設定而無效。在**設定儲存格格式**交談窗的**對齊方式**頁次點選**水平**或**垂直**，看看哪些項目不能選擇，就能知道哪些屬性會失效了。

參照 調整文字在儲存格內的角度……P.4-86
參照 設定文字位置的其他屬性……P.4-88

## 範例 調整文字在儲存格中的水平與垂直位置

此範例要調整 B1 到 F10 儲存格中的文字水平與垂直位置。 範例 4-10_001 xlsm

```
Sub␣調整文字在儲存格中的水平與垂直位置()
    Range("B2:B10").VerticalAlignment␣=␣xlDistributed
    Range("C2:F10").VerticalAlignment␣=␣xlBottom
    Range("B1:F1").HorizontalAlignment␣=␣xlCenter
    Range("C2:C10").HorizontalAlignment␣=␣xlDistributed
End␣Sub
```

1 「調整文字在儲存格中的水平與垂直位置」
2 將 B2 ～ B10 儲存格的垂直位置設為**分散對齊**
3 將 C2 ～ F10 儲存格的垂直位置設為**靠下**
4 將 B1 ～ F1 儲存格的水平位置設為**置中對齊**
5 將 C2 ～ C10 儲存格的水平位置設為**分散對齊 ( 縮排 )**
6 結束巨集

| | A | B | C | D | E | F | G |
|---|---|---|---|---|---|---|---|
| 1 | | 組別 | 姓名 | 年中考核 | 年底考核 | 總分 | |
| 2 | | 第一組 | 張美慧 | 71 | 86 | 157 | |
| 3 | | | 許浩婷 | 86 | 74 | 160 | |
| 4 | | | 葉佳隆 | 89 | 91 | 180 | |
| 5 | | 第二組 | 黃誌其 | 99 | 93 | 192 | |
| 6 | | | 簡新造 | 73 | 74 | 147 | |
| 7 | | | 施信崎 | 68 | 62 | 130 | |
| 8 | | 第三組 | 薛恩平 | 88 | 91 | 179 | |
| 9 | | | 藍嘉靖 | 73 | 74 | 147 | |
| 10 | | | 劉哲安 | 68 | 62 | 130 | |

想調整儲存格的水平位置與垂直位置

### 水平位置的通用格式

將設定值設為 xlGeneral，可將水平位置設成**通用格式**。此時儲存格的內容若是字串，就會向左縮排，如果是數值就會向右縮排，會自動依資料內容設定不同的對齊方式。

**1** 啟動 VBE，輸入程式碼　**2** 執行巨集

```
Sub 調整文字在儲存格中的水平與垂直位置()
    Range("B2:B10").VerticalAlignment = xlDistributed
    Range("C2:F10").VerticalAlignment = xlBottom
    Range("B1:F1").HorizontalAlignment = xlCenter
    Range("C2:C10").HorizontalAlignment = xlDistributed
End Sub
```

儲存格內的水平與垂直位置都已調整

| | A | B | C | D | E | F | G |
|---|---|---|---|---|---|---|---|
| 1 | | 組別 | 姓名 | 年中考核 | 年底考核 | 總分 | |
| 2 | | 第 | 張 美 慧 | 71 | 86 | 157 | |
| 3 | | 一 | 許 浩 婷 | 86 | 74 | 160 | |
| 4 | | 組 | 葉 佳 隆 | 89 | 91 | 180 | |
| 5 | | 第 | 黃 誌 其 | 99 | 93 | 192 | |
| 6 | | 二 | 簡 新 造 | 73 | 74 | 147 | |
| 7 | | 組 | 施 信 崎 | 68 | 62 | 130 | |
| 8 | | 第 | 薛 恩 平 | 88 | 91 | 179 | |
| 9 | | 三 | 藍 嘉 靖 | 73 | 74 | 147 | |
| 10 | | 組 | 劉 哲 安 | 68 | 62 | 130 | |

### 在分散對齊的文字前後插入空白

不管是垂直還是水平位置，將設定值設為 xlDistributed，文字就會均勻地分配儲存格的空間，此時若使用 AddIndent 屬性就能在這些字串的前後插入空白。語法為「儲存格範圍.AddIndent = True/False」，設為 True 時即可插入空白。

參照 設定文字位置的其他屬性……P.4-88

## 合併與解除合併儲存格

**物件.MergeCells** ——— 取得
**物件.MergeCells= 設定值** ——— 設定

▶解說

MergeCells 屬性可取得 True 或 False 的值。將值代入 MergeCells 屬性就能合併或解除合併儲存格。此外，取得 MergeCells 屬性的值，就能知道指定儲存格是否已經合併。

參照 合併儲存格……P.4-62

▶設定項目

**物件**……指定 Range 物件。
**設定值**……設為 True 時，指定的儲存格範圍將會合併，設為 False 時，會解除指定儲存格範圍的合併。

避免發生錯誤

取得 MergeCells 屬性的值時，若指定的儲存格範圍中，摻雜合併儲存格與未合併的儲存格，將會傳回「Null」。取得值時，最好指定為單一儲存格。

### 範例 合併與解除合併儲存格範圍

此範例要合併 D1 ～ E1 儲存格，再將 D1 儲存格的文字設為**置中對齊**。接著要解除 B3 ～ B11 儲存格的合併。當要合併的多個儲存格都已輸入資料，合併後，就只會顯示該範圍左上角儲存格的資料，其他儲存格的資料會被刪除。此時 Excel 會顯示警告訊息，所以範例才用 DisplayAlerts 屬性關閉警告訊息。

範例 4-10_002.xlsm

```
1 Sub 合併與解除合併儲存格範圍()
2     Application.DisplayAlerts = False
3     Range("D1:E1").MergeCells = True
4     Range("D1").HorizontalAlignment = xlCenter
5     Range("B3:B11").MergeCells = False
6     Application.DisplayAlerts = True
7 End Sub
```

1 「合併與解除合併儲存格範圍」巨集
2 設定不顯示 Excel 警告訊息
3 合併 D1 ～ E1 儲存格
4 將 D1 儲存格的文字設定為**置中**對齊
5 解除 B3 ～ B11 儲存格的合併
6 設定顯示 Excel 警告訊息
7 結束巨集

| | A | B | C | D | E | F | G |
|---|---|---|---|---|---|---|---|
| 1 | | | | 第一階段 | 第二階段 | | |
| 2 | | 組別 | 姓名 | 年中考核 | 年底考核 | 總分 | |
| 3 | | 1 | 張美慧 | 71 | 86 | 157 | |
| 4 | | | 許浩婷 | 86 | 74 | 160 | |
| 5 | | | 葉佳隆 | 89 | 91 | 180 | |
| 6 | | 2 | 黃誌其 | 99 | 93 | 192 | |
| 7 | | | 簡新造 | 73 | 74 | 147 | |
| 8 | | | 施信崎 | 68 | 62 | 130 | |
| 9 | | 3 | 薛恩平 | 88 | 91 | 179 | |
| 10 | | | 藍嘉靖 | 73 | 74 | 147 | |
| 11 | | | 劉哲安 | 68 | 62 | 130 | |
| 12 | | | | | | | |

想合併 D1 ～ E1 儲存格，再將文字對齊方式設定為**置中**

想解除 B3 ～ B11 儲存格的合併

**1** 啟動 VBE，輸入程式碼

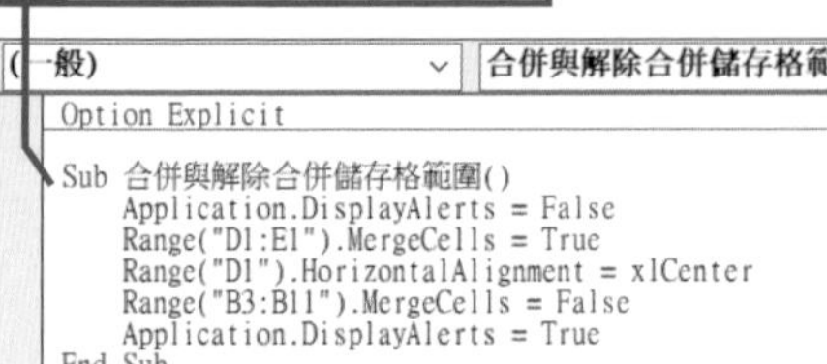

```
(一般)                                  合併與解除合併儲存格範圍
Option Explicit

Sub 合併與解除合併儲存格範圍()
    Application.DisplayAlerts = False
    Range("D1:E1").MergeCells = True
    Range("D1").HorizontalAlignment = xlCenter
    Range("B3:B11").MergeCells = False
    Application.DisplayAlerts = True
End Sub
```

**2** 執行巨集

| | A | B | C | D | E | F | G |
|---|---|---|---|---|---|---|---|
| 1 | | | | 第一階段 | | | |
| 2 | | 組別 | 姓名 | 年中考核 | 年底考核 | 總分 | |
| 3 | | 1 | 張美慧 | 71 | 86 | 157 | |
| 4 | | | 許浩婷 | 86 | 74 | 160 | |
| 5 | | | 葉佳隆 | 89 | 91 | 180 | |
| 6 | | 2 | 黃誌其 | 99 | 93 | 192 | |
| 7 | | | 簡新造 | 73 | 74 | 147 | |
| 8 | | | 施信崎 | 68 | 62 | 130 | |
| 9 | | 3 | 薛恩平 | 88 | 91 | 179 | |
| 10 | | | 藍嘉靖 | 73 | 74 | 147 | |
| 11 | | | 劉哲安 | 68 | 62 | 130 | |
| 12 | | | | | | | |

合併儲存格了

原本合併的儲存格解除合併了

## 調整文字在儲存格內的角度

**物件.Orientation** ―――――― 取得

**物件.Orientation = 設定值** ―――――― 設定

▶解説

Orientation 屬性可調整文字在儲存格內的角度。若想將文字設為**直書**格式，也可以使用 Orientation 屬性。

▶設定項目

**物件**……………………指定 Range 物件。指定要變更文字角度的儲存格。

**設定值**………………利用介於「-90 ～ 90」的數值或常數替文字設定需要的角度。若要設定**直書**格式，可指定為「xlVertical」，若想還原為預設值可設為「xlHorizontal」或是「0」。

| 常數 | 內容 |
|---|---|
| xlDownward | -90 度的角度 |
| xlHorizontal | 水平、0 度 |
| xlUpward | 90 度的角度 |
| xlVertical | 垂直 |

避免發生錯誤

若指定大於 -90 ～ 90 的角度就會出現錯誤。請以整數指定這個範圍內的數值。

## 範例 調整表格標題的角度

此範例要將 B3 ～ B11 儲存格的文字設為直書格式，再將 B2 ～ G2 儲存格的文字設為 45 度。

範例 4-10_003.xslm

```
1 Sub␣調整表格標題的角度()
2     Range("B3:B11").Orientation␣=␣xlVertical
3     Range("B2:G2").Orientation␣=␣45
4 End␣Sub
```

1 「調整表格標題的角度」巨集
2 將 B3 ～ B11 儲存格的文字設為直書格式
3 將 B2 ～ G2 儲存格的文字設為 45 度
4 結束巨集

要將 B2 ～ G2 儲存格的文字設為 45 度

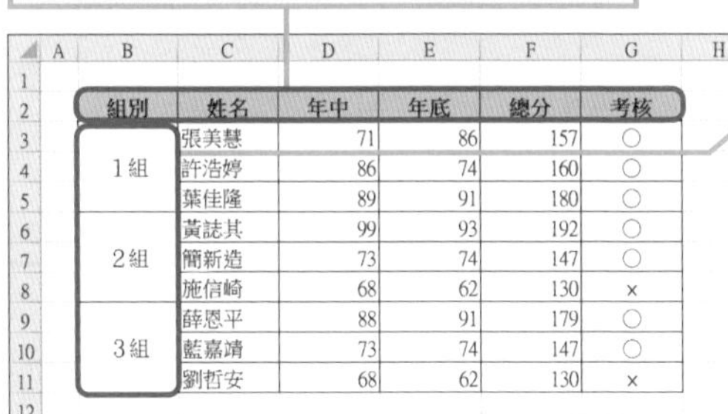

| 組別 | 姓名 | 年中 | 年底 | 總分 | 考核 |
|---|---|---|---|---|---|
| 1組 | 張美慧 | 71 | 86 | 157 | ○ |
| | 許浩婷 | 86 | 74 | 160 | ○ |
| | 葉佳隆 | 89 | 91 | 180 | ○ |
| 2組 | 黃誌其 | 99 | 93 | 192 | ○ |
| | 簡新造 | 73 | 74 | 147 | ○ |
| | 施信崎 | 68 | 62 | 130 | × |
| 3組 | 薛恩平 | 88 | 91 | 179 | ○ |
| | 藍嘉靖 | 73 | 74 | 147 | ○ |
| | 劉哲安 | 68 | 62 | 130 | × |

將 B3 ～ B11 合併儲存格的文字設為直書格式

1 啟動 VBE，輸入程式碼

(一般) 調整表格標題的角度

```
Option Explicit

Sub 調整表格標題的角度()
    Range("B3:B11").Orientation = xlVertical
    Range("B2:G2").Orientation = 45
End Sub
```

2 執行巨集

文字的角度變成 45 度了

| 組別 | 姓名 | 年中 | 年底 | 總分 | 考核 |
|---|---|---|---|---|---|
| 1組 | 張美慧 | 71 | 86 | 157 | ○ |
| | 許浩婷 | 86 | 74 | 160 | ○ |
| | 葉佳隆 | 89 | 91 | 180 | ○ |
| 2組 | 黃誌其 | 99 | 93 | 192 | ○ |
| | 簡新造 | 73 | 74 | 147 | ○ |
| | 施信崎 | 68 | 62 | 130 | × |
| 3組 | 薛恩平 | 88 | 91 | 179 | ○ |
| | 藍嘉靖 | 73 | 74 | 147 | ○ |
| | 劉哲安 | 68 | 62 | 130 | × |

文字設成直書格式了

### 設定文字的角度

Orientation 屬性可設定的角度請參考右圖。設定為 -90 度與 90 度時，文字的方向會相反。

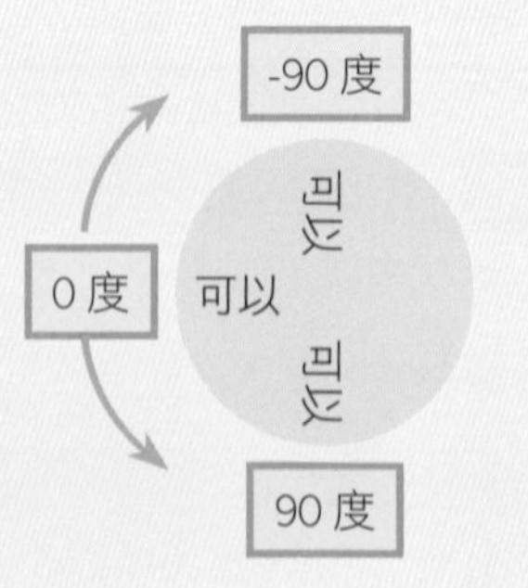


## 設定文字位置的其他屬性

▶解説

除了 HorizontalAlignment、VerticalAlignment、MergeCells 以及 Orientation 屬性，還有其他可以設定文字位置的屬性。

| 屬性 | 內容 |
|---|---|
| IndentLevel | 讓儲存格內的文字縮排。1 個全形字元為 1 個縮排寬度，可利用 0 ～ 15 的整數設定縮排寬度 |
| AddIndent | 在文字前後插入空白。可在水平或垂直位置設為**分散對齊**時使用。若設為 True 可在文字前後插入空白，若設為 False 則可解除設定 |
| WrapText | 讓文字依照欄寬換行。設為 True 可讓文字換行；設為 False 可解除設定 |
| ShrinkToFit | 讓文字依照欄寬縮小。設為 True 可讓文字縮小；設為 False 可解除設定 |

參照 指定文字在儲存格內的水平與垂直位置……P.4-82

### 範例 調整表格各欄文字的對齊方式

此範例要調整 B2 ～ E6 儲存格範圍中每一欄文字的對齊方式。例如，依字串的長度套用縮排設定，在分散對齊的文字前後插入空白，以及讓文字適時縮小或換行。

範例 4-10_004.xlsm

```
Sub␣設定文字在儲存格中的對齊方式()
    Range("B2:B6").HorizontalAlignment␣=␣xlDistributed
    Range("B2:B6").AddIndent␣=␣True
    Range("C2:C6").IndentLevel␣=␣1
    Range("D2:D6").ShrinkToFit␣=␣True
    Range("E2:E6").WrapText␣=␣True
End␣Sub
```

1 「設定文字在儲存格中的對齊方式」巨集
2 讓 B2 ～ B6 儲存格的文字沿著水平方向**分散對齊**
3 在 B2 ～ B6 儲存格的文字前後插入空白
4 讓 C2 ～ C6 儲存格的文字縮排 1 個字元
5 讓 D2 ～ D6 儲存格的文字縮小，以便完整顯示
6 讓 E2 ～ E6 儲存格的文字依欄寬換行，以便完整顯示
7 結束巨集

要將 B2 ～ B6 儲存格套用**分散對齊**，並在文字前後插入空白

讓 C2 ～ C6 儲存格的文字縮排 1 個字元

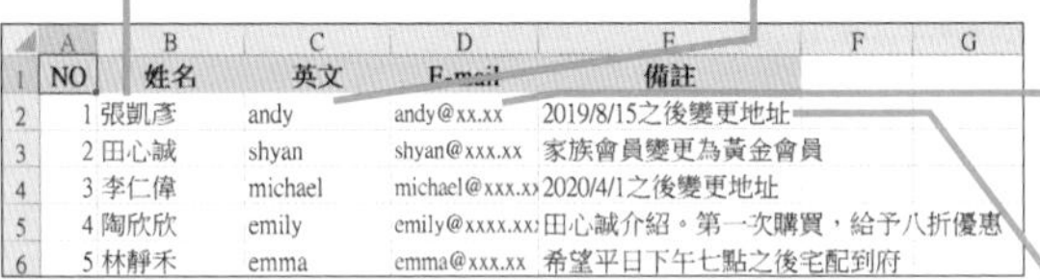

| NO | 姓名 | 英文 | E-mail | 備註 |
| --- | --- | --- | --- | --- |
| 1 | 張凱彥 | andy | andy@xx.xx | 2019/8/15之後變更地址 |
| 2 | 田心誠 | shyan | shyan@xxx.xx | 家族會員變更為黃金會員 |
| 3 | 李仁偉 | michael | michael@xxx.xx | 2020/4/1之後變更地址 |
| 4 | 陶欣欣 | emily | emily@xxxx.xx | 田心誠介紹。第一次購買，給予八折優惠 |
| 5 | 林靜禾 | emma | emma@xxx.xx | 希望平日下午七點之後宅配到府 |

讓 D2 ～ D6 儲存格的文字縮小，以便完整顯示

讓 E2 ～ E6 儲存格文字依欄寬換行，以便完整顯示

**1** 啟動 VBE，輸入程式碼

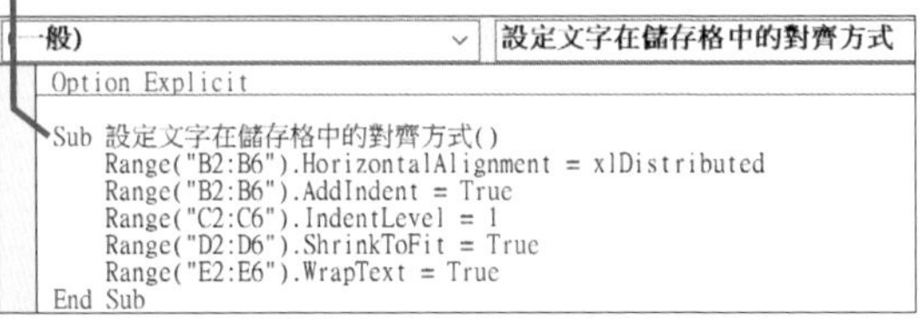

```
(一般)                    設定文字在儲存格中的對齊方式
Option Explicit

Sub 設定文字在儲存格中的對齊方式()
    Range("B2:B6").HorizontalAlignment = xlDistributed
    Range("B2:B6").AddIndent = True
    Range("C2:C6").IndentLevel = 1
    Range("D2:D6").ShrinkToFit = True
    Range("E2:E6").WrapText = True
End Sub
```

**2** 執行巨集

| NO | 姓名 | 英文 | E-mail | 備註 |
| --- | --- | --- | --- | --- |
| 1 | 張 凱 彥 | andy | andy@xx.xx | 2019/8/15之後變更地址 |
| 2 | 田 心 誠 | shyan | shyan@xxx.xx | 家族會員變更為黃金會員 |
| 3 | 李 仁 偉 | michael | michael@xxx.xx | 2020/4/1之後變更地址 |
| 4 | 陶 欣 欣 | emily | emily@xxxx.xxx | 田心誠介紹。第一次購買，給予八折優惠 |
| 5 | 林 靜 禾 | emma | emma@xxx.xx | 希望平日下午七點之後宅配到府 |

儲存格中的文字都依照目的套用適當的對齊方式

## HINT 讓超出儲存格寬度的字串移到下方儲存格顯示

WrapText 屬性可讓超過儲存格寬度的文字在儲存格內換行，所以列高會因此自動增加。如果使用 Justify 方法可讓超出儲存格寬度的文字移到下方儲存格顯示。此時會顯示確認訊息，按下**確定**鈕即可完成處理。這種方法很適合在希望文字換行，又不希望列高增加時使用。此外，若不希望顯示確認訊息可使用 DisplayAlert 屬性。

範例 4-10_005xlsm

**1** 執行 Range("A2").Justify 方法

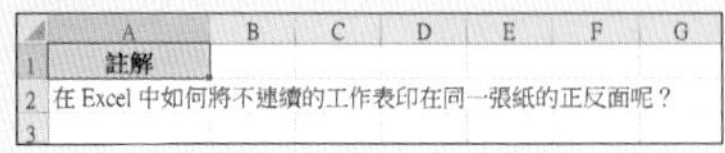

| 註解 |
| --- |
| 在 Excel 中如何將不連續的工作表印在同一張紙的正反面呢？ |

顯示文字超出選取範圍的訊息

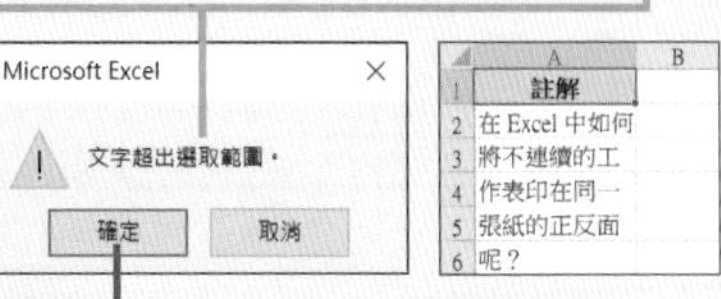


**2** 按下**確定**鈕

超出儲存格的文字移到下方儲存格

# 4-11 設定儲存格格式

## 設定儲存格格式

要在 VBA 設定儲存格的文字，可使用代表所有字型屬性的 Font 物件。透過 Font 物件設定的內容與**設定儲存格格式**交談窗中的**字型**頁次相同。從**常用**頁次的**字型**區按下 ⧅ 鈕，即可開啟**設定儲存格格式**交談窗。要在 VBA 設定儲存格格式，可使用下列屬性。

◆「設定儲存格格式」交談窗的「字型」頁次

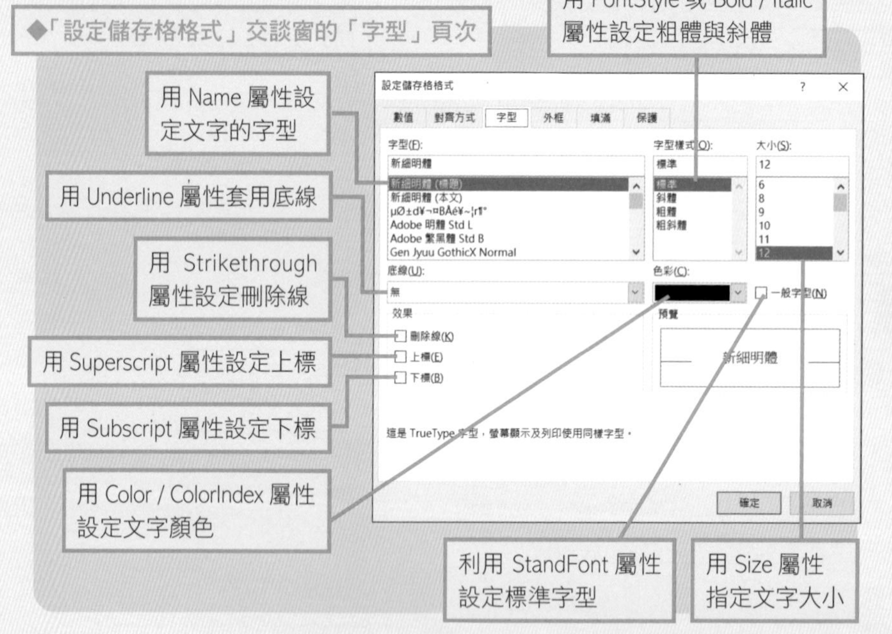


## 設定文字的字型

**物件.Name** ——— 取得
**物件.Name = 設定值** ——— 設定

▶解說

Font 物件的 Name 屬性可取得或設定「微軟正黑體」或「標楷體」這類字型名稱。設定字型名稱後，就能變更文字的字型。想要知道有哪些字型可以設定，可從**設定儲存格格式**交談窗開啟**字型**頁次，再從**字型**下拉式列示窗中查詢。

▶設定項目

**物件**........................指定 Font 物件。

**設定值**...................指定代表字型名稱的字串。

**避免發生錯誤**

要設定字型名稱，請務必指定正確的字型名稱。如果不小心弄錯半形、全形或空白，就無法正確地設定字型。此外，在中文字套用了「Century」這類英文字型時，字型的設定雖然會失效，但如果是中文與英文混雜的情況，英文字母就會套用該設定。

## 範例 變更文字的字型

將 A1 儲存格與 A3 ～ A6 儲存格的字型設為**微軟正黑體**，再將 B2 ～ F7 儲存格的字型設為 **Times New Roman**，最後將 F2 儲存格的字型套用到 A7 儲存格。

範例 4-11_001 xlsm

```
1 Sub 取得與設定文字的字型()
2     Range("A1,A3:A6").Font.Name = "微軟正黑體"
3     Range("B2:F7").Font.Name = "Times New Roman"
4     Range("A7").Font.Name = Range("F2").Font.Name
5 End Sub
```

1 「取得與設定文字的字型」巨集
2 將 A1 與 A3 ～ A6 儲存格的字型名稱設為**微軟正黑體**
3 將 B2 ～ F7 儲存格的字型名稱設為 **Times New Roman**
4 將 F2 儲存格的字型名稱套用到 A7 儲存格
5 結束巨集

| | A | B | C | D | E | F | G |
|---|---|---|---|---|---|---|---|
| 1 | 各門市來客數 | | | | | | |
| 2 | | NewYork | Paris | Tokyo | London | Total | |
| 3 | 第 1 季 | 250 | 200 | 150 | 220 | 820 | |
| 4 | 第 2 季 | 300 | 250 | 120 | 240 | 910 | |
| 5 | 第 3 季 | 350 | 280 | 180 | 290 | 1,100 | |
| 6 | 第 4 季 | 300 | 350 | 130 | 310 | 1,090 | |
| 7 | Total | 1,200 | 1,080 | 580 | 1,060 | 3,920 | |
| 8 | | | | | | | |

想將 A1、A3 ～ A6 儲存格的字型設為**微軟正黑體**

想將 B2 ～ F7 儲存格的字型設為 **Times New Roman**

想將 A7 儲存格的字型設成與 F2 儲存格相同的字型

**1** 啟動 VBE，輸入程式碼

**2** 執行巨集

```
Sub 取得與設定文字的字型()
    Range("A1,A3:A6").Font.Name = "微軟正黑體"
    Range("B2:F7").Font.Name = "Times New Roman"
    Range("A7").Font.Name = Range("F2").Font.Name
End Sub
```

| | A | B | C | D | E | F | G |
|---|---|---|---|---|---|---|---|
| 1 | 各門市來客數 | | | | | | |
| 2 | | NewYork | Paris | Tokyo | London | Total | |
| 3 | 第 1 季 | 250 | 200 | 150 | 220 | 820 | |
| 4 | 第 2 季 | 300 | 250 | 120 | 240 | 910 | |
| 5 | 第 3 季 | 350 | 280 | 180 | 290 | 1,100 | |
| 6 | 第 4 季 | 300 | 350 | 130 | 310 | 1,090 | |
| 7 | Total | 1,200 | 1,080 | 580 | 1,060 | 3,920 | |

儲存格內的字型變更了

**取得與設定標準字型**

Application 物件的 StandFont 屬性可取得與設定工作表的標準字型名稱。如果想將儲存格內的字型名稱還原為標準字型名稱，可將程式碼寫成「儲存格範圍 .Font.Name = Application.StandardFont」。此外，在 StandFont 設定字型名稱後，可變更標準字型名稱，重新啟動 Excel 也能沿用這項設定。

## 設定主題字型

**物件.ThemeFont** ———— 取得

**物件.ThemeFont = 設定值** ———— 設定

▶解說

ThemeFont 屬性可取得與設定活頁簿的主題字型。可在變更活頁簿主題後，想要依照主題調整字型時使用這項屬性。

**物件**……指定 Font 物件。

**設定值**……使用 XlThemeFont 列舉型常數設定標題字型與內文字型。

XlThemeFont 列舉型常數

| 常數 | 內容 |
|---|---|
| xlThemeFontMajor | 主題的標題字型 |
| xlThemeFontMinor | 主題的內文字型 |
| xlThemeFontNone | 不使用主題的字型 |

避免發生錯誤

以 Name 屬性設定字型名稱後，就算變更或設定活頁簿的主題，該儲存格的字型也不會變更為主題字型。若想變更為主題字型，請利用 ThemeFont 屬性設定。

### 範例 依照主題設定文字的字型

此範例要將套用**包裹**佈景主題的 A1 儲存格字型名稱設成主題的標題字型，再將 A2 ～ F7 儲存格的字型名稱設為主題的內文字型。目前上述的儲存格都套用了**新細明體**字型。

範例 4-11_002.xlsm

```
Sub␣變更為主題字型()
    Range("A1").Font.ThemeFont␣=␣xlThemeFontMajor
    Range("A2:F7").Font.ThemeFont␣=␣xlThemeFontMinor
End␣Sub
```

1 「變更為主題字型」巨集
2 將 A1 儲存格的字型名稱設為主題的標題字型
3 將 A2 ～ F7 儲存格的字型名稱設為主題的內文字型
4 結束巨集

| | A | B | C | D | E | F |
|---|---|---|---|---|---|---|
| 1 | 各門市來客數 | | | | | |
| 2 | | NewYork | Paris | Tokyo | London | Total |
| 3 | 第 1 季 | 250 | 200 | 150 | 220 | 820 |
| 4 | 第 2 季 | 300 | 250 | 120 | 240 | 910 |
| 5 | 第 3 季 | 350 | 280 | 180 | 290 | 1,100 |
| 6 | 第 4 季 | 300 | 350 | 130 | 310 | 1,090 |
| 7 | Total | 1,200 | 1,080 | 580 | 1,060 | 3,920 |

要將**新細明體**字型變更為主題字型

**1** 啟動 VBE，輸入程式碼

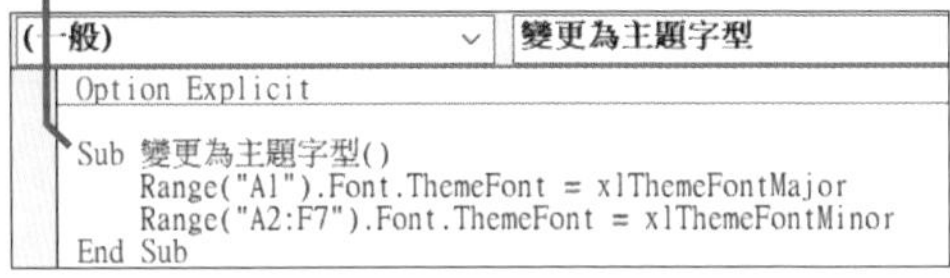


```
Option Explicit

Sub 變更為主題字型()
    Range("A1").Font.ThemeFont = xlThemeFontMajor
    Range("A2:F7").Font.ThemeFont = xlThemeFontMinor
End Sub
```

**2** 執行巨集

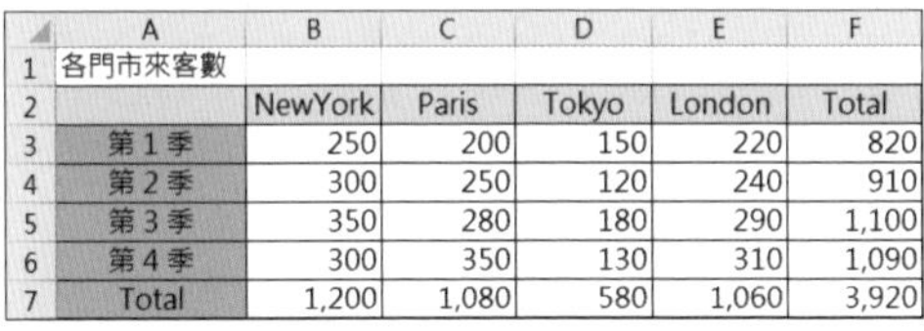

| | A | B | C | D | E | F |
|---|---|---|---|---|---|---|
| 1 | 各門市來客數 | | | | | |
| 2 | | NewYork | Paris | Tokyo | London | Total |
| 3 | 第 1 季 | 250 | 200 | 150 | 220 | 820 |
| 4 | 第 2 季 | 300 | 250 | 120 | 240 | 910 |
| 5 | 第 3 季 | 350 | 280 | 180 | 290 | 1,100 |
| 6 | 第 4 季 | 300 | 350 | 130 | 310 | 1,090 |
| 7 | Total | 1,200 | 1,080 | 580 | 1,060 | 3,920 |

變更為主題字型了

變更主題後，再依照主題變更字型

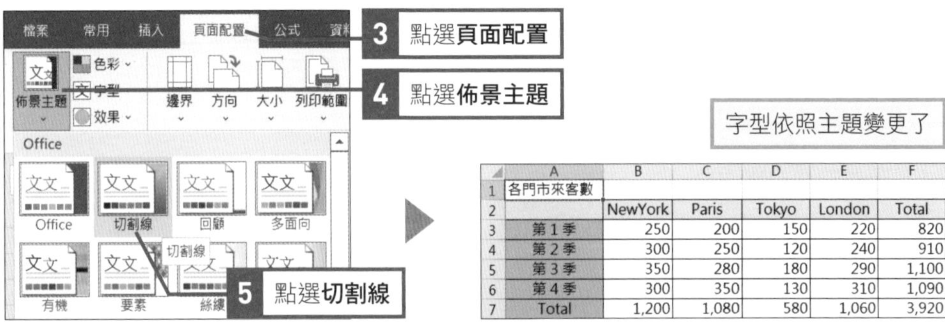


| | A | B | C | D | E | F |
|---|---|---|---|---|---|---|
| 1 | 各門市來客數 | | | | | |
| 2 | | NewYork | Paris | Tokyo | London | Total |
| 3 | 第 1 季 | 250 | 200 | 150 | 220 | 820 |
| 4 | 第 2 季 | 300 | 250 | 120 | 240 | 910 |
| 5 | 第 3 季 | 350 | 280 | 180 | 290 | 1,100 |
| 6 | 第 4 季 | 300 | 350 | 130 | 310 | 1,090 |
| 7 | Total | 1,200 | 1,080 | 580 | 1,060 | 3,920 |

## 設定文字字型大小

**物件.Size** ———— 取得

**物件.Size = 設定值** ———— 設定

▶解說

要取得或設定儲存格文字的字型大小可使用 Size 屬性。設定大小的單位為**點**。

▶設定項目

**物件**................指定 Font 物件。

**設定值**............設定代表物件大小的數值。單位為**點** (1/72 英吋：約 0.35 釐米)。

**避免發生錯誤**

若是放大文字，有時文字會超出欄寬，導致無法完整收納在同一個儲存格內。此時請視情況調整欄寬，讓文字能夠完整顯示。

## 範例 變更文字大小

此範例要將 A1 儲存格的字型大小設為 18 點，再將 B2 ～ F2 儲存格的字型大小設成比目前的字型大小再大 2 點，並將 B3 ～ F7 儲存格的字型大小設成比標準字型大小縮小 2 點。標準字型大小可用 StandFontSize 屬性取得。

範例 4-11_003.xlsm

參照 取得或設定標準字型大小……P.4-94

```
1 Sub 變更字型大小()
2     Range("A1").Font.Size = 18
3     Range("B2:F2").Font.Size = Range("B2").Font.Size + 2
4     Range("B3:F7").Font.Size = Application.StandardFontSize - 2
5 End Sub
```

1 「變更字型大小」巨集
2 將 A1 儲存格的字型大小設為 18 點
3 將 B2 ～ F2 儲存格的字型大小設成比 B2 儲存格目前的字型大小縮再大 2 點
4 將 B3 ～ F7 儲存格的字型大小設成比標準字型大小縮小 2 點
5 結束巨集

| | A | B | C | D | E | F | G |
|---|---|---|---|---|---|---|---|
| 1 | 各門市來客數 | | | | | | |
| 2 | | NewYork | Paris | Tokyo | London | Total | |
| 3 | 第1季 | 250 | 200 | 150 | 220 | 820 | |
| 4 | 第2季 | 300 | 250 | 120 | 240 | 910 | |
| 5 | 第3季 | 350 | 280 | 180 | 290 | 1,100 | |
| 6 | 第4季 | 300 | 350 | 130 | 310 | 1,090 | |
| 7 | Total | 1,200 | 1,080 | 580 | 1,060 | 3,920 | |

想變更儲存格內的文字大小

**1** 啟動 VBE，輸入程式碼

(一般)
變更字型大小
Option Explicit
Sub 變更字型大小()
Range("A1").Font.Size = 18
Range("B2:F2").Font.Size = Range("B2").Font.Size + 2
Range("B3:F7").Font.Size = Application.StandardFontSize - 2
End Sub

**2** 執行巨集

儲存格內的字型大小改變了

| | A | B | C | D | E | F | G |
|---|---|---|---|---|---|---|---|
| 1 | 各門市來客數 | | | | | | |
| 2 | | NewYork | Paris | Tokyo | London | Total | |
| 3 | 第1季 | 250 | 200 | 150 | 220 | 820 | |
| 4 | 第2季 | 300 | 250 | 120 | 240 | 910 | |
| 5 | 第3季 | 350 | 280 | 180 | 290 | 1,100 | |
| 6 | 第4季 | 300 | 350 | 130 | 310 | 1,090 | |
| 7 | Total | 1,200 | 1,080 | 580 | 1,060 | 3,920 | |

**HINT 取得或設定標準字型大小**

要取得標準字型大小，可使用 Application 物件的 StandFontSize 屬性。Excel 預設的標準字型大小為 **12** 點。這個字型大小可利用 StandFontSize 屬性設定，所以也能利用 VBA 的程式碼變更標準的字型大小。

## 替文字套用粗體、斜體與底線樣式

**物件.Bold** —— 取得
**物件.Bold = 設定值** —— 設定
**物件.Italic** —— 取得
**物件.Italic = 設定值** —— 設定
**物件.Underline** —— 取得
**物件.Underline = 設定值** —— 設定

▶解說

要替文字套用粗體樣式可使用 Bold 屬性，斜體樣式使用 Italic 屬性，底線則使用 Underline 屬性。這些屬性都可設定 True 與 False 的值，如果設為 True 就能替文字套用粗體、斜體或底線的樣式，設為 False 則是解除套用。

▶設定項目

**物件**……指定 Font 物件。

**設定值**……指定為 True 可在文字套用粗體、斜體或底線樣式。若指定為 False 可解除套用。此外，若想套用底線，還可在設定值以 XlUnderlineStyle 列舉型常數設定底線的種類。

XlUnderlineStyle 列舉型常數

| 常數 | 內容 |
|---|---|
| xlUnderlineStyleNone | 無底線 |
| xlUnderlineStyleSingle | 單線 |
| xlUnderlineStyleDouble | 雙線 |
| xlUnderlineStyleSingleAccounting | 會計用單線 |
| xlUnderlineStyleDoubleAccounting | 會計用雙線 |

避免發生錯誤

將 UnderLine 屬性指定為 True 會自動套用單線。若想指定底線的種類請使用常數設定。

### 範例 替文字套用粗體、斜體與底線樣式

此範例要將 A1 儲存格的文字設為**粗體**字，再將 B3 ～ F3 儲存格的文字設為**斜體**字，再將 D1 儲存格設成**會計用雙線**樣式。

範例 4-11_004.xlsm

```
1  Sub␣設定粗體斜體底線()
2      Range("A1").Font.Bold␣=␣True
3      Range("B3:F3").Font.Italic␣=␣True
4     Range("D1").Font.Underline␣=␣xlUnderlineStyleDoubleAccounting
5  End␣Sub
```

1 「設定粗體斜體底線」巨集
2 將 A1 儲存格設為**粗體**字
3 將 B3 ~ F3 儲存格設為**斜體**字
4 在 D1 儲存格設定**會計用雙線**樣式
5 結束巨集

| | A | B | C | D | E | F | G |
|---|---|---|---|---|---|---|---|
| 1 | 各門市來客數 | | Total | 3,920 | | | |
| 2 | | | | | | | |
| 3 | | NewYork | Paris | Tokyo | London | Total | |
| 4 | 第1季 | 250 | 200 | 150 | 220 | 820 | |
| 5 | 第2季 | 300 | 250 | 120 | 240 | 910 | |
| 6 | 第3季 | 350 | 280 | 180 | 290 | 1,100 | |
| 7 | 第4季 | 300 | 350 | 130 | 310 | 1,090 | |
| 8 | Total | 1,200 | 1,080 | 580 | 1,060 | 3,920 | |
| 9 | | | | | | | |

想在儲存格套用**粗體**、**斜體**與**雙底線**的樣式

**1** 啟動 VBE，輸入程式碼

```
(一般)                          設定粗體斜體底線
Option Explicit

Sub 設定粗體斜體底線()
    Range("A1").Font.Bold = True
    Range("B3:F3").Font.Italic = True
    Range("D1").Font.Underline = xlUnderlineStyleDoubleAccounting
End Sub
```

**2** 執行巨集

在儲存格套用粗體、斜體與底線的樣式了

| | A | B | C | D | E | F | G |
|---|---|---|---|---|---|---|---|
| 1 | **各門市來客數** | | Total | 3,920 | | | |
| 2 | | | | | | | |
| 3 | | *NewYork* | *Paris* | *Tokyo* | *London* | *Total* | |
| 4 | 第1季 | 250 | 200 | 150 | 220 | 820 | |
| 5 | 第2季 | 300 | 250 | 120 | 240 | 910 | |
| 6 | 第3季 | 350 | 280 | 180 | 290 | 1,100 | |
| 7 | 第4季 | 300 | 350 | 130 | 310 | 1,090 | |
| 8 | Total | 1,200 | 1,080 | 580 | 1,060 | 3,920 | |
| 9 | | | | | | | |

**HINT 用 FontStyle 屬性設定樣式**

FontStyle 屬性可替字串設定粗體或斜體樣式。設定值為**標準**、**斜體**、**粗體**、**粗斜體**四種。例如，要在 A1 儲存格套用粗體樣式，程式碼可寫成「Range("A1").Font.FontStyle = "Bold"」。此設定值與**設定儲存格格式**交談窗中**字型**頁次的**字型樣式**內容相同。

## 用 RGB 值設定儲存格的文字顏色

**物件.Color** ———— 取得
**物件.Color = RGB 值** ———— 設定

▶解說
Color 屬性可取得及設定與 RGB 值對應的顏色。所謂 RGB 值就是利用 RGB 函數產生的值。也可以使用 XlRgbColor 列舉型常數指定 RGB 值。

▶設定項目

**物件**........................指定 Font 物件。

**RGB 值**.................利用 RGB 函數產生的值或是指定 XlRgbColor 列舉型常數。

避免發生錯誤

利用 Color 屬性設定的顏色不會隨著活頁簿的主題變動而變更。

## 利用 RGB 函數取得 RGB 值

### RGB(紅色比例, 綠色比例, 藍色比例)

▶解說

RGB 函數可利用紅色、綠色、藍色的比例建立顏色。要在儲存格的文字、背景或圖案設定顏色時，可在這些物件的 Color 屬性設定以 RGB 函數取得的 RGB 值。

▶設定項目

紅色比例..............以 0 ～ 255 的整數指定紅色比例。

綠色比例..............以 0 ～ 255 的整數指定綠色比例。

藍色比例..............以 0 ～ 255 的整數指定藍色比例。

避免發生錯誤

以 RGB 函數指定文字顏色時，若不知道顏色的設定值，可在**色彩**交談窗的**自訂**頁次確認設定值，取得紅、綠、藍的比例。 參照 取得 RGB 函數的紅、綠、藍比例……P.4-99

### 範例 利用 RGB 值設定文字顏色

此範例要利用 RGB 函數的值，設定 A1、B2 ～ F2、A3 ～ A7 儲存格的文字顏色。

範例 4-11_005xlsm

```
1 Sub 利用RGB值設定文字顏色()
2     Range("A1").Font.Color = RGB(0, 0, 255)
3     Range("B2:F2").Font.Color = RGB(255, 0, 0)
4     Range("A3:A7").Font.Color = RGB(0, 128, 128)
5 End Sub
```

1 「利用 RGB 值設定文字顏色」巨集
2 在 A1 儲存格的文字顏色套用 RGB(0,0,255)（藍色）的 RGB 值
3 在 B2 ～ F2 儲存格的文字顏色套用 RGB(255,0,0)（紅色）的 RGB 值
4 在 A3 ～ A7 儲存格的文字顏色套用 RGB(0,128,128)（藍綠色）的 RGB 值
5 結束巨集

| | A | B | C | D | E | F |
|---|---|---|---|---|---|---|
| 1 | 各門市來客數 | | | | | |
| 2 | | NewYork | Paris | Tokyo | London | Total |
| 3 | 第1季 | 250 | 200 | 150 | 220 | 820 |
| 4 | 第2季 | 300 | 250 | 120 | 240 | 910 |
| 5 | 第3季 | 350 | 280 | 180 | 290 | 1,100 |
| 6 | 第4季 | 300 | 350 | 130 | 310 | 1,090 |
| 7 | Total | 1,200 | 1,080 | 580 | 1,060 | 3,920 |

想設定表格標題、欄標題、列標題的顏色

**1** 啟動 VBE，輸入程式碼

(一般)　利用RGB值設定文字顏色

```
Option Explicit

Sub 利用RGB值設定文字顏色()
    Range("A1").Font.Color = RGB(0, 0, 255)
    Range("B2:F2").Font.Color = RGB(255, 0, 0)
    Range("A3:A7").Font.Color = RGB(0, 128, 128)
End Sub
```

**2** 執行巨集

| | A | B | C | D | E | F |
|---|---|---|---|---|---|---|
| 1 | 各門市來客數 | | | | | |
| 2 | | NewYork | Paris | Tokyo | London | Total |
| 3 | 第1季 | 250 | 200 | 150 | 220 | 820 |
| 4 | 第2季 | 300 | 250 | 120 | 240 | 910 |
| 5 | 第3季 | 350 | 280 | 180 | 290 | 1,100 |
| 6 | 第4季 | 300 | 350 | 130 | 310 | 1,090 |
| 7 | Total | 1,200 | 1,080 | 580 | 1,060 | 3,920 |
| 8 | | | | | | |

表格標題變成藍色，列標題變成紅色，欄標題變成藍綠色了

### HINT 利用顏色的常數指定顏色

VBA 內建了 ColorConstants 顏色常數。在 Color 屬性指定常數即可設定顏色。共有下列 8 種常數。

| 常數 | 內容 | 常數 | 內容 |
|---|---|---|---|
| vbBlack | 黑 | vbBlue | 藍 |
| vbRed | 紅 | vbMagenta | 洋紅 |
| vbGreen | 綠 | vbCyan | 青 |
| vbYellow | 黃 | vbWhite | 白 |

### HINT 設定調色盤的主題色

要設定調色盤的主題色可以用 ThemeColor 與 TintAndShade 屬性。請參考 4-113 頁的**替儲存格設定佈景主題顏色**的說明。

### HINT 用 RGB 值設定調色盤的標準色

若要以 RGB 值設定從**常用**頁次的**字型**區點選**字型色彩**的▼顯示的顏色，可利用表格的比例設定。

**1** 點選**常用**頁次　**2** 點選**字型色彩**的▼

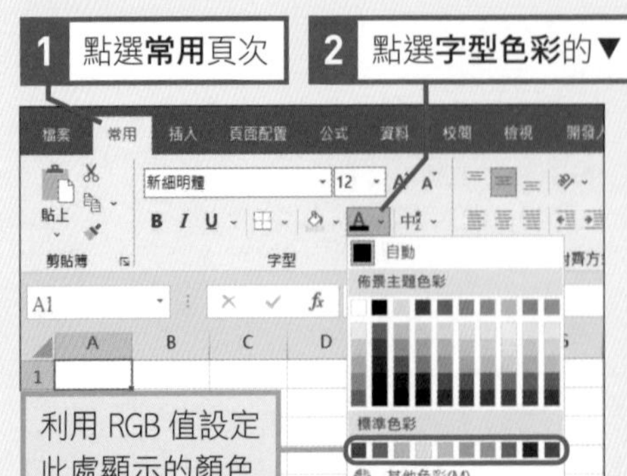


利用 RGB 值設定此處顯示的顏色

| 標準色 | | R | G | B |
|---|---|---|---|---|
| | 深紅 | 192 | 0 | 0 |
| | 紅色 | 255 | 0 | 0 |
| | 橘色 | 255 | 192 | 0 |
| | 黃色 | 255 | 255 | 0 |
| | 淺綠 | 146 | 208 | 80 |
| | 綠色 | 0 | 176 | 80 |
| | 淺藍 | 0 | 176 | 240 |
| | 藍色 | 0 | 112 | 192 |
| | 深藍 | 0 | 32 | 96 |
| | 紫色 | 112 | 48 | 160 |

標準色可用 R、G、B 的比例，以 RGB 函數指定

### 取得 RGB 函數的紅、綠、藍比例

要取得 RGB 函數的紅、綠、藍比例，可開啟**色彩**交談窗的**自訂**頁次。要開啟**色彩**交談窗，可從**常用**頁次的**字型**區點選**填滿色彩**或是**字型色彩**的 ▼，再點選**其他色彩**。

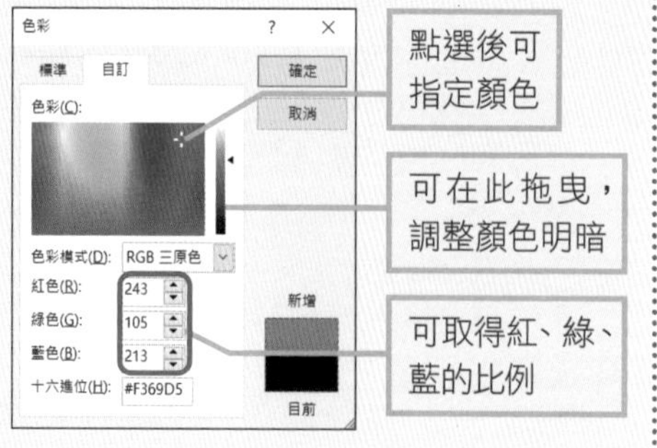


## 以索引編號設定儲存格的文字顏色

**物件.ColorIndex** —— 取得

**物件.ColorIndex = 設定值** —— 設定

▶解說

ColorIndex 屬性可取得或設定顏色的索引編號。顏色的索引編號與 Excel 2003 / 2002 的調色盤對應。Microsoft 365 與 Excel 2019 / 2016 / 2013 的調色盤雖然與 Excel 2003 / 2002 不一致，但仍然可以使用 ColorIndex 屬性。

參照 與色彩索引編號對應的顏色……P.4-100

▶設定項目

**物件**……指定 Font 物件。

**設定值**……指定 1 ～ 56 的色彩索引編號或利用 XlColorIndex 列舉型常數指定顏色。

XlColorIndex 列舉型常數

| 常數 | 內容 |
|---|---|
| xlColorIndexAutomatic | 自動設定顏色 |
| xlColorIndexNone | 無 |

避免發生錯誤

文字無法設為「無色」，所以將設定值設成常數 xlColorIndexNone 也不會有任何效果。若想隱藏文字可將文字設成與儲存格相同的顏色。

### 範例 以索引編號設定文字顏色

此範例要以索引編號設定 A1 、B2 ～ F2 、A3 ～ A7 儲存格的文字顏色。

範例 4-11_006.xlsm

```
Sub␣利用索引編號設定文字顏色()
    Range("A1").Font.ColorIndex␣=␣5
    Range("B2:F2").Font.ColorIndex␣=␣3
    Range("A3:A7").Font.ColorIndex␣=␣31
End␣Sub
```

1. 「利用索引編號設定文字顏色」巨集
2. 將 A1 儲存格的文字設為索引編號 5（藍色）的顏色
3. 將 B2 ～ F2 儲存格的文字設為索引編號 3（紅色）的顏色
4. 將 A3 ～ A7 儲存格的文字設為索引編號 31（藍綠色）的顏色
5. 結束巨集

| | A | B | C | D | E | F | G |
|---|---|---|---|---|---|---|---|
| 1 | 各門市來客數 | | | | | | |
| 2 | | NewYork | Paris | Tokyo | London | Total | |
| 3 | 第1季 | 250 | 200 | 150 | 220 | 820 | |
| 4 | 第2季 | 300 | 250 | 120 | 240 | 910 | |
| 5 | 第3季 | 350 | 280 | 180 | 290 | 1,100 | |
| 6 | 第4季 | 300 | 350 | 130 | 310 | 1,090 | |
| 7 | Total | 1,200 | 1,080 | 580 | 1,060 | 3,920 | |

以索引編號設定各儲存格的文字顏色

**1** 啟動 VBE，輸入程式碼

```
(一般)                          利用索引編號設定文字顏色
Option Explicit

Sub 利用索引編號設定文字顏色()
    Range("A1").Font.ColorIndex = 5
    Range("B2:F2").Font.ColorIndex = 3
    Range("A3:A7").Font.ColorIndex = 31
End Sub
```

**2** 執行巨集

| | A | B | C | D | E | F | G |
|---|---|---|---|---|---|---|---|
| 1 | 各門市來客數 | | | | | | |
| 2 | | NewYork | Paris | Tokyo | London | Total | |
| 3 | 第1季 | 250 | 200 | 150 | 220 | 820 | |
| 4 | 第2季 | 300 | 250 | 120 | 240 | 910 | |
| 5 | 第3季 | 350 | 280 | 180 | 290 | 1,100 | |
| 6 | 第4季 | 300 | 350 | 130 | 310 | 1,090 | |
| 7 | Total | 1,200 | 1,080 | 580 | 1,060 | 3,920 | |

儲存格的文字改變顏色了

### HINT 與色彩索引編號對應的顏色

與色彩索引編號對應的顏色請參考下列表格。

| 編號 | 顏色 | 編號 | 顏色 | 編號 | 顏色 | 編號 | 顏色 | 編號 | 顏色 | 編號 | 顏色 |
|---|---|---|---|---|---|---|---|---|---|---|---|
| 1 | | 11 | | 21 | | 31 | | 41 | | 51 | |
| 2 | | 12 | | 22 | | 32 | | 42 | | 52 | |
| 3 | | 13 | | 23 | | 33 | | 43 | | 53 | |
| 4 | | 14 | | 24 | | 34 | | 44 | | 54 | |
| 5 | | 15 | | 25 | | 35 | | 45 | | 55 | |
| 6 | | 16 | | 26 | | 36 | | 46 | | 56 | |
| 7 | | 17 | | 27 | | 37 | | 47 | | | |
| 8 | | 18 | | 28 | | 38 | | 48 | | | |
| 9 | | 19 | | 29 | | 39 | | 49 | | | |
| 10 | | 20 | | 30 | | 40 | | 50 | | | |

## 設定文字的裝飾效果

**物件.Strikethrough** ——— 取得
**物件.Strikethrough = 設定值** ——— 設定
**物件.Superscript** ——— 取得
**物件.Superscript = 設定值** ——— 設定
**物件.Subscript** ——— 取得
**物件.Subscript = 設定值** ——— 設定

▶解説

Strikethrough 屬性可套用刪除線樣式，Superscript 屬性可套用文字上標樣式，Subscript 屬性可套用文字下標樣式。這些屬性都能設定 True 或 False 值，也能取得或設定屬性值。

▶設定項目

**物件**......................指定 Font 物件。

**設定值**..................設為 True 時，可套用刪除線、上標、下標樣式，設為 False 時，可解除套用。

避免發生錯誤

套用上標或下標樣式後，文字會自動縮小。

### 範例 替文字套用上標、下標、刪除線樣式

此範例要將 B1 儲存格的第 3 個字設為上標字，再將 B2 儲存格的第 2 個字設為下標字，最後將 B3 儲存格的文字套用刪除線樣式。 範例 4-11_007.xlsm

```
1 Sub 套用上標下標刪除線樣式()
2     Range("B1").Characters(Start:=3, Length:=1) _
          .Font.Superscript = True
3     Range("B2").Characters(Start:=2, Length:=1) _
          .Font.Subscript = True
4     Range("B3").Font.Strikethrough = True
5 End Sub
```

註：「_（換行字元）」，當程式碼太長要接到下一行程式時，可用此斷行符號連接→參照 P.2-15

1 「上標下標刪除線樣式」巨集
2 將 B1 儲存格的第 3 個字設為上標字
3 將 B2 儲存格的第 2 個字設為下標字
4 在 B3 儲存格的文字套用刪除線
5 結束巨集

| | A | B | C |
|---|---|---|---|
| 1 | 上標文字 | 102 | |
| 2 | 下標文字 | H2O | |
| 3 | 刪除線 | 2500 | |
| 4 | | | |

在 B 欄的儲存格套用文字效果

**1** 啟動 VBE，輸入程式碼

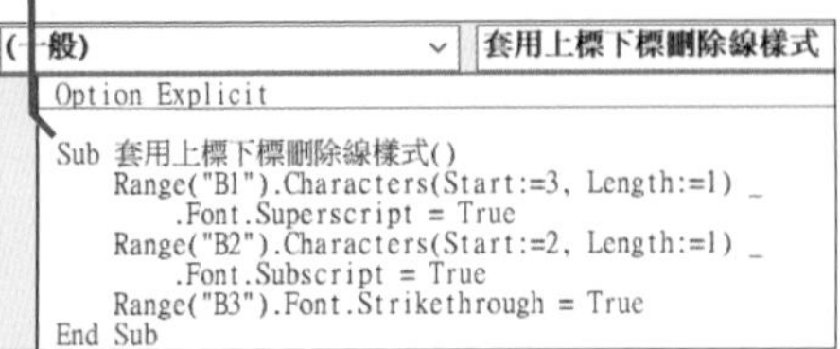

```
(一般)                          套用上標下標刪除線樣式
Option Explicit

Sub 套用上標下標刪除線樣式()
    Range("B1").Characters(Start:=3, Length:=1) _
        .Font.Superscript = True
    Range("B2").Characters(Start:=2, Length:=1) _
        .Font.Subscript = True
    Range("B3").Font.Strikethrough = True
End Sub
```

**2** 執行巨集

| | A | B | C |
|---|---|---|---|
| 1 | 上標文字 | $10^2$ | |
| 2 | 下標文字 | $H_2O$ | |
| 3 | 刪除線 | ~~2500~~ | |
| 4 | | | |

套用文字效果了

### HINT 以文字為單位設定樣式

要像範例針對某個文字套用上標或下標樣式時，可參照代表文字範圍的 Characters 物件，以文字單位取得字串。Characters 物件可利用 Characters 屬性寫成「Range 物件 .Characters ( 開始位置 , 長度 )」的程式碼，從位於儲存格的「開始位置」文字開始，依「長度」取得字串。

### HINT XlRgbColor 列舉型常數列表

要在 Color 屬性指定顏色時，除了可使用 RGB 函數，還可以使用 Color 列舉型常數。XlRgbColor 列舉型常數是與主要 RGB 值對應的常數。主要的常數如表格所示。

| 常數 | 説明 | 顏色 |
|---|---|---|
| rgbBlack | 黑色 | |
| rgbGrey | 灰色 | |
| rgbSilver | 銀色 | |
| rgbWhite | 白色 | |
| rgbRed | 紅色 | |
| rgbBlue | 藍色 | |
| rgbAqua | 淺藍 | |
| rgbTeal | 藍綠色 | |
| rgbGreen | 綠色 | |
| rgbLime | 淺綠 | |

| 常數 | 説明 | 顏色 |
|---|---|---|
| rgbOrange | 橘色 | |
| rgbGold | 金黃色 | |
| rgbYellow | 黃色 | |
| rgbPurple | 紫色 | |
| rgbPink | 粉紅色 | |
| rgbBrown | 褐色 | |
| rgbDarkRed | 暗紅色 | |
| rgbOrangeRed | 橘紅色 | |
| rgbDarkOrange | 暗橘色 | |
| rgbTomato | 蕃茄紅 | |
| rgbSalmon | 鮭魚粉 | |
| rgbDarkGreen | 暗綠色 | |
| rgbForestGreen | 森林綠 | |

# 4-12 設定儲存格框線

## 設定儲存格框線

要在 VBA 設定框線可使用 Border 物件。Border 物件的各種屬性可設定框線的粗細、顏色或是相關樣式。

◆「設定儲存格格式」交談窗的「外框」頁次

LineStyle 屬性與 Weight 屬性可設定框線的種類與粗細

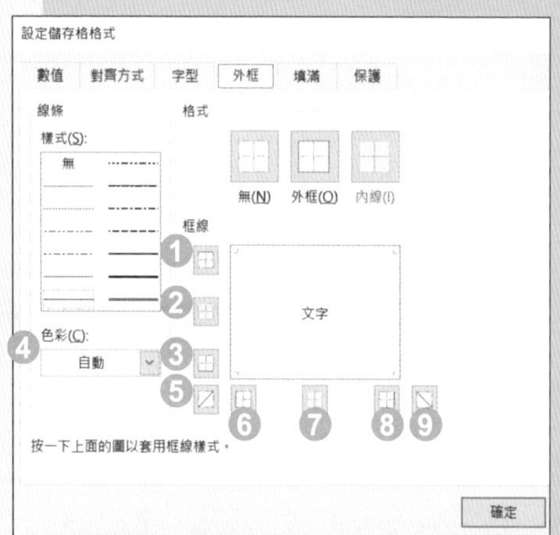


1. Borders(xlEdgeTop)
   可設定表格上緣的橫線
2. Borders (xlInsideHorizontal)
   可設定表格內側的橫線
3. Borders (xlEdgeBottom)
   可設定表格下緣的橫線
4. ColorIndex 屬性可設定框線顏色
5. Borders (xlDiagonalUp)
   可設定表格往右上傾斜的斜線
6. Borders (xlEdgeLeft)
   可設定表格左側的直線
7. Borders (xlInsideVertical)
   可設定表格內側的直線
8. Borders (xlEdgeRight)
   可設定表格右側的直線
9. Borders (xlDiagonalDown)
   可設定表格往右下傾斜的斜線

## 參照儲存格的框線

### 物件.Borders(框線的位置) —— 取得

▶解說

Borders 屬性可取得代表儲存格上下左右框線的 Border 物件。要設定框線粗細、種類、顏色必須先利用 Borders 屬性取得目標框線的位置。在此將說明參照框線位置的方法。

▶設定項目

**物件**......................指定 Range 物件。

框線的位置.........利用 XlBordersIndex 列舉型常數指定要參照的框線位置。

XlBordersIndex 列舉型常數

| 常數 | 內容 |
|---|---|
| xlEdgeTop | 上緣的橫線 |
| xlEdgeBottom | 下緣的橫線 |
| xlEdgeLeft | 左側的直線 |
| xlEdgeRight | 右側的直線 |
| xlInsideHorizontal | 內側的橫線 |
| xlInsideVertical | 內側的直線 |
| xlDiagonalDown | 往右下傾斜的斜線 |
| xlDiagonalUp | 往右上傾斜的斜線 |

避免發生錯誤

往右下或右上傾斜的斜線常數可在單一儲存格畫出斜線。如果在多個儲存格套用，可在每個儲存格畫出斜線，但無法讓斜線橫跨多個儲存格。若需要畫出這種斜線，必須以圖案的直線繪製。

參照 建立直線……P.11-9

## 範例 替儲存格繪製框線與斜線

此範例要在 B2 ～ E5 儲存格加上框線，再於 B2 儲存格加上右下斜線。

範例 4-12_001 xlsm

參照 指定框線種類……P.4-106

```
1 Sub␣繪製儲存格的框線與斜線()
2     Range("B2:E5").Borders.LineStyle␣=␣xlContinuous
3     Range("B2").Borders(xlDiagonalDown).LineStyle␣=␣xlContinuous
4 End␣Sub
```

1 「繪製儲存格的框線與斜線」巨集
2 在 B2 ～ E5 儲存格的每個儲存格上下左右加上框線
3 在 B2 儲存格繪製朝右下斜線
4 結束巨集

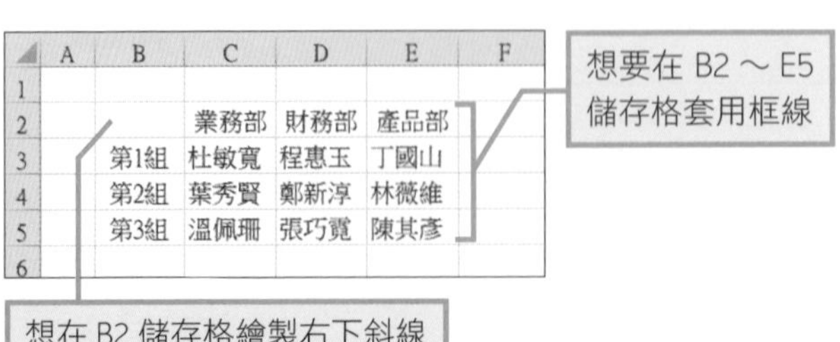

**1** 啟動 VBE，輸入程式碼

```
(一般)                          繪製框線與斜線
Option Explicit

Sub 繪製框線與斜線()
    Range("B2:E5").Borders.LineStyle = xlContinuous
    Range("B2").Borders(xlDiagonalDown).LineStyle = xlContinuous
End Sub
```

**2** 執行巨集

在表格套用框線與斜線了

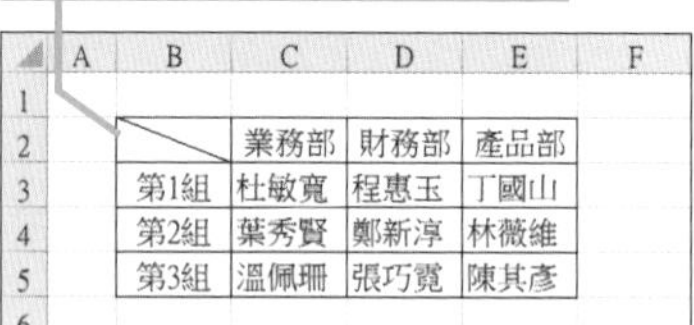

| | A | B | C | D | E | F |
|---|---|---|---|---|---|---|
| 1 | | | | | | |
| 2 | | | 業務部 | 財務部 | 產品部 | |
| 3 | | 第1組 | 杜敏寬 | 程惠玉 | 丁國山 | |
| 4 | | 第2組 | 葉秀賢 | 鄭新淳 | 林薇維 | |
| 5 | | 第3組 | 溫佩珊 | 張巧霓 | 陳其彥 | |
| 6 | | | | | | |

**HINT 利用 Borders 集合統一參照儲存格上下左右的框線**

使用 Borders 屬性時若省略參數，只寫成 Borders，就會參照 Borders 集合。Borders 集合可參照指定儲存格範圍每個儲存格的上下左右框線，所以可像範例一樣，利用 Borders 設定儲存格的框線。

## 統一設定框線的種類、粗細與顏色

### 物件.BorderAround(LineStyle, Weight, ColorIndex, Color, ThemeColor)

▶解說

BorderAround 方法可在儲存格範圍的邊緣套用指定的框線種類、粗細與顏色。這種方法適合在表格周圍套用框線時使用。

▶設定項目

**物件**........................指定 Range 物件。

**LineStyle**..............利用 XlLineStyle 列舉型常數指定框線種類 (可省略)。

**Weight**....................利用 XlBorderWeight 列舉型常數指定框線粗細 (可省略)。

**ColorIndex**............利用 XlColorIndex 列舉型常數與色彩索引編號指定框線顏色 (可省略)。

**Color**.......................利用 RGB 值指定框線顏色 (可省略)。

**ThemeColor**..........可以用 XlThemeColor 列舉型常數來指定主題顏色 (可省略)。

避免發生錯誤

參數 ColorIndex 與參數 Color 無法同時使用。此外，若同時使用參數 LineStyle 與參數 Weight，有時會有某邊的設定失效。

## 範例 在儲存格範圍的邊緣套用特定格式的框線

要在包含 B2 儲存格的表格邊緣套用森林綠的雙重框線。 範例 4-12_002.xlsm

參照 XlRgbColor 列舉型常數列表……P.4-102

```
Sub 套用指定格式的框線()
    Range("B2").CurrentRegion.BorderAround _
        LineStyle:=xlDouble, Color:=rgbForestGreen
End Sub
```

註：「_（換行字元）」，當程式碼太長要接到下一行程式時，可用此斷行符號連接→參照 P.2-15

1 「套用指定格式的框線」
2 在包含 B2 儲存格的作用中儲存格範圍套用森林綠的雙重框線
3 結束巨集

| | A | B | C | D | E | F |
|---|---|---|---|---|---|---|
| 1 | | | | | | |
| 2 | | | 業務部 | 財務部 | 產品部 | |
| 3 | | 第1組 | 杜敏寬 | 程惠玉 | 丁國山 | |
| 4 | | 第2組 | 葉秀賢 | 鄭新淳 | 林薇維 | |
| 5 | | 第3組 | 溫佩珊 | 張巧霓 | 陳其彥 | |

想在表格周圍套用森林綠的雙重框線

**1** 啟動 VBE，輸入程式碼

```
Sub 套用指定格式的框線()
    Range("B2").CurrentRegion.BorderAround _
        LineStyle:=xlDouble, Color:=rgbForestGreen
End Sub
```

**2** 執行巨集

| | A | B | C | D | E | F |
|---|---|---|---|---|---|---|
| 1 | | | | | | |
| 2 | | | 業務部 | 財務部 | 產品部 | |
| 3 | | 第1組 | 杜敏寬 | 程惠玉 | 丁國山 | |
| 4 | | 第2組 | 葉秀賢 | 鄭新淳 | 林薇維 | |
| 5 | | 第3組 | 溫佩珊 | 張巧霓 | 陳其彥 | |

套用框線了

## 指定框線種類

**物件.LineStyle** ——— 取得

**物件.LineStyle = 框線種類** ——— 設定

▶解說

LineStyle 屬性可用於指定框線的種類。可套用的框線共有 8 種。

▶設定項目

**物件**........................指定 Border 物件、Borders 集合。

**框線種類**.............利用 XlLineStyle 列舉型常數指定框線的種類。

XlLineStyle 列舉型常數

| 常數 | 內容 | 範例 |
|---|---|---|
| xlContinuous | 連續線 | |
| xlDash | 虛線 | |
| xlDashDot | 交替的虛線與點 | |
| xlDashDotDot | 虛線後接兩點 | |
| xlDot | 點狀線 | |
| xlDouble | 雙線 | |
| xlSlantDashDot | 斜虛線 | |
| xlLineStyleNone | 無線條 | |

避免發生錯誤

若同時使用 LineStyle 屬性與 Weight 屬性，有時會因為框線種類與粗細的組合導致某邊的設定失效。在設定前，請確認哪種設定組合有效。 參照 設定框線粗細……P.4-107

## 設定框線粗細

**物件.Weight** —— 取得
**物件.Weight = 框線粗細** —— 設定

▶解說

Weight 屬性可設定框線的粗細。框線的粗細共有 4 種，能與設定框線種類的 LineStyle 屬性搭配，套用多種樣式的框線。

▶設定項目

**物件**……指定 Border 物件、Borders 集合。
**框線種類**……利用 XlBorderWeight 列舉型常數指定框線的粗細。

XlBorderWeight 列舉型常數

| 常數 | 內容 | 常數 | 內容 |
|---|---|---|---|
| xlHairLine | 極細 | xlMedium | 中 |
| xlThin | 細 | xlThick | 粗 |

避免發生錯誤

若同時使用 LineStyle 屬性與 Weight 屬性，有時會因為框線種類與粗細的組合導致某邊的設定失效。在設定前，請確認哪種設定組合有效。 參照 指定框線種類……P.4-106

## 範例　在表格套用指定種類與粗細的框線

此範例要在 B2 ～ E5 儲存格的表格套用框線。要在表格中套用的是細線，同時要將表格周圍的框線設為粗線。此外，還要將表格第 1 列下方的框線與第 1 欄右側的框線設為雙線。

範例 4-12_003.xlsm

```
Sub 指定框線種類與粗細()
    With Range("B2:E5")
        .Borders.LineStyle = xlContinuous
        .BorderAround Weight:=xlThick
        .Rows(1).Borders(xlEdgeBottom).LineStyle = xlDouble
        .Columns(1).Borders(xlEdgeRight).LineStyle = xlDouble
    End With
End Sub
```

1. 「指定框線種類與粗細」巨集
2. 對 B2 ～ E5 儲存格進行下列處理 (With 陳述式的開頭 )
3. 在 B2 ～ E5 儲存格套用細線
4. 將 B2 ～ E5 儲存格的外圍框線設為粗線
5. 將 B2 ～ E5 儲存格的第 1 列下方框線設為雙線
6. 將 B2 ～ E5 儲存格的第 1 欄右方框線設為雙線
7. 結束 With 陳述式
8. 結束巨集

| | A | B | C | D | E | F |
|---|---|---|---|---|---|---|
| 1 | | | | | | |
| 2 | | | 業務部 | 財務部 | 產品部 | |
| 3 | | 第1組 | 杜敏寬 | 程惠玉 | 丁國山 | |
| 4 | | 第2組 | 葉秀賢 | 鄭新淳 | 林薇維 | |
| 5 | | 第3組 | 溫佩珊 | 張巧寬 | 陳其彥 | |
| 6 | | | | | | |

想在 B2 ～ E5 儲存格套用框線

**1** 啟動 VBE，輸入程式碼

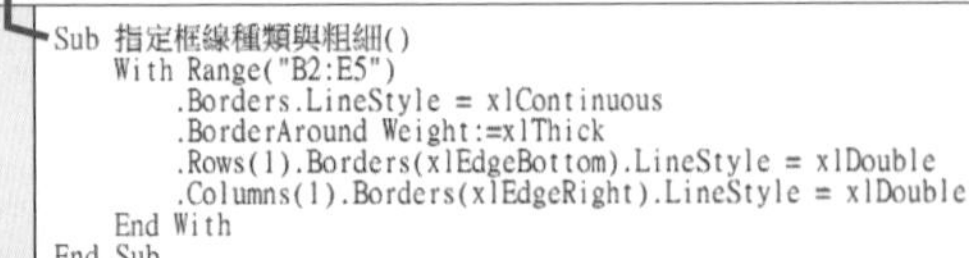

```
Sub 指定框線種類與粗細()
    With Range("B2:E5")
        .Borders.LineStyle = xlContinuous
        .BorderAround Weight:=xlThick
        .Rows(1).Borders(xlEdgeBottom).LineStyle = xlDouble
        .Columns(1).Borders(xlEdgeRight).LineStyle = xlDouble
    End With
End Sub
```

**2** 執行巨集

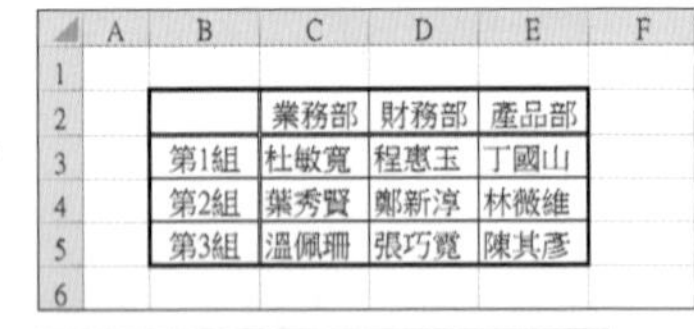

| | A | B | C | D | E | F |
|---|---|---|---|---|---|---|
| 1 | | | | | | |
| 2 | | | 業務部 | 財務部 | 產品部 | |
| 3 | | 第1組 | 杜敏寬 | 程惠玉 | 丁國山 | |
| 4 | | 第2組 | 葉秀賢 | 鄭新淳 | 林薇維 | |
| 5 | | 第3組 | 溫佩珊 | 張巧寬 | 陳其彥 | |
| 6 | | | | | | |

套用各種框線與粗框線了

### HINT 設定框線的顏色

要設定框線的顏色可用 Border 物件的 Color 屬性、ColorIndex 屬性、ThemeColor 屬性。

### HINT 刪除框線

要刪除框線可將 LineStyle 屬性指定為 xlLineStyleNone。例如，要刪除作用中工作表的所有框線時，可將程式碼寫成「Cells.Borders.LineStyle = xlLineStyleNone」。此外，上述程式碼無法刪除斜線，要刪除斜線必須另外撰寫「Cells.Borders(xlDiagonalDown).LineStyle = xlLineStyleNone」或「Cells.Borders(xlDiagonalUp).LineStyle = xlLineStyleNone」。

# 4-13 設定儲存格的背景色

## 設定儲存格的背景色

要替儲存格設定背景色或圖樣，可使用 Range 物件的 Interior 屬性，參照代表儲存格內部的 Interior 物件。Interior 物件的各種屬性可設定顏色、圖樣、主題色與其他項目。可在儲存格設定的背景色與**設定儲存格格式**交談窗中的**填滿**頁次設定畫面相同。

◆「設定儲存格格式」交談窗的「填滿」頁次

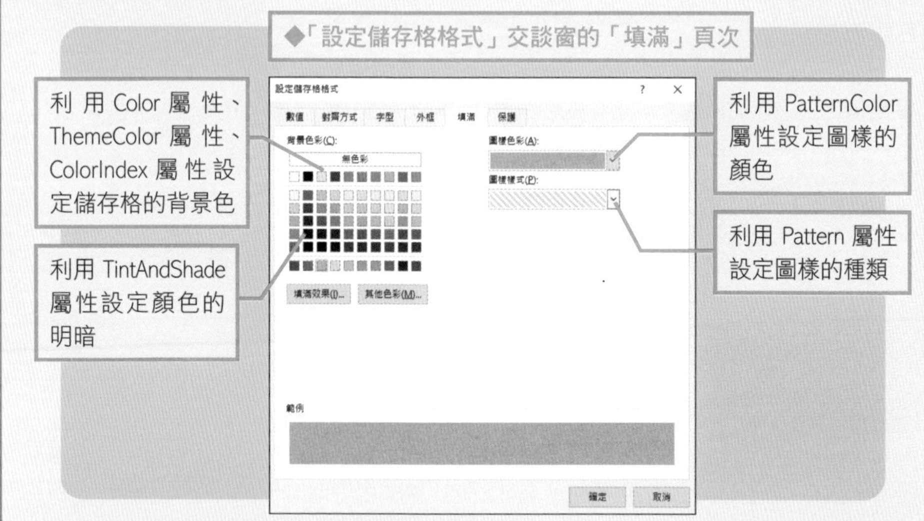
利用 Color 屬性、ThemeColor 屬性、ColorIndex 屬性設定儲存格的背景色
利用 TintAndShade 屬性設定顏色的明暗
利用 PatternColor 屬性設定圖樣的顏色
利用 Pattern 屬性設定圖樣的種類
設定儲存格格式
數值
對齊方式
字型
外框
填滿
保護
背景色彩(C):
無色彩
圖樣色彩(A):
圖樣樣式(P):
填滿效果(I)...
其他色彩(M)...
範例
確定
取消

## 以 RGB 值設定儲存格的背景色

**物件.Color** —— 取得
**物件.Color = RGB 值** —— 設定

▶解說

Color 屬性可取得與設定對應 RGB 值的顏色。所謂的 RGB 值就是利用 RGB 函數產生的值。也可以使用 XlRgbColor 列舉型常數指定 RGB 值。

參照 利用 RGB 函數取得 RGB 值……P.4-97

▶設定項目

**物件**……………………指定 Interior 物件。
**RGB 值**……………指定 RGB 函數產生的值或 XlRgbColor 列舉型常數。

避免發生錯誤

利用 Color 屬性設定的顏色不會因為活頁簿的主題變動而變更。

## 利用索引編號設定儲存格的背景色

**物件.ColorIndex** —— 取得

**物件.ColorIndex = 設定值** —— 設定

▶解說

ColorIndex 屬性可取得或設定與色彩索引編號對應的顏色。

參照 與色彩索引編號對應的顏色……P.4-100

▶設定項目

**物件**……指定 Interior 物件。

**設定值**……指定 1 ～ 56 的色彩索引編號或利用 XlColorIndex 列舉型常數指定顏色。

XlColorIndex 列舉型常數

| 常數 | 內容 |
| --- | --- |
| xlColorIndexAutomatic | 自動設定顏色 |
| xlColorIndexNone | 無 |

避免發生錯誤

以 ColorIndex 屬性設定儲存格的背景色後，儲存格就會填滿設定的顏色，無法指定顏色的圖樣與濃淡。顏色的圖樣可用 Pattern 屬性設定，濃淡則可用 TintAndShade 屬性設定。

參照 替儲存格設定圖樣……P.4-116
參照 替儲存格設定佈景主題顏色……P.4-113

### 範例 利用 RGB 值與色彩索引編號設定儲存格的背景色

此範例要利用 RGB 值 (RGB 函數與 XlRgbColor 列舉型常數 ) 與色彩索引編號設定儲存格的背景色。若要取消儲存格的顏色，可將 ColorIndex 屬性指定為 XlColorIndexNone。

範例 4-13_001 xlsm

參照 取得 RGB 函數的紅、綠、藍比例……P.4-99

```
Sub 取得與設定儲存格的顏色()
    Range("A1:F1").Interior.ColorIndex = xlColorIndexNone
    Range("B3:F7").Interior.ColorIndex = 35
    Range("A2:F2").Interior.Color = RGB(146, 208, 80)
    Range("A3:A7").Interior.Color = rgbPowderBlue
End Sub
```

「取得與設定儲存格的顏色」巨集
將 A1 ～ F1 儲存格的背景色設為「無」
將 B3 ～ F7 儲存格的背景色設為色彩索引編號 35 的顏色
將 A2 ～ F2 儲存格的背景色設為與 RGB (146,208,80) 這個 RGB 值對應的顏色
將 A3 ～ A7 儲存格的背景色設為粉藍色
結束巨集

| | A | B | C | D | E | F | G |
|---|---|---|---|---|---|---|---|
| 1 | 各門市來客數 | | | | | | |
| 2 | | NewYork | Paris | Tokyo | London | Total | |
| 3 | 第1季 | 250 | 200 | 150 | 220 | 820 | |
| 4 | 第2季 | 300 | 250 | 120 | 240 | 910 | |
| 5 | 第3季 | 350 | 280 | 180 | 290 | 1,100 | |
| 6 | 第4季 | 300 | 350 | 130 | 310 | 1,090 | |
| 7 | Total | 1,200 | 1,080 | 580 | 1,060 | 3,920 | |

想變更儲存格的背景色

**1** 啟動 VBE，輸入程式碼

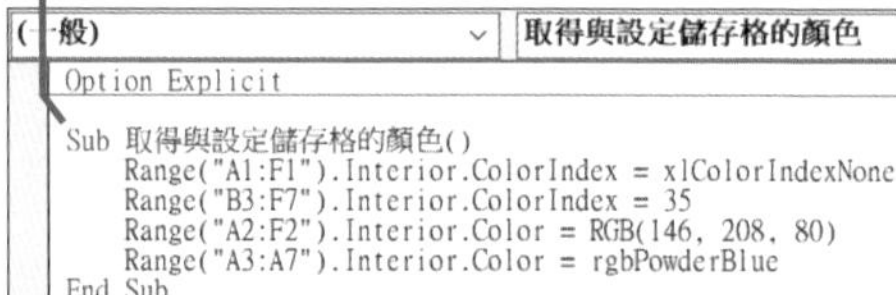


```
Option Explicit

Sub 取得與設定儲存格的顏色()
    Range("A1:F1").Interior.ColorIndex = xlColorIndexNone
    Range("B3:F7").Interior.ColorIndex = 35
    Range("A2:F2").Interior.Color = RGB(146, 208, 80)
    Range("A3:A7").Interior.Color = rgbPowderBlue
End Sub
```

**2** 執行巨集

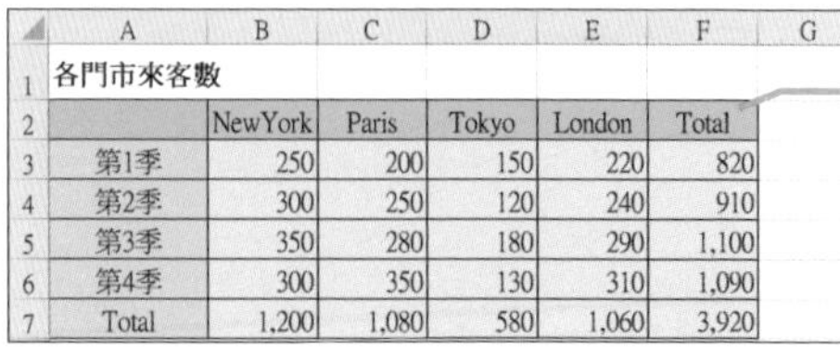

| | A | B | C | D | E | F | G |
|---|---|---|---|---|---|---|---|
| 1 | 各門市來客數 | | | | | | |
| 2 | | NewYork | Paris | Tokyo | London | Total | |
| 3 | 第1季 | 250 | 200 | 150 | 220 | 820 | |
| 4 | 第2季 | 300 | 250 | 120 | 240 | 910 | |
| 5 | 第3季 | 350 | 280 | 180 | 290 | 1,100 | |
| 6 | 第4季 | 300 | 350 | 130 | 310 | 1,090 | |
| 7 | Total | 1,200 | 1,080 | 580 | 1,060 | 3,920 | |

儲存格的背景色改變了

## 替顏色設定濃淡

**物件.TintAndShade** ———— 取得
**物件.TintAndShade = 設定值** ———— 設定

▶解說

TintAndShade 屬性可設定顏色的亮度。就算只有一種顏色也能指定明暗，所以可設定各種濃淡不一的顏色。

▶設定項目

**物件**......................指定 Interior 物件。

**設定值**..................以 0 為中間值，在 -1 ～ 1 的範圍內，以小數點的數值設定明暗。-1 為最暗，1 為最亮。中間值是未設定明暗的狀態。

避免發生錯誤

TintAndShade 屬性無法設定小於 -1、大於 1 的值，否則就會發生錯誤。

## 範例 替儲存格的背景色增加濃淡變化

此範例要以單一的 RGB 值替 A2 ~ F7 儲存格設定背景色，接著讓 A2 ~ F2 儲存格的第 1 列列標題變暗一點，再讓 B3 ~ F7 儲存格的資料變亮一點。光是調整顏色的濃淡就能設計出色調統一的表格。 範例 4-13_002.xlsm

```
1  Sub 設定顏色的濃淡()
2      Range("A2:F7").Interior.Color = rgbLightSteelBlue
3      Range("A2:F2").Interior.TintAndShade = -0.2
4      Range("B3:F7").Interior.TintAndShade = 0.8
5  End Sub
```

1 「設定顏色的濃淡」巨集
2 將 A2 ~ F7 儲存格的背景色設成淡淡的鋼鐵藍
3 將 A2 ~ F2 儲存格的背景色設成比目前還暗的顏色 (-0.2)
4 將 B3 ~ F7 儲存格的背景色設成比目前還亮的顏色 (0.8)
5 結束巨集

| | A | B | C | D | E | F | G |
|---|---|---|---|---|---|---|---|
| 1 | 各門市來客數 | | | | | | |
| 2 | | New York | Paris | Tokyo | London | Total | |
| 3 | 第1季 | 250 | 200 | 150 | 220 | 820 | |
| 4 | 第2季 | 300 | 250 | 120 | 240 | 910 | |
| 5 | 第3季 | 350 | 280 | 180 | 290 | 1,100 | |
| 6 | 第4季 | 300 | 350 | 130 | 310 | 1,090 | |
| 7 | Total | 1,200 | 1,080 | 580 | 1,060 | 3,920 | |

想在整張表格設定淡淡的鋼鐵藍，再利用濃淡的變化區分標題與資料

**1** 啟動 VBE，輸入程式碼

```
Sub 設定顏色的濃淡()
    Range("A2:F7").Interior.Color = rgbLightSteelBlue
    Range("A2:F2").Interior.TintAndShade = -0.2
    Range("B3:F7").Interior.TintAndShade = 0.8
End Sub
```

**2** 執行巨集

| | A | B | C | D | E | F | G |
|---|---|---|---|---|---|---|---|
| 1 | 各門市來客數 | | | | | | |
| 2 | | New York | Paris | Tokyo | London | Total | |
| 3 | 第1季 | 250 | 200 | 150 | 220 | 820 | |
| 4 | 第2季 | 300 | 250 | 120 | 240 | 910 | |
| 5 | 第3季 | 350 | 280 | 180 | 290 | 1,100 | |
| 6 | 第4季 | 300 | 350 | 130 | 310 | 1,090 | |
| 7 | Total | 1,200 | 1,080 | 580 | 1,060 | 3,920 | |

整張表格套用了淡淡的鋼鐵藍，標題則套用了較濃的顏色，而資料套用了較淡的顏色

### HINT TintAndShade 屬性的色票

TintAndShade 屬性是以 0 為中間色，越接近 1 的顏色越亮，越接近 -1 的顏色越暗。由於可指定單精度浮數點 (Single) 的值，所以可指定小數點的數值。

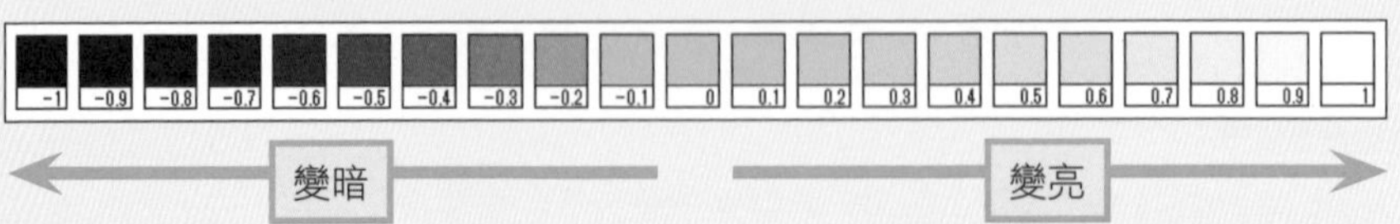

## 替儲存格設定佈景主題顏色

**物件.ThemeColor** —— 取得
**物件.ThemeColor = 設定值** —— 設定

▶解說

ThemeColor 屬性可替指定物件設定佈景主題的顏色。利用 ThemeColor 屬性設定顏色後，當活頁簿套用其他佈景主題，顏色也會自動變更為該佈景主題顏色。

▶設定項目

**物件**.............. 指定 Interior 物件。

**設定值**.......... 可指定為代表佈景主題基本色的 XlThemeColor 列舉型常數。從**常用**頁次的**字型**區點選**填滿色彩**鈕的 ▼，開啟調色盤後，會看到**佈景主題色彩**區，第 1 列為基本色，下列的常數與由左至右的基本色對應。可利用常數顯示的顏色會隨著佈景主題或 Excel 的版本而不同。下表為 Excel 2016 之後的顏色。

XlThemeColor 列舉型常數

| 常數 | 值 | 內容 ( 佈景主題色彩：Office 的情況 ) |
|---|---|---|
| xlThemeColorDark1 | 1 | 白色，背景 1 |
| xlThemeColorLight1 | 2 | 黑色，文字 1 |
| xlThemeColorDark2 | 3 | 淺灰，背景 2 |
| xlThemeColorLight2 | 4 | 藍灰色，文字 2 |
| xlThemeColorAccent1 | 5 | 藍色，輔色 1 |
| xlThemeColorAccent2 | 6 | 橙色，輔色 2 |
| xlThemeColorAccent3 | 7 | 灰色，輔色 3 |
| xlThemeColorAccent4 | 8 | 金色，輔色 4 |
| xlThemeColorAccent5 | 9 | 藍色，輔色 5 |
| xlThemeColorAccent6 | 10 | 綠色，輔色 6 |

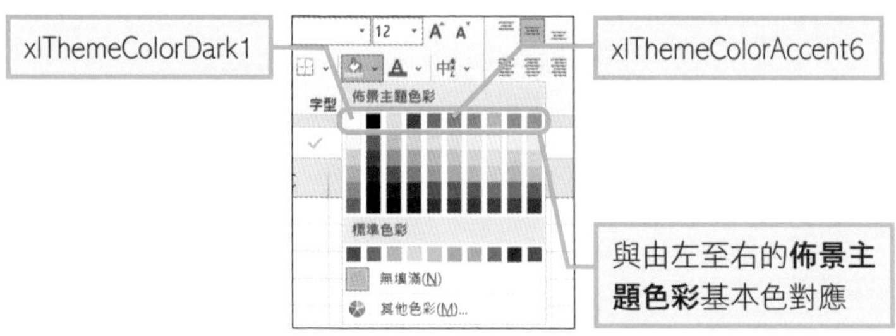


**避免發生錯誤**

以 ThemeColor 屬性替 Interior 物件設定顏色後，文字有可能會因為套用佈景主題色彩變得不容易閱讀。若是利用 Style 屬性替儲存格設定佈景主題的樣式，就能依照儲存格的顏色變更文字顏色。

### 設定調色盤「佈景主題色彩」的方法

從**常用**頁次的**字型**區點選**填滿色彩**鈕的 ▼，會打開調色盤，而**佈景主題色彩**的第 1 列為基本色，ThemeColor 屬性的值與這些基本色對應。雖然不同的佈景主題有不同配色，但是調色盤的顏色與常數之間的對應不會改變。此外，第 2 列之後的顏色是 ThemeColor 屬性與 TintAndShade 屬性組成的顏色。只要將滑鼠游標移動到佈景主題顏色就會跳出顏色的提示。例如**較淺 60%** 就是 TintAndShade 屬性為正數的 0.6 的顏色，**較深 25%**，則是 TintAndShade 屬性為負數的 -0.25 的顏色。

◆輔色 2
ThemeColor = xlThemeColorAccent2

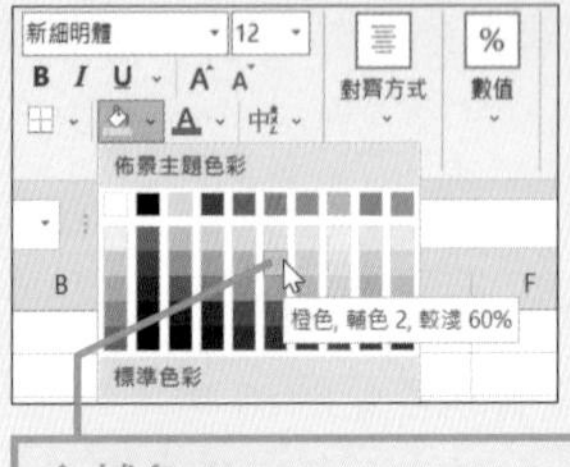


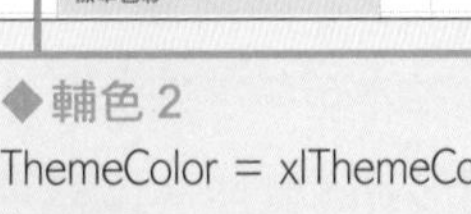

◆輔色 2
ThemeColor = xlThemeColorAccent2
◆較淺 60%
TintAndShade = 0.6
（色彩較淺的設定為正數）

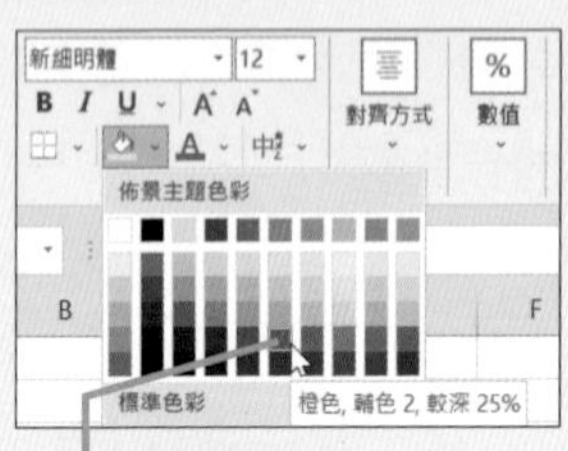


◆輔色 2
ThemeColor = xlThemeColorAccent2
◆較深 25%
TintAndShade = -0.25
（色彩較深的設定為負數）

## 範例 在表格套用佈景主題的色彩

此範例要在 A2 ~ F7 儲存格套用**綠色 , 輔色 6** 這個佈景主題色彩，再將第 2 列與之後的儲存格設成較淺的顏色。在此要使用 Offset 屬性與 Resize 屬性取得表格第 2 列之後的部分。

範例 4-13_003.xlsm

參照 以相對參照的方式參照儲存格……P.4-16
參照 變更儲存格選取範圍的大小……P.4-20

```
1 Sub 替表格設定佈景主題色彩()
2     With Range("A2:F7")
3         .Interior.ThemeColor = xlThemeColorAccent6
4         .Offset(1).Resize(.Rows.Count - 1). _
              Interior.TintAndShade = 0.8
5     End With
6 End Sub
```

註：「_（換行字元）」，當程式碼太長要接到下一行程式時，可用此斷行符號連接→參照 P.2-15

1 「替表格設定佈景主題色彩」巨集
2 對 A2 ~ F7 儲存格進行下列處理 (With 陳述式的開頭 )
3 將 A2 ~ F7 儲存格的背景色設為**綠色 , 輔色 6** 這個佈景主題色彩
4 將 A2 ~ F7 儲存格的第 2 列與後續儲存格的背景色設為較淺的顏色 (0.8)
5 結束 With 陳述式
6 結束巨集

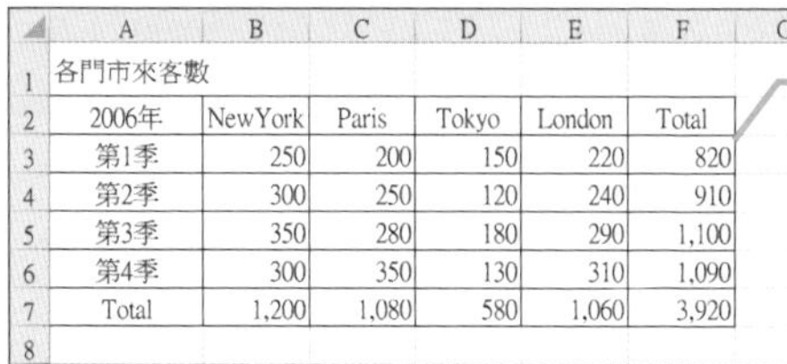

| | A | B | C | D | E | F | G |
|---|---|---|---|---|---|---|---|
| 1 | 各門市來客數 | | | | | | |
| 2 | 2006年 | NewYork | Paris | Tokyo | London | Total | |
| 3 | 第1季 | 250 | 200 | 150 | 220 | 820 | |
| 4 | 第2季 | 300 | 250 | 120 | 240 | 910 | |
| 5 | 第3季 | 350 | 280 | 180 | 290 | 1,100 | |
| 6 | 第4季 | 300 | 350 | 130 | 310 | 1,090 | |
| 7 | Total | 1,200 | 1,080 | 580 | 1,060 | 3,920 | |
| 8 | | | | | | | |

想替表格套用佈景主題的色彩

**1** 啟動 VBE，輸入程式碼

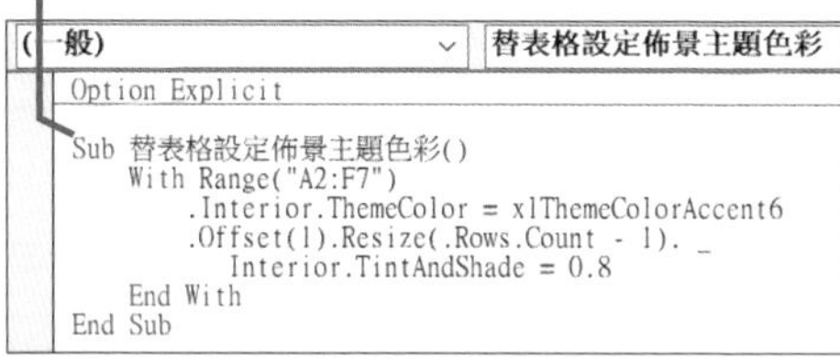

(一般) 替表格設定佈景主題色彩

```
Option Explicit

Sub 替表格設定佈景主題色彩()
    With Range("A2:F7")
        .Interior.ThemeColor = xlThemeColorAccent6
        .Offset(1).Resize(.Rows.Count - 1). _
          Interior.TintAndShade = 0.8
    End With
End Sub
```

**2** 執行巨集

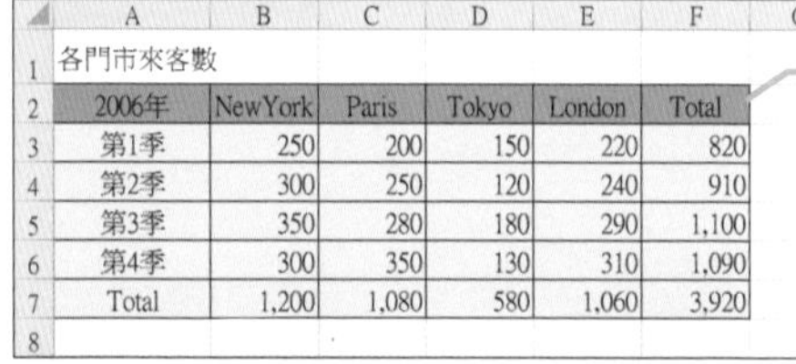

| | A | B | C | D | E | F | G |
|---|---|---|---|---|---|---|---|
| 1 | 各門市來客數 | | | | | | |
| 2 | 2006年 | NewYork | Paris | Tokyo | London | Total | |
| 3 | 第1季 | 250 | 200 | 150 | 220 | 820 | |
| 4 | 第2季 | 300 | 250 | 120 | 240 | 910 | |
| 5 | 第3季 | 350 | 280 | 180 | 290 | 1,100 | |
| 6 | 第4季 | 300 | 350 | 130 | 310 | 1,090 | |
| 7 | Total | 1,200 | 1,080 | 580 | 1,060 | 3,920 | |
| 8 | | | | | | | |

在表格套用佈景主題的色彩了

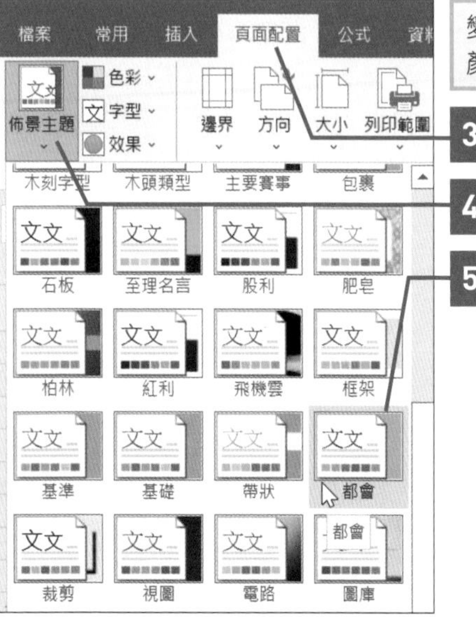


變更佈景主題之後，顏色也會跟著改變

**3** 點選**頁面配置**頁次

**4** 點選**佈景主題**

**5** 點選**都會**

| | A | B | C | D | E | F | G |
|---|---|---|---|---|---|---|---|
| 1 | 各門市來客數 | | | | | | |
| 2 | 2006年 | NewYork | Paris | Tokyo | London | Total | |
| 3 | 第1季 | 250 | 200 | 150 | 220 | 820 | |
| 4 | 第2季 | 300 | 250 | 120 | 240 | 910 | |
| 5 | 第3季 | 350 | 280 | 180 | 290 | 1,100 | |
| 6 | 第4季 | 300 | 350 | 130 | 310 | 1,090 | |
| 7 | Total | 1,200 | 1,080 | 580 | 1,060 | 3,920 | |
| 8 | | | | | | | |

表格的顏色改變了

## 替儲存格設定圖樣

物件.Pattern —— 取得
物件.Pattern = 設定值 1 —— 設定
物件.PatternColor —— 取得
物件.PatternColor = RGB 值 —— 設定
物件.PatternColorIndex —— 取得
物件.PatternColorIndex = 設定值 2 —— 設定

▶解説

Pattern 屬性可替儲存格設定圖樣。圖樣也可設定成在儲存格背景色重疊的形式。PatternColor 屬性可利用 RGB 值設定圖樣的顏色，PatternColorIndex 屬性則可利用索引編號設定顏色。

▶設定項目

**物件**......................指定 Interior 物件。

**設定值 1**..............以 XlPattern 列舉型常數指定圖樣的種類。

| 常數 | 內容 | 種類 |
|---|---|---|
| xlPatternSolid | 實心 | |
| xlPatternGray75 | 75% 灰色 | |
| xlPatternGray50 | 50% 灰色 | |
| xlPatternGray25 | 25% 灰色 | |
| xlPatternGray16 | 16% 灰色 | |
| xlPatternGray8 | 8% 灰色 | |
| xlPatternHorizontal | 深色水平線 | |
| xlPatternVertical | 深色垂直線 | |
| xlPatternDown | 左上到右下的深色對角線 | |
| xlPatternUp | 左下到右上的深色對角線 | |
| xlPatternChecker | 棋盤 | |
| xlPatternSemiGray75 | 粗線 對角線 斜線 | |
| xlPatternLightHorizontal | 淺色水平線 | |
| xlPatternLightVertical | 淺色垂直線 | |
| xlPatternLightDown | 左上到右下的淺色對角線 | |
| xlPatternLightUp | 左下到右上的淺色對角線 | |

| | | |
|---|---|---|
| xlPatternGrid | 格線 | |
| xlPatternCrissCross | 交叉十字線 | |
| xlPatternLinearGradient | 線性漸層 | |
| xlPatternRectangularGradient | 對角線漸層 | |
| xlPatternNone | 解除圖樣 | |

**RGB 值**................指定為 RGB 函數產生的 RGB 值。

**設定值 2**..............以色彩索引編號指定。 參照 與色彩索引編號對應的顏色……P.4-100

避免發生錯誤

指定為 xlPatternLinearGradient、xlPatternRectangularGradient 時，必須另外指定漸層的顏色與角度。

## 範例 替儲存格設定圖樣

此範例要在 A2 ～ F2 儲存格設定**左下到右上的淺色對角線**圖樣，並將圖樣的顏色設定為 RGB (0,255,0)。

範例 4-13_004.xlsm

```
1 Sub 設定圖樣()
2     With Range("A2:F2").Interior
3         .Pattern = xlPatternUp
4         .PatternColor = RGB(0, 255, 0)
5     End With
6 End Sub
```

1 「設定圖樣」巨集
2 對 A2 ～ F2 儲存格的背景色進行下列處理 (With 陳述式的開頭 )
3 設定「左下到右上的淺色對角線」圖樣
4 將圖樣的顏色設定為「RGB (0,255,0) 」的 RGB 值
5 結束 With 陳述式
6 結束巨集

| | A | B | C | D | E | F | G |
|---|---|---|---|---|---|---|---|
| 1 | 各門市來客數 | | | | | | |
| 2 | | NewYork | Paris | Tokyo | London | Total | |
| 3 | 第1季 | 250 | 200 | 150 | 220 | 820 | |
| 4 | 第2季 | 300 | 250 | 120 | 240 | 910 | |
| 5 | 第3季 | 350 | 280 | 180 | 290 | 1,100 | |
| 6 | 第4季 | 300 | 350 | 130 | 310 | 1,090 | |
| 7 | Total | 1,200 | 1,080 | 580 | 1,060 | 3,920 | |

想在標題列設定圖樣

1 啟動 VBE，輸入程式碼

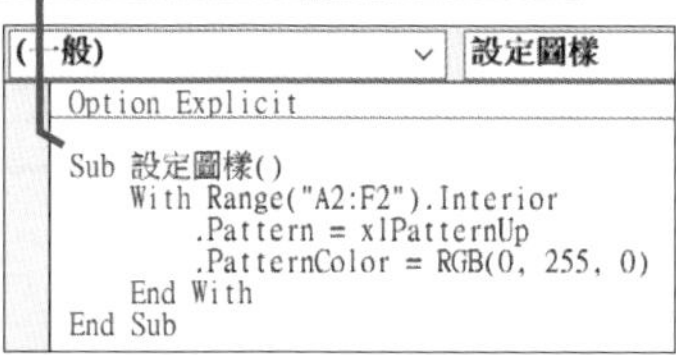


2 執行巨集

套用圖樣了

| | A | B | C | D | E | F | G |
|---|---|---|---|---|---|---|---|
| 1 | 各門市來客數 | | | | | | |
| 2 | | NewYork | Paris | Tokyo | London | Total | |
| 3 | 第1季 | 250 | 200 | 150 | 220 | 820 | |
| 4 | 第2季 | 300 | 250 | 120 | 240 | 910 | |
| 5 | 第3季 | 350 | 280 | 180 | 290 | 1,100 | |
| 6 | 第4季 | 300 | 350 | 130 | 310 | 1,090 | |
| 7 | Total | 1,200 | 1,080 | 580 | 1,060 | 3,920 | |
| 8 | | | | | | | |

**HINT 替圖樣設定濃淡**

使用 PatternTintAndShade 屬性，可替圖樣設定濃淡。設定值與 TintAndShade 相同。

參照 替顏色設定濃淡……P.4-111

## 範例 替儲存格設定漸層色

將 Pattern 屬性設為 xlPatternLinearGradient 或 xlPatternRectangularGradient 後，就可以在儲存格設定漸層色。指定上述這類常數後，可參照 LinearGradient 物件或 RectangularGradient 物件，再設定漸層的顏色與角度。此範例要利用 xlPatternLinearGradient 設定線性漸層。

範例 4-13_005.xlsm

```
1 Sub 設定漸層色()
2     With Range("A3:F7").Interior
3         .Pattern = xlPatternLinearGradient
4         .Gradient.ColorStops.Clear
5         .Gradient.Degree = 90
6         .Gradient.ColorStops.Add(0).Color = Range("A2").Interior.Color
7         .Gradient.ColorStops.Add(1).Color = rgbWhite
8     End With
9 End Sub
```

1 「設定漸層色」巨集
2 對 A3 ～ F7 儲存格進行下列處理 (With 陳述式的開頭 )
3 在 A3 ～ F7 儲存格設定線性漸層
4 重設漸層的顏色
5 將漸層的角度設為 90 度
6 將漸層的開始色設為 A2 儲存格的背景色
7 將漸層的結束色設為白色
8 結束 With 陳述式
9 結束巨集

| | A | B | C | D | E | F | G |
|---|---|---|---|---|---|---|---|
| 1 | 各門市來客數 | | | | | | |
| 2 | | NewYork | Paris | Tokyo | London | Total | |
| 3 | 第1季 | 250 | 200 | 150 | 220 | 820 | |
| 4 | 第2季 | 300 | 250 | 120 | 240 | 910 | |
| 5 | 第3季 | 350 | 280 | 180 | 290 | 1,100 | |
| 6 | 第4季 | 300 | 350 | 130 | 310 | 1,090 | |
| 7 | Total | 1,200 | 1,080 | 580 | 1,060 | 3,920 | |
| 8 | | | | | | | |

以 A2 儲存格的背景色為漸層起始顏色，在 A3～F7 儲存格設定漸層色

**1** 啟動 VBE，輸入程式碼

```
(一般)                                    設定漸層色
Option Explicit

Sub 設定漸層色()
    With Range("A3:F7").Interior
        .Pattern = xlPatternLinearGradient
        .Gradient.ColorStops.Clear
        .Gradient.Degree = 90
        .Gradient.ColorStops.Add(0).Color = Range("A2").Interior.Color
        .Gradient.ColorStops.Add(1).Color = rgbWhite
    End With
End Sub
```

**2** 執行巨集

| | A | B | C | D | E | F | G |
|---|---|---|---|---|---|---|---|
| 1 | 各門市來客數 | | | | | | |
| 2 | | NewYork | Paris | Tokyo | London | Total | |
| 3 | 第1季 | 250 | 200 | 150 | 220 | 820 | |
| 4 | 第2季 | 300 | 250 | 120 | 240 | 910 | |
| 5 | 第3季 | 350 | 280 | 180 | 290 | 1,100 | |
| 6 | 第4季 | 300 | 350 | 130 | 310 | 1,090 | |
| 7 | Total | 1,200 | 1,080 | 580 | 1,060 | 3,920 | |
| 8 | | | | | | | |

套用漸層色了

### HINT 設定角度

將 Pattern 屬性設為 xlLinearGradient，套用線性漸層後，可利用 LinearGradient 物件的 Degree 屬性將漸層的角度設定為 0～360 度內的範圍。

◆ Degree 屬性的設定範例

| Degree=0 | Degree=45 | Degree=90 | Degree=180 |
|---|---|---|---|
| 250 | 250 | 250 | 250 |
| 300 | 300 | 300 | 300 |
| 350 | 350 | 350 | 350 |

### HINT 設定漸層的顏色

LinearGradient 物件的漸層色可利用 ColorStops 屬性設定。ColorStops 屬性的 Clear 方法可清除之前的顏色設定，Add 方法則可以設定漸層的開始色與結束色。要設成單色，可將其中一邊設成白色 (RGB (255,255,255) 或 rgbWhite)。Add 方法的參數為 0～1 的 Double 類型數值，0 為開始位置，1 為結束位置，所以寫成 Add(0.5) 即可在中間點增加顏色。

### HINT LinearGradient 物件與 RectangularGradient 物件

將 Pattern 屬性設為 xlPatternLinearGradient 後，可利用 Interior 物件的 Gradient 屬性參照 LinearGradient 物件。同樣地，若設定為 xlPatternRectangularGradient，就能參照 RectangularGradient 物件。設定漸層的顏色或角度時，可使用上述這些物件的各種屬性。關於這些屬性的內容可參考 Excel 的說明檔。

# 4-14 設定儲存格的樣式

## 設定儲存格的樣式

**儲存格樣式**就是將儲存格格式、字型、對齊方式、框線、填色、保護這些格式整理成一組再予以命名，方便日後使用的功能。若在指定的儲存格範圍套用樣式，就能一口氣完成多項格式設定。從**常用**頁次的**樣式**區點選**儲存格樣式**鈕，就能開啟樣式列表。要在 VBA 替儲存格套用樣式可使用 Style 屬性，若要建立自訂樣式可使用 Styles 集合的 Add 方法。

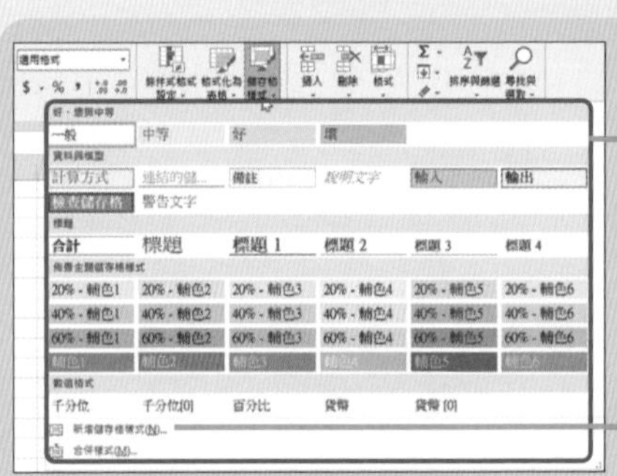

◆設定樣式
用 Style 屬性設定樣式

◆新增樣式
以 Styles 集合的 Add 方法新增自訂樣式

## 替儲存格設定樣式

**物件.Style** —— 取得
**物件.Style = 設定值** —— 設定

▶解說

Style 屬性可替儲存格設定樣式。使用樣式可一口氣完成多種格式的設定。Excel 內建許多樣式。

▶設定項目

**物件**……指定 Range 物件。

**設定值**……以字串指定樣式名稱。將滑鼠游標移到樣式列表的樣式上方，就會跳出樣式的名稱。

避免發生錯誤

設定樣式時，請務必輸入正確的樣式名稱。此時請注意半形與全形的差異。英文字母、數字與空白字元都必須以半形輸入。

## 範例　在儲存格套用樣式，一次完成多種格式的設定

此範例要使用內建的樣式，在指定的儲存格範圍一次套用多種格式設定。主要是在 A1 儲存格套用**標題**樣式，並在 B3 ～ C4 儲存格套用**合計**樣式，再於 A6 ～ E6 儲存格套用**輔色 5** 樣式。

範例 4-14_001 xlsm

```
Sub␣在儲存格套用樣式()
    Range("A1").Style␣=␣"標題"
    Range("B3:C4").Style␣=␣"合計"
    Range("A6:E6").Style␣=␣"輔色5"
End␣Sub
```

1 「在儲存格套用樣式」巨集
2 在 A1 儲存格套用**標題**樣式
3 在 B3 ～ C4 儲存格套用**合計**樣式
4 在 A6 ～ E6 儲存格套用**輔色 5** 樣式
5 結束巨集

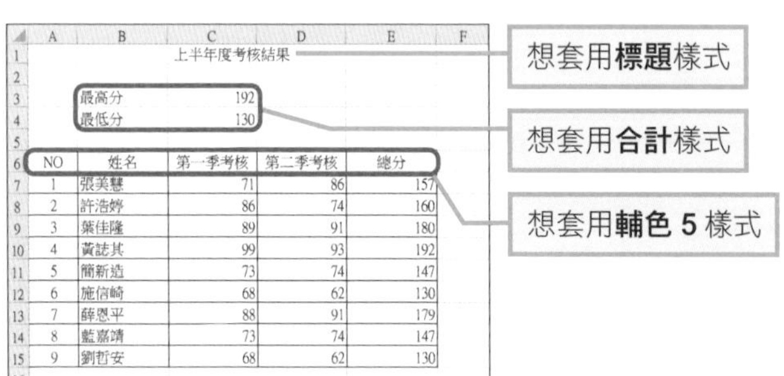

想套用**標題**樣式
想套用**合計**樣式
想套用**輔色 5** 樣式

| NO | 姓名 | 第一季考核 | 第二季考核 | 總分 |
|---|---|---|---|---|
| 1 | 張美慧 | 71 | 86 | 157 |
| 2 | 許浩婷 | 86 | 74 | 160 |
| 3 | 葉佳隆 | 89 | 91 | 180 |
| 4 | 黃誌其 | 99 | 93 | 192 |
| 5 | 簡新造 | 73 | 74 | 147 |
| 6 | 施信崎 | 68 | 62 | 130 |
| 7 | 薛恩平 | 88 | 91 | 179 |
| 8 | 藍嘉靖 | 73 | 74 | 147 |
| 9 | 劉哲安 | 68 | 62 | 130 |

**1** 啟動 VBE，輸入程式碼

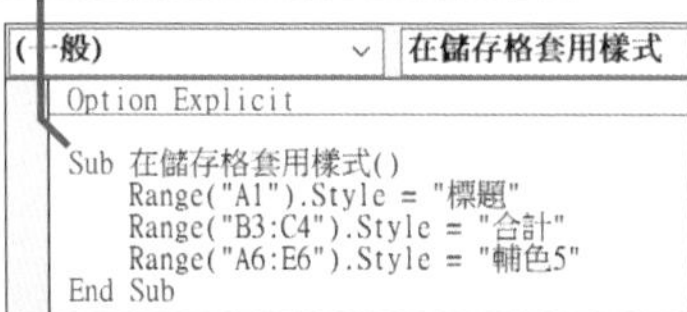

(一般)
在儲存格套用樣式
Option Explicit
Sub 在儲存格套用樣式()
Range("A1").Style = "標題"
Range("B3:C4").Style = "合計"
Range("A6:E6").Style = "輔色5"
End Sub

**2** 執行巨集　　套用樣式了

上半年度考核結果

| 最高分 | 192 |
|---|---|
| 最低分 | 130 |

| NO | 姓名 | 第一季考核 | 第二季考核 | 總分 |
|---|---|---|---|---|
| 1 | 張美慧 | 71 | 86 | 157 |
| 2 | 許浩婷 | 86 | 74 | 160 |
| 3 | 葉佳隆 | 89 | 91 | 180 |
| 4 | 黃誌其 | 99 | 93 | 192 |
| 5 | 簡新造 | 73 | 74 | 147 |
| 6 | 施信崎 | 68 | 62 | 130 |
| 7 | 薛恩平 | 88 | 91 | 179 |
| 8 | 藍嘉靖 | 73 | 74 | 147 |
| 9 | 劉哲安 | 68 | 62 | 130 |

### HINT 標準樣式

標準樣式就是新活頁簿的預設樣式，新活頁簿的每個儲存格都會套用這個樣式。若要在套用其他樣式後還原成標準樣式，可寫成「Range 物件 .Style = " 標準 "」。

### HINT 確認套用的樣式名稱

替儲存格套用樣式後，若想確認中文的樣式名稱可使用 NameLocal 屬性。寫成「MsgBox ActiveCell.Style.NameLocal」就能在訊息框顯示作用中儲存格的樣式名稱。

# 新增自訂樣式

## 物件.Add(Name, BasedOn)

▶解説

可在活頁簿新增自訂樣式。要新增樣式可使用 Styles 集合的 Add 方法。Add 方法將以參數 Name 指定的名稱傳回新增的 Style 物件。

▶設定項目

**物件**……………………指定 Styles 集合。

Name…………………指定新增的樣式名稱

BasedOn…………指定作為範本樣式的儲存格。若是省略這個參數，則以標準樣式為範本 (可省略)。

避免發生錯誤

在新增樣式時，若活頁簿已經有相同名稱的樣式就會發生錯誤，無法新增。此外，若刪除了樣式，套用該樣式的儲存格也會解除樣式。

## 範例 在目前的活頁簿新增自訂樣式

此範例要在活頁簿中新增「myStyle」自訂樣式，這個樣式的內容包含字型與背景色的格式設定，並且要套用到 A1 儲存格。由於不能新增相同名稱的樣式，所以另外撰寫了錯誤處理。

範例 4-14_002.xlsm

參照 On Error Goto 陳述式……P.3-71

```
1  Sub 新增自訂樣式()
2      On Error GoTo errHandler
3      With ActiveWorkbook.Styles.Add(Name:="myStyle")
4          .HorizontalAlignment = xlHAlignCenter
5          .Font.Name = "微軟正黑體"
6          .Font.Size = 16
7          .Interior.ColorIndex = 34
8      End With
9      Range("A1").MergeArea.Style = "myStyle"
10     Exit Sub
11 errHandler:
12     MsgBox Err.Description
13 End Sub
```

1 「新增自訂樣式」巨集
2 若發生錯誤就移動到行標籤 errHandler
3 在活頁簿新增「myStyle」樣式，再於這個樣式新增下列格式 (With 陳述式的開頭 )
4 將文字的**對齊方式**設為**置中**

5 將字型名稱設為**微軟正黑體**
6 將字型大小設為 16 點
7 將背景色設為索引編號 34 的顏色
8 結束 With 陳述式
9 在包含 A1 儲存格的合併儲存格套用「myStyle」樣式
10 結束巨集（為了在正常執行到第 9 行程式時，不執行錯誤處理）
11 行標籤 errHandler（發生錯誤時的處理）
12 於訊息框顯示錯誤內容
13 結束巨集

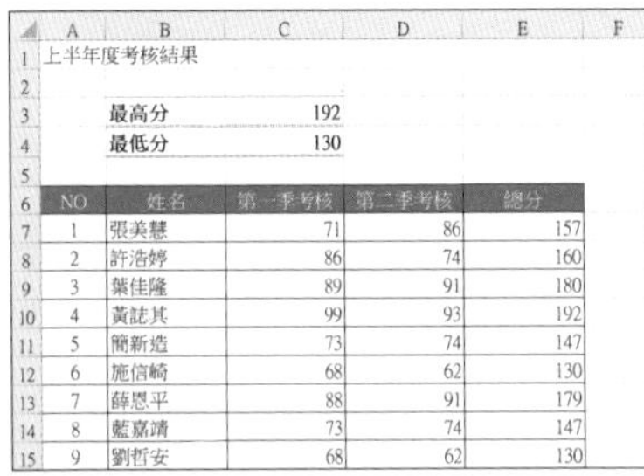

上半年度考核結果

| | |
|---|---|
| 最高分 | 192 |
| 最低分 | 130 |

| NO | 姓名 | 第一季考核 | 第二季考核 | 總分 |
|---|---|---|---|---|
| 1 | 張美慧 | 71 | 86 | 157 |
| 2 | 許浩婷 | 86 | 74 | 160 |
| 3 | 葉佳隆 | 89 | 91 | 180 |
| 4 | 黃誌其 | 99 | 93 | 192 |
| 5 | 簡新造 | 73 | 74 | 147 |
| 6 | 施信綺 | 68 | 62 | 130 |
| 7 | 薛恩平 | 88 | 91 | 179 |
| 8 | 藍嘉靖 | 73 | 74 | 147 |
| 9 | 劉哲安 | 68 | 62 | 130 |

想新增自訂樣式，再套用到標題上

**1** 啟動 VBE，輸入程式碼

**2** 執行巨集

```
Sub 新增自訂樣式()
    On Error GoTo errHandler
    With ActiveWorkbook.Styles.Add(Name:="myStyle")
        .HorizontalAlignment = xlHAlignCenter
        .Font.Name = "微軟正黑體"
        .Font.Size = 16
        .Interior.ColorIndex = 34
    End With
    Range("A1").MergeArea.Style = "myStyle"
    Exit Sub
errHandler:
    MsgBox Err.Description
End Sub
```

新增「myStyle」這個自訂樣式了

**3** 點選**常用**頁次

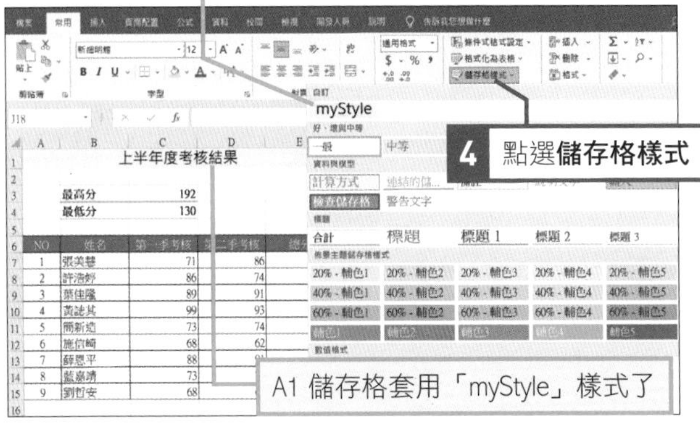


**4** 點選**儲存格樣式**

A1 儲存格套用「myStyle」樣式了

**刪除新增的樣式**

要刪除自訂的樣式可使用 Delete 方法。要刪除活頁簿中的「myStyle」樣式，可寫成「ActiveWorkbook.Styles("myStyle").Delete」。

範例 4-14_002.xlsm

**參照樣式的方法**

樣式會新增在活頁簿的 Styles 集合。若要編輯或刪除樣式，必須參照樣式。要參照樣式可使用「Styles(樣式名稱)」語法。例如要參照啟用中活頁簿的「myStyle」樣式，可將程式碼寫成「ActiveWorkbook.Styles("myStyle")」。

# 4-15 設定超連結

## 設定超連結

超連結就是設定了連結的字串或圖形。點選超連結就能前往預設的連結位置。連結位置可指定為活頁簿的工作表、檔案、網頁、電子郵件位址。要利用 VBA 設定超連結可使用 Hyperlinks 集合的 Add 方法。若要參考超連結可使用 Hyperlink 物件。這節要說明利用 VBA 在儲存格設定、執行與刪除超連結的方法。

設定超連結

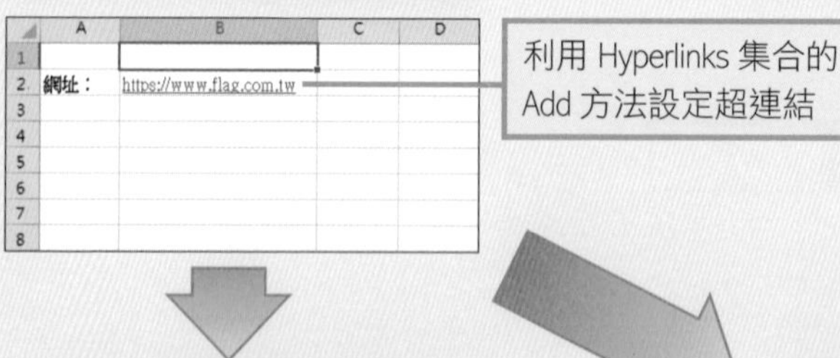


執行超連結

利用 Hyperlink 物件的 Follow 方法執行超連結

刪除超連結

利用 Hyperlink 物件的 Delete 方法刪除超連結

## 設定超連結

**物件.Add**(Anchor, Address, SubAddress, ScreenTip, TextToDisplay)

▶解說

要在工作表的儲存格設定超連結可使用 Hyperlinks 集合的 Add 方法新增 HyperLink 物件。參數 Address 或參數 SubAddress 可設定檔案、網頁、活頁簿之內的其他位置、電子郵件信箱這類連結位置。

▶設定項目

**物件**……指定為 Hyperlinks 集合。
Anchor……使用物件類型的值指定套用超連結的位置。若要指定為儲存格，可將此參數指定為 Range 物件。
Address……利用字串指定 URL、檔案路徑、超連結位址。
SubAddress……指定超連結的副位址。可指定為網頁之內的書籤或是特定工作表的某個儲存格 (可省略)。
ScreenTip……於滑鼠移入超連結時顯示的提示訊息 (可省略)。
TextToDisplay……指定在儲存格顯示的字串 (可省略)。

避免發生錯誤

如果連結的位址錯誤或是已經變更，將無法正常運作。請在設定連結之前檢查連結位址。

## 範例 設定與活頁簿的每張工作表連結的超連結

此範例要將第 1 張工作表當成連往各工作表的目錄，所以會設定連往各工作表的超連結。要在活頁簿的各工作表設定超連結，可將參數 Address 設定為「""」，再於參數 SubAddress 以「工作表名稱 ! 儲存格編號」指定連結位置的工作表名稱與儲存格編號。假設儲存格區塊已經設定了名稱，也可利用「" 名稱 "」的語法設定。

範例 4-15_001.xlsm

```
1 Sub 在活頁簿建立超連結()
2     Dim i As Integer
3     For i = 2 To Worksheets.Count
4         ActiveSheet.Hyperlinks.Add _
              Anchor:=Cells(i, 2), Address:="", _
              SubAddress:=Worksheets(i).Name & "!A1", _
              ScreenTip:=Worksheets(i).Name, _
              TextToDisplay:=Worksheets(i).Name
5     Next i
6 End Sub
```

註：「_（換行字元）」，當程式碼太長要接到下一行程式時，可用此斷行符號連接→參照 P.2-15

1 「在活頁簿建立超連結」巨集
2 宣告整數類型的變數 i
3 在變數 I 從 2 遞增至活頁簿的工作表張數之前，不斷重複下列的處理 (For ～ Next 迴圈的開頭 )
4 在啟用中工作表的第 2 欄第 I 列儲存格追加超連結。這個超連結的連結位置為第 I 張工作表的儲存格 A1。同時設定滑鼠移入超連結之際的提示訊息，以及將儲存格的字串設定為第 I 張工作表的名稱。
5 讓變數 I 遞增 1，再回到第 3 行程式碼
6 結束巨集內容

| | A | B | C | D | E | F |
|---|---|---|---|---|---|---|
| 1 | | ●點按超連結即可前往各個工作表。 | | | | |
| 2 | | | | | | |
| 3 | | | | | | |
| 4 | | | | | | |

想建立前往各工作表的超連結

**1** 啟動 VBE，輸入程式碼

```
(一般)    在活頁簿建立超連結
Option Explicit

Sub 在活頁簿建立超連結()
    Dim i As Integer
    For i = 2 To Worksheets.Count
        ActiveSheet.Hyperlinks.Add _
            Anchor:=Cells(i, 2), Address:="", _
            SubAddress:=Worksheets(i).Name & "!A1", _
            ScreenTip:=Worksheets(i).Name, _
            TextToDisplay:=Worksheets(i).Name
    Next i
End Sub
```

**2** 執行巨集

建立前往各工作表的超連結了

| | A | B | C | D | E | F |
|---|---|---|---|---|---|---|
| 1 | | ●點按超連結即可前往各個工作表。 | | | | |
| 2 | | 原宿 | | | | |
| 3 | | 澀谷 | | | | |
| 4 | | 新宿 | | | | |
| 5 | | 青山 | | | | |

點選連結即可顯示對應的工作表

### HINT 想將其他檔案設為連結位置

若將其他的檔案設定為超連結的連結位置，可將參數 Address 設定為「Address:="C:\Data\邀請函.docx"」這類帶有磁碟名稱的檔案名稱。若想顯示檔案之中的特定位置，則可將參數 SubAddress 設定為書籤或儲存格。

### HINT 想將網頁設定為連結位置的情況

要將網頁設定為連結位置可將參數 Address 設定為「Address:=https://dekiru.net」這類字串。

### HINT 想將電子郵件信箱設定為連結位置的情況

要將電子郵件信箱設定為連結位置，可將參數 Address 設定為「Address"=mailto:電子郵件信箱」這種內容，也就是在電子郵件信箱附加「mailto:」的語法。

### HINT 如何在圖形設定超連結

要在圖形設定超連結可在參數 Anchor 指定圖形。下列的範例會在啟用中工作表的第 1 個圖形設定連往網頁的超連結。

範例 4-15_002.xlsm

```
Sub 在圖形設定超連結()
    ActiveSheet.Hyperlinks.Add Anchor:=ActiveSheet.Shapes(1), _
        Address:="https://www.flag.com.tw/"
End Sub
```

### HINT 如何建立特定資料夾內的所有活頁簿的超連結

要在工作表建立連往資料夾之中所有活頁簿的超連結，可使用下列的語法。這種方法可在想製作各部門列表時，順便建立設定超連結，所以很適合用來開啟活頁簿。要執行下列的程式碼必須先完成參照 FSO 的設定。

範例 4-15_003.xlsm

參照 使用檔案系統物件……P.7-36

```
Sub 替資料夾內的所有活頁簿建立超連結()
    Dim i As Integer, myFSO As New FileSystemObject
    Dim myFiles As Files, myFile As File

    Set myFiles = myFSO.GetFolder(ThisWorkbook.Path & "\分店報表").Files
    i = 2
    For Each myFile In myFiles
        ActiveSheet.Hyperlinks.Add Anchor:=Cells(i, 2), _
            Address:=myFile.Path, _
            TextToDisplay:=myFile.Name
        i = i + 1
    Next
    Set myFiles = Nothing: Set myFile = Nothing
End Sub
```

| | A | B | C | D | E |
|---|---|---|---|---|---|
| 1 | | 「分店報表」資料夾內的活頁簿 | | | |
| 2 | | 原宿.xlsx | | | |
| 3 | | 新宿.xlsx | | | |
| 4 | | 澀谷.xlsx | | | |
| 5 | | 青山.xlsx | | | |

## 如何執行超連結？

**物件.Follow(NewWindow, ExtraInfo, Method, HeaderInfo)**

▶解説

Follow 方法可執行指定的超連結。要開啟特定的工作表、檔案或網頁時，假設儲存格已設定了超連結，就可利用 Follow 方法執行超連結，顯示需要的視窗。

▶設定項目

**物件**……指定為 Hyperlink 物件。

NewWindow……設定為 True 時，會於新視窗開啟連結位置。若要省略這個參數可指定為 False (可省略)。

ExtraInfo……指定 HTTP 的追加資訊 (可省略)。

Method……利用 MsoExtraInfoMethod 列舉型常數指定連結參數 ExtraInfo 的連結方法 (可省略)。

MsoExtraInfoMethod 列舉型常數

| 常數 | 內容 |
|---|---|
| msoMethodGet | ExtraInfo 是於位址增加的字串 (String) |
| msoMethodPost | 以字串 (String) 或位元組陣列儲存 ExtraInfo |

HeaderInfo……指定為連結所需的使用名稱、密碼這類指定 HTTP Request 標頭內容的字串。若是省略，將指定為空白字串 (可省略)。

避免發生錯誤

點選超連結之後，工作表的超連結字串通常會變成紫色的，但如果以 Follow 方法執行超連結，超連結的字串就不會變成紫色。

### 範例 執行超連結

這次要執行 B2 儲存格的超連結。Hyperlinks（索引編號）可參照超連結物件。由於 B1 儲存格設定了一個超連結，所以可利用「Hyperlinks(1)」參照這個超連結。此外，如果連結位置有任何變動，或是無法連上網路，執行這個巨集就會發生錯誤，所以這個巨集還追加了錯誤處理的部分。

範例 4-15_004.xlsm

參照 On Error Goto 陳述式……P.3-71

```
1 Sub 執行超連結()
2     On Error GoTo errHandler
3     Range("B2").Hyperlinks(1).Follow
4     Exit Sub
5 errHandler:
6     MsgBox Err.Description
7 End Sub
```

1 「執行結連結」巨集
2 發生錯誤時，移動到行標籤 errHandler
3 執行 B2 儲存格的超連結
4 結束巨集處理 ( 因為到第三行程式碼都正常執行時，不會執行錯誤處理程式 )
5 行標籤 errHandler ( 於發生錯誤之際執行的部分 )
6 顯示錯誤訊息
7 結束巨集

想開啟這個儲存格的超連結的連結位置

**1** 啟動 VBE，輸入程式碼

**2** 執行巨集

```
Sub 執行超連結()
    On Error GoTo errHandler
    Range("B2").Hyperlinks(1).Follow
    Exit Sub
errHandler:
    MsgBox Err.Description
End Sub
```

啟動 Microsoft Edge，顯示指定的連結位置

### HINT 想跳過超連結，直接顯示網頁

若使用 Workbook 物件的 FollowHyperlink 方法，就能在儲存格沒有超連結的情況下，直接開啟連結位置。

語法為「Workbook 物件 .FollowHyperlink( Address,SubAddress, NewWindow, ExtraInfo,Method, HeaderInfo)。例如，設定為「ActiveWorkbook.FollowHyperlinkAddress:="https://dekiru.net"」就會開啟參數 Address 指定的網頁。

### HINT 刪除超連結

要刪除超連結可使用 HyperLink 物件的 Delete 方法。若要刪除啟用中工作表所有的超連結可對 HyperLinks 集合使用 Delete 方法，寫成「ActiveSheet.Hyperlinks.Delete」。刪除超連結之後，儲存格的超連結字串的格式也會刪除，但字串本身還會留著。

範例 4-15_005.xlsm

# 4-16 條件式格式設定

## 在儲存格設定帶有條件的格式

條件式格式除了可以設定文字顏色、背景顏色、框線這類格式，還能設定資料橫條、色階、圖示集這類視覺效果。VBA 是透過 FormatCondition 物件操作這些條件式格式。在此要說明的是利用 FormatConditon 物件設定條件的方法，以及符合條件的格式該如何設定，同時還要說明資料橫條、色階與圖示集的設定方法。

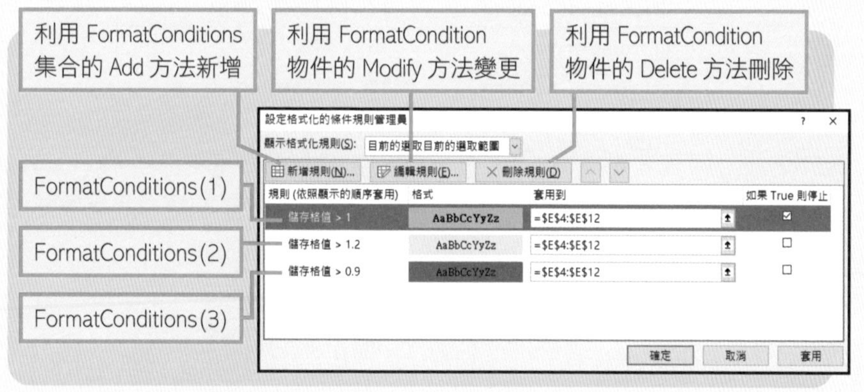


## 設定條件式格式

### 物件.Add(Type, Operator, Formula1, Formula2)

▶解說

要設定條件式格式得使用 Range 物件的條件式格式集合 FornatConditions 的Add方法建立 FormatCondition 物件。Add方法會傳回建立的 FormatCondition物件。之後可對這個 FormatCondition 物件使用Font屬性、Interior 屬性、Border屬性以及其他屬性設定格式。

▶設定項目

**物件**........................指定為 FormatConditions 集合。

Type......................利用 XlFormatConditionType 列舉型常數指定條件式格式的種類。

XlFormatConditionType 列舉型常數

| 常數名稱 | 值 | 內容 |
|---|---|---|
| xlCellValue | 1 | 儲存格的值 |
| xlExpression | 2 | 計算 |
| xlColorScale | 3 | 色階 |
| xlDatabar | 4 | 資料橫條 |
| xlTop10 | 5 | 前 10 個的值 |
| XlIconSet | 6 | 圖示集 |
| xlUniqueValues | 8 | 唯一的值 |
| xlTextString | 9 | 字串 |
| xlBlanksCondition | 10 | 空白條件 |
| xlTimePeriod | 11 | 期間 |
| xlAboveAverageCondition | 12 | 高於平均值的條件 |
| xlNoBlanksCondition | 13 | 無空白條件 |
| xlErrorsCondition | 16 | 錯誤條件 |
| xlNoErrorsCondition | 17 | 無錯誤條件 |

Operator............. 利用 XlFormatConditionOperator 列舉型的常數指定條件式格式的運算子。假設參數 Type 為 xlExpression，這個設定就會被忽略 (可省略)。

XlFormatConditionOperator 列舉型常數

| 常數名稱 | 值 | 內容 |
|---|---|---|
| xlBetween | 1 | 在某個範圍內 |
| xlNotBetween | 2 | 在某個範圍外 |
| xlEqual | 3 | 等於 |
| xlNotEqual | 4 | 不等於 |
| xlGreater | 5 | 大於 |
| xlLess | 6 | 小於 |
| xlGreaterEqual | 7 | 大於或等於 |
| xlLessEqual | 8 | 小於或等於 |

Formula1............. 指定作為條件的值。可使用數值、字串、儲存格參照、算式指定 (可省略)。

Formula2............. 當參數 Operator 為 xlBetween 或是 xlNotBetween 的時候，指定作為第 2 個條件的值 (可省略)。

**避免發生錯誤**

可在指定的儲存格範圍設定多個條件式格式。只要執行設定條件式格式的程序一次，就會追加一個條件式格式。

參照 刪除多餘的條件式格式……P.4-132

## 範例 在儲存格的值大於 100% 時，在儲存格設定格式

此範例要在 E4 ～ E12 儲存格的值大於 1 ( 大於 100%) 時，將文字設為粗體字，再將儲存格的背景套用淡粉紅色。主要是利用 Add 方法建立 FormatCondition 物件，再執行設定格式的程序。若要以儲存格的值為基準，參數 Type 就必須設定為 xlCellValue。

範例 4-16_001.xlsm

```
1 Sub␣根據儲存格的值設定套用顏色的條件式格式()
2     With␣Range("E4:E12").FormatConditions.Add␣_
        (Type:=xlCellValue,␣Operator:=xlGreater,␣Formula1:=1)
3         .Font.Bold␣=␣True
4         .Interior.Color␣=␣rbgLightPink
5     End␣With
6 End␣Sub
```

註：「_ ( 換行字元 )」，當程式碼太長要接到下一行程式時，可用此斷行符號連接→參照 P.2-15

1 「根據儲存格的值設定套用顏色的條件式格式」巨集
2 在 E4 ～ E12 儲存格建立「儲存格的值大於 1」的條件式格式，再對該條件進行下列的處理 (With 陳述式的開頭 )
3 將條件式格式的文字設為**粗體**
4 將條件式格式的儲存格背景色設為淡粉紅色
5 結束 With 陳述式
6 結束巨集

| NO | 姓名 | 個人目標 (萬) | 總目標 (萬) | 達成率 |
|---|---|---|---|---|
| 1 | 謝明其 | 320 | 406 | 126.9% |
| 2 | 張偉翔 | 400 | 457 | 114.3% |
| 3 | 田嘉新 | 350 | 382 | 109.1% |
| 4 | 林雪岑 | 450 | 393 | 87.3% |
| 5 | 黃佳惠 | 350 | 355 | 101.4% |
| 6 | 張美珊 | 300 | 325 | 108.3% |
| 7 | 陳昕吾 | 375 | 368 | 98.1% |
| 8 | 劉冠偉 | 425 | 402 | 94.6% |
| 9 | 吳玉倩 | 475 | 463 | 97.5% |
| 平均分數 | | | 395 | 104.2% |

替達成率超過 100% 的儲存格建立設定背景色的條件式格式，再於 E4 ～ E12 儲存格套用

1 啟動 VBE，輸入程式碼

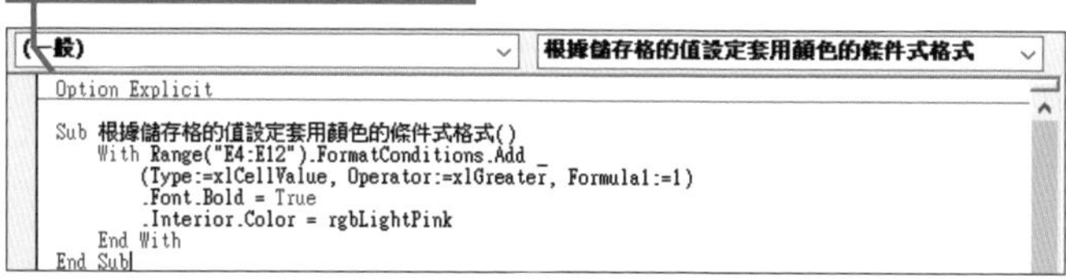

```
Option Explicit

Sub 根據儲存格的值設定套用顏色的條件式格式()
    With Range("E4:E12").FormatConditions.Add _
        (Type:=xlCellValue, Operator:=xlGreater, Formula1:=1)
        .Font.Bold = True
        .Interior.Color = rgbLightPink
    End With
End Sub
```

2 執行巨集

| NO | 姓名 | 個人目標 (萬) | 總目標 (萬) | 達成率 |
|---|---|---|---|---|
| 1 | 謝明其 | 320 | 406 | **126.9%** |
| 2 | 張偉翔 | 400 | 457 | **114.3%** |
| 3 | 田嘉新 | 350 | 382 | **109.1%** |
| 4 | 林雪岑 | 450 | 393 | 87.3% |
| 5 | 黃佳惠 | 350 | 355 | **101.4%** |
| 6 | 張美珊 | 300 | 325 | **108.3%** |
| 7 | 陳昕吾 | 375 | 368 | 98.1% |
| 8 | 劉冠偉 | 425 | 402 | 94.6% |
| 9 | 吳玉倩 | 475 | 463 | 97.5% |
| 平均分數 | | | 395 | 104.2% |

在儲存格套用剛剛建立的條件式格式

### 刪除多餘的條件式格式

新增條件式格式後，新的條件式格式會與之前的條件式格式並存。如果不需要這麼多個條件式格式，可先刪除多餘的條件式格式再重新設定。底下的範例先利用 Count 屬性確認特定儲存格範圍已經有幾個條件式格式，確認 Count 屬性不為 0 ( 已設定了條件式格式的情況 ) 之後，再利用下列的語法，也就是 Delete 方法刪除該條件式格式。

範例 4-16_002.xlsm

參照 刪除儲存格……P.4-52
參照 利用 Count 屬性取得列數與欄數……P.4-34

```
Sub 根據儲存格的值設定套用顏色的條件式格式2()
    If Range("E4:E12").FormatConditions.Count <> 0 Then
        Range("E4:E12").FormatConditions.Delete
    End If
    With Range("E4:E12").FormatConditions.Add _
        (Type:=xlCellValue, Operator:=xlGreater, Formula1:=1)
        .Font.Bold = True
        .Interior.Color = rgbLightPink
    End With
End Sub
```

### 如何刪除條件式格式

要刪除指定儲存格範圍的條件式格式可使用「儲存格範圍 .FormatConditions.Delete」語法。要刪除整張工作表的條件式格式可使用「Cells.FormatConditions.Delete」語法。

範例 4-16_001.xlsm

### 條件式格式的層級高於一般格式

條件式格式位於 range 物件的 Interior 屬性或 Font 屬性設定的格式上層，所以利用條件式格式設定的格式無法直接變更或刪除。就算看起來好像可以利用條件式格式變更或刪除格式，只要一刪除條件式格式，就會顯示原本的格式。

### 如何變更既有的條件式格式

要變更既有的條件式格式可使用 Modify 方法。語法為「FormatCondition 物件 .Modify (Type,Operator, Formula1, Formula2)」，參數與 Add 方法相同。例如，要將 E4 ～ E12 儲存格的第一個條件式格式變更為大於等於 90%，可參考右圖的程式碼。

範例 4-16_002.xlsm

```
Sub 變更條件式格式()
    Range("E4:E12").FormatConditions(1).Modify _
        Type:=xlCellValue, Operator:=xlGreaterEqual, Formula1:=0.9
End Sub
```

### 變更條件式格式的優先順序

當設定了多個條件式格式，先設定的條件式格式擁有較高的優先順序。如果希望後續新增的條件式格式能擁有最優先的順序，可用「FormatCondition 物件 .SetFirstPriority」語法，如果希望設成最後的優先順序，則可使用「FormatCondition 物件 .SetLastPriority」。此外，要在滿足條件後，不再套用後續的條件式格式，可指定為「FormatCondition 物件 .StopIfTrue=True」。要參照條件式格式可使用 FormatConditions( 索引編號 )，在**設定格式化的條件規則管理員**交談窗中的順序，由上而下為 1、2、3，這個順序就是優先順序。如果要參考第 1 個條件式格式可使用「儲存格範圍 .FormatConditions (1)」取得，如果要參照最後一個條件式格式可使用「儲存格範圍 .FormatConditions ( 儲存格範圍 .FormatConditions.Count)」取得。

可利用 SetFirstPriority 方法將優先順序設定為第一
可利用 SetLastPriority 方法將優先順序設定為最後
設定格式化的條件規則管理員
規則 (依照顯示的順序套用)
格式
套用到
如果 True 則停止
儲存格值 > 1.2
儲存格值 > 0.9
=$E$4:$E$12
當 StopIfTrue 屬性設定為 True，只要條件式格式的條件成立，就不會再套用後續的條件式格式

## 範例 根據指定的字串設定格式

這次要設定的是在 B4 ～ B12 儲存格有「田」這個字的時候，替儲存格設定顏色的條件式格式。要以字串為條件時，可將參數 Type 設定為 xlTextString，接著利用參數 String 設定要作為條件的字串，以及利用 TextOperator 指定判斷條件的方法。以參數 String 指定特定字串時，要將參數 TextOperator 設定為 xlContains。

範例 4-16_003.xlsm

```
1  Sub␣根據特定字串設定條件式格式()
2      With␣Range("B4:B12").FormatConditions.Add␣_
           (Type:=xlTextString,␣String:="田",␣TextOperator:=xlContains)
3          .Interior.Color␣=␣RGB(255,␣204,␣153)
4      End␣With
5  End␣Sub
```

註：「_（換行字元）」，當程式碼太長要接到下一行程式時，可用此斷行符號連接→參照 P.2-15

1 「根據特定字串設定條件式格式」巨集
2 在 B4 ～ B12 儲存格新增「田」這個字串時套用的條件式格式，再針對這個條件式格式進行下列的處理 (With 陳述式的開頭 )
3 在 B4 ～ B12 儲存格的條件式格式的背景色設定為 RGB (255,204,153) 的 RGB 值。
4 結束 With 陳述式
5 結束巨集

想替有「田」這個字串的儲存格設定條件式格式，藉此變更儲存格的顏色

| | A | B | C | D | E | F |
|---|---|---|---|---|---|---|
| 1 | 年度業績 | | | | | |
| 2 | | | | | | |
| 3 | NO | 姓名 | 個人目標 (萬) | 總目標 (萬) | 達成率 | |
| 4 | 1 | 謝明其 | 320 | 406 | 126.9% | |
| 5 | 2 | 張偉翔 | 400 | 457 | 114.3% | |
| 6 | 3 | 田嘉新 | 350 | 382 | 109.1% | |
| 7 | 4 | 林雪岑 | 450 | 393 | 87.3% | |
| 8 | 5 | 黃佳惠 | 350 | 355 | 101.4% | |
| 9 | 6 | 張美珊 | 300 | 325 | 108.3% | |
| 10 | 7 | 陳昕吾 | 375 | 368 | 98.1% | |
| 11 | 8 | 劉冠偉 | 425 | 402 | 94.6% | |
| 12 | 9 | 吳玉倩 | 475 | 463 | 97.5% | |
| 13 | 平均分數 | | | 395 | 104.2% | |
| 14 | | | | | | |

替符合條件的儲存格設定了變更顏色的條件式格式，也套用了這個條件式格式

### HINT 參數 TextOperator 的設定值

要以字串為條件的時候，可在參數 TextOperator 利用 XlContainsOperator 列舉型常數指定針對參數 String 判斷條件的方法。常數共有下列這幾種。

| 常數名稱 | 內容 |
|---|---|
| xlContains | 包含指定的值 |
| xlDoesNotContain | 不包含指定的值 |
| xlBeginsWith | 以指定的值開始 |
| xlEndsWith | 以指定的值結尾 |

## 範例 根據特定期間設定格式

這次設定的是當期間為今天 ( 假設是 2020/10/29) 到七天前，就在 A2 ～ A15 儲存格設定顏色的條件式格式。第一步先將參數 Type 設定為 xlTimePeriod，再將參數 DateOperator 設定為 xlLast7Days，也就是前七天這個條件。這次的範例會將儲存格的顏色設定為佈景主題色彩的輔色 2，亮度設定為 0.6。 範例 4-16_004.xlsm

```
1  Sub 根據特定期間設定條件式格式()
2      With Range("A2:A15").FormatConditions.Add _
           (Type:=xlTimePeriod, DateOperator:=xlLast7Days)
3          .Interior.ThemeColor = xlThemeColorAccent2
4          .Interior.TintAndShade = 0.6
5      End With
6  End Sub
```

註：「_ ( 換行字元 )」，當程式碼太長要接到下一行程式時，可用此斷行符號連接→參照 P.2-15

1 「根據特定期間設定條件式格式」巨集
2 在 A2 ～ A15 儲存格追加「今天到七天前」這個條件式格式，再針對該條件式格式執行下列的處理 (With 陳述式的開頭 )
3 將 A2 ～ A15 儲存格的條件式格式的背景色設定為佈景主題色彩的**輔色 2**
4 將 A2 ～ A15 儲存格的條件式格式的亮度設定為 0.6
5 結束 With 陳述式
6 結束巨集

當日期介於今天 (10 月 29 日 ) 與過去七天的範圍，就將儲存格的背景色設定為紅色

| | A | B | C | D |
|---|---|---|---|---|
| 1 | 日期 | 工作日 | 預定 | |
| 2 | 11月8日 | 週二 | 拜訪客戶 | |
| 3 | 11月9日 | 週三 | | |
| 4 | 11月10日 | 週四 | | |
| 5 | 11月11日 | 週五 | | |
| 6 | 11月12日 | 週六 | | |
| 7 | 11月13日 | 週日 | 會議 | |
| 8 | 11月14日 | 週一 | | |
| 9 | 11月15日 | 週二 | 提出企劃 | |
| 10 | 11月16日 | 週三 | | |
| 11 | 11月17日 | 週四 | | |
| 12 | 11月18日 | 週五 | | |
| 13 | 11月19日 | 週六 | | |
| 14 | 11月20日 | 週日 | | |
| 15 | 11月21日 | 週一 | | |
| 16 | | | | |

### HINT 參數 DateOperator 的設定值

利用參數 Type 指定 xlTimePeriod ( 期間 ) 之後，可利用 XlTimePeriods 列舉型常數在參數 DateOperator 指定期間。可使用的常數值如下。

| 常數名稱 | 內容 |
|---|---|
| xlYesterday | 昨天 |
| xlToday | 今天 |
| xlTomorrow | 明天 |
| xlLast7Days | 過去七天 |
| xlLastWeek | 上週 |
| xlThisWeek | 本週 |
| xlNextWeek | 下週 |
| xlLastMonth | 上個月 |
| xlThisMonth | 這個月 |
| xlNextMonth | 下個月 |

# 利用前幾名與後幾名的規則設定條件式格式

## 物件.AddTop10

▶解說

AddTop10 方法可在特定儲存格範圍設定資料介於前幾名或後幾名的條件式格式，甚至可利用百分比設定條件式格式。AddTop10 方法會傳回條件式格式物件之一的 Top10 物件，之後可對這個物件設定進一步的條件或格式。此外，AddTop10 方法與利用 Add 方法設定參數 xlTop10 的結果相同。

▶設定項目

**物件**……………………指定 FormatConditions 集合。

**避免發生錯誤**

可在指定的儲存格範圍設定多個條件式格式。只要執行設定條件式格式的程序一次，就會追加一個條件式格式。為了避免新增多餘的條件式格式，可先刪除所有既存的條件式格式再行新增。

參照 刪除多餘的條件式格式……P.4-132

## 範例 在特定儲存格範圍之前的前三名資料設定格式

這次要在 E4 ～ E12 儲存格設定條件式格式，改變前三名（由大至小排列的順序）的儲存格的背景色。第一步是利用 AddTop10 方法建立條件式格式物件之一的 Top10 物件。在 Top10 物件的 TopBottom 屬性指定代表前幾名的 xlTop10Top，再以 Rank 屬性指定為 3，就能建立前三名這種條件。

範例 4-16_005.xlsm

```
1 Sub 在前三名的資料設定格式()
2     With Range("E4:E12").FormatConditions.AddTop10
3         .TopBottom = xlTop10Top
4         .Rank = 3
5         .Interior.Color = rgbLavender
6     End With
7 End Sub
```

1 「在前三名的資料設定格式」巨集
2 在 E4 ～ E12 儲存格建立以前幾名／後幾名作為規則的條件式格式，再對該條件式格式執行下列的處理 (With 陳述式的開頭)
3 設定前幾名的規則
4 將排名範圍設定為 3
5 將條件式格式的儲存格設定為薰衣草顏色
6 結束 With 陳述式
7 結束巨集

年度業績

| NO | 姓名 | 個人目標 (萬) | 總目標 (萬) | 達成率 |
|---|---|---|---|---|
| 1 | 謝明其 | 320 | 406 | 126.9% |
| 2 | 張偉翔 | 400 | 457 | 114.3% |
| 3 | 田嘉新 | 350 | 382 | 109.1% |
| 4 | 林雪岑 | 450 | 393 | 87.3% |
| 5 | 黃佳惠 | 350 | 355 | 101.4% |
| 6 | 張美珊 | 300 | 325 | 108.3% |
| 7 | 陳昕吾 | 375 | 368 | 98.1% |
| 8 | 劉冠偉 | 425 | 402 | 94.6% |
| 9 | 吳玉倩 | 475 | 463 | 97.5% |
| 平均分數 | | | 395 | 104.2% |

建立了在前三名的儲存格設定顏色的條件式格式

### 設定前幾名／後幾名規則的方法

利用 AddTop10 方法或 Add(xlTop10) 建立條件式格式之後，就會傳回 Top10 物件。使用這個物件的三種屬性即可設定前幾名與後幾名的規則。比方說，想在資料落在前 50% 的儲存格套用顏色時，可將程式碼寫成下列的內容。

| 屬性 | 設定值 |
|---|---|
| TopBottom | xlTop10Bottom：從後面數來的順位<br>xlTop10：從前面數來的順位 |
| Rank | 以長整數類型的數值指定排名數或百分比 |
| Percent | 指定是否將 Rank 的值轉換成百分比的值。假設這個參數為 True，就會轉換成百分比，若設定為 False 或省略，則會維持排名數 |

範例 4-16_006.xlsm

```
Sub 在前百分之50套用格式()
    With Range("E4:E12").FormatConditions.AddTop10
        .TopBottom = xlTop10Top
        .Rank = 50
        .Percent = True
        .Interior.Color = RGB(255, 204, 255)
    End With
End Sub
```

設定前段班的順位

設定排名範圍為 50

將排名值設定為百分比

## 設定大於等於／小於等於平均的條件式格式

### 物件.AddAboveAverage

▶解說

AddAboveAverage 方法可在指定的儲存格範圍之內設定大於等於或小於等於平均的條件式格式，藉此在符合條件的儲存格套用條件式格式。利用AddAboveAverage 方法會傳回條件式格式物件之一的 AboveAverage 物件，之後便可對這個物件設定更進階的條件或是格式。此外，AddAboveAverage 方法與利用 Add 方法指定參數 xlAboveAverageCondition 的結果一樣。

▶設定項目

**物件**........................指定 FormatConditions 集合。

避免發生錯誤

可在指定的儲存格範圍設定多個條件式格式。只要執行設定條件式格式的程序一次，就會追加一個條件式格式。為了避免新增多餘的條件式格式，可先刪除所有既存的條件式格式再行新增。

參照 刪除多餘的條件式格式……P.4-132

## 範例 在特定儲存格範圍設定大於等於平均值的條件式格式

要在 D4 ～ D12 儲存格中，變更值大於平均分數的儲存格的背景色，可使用 AddAboveAverage 方法，以及條件式格式物件之一的 AboveAverage 物件。利用這個物件的 AboveBelow 屬性指定代表大於等於平均值的 xlAboveAverage 後，就能建立大於等於平均值的條件。

範例 4-16_007.xlsm

```
1 Sub 在分數高於平均分數的時候設定格式()
2     With Range("D4:D12").FormatConditions.AddAboveAverage
3         .AboveBelow = xlAboveAverage
4         .Interior.Color = RGB(255, 105, 105)
5     End With
6 End Sub
```

1 「在分數高於平均分數的時候設定格式」巨集
2 在 D4 ～ D12 儲存格建立大於等於／小於等於平均值的條件式格式，再針對該條件式格式執行下列的處理 (With 陳述式的開頭 )
3 設定大於等於平均值的規則
4 將符合規則的儲存格設定為 RGB (255,105,105) 的顏色
5 結束 With 陳述式
6 結束巨集

| | A | B | C | D | E | F |
|---|---|---|---|---|---|---|
| 1 | 年度業績 | | | | | |
| 2 | | | | | | |
| 3 | NO | 姓名 | 個人目標 (萬) | 總目標 (萬) | 達成率 | |
| 4 | 1 | 謝明其 | 320 | 406 | 126.9% | |
| 5 | 2 | 張偉翔 | 400 | 457 | 114.3% | |
| 6 | 3 | 田嘉新 | 350 | 382 | 109.1% | |
| 7 | 4 | 林雪岑 | 450 | 393 | 87.3% | |
| 8 | 5 | 黃佳惠 | 350 | 355 | 101.4% | |
| 9 | 6 | 張美珊 | 300 | 325 | 108.3% | |
| 10 | 7 | 陳昕吾 | 375 | 368 | 98.1% | |
| 11 | 8 | 劉冠偉 | 425 | 402 | 94.6% | |
| 12 | 9 | 吳玉倩 | 475 | 463 | 97.5% | |
| 13 | 平均分數 | | | 395 | 104.2% | |
| 14 | | | | | | |

設定了分數高於平均值就套用儲存格顏色的條件式格式

### AboveBelow 屬性的設定值

以 AddAboveAverage 方法或是 Add (xlAboveAverageCondition) 建立的 AboveAverage 物件都可利用 AboveBelow 屬性指定內建的規則。此時可利用 XlAboveBelow 列舉型常數指定。

| 常數名稱 | 內容 |
|---|---|
| xlBelowAverage | 低於平均 |
| xlAboveAverage | 高於平均 |
| xlEqualAboveAverage | 大於等於平均 |
| xlEqualBelowAverage | 小於等於平均 |
| xlAboveStdDev | 高於標準差 |
| xlBelowStdDev | 低於標準差 |

# 設定顯示資料橫條的條件式格式

## 物件.AddDatabar

▶ 解說

AddDatabar 方法可根據特定儲存格範圍的值建立條件式格式，藉此依照值的大小顯示長度不一的資料橫條。當 AddDataBar 方法傳回條件式格式物件之一的 DataBar 物件，之後就能對這個物件設定資料橫條與資料橫條的格式。此外，AddDatabar 方法與利用 Add 方法指定參數 xlDatabar 的結果相同。

▶ 設定項目

**物件** ...................... 指定 FormatConditions 集合。

避免發生錯誤

可在指定的儲存格範圍設定多個條件式格式。只要執行設定條件式格式的程序一次，就會追加一個條件式格式。為了避免新增多餘的條件式格式，可先刪除所有既存的條件式格式再行新增。 參照 刪除多餘的條件式格式……P.4-132

### 範例 在特定的儲存格範圍顯示資料橫條

要在 E4 ～ E13 儲存格顯示資料橫條可使用 AddDatabar 方法。若要調整資料橫條的顏色可使用 DataBar 物件的 BarColr 屬性參照 FormatColor 物件，再利用 Color 屬性或 TintAndShade 屬性設定顏色。 範例 4-16_008.xlsm

```
1 Sub 設定顯示資料橫條的條件式格式()
2     With Range("E4:E13").FormatConditions.AddDatabar
3         .BarColor.Color = rgbLightGreen
4     End With
5 End Sub
```

1 「設定顯示資料橫條的條件式格式」巨集
2 在 E4 ～ E13 儲存格建立顯示資料橫條的條件式格式，再針對該條件式格式執行下列處理 (With 陳述式的開頭 )
3 將資料橫條的顏色設定為亮綠色
4 結束 With 陳述式
5 結束巨集

年度業績

| NO | 姓名 | 個人目標 (萬) | 總目標 (萬) | 達成率 |
|---|---|---|---|---|
| 1 | 謝明其 | 320 | 406 | 126.9% |
| 2 | 張偉翔 | 400 | 457 | 114.3% |
| 3 | 田嘉新 | 350 | 382 | 109.1% |
| 4 | 林雪岑 | 450 | 393 | 87.3% |
| 5 | 黃佳惠 | 350 | 355 | 101.4% |
| 6 | 張美珊 | 300 | 325 | 108.3% |
| 7 | 陳昕吾 | 375 | 368 | 98.1% |
| 8 | 劉冠偉 | 425 | 402 | 94.6% |
| 9 | 吳玉倩 | 475 | 463 | 97.5% |
| 平均分數 | | | 395 | 104.2% |

新增說明達成率的資料橫條了

### 隱藏值，只顯示資料橫條

將 DataBar 物件的 ShowValue 屬性設定為 False，就能隱藏儲存格的值，只顯示對應的資料橫條，看起來就會像是一張圖表。此外，這個屬性的預設值為 True，所以通常會一併顯示值與資料橫條。

## 設定顯示色階的條件式格式

### 物件.AddColorScale (ColorScaleType)

▶解說

AddColorScale 方法可根據特定儲存格範圍的值設定根據值的大小顯示 2 色或3 色配色的條件式格式。當 AddColorScale 方法傳回條件式格式物件之一的 ColorScale 物件，就能對該物件設定色階。

▶設定項目

**物件**................................ 指定 FormatConditions 集合。

ColorScaleType.......... 指定色階的顏色。若要指定為 2 色可指定為「2」，3 色則指定為「3」。

避免發生錯誤

可在指定的儲存格範圍設定多個條件式格式。只要執行設定條件式格式的程序一次，就會追加一個條件式格式。為了避免新增多餘的條件式格式，可先刪除所有既存的條件式格式再行新增。

參照 刪除多餘的條件式格式……P.4-132

## 範例 在特定的儲存格範圍顯示 2 色色階

這次要在 D4 ～ D12 儲存格顯示 2 色色階。第一步會先將 AddColorScale 方法的參數設定為 2，建立色階。範例會將利用 AddColorScale 方法建立的 ColorScale 物件存入變數 myCS，再進行各種設定。色階的最小臨界值與最大臨界值可利用 ColorScaleCriteria (1) 與 ColorScaleCriteria (2) 設定。Type 屬性可設定臨界值的種類，FormatColor 屬性可設定顏色。

範例 4-16_009.xlsm

```
1  Sub 雙色色階()
2      Dim myCS As ColorScale
3      Set myCS = Range("D4:D12").FormatConditions.AddColorScale(2)
4      With myCS.ColorScaleCriteria(1)
5          .Type = xlConditionValueLowestValue
6          .FormatColor.Color = rgbGold
7      End With
8      With myCS.ColorScaleCriteria(2)
9          .Type = xlConditionValueHighestValue
10         .FormatColor.Color = rgbViolet
11     End With
12     Set myCS = Nothing
13 End Sub
```

1 「雙色色階」巨集
2 宣告 ColorScale 類型的變數 myCS
3 設定在 D4 ～ D12 儲存格顯示 2 色色階的條件式格式，再將新增的 ColorScale 物件存入變數 myCS
4 對存入變數 myCS 的 ColorScale 物件的第一個臨界值的條件進行下列的處理 (With 陳述式的開頭 )
5 將規則種類設定為最小值的值
6 將色階的顏色設定為金黃色
7 結束 With 陳述式
8 對存入變數 myCS 的 ColorScale 物件的第二個臨界值的條件進行下列的處理 (With 陳述式的開頭 )
9 將規則種類設定為最大值的值
10 將色階的顏色設定為紫色
11 結束 With 陳述式
12 解除對變數 myCS 的參照
13 結束巨集

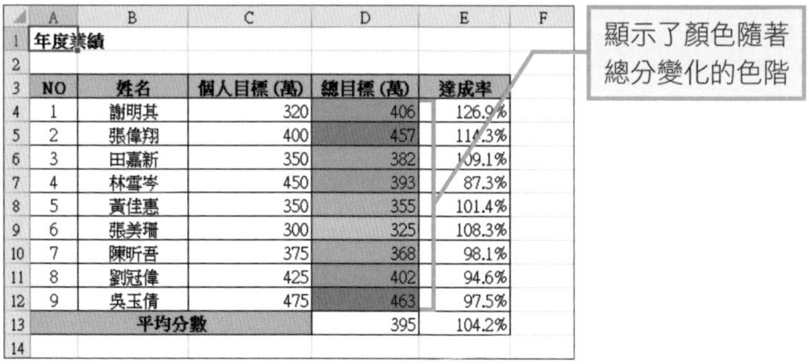

| | A | B | C | D | E | F |
|---|---|---|---|---|---|---|
| 1 | 年度業績 | | | | | |
| 2 | | | | | | |
| 3 | NO | 姓名 | 個人目標 (萬) | 總目標 (萬) | 達成率 | |
| 4 | 1 | 謝明其 | 320 | 406 | 126.9% | |
| 5 | 2 | 張偉翔 | 400 | 457 | 114.3% | |
| 6 | 3 | 田嘉新 | 350 | 382 | 109.1% | |
| 7 | 4 | 林雪岑 | 450 | 393 | 87.3% | |
| 8 | 5 | 黃佳惠 | 350 | 355 | 101.4% | |
| 9 | 6 | 張美珊 | 300 | 325 | 108.3% | |
| 10 | 7 | 陳昕吾 | 375 | 368 | 98.1% | |
| 11 | 8 | 劉冠偉 | 425 | 402 | 94.6% | |
| 12 | 9 | 吳玉倩 | 475 | 463 | 97.5% | |
| 13 | 平均分數 | | | 395 | 104.2% | |
| 14 | | | | | | |

顯示了顏色隨著總分變化的色階

設定臨界值的 Type 屬性的設定值
(XlConditionValueType 列舉型常數 )

| 常數 | 內容 |
|---|---|
| xlConditionValueLowestValue | 所有值的最低值 |
| xlConditionValueHighestValue | 所有值的最高值 |
| xlConditionValueNumber | 數字 |
| xlConditionValuePercent | 百分比 |
| xlConditionValuePercentile | 百分位數 |
| xlConditionValueFormula | 公式 |
| xlConditionValueNone | 沒有值 |

### HINT 設定 3 色色階

要將色階設定為3 色，可將 AddColorScale 方法的參數設定為 3，再建立 ColorScale 物件，接著利用 ColorScaleCriteria (1)、ColorScaleCriteria (2)、ColorScaleCriteria (3) 設定最小、中間、最大的臨界值的條件。要將最小的臨界值設定為金色 (rgbGold)，中間的臨界值設定為粉藍色 (rgbPowderBlue) 以及最大的臨界直設定為紫色 (rgbViolet)，再顯示色階的話，可將程式碼寫成右側的內容。

```
Sub 設定3色色階()
    Dim myCS As ColorScale
    Set myCS = Range("D4:D12").FormatConditions.AddColorScale(3)
    With myCS.ColorScaleCriteria(1)
        .Type = xlConditionValueLowestValue '最小值
        .FormatColor.Color = rgbGold
    End With
    With myCS.ColorScaleCriteria(2)
        .Type = xlConditionValuePercentile  '中間值（百分之50）
        .Value = 50
        .FormatColor.Color = rgbPowderBlue
    End With
    With myCS.ColorScaleCriteria(3)
        .Type = xlConditionValueHighestValue  '最大值
        .FormatColor.Color = rgbViolet
    End With
    Set myCS = Nothing
End Sub
```

範例 4-17_010.xlsm

### HINT 設定色階的臨界值的條件

要設定色階的最大、最小臨界值的條件可利用 AddColorScale 方法建立 ColorScale 物件，再利用 C olorScaleCriteria 屬性撰寫 ColorScaleCriteria (1)、ColorScaleCriteria (2) 的語法，取得代表最小與最大的色階臨界值條件的物件。之後再利用 Type 屬性或 FormatColor 屬性對這類物件設定臨界值的種類或顏色。

# 設定顯示圖示集的條件式格式

## 物件.AddIconsetCondition

▶解說

AddIconsetCondition 方法可根據特定儲存格範圍的值建立條件式格式，藉此根據該值的大小顯示不同的圖示。當 AddIconsetCondition 方法傳回條件式格式物件之一的 IconSetCondition 物件，即可利用該物件設定圖示集的種類與臨界值。

▶設定項目

**物件**......................指定 FormatCondtions 集合。

避免發生錯誤

可在指定的儲存格範圍設定多個條件式格式。只要執行設定條件式格式的程序一次，就會追加一個條件式格式。為了避免新增多餘的條件式格式，可先刪除所有既存的條件式格式再行新增。

參照 刪除多餘的條件式格式……P.4-132

### 範例 在特定儲存格範圍顯示圖示集

此範例要在 E4 ～ E12 儲存格顯示**三符號**的圖示集。範例將第 2 個圖示的臨界值設定為 >= 0.95，並將第 3 個圖示的臨界值設定為 >= 1。圖示可利用 IconSetCondition 物件的 IconSet 屬性指定。要將圖示的種類設定為**三符號**可利用活頁簿的 IconSets 屬性指定常數 xl3Symbols。此外，在臨界值的部分，IconCriteria (2) 可設定第 2 個圖示，IconCriteria (3) 可設定第 3 個圖示。

範例 4-16_011.xlsm

```
Sub 顯示圖示集()
    Dim myISC As IconSetCondition
    Cells.FormatConditions.Delete
    Set myISC = Range("E4:E12"). FormatConditions.AddIconSetCondition
    With myISC
        .IconSet = ActiveWorkbook.IconSets(xl3Symbols)
        .IconCriteria(2).Type = xlConditionValueNumber
        .IconCriteria(2).Value = 0.95
        .IconCriteria(2).Operator = xlGreaterEqual
        .IconCriteria(3).Type = xlConditionValueNumber
        .IconCriteria(3).Value = 1
        .IconCriteria(3).Operator = xlGreaterEqual
    End With
    Set myISC = Nothing
End Sub
```

1 「顯示圖示集」巨集
2 宣告 IconSetConditon 類型的變數 myISC
3 刪除工作表所有的條件式格式
4 在 E4 ～ E12 儲存格建立顯示圖示集的條件式格式，再將新增的 IconSetCondition 物件存入變數 myISC
5 對存入變數 myISC 的 IconSetCondition 物件執行下列的處理 (With 陳述式的開頭 )
6 將圖示種類設定為**三符號**
7 將第 2 個圖示的臨界值種類設定為數值
8 將第 2 個圖示的臨界值設定為 0.95
9 將第 2 個圖示的運算子設定為**大於等於**
10 將第 3 個圖示的臨界值種類設定為數值
11 將第 3 個圖示的臨界值設定為 1
12 將第 3 個圖示的運算子設定為**大於等於**
13 結束 With 陳述式
14 釋放 myISC 變數
15 結束巨集

| | A | B | C | D | E | F |
|---|---|---|---|---|---|---|
| 1 | 年度業績 | | | | | |
| 2 | | | | | | |
| 3 | NO | 姓名 | 個人目標 (萬) | 總目標 (萬) | 達成率 | |
| 4 | 1 | 謝明其 | 320 | 406 | 126.9% | |
| 5 | 2 | 張偉翔 | 400 | 457 | 114.3% | |
| 6 | 3 | 田嘉新 | 350 | 382 | 109.1% | |
| 7 | 4 | 林雲岑 | 450 | 393 | 87.3% | |
| 8 | 5 | 黃佳惠 | 350 | 355 | 101.4% | |
| 9 | 6 | 張美珊 | 300 | 325 | 108.3% | |
| 10 | 7 | 陳昕吾 | 375 | 368 | 98.1% | |
| 11 | 8 | 劉冠偉 | 425 | 402 | 94.6% | |
| 12 | 9 | 吳玉倩 | 475 | 463 | 97.5% | |
| 13 | 平均分數 | | | 395 | 104.2% | |
| 14 | | | | | | |

想根據達成率顯示圖示集

**1** 啟動 VBE，輸入程式碼

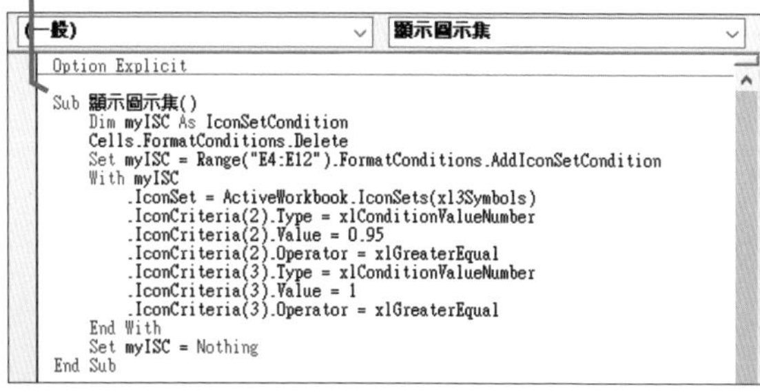
(一般)　顯示圖示集

```
Option Explicit

Sub 顯示圖示集()
    Dim myISC As IconSetCondition
    Cells.FormatConditions.Delete
    Set myISC = Range("E4:E12").FormatConditions.AddIconSetCondition
    With myISC
        .IconSet = ActiveWorkbook.IconSets(xl3Symbols)
        .IconCriteria(2).Type = xlConditionValueNumber
        .IconCriteria(2).Value = 0.95
        .IconCriteria(2).Operator = xlGreaterEqual
        .IconCriteria(3).Type = xlConditionValueNumber
        .IconCriteria(3).Value = 1
        .IconCriteria(3).Operator = xlGreaterEqual
    End With
    Set myISC = Nothing
End Sub
```

**2** 執行巨集

| | A | B | C | D | E | F |
|---|---|---|---|---|---|---|
| 1 | 年度業績 | | | | | |
| 2 | | | | | | |
| 3 | NO | 姓名 | 個人目標 (萬) | 總目標 (萬) | 達成率 | |
| 4 | 1 | 謝明其 | 320 | 406 | 126.9% | |
| 5 | 2 | 張偉翔 | 400 | 457 | 114.3% | |
| 6 | 3 | 田嘉新 | 350 | 382 | 109.1% | |
| 7 | 4 | 林雲岑 | 450 | 393 | 87.3% | |
| 8 | 5 | 黃佳惠 | 350 | 355 | 101.4% | |
| 9 | 6 | 張美珊 | 300 | 325 | 108.3% | |
| 10 | 7 | 陳昕吾 | 375 | 368 | 98.1% | |
| 11 | 8 | 劉冠偉 | 425 | 402 | 94.6% | |
| 12 | 9 | 吳玉倩 | 475 | 463 | 97.5% | |
| 13 | 平均分數 | | | 395 | 104.2% | |
| 14 | | | | | | |

依照臨界值的設定，顯示與達成率對應的圖示

## 圖示集的種類

內建的圖示集如下。由於圖示集是活頁簿的 IconSets 要合之一，所以要指定的時候，必須寫成「Workbook 物件 .IconSets ( 常數 )」。圖示集之中的各種圖示可利用 IconCriteria 取得，例如最右側的圖示可利用 IconCriteria (1) 取得，第 2 個圖示可利用 IconCriteria (2) 取得，以及分別設定圖示的臨界值。

| 圖示集 | 常數 | 內容 |
|---|---|---|
| | xl3Arrows | 三箭號 ( 彩色 ) |
| | xl3ArrowsGray | 三箭號 ( 灰 ) |
| | xl3Flags | 三旗幟 |
| | xl3TrafficLights1 ( **預設值** ) | 三交通號誌 ( 無框 ) |
| | xl3TrafficLights2 | 三交通號誌 ( 方框 ) |
| | xl3Signs | 三記號 |
| | xl3Symbols | 三符號 ( 圓框 ) |
| | xl3Symbols2 | 三符號 ( 無框 ) |
| | xl3Triangles | 3 種三角形 |
| | xl3Stars | 三種星 |
| | xl4Arrows | 四箭號 ( 彩色 ) |
| | xl4ArrowsGray | 四箭號 ( 灰 ) |
| | xl4RedToBlack | 紅色到黑色 |
| | xl4CRV | 四分類 |
| | xl4TrafficLights | 四交通號誌 |
| | xl5Arrows | 五箭號 ( 彩色 ) |
| | xl5ArrowsGray | 五箭號 ( 灰 ) |
| | xl5CRV | 五分類 |
| | xl5Quarters | 五刻鐘 |
| | xl5Boxes | 5 種方塊 |

# 4-17 走勢圖

## 走勢圖

走勢圖這項功能可在儲存格顯示簡易的圖表。設定折線、直條、輸贏分析這三種走勢圖，就能一眼看懂數值的變化。要利用 VBA 插入走勢圖可使用於儲存格範圍設定的走勢圖群組 SparklineGroup 物件。要設定走勢圖的主要顏色可使用 FormatColor 物件。要設定標記、高點、低點、第一點、最後點這類走勢圖資料點的話，可使用 SparkPoints 物件。在此介紹使用這些物件完成走勢圖各種設定的方法。

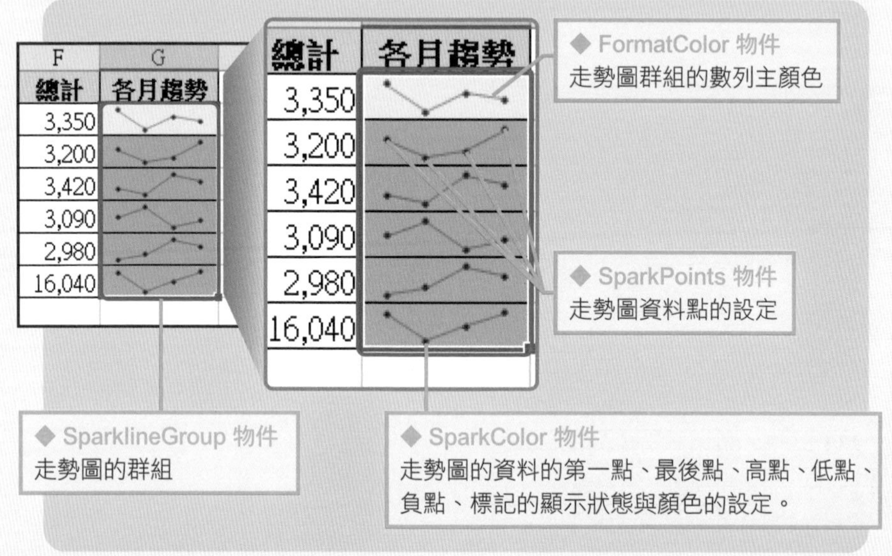


## 如何設定走勢圖？

### 物件.Add(Type, SourceData)

▶解說

要在指定的範圍設定走勢圖，可使用 Range 物件的走勢圖集合 SparklineGroups 集合 的Add方法。利用 Add 方法建立新的 SparklineGroup 物件，就會傳回 SparklineGroup 物件。

▶設定項目

**物件**……………… SparklineGroups 集合。

**Type**……………… 利用 XLSparkType 列舉型常數指定走勢圖的種類。

**SourceData**……… 指定用來建立走勢圖的範圍。

XlSparkType 列舉型的常數

| 常數 | 值 | 內容 |
|---|---|---|
| xlSparkLine | 1 | 折線走勢圖 |
| xlSparkColumn | 2 | 直條走勢圖 |
| xlSparkColumnStacked100 | 3 | 輸贏分析走勢圖 |

避免發生錯誤

走勢圖是 Excel 2010 之後才有的功能，Excel 2007 無法使用。

## 範例 設定折線走勢圖

這次要根據 B2 ～ E7 儲存格的每月業績資料在 G2 ～ G7 儲存格繪製折線走勢圖。

範例 4-17_001.xlsm

```
1 Sub 折線走勢圖的設定()
2     Range("G2:G7").SparklineGroups.Add _
          Type:=xlSparkLine, SourceData:="B2:E7"
3 End Sub
```

註：「_（換行字元）」，當程式碼太長要接到下一行程式時，可用此斷行符號連接→參照 P.2-15

1 「折線走勢圖的設定」巨集
2 根據 B2 ～ B7 儲存格的資料，在 G2 ～ G7 儲存格繪製折線走勢圖
3 結束巨集

| | A | B | C | D | E | F | G | H |
|---|---|---|---|---|---|---|---|---|
| 1 | | 4月 | 5月 | 6月 | 7月 | 總計 | 各月趨勢 | |
| 2 | 蛋糕捲 | 1,050 | 600 | 900 | 800 | 3,350 | | |
| 3 | 巧克力冰淇淋 | 850 | 650 | 720 | 980 | 3,200 | | |
| 4 | 芒果布丁 | 800 | 720 | 1,000 | 900 | 3,420 | | |
| 5 | 抹茶布丁 | 790 | 1,100 | 500 | 700 | 3,090 | | |
| 6 | 草莓慕斯 | 650 | 700 | 850 | 780 | 2,980 | | |
| 7 | 總計 | 4,140 | 3,770 | 3,970 | 4,160 | 16,040 | | |
| 8 | | | | | | | | |

想在這裡繪製折線走勢圖

**1** 啟動 VBE，輸入程式碼

(一般)
折線走勢圖的設定
Option Explicit
Sub 折線走勢圖的設定()
Range("G2:G7").SparklineGroups.Add _
Type:=xlSparkLine, SourceData:="B2:E7"
End Sub

**2** 執行巨集

| | A | B | C | D | E | F | G | H |
|---|---|---|---|---|---|---|---|---|
| 1 | | 4月 | 5月 | 6月 | 7月 | 總計 | 各月趨勢 | |
| 2 | 蛋糕捲 | 1,050 | 600 | 900 | 800 | 3,350 | | |
| 3 | 巧克力冰淇淋 | 850 | 650 | 720 | 980 | 3,200 | | |
| 4 | 芒果布丁 | 800 | 720 | 1,000 | 900 | 3,420 | | |
| 5 | 抹茶布丁 | 790 | 1,100 | 500 | 700 | 3,090 | | |
| 6 | 草莓慕斯 | 650 | 700 | 850 | 780 | 2,980 | | |
| 7 | 總計 | 4,140 | 3,770 | 3,970 | 4,160 | 16,040 | | |
| 8 | | | | | | | | |

在儲存格中繪製折線走勢圖

### 參照 SparklineGroups 集合

要參照 SparklineGroups 集合可使用 Range 物件的 SparklineGroups 屬性。對 Range 物件指定顯示走勢圖的儲存格範圍。比方說，要在 G2 ～ G7 儲存格顯示走勢圖，可將程式碼寫成「Range("G2:G7").SparklineGroups」，參照 SparklineGroups 集合。

### 刪除走勢圖

要刪除走勢圖可使用 SparklineGroups 集合的 ClearGroups 方法。比方說，要刪除內含 G2 儲存格的走勢圖群組裡的所有走勢圖，可使用下列的程式碼。此外，若只想刪除特定儲存格的走勢圖可使用 Clear 方法，將程式碼寫成「Range("G2").SparklineGroups.Clear」即可。

範例 4-17_001.xlsm

```
Sub 刪除走勢圖()
    Range("G2").SparklineGroups.ClearGroups
End Sub
```

## 設定走勢圖的顏色

### 物件.SeriesColor —— 取得

▶解說

要設定走勢圖的顏色可使用代表走勢圖群組數列主要顏色的 FormatColor 物件。FormatColor 物件可利用 SparklineGroup 物件的 SeriesColor 屬性取得。FormatColor 物件的 Color 屬性、ColorIndex 屬性、ThemeColor 屬性都可指定需要的顏色。

▶設定項目

**物件**........................指定 SparklineGroup 物件。

避免發生錯誤

FormatColor 物件只設定走勢圖的整體顏色。如果只想最大值的長條變色，或是希望個別的元素變色，可使用 SparkPoints 物件。

# 針對走勢圖的各資料點進行設定

## 物件.Points —— 取得

▶解說

SparklineGroup 物件 Points 物件可取代 SparkPoints 這個代表走勢圖資料點的物件，而這個物件可用來對高點、低點、第一點、最後點、負點進行各種設定，而這些資料點的設定部分可使用 Markers 屬性或 Highpoint 屬性取得 SparkColor 物件，或是利用 Visible 屬性設定顯示狀態，以及利用 Color 屬性設定顏色。

參照 取得 SparkColor 物件的屬性與對應的選單……P.4-151

▶設定項目

**物件**……………………指定 SparklineGroup 物件。

**避免發生錯誤**

SparkPoints 物件無法直接設定標記的顯示狀態或顏色，必須透過 Markers 這類屬性取得 SparkColor 物件，再對這個物件設定顯示狀態或是顏色。

## 範例 指定顏色，繪製長條走勢圖

這次要根據 B2 ～ E7 儲存格的每月業績資料在 G2 ～ G7 儲存格繪製長條走勢圖，再強調資料的最大值（高點）。要調整長條走勢圖的數列顏色就必須利用 SparklineGroup 物件的 SeriesColor 屬性取得 FormatColor 物件，再利用 ColorInde x 屬性指定顏色。要顯示資料最大值的資料點（高點）可使用 SparkPoints 物件的 Highpoint 屬性取得 SparkColor 物件，再將 Visible 屬性設定為 True。如果不另外指定顏色，資料最大值的資料點就會是預設的紅色。 範例 4-17_002.xlsm

```
1  Sub 指定長條走勢圖的顏色()
2      Dim mySG As SparklineGroup
3      Set mySG = Range("G2:G7").SparklineGroups.Add( _
           Type:=xlSparkColumn, SourceData:="B2:E7")
4      mySG.SeriesColor.ColorIndex = 10
5      mySG.Points.Highpoint.Visible = True
6  End Sub
```

註：「_（換行字元）」，當程式碼太長要接到下一行程式時，可用此斷行符號連接→參照 P.2-15

1 「指定長條走勢圖的顏色」的巨集
2 宣告 SparklineGroup 類型的變數 mySG。
3 根據 B2 ～ E7 儲存格的資料在 G2 ～ G7 儲存格繪製長條走勢圖，再將這個長條走勢圖代入變數 mySG
4 將數列的顏色設定為「10」（綠色）
5 顯示「高點」
6 結束巨集

| | A | B | C | D | E | F | G | H |
|---|---|---|---|---|---|---|---|---|
| 1 | | 4月 | 5月 | 6月 | 7月 | 總計 | 各月趨勢 | |
| 2 | 蛋糕捲 | 1,050 | 600 | 900 | 800 | 3,350 | | |
| 3 | 巧克力冰淇淋 | 850 | 650 | 720 | 980 | 3,200 | | |
| 4 | 芒果布丁 | 800 | 720 | 1,000 | 900 | 3,420 | | |
| 5 | 抹茶布丁 | 790 | 1,100 | 500 | 700 | 3,090 | | |
| 6 | 草莓慕斯 | 650 | 700 | 850 | 780 | 2,980 | | |
| 7 | 總計 | 4,140 | 3,770 | 3,970 | 4,160 | 16,040 | | |
| 8 | | | | | | | | |

想在這裡插入長條走勢圖

**1** 啟動 VBE，輸入程式碼

```
Sub 指定長條走勢圖的顏色()
    Dim mySG As SparklineGroup
    Set mySG = Range("G2:G7").SparklineGroups.Add( _
        Type:=xlSparkColumn, SourceData:="B2:E7")
    mySG.SeriesColor.ColorIndex = 10
    mySG.Points.Highpoint.Visible = True
End Sub
```

**2** 執行巨集

| | A | B | C | D | E | F | G | H |
|---|---|---|---|---|---|---|---|---|
| 1 | | 4月 | 5月 | 6月 | 7月 | 總計 | 各月趨勢 | |
| 2 | 蛋糕捲 | 1,050 | 600 | 900 | 800 | 3,350 | | |
| 3 | 巧克力冰淇淋 | 850 | 650 | 720 | 980 | 3,200 | | |
| 4 | 芒果布丁 | 800 | 720 | 1,000 | 900 | 3,420 | | |
| 5 | 抹茶布丁 | 790 | 1,100 | 500 | 700 | 3,090 | | |
| 6 | 草莓慕斯 | 650 | 700 | 850 | 780 | 2,980 | | |
| 7 | 總計 | 4,140 | 3,770 | 3,970 | 4,160 | 16,040 | | |
| 8 | | | | | | | | |

插入長條走勢圖了

## 範例 顯示折線走勢圖的標記，以及指定標記的顏色

此範例要根據 B2 ～ E7 儲存格的每月業績資料在 G2 ～ G7 儲存格繪製長條走勢圖，再將標記的顏色設定為藍色。要想顯示折線走勢圖的標記就要利用 SparkPoints 物件的 Markers 屬性取得 SparkColor 物件，再將 Visible 屬性設定為 True，以及將 Color 屬性設定為藍色。

範例 4-17_003.xlsm

```
1 Sub 顯示折線走勢圖的標記與設定標記的顏色()
2     Dim mySG As SparklineGroup
3     Set mySG = Range("G2:G7").SparklineGroups.Add( _
        Type:=xlSparkLine, SourceData:="B2:E7")
4     mySG.Points.Markers.Visible = True
5     mySG.Points.Markers.Color.Color = RGB(0, 0, 255)
6 End Sub
```

註:「_（換行字元）」，當程式碼太長要接到下一行程式時，可用此斷行符號連接→參照 P.2-15

1 「顯示折線走勢圖的標記與設定標記的顏色」巨集
2 宣告 SparklineGroup 類型的變數 mySG
3 根據 B2 ～ E7 儲存格的資料在 G2 ～ G7 儲存格插入折線走勢圖，再將這個折線走勢圖代入變數 mySG
4 顯示標記
5 將標記設定為藍色
6 結束巨集

| | A | B | C | D | E | F | G | H |
|---|---|---|---|---|---|---|---|---|
| 1 | | 4月 | 5月 | 6月 | 7月 | 總計 | 各月趨勢 | |
| 2 | 蛋糕捲 | 1,050 | 600 | 900 | 800 | 3,350 | | |
| 3 | 巧克力冰淇淋 | 850 | 650 | 720 | 980 | 3,200 | | |
| 4 | 芒果布丁 | 800 | 720 | 1,000 | 900 | 3,420 | | |
| 5 | 抹茶布丁 | 790 | 1,100 | 500 | 700 | 3,090 | | |
| 6 | 草莓慕斯 | 650 | 700 | 850 | 780 | 2,980 | | |
| 7 | 總計 | 4,140 | 3,770 | 3,970 | 4,160 | 16,040 | | |
| 8 | | | | | | | | |

想在這裡插入折線走勢圖

想顯示標記以及將標記設定為藍色

**1** 啟動 VBE，輸入程式碼

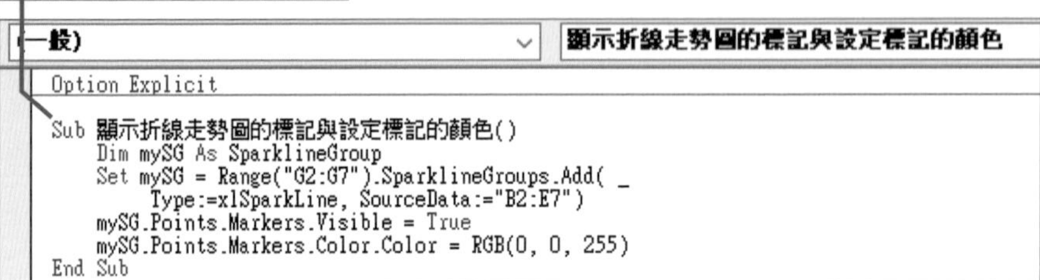

(一般) 顯示折線走勢圖的標記與設定標記的顏色

```
Option Explicit

Sub 顯示折線走勢圖的標記與設定標記的顏色()
    Dim mySG As SparklineGroup
    Set mySG = Range("G2:G7").SparklineGroups.Add( _
        Type:=xlSparkLine, SourceData:="B2:E7")
    mySG.Points.Markers.Visible = True
    mySG.Points.Markers.Color.Color = RGB(0, 0, 255)
End Sub
```

**2** 執行輸入的巨集

插入折線走勢圖了

| | A | B | C | D | E | F | G | H |
|---|---|---|---|---|---|---|---|---|
| 1 | | 4月 | 5月 | 6月 | 7月 | 總計 | 各月趨勢 | |
| 2 | 蛋糕捲 | 1,050 | 600 | 900 | 800 | 3,350 | | |
| 3 | 巧克力冰淇淋 | 850 | 650 | 720 | 980 | 3,200 | | |
| 4 | 芒果布丁 | 800 | 720 | 1,000 | 900 | 3,420 | | |
| 5 | 抹茶布丁 | 790 | 1,100 | 500 | 700 | 3,090 | | |
| 6 | 草莓慕斯 | 650 | 700 | 850 | 780 | 2,980 | | |
| 7 | 總計 | 4,140 | 3,770 | 3,970 | 4,160 | 16,040 | | |
| 8 | | | | | | | | |

顯示藍色的標記了

### HINT 指定標記或其他資料點的顏色的方法

要設定標記的顏色可仿照範例的第 5 行程式，使用「SparklineGroup 物件 .Points.Markers.Color.Color = RGB 函數」的語法。接在 Markers 屬性後面的 Color 屬性可取得設定走勢圖 X 軸或是標記顏色的 FormatColor 物件。第 2 個 Color 屬性則可指定顏色。此外，將第 2 個 Color 屬性換成 ColorIndex 屬性或是 ThemeColor 屬性，就能利用 TintAndShade 屬性指定顏色的明暗。

### 取得 SparkColor 物件的屬性與對應的選單

要設定走勢圖的資料高點、低點、第一點／最後點、負點與標記的顯示狀態或顏色，可使用 SparkColor 物件。與各資料點對應的 SparkColor 物件可利用右表的屬性取得。SparkColor 物件與下列的 Excel 選單對應。

SparkPoints 物件的屬性

| 屬性 | 內容 |
|---|---|
| Highpoint | 高點 |
| Lowpoint | 低點 |
| Negative | 負點 |
| Firstpoint | 第一點 |
| Lastpoint | 最後點 |
| Markers | 標記 |

◆ SparkColor 物件
利用 SparkPoints 物件的各屬性取得 SparkColor 物件，再利用 Visible 屬性設定顯示狀態

Firstpoint 屬性

Lastpoint 屬性

Highpoint 屬性

Lowpoint 屬性

Negative 屬性

Markers 屬性

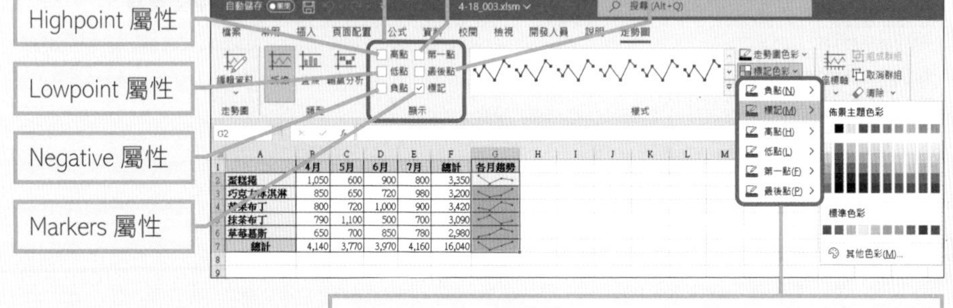

◆ FormatColor 物件
利用 SparkColor 物件的 Color 屬性取得 FormatColor 物件，再利用 Color 屬性設定顏色

## 範例 顯示負點，指定負點的顏色以及插入輸贏分析走勢圖

這次要根據 B2 ～ E5 儲存格的比賽結果在 F2 ～ F5 儲存格插入輸贏分析走勢圖，再將負點指定為淺綠色。負點的顯示狀態與顏色可利用 SparkPoints 物件的 Negative 屬性取得代表負點顏色與顯示狀態的 SparkColor 屬性再進行設定。

範例 4-17_004.xlsm

```
Sub␣將負點設定為淺綠色再插入輸贏分析走勢圖()
    Dim␣mySG␣As␣SparklineGroup
    Set␣mySG␣=␣Range("F2:F5").SparklineGroups.Add(␣_
       Type:=xlSparkColumnStacked100,␣SourceData:="B2:E5")
    mySG.Points.Negative.Visible␣=␣True
    mySG.Points.Negative.Color.ColorIndex␣=␣43
End␣Sub
```

註：「_（換行字元）」，當程式碼太長要接到下一行程式時，可用此斷行符號連接→參照 P.2-15

1 「將負點設定為淺綠色再插入輸贏分析走勢圖」巨集
2 宣告 SparklineGroup 類型的變數 mySG
3 根據 B2 ～ E5 儲存格的資料在 F2 ～ F5 儲存格插入輸贏分析走勢圖，再將這張輸贏分析走勢圖代入變數 mySG
4 顯示負點
5 將負點設定為淺綠色
6 結束巨集

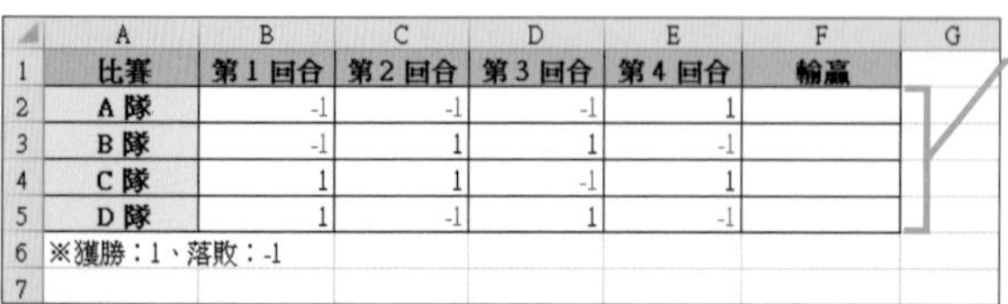

| | A | B | C | D | E | F | G |
|---|---|---|---|---|---|---|---|
| 1 | 比賽 | 第 1 回合 | 第 2 回合 | 第 3 回合 | 第 4 回合 | 輸贏 | |
| 2 | A 隊 | -1 | -1 | -1 | 1 | | |
| 3 | B 隊 | -1 | 1 | 1 | -1 | | |
| 4 | C 隊 | 1 | 1 | -1 | 1 | | |
| 5 | D 隊 | 1 | -1 | 1 | -1 | | |
| 6 | ※獲勝：1、落敗：-1 | | | | | | |
| 7 | | | | | | | |

想插入輸贏分析走勢圖

想顯示負點，再將負點設定為淺綠色

**1** 啟動 VBE，輸入程式碼

(一般)　　將負數設定為淺綠色再插入輸贏分析走勢圖

```
Option Explicit

Sub 將負數設定為淺綠色再插入輸贏分析走勢圖()
    Dim mySG As SparklineGroup
    Set mySG = Range("F2:F5").SparklineGroups.Add( _
        Type:=xlSparkColumnStacked100, SourceData:="B2:E5")
    mySG.Points.Negative.Visible = True
    mySG.Points.Negative.Color.ColorIndex = 43
End Sub
```

**2** 執行輸入的巨集

插入輸贏分析走勢圖了

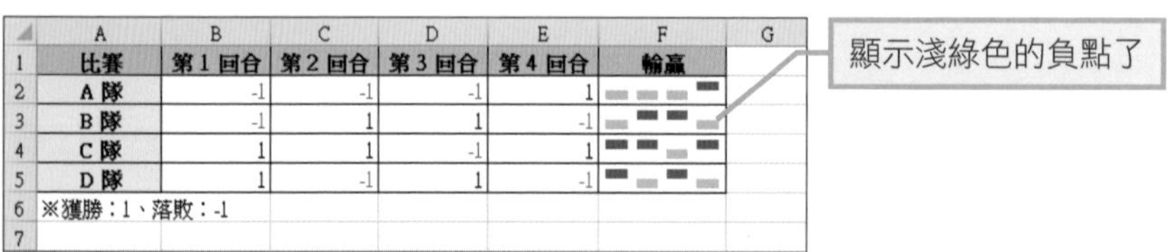

| | A | B | C | D | E | F | G |
|---|---|---|---|---|---|---|---|
| 1 | 比賽 | 第 1 回合 | 第 2 回合 | 第 3 回合 | 第 4 回合 | 輸贏 | |
| 2 | A 隊 | -1 | -1 | -1 | 1 | | |
| 3 | B 隊 | -1 | 1 | 1 | -1 | | |
| 4 | C 隊 | 1 | 1 | -1 | 1 | | |
| 5 | D 隊 | 1 | -1 | 1 | -1 | | |
| 6 | ※獲勝：1、落敗：-1 | | | | | | |
| 7 | | | | | | | |

顯示淺綠色的負點了

### HINT 輸贏分析走勢圖

輸贏分析走勢圖會將正值視為獲勝，再於儲存格的上半部顯示矩形，也會將負值視為落敗，並在儲存格的下半部顯示矩形。輸贏分析走勢圖的目的不是比較數值的大小，而是說明正負關係，所以輸贏分析走勢圖讓使用者一眼看出勝負關係、氣溫為負的日子的狀況或是股價的變動。

# 第 5 章

# 工作表的操作

# 5-1 參照工作表



## 參照工作表

要在 VBA 新增、刪除、複製、移動工作表，可利用 Worksheet 物件參照目標工作表。要參照工作表可使用 **Worksheets 屬性**或 **Activesheet 屬性**。活頁簿的工作表由左至右標有 1、2、3 這些索引編號。要參照工作表時，可使用這些索引編號或是工作表名稱。此外，也有能同時參照多張工作表的屬性或是參照前一張或後一張工作表的屬性。在此將說明參照與選擇工作表的方法。

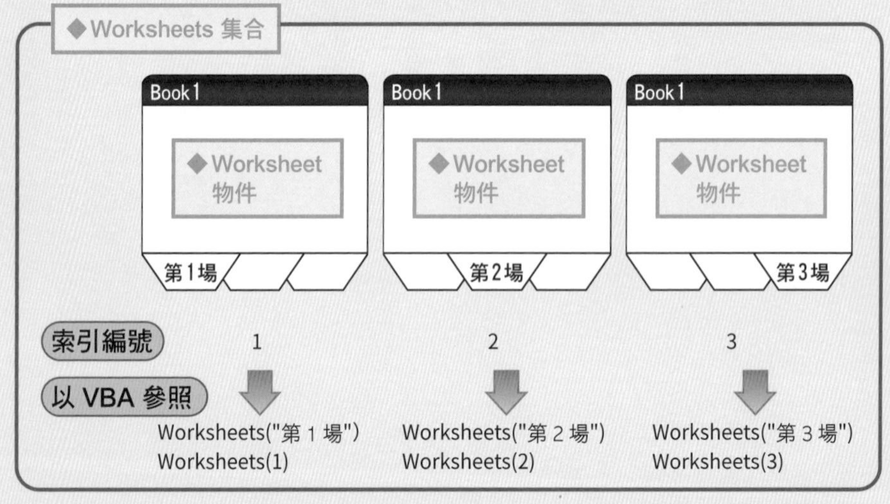


## 參照工作表

### 物件.Worksheets(Index) 取得

▶解說

要參照工作表可使用 Worksheets 屬性，並在參數指定工作表名稱或索引編號，如此一來就能參照不同的工作表。

▶設定項目

**物件**……指定 Application 物件或 Workbook 物件。指定為 Application 物件或是省略不指定時，將以作用中活頁簿的工作表為對象。若指定為 Workbook 物件，則會以指定的活頁簿的工作表為對象 (可省略)。

Index……………指定為索引編號或是工作表名稱。

**避免發生錯誤**

工作表的索引編號是從左側的工作表起算，順序為 1、2、3，所以只要新增、刪除、複製或移動工作表，索引編號就會重設。以索引編號指定工作表時，一定要注意這一點。若想參照特定的工作表，以工作表名稱參照才是最保險的方法。

## 參照啟用中工作表

### Activesheet ———— 取得

▶解說

Activesheet 屬性可參照**啟用中工作表**(或稱**作用中工作表**)，**啟用中工作表**也就是正在進行作業的工作表。啟用中工作表是目前活頁簿或指定活頁簿中，在最前面顯示的工作表。

▶設定項目

**物件**……………指定為 Application 物件、Window 物件、Workbook 物件。若省略這個參數，將直接以正在使用的啟用中工作表為對象 (可省略)。

**避免發生錯誤**

假設在多個視窗顯示同一個活頁簿，有時 Activesheet 屬性將會因為視窗的不同而參照不同的工作表。

### 範例 參照工作表

選取從左邊數來的第 2 張工作表，再將該工作表名稱設為 A2 儲存格的值。

範例 5-1_001.xlsm

```
Sub 參照工作表()
    Worksheets(2).Select
    ActiveSheet.Name = Range("A2").Value
End Sub
```

1 「參照工作表」巨集
2 選取從左邊數來的第 2 張工作表
3 將啟用中工作表的工作表名稱設為 A2 儲存格的值
4 結束巨集

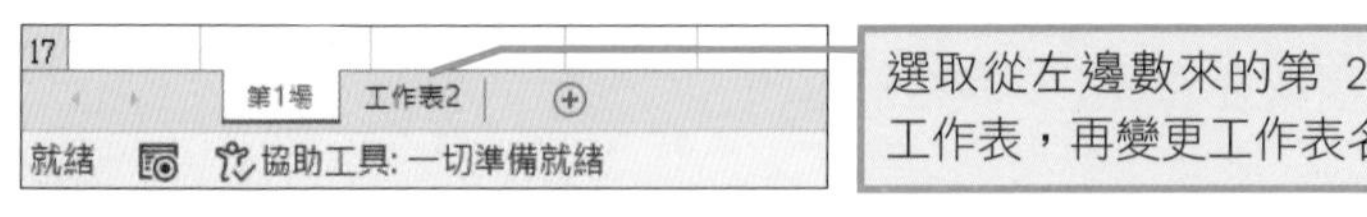
17
第1場
工作表2
就緒
協助工具: 一切準備就緒
選取從左邊數來的第 2 張工作表，再變更工作表名稱

**1** 啟動 VBE，輸入程式碼

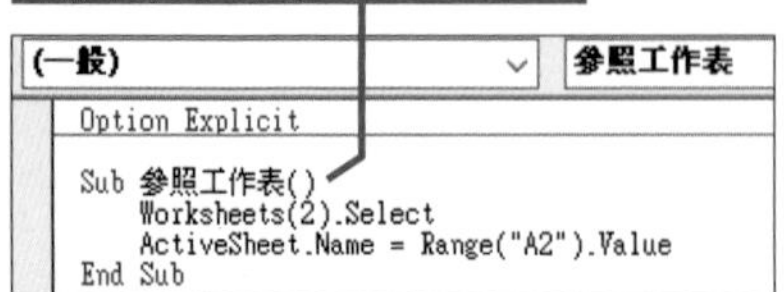
(一般)
參照工作表
Option Explicit
Sub 參照工作表()
Worksheets(2).Select
ActiveSheet.Name = Range("A2").Value
End Sub

**2** 執行巨集

17
第1場
第2場
就緒
協助工具: 一切準備就緒
選取了第 2 張工作表，工作表的名稱也改變了

### HINT 利用 Sheets 集合參照工作表

**Sheets 集合**代表的是活頁簿中所有工作表的集合。Sheets 集合不僅包含工作表，還包含圖表工作表以及其他類型的工作表。如果將程式碼寫成 Sheets(2)，就能在活頁簿參照從左邊數來的第 2 張工作表。假設活頁簿只有工作表，那麼使用 Sheets 屬性或 Worksheets 屬性參照，得到的結果都一樣。此外，圖表工作表的集合為 Charts 集合，Worksheets 集合與 Charts 集合都放在 Sheets 集合中。

## 選取工作表

### 物件.Select(Replace)

▶解說

**Select 方法**可選取工作表。參數 Replace 可指定是否取消選取目前的工作表。你可以利用此參數同時選取多張工作表，組成「工作表群組」。

▶設定項目

**物件**……指定為 Worksheets 集合或 Worksheet 物件。

Replace……設為 True 或省略時，可解除目前選取的工作表，改為選取其他工作表。若設為 False，可在目前選取的工作表外，另外再選取指定的工作表 (可省略)。

**避免發生錯誤**

若只選取一張工作表，該工作表將會是啟用中工作表。在參數 Replace 為 False 時選取工作表，選取的工作表不會是啟用中工作表，原本選取的工作表才是啟用中工作表。

## 啟用工作表

### 物件.Activate

▶解說

**Activate 方法**可將特定的工作表設為啟用中工作表 (於最前面顯示的工作表)。若在選取多張工作表的情況下使用 Activate 方法，就能在不解除選取的狀態下，切換啟用的工作表。

▶設定項目

**物件**................指定為 Worksheet 物件。

**避免發生錯誤**

在未選取的工作表上使用 Activate 方法，將會解除前次的選取，讓該工作表成為啟用中工作表。如果在選取多張工作表時，對其中一張工作表使用 Activate 方法，不會取消所有工作表的選取，而是將該工作表成為啟用中工作表。假設在選取所有工作表的情況下對非啟用中的工作表使用 Activate 方法，只有該工作表會被選取，成為啟用中工作表，其他工作表都會取消選取。

### 範例 選取工作表

在此想選取「第 1 場」工作表及「第 3 場」工作表，並讓「第 3 場」工作表成為啟用中工作表。由於是在選取多張工作表的情況下切換為啟用工作表，所以「第 1 場」工作表不會被取消選取。

範例 5-1_002 xlsm

```
Sub 選取多張工作表()
    Worksheets("第1場").Select
    Worksheets("第3場").Select Replace:=False
    Worksheets("第3場").Activate
End Sub
```

1 「選取多張工作表」巨集
2 選取「第 1 場」工作表
3 在不解除「第 1 場」工作表的選取下，選取「第 3 場」工作表
4 啟用「第 3 場」工作表
5 結束巨集

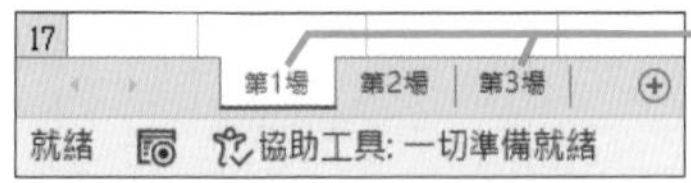


在選取「第 1 場」工作表後，選取與啟用「第 3 場」工作表

**1** 啟動 VBE，輸入程式碼

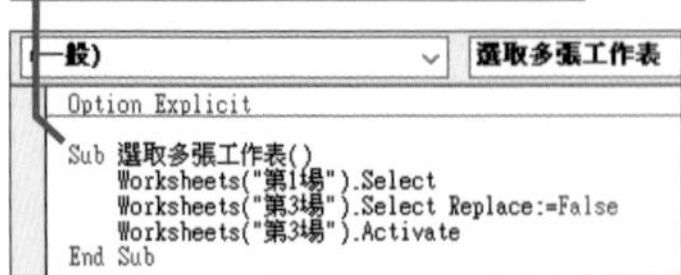

```
(一般)                                選取多張工作表
Option Explicit

Sub 選取多張工作表()
    Worksheets("第1場").Select
    Worksheets("第3場").Select Replace:=False
    Worksheets("第3場").Activate
End Sub
```

**2** 執行巨集

選取「第 1 場」與「第 3 場」工作表了

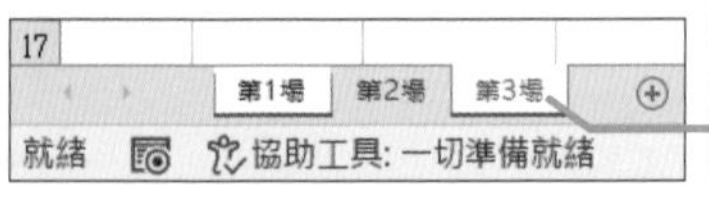


啟用「第 3 場」工作表

> **HINT 一次選取多張工作表**
>
> 使用 **Array 函數**參照多張工作表，再使用 **Select 方法**就能一次選取多張工作表。例如，要同時選取「第 1 場」與「第 3 場」工作表，可寫成「Worksheets(Array("第 1 場","第 3 場")).Select」或是使用索引編號，寫成「Worksheets(Array(1,3)).Select」。此外，若要選取活頁簿中的所有工作表，可對 Worksheets 集合使用 Select 方法，將程式碼寫成「Worksheets.Select」。 參照 利用 Array 函數在陣列變數儲存值……P.3-26

> **HINT 選取與啟用的差異**
>
> Excel 可以一次選取多張工作表，卻只能啟用一張工作表。啟用工作表時，該工作表將移至最上層，成為作業的對象。用 **Select 方法**選取單一工作表時，將執行與 **Activate 方法**一樣的處理，也就是啟用該工作表。

## 參照選取的工作表

### 物件.SelectedSheets —— 取得

▶解說

SelectedSheets 屬性可參照於特定視窗選取的所有工作表。這個屬性很適合對選取的多張工作表進行刪除、複製等處理。

▶設定項目

**物件**................指定為 Window 物件。

避免發生錯誤

使用 SelectedSheets 屬性時，請指定為 Window 物件，不能指定為 Workbook 物件。

## 範例 刪除選取的多張工作表

此範例要選取並刪除從左側數來的第 1 張及第 2 張工作表。為了避免在刪除工作表時跳出確認訊息，範例中將 **DisplayAlerts** 屬性設為 **False**，並在刪除工作表後還原為 True。

範例 5-1_003.xlsm

參照 利用 Array 函數在陣列變數儲存值……P.3-26
參照 刪除工作表……P.5-10

```
1  Sub␣參照選取的工作表()
2      Worksheets(Array(1,␣2)).Select
3      Application.DisplayAlerts␣=␣False
4      ActiveWindow.SelectedSheets.Delete
5      Application.DisplayAlerts␣=␣True
6  End␣Sub
```

1 「參照選取的工作表」巨集
2 選取從左側數來的第 1 張及第 2 張工作表
3 禁止 Excel 顯示警告訊息
4 刪除選取的工作表
5 允許 Excel 顯示警告訊息
6 結束巨集

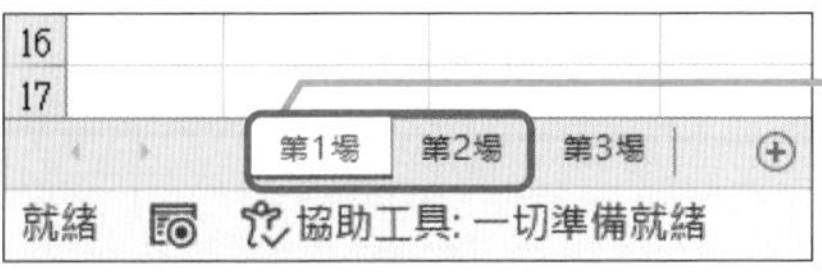


要刪除從左側數來的第 1、2 張工作表

**1** 啟動 VBE，輸入程式碼

**2** 執行巨集

刪除了從左側數來的第 1、2 張工作表

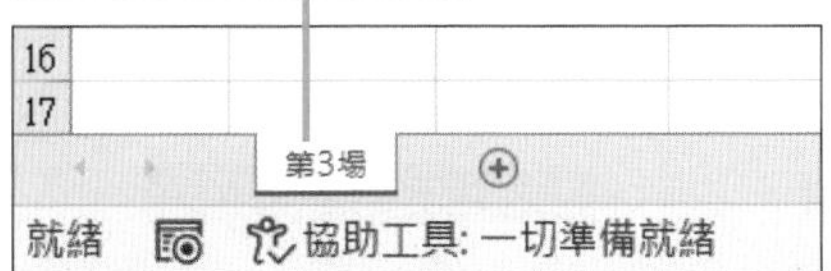


刪除工作表時，不會顯示警告訊息

### HINT 參照前一個、後一個工作表

要參照指定工作表之前 ( 左側 ) 或之後 ( 右側 ) 的工作表，可分別使用 Previous 與 Next 屬性。例如，要取得啟用中工作表的前一張工作表名稱，可將程式碼寫成「ActiveSheet.Previous.Name」。

此外，若指定 Range 物件，再將程式碼寫成「ActiveCell.Previous」就能參照啟用中儲存格的前一個儲存格，若寫成「ActiveCell.Next」則可參照啟用中儲存格的下一個儲存格。

# 5-2 編輯工作表

## 編輯工作表

以工作表為單位的操作包含新增、刪除、移動與複製，有時也需要取得或設定工作表名稱，才能操作工作表。在此將說明於 VBA 編輯工作表時所需的屬性與方法。

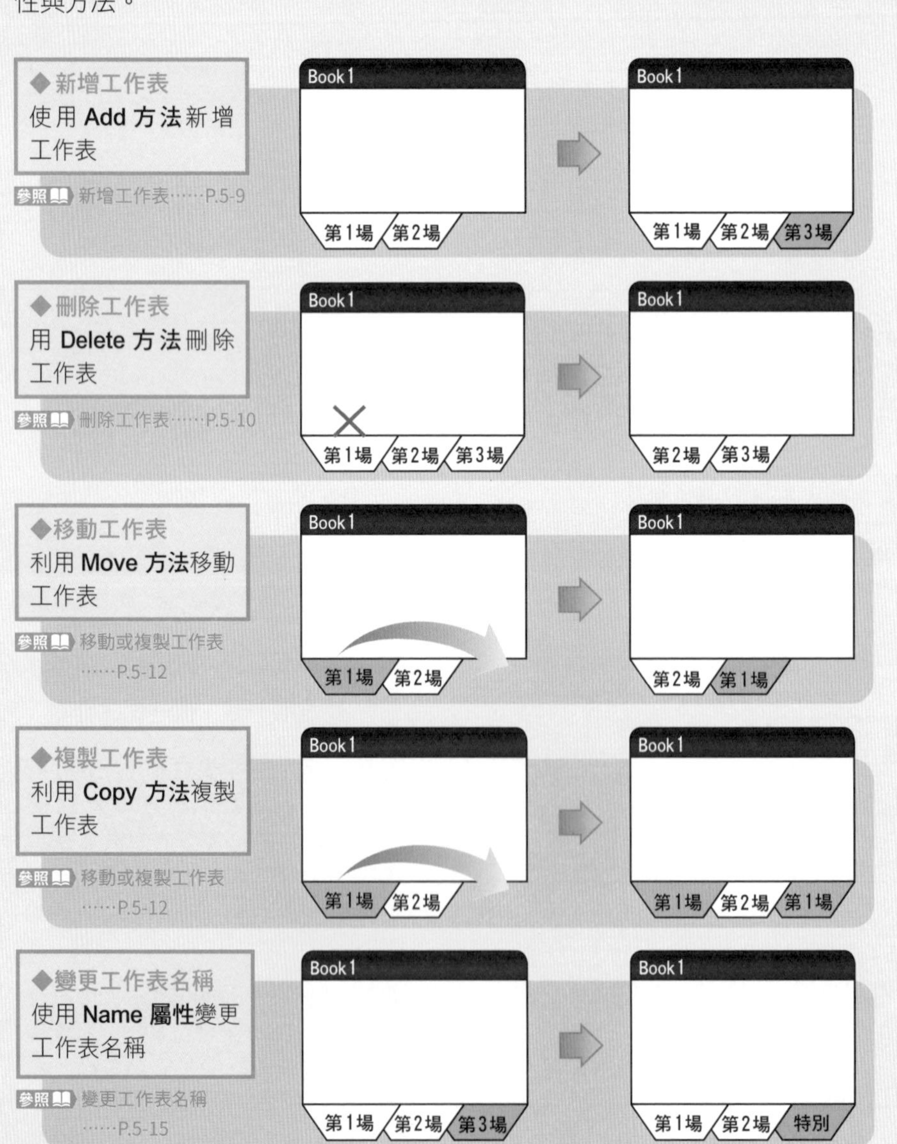
◆新增工作表
使用 Add 方法新增工作表
參照 新增工作表……P.5-9
Book1
第1場 第2場
Book1
第1場 第2場 第3場
◆刪除工作表
用 Delete 方法刪除工作表
參照 刪除工作表……P.5-10
Book1
第1場 第2場 第3場
Book1
第2場 第3場
◆移動工作表
利用 Move 方法移動工作表
參照 移動或複製工作表……P.5-12
Book1
第1場 第2場
Book1
第2場 第1場
◆複製工作表
利用 Copy 方法複製工作表
參照 移動或複製工作表……P.5-12
Book1
第1場 第2場
Book1
第1場 第2場 第1場
◆變更工作表名稱
使用 Name 屬性變更工作表名稱
參照 變更工作表名稱……P.5-15
Book1
第1場 第2場 第3場
Book1
第1場 第2場 特別

## 新增工作表

### 物件.**Add**(Before, After, Count)

▶解說

Add 方法可新增工作表，再傳回新增的工作表物件。可指定新增工作表的位置與張數。利用 Add 方法增加工作表，該工作表將會是啟用中工作表。若省略參數 Before 或 After，新工作表就會建立在目前啟用中工作表之前。

▶設定項目

**物件**……指定 Worksheets 集合。

**Before**……在特定工作表的前方 (左側) 新增工作表 (可省略)。

**After**……在特定工作表的後方 (右側) 新增工作表 (可省略)。

**Count**……指定新增的工作表張數。省略時，自動預設為 1 (可省略)。

**避免發生錯誤**

要新增工作表可對 Worksheets 集合執行 Add 方法，但是不可對 Worksheet 物件執行 Add 方法。此外，對 Sheets 集合執行 Add 方法也能新增工作表。 參照 變更工作表名稱……P.5-15

### 範例 在工作表的末端處新增 3 張工作表

此範例要在工作表的末端新增 3 張工作表。由於要在最後一張工作表之後新增，所以要先用 **Worksheets.Count** 取得工作表數量，再利用 **Worksheets (Worksheets.Count)** 參照最後一張 ( 右端 ) 工作表。

範例 5-2_001.xlsm

參照 計算工作表的數量……P.5-18

```
1 Sub 在工作表的末端處新增工作表()
2     Worksheets.Add After:=Worksheets(Worksheets.Count), Count:=3
3 End Sub
```

1. 「在工作表的末端處新增工作表」巨集
2. 在最後一張 ( 最右側 ) 工作表後面新增 3 張工作表
3. 結束巨集

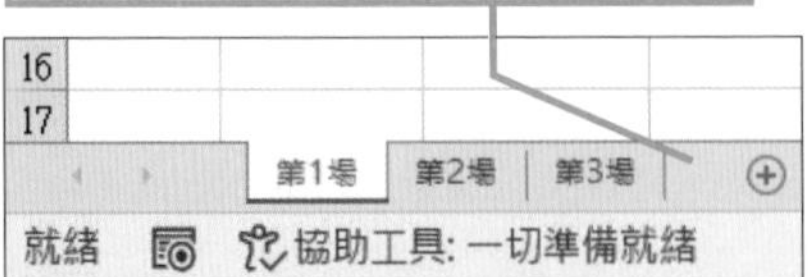
要在工作表的最後新增 3 張工作表
16
17
第1場
第2場
第3場
就緒
協助工具: 一切準備就緒

1 啟動 VBE，輸入程式碼

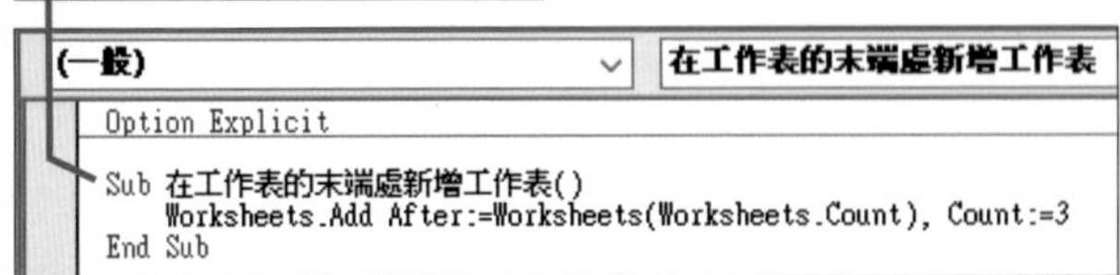
(一般)
在工作表的末端處新增工作表
Option Explicit
Sub 在工作表的末端處新增工作表()
Worksheets.Add After:=Worksheets(Worksheets.Count), Count:=3
End Sub

2 執行巨集

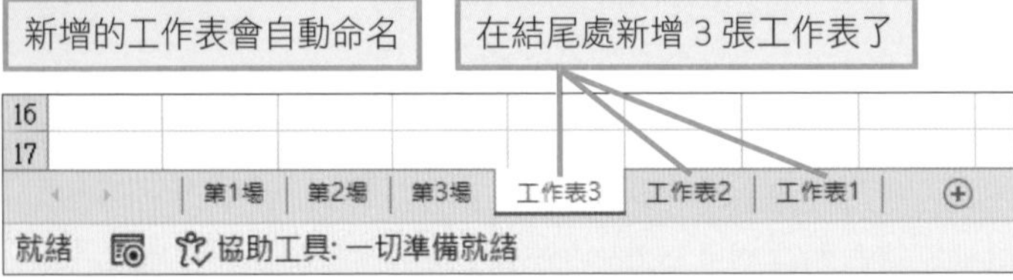
新增的工作表會自動命名
在結尾處新增 3 張工作表了
16
17
第1場
第2場
第3場
工作表3
工作表2
工作表1
就緒
協助工具: 一切準備就緒

**HINT 新增工作表的同時也替工作表命名**

利用 Add 方法新增工作表後，會傳回該工作表的工作表物件，此時可利用這個物件的 **Name 屬性**替工作表命名。例如，寫成「Worksheets.Add.Name=" 新增 "」就能在啟用中工作表前方新增工作表，並將新增的工作表命名為「新增」。

## 刪除工作表

### 物件.Delete

▶解説

Delete 方法可刪除指定的工作表。也可以指定多張工作表後再刪除。

▶設定項目

**物件**..................指定 Worksheet 物件。

避免發生錯誤

假設指定的工作表名稱不存在就會發生錯誤。此外，工作表被刪除就無法還原。當工作表被刪除，工作表的索引編號就會重新編號。如果是以索引編號指定工作表，就要注意參照的工作表是否正確。

## 範例　刪除指定的工作表

在此要刪除「第 1 場」工作表。刪除工作表時會顯示警告訊息。按下**刪除**鈕即可刪除工作表。

範例 5-2_002 xlsm

```
1  Sub␣刪除工作表()
2      Worksheets("第1場").Delete
3  End␣Sub
```

1 「刪除工作表」巨集
2 刪除「第 1 場」工作表
3 結束巨集

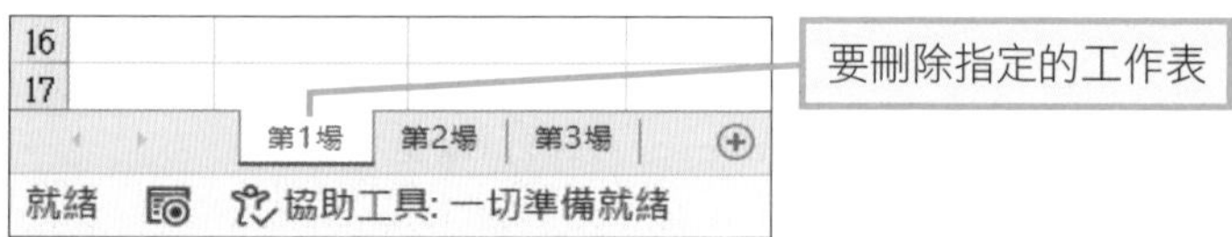


**1** 啟動 VBE，輸入程式碼

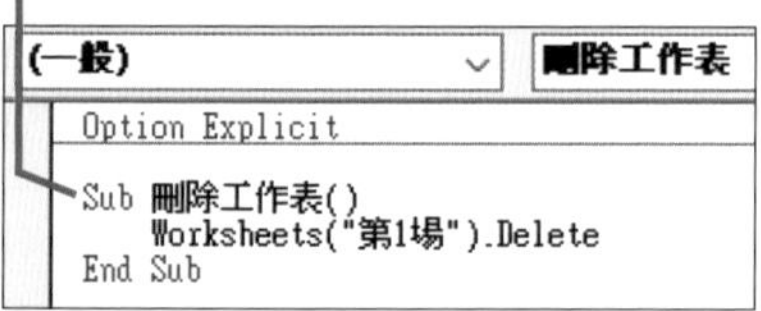


**2** 執行巨集

刪除工作表時會顯示警告訊息

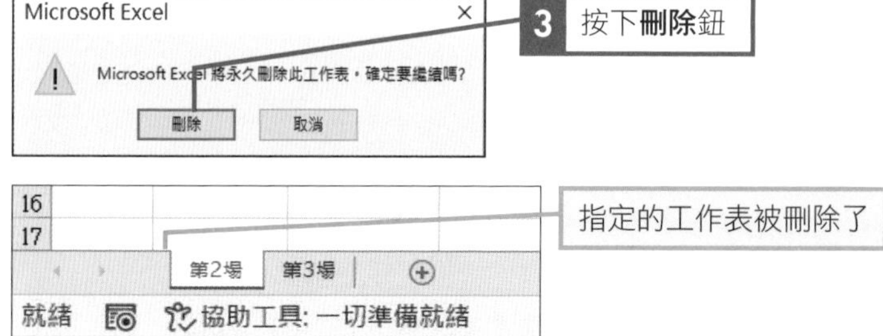

### 隱藏確認是否刪除的交談窗

使用 Delete 方法刪除工作表時，會顯示確認是否刪除的交談窗。此時按下**刪除**鈕，工作表就會被刪除。按下**取消**鈕則會取消刪除。如果要在刪除工作表時隱藏這個交談窗，可將 Application 物件的 DisplayAlerts 屬性設為 False。

```
Sub 刪除工作表()
    Application.DisplayAlerts = False
    Worksheets("第1場").Delete
    Application.DisplayAlerts = True
End Sub
```

範例 5-2_003 xlsm

## 移動或複製工作表

**物件.Move(Before, After)**
**物件.Copy(Before, After)**

▶解說

要移動指定的工作表可使用 Move 方法，要複製工作表可使用 Copy 方法。移動或複製的工作表會自動成為啟用中工作表。此外，工作表的移動目的地或複製目的地可利用參數 Before 或 After 指定。若是省略這兩個參數就會新增活頁簿，再將工作表移動或複製到新的活頁簿。

▶設定項目

**物件**……………指定 Worksheet 物件或 Sheets 集合、Wroksheets 集合。

**Before**…………將工作表移動或複製到指定工作表前方 (可省略)。

**After**……………將工作表移動或複製到指定工作表後方 (可省略)。

避免發生錯誤

參數 Before 與參數 After 不可同時指定。

### 範例　將工作表移動至其他的活頁簿

在此要將範例檔案 5-2_004.xlsm 的「第 1 場」工作表移動到相同資料夾下的「講座 .xlsx」活頁簿中。要將工作表移到其他活頁簿，必須先開啟該活頁簿。此外，執行程式碼的活頁簿可利用 **ThisWorkbook** 屬性取得，活頁簿的儲存位置可利用 **Path** 屬性取得。

範例 5-2_004.xlsm ／ 講座 .xlsx

參照 參照活頁簿……P.6-2

```
Sub 將工作表移動到其他活頁簿()
    Dim myBook As String
    myBook = "講座.xlsx"
    Workbooks.Open Filename:=ThisWorkbook.Path & "\" & myBook
    ThisWorkbook.Activate
    Worksheets("第1場").Move Before:=Workbooks(myBook).Worksheets(1)
End Sub
```

1 「將工作表移動到其他活頁簿」巨集
2 宣告字串型別變數 myBook
3 將要開啟的「講座 .xlsx」這個活頁簿名稱放進 myBook 變數
4 開啟與執行程式碼放在相同資料夾的「講座 .xlsx」活頁簿
5 啟用執行程式碼的活頁簿
6 將「第 1 場」工作表移動到「講座 .xlsx」活頁簿的開頭
7 結束巨集

要將「第 1 場」工作表移動到「講座 .xlsx」活頁簿

範例 5-2_004.xlsm

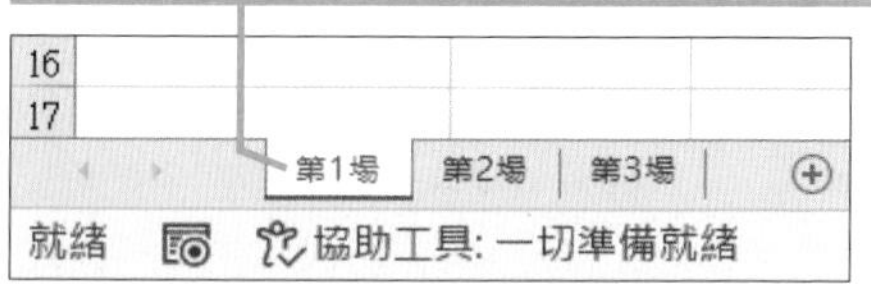


**1** 啟動 VBE，輸入程式碼

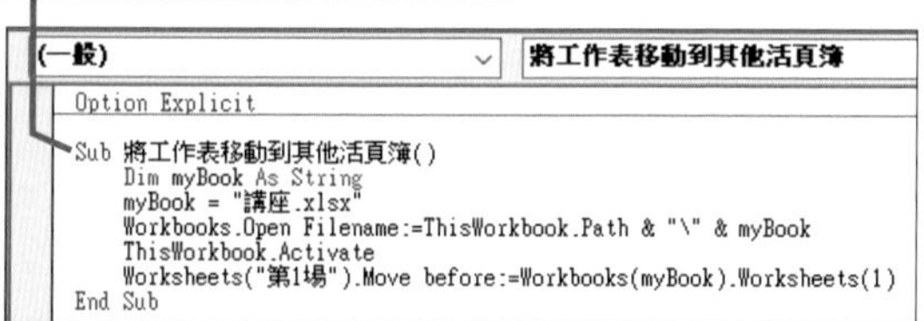

```
(一般)                    將工作表移動到其他活頁簿
Option Explicit

Sub 將工作表移動到其他活頁簿()
    Dim myBook As String
    myBook = "講座.xlsx"
    Workbooks.Open Filename:=ThisWorkbook.Path & "\" & myBook
    ThisWorkbook.Activate
    Worksheets("第1場").Move before:=Workbooks(myBook).Worksheets(1)
End Sub
```

**2** 執行巨集

由於「第 1 場」工作表已經移動到其他活頁簿中，所以沒有「第 1 場」工作表了

範例 5-2_004.xlsm

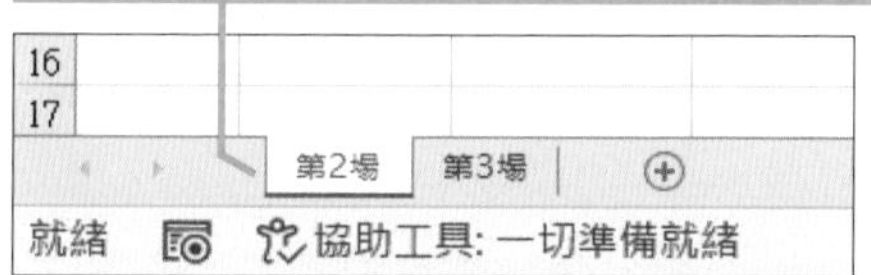


「第 1 場」工作表移動到「講座 .xlsx」活頁簿的開頭了

範例 講座 .xlsx

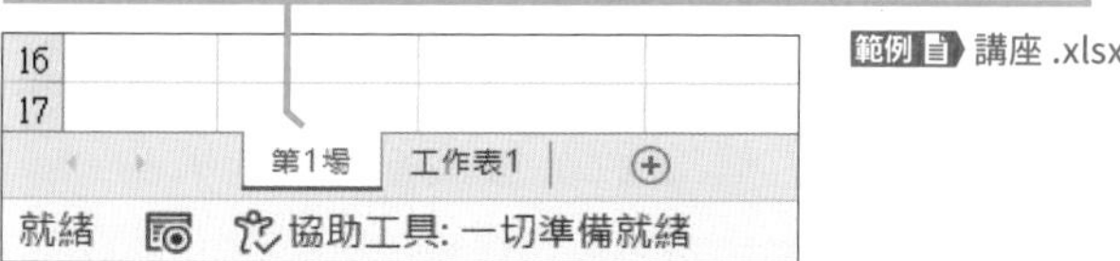


### HINT 移動或複製的目的地若有相同名稱的工作表

假設移動或複製的目的地有相同名稱的工作表，就會自動在工作表名稱後面加上編號，變成「第 1 場 (2) 」。建議在移動或複製工作表之前，先確定有沒有名稱相同的工作表，或是使用不可能重複的名稱替工作表命名。

參照 確認是否有相同名稱的工作表……P.5-16

## 範例 複製工作表

接著，要在同一個活頁簿中將「範本」工作表複製成另一張工作表。由於「範本」工作表位於最右側，所以只要在這張工作表之前複製工作表，「範本」工作表就會一直位於最右側。因為複製的工作表會變成啟用中工作表，所以將啟用中工作表的名稱設為「第○場」。「○」會是工作表數量減 1 的數值。

範例 5-2_005.xlsm

```
Sub 複製工作表()
    Worksheets("範本").Copy Before:=Worksheets("範本")
    ActiveSheet.Name = "第" & Worksheets.Count - 1 & "場"
End Sub
```

1 「複製工作表」巨集〕
2 複製「範本」工作表，再將複製的工作表插在「範本」工作表前面
3 替因為複製而自動啟用的工作表命名為「第○場」(「○」為工作表數量減 1 的數字)
4 結束巨集

想將「範本」工作表複製成「第○場」工作表

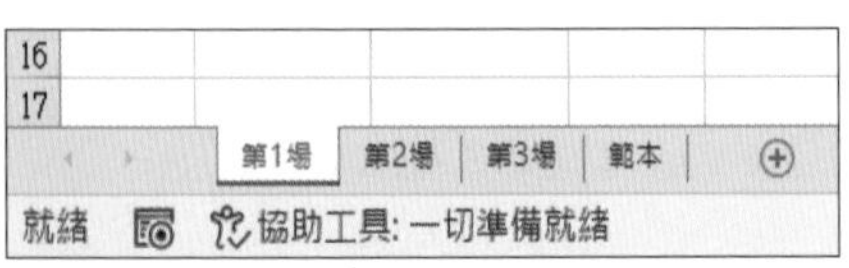
第1場
第2場
第3場
範本
就緒
協助工具: 一切準備就緒

**1** 啟動 VBE，輸入程式碼

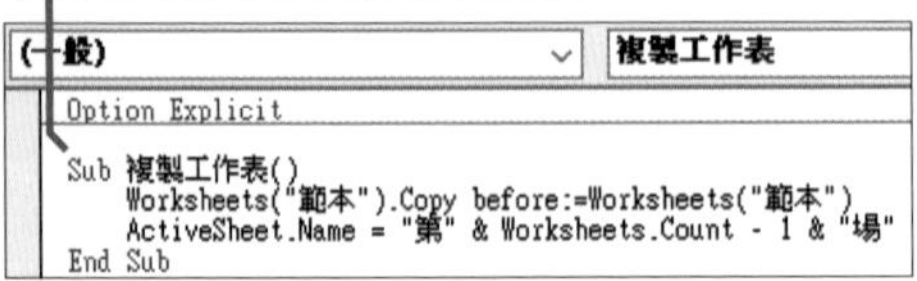
(一般)
複製工作表
Option Explicit
Sub 複製工作表()
Worksheets("範本").Copy before:=Worksheets("範本")
ActiveSheet.Name = "第" & Worksheets.Count - 1 & "場"
End Sub

**2** 執行巨集

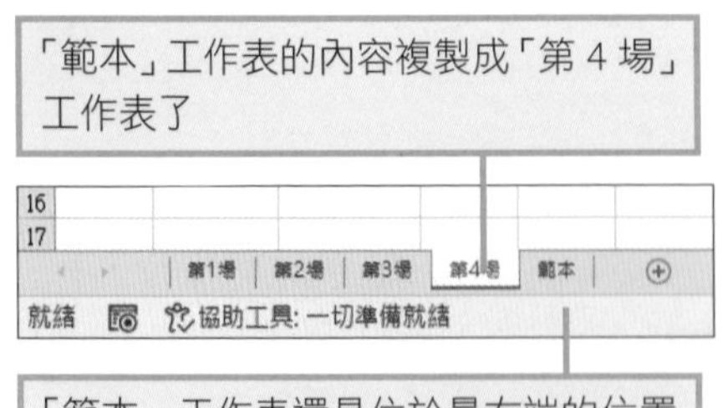
「範本」工作表的內容複製成「第 4 場」工作表了
第1場
第2場
第3場
第4場
範本
就緒
協助工具: 一切準備就緒
「範本」工作表還是位於最右端的位置

### HINT 統一移動或複製多張工作表

若要統一移動或複製多張工作表，可使用 Array 函數，將程式碼寫成「Worksheets(Array("第 1 場","第 2 場")).Copy」，指定多張工作表。如果要移動或複製的是所有工作表，可寫成「Worksheets.Copy」，指定 Worksheets 集合。

參照 利用 Array 函數在陣列變數儲存值……P.3-26

## 變更工作表名稱

**物件.Name** ———————————— 取得

**物件.Name = 設定值** ———————————— 設定

▶解說

要取得或設定工作表名稱可使用 Name 屬性。變更工作表名稱後，工作表的索引標籤就會顯示設定的名稱。

▶設定項目

**物件**................指定 Worksheet 物件。

**設定值**..........以字串指定工作表名稱。

避免發生錯誤

工作表名稱不能超過 31 個字元，不能有空白、不能重複、也不能用「:（冒號）」、「$（貨幣符號）」、「/（斜線）」、「?（問號）」、「*（星號）」、「[（左括號）」、「]（右括號）」。

### 範例　變更工作表名稱

在此要將啟用中工作表的名稱改成「目前的工作表名稱」加上 B2 儲存格顯示的日期（例如，第 1 場 _0804），日期要以 Format 函數轉換成「mmdd」的格式。

範例 5-2_006.xlsm

參照 設定儲存格格式……P.4-78

```
1  Sub 變更工作表名稱()
2      ActiveSheet.Name = ActiveSheet.Name & "_" & _
           Format(Range("B2").Value, "mmdd")
3  End Sub
```

註：「_（換行字元）」，當程式碼太長要接到下一行程式時，可用此斷行符號連接→參照 P.2-15

1 「變更工作表名稱」巨集

2 將啟用中工作表的名稱，變更為目前的工作表名稱加上 B2 儲存格中的日期，日期格式要改成「0804」

3 結束巨集

要變更「第 1 場」工作表的名稱

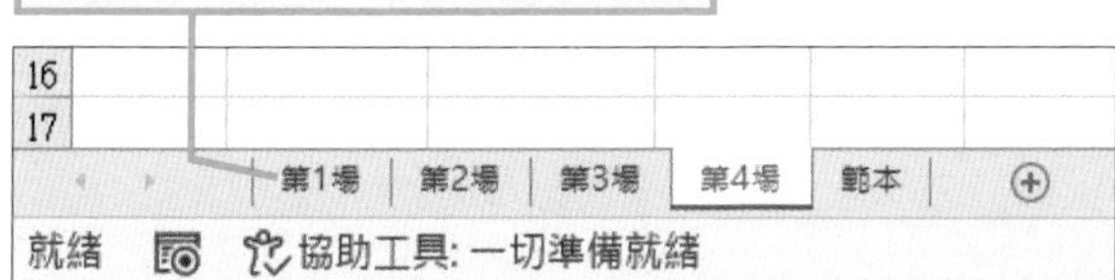

**1** 啟動 VBE，輸入程式碼

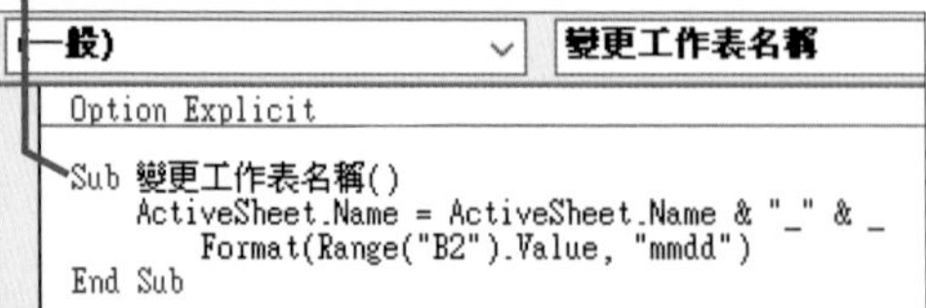
(一般)
變更工作表名稱
Option Explicit
Sub 變更工作表名稱()
ActiveSheet.Name = ActiveSheet.Name & "_" & _
Format(Range("B2").Value, "mmdd")
End Sub

**2** 執行巨集

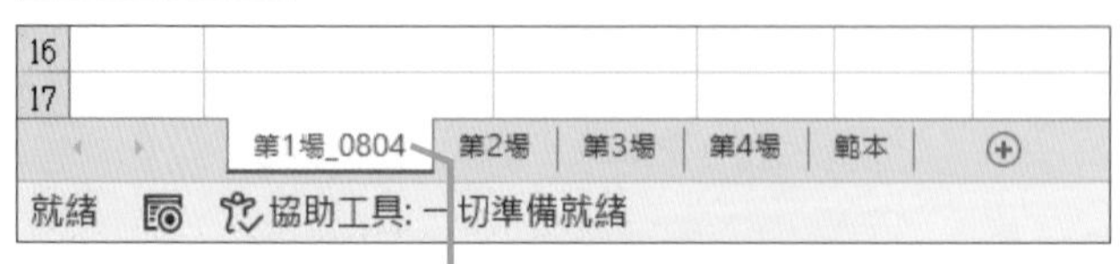
16
17
第1場_0804
第2場
第3場
第4場
範本
就緒
協助工具: 一切準備就緒

在目前的工作表名稱加上 B2 儲存格的日期了

## 確認是否有相同名稱的工作表

同一份活頁簿不能出現名稱相同的工作表。若要在設定工作表名稱時，確認是否已有相同名稱的工作表，可使用 **For Each** 陳述式，將程式碼寫成如圖的內容。這個範例會在活頁簿既有的工作表名稱與變數 myWSName 儲存的字串相同時，顯示警告訊息並結束處理。當沒有相同名稱的工作表時，就會複製「範本」工作表，並將複製的工作表放在「範本」工作表前方，以 myWSName 變數的字串（第 4 場）命名新複製的工作表。

```
Sub 確認是否有相同名稱的工作表()
    Dim myWSName As String, myWorksheet As Worksheet
    myWSName = "第4場"
    For Each myWorksheet In Worksheets
        If myWorksheet.Name = myWSName Then
            MsgBox myWSName & "的名稱已經存在"
            Exit Sub
        End If
    Next
    Worksheets("範本").Copy Before:=Worksheets("範本")
    ActiveSheet.Name = myWSName
End Sub
```

範例 5-2_007.xlsm

參照 對同類型的物件執行相同處理……P.3-52

## 保留指定的工作表，刪除其他工作表

若想保留指定的工作表，刪除其他工作表，可使用 **For Each** 陳述式逐步確認工作表的名稱，再予以刪除。例如，只想留下「範本」工作表，刪除其他的工作表，可將程式碼寫成如圖的內容。

```
Sub 保留範本工作表與刪除工作表()
    Dim myWorksheet As Worksheet
    For Each myWorksheet In Worksheets
        If myWorksheet.Name <> "範本" Then
            Application.DisplayAlerts = False
            myWorksheet.Delete
            Application.DisplayAlerts = True
        End If
    Next
End Sub
```

範例 5-2_007.xlsm

參照 對同類型的物件執行相同處理……P.3-52

## 變更工作表索引標籤的顏色

**物件.Color** ——— 取得
**物件.Color = RGB 值** ——— 設定

▶解說

要取得或設定工作表索引標籤的顏色可對代表工作表索引標籤的 Tab 物件使用 Color 屬性。設定顏色時，可使用 RGB 函數或 XlRgbColor 列舉型常數指定 RGB 值，也可以使用 ColorIndex 屬性或 ThemeColor 屬性指定顏色。

參照 利用 RGB 函數取得 RGB 值……P.4-97
參照 與色彩索引編號對應的顏色……P.4-100
參照 XlRgbColor 列舉型常數列表……P.4-102
參照 替儲存格設定佈景主題顏色……P.4-113

▶設定項目

**物件**……指定 Tab 物件。

**RGB 值**……指定為 RGB 函數產生的值或是 XlRgbColor 列舉型常數。

避免發生錯誤

就算變更了啟用中工作表的索引標籤顏色，也有可能因為工作表索引標籤被選取而看不出變更顏色後的效果，此時可以先切換到其他工作表，就可以確認顏色效果。

### 範例 將「今天以前的日期」的工作表索引標籤換色

此範例要替今天（以當天的系統日期為主）以前的工作表變更索引標籤顏色。主要是比較每張工作表的 B2 儲存格中的日期與今天的日期，如果今天的日期比較大，表示被比較的工作表已過期，此時會將這張工作表的索引標籤顏色變更為紅色。此範例的今天日期為「2023/02/15」，讀者在練習此範例時，請自行修改各個工作表的 B2 儲存格日期。

範例 5-2_008.xlsm

參照 對同類型的物件執行相同處理……P.3-52
參照 利用 RGB 函數取得 RGB 值……P.4-97

```
Sub 變更工作表索引標籤的顏色()
    Dim myWS As Worksheet
    For Each myWS In Worksheets
        If myWS.Range("B2").Value < Date Then
            myWS.Tab.Color =RGB(255, 0, 0)
        End If
    Next
End Sub
```

1 「變更工作表索引標籤的顏色」巨集
2 宣告 Worksheet 型別的 myWS 變數
3 將活頁簿的工作表依序存入變數 myWS (For Each 陳述式的開頭 )
4 當 myWS 變數中的工作表的 B2 儲存格的值小於今天的日期 (If 陳述式的開頭 )
5 將 myWS 變數的工作表索引標籤顏色設為紅色
6 結束 If 陳述式
7 將下一張工作表存入 myWS 變數，再回到第 3 行程式碼
8 結束巨集

當 B2 儲存格的日期在今天 (範例的今天日期為 2023/02/15) 之前，就將工作表索引標籤顏色設為紅色

**1** 啟動 VBE，輸入程式碼

```
Option Explicit

Sub 變更工作表索引標籤的顏色()
    Dim myWS As Worksheet
    For Each myWS In Worksheets
        If myWS.Range("B2").Value < Date Then
            myWS.Tab.Color = RGB(255, 0, 0)
        End If
    Next
End Sub
```

**2** 執行巨集　　工作表的索引標籤變紅色

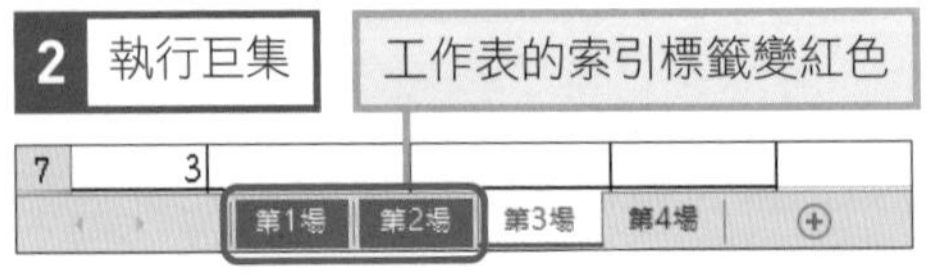


> **HINT 解除索引標籤的顏色設定**
>
> 若要解除工作表索引標籤的顏色設定，可用 ColorIndex 屬性指定 xlColorIndexNone 或 xlNone。
>
> 例如，要解除啟用中工作表的索引標籤顏色可寫成「ActiveSheet.Tab.ColorIndex = xlNone」。

## 計算工作表的數量

### 物件.Count —— 取得

▶**解說**

要計算選取的工作表有幾張，或是指定的工作表有幾張，可使用 Count 屬性。這個屬性常用來取得最右端的工作表索引編號，或是依照工作表的數量設定執行次數時使用。此外，Count 屬性會將隱藏的工作表納入計算。

▶**設定項目**

**物件**.............. 指定為 Worksheets 集合或是參照多張工作表的 Worksheet 物件。

**避免發生錯誤**

不能對單一的 Worksheet 物件使用 Count 屬性。必須對 Worksheets 集合或是「Worksheets (Array(1,3))」這種參照多張工作表的 Worksheet 物件使用。

## 範例 計算工作表的張數

在此要計算活頁簿中共有幾張工作表，再於交談窗中顯示計算結果。

範例 5-2_009.xlsm

```
1 Sub 計算工作表的張數()
2     MsgBox "活頁簿的工作表總張數為:" & Worksheets.Count
3 End Sub
```

1 「計算工作表的張數」巨集
2 取得活頁簿中的工作表總張數，再於交談窗中顯示結果
3 結束巨集

確認活頁簿中有幾張工作表

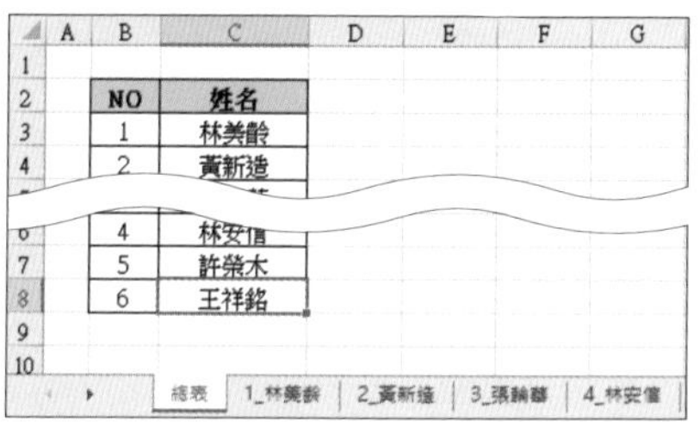


### HINT 計算所有工作表或圖表工作表的張數

若想計算工作表以及圖表工作表這些其他類型的工作表，可將 Sheets 集合當成對象，將程式碼寫成「Sheets.Count」。此外，若只想計算圖表工作表的張數，可將 Charts 集合當成對象，將程式碼寫成「Charts.Count」。

**1** 啟動 VBE，輸入程式碼

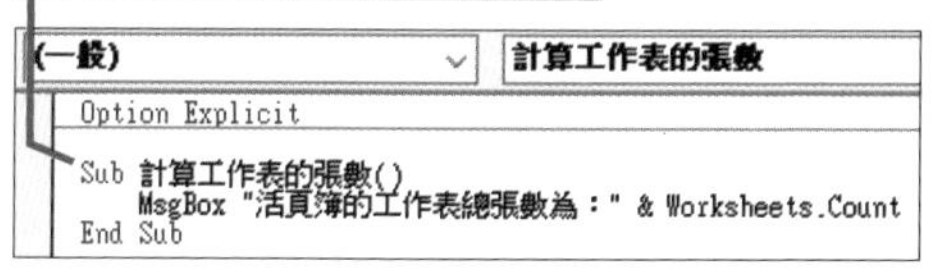


**2** 執行巨集

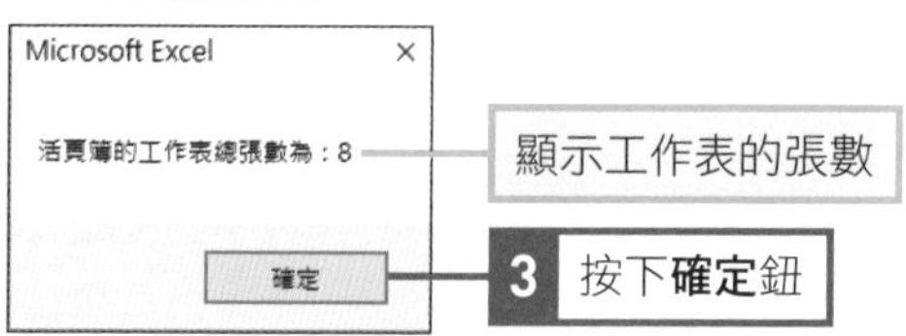


顯示工作表的張數

**3** 按下**確定**鈕

### HINT 只計算顯示的工作表

Count 屬性會將隱藏的工作表納入計算。若只想計算顯示的工作表有幾張，可使用取得或設定工作表顯示狀態的 **Visible 屬性**，將程式碼寫成如圖的內容。

範例 5-2_010.xlsm

參照 切換工作表的顯示狀態……P.5-21

```
Sub 只計算顯示的工作表有幾張()
    Dim cnt As Integer, myWS As Worksheet
    For Each myWS In Worksheets
        If myWS.Visible = True Then
            cnt = cnt + 1
        End If
    Next
    MsgBox "顯示的工作表張數為：" & cnt
End Sub
```

編註：範例 5-2_010.xlsm 中，包含了 4 個顯示的工作表及 4 個隱藏的工作表，若要查看隱藏的工作表，可在任一個工作表名稱上按右鍵，執行**取消隱藏**命令。

# 5-3 保護工作表

## 保護工作表

為避免工作表的表格、資料被不小心刪除或修改，就必須保護工作表。Excel 內建**保護工作表**功能，可以避免資料被變更，這項功能也能透過 VBA 操作。此外，也可以隱藏工作表或是限制捲動範圍，讓指定的部分無法操作。

### 工作表的顯示與隱藏

利用 Visible 屬性切換顯示狀態。

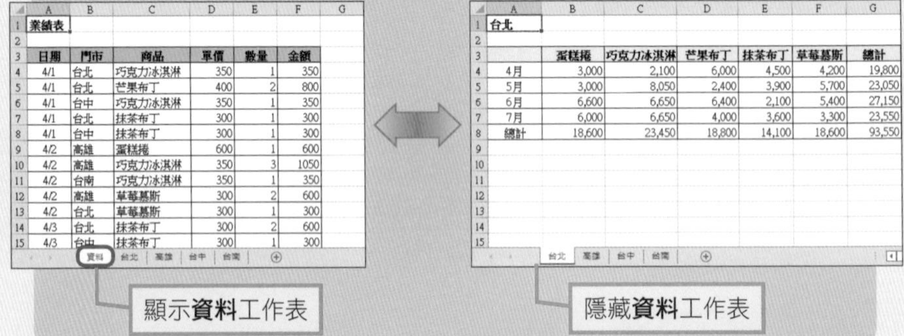


### 保護工作表

利用 Protect 方法與 Unprotect 方法切換工作表的保護狀態。

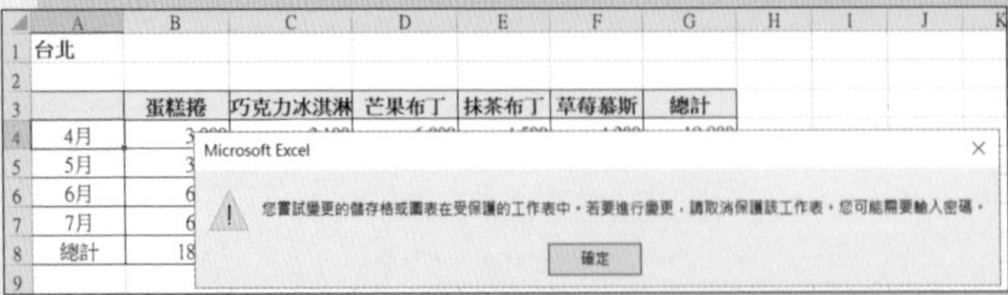


### 限制捲動範圍

利用 ScrollArea 屬性限制可捲動的範圍。

| | 蛋糕捲 | 巧克力冰淇淋 | 芒果布丁 | 抹茶布丁 | 草莓慕斯 | 總計 |
|---|---|---|---|---|---|---|
| 4月 | 3,000 | 2,100 | 6,000 | 4,500 | 4,200 | 19,800 |
| 5月 | 3,000 | 8,050 | 2,400 | 3,900 | 5,700 | 23,050 |
| 6月 | 6,600 | 6,650 | 6,400 | 2,100 | 5,400 | 27,150 |
| 7月 | 6,000 | 6,650 | 4,000 | 3,600 | 3,300 | 23,550 |
| 總計 | 18,600 | 23,450 | 18,800 | 14,100 | 18,600 | 93,550 |

限制不能捲動到指定的範圍外，以及限制選取特定儲存格

# 切換工作表的顯示狀態

**物件.Visible** —— 取得
**物件.Visible = 設定值** —— 設定

▶解說

工作表的顯示狀態可利用 Visible 屬性切換。這個屬性可設為 True、False 或是常數，藉此切換工作表的顯示狀態。此外，取得這個屬性的值就能知道特定工作表的顯示狀態。

▶設定項目

**物件**……指定 Worksheet 物件。

**設定值**……可指定為 True、False 或是 XlSheetVisibility 列舉型常數。指定為 True，會顯示工作表；指定為 False，會隱藏工作表。此外，XlSheetVisibility 列舉型常數的內容請參考下表。

XlSheetVisibility 列舉型常數

| 常數 | 內容 |
|---|---|
| xlSheetHidden | 隱藏工作表，但可手動改成顯示 |
| xlSheetVeryHidden | 隱藏工作表，但無法手動改成顯示 |
| xlSheetVisible | 顯示工作表 |

避免發生錯誤

將設定值設為 False 或 xlSheetHidden，工作表就會隱藏，但還是可從 Excel 的功能選單重新顯示工作表。若將設定值指定為 xlSheetVeryHidden，就無法從功能選單重新顯示隱藏的工作表，此時只能從 VBA 將設定值設為 True 或 xlSheetVisible 才能顯示工作表。

## 範例 切換工作表的顯示與隱藏狀態

此範例要切換**資料**工作表的顯示與隱藏狀態。Visible 屬性可設為 True 或 False，所以可利用 **Not** 運算子切換成與現在相反的狀態。將程式碼寫成以下內容，就能在每次執行程式時，讓 Visible 屬性的 True 與 False 不斷交換，藉此切換工作表的顯示狀態。

範例 5-3_001.xlsm

參照 Not 運算子的方法……P.3-37

```
Sub 切換工作表的顯示與隱藏狀態()
    With Worksheets("資料")
        .Visible = Not .Visible
    End With
End Sub
```

1 「切換工作表的顯示與隱藏狀態」巨集
2 對**資料**工作表進行下列處理 (With 陳述式的開頭 )
3 將 Visible 屬性的值設成與現在相反的值
4 結束 With 陳述式
5 結束巨集

想要切換**資料**工作表的顯示狀態

| 8 | 4/1 | 台中 | 抹茶布丁 | 300 | 1 |
|---|---|---|---|---|---|
| 9 | 4/2 | 高雄 | 蛋糕捲 | 600 | 1 |
| 10 | 4/2 | 高雄 | 巧克力冰淇淋 | 350 | 3 |

資料 ｜ 台北 ｜ 高雄 ｜ 台中 ｜ 台南

**1** 啟動 VBE，輸入程式碼

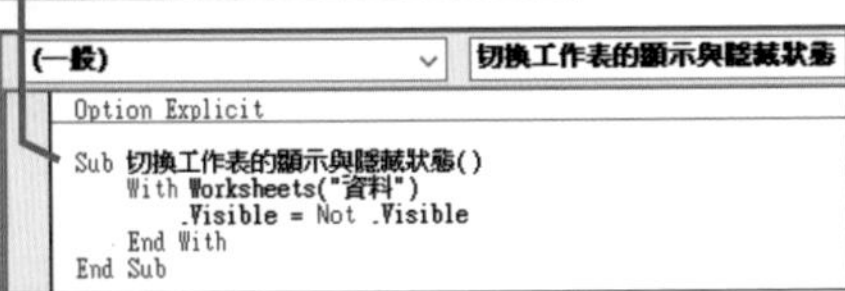

```
(一般)                    切換工作表的顯示與隱藏狀態
Option Explicit

Sub 切換工作表的顯示與隱藏狀態()
    With Worksheets("資料")
        .Visible = Not .Visible
    End With
End Sub
```

**2** 執行巨集

隱藏**資料**工作表了　　再執行一次巨集，**資料**工作表就會顯示

| 8 | 總計 | 18,600 | 23,450 | 18,800 |
|---|---|---|---|---|
| 9 | | | | |
| 10 | | | | |

台北 ｜ 高雄 ｜ 台中 ｜ 台南

### HINT 手動顯示工作表

當工作表的 Visible 屬性被設為 False 或是 xlSheetHidden 時，要手動顯示工作表，可從**常用**頁次的**儲存格**區按下**格式**鈕，再點選**隱藏及取消隱藏**的**取消隱藏工作表**，開啟**取消隱藏**交談窗，選擇要顯示的工作表後，按下**確定**鈕。

**1** 切換到**常用**頁次

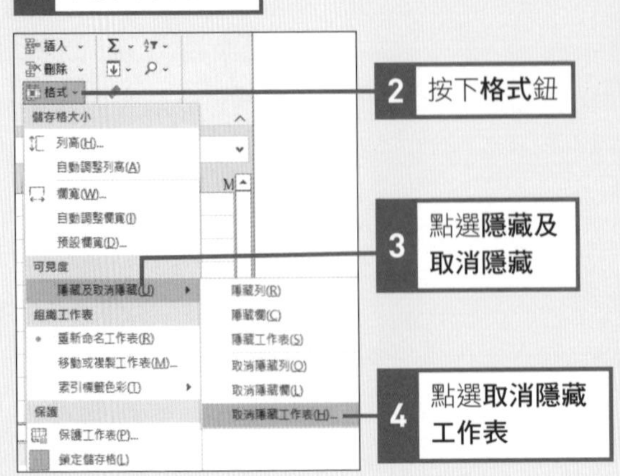


**2** 按下**格式**鈕

**3** 點選**隱藏及取消隱藏**

**4** 點選**取消隱藏工作表**

開啟**取消隱藏**視窗

**5** 點選要取消隱藏的工作表

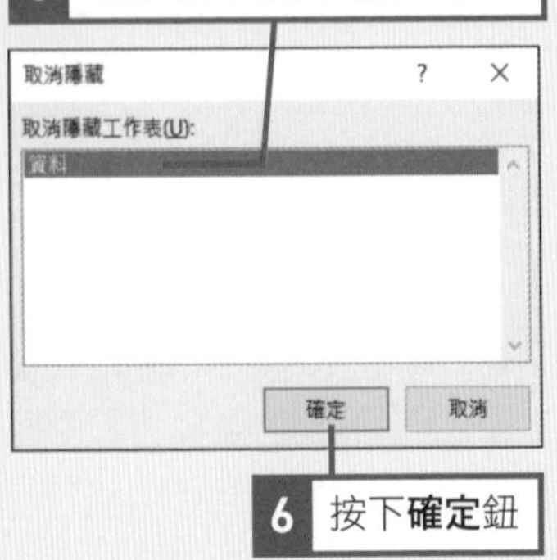


**6** 按下**確定**鈕

### 隱藏工作表索引標籤

如果隱藏的不是工作表，而是工作表索引標籤，就沒辦法切換工作表。要隱藏工作表索引標籤可使用 **Window 物件**的 **DisplayWorkbookTabs 屬性**。這個屬性可設為 True 或 False，只要依照 Visible 屬性的設定方式，就能快速切換工作表索引標籤的顯示狀態。例如，可在每次執行巨集時，設定作用中視窗的工作表索引標籤的顯示狀態。此外，要在隱藏工作表索引標籤時切換工作表，可按 Ctrl + Page Up 鍵或 Ctrl + Page Down 鍵。

執行程式碼

```
Sub 切換工作表名稱的顯示狀態()
    With ActiveWindow
        .DisplayWorkbookTabs = Not .DisplayWorkbookTabs
    End With
End Sub
```

隱藏工作表的索引標籤後，就無法以點選工作表名稱的方式切換工作表

| 7 | 4/1 | 台北 | 抹茶布丁 | 300 | 1 |
|---|---|---|---|---|---|
| 8 | 4/1 | 台中 | 抹茶布丁 | 300 | 1 |

就緒　協助工具: 一切準備就緒

範例 5-3_002.xlsm

## 保護工作表

**物 件.Protect**(Password, DrawingObjects, Contents, Scenarios, UserInterfaceOnly, AllowFormattingCells, AllowFormattingColumns, AllowFormattingRows, AllowInsertingColumns, AllowInsertingRows, AllowInsertingHyperlinks, AllowDeletingColumns, AllowDeletingRows, AllowSorting, AllowFiltering, AllowUsingPivotTables)

▶解説

Protect 方法可保護工作表。一旦指定密碼，在解除工作表保護時就須輸入密碼。

▶設定項目

**物件**……指定 Worksheet 物件。

Password……指定密碼字串，不能超過 255 個字元，英文字母大小寫會視為不同的字母。若省略此參數，在解除保護時不需輸入密碼。反之，若是設定了此參數，在解除保護時就要輸入密碼 (可省略)。

DrawingObjects……設為True，會保護繪圖物件。若省略，自動設為True(可省略)。

Contents……設為True，可保護在工作表中被鎖定的儲存格，或保護在圖表工作表中的圖表。若省略，將自動指定為 True (可省略)。

Scenarios……設為 True 時，保護 Scenarios。若省略，將自動設為 True (可省略)。

UserInterfaceOnly……設為True，會禁止在畫面上修改內容，但不禁止以巨集修改內容。若省略，將自動指定為 False，無法從畫面與巨集變更內容。

AllowFormattingCells......設為 True，可變更儲存格格式。若省略，自動設為 False (可省略)。
AllowFormattingColumns...設為 True，可變更欄格式。若省略，自動設為False (可省略)。
AllowFormattingRows......設為 True，可變更列格式。若省略，自動設為False(可省略)。
AllowInsertingColumns....設為 True，可插入欄。若省略，自動設為 False (可省略)。
AllowInsertingRows..... ..設為 True，可插入列。若省略，自動設為 False (可省略)。
AllowInsertingHyperlinks..設為 True，可插入超連結。若省略，自動設為 False(可省略)。
AllowDeletingColumns.....設為 True，可刪除欄。若省略，自動設為 False (可省略)。
AllowDeletingRows.........設為 True，可刪除列。若省略，自動設為 False (可省略)。
AllowSorting................設為 True，可排序資料。若省略，自動設為False (可省略)。
AllowFiltering.............設為 True，可套用篩選。雖然可變更篩選條件，但無法設定是否啟用**自動篩選**。若省略將自動設為 False (可省略)。
AllowUsingPivotTables....設為 True，可使用**樞紐分析表**。若省略，自動設為 False(可省略)。

避免發生錯誤

當工作表受到保護時，將無法對儲存格進行輸入或編輯動作，但是你可以在未鎖定的儲存格中進行輸入或編輯。

## 範例 只開放在部分儲存格輸入資料，藉此保護工作表

此範例只開放在 B4 ～ F7 儲存格中輸入資料，並將密碼設為「vba」，藉此保護工作表。

範例 5-3_003.xlsm

```
1  Sub 只開放在部分儲存格輸入資料與保護工作表()
2      Range("B4:F7").Locked = False
3      ActiveSheet.Protect Password:="vba"
4  End Sub
```

1 「只開放在部分儲存格輸入資料與保護工作表」巨集
2 解除儲存格 B4 ～ F7 的鎖定
3 將密碼指定為「vba」，保護啟用中工作表
4 結束巨集

| | A | B | C | D | E | F | G | H |
|---|---|---|---|---|---|---|---|---|
| 1 | 台北 | | | | | | | |
| 2 | | | | | | | | |
| 3 | | 蛋糕捲 | 巧克力冰淇淋 | 芒果布丁 | 抹茶布丁 | 草莓慕斯 | 總計 | |
| 4 | 4月 | 3,000 | 2,100 | 6,000 | 4,500 | 4,200 | 19,800 | |
| 5 | 5月 | 3,000 | 8,050 | 2,400 | 3,900 | 5,700 | 23,050 | |
| 6 | 6月 | 6,600 | 6,650 | 6,400 | 2,100 | 5,400 | 27,150 | |
| 7 | 7月 | 6,000 | 6,650 | 4,000 | 3,600 | 3,300 | 23,550 | |
| 8 | 總計 | 18,600 | 23,450 | 18,800 | 14,100 | 18,600 | 93,550 | |
| 9 | | | | | | | | |

開放在儲存格 B4 ～ F7 輸入資料，再以密碼保護其他的儲存格，藉此保護工作表

**1** 啟動 VBE，輸入程式碼

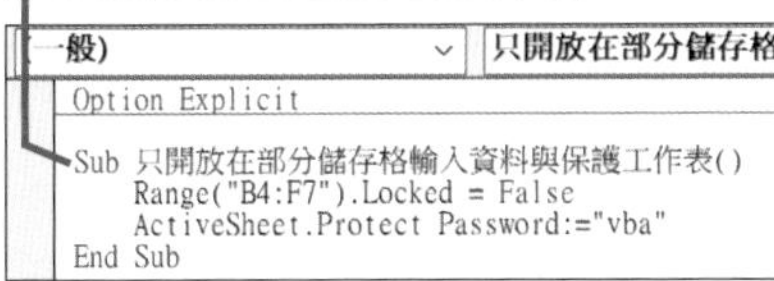

```
(一般)    只開放在部分儲存格
Option Explicit

Sub 只開放在部分儲存格輸入資料與保護工作表()
    Range("B4:F7").Locked = False
    ActiveSheet.Protect Password:="vba"
End Sub
```

**2** 執行巨集

B4 ～ F7 儲存格之外的範圍被保護了

只有 B4 ～ F7 儲存格的值可以修改

**3** 雙按 A4 儲存格

開啟交談窗，說明此儲存格已被保護

**4** 按下**確定**鈕

| | A | B | C | D | E | F | G |
|---|---|---|---|---|---|---|---|
| 1 | 台北 | | | | | | |
| 2 | | | | | | | |
| 3 | | 蛋糕捲 | 巧克力冰淇淋 | 芒果布丁 | 抹茶布丁 | 草莓慕斯 | 總計 |
| 4 | 4月 | 3 | | | | | |
| 5 | 5月 | 3 | | | | | |
| 6 | 6月 | 6 | | | | | |
| 7 | 7月 | 6 | | | | | |
| 8 | 總計 | 18 | | | | | |

Microsoft Excel

您嘗試變更的儲存格或圖表在受保護的工作表中。若要進行變更，請取消保護該工作表。您可能需要輸入密碼。

確定

## 禁止選取儲存格

將工作表設為保護狀態後，就算是不能編輯的儲存格也還是可以選取，若將 Worksheet 物件的 EnableSelection 屬性設為 xlUnlockedCells，就只能選取解除鎖定的儲存格 (Locked 屬性為 False 的儲存格)，無法選取其他儲存格。此外，若設為 xlNoSelection，會禁止選取所有儲存格，若設為 xlNoRestrictions 就能選取所有儲存格。例如，在範例 5-3_003.xlsm 第 3 行程式的下一行輸入「ActiveSheet.EnableSelection = xlUnlockedCells」，就能禁止選取 B4 ～ F7 儲存格以外的儲存格。

## 解除儲存格的鎖定，當工作表為保護狀態時，設定可以輸入內容的儲存格

就算將工作表設為保護狀態，只要先解除儲存格的鎖定，就能在該儲存格輸入或編輯內容，將 Range 物件的 Locked 屬性設為 False 就能解除儲存格的鎖定。此外，當工作表已經被保護，就不能設定 Locked 屬性，不然會發生錯誤，所以要在保護工作表之前先設定 Locked 屬性。

範例 5-3_004.xlsm

## 如何確認工作表是否被保護?

要確認工作表是否被保護可使用 Worksheet 物件的 ProtectContents 屬性。當這個屬性設為 True，工作表會被保護，若設為 False 則會解除保護。右圖的範例會先確認工作表是否被保護，若已經被保護就顯示訊息與結束處理。

範例 5-3_005.xlsm

```
Sub 事先確認工作表是否被保護()
    If ActiveSheet.ProtectContents Then
        MsgBox "工作表已被保護"
        Exit Sub
    End If
    Range("B4:F7").Locked = False
    ActiveSheet.Protect Password:="vba"
End Sub
```

## 解除工作表的保護

### 物件.Unprotect(Password)

▶解説

Unprotect 方法可解除指定工作表的保護。若解除工作表的保護，工作表內的所有儲存格都可以編輯內容。

▶設定項目

**物件**......指定為 Worksheet 物件。

Password......若在保護工作表時有指定密碼，就用該密碼解除保護。假設未指定密碼或希望顯示輸入密碼的視窗，可省略此參數 (可省略)。

避免發生錯誤

若指定給 Password 參數的密碼錯誤就會產生錯誤，所以請指定正確的密碼。此外，若省略 Password 參數，必須在**取消保護工作表**視窗中輸入密碼，若密碼輸入錯誤就會發生錯誤，所以要加上錯誤處理的程式碼。

### 範例　輸入密碼，解除工作表的保護

若要在解除工作表的密碼保護時顯示輸入密碼視窗，可省略 Password 參數。若在**取消保護工作表**視窗中輸入錯誤的密碼就會發生錯誤，所以要加上錯誤處理的程式碼。

範例 5-3_006.xlsm

參照 編寫處理錯誤的程式碼……P.3-71

```
1 Sub 輸入密碼解除工作表的保護()
2     On Error GoTo errHandler
3     ActiveSheet.Unprotect
4     Exit Sub
5 errHandler:
6     MsgBox "密碼錯誤"
7 End Sub
```

1 「輸入密碼解除工作表的保護」巨集
2 發生錯誤時，移動到行標籤 errHandler
3 解除啟用中工作表的保護
4 結束處理 ( 因為能正常執行到第 3 行的程式時，不需要執行錯誤處理 )
5 行標籤 errHandler ( 發生錯誤時，將執行這部分的處理 )
6 顯示**密碼錯誤**的訊息
7 結束巨集

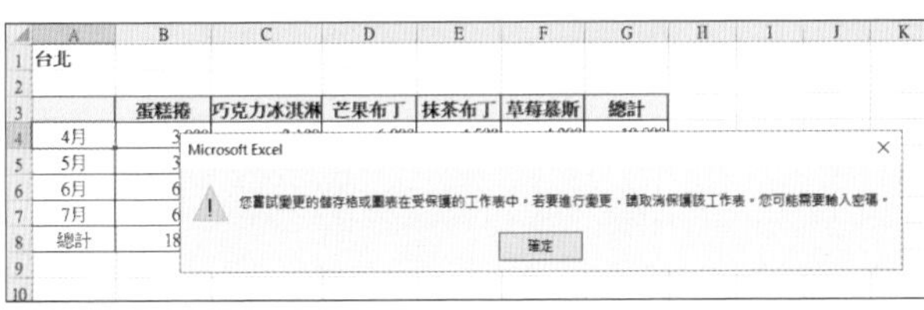


由於工作表被保護，所以一編輯內容就會顯示提示訊息

解除工作表的保護

**1** 啟動 VBE，輸入程式碼

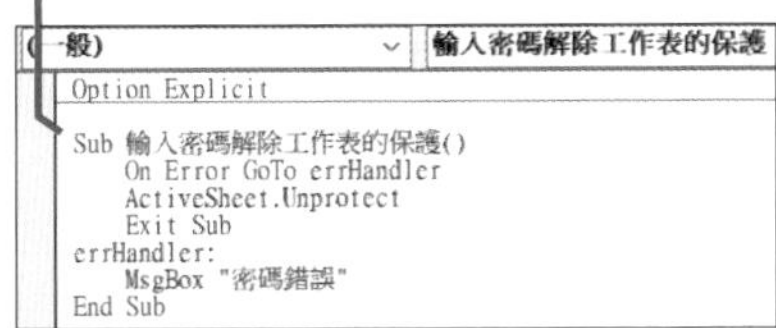

```
(一般)                     輸入密碼解除工作表的保護
Option Explicit

Sub 輸入密碼解除工作表的保護()
    On Error GoTo errHandler
    ActiveSheet.Unprotect
    Exit Sub
errHandler:
    MsgBox "密碼錯誤"
End Sub
```

**2** 執行巨集

顯示「取消保護工作表」

**3** 輸入密碼「vba」

**4** 按下**確定**鈕

| | A | B | C | D | E | F | G |
|---|---|---|---|---|---|---|---|
| 1 | 台北 | | | | | | |
| 2 | | | | | | | |
| 3 | | 蛋糕捲 | 巧克力冰淇淋 | 芒果布丁 | 抹茶布丁 | 草莓慕斯 | 總計 |
| 4 | 4月 | 3,000 | 2,100 | 6,000 | 4,500 | 4,200 | 19,800 |
| 5 | 5月 | 3000 | 8,050 | 2,400 | 3,900 | 5,700 | 23,050 |
| 6 | 6月 | 6,600 | 6,650 | 6,400 | 2,100 | 5,400 | 27,150 |
| 7 | 7月 | 6,000 | 6,650 | 4,000 | 3,600 | 3,300 | 23,550 |
| 8 | 總計 | 18,600 | 23,450 | 18,800 | 14,100 | 18,600 | 93,550 |

解除工作表的保護了

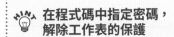

**HINT 在程式碼中指定密碼，解除工作表的保護**

要在程式碼中指定密碼與解除工作表保護，可輸入「Activesheet.UnprotectPassword:="vba"」。

範例 5-3_007.xlsm

## 限制捲動範圍

**物件.ScrollArea** —— 取得

**物件.ScrollArea = 設定值** —— 設定

▶解說

ScrollArea 屬性可設定捲動範圍。利用這個屬性指定儲存格範圍後，就無法捲動到這個範圍外，也無法選取這個範圍以外的儲存格，能避免選取不需要輸入資料的儲存格或是捲動到不需要的位置。

▶設定項目

**物件**..................指定為 Worksheet 物件。

**設定值**……………以 A1 格式 (例如："A1: C5") 指定可捲動的範圍。若指定為空白字串("")，就會解除設定。也能選取所有儲存格以及捲動至任何範圍。

參照 認識「A1格式」、「R1C1格式」……P.4-47

**避免發生錯誤**

要指定可捲動的範圍時，必須以工作表為設定單位，而不是以視窗為單位。請替每張工作表完成設定。

## 範例 禁止捲動到表格外的範圍

在此要將啟用中工作表的 A3 ～ G8 表格設為可捲動範圍，禁止捲動至超出這個表格範圍。限制捲動範圍後，無法捲動到指定範圍之外，也無法選取儲存格。

範例 5-3_008.xlsm

```
1  Sub 限制捲動範圍()
2      ActiveSheet.ScrollArea = "A3:G8"
3  End Sub
```

1 「限制捲動範圍」巨集
2 將啟用中工作表的捲動範圍設定成儲存格 A3 ～ G8
3 結束巨集

**1** 啟動 VBE，輸入程式碼

```
(一般)                限制捲動範圍
Option Explicit

Sub 限制捲動範圍()
    ActiveSheet.ScrollArea = "A3:G8"
End Sub
```

禁止選取表格以外的儲存格，也禁止捲動至表格以外的儲存格

**2** 執行巨集

| | 蛋糕捲 | 巧克力冰淇淋 | 芒果布丁 | 抹茶布丁 | 草莓慕斯 | 總計 |
|---|---|---|---|---|---|---|
| 4月 | 3,000 | 2,100 | 6,000 | 4,500 | 4,200 | 19,800 |
| 5月 | 3,000 | 8,050 | 2,400 | 3,900 | 5,700 | 23,050 |
| 6月 | 6,600 | 6,650 | 6,400 | 2,100 | 5,400 | 27,150 |
| 7月 | 6,000 | 6,650 | 4,000 | 3,600 | 3,300 | 23,550 |
| 總計 | 18,600 | 23,450 | 18,800 | 14,100 | 18,600 | 93,550 |



無法選取與捲動表格之外的儲存格

### HINT 解除捲動範圍

將 ScrollArea 屬性設為空白「""」，即可解除捲動的範圍。若要解除啟用中工作表的捲動範圍，可寫成「ActiveSheet.ScrollArea = ""」。

範例 5-3_009.xlsm

### HINT 使用 Range 物件解除捲動範圍的限制

以 A1 格式的字串指定 ScrollArea 的設定值。若想指定啟用中儲存格範圍，又想使用 Range 物件指定捲動範圍時，可使用 **Address** 屬性。例如，要將包含 A3 儲存格的儲存格範圍設為捲動範圍時，可將程式碼寫成如圖的內容。

```
Sub 限制捲動範圍2()
    ActiveSheet.ScrollArea = Range("A3").CurrentRegion.Address
End Sub
```

範例 5-3_010.xlsm

參照 取得儲存格範圍的位址……P.4-25

第 6 章

# Excel 檔案的操作

# 6-1 參照活頁簿

## 參照活頁簿

在 Excel 中開啟多個活頁簿後，若想分別指定這些活頁簿，可透過參照活頁簿。要在 VBA 參照活頁簿可用 **Workbook 物件**。若使用 **Workbooks 集合**，可參照每個開啟的活頁簿。要參照活頁簿可使用 Workbooks 屬性，再利用索引編號或活頁簿名稱指定要參照的活頁簿。

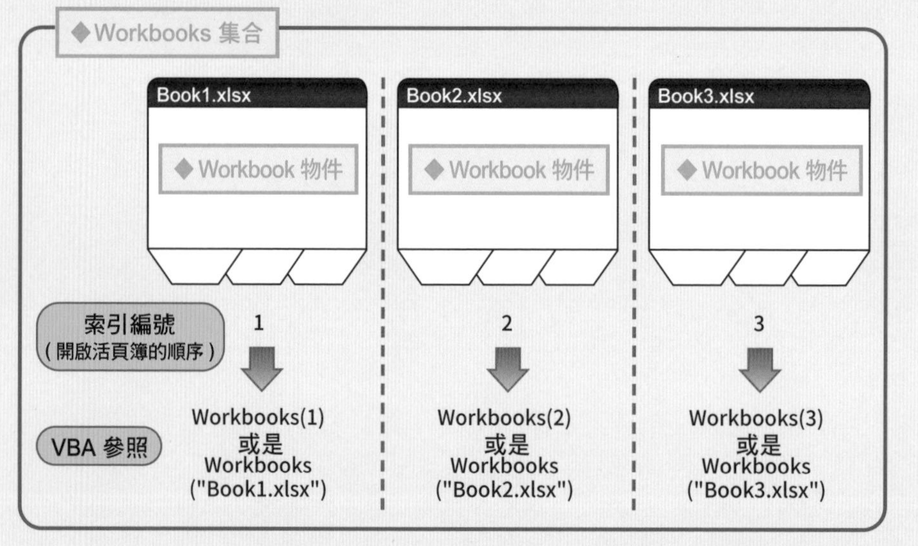


## 參照活頁簿

### 物件.Workbooks(Index) ———— 取得

**▶解說**

Workbooks 屬性可參照開啟的活頁簿。利用參數 Index 可指定單一活頁簿。若省略這個參數，將參照所有開啟的活頁簿。

**▶設定項目**

**物件**……指定 Application 物件。通常會省略 (可省略)。

Index……指定為索引編號或是活頁簿的檔名。索引編號會依照開啟活頁簿的順序，以 1、2、3……的方式依序編號。

避免發生錯誤

以**索引編號**來取得活頁簿時，請依照活頁簿的開啟順序指定。**個人巨集活頁簿**會在啟動 Excel 時一併執行，若是已經建立了個人巨集活頁簿 (PERSONAL.xlsb)，這個活頁簿將永遠是 Workbooks(1)。

參照 個人巨集活頁簿……P.1-27

## 參照作用中活頁簿

**物件.ActiveWorkbook** ―――― 取得
**物件.ThisWorkbook** ―――― 取得

▶解說

ActiveWorkbook 屬性是指目前正在進行處理的活頁簿 (作用中活頁簿)、也就是作用中視窗最上層的 Workbook 物件。此外，ThisWorkbook 屬性可參照正在執行 VBA 程式碼的活頁簿。當作用中活頁簿含有 VBA 程式碼，則 ActiveWorkbook、ThisWorkbook 這兩個屬性參照的活頁簿都是同一份活頁簿。

▶設定項目

**物件**……………指定 Application 物件。通常會省略 (可省略)。

避免發生錯誤

ActiveWorkbook 屬性會在只開啟一個視窗或是資訊視窗、剪貼簿視窗為啟用狀態時傳回 **Nothing**。此外，想從**增益集**參照增益集活頁簿時，要以 ThisWorkbook 屬性代替 ActiveWorkbook 屬性。

### 範例 開啟與參照活頁簿

此範例要開啟與執行程式碼的活頁簿放在同一個資料夾中，要開啟的活頁簿分別是「台北 .xlsx」與「台中 .xlsx」，接著要取得作用中活頁簿的儲存位置以及最後開啟的活頁簿名稱，並將結果顯示在訊息視窗。要取得作用中活頁簿可使用 Workbook 物件的 **Path** 屬性，將程式碼寫成「ActiveWorkbook.Path」。

範例 6-1_001.xlsm／台北 .xlsx／台中 .xlsx

```
1 Sub␣開啟與參照活頁簿()
2     Workbooks.Open␣ThisWorkbook.Path␣&␣"\台北.xlsx"
3     Workbooks.Open␣ThisWorkbook.Path␣&␣"\台中.xlsx"
4     MsgBox␣"作用中活頁簿的路徑:"␣&␣ActiveWorkbook.Path␣&␣vbLf␣&␣_
          "最後開啟的活頁簿的名稱:"␣&␣Workbooks(Workbooks.Count).Name
5 End␣Sub
```

1 「開啟與參照活頁簿」巨集
2 開啟與執行程式碼的活頁簿放在相同位置的「台北 .xlsx」活頁簿
3 開啟與執行程式碼的活頁簿放在相同位置的「台中 .xlsx」活頁簿
4 在訊息視窗顯示作用中活頁簿的路徑以及最後開啟的活頁簿名稱
5 結束巨集

註:「_(換行字元)」，當程式碼太長要接到下一行程式時，可用此斷行符號連接→參照 P.2-15

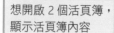

想開啟 2 個活頁簿，顯示活頁簿內容

**1** 啟動 VBE，輸入程式碼

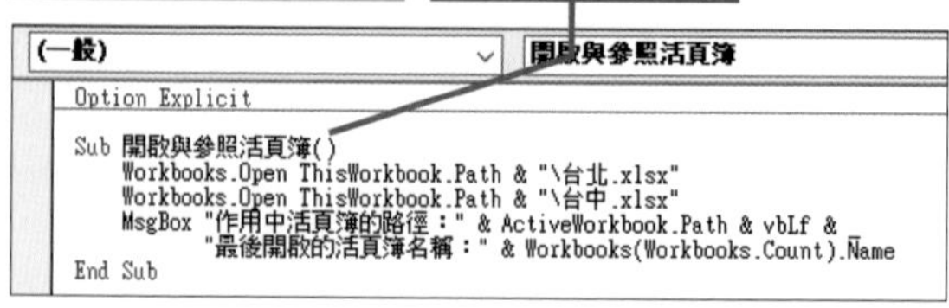


台中

| | 蛋糕捲 | 巧克力冰淇淋 | 芒果布丁 | 抹茶布丁 | 草莓慕斯 | 總計 |
|---|---|---|---|---|---|---|
| 4月 | 3,600 | 2,450 | 3,600 | 6,000 | 2,400 | 18,050 |
| 5月 | 3,600 | 4,200 | 3,600 | 11,400 | 1,800 | 24,600 |
| 6月 | 4,200 | 3,500 | 4,400 | 3,900 | 4,500 | 20,500 |
| 7月 | 5,400 | 2,800 | 3,200 | 3,300 | 7,500 | 22,200 |
| 總計 | 16,800 | 12,950 | 14,800 | 24,600 | 16,200 | 85,350 |

Microsoft Excel
作用中活頁簿的路徑：F:\Excel_vba\範例檔案\Ch06\6-1
最後開啟的活頁簿名稱：台中.xlsx
確定

**2** 執行巨集

開啟活頁簿並顯示內容

顯示作用中活頁簿的路徑以及最後開啟的活頁簿名稱

按下**確定**鈕，即可關閉視窗

# 啟用活頁簿

## 物件.Activate

### ▶解說

Activate 方法可啟用指定的活頁簿。若在多個視窗顯示同一個活頁簿，將啟用第一個視窗的活頁簿。

### ▶設定項目

**物件**……指定 Workbook 物件。

避免發生錯誤

如果指定的活頁簿尚未開啟就會發生錯誤。此外，Workbook 物件沒有 Select 方法，所以要選擇活頁簿的時候，必須使用 Activate 方法。

## 範例　啟用指定的活頁簿

此範例要啟用「台中 .xlsx」活頁簿。執行這個巨集時，請先開啟「台中 .xlsx」活頁簿，否則將會執行錯誤處理與顯示提示訊息。

範例 6-1_002.xlsm ／台中 .xlsx

參照 編寫處理錯誤的程式碼……P.3-71

```
1 Sub 啟用活頁簿()
2     On Error GoTo errHandler
3     Workbooks("台中.xlsx").Activate
4     Exit Sub
5 errHandler:
6     MsgBox "活頁簿尚未開啟"
7 End Sub
```

1 撰寫「啟用活頁簿」巨集
2 發生錯誤時，移動到行標籤 errHandler
3 啟用「台中 .xlsx」活頁簿
4 結束處理 ( 若正常執行至第 3 行程式碼，就不會執行錯誤處理 )
5 行標籤 errHandler ( 發生錯誤時的處理 )
6 顯示「活頁簿尚未開啟」的訊息
7 結束巨集

先開啟「台中 .xlsx」活頁簿　新增活頁簿

**1** 啟動 VBE，輸入程式碼

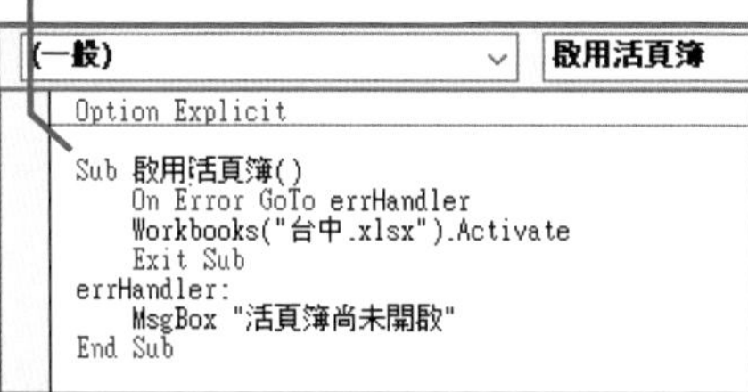


**2** 執行巨集　啟用了「台中 .xlsx」活頁簿

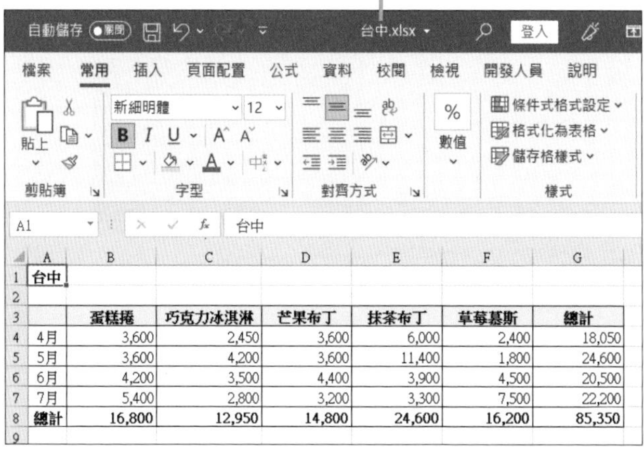


| | 蛋糕捲 | 巧克力冰淇淋 | 芒果布丁 | 抹茶布丁 | 草莓慕斯 | 總計 |
|---|---|---|---|---|---|---|
| 4月 | 3,600 | 2,450 | 3,600 | 6,000 | 2,400 | 18,050 |
| 5月 | 3,600 | 4,200 | 3,600 | 11,400 | 1,800 | 24,600 |
| 6月 | 4,200 | 3,500 | 4,400 | 3,900 | 4,500 | 20,500 |
| 7月 | 5,400 | 2,800 | 3,200 | 3,300 | 7,500 | 22,200 |
| 總計 | 16,800 | 12,950 | 14,800 | 24,600 | 16,200 | 85,350 |

# 6-2 新增與顯示活頁簿

## 新增與顯示活頁簿

使用 Excel 的時候，會需要新增活頁簿，開啟既有的活頁簿，對該活頁簿的工作表或儲存格進行某些處理。在此要說明在 VBA 新增活頁簿與開啟現存活頁簿的方法。

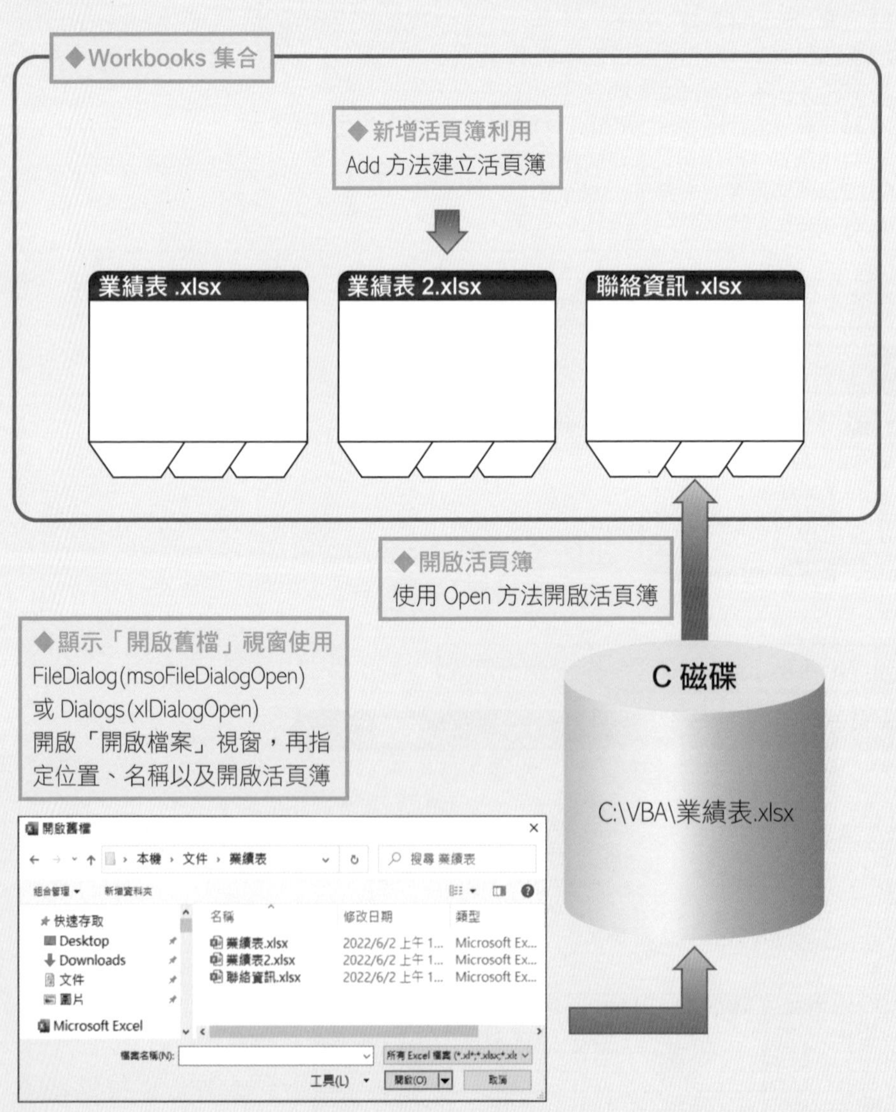

## 新增活頁簿

### 物件.Add(Template)

**▶解說**

要新增活頁簿可使用 Workbooks 集合的 Add 方法。Add 方法可新增活頁簿再傳回代表該活頁簿的 Workbook 物件，這個活頁簿也會自動變成作用中活頁簿。

**▶設定項目**

**物件**............................指定為 Workbooks 集合。

Template..............可利用 XlWBATemplate 列舉型常數指定新增的活頁簿的工作表種類。若指定為現有的活頁簿名稱，將以該活頁簿為範本，新增活頁簿。若指定為常數，將新增包含一張該特定種類工作表的活頁簿。若省略這個參數，將依照預設值，新增具有一張工作表的活頁簿 (可省略)。

XlWBATemplate 列舉型常數

| 常數 | 內容 |
|---|---|
| xlWBATChart | 圖表工作表 |
| xlWBATWorksheet | 工作表 |
| xlWBATExcel4IntMacroSheet | Excel 4 International 巨集工作表 |
| xlWBATExcel4MacroSheet | Excel 4 巨集工作表 |

**避免發生錯誤**

將物件指定為 Workbook 物件就會發生錯誤。請務必指定為 Workbooks 集合。

## 範例 新增含有 5 張工作表的活頁簿

新增的活頁簿預設只有 1 張工作表。若使用 Application 物件的 SheetsInNewWorkbook 屬性就能在新增活頁簿時，取得與設定工作表的張數。這次的範例要將目前的工作表張數放入變數 ns，接著將工作表的張數變更為 5 張，再新增活頁簿。之後若是繼續新增活頁簿，就將工作表的張數恢復成原始設定。 範例 6-2_001.xlsm

```
Sub 新增含有5張工作表的活頁簿()
    Dim ns As Integer
    ns = Application.SheetsInNewWorkbook
    Application.SheetsInNewWorkbook = 5
    Workbooks.Add
    Application.SheetsInNewWorkbook = ns
End Sub
```

1 「新增含有 5 張工作表的活頁簿」巨集
2 宣告整數型別變數 ns
3 將新活頁簿的工作表張數放入變數 ns
4 將新增的活頁簿的工作表張數設定為 5 張
5 新增活頁簿
6 將新增的活頁簿的工作表張數設定為變數 ns 的值，再恢復為原始狀態
7 結束巨集

新增有 5 張工作表的活頁簿

**1** 啟動 VBE，輸入程式碼

```
Sub 新增含有5張工作表的活頁簿()
    Dim ns As Integer
    ns = Application.SheetsInNewWorkbook
    Application.SheetsInNewWorkbook = 5
    Workbooks.Add
    Application.SheetsInNewWorkbook = ns
End Sub
```

**2** 執行輸入的巨集

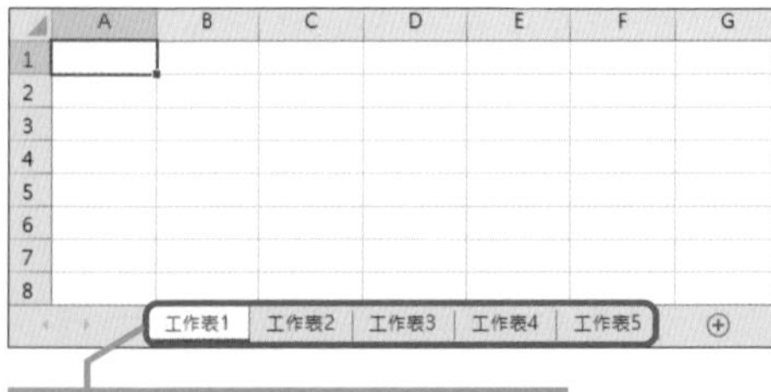


新增有 5 張工作表的工作表了

> **HINT 變更在新增活頁簿時預設的工作表張數**
>
> 依照範例的方式，使用 Application 物件的 SheetInNewWorkbook 屬性可取得與設定新活頁簿的工作表張數。若於這個屬性指定工作表張數，之後新增活頁簿的時候，工作表的張數都會是這個設定。由於這次的範例只打算暫時改變預設的工作表張數，所以先取得了目前工作表的張數，以及調整新增工作表的張數，並在新增活頁簿之後，將工作表的張數恢復成原本的設定。

## 開啟既有的活頁簿

**物件.Open**(FileName, UpdateLinks, ReadOnly, Format, Password, WriteResPassword, IgnoreReadOnlyRecommended, Origin, Delimiter, Editable, Notify, Converter, AddToMru, Local, CorruptLoad, OpenConflictDocument)

**▶解說**

要開啟既有的活頁簿可使用 Workbooks 集合的 Open方 法。這個方法擁有很多參數，而利用這些參數設定值，就能指定開啟檔案的方法。在此只說明參數 FileName 的內容，其餘參數的內容請參考 428 頁的 HINT。

參照 Open 方法的其他參數……P.6-10

**▶設定項目**

**物件**……………………指定 Workbooks 集合。

FileName……………以代表路徑的字串指定要開啟的檔案名稱。若是省略路徑，只指定活頁簿名稱，將以目前資料夾的活頁簿為對象。

避免發生錯誤

找不到指定的活頁簿或是已經開啟了相同名稱的活頁簿就會發生錯誤。此外，對 Workbook 物件使用 Open 方法也會發生錯誤，請務必指定為 Workbooks 集合。

## 範例　開啟目前資料夾的活頁簿

這次的範例要將目前資料夾設定為「C:\VBA」，再開啟這個資料的「Data.xlsx」。由於是開啟目前資料夾的活頁簿，所以不需要利用參數 Filename 指定路徑。範例用來設定目前磁碟的是 ChDrive 陳述式，設定目前資料夾的是 ChDir 陳述式。

範例 6-2_002.xlsm ／ Data.xlsx

參照 檔案／資料夾／磁碟的操作……P.7-14

```
1 Sub␣開啟目前資料夾的活頁簿()
2     ChDrive␣"C"
3     ChDir␣"C:\VBA"
4     Workbooks.Open␣"Data.xlsx"
5 End␣Sub
```

1 撰寫「開啟目前資料夾的活頁簿」巨集
2 將目前磁碟變更為 C 磁碟
3 將目前資料夾變更為「C:\VBA」
4 開啟目前資料夾的活頁簿「Data.xlsx」
5 結束巨集內容

注意 若 C 磁碟沒有「VBA」資料夾就會發生錯誤

預先在 C 磁碟新增「VBA」資料夾，再放入 Data.xlsx

想開啟「C:\VBA\Data.xlsx」活頁簿

1 啟動 VBE，輸入程式碼

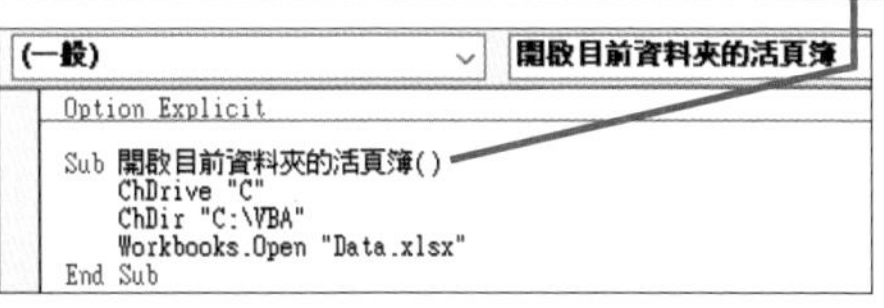


2 執行巨集

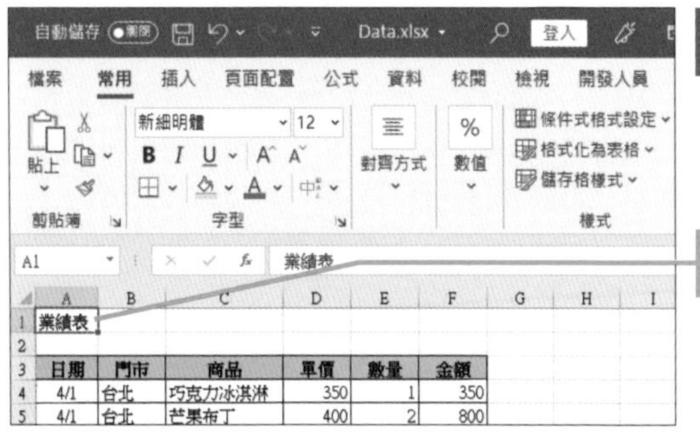


指定的活頁簿開啟了

### 目前資料夾

**目前資料夾**就是開啟或儲存活頁簿時，預定參照的位置。雖然 Windows 10 預設使用者的**文件**資料夾為目前資料夾，但如果在**另存新檔**視窗變更儲存活頁簿的位置，目前資料夾也會跟著改變。VBA 可利用 ChDir 陳述式變更目前資料夾，也能利用 CurDir 函數確認目前資料夾。

參照 檔案／資料夾／磁碟的操作……P.7-14

### 將目前資料夾還原為執行巨集之前的狀態

範例 6-2_002.xlsm

參照 檔案／資料夾／磁碟的操作……P.7-14

由於範例以 ChDir 陳述式調整目前資料夾，所以之後若是開啟檔案，目前資料夾的設定還是不會改變。若想在開啟檔案之後的目前資料夾恢復原本設定，可先利用 CurDir 函數取得變更前的目前資料夾，並將這個目前資料夾放入變數，在開啟檔案後，利用 ChDir 陳述式恢復成原本的目前資料夾。

執行這個巨集就能將目前資料夾恢復成執行巨集之前的設定

```
Sub 開啟目前資料夾的活頁簿2()
    Dim myDir As String
    myDir = CurDir

    ChDir "c:\VBA"
    Workbooks.Open "Data.xlsx"
    ChDir myDir
End Sub
```

### Open 方法的其他參數

除了參數 FileName 之外，Open 方法還有下列這些參數（皆可省略）。

- **UpdateLinks**：指定更新活頁簿之內的連結的方法。若指定為 1，由使用者指定更新連結的方法，若指定為 2，不在開啟活頁簿的時候更新連結，若指定為 3，在開啟活頁簿的時候更新連結。
- **ReadOnly**：設定為 True，將以讀取專用模式開啟活頁簿。
- **Format** :指定開啟文字檔時的分隔字元。1 為「定位點」、2 為「逗號」、3 為「空白字元」、4 為「分號」、5 為「無」、6 為「自訂字元」（以 Delimiter 參數指定）。
- **Password**：在活頁簿受密碼保護時，指定開啟活頁簿的密碼。
- **WriteResPassword**：指定在以可讀寫模式下開啟唯讀模式的活頁簿之際所需的密碼。
- **IgnoreReadOnlyRecommended**：指定為 True 可隱藏建議唯讀模式的訊息。
- **Origin**:開啟文字檔案時指定檔案格式。
- **Delimiter**：指定參數 Format 為 6 的分隔字元。
- **Editable**：若想讓 Excel 4.0 的增益集於視窗顯示，或是為了編輯而開啟 Excel 範本的情況，可將這個參數指定為 True。預設值為 False。
- **Notify**：想在檔案無法於「唯讀／讀寫模式」開啟時，將檔案新增至通知列表，即可將這個參數指定為 True。
- **Converter**：在開啟檔案之際，指定第一個檔案轉碼器的索引編號。
- **AddToMru**：要將活頁簿新增至最近使用的檔案的一覽表時，可將這個參數設定為 True。
- **Local**：希望檔案的語言與 Excel 一致時，可將此參數設為 True。若希望與 VBA 一致則可設定為 False（預設值）。
- **CorruptLoad**：指定讀取方式。可使用的常數有 xlNormalLoad（標準讀取）、xlRepairFile（修復活頁簿）、xlExtractData（修復活頁簿的資料）。

## 開啟「開啟舊檔」視窗 ①

### 物件.FileDialog(msoFileDialogOpen) ——— 取得

▶解說

在 Application 物件的 FileDialog 屬性將參數指定為 msoFileDialogOpen，就能取得代表**開啟舊檔**視窗的 FileDialog 物件。使用這個 FileDialog 物件的屬性或方法，就能設定、開啟**開啟舊檔**視窗，以及開啟指定的檔案。

▶設定項目

**物件**……指定為 Application 物件。

msoFileDialogOpen……開啟**開啟舊檔**視窗所需的常數。可直接沿用這個常數。

避免發生錯誤

FileDialog 屬性只能取得 FileDialog 物件，所以要開啟**開啟舊檔**視窗或是開啟指定的檔案就要使用 FileDialog 物件的 Show 方法或 Execute 方法。

參照 可利用 FileDialog 屬性指定的常數……P.6-28

### 範例 開啟「開啟舊檔」視窗與開啟檔案

此範例要開啟**開啟舊檔**視窗及開啟指定的檔案。利用 Application.FileDialog (msoFileDialogOpen) 程式碼取得 FileDialog 物件後，再以 AllowMultiSelect 屬性指定為「不可複選」，接著以 FilterIndex 屬性將檔案類型指定為**所有 Excel 檔案**，以及利用 InitialFileName 屬性將預設路徑設定為「C:\VBA」，最後以上述的設定開啟視窗以及開啟選取的檔案。

範例 6-2_003.xlsm

參照 FileDialog 物件的屬性與方法……P.6-13

```
Sub 選取與開啟檔案()
    With Application.FileDialog(msoFileDialogOpen)
        .AllowMultiSelect = False
        .FilterIndex = 2
        .InitialFileName = "C:\VBA"
        If .Show = -1 Then .Execute
    End With
End Sub
```

1. 「選取與開啟檔案」巨集
2. 對代表「開啟舊檔」視窗的 FileDialog 物件執行下列處理 (With 陳述式的開頭 )
3. 設定成不可選取多個檔案
4. 將檔案種類設定為「2」( 所有 Excel 檔案 )
5. 將預設路徑設定為「C:\VBA」
6. 開啟**開啟舊檔**視窗，以及在點選**開啟**之後，開啟選取的檔案
7. With 陳述式結束
8. 結束巨集

**注意** 若 C 磁碟沒有「VBA」資料夾就會發生錯誤

想開啟在**開啟舊檔**視窗選取的檔案

**1** 啟動 VBE，輸入程式碼

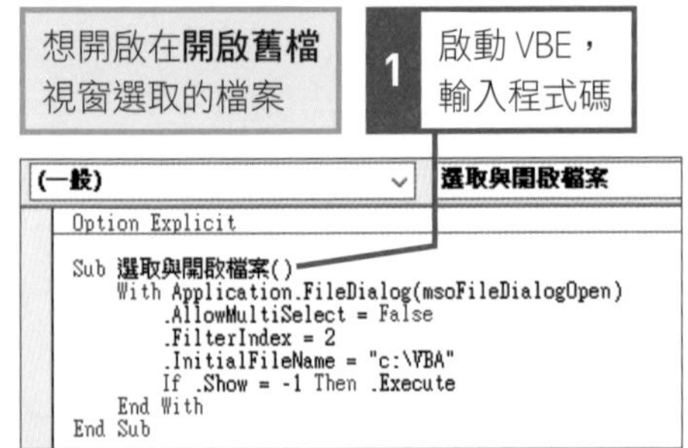


**2** 執行輸入的巨集

「開啟舊檔」視窗開啟了

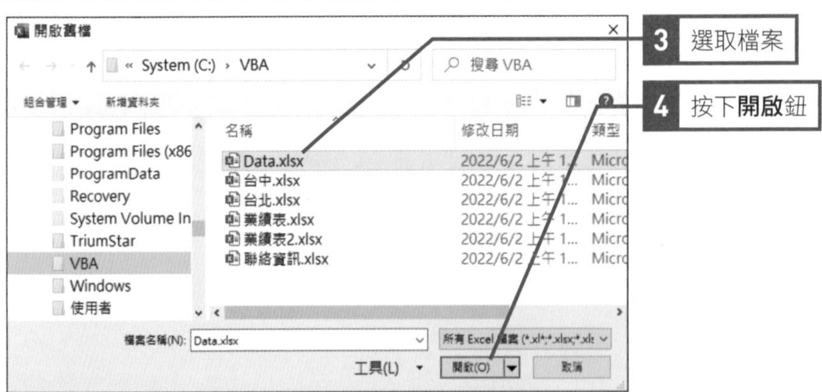


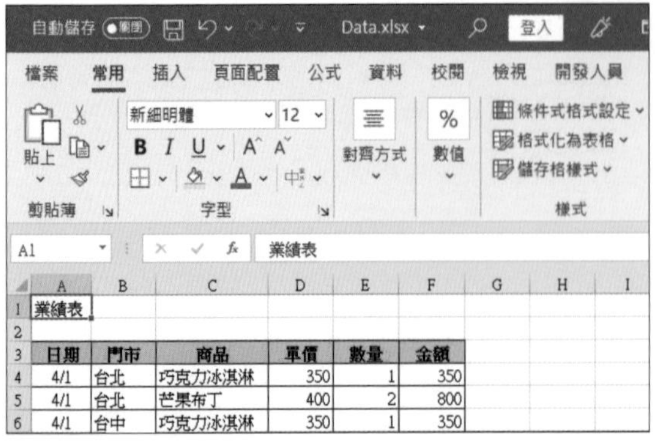


開啟剛才選取的檔案了

## ● FileDialog 物件的屬性與方法

FileDialog 物件內建了下列的屬性與方法。這些屬性與方法可用來設定、顯示視窗或是進行其他的處理。

FileDialog 物件的屬性

| 屬性 | 內容 |
|---|---|
| AllowMultiSelect | 設定為 True 即可選取多個檔案。設定為 False 則只能選取一個檔案。這個屬性可取得與設定值 |
| ButtonName | 指定視窗「動作」按鈕的文字。這個屬性可取得與設定值 |
| DialogType | 以 MsoFileDialogType 列舉型常數取得 FileDialog 物件顯示的視窗種類 |
| FilterIndex | 以數值指定預設顯示的檔案種類。「檔案類型」列表的選項由上而下依序為 1、2、3，預設值為「1」(所有檔案)。若要設定為「所有 Excel 檔案」可將這個屬性設定為「2」 |
| Filters | 取得 FileDialogFilters 集合。可利用 Add 方法建立新的篩選條件 |
| InitialFileName | 指定預設的路徑或檔案名稱。這個屬性可取得與設定值 |
| InitialView | 以 MsoFileDialogView 列舉型常數指定檔案或資料夾的開啟方式。這個屬性可取得與設定值 |
| SelectedItems | 取得使用者選取的檔案路徑 |
| Title | 設定在視窗的標題列顯示的標題。這個屬性可取得與設定值 |

FileDialog 物件的方法

| 方法 | 內容 |
|---|---|
| Show | 開啟檔案的視窗後，若使用者按下**動作**鈕(**開啟**鈕或**儲存**鈕就傳回「-1」，若按下**取消**鈕就傳回「0」。利用 Show 方法開啟視窗後，在點選按鈕到關閉視窗為止的這段時間之中，程式會暫停後續的處理 |
| Execute | 顯示或儲存指定的檔案 |

# 開啟「開啟舊檔」視窗 ②

## 物件.**Dialogs**(xlDialogOpen) ———— 取得

### ▶解說

在 Application 物件的 Dialogs 屬性將參數設定為 xlDialogOpen 之後，就能取得代表**開啟舊檔**視窗的 Dialog 物件，此時執行 Show 方法即可開啟**開啟舊檔**視窗。只要短短幾行程式碼就能開啟內建的**開啟舊檔**視窗。此外，利用 Show 方法開啟**開啟舊檔**交談窗，選擇檔案，並按下**確定**鈕開啟，將會傳回 True，若是按下**取消**則會關閉交談窗並傳回 False。

### ▶設定項目

**物件**............................指定 Application 物件。

**xlDialogOpen**......開啟**開啟舊檔**視窗所需的常數。可直接沿用這個常數。

參照 可在 VBA 使用的各種視窗……P.6-15

**避免發生錯誤**

要使用 Dialog 物件的 Show 方法開啟**開啟舊檔**視窗的時候，無法進一步設定檔案種類、檔案預設路徑這類選項。若希望在開啟視窗的時候使用這類設定，必須改用 FileDialog 屬性。

參照 開啟「開啟舊檔」視窗……P.6-11

## 範例 利用 Dialogs 屬性開啟「開啟舊檔」視窗

這次要利用 Application.Dialogs(xlDialogOpen) 取得**開啟舊檔**視窗，再以 Show 顯示視窗。**開啟舊檔**視窗開啟後，就能利用 Excel 的操作開啟檔案。 範例 6-2_004.xlsm

```
1 Sub␣選取與開啟檔案2()
2     Application.Dialogs(xlDialogOpen).Show
3 End␣Sub
```

1 「選取與開啟檔案 2」巨集
2 顯示**開啟舊檔**視窗
3 結束巨集

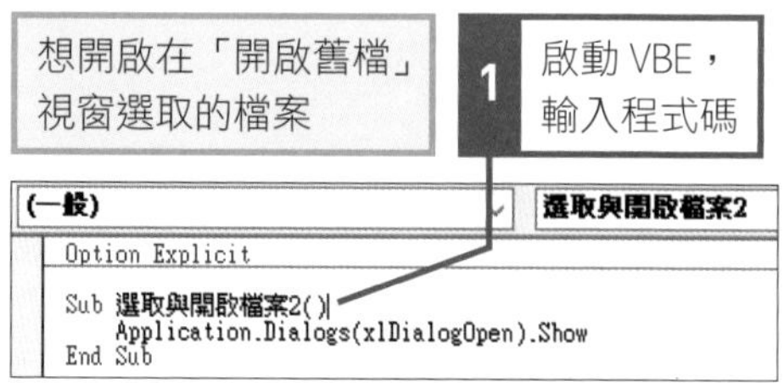


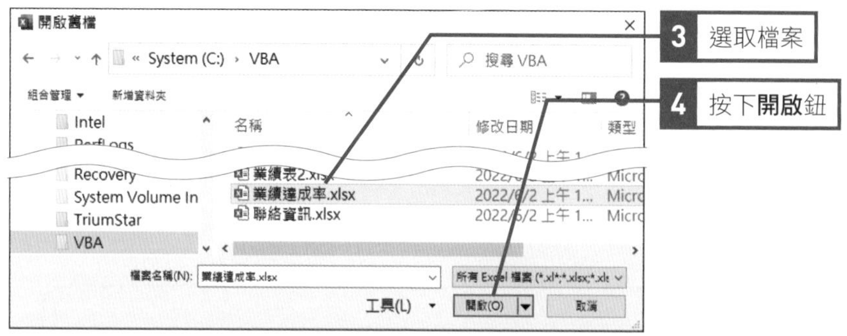


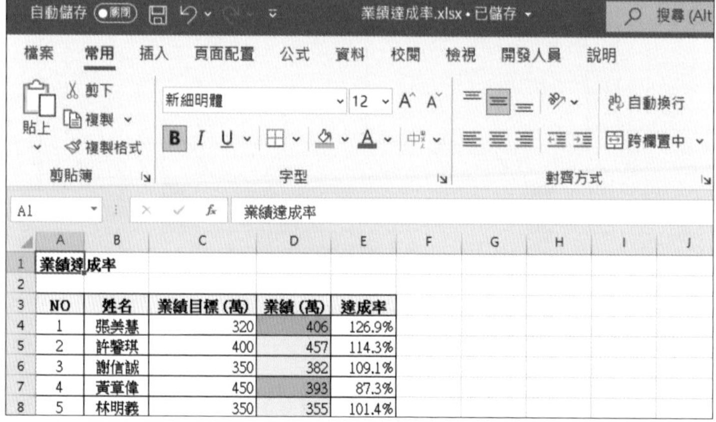

## 可在 VBA 使用的各種視窗

Application 物件的 Dialogs 可取得代表 Excel 視窗的 Dialog 物件。XlBuiltInDialog 列舉型常數除了可取得檔案相關的視窗，還能顯示列印、格式設定以及 200 種以上的視窗，所以這種常數很適合在需要使用者完成某些選擇的時候使用。細節請參考 Excel 的說明。

| 常數 | 視窗 | 常數 | 視窗 |
|---|---|---|---|
| xlDialogOpen | 開啟舊檔 | xlDialogPasteSpecial | 選擇性貼上 |
| xlDialogSaveAs | 另存新檔 | xlDialogFormulaFind | 尋找 |
| xlDialogPageSetup | 版面設定（頁面） | xlDialogNew | 新增（標準） |
| xlDialogPrint | 列印 | xlDialogSortSpecial | 排序 |
| xlDialogPrintSetup | 印表機內容 | xlDialogEditColor | 編輯色彩 |

# 6-3 儲存與關閉活頁簿

## 儲存與關閉活頁簿

Excel 的活頁簿儲存方式分成「儲存」與「另存新檔」這兩種。VBA 是以 Save 方法執行儲存，並以 SaveAs 方法執行另存新檔。VBA 可開啟「另存新檔」視窗，製作備份檔案，確認活頁簿是否已經儲存，活頁簿是否含有巨集，進一步設定活頁簿的儲存方式。要關閉活頁簿可使用 Close 方法，要結束 Excel 可使用 Quit 方法。

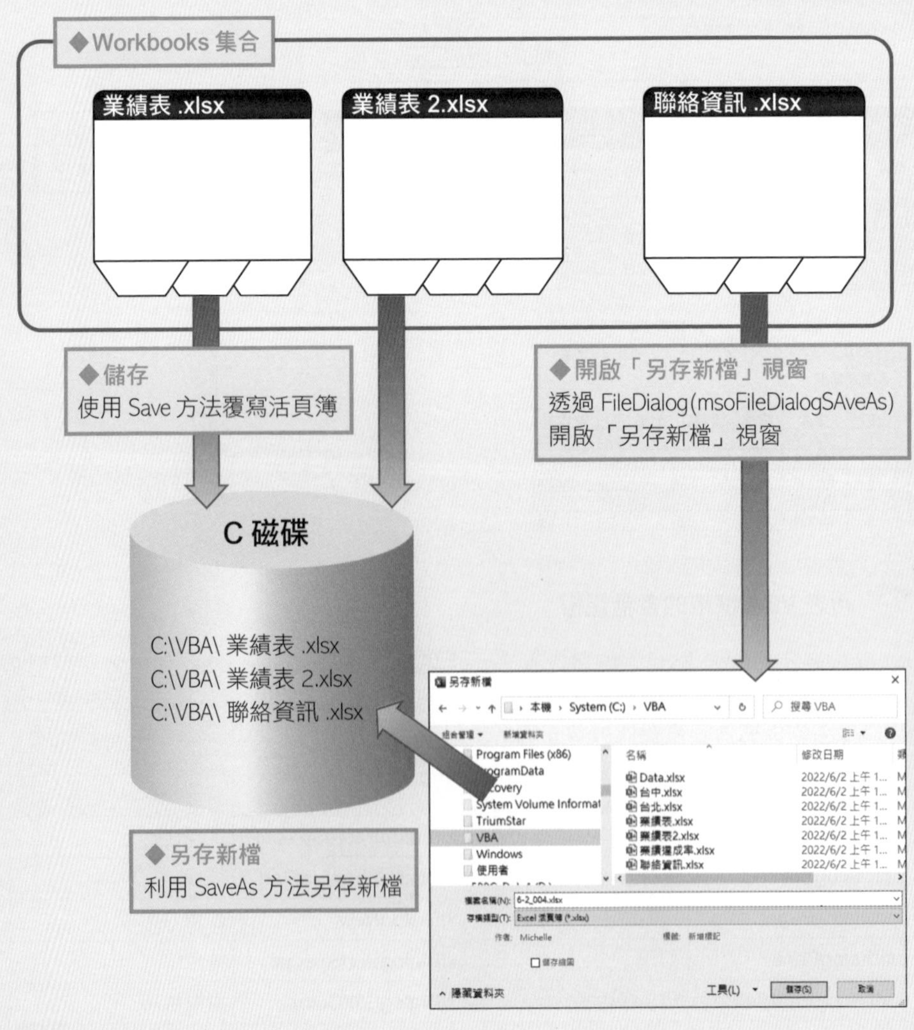

# 儲存活頁簿

## 物件.Save

### ▶解說

Save 方法可儲存活頁簿。若活頁簿已經儲存完畢，執行這個方法可直接覆寫活頁簿，若還沒儲存則會以「Book1.xlsx」這個在新增活頁簿之際暫用的活頁簿名稱在目前資料夾儲存活頁簿。

參照 目前資料夾……P.6-10

### ▶設定項目

**物件**……………………指定 Workbook 物件。

**避免發生錯誤**

對新增的活頁簿使用 Save 方法儲存活頁簿之後，活頁簿會在目前資料夾以臨時的名稱存，所以最好利用對新增的活頁簿執行 SaveAs 方法，指定儲存的位置與名稱之後再儲存。

參照 命名與儲存活頁簿……P.6-18

## 範例 開啟與儲存活頁簿

這次要開啟資料夾「C:\VBA」的活頁簿「台北 .xlsx」，再於 G2 儲存格輸入使用者名稱，最後再儲存活頁簿。

範例 6-3_001.xlsm ／台北 .xlsx

參照 開啟既有的活頁簿……P.6-8

```
1  Sub 開啟與儲存活頁簿()
2      Workbooks.Open Filename:="C:\VBA\台北.xlsx"
3      Range("G2").Value = "負責人:" & Application.UserName
4      ActiveWorkbook.Save
5  End Sub
```

1 「開啟與儲存活頁簿」巨集
2 開啟 C 磁碟的「VBA」資料夾的「台北 .xlsx」活頁簿
3 在 G2 儲存格輸入「負責人：(使用者姓名)」
4 儲存作用中活頁簿
5 結束巨集內容

想在開啟的活頁簿輸入使用者姓名再儲存活頁簿

1 啟動 VBE，輸入程式碼

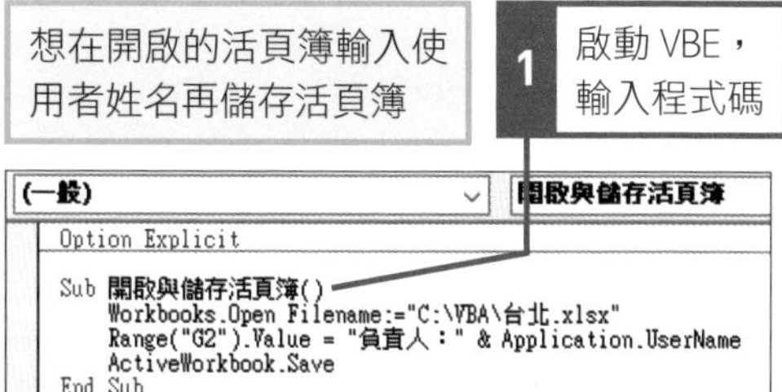
(一般)
開啟與儲存活頁簿
Option Explicit
Sub 開啟與儲存活頁簿()
Workbooks.Open Filename:="C:\VBA\台北.xlsx"
Range("G2").Value = "負責人：" & Application.UserName
ActiveWorkbook.Save
End Sub

2 執行巨集

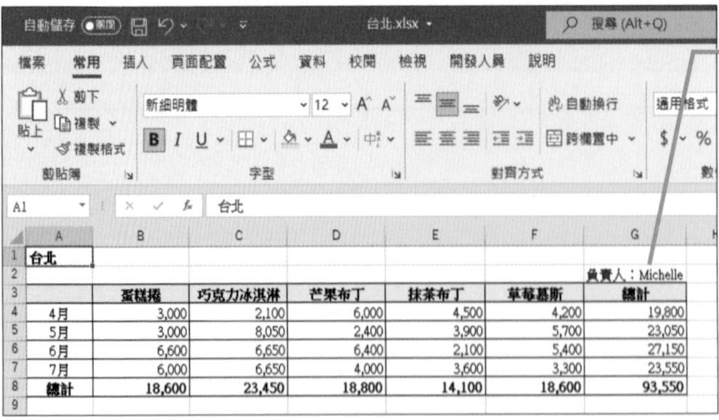

開啟活頁簿後，G2 儲存格也顯示使用者姓名
開啟的活頁簿儲存了


### 儲存所有開啟的活頁簿

若要儲存所有開啟的活頁簿可使用 For Each 陳述式與 Workbook 類型的物件變數，對每個活頁簿執行 Save 方法，儲存每個開啟的活頁簿。

範例 6-3_001.xlsm

參照 對同一種物件執行相同處理……P.3-52

執行這個巨集就能儲存所有開啟的活頁簿

```
Sub 儲存所有開啟的活頁簿()
    Dim myWBook As Workbook
    For Each myWBook In Workbooks
        myWBook.Save
    Next
End Sub
```

## 6-3 命名與儲存活頁簿

**物件.SaveAs(FileName, FileFormat, Password, WriteResPassword, ReadOnlyRecommended, CreateBackup, AccessMode, ConflictResolution, AddToMru, TextcodePage, TextVisualLayout, Local)**

▶解說

SaveAs 方法可替特定物件命名再儲存，可於儲存新的活頁簿、變更儲存位置或是變更活頁簿名稱再儲存活頁簿的時候使用。

▶設定項目

**物件**……指定為 Workbook 物件、Worksheet 物件、Chart 物件。

FileName……指定檔案名稱。可利用路徑指定儲存檔案的位置。若省略了路徑，只指定了檔案名稱，檔案將於目前資料夾儲存 (可省略)。

FileFormat……利用 XlFileFormat 列舉型常數指定檔案儲存格式。若是已儲存完畢的檔案將沿用前次使用的格式，若是新增的活頁簿則預設為 Excel活頁簿 (.xlsx) 格式 (可省略)。

參照 XlFileFormat 列舉型的主要常數……P.6-22

Password……指定讀取所需的密碼 (可省略)。

WriteResPassword……指定寫入所需的密碼 (可省略)。

ReadOnlyRecommended……設為 True 時，啟用建議唯讀模式 (可省略)。

CreateBackup……設為 True 時，可新增備份檔案 (可省略)。

AccessMode……以 XlSaveAsAccessMode 列舉型常數指定存取檔案的方法 (可省略)。

XlSaveAsAccessMode 列舉型的常數

| 常數 | 內容 |
|---|---|
| xlExclusive | 排他模式 |
| xlNoChange ( 預設值 ) | 不改變存取模式 |
| xlShared | 共享模式 |

ConflictResolution……以 XlSaveConflictResolution 列舉型常數在分享活頁簿的時候，指定更新內容的方法 (可省略)。

XlSaveConflictResolution 列舉型常數

| 常數 | 內容 |
|---|---|
| xlUserResolution ( 預設值 ) | 顯示對話方塊請求使用者解決衝突 |
| xlLocalSessionChanges | 一律接受本機使用者所作的修改 |
| xlOtherSessionChanges | 一律取消本機使用者所作的修改 |

AddToMru……要將活頁簿新增至最近使用的檔案的一覽表時，可將這個參數設定為True。

Local……希望檔案的語言與 Excel 一致時，可將這個參數設定為 True。若希望與 VBA 一致則可設定為 False (預設值)。

避免發生錯誤

在開啟的活頁簿之中，若有名稱與儲存檔案使用的名稱相同就會發生錯誤。此外，若儲存檔案的位置已有相同名稱的活頁簿，就會顯示是否覆寫檔案的視窗，此時若點選「否」或「取消」就會發生錯誤。為了避免這類錯誤發生，建議撰寫錯誤處理程式碼或是在儲存之前先確認是否有名稱相同的檔案。 參照 編寫處理錯誤的程式碼……P.3-71

## 範例 命名與儲存新增的活頁簿

這次要新增活頁簿，再根據今天的日期「yymmdd」( 例：201105) 的格式命名活頁簿，以及讓這個活頁簿在指定的資料夾 (C:\VBA) 儲存。若在儲存活頁簿的時候省略副檔名，就會儲存為一般的 Excel 活頁簿。

範例 6-3_002.xlsm

參照 新增活頁簿……P.6-7

```
1 Sub 命名與儲存新增的活頁簿()
2     Dim myPath As String
3     myPath = "C:\VBA\"
4     Workbooks.Add
5     ActiveWorkbook.SaveAs myPath & Format(Date, "yymmdd")
6 End Sub
```

1 「命名與儲存新增的活頁簿」巨集
2 宣告字串類型的變數 myPath
3 將「C:\VBA\」放入變數 myPath
4 新增活頁簿
5 以一般的 Excel 活頁簿格式在變數 myPath 的位置儲存作用中活頁簿。檔案名稱以今天的日期命名為「yymmdd」(例：201105) 的格式
6 結束巨集

在新增活頁簿之後，命名與儲存活頁簿

**1** 啟動 VBE，輸入程式碼

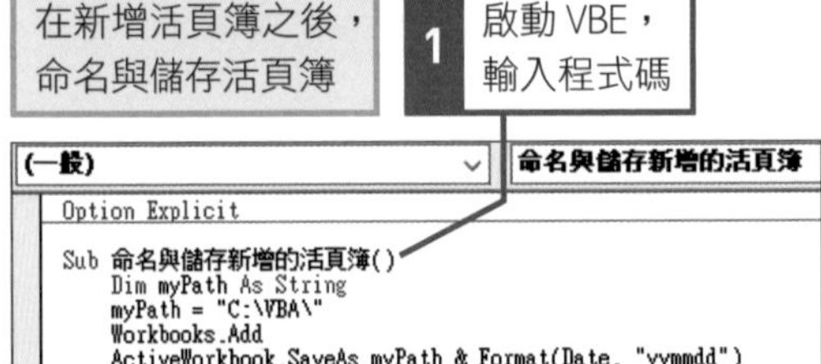


**2** 執行巨集

220602.xlsx • 已儲存

根據今天的日期替新增的活頁簿命名再儲存

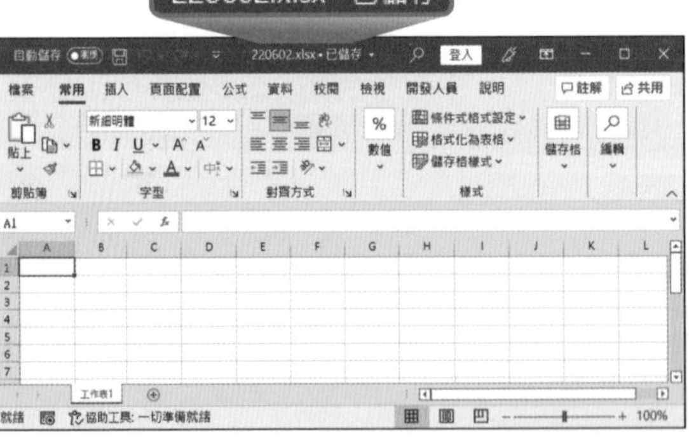


### 如果儲存檔案的位置已有名稱相同的活頁簿

執行範例的巨集，結果儲存檔案的位置已有名稱相同的活頁簿的話，會顯示是否覆寫檔案的視窗。此時點選「是」即可儲存活頁簿，但點選「否」或「取消」則會發生錯誤。將 DisplayAlerts 屬性指定為 False，就不會開啟確認覆寫的視窗，也會自動覆寫名稱相同的活頁簿。 範例 6-3_002.xlsm

執行這個巨集就會跳過確認覆寫的視窗，直接儲存活頁簿

```
Sub 命名與儲存新增的活頁簿2()
    Dim myPath As String
    myPath = "C:\dekiru\"
    Workbooks.Add
    Application.DisplayAlerts = False
    ActiveWorkbook.SaveAs myPath & Format(Date, "yymmdd")
    Application.DisplayAlerts = True
End Sub
```

## 範例 先確認是否有名稱相同的活頁簿再儲存

儲存活頁簿的時候，可先確認儲存檔案的位置是否已經有名稱相同的檔案，之後再新增活頁簿，以及在指定的位置以指定的名稱儲存活頁簿。要確認有無名稱相同的活頁簿可使用 Dir 函數搜尋。

範例 6-3_003.xlsm

參照 檔案／資料夾／磁碟的操作……P.7-14

```
1  Sub␣確認有無名稱相同的活頁簿再儲存活頁簿()
2      Dim␣myBName␣As␣String
3      myBName␣=␣Format(Date,␣"yymmdd")␣&␣".xlsx"
4      If␣Dir("C:\VBA\"␣&␣myBName)␣<␣""␣Then
5          MsgBox␣"已有名稱相同的活頁簿"
6      Else
7          Workbooks.Add
8          ActiveWorkbook.SaveAs␣Filename:="C:¥dekiru¥"␣&␣myBName
9      End␣If
10 End␣Sub
```

1. 「確認有無名稱相同的活頁簿再儲存活頁簿」巨集
2. 宣告字串類型的變數 myBName
3. 將檔案名稱存入變數 myBName。這個檔案的名稱為「yymmdd.xlsx」( 例：201105.xlsx)，也就是以今天的日期替檔案命名
4. 當「C:\VBA\」有檔案名稱與變數 myBName 變數值相同的檔案 (If 陳述式的開頭 )
5. 顯示「已有名稱相同的活頁簿」訊息
6. 否則 ( 沒有名稱相同的活頁簿 )
7. 新增活頁簿
8. 以變數 myBName 的變數值命名作用中活頁簿，再於「C:\VBA\」儲存活頁簿
9. 結束 If 陳述式
10. 結束巨集內容

在沒有名稱相同的活頁簿時新增活頁簿，並在命名活頁簿之後儲存活頁簿

**1** 啟動 VBE，輸入程式碼

(一般) | 確認有無名稱相同的活頁簿再儲存活頁簿

```
Option Explicit

Sub 確認有無名稱相同的活頁簿再儲存活頁簿()
    Dim myBName As String
    myBName = Format(Date, "yymmdd") & ".xlsx"
    If Dir("C:\VBA\" & myBName) <> "" Then
        MsgBox "已有名稱相同的活頁簿"
    Else
        Workbooks.Add
        ActiveWorkbook.SaveAs Filename:="C:\dekiru\" & myBName
    End If
End Sub
```

**2** 執行巨集

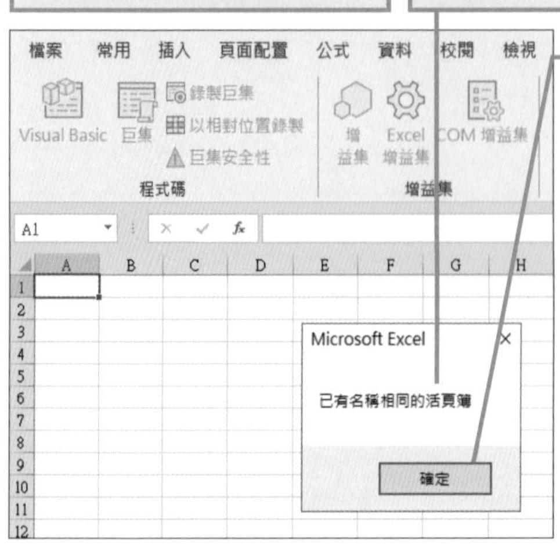
確認有沒有與「yymmdd」日期格式的檔案名稱相同的檔案
若沒有名稱相同的檔案就儲存檔案，否則就顯示訊息
按下確定鈕即可關閉訊息
Microsoft Excel
已有名稱相同的活頁簿
確定

### 確定是否已開啟檔案名稱相同的活頁簿

若是在儲存活頁簿的時候，已開啟了檔案名稱相同的活頁簿就會發生錯誤。若要確認有無開啟檔案名相同的活頁簿，可參考 P.6-35 頁範例「確認指定的活頁簿是否已開啟」的內容。

參照 確認指定的活頁簿是否已開啟……P.6-35

XlFileFormat 列舉型的主要常數

| 常數 | 內容 |
|---|---|
| xlWorkbookDefault | 預設活頁簿 |
| xlWorkbookNormal | 一般活頁簿 |
| xlOpenXMLWorkbook | 開啟 XML 活頁簿 (.xlsx) |
| xlOpenXMLWorkbookMacroEnabled | 開啟 XML 活頁簿巨集啟用 (.xslm) |
| xlExcel12 | Excel 二進位活頁簿 (.xlsb) |
| xlExcel8 | Excel 97-2003 活頁簿 (.xls) |
| xlWebArchive | 單一網頁檔案 (.mht) |
| xlHtml | 網頁 (.htm) |
| xlOpenXMLTemplate | Excel 範本 (xltx) |
| XlOpenXMLTemplateMacroEnabled | 開啟 Open XML 範本巨集啟用 |
| xlTemplate／xlTemplate8 | Excel 9-2003 範本 (.xlt) |
| xlTextMac／xlTextMSDOS／xlTextWindows | 文字檔 ( 分隔字元為定位點 ) (.txt) |
| xlUnicodeText | Unicode 文字檔 (.txt) |
| xlXMLSpreadsheet | XML 試算表 2003 (.xml) |
| xlExcel5 | Microsoft Excel 5.0／95 活頁簿 (.xls) |
| xlCSV | CSV ( 分隔字元為逗號 ) (.csv) |
| xlTextPrinter | 文字檔 ( 分隔字元為空白字元 ) (.prn) |
| xlDIF | DIF (.dif) |
| xlSYLK | SYLK (.slk) |
| xlOpenXMLAddIn | Excel 增益集 (.xlam) |
| xlAddIn8 | Microsoft Excel 97-2003 增益集 (.xla) |

## 確認活頁簿是否啟用了巨集

### 物件.HasVBProject —— 取得

▶解說

HasVBProject 屬性可在特定活頁簿啟用了巨集時傳回 True，未啟用巨集的時候傳回 False。Excel 會以不同的格式儲存一般的活頁簿以及含有巨集的活頁簿，而 HasVBProject 屬性則可在儲存活頁簿之前，先確認活頁簿是否含有巨集。

▶設定項目

**物件**..............................指定為 Workbook 物件。

避免發生錯誤

HasVBProject 屬性是自 Excel 2007 新增的屬性，無法在 Excel 2003 或之前的版本使用。

### 範例 確認有無巨集再儲存活頁簿

這次要在作用中活頁簿含有巨集時，以訊息詢問是否將活頁簿儲存為啟用巨集的活頁簿。若按下**是**，可利用「含有業績巨集」這個檔案名稱在指定的資料夾將檔案儲存為啟用巨集的活頁簿，若按下**否**，則不儲存活頁簿。假設原本就沒有巨集，則會以「無業績巨集」檔案名稱在指定的資料夾將活頁簿儲存為一般的 Excel 。

範例 6-3_004.xlsm

```
Sub 確認有無巨集再儲存活頁簿()
    Dim ans As Integer
    If ActiveWorkbook.HasVBProject Then
        ans = MsgBox("活頁簿含有巨集" & vbLf & _
                "否儲存為啟用巨集的活頁簿", vbYesNo, _
                "確認儲存")
        If ans = vbYes Then
            ActiveWorkbook.SaveAs "C:\VBA\含有業績巨集", _
                FileFormat:=xlOpenXMLWorkbookMacroEnabled
            Exit Sub
        Else
            MsgBox "取消儲存活頁簿"
            Exit Sub
        End If
    End If
    ActiveWorkbook.SaveAs "C:\VBA\無業績巨集", _
        FileFormat:=xlOpenXMLWorkbook
End Sub
```

註：「_（換行字元）」，當程式碼太長要接到下一行程式時，可用此斷行符號連接→參照 P.2-15

1 「確認有無巨集再儲存活頁簿」巨集
2 宣告整數型別的變數 ans
3 作用中活頁簿含有巨集的情況 (If 陳述式的開頭 )
4 顯示「活頁簿含有巨集，是否儲存為啟用巨集的活頁簿」訊息 (「確認儲存」訊息 )，再將點選的按鈕的傳回值放入變數 ans
5 當變數 ans 的值為 vbYes ( 使用者點選「是」的情況 ) (If 陳述式的開頭 )
6 在「C:\VBA」將作用中活頁簿儲存為檔案名稱為「含有業績巨集」的啟用巨集活頁簿。
7 結束處理
8 否則 ( 使用者按下**否**的情況 )
9 顯示「取消儲存活頁簿」
10 結束處理
11 結束 If 陳述式
12 結束 If 陳述式
13 ( 作用中活頁簿原本就沒有巨集的情況 ) 在「C:\VBA」將作用中活頁簿儲存為檔案名稱「無業績巨集」的 Excel 活頁簿
14 結束巨集內容

確認作用中活頁簿是否含有巨集，再決定將活頁簿儲存為啟用巨集的活頁簿或是一般的活頁簿

在沒有名稱相同的活頁簿時新增活頁簿，並在命名活頁簿之後儲存活頁簿

**1** 啟動 VBE，輸入程式碼

**2** 啟用含有巨集的活頁簿

(一般)
確認有無巨集再儲存活頁簿
Option Explicit
Sub 確認有無巨集再儲存活頁簿()
Dim ans As Integer
If ActiveWorkbook.HasVBProject Then
ans = MsgBox("活頁簿含有巨集" & vbLf & _
"是否儲存為啟用巨集的活頁簿", vbYesNo, _
"確認儲存")
If ans = vbYes Then
ActiveWorkbook.SaveAs "C:\VBA\含有業績巨集", _
FileFormat:=xlOpenXMLWorkbookMacroEnabled
Exit Sub
Else
MsgBox "取消儲存活頁簿"
Exit Sub
End If
End If
ActiveWorkbook.SaveAs "C:\VBA\無業績巨集", _
FileFormat:=xlOpenXMLWorkbook
End Sub

**3** 執行巨集

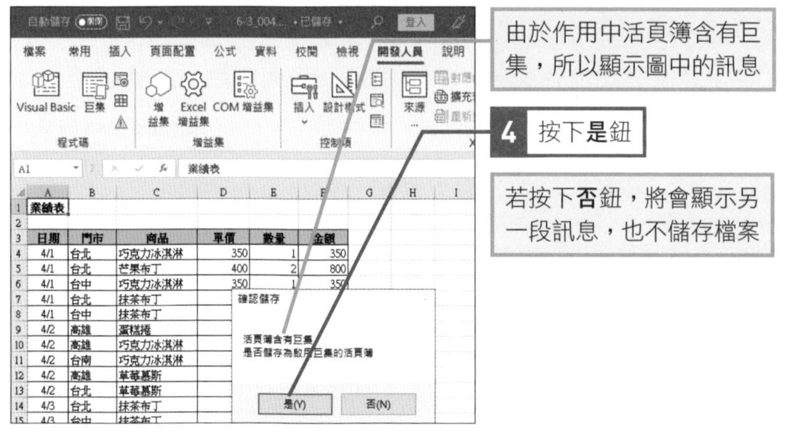
由於作用中活頁簿含有巨集，所以顯示圖中的訊息
4 按下**是**鈕
若按下**否**鈕，將會顯示另一段訊息，也不儲存檔案
確認儲存
活頁簿含有巨集
是否儲存為啟用巨集的活頁簿
是(Y)
否(N)

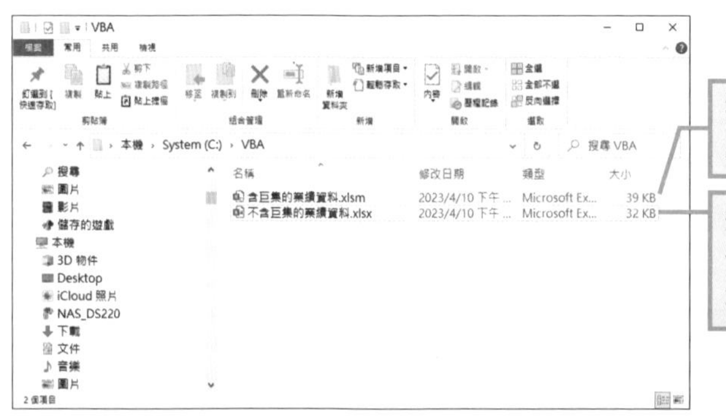
按下**是**鈕，活頁簿將儲存為啟用巨集的活頁簿
若原本就沒有巨集，將不會顯示任何訊息，直接儲存為一般的 Excel 活頁簿
含巨集的業績資料.xlsm
不含巨集的業績資料.xlsx

## 確認變更的內容是否已經儲存

**物件.Saved** ——— 取得

**物件.Saved = 設定值** ——— 設定

▶解説

Saved 屬性會在活頁簿內容沒有變更時傳回 True，如果有任何變更則傳回 False。此外，這個屬性可直接設定值，所以將 Saved 屬性設定為 True，就能將活頁簿設定為沒有任何變更的狀態。這種屬性很適合在不需儲存，或是要直接關閉暫時使用的活頁簿的時候使用。

▶設定項目

**物件**……指定為 Workbook 物件。

**設定值**……指定為 True 可將活頁簿設定為內容沒有任何變更的狀態。指定為 False 則可設定為內容有變更的狀態。

避免發生錯誤

要注意的是，就算將 Saved 屬性設定為 True，也只是將變更的內容視為已儲存，但檔案並未實際儲存。若要儲存變更之後的內容請使用 Save 方法或 SaveAs 方法。

## 範例 確認變更的內容是否已經儲存

確認作用中活頁簿在最後一次儲存之後，內容是否有任何變動，並且根據有無變動的狀態顯示不同的訊息。

範例 6-3_005.xlsm

```
1 Sub 確認變更的內容是否已經儲存()
2     If ActiveWorkbook.Saved = True Then
3         MsgBox "活頁簿的內容沒有任何變更"
4     Else
5         MsgBox "活頁簿內容有變更尚未儲存"
6     End If
7 End Sub
```

1 「確認變更的內容是否已經儲存格」
2 作用中活頁簿的內容沒有任何變更的情況 (If 陳述式的開頭 )
3 顯示「活頁簿的內容沒有任何變更」這段訊息
4 否則 ( 內容有所變更的情況 )
5 顯示「活頁簿內容的變更尚未儲存」這段訊息
6 結束 If 陳述式
7 結束巨集內容

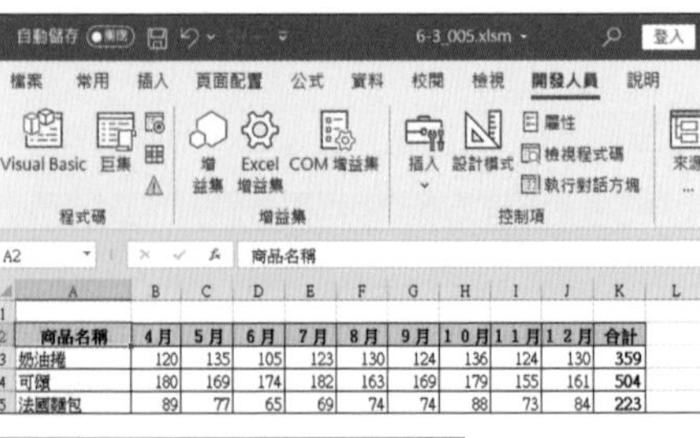

想確認活頁簿是否已經儲存

**1** 啟動 VBE，輸入程式碼

**2** 執行巨集

顯示「活頁簿內容的變更尚未儲存」這段訊息

按下**確定**鈕關閉訊息

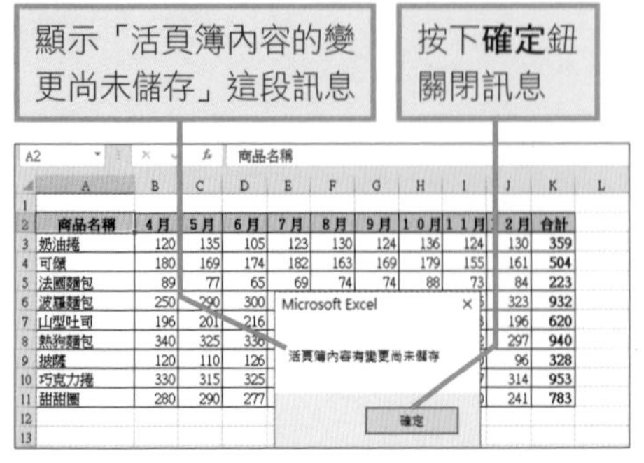

### 關閉尚未儲存變更的活頁簿

如果要直接關閉活頁簿，捨棄變更的部分可將 Saved 屬性設定為 True。例如，要直接關閉作用中活頁簿，捨棄變更的部分可將程式碼寫成下列內容。

範例 6-3_005.xlsm

參照 關閉活頁簿……P.6-29

```
Sub 不儲存變更就關閉活頁簿()
    ActiveWorkbook.Saved = True
    ActiveWorkbook.Close
End Sub
```

## 開啟「另存新檔」視窗

### 物件.**FileDialog**(msoFileDialogSaveAs)

**▶解說**

在 Application 物件的 FileDialog 屬性將參數設定為 msoFileDialogSaveAs，就能取得代表「另存新檔」視窗的 FileDialog 物件。使用這個 FileDialog 物件的屬性或方法，就能設定與開啟「另存新檔」視窗，以及儲存指定的檔案或是其他的操作。

**▶設定項目**

**物件**……指定為 Application 物件。

msoFileDialogSaveAs……開啟「另存新檔」視窗的常數。可直接沿用這個常數。

**避免發生錯誤**

FileDialog 屬性只能取得 FileDialog 物件，要開啟「另存新檔」視窗或是儲存指定的檔案請使用 FileDialog 物件的 Show 方法或 Execute 方法。 參照 FileDialog 物件的屬性與方法……P.6-13

### 範例 開啟「另存新檔」視窗與儲存工作表

這次要開啟「另存新檔」視窗，再指定儲存檔案的位置與名稱，最後再儲存作用中活頁簿。執行巨集之後，會先確認作用中活頁簿是否含有巨集，若是含有巨集的活頁簿就會儲存為「Excel 啟用巨集的活頁簿」，若沒有巨集就會存為「Excel 活頁簿」與顯示視窗。

範例 6-3_006.xlsm

參照 FileDialog 物件的屬性與方法……P.6-13

```
Sub 使用視窗儲存活頁簿()
    With Application.FileDialog(msoFileDialogSaveAs)
       If ActiveWorkbook.HasVBProject Then
          .FilterIndex = 2
       Else
          .FilterIndex = 1
       End If
       If .Show = -1 Then .Execute
    End With
End Sub
```

「使用視窗儲存活頁簿」巨集
對代表**另存新檔**視窗的 FileDialog 物件執行下列處理。 (With 陳述式的開頭 )
作用中活頁簿含有巨集的情況 (If 陳述式的開頭 )
將檔案類型設定為「2」(Excel 啟用巨集的活頁簿 )
否則 ( 不包含巨集 )
將檔案類型設定為「1」(Excel 活頁簿 )
If 陳述式結束
開啟**另存新檔**視窗，並在使用者按下**儲存**後，儲存活頁簿
With 陳述式結束
結束巨集

### 指定 FilterIndex 屬性的方法

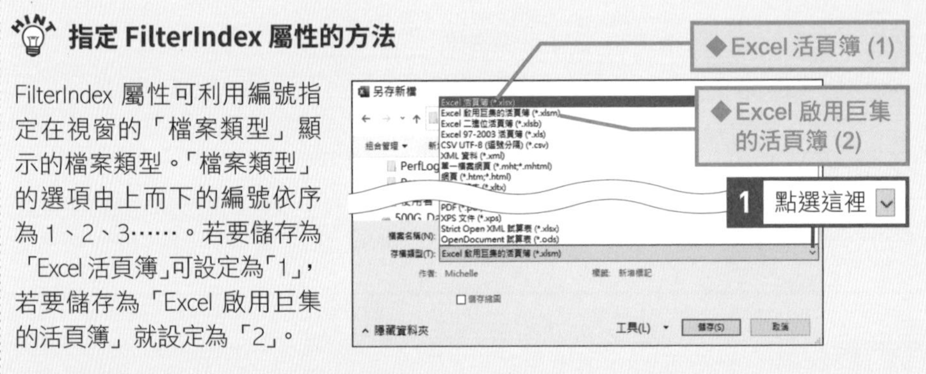


FilterIndex 屬性可利用編號指定在視窗的「檔案類型」顯示的檔案類型。「檔案類型」的選項由上而下的編號依序為 1、2、3……。若要儲存為「Excel 活頁簿」可設定為「1」，若要儲存為「Excel 啟用巨集的活頁簿」就設定為「2」。

### 可利用 FileDialog 屬性指定的常數

FileDialog 屬性具有一些與檔案視窗有關的常數。msoFileDialogFilePicker 或 msoFileDialogFolderPicker 可於讓使用者選擇檔案或資料夾的時候使用。

| 常數 | 值 | 內容 |
|---|---|---|
| msoFileDialogOpen | 1 | **開啟舊檔**視窗 |
| msoFileDialogAs | 2 | **另存新檔**視窗 |
| msoFileDialogFilePicker | 3 | 選擇檔案的視窗 |
| msoFileDialogFolderPicker | 4 | 選擇資料夾的視窗 |

### 使用 Dialogs 屬性開啟「另存新檔」視窗

在 Application 物件的 Dialogs 屬性將參數設定為 xlDialogSaveAs，就能取得代表**另存新檔**視窗的 Dialog 物件。取得物件之後，可利用 Show 方法開啟**另存新檔**視窗，再指定儲存檔案的位置與名稱，最後再儲存檔案。

(一般)　儲存變更再關閉活頁簿

```
Option Explicit

Sub 儲存變更再關閉活頁簿()
    ActiveWorkbook.Close SaveChanges:=True
End Sub
```

範例 6-3_007.xlsm
參照 可在 VBA 使用的各種視窗……P.6-15

# 關閉活頁簿

## 物件.Close(SaveChanges, Filename, RouteWorkbook)

▶解說

Close 方法可關閉指定的活頁簿。若省略所有參數，活頁簿的內容也沒有任何變更之下，檔案將直接關閉，如果活頁簿的內容有所變動，則會顯示確認是否儲存的訊息。若指定了參數，就能設定是否儲存變更的內容、儲存之際的標名稱以及是否傳送給下一位使用者。

▶設定項目

**物件**……指定為 Workbooks 集合或 Workbook 物件。Workbooks 集合會以所有開啟的活頁簿為對象，Wrokbook 物件的對象是單一活頁簿。

SaveChanges……可利用 True 或 False 指定是否在活頁簿的內容有所變動儲存活頁簿。假設沒有任何變更，就算設定為 True 也會直接關閉活頁簿 (可省略)。

| 值 | 內容 |
|---|---|
| True | **既有的活頁簿**：若以指定了參數 FileName，則利用參數 FileName 儲存活頁簿（既有的活頁簿不會被修改）。若未指定參數 FileName，則儲存變更的部分<br>**新增的活頁簿**：若以指定了參數 FileName，則利用參數 FileName 儲存活頁簿。若未指定參數 FileName，則開啟「另存新檔」視窗 |
| False | 不儲存變更就關閉活頁簿 |
| 省略 | 若檔案有任何變更，顯示確認是否儲存的訊息 |

FileName……當參數 SaveChanges 為 True 時，以指定的檔案名稱儲存檔案 (可省略)。

RouteWorkbook……在活頁簿設定了傳閱時啟用。若設定為 True，活頁簿將會寄給下一位收件人，若設定為 False 則不會傳送活頁簿。若是省略這個參數將會顯示是否傳送給下一位收件人的訊息 (可省略)。

避免發生錯誤

將 Wrokbooks 集合換成物件時，無法指定上述的參數。若將程式碼寫成「Wrokbooks.Close」，所有的活頁簿將被關閉，此時活頁簿的內容若有任何變更，將會顯示詢問是否儲存活頁簿的訊息框。

## 使用例　儲存變更再關閉活頁簿

這次要關閉作用中活頁簿。假設活頁簿的內容有所變動，就先儲存變更再關閉活頁簿。

範例 6-3_008.xlsm

```
Sub␣儲存變更再關閉活頁簿()
    ActiveWorkbook.Close␣SaveChanges:=True
End␣Sub
```

「儲存變更再關閉活頁簿」巨集
儲存變更再關閉作用中活頁簿
結束巨集

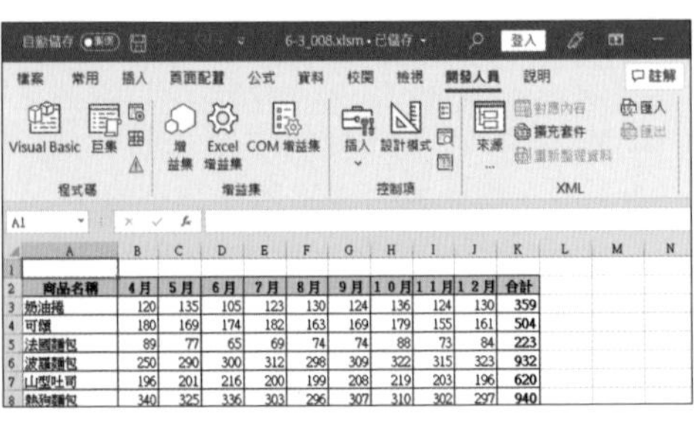

想關閉作用中活頁簿

**1** 啟動 VBE，輸入程式碼

(一般)
儲存變更再關閉活頁簿
Option Explicit
Sub 儲存變更再關閉活頁簿()
ActiveWorkbook.Close SaveChanges:=True
End Sub

**2** 執行巨集　儲存變更與關閉活頁簿了

## 關閉 Excel

### 物件.Quit

▶**解說**

Quit 方法可關閉 Excel。假設還沒儲存活頁簿的變更之後的內容，將會顯示詢問是否儲存變更的訊息。

▶**設定項目**

**物件**……………………指定為 Application 物件。

避免發生錯誤

使用 Quit 方法關閉 Excel 的時候，若還沒儲存活頁簿的內容將會顯示詢問是否儲存變更的訊息。若不想顯示這個訊息可將 DisplayAlerts 屬性設定為 False，或是將活頁簿的 Saved 屬性設定為 True，就能在不儲存變更的情況下關閉 Excel。如果想要儲存變更可使用 Save 方法或 SaveAs 方法儲存活頁簿再以 Quit 方法關閉 Excel。

## 範例 不儲存活頁簿就關閉 Excel

此範例要在不儲存活頁簿的情況下，直接關閉 Excel。範例是利用 For Each 陳述式將所有開啟的活頁簿的 Saved 屬性設定為 True，將活頁簿設定為已儲存後，再利用 Quit 方法關閉 Excel。如此一來就能跳過詢問是否儲存的訊息，以及關閉 Excel。

範例 6-3_009.xlsm

參照 對同類型的物件執行相同處理……P.3-52
參照 確認變更的內容是否已經儲存……P.6-25

```
1 Sub␣不儲存活頁簿就關閉()
2     Dim␣myWBook␣As␣Workbook
3     For␣Each␣myWBook␣In␣Workbooks
4         myWBook.Saved␣=␣True
5     Next
6     Application.Quit
7 End␣Sub
```

1 「不儲存活頁簿就關閉 Excel」巨集
2 宣告 Workbook 類型的物件變數 myWBook
3 依序將開啟的活頁簿放入變數 myWBook，再重覆下列的處理
4 將活頁簿設定為已儲存
5 將下一個已開啟的活頁簿放入變數 myWBook，再回到第 4 行程式
6 關閉 Excel
7 結束巨集

想在不儲存任何已開啟的活頁簿直接關閉 Excel

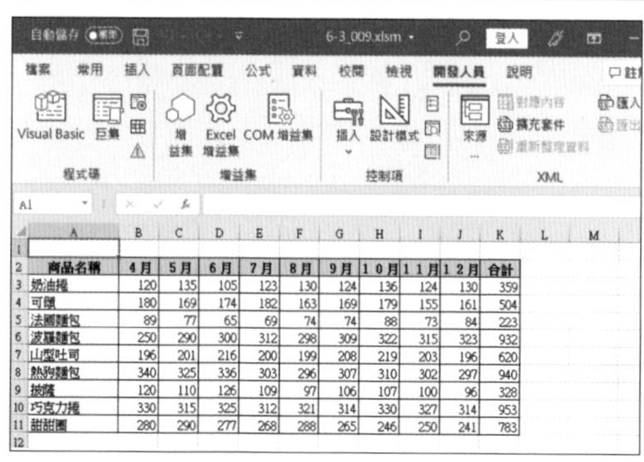

|  | A | B | C | D | E | F | G | H | I | J | K |
|---|---|---|---|---|---|---|---|---|---|---|---|
| 1 |  |  |  |  |  |  |  |  |  |  |  |
| 2 | 商品名稱 | 4月 | 5月 | 6月 | 7月 | 8月 | 9月 | 10月 | 11月 | 12月 | 合計 |
| 3 | 奶油捲 | 120 | 135 | 105 | 123 | 130 | 124 | 136 | 124 | 130 | 359 |
| 4 | 可頌 | 180 | 169 | 174 | 182 | 163 | 169 | 179 | 155 | 161 | 504 |
| 5 | 法國麵包 | 89 | 77 | 65 | 69 | 74 | 74 | 88 | 73 | 84 | 223 |
| 6 | 波蘿麵包 | 250 | 290 | 300 | 312 | 298 | 309 | 322 | 315 | 323 | 932 |
| 7 | 山型吐司 | 196 | 201 | 216 | 200 | 199 | 208 | 219 | 203 | 196 | 620 |
| 8 | 熱狗麵包 | 340 | 325 | 336 | 303 | 296 | 307 | 310 | 302 | 297 | 940 |
| 9 | 披薩 | 120 | 110 | 126 | 109 | 97 | 106 | 107 | 100 | 96 | 328 |
| 10 | 巧克力捲 | 330 | 315 | 325 | 312 | 321 | 314 | 330 | 327 | 314 | 953 |
| 11 | 甜甜圈 | 280 | 290 | 277 | 268 | 288 | 265 | 246 | 250 | 241 | 783 |

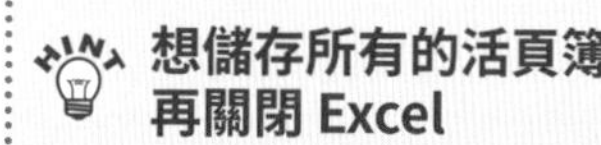

**想儲存所有的活頁簿再關閉 Excel**

若想儲存所有的活頁簿再關閉 Excel 可將範例第 4 行的程式碼改寫成「myWBook.Save」。

參照 儲存活頁簿……P.6-17

**1** 啟動 VBE，輸入程式碼

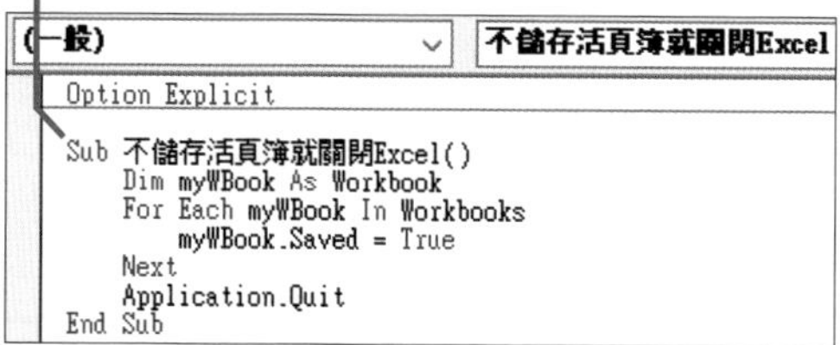



**2** 執行巨集

不儲存任何變更，直接關閉 Excel 了

# 6-4 活頁簿的相關操作



## 活頁簿的操作

除了「新增」、「開啟舊檔」、「關閉」、「儲存」這些活頁簿基本操作之外，VBA 還內建了許多與活頁簿有關的操作。這次要介紹「新增活頁簿複本」「取得活頁簿名」「取得活頁簿儲存位置」「保護活頁簿」這類取得活頁簿相關資訊的方法以及相關功能的設定方法。

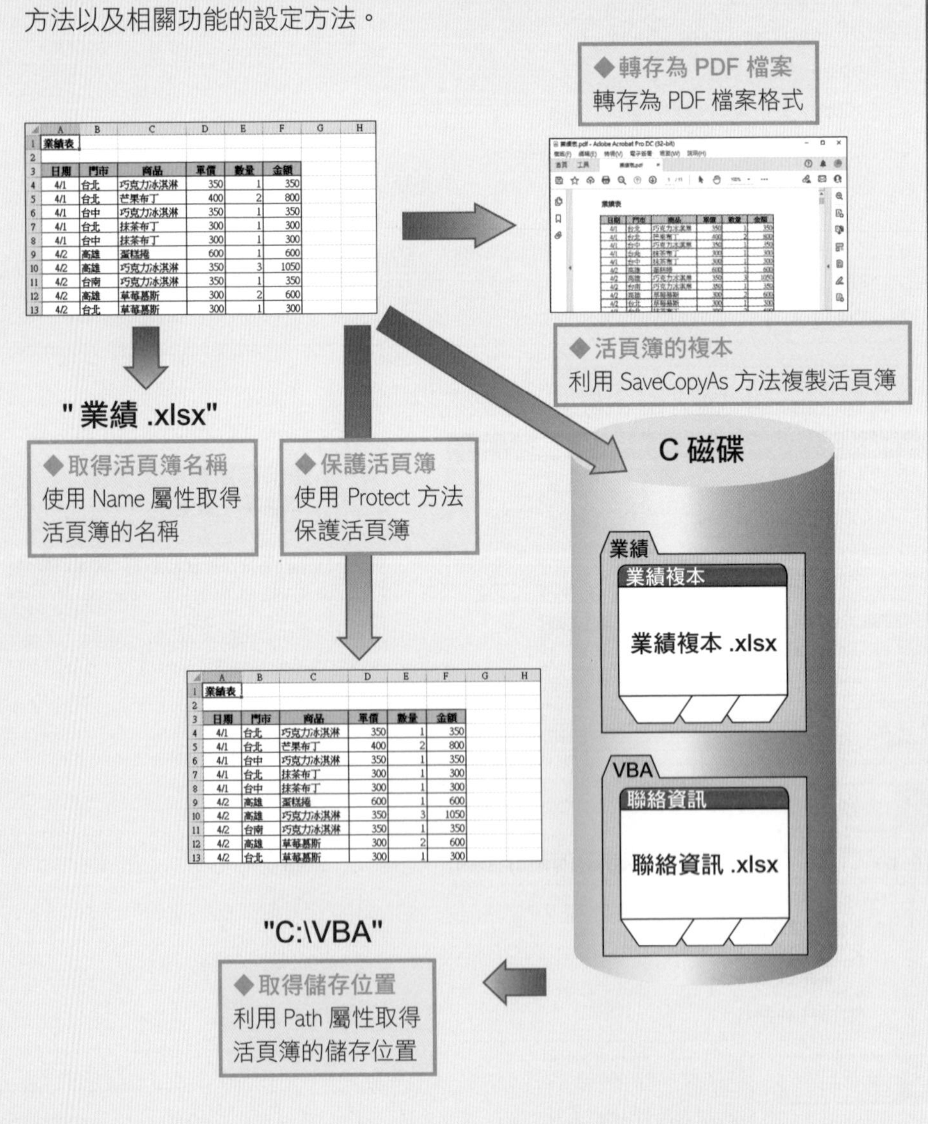

## 儲存活頁簿的複本

### 物件.**SaveCopyAs**(Filename)

**▶解說**

SaveCopyAs 方法可儲存特定活頁簿的複本。這個方法可在利用 VBA 製作備份檔案時使用。

**▶設定項目**

**物件**……………………指定為 Workbook 物件。

**避免發生錯誤**

要以 SaveCopyAs 方法儲存檔案的時候，檔案名稱的副檔名必須與正本的活頁簿一致。如果不一致的話，雖然不會發生錯誤，也會新增複本，卻無法開啟該活頁簿。此外，若儲存的位置已有名稱相同的檔案，該檔案將被覆寫。如果不想覆寫檔案，可在儲存之前先確認有沒有名稱相同的檔案，並以其他的檔案名稱儲存檔案。

### 範例　替開啟的活頁簿建立備份

開啟與執行程式的活頁簿放在相同位置的「業績 .xlsx」活頁簿，再於「C:\VBA\BK」儲存這個活頁簿的複本。複本的檔案名稱則是「業績 1105.xlsx」這種在原始的活頁簿名稱後面加上今日日期（「mmdd」的格式）的形式。

範例 6-4_001.xlsm／業績 .xlsx

```
Sub 建立活頁簿的備份()
    Workbooks.Open ThisWorkbook.Path & "\業績.xlsx"
    ActiveWorkbook.SaveCopyAs _
        Filename:="c:\VBA\BK\業績" & Format(Date, "mmdd") & ".xlsx"
End Sub
```

1 「建立活頁簿的備份」巨集
2 開啟與執行程式碼的活頁簿放在相同位置的「業績 .xlsx」
3 在「C:\VBA\BK」儲存作用中活頁簿的複本「業績 mmdd.xlsx」（例：業績 1105.xlsx）
4 結束巨集

想開啟指定的檔案，建立用於備份的複本

先在 C 磁碟建立「VBA」、「BK」的資料夾

**1** 啟動 VBE，輸入程式碼

**2** 執行巨集

```
(一般)                              建立活頁簿的備份
Option Explicit

Sub 建立活頁簿的備份()
    Workbooks.Open ThisWorkbook.Path & "\業績.xlsx"
    ActiveWorkbook.SaveCopyAs
        Filename:="c:\dekiru\BK\業績" & Format(Date, "mmdd") & ".xlsx"
End Sub
```

在與執行程式碼的活頁簿的位置，開啟了指定的檔案

參照 參照作用中活頁簿……P.6-3
參照 目前資料夾……P.6-10

建立備份檔案了

在「C:\VBA\BK」資料夾新增備份檔案了

若不在執行程式之前新增資料夾就無法建立備份檔案

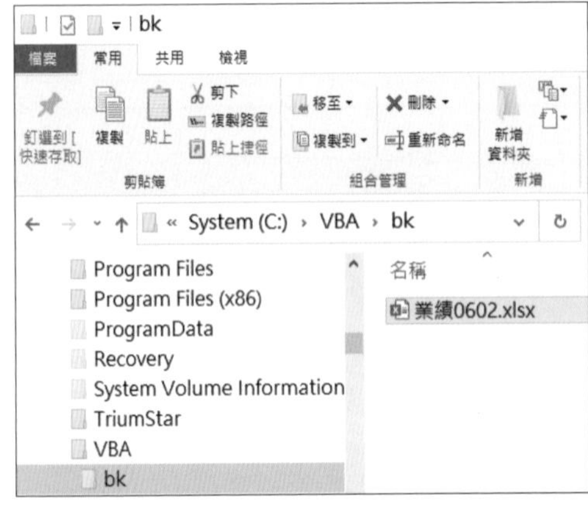

**HINT 有必要另外儲存變更過的正本活頁簿**

SaveCopyAs 方法只能建立活頁簿的複本。變更過的正本活頁簿必須利用 Save 方法另外儲存。

## 取得活頁簿名稱

### 物件.Name —— 取得

**▶解說**

要取得活頁簿的名稱可使用 Name 屬性。這個屬性很常在確認活頁簿是否已經開啟的時候使用。若活頁簿已經儲存完畢，Name 屬性可連同副檔名一併取得，如果是還未儲存的新活頁簿，就只能取得沒有副檔名的檔案名稱。

**▶設定項目**

**物件**……………………指定為 Workbook 物件。

**避免發生錯誤**

Workbook 物件的 Name 屬性只能取得檔案名稱，無法設定檔案名稱。要設定檔案名稱必須使用 SaveAs 方法儲存為另一個檔案。

## 範例 確認指定的活頁簿是否已經開啟

在儲存或開啟活頁簿的時候，若已經有名稱相同的檔案開啟就會發生錯誤，無法儲存或開啟活頁簿。這次要先確認「業績 .xlsx」是否已經開啟，若已經有名稱相同的活頁簿開啟就顯示相關訊息，若還未開啟就於資料夾「C:\VBA」開啟對應的活頁簿。

範例 6-4_002.xlsm ／業績 .xlsx

參照 對同類型的物件執行相同處理……P.3-52

```
1  Sub 確認指定的活頁簿是否已經開啟()
2      Dim myBN As String, myWB As Workbook
3      myBN= "業績.xlsx"
4      For Each myWB In Workbooks
5          If myWB.Name = myBN Then
6              MsgBox myBN & "已經開啟"
7              Exit Sub
8          End If
9      Next
10     Workbooks.Open "C:\VBA\" & myBN
11 End Sub
```

1 「確認指定的活頁簿是否已經開啟」巨集
2 宣告字串類型的變數 myBN 與 Workbook 類型的變數 myWB
3 將「業績 .xlsx」放入變數 myBN
4 將開啟的活頁簿依序放入變數 myWB，再重覆執行下列的處理
5 當變數 myWB 的活頁簿名稱與變數 myBN 相同 (If 陳述式的開頭 )
6 顯示「變數 myBN ( 業績 .xlsx) 已經開啟」這段訊息
7 結束處理
8 結束 If 陳述式
9 將下一個開啟的活頁簿放入變數 myWB，再回到第 4 行程式碼
10 開啟放在資料夾「C:\VBA」的變數 myBN 的活頁簿 ( 業績 .xlsx)
11 結束巨集

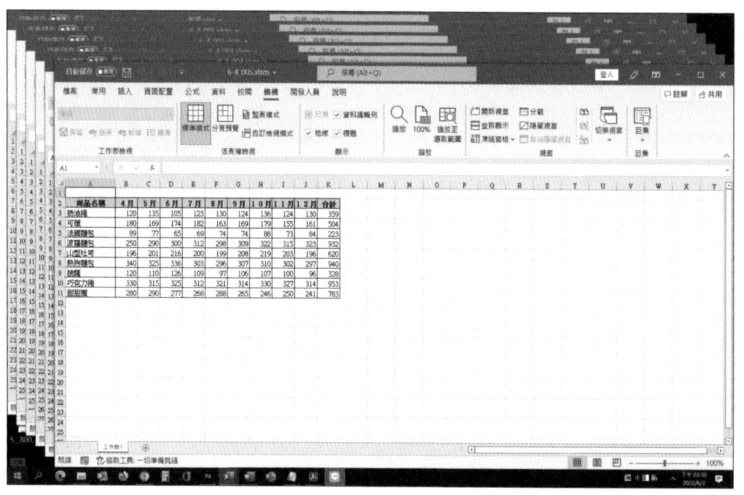

想在開啟多個活頁簿的狀態下，確認指定的檔案是否已經開啟

**1** 啟動 VBE，輸入程式碼

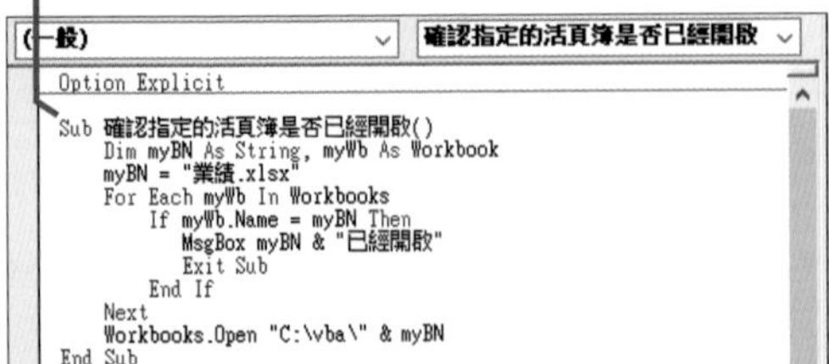

```
Option Explicit

Sub 確認指定的活頁簿是否已經開啟()
    Dim myBN As String, myWb As Workbook
    myBN = "業績.xlsx"
    For Each myWb In Workbooks
        If myWb.Name = myBN Then
            MsgBox myBN & "已經開啟"
            Exit Sub
        End If
    Next
    Workbooks.Open "C:\vba\" & myBN
End Sub
```

**2** 執行巨集

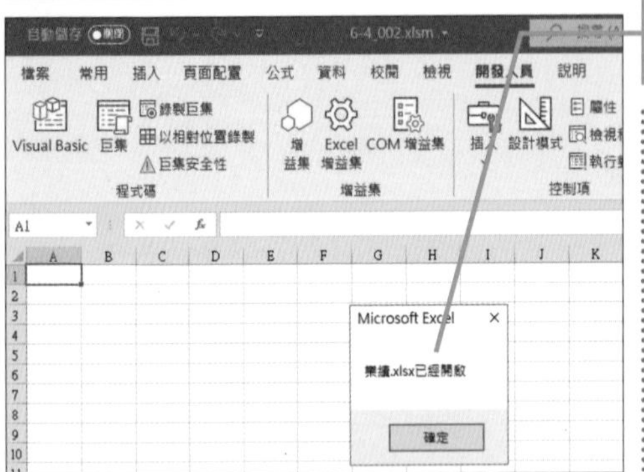


由於指定的活頁簿已經開啟，所以顯示「(檔案名稱)已經開啟」這段訊息

### HINT 取得包含路徑的名稱

Name 屬性雖然只能取得特定活頁簿的名稱，但 FullName 屬性可取得包含活頁簿儲存位置的活頁簿名稱。以放在 C 磁碟的「VBA」資料夾的活頁簿「原宿 .xlsx」為例，FullName 屬性的值將會是「C:\VBA\ 原宿 .xlsx」。此外，若是還沒儲存的新活頁簿就只會傳回「Book1」這類臨時的名稱。

### HINT 除了執行程式碼的活頁簿，關閉其他的活頁簿

假設已經開啟了多個活頁簿，而想保持執行程式碼的活頁簿開啟，與關閉其他的活頁簿，可使用 For Each 陳述式比較每個活頁簿的名稱，與執行程式碼的活頁簿的名稱「ThisWorkbook.Name」，再於名稱不一致的時候關閉活頁簿。上述的流程可寫成下列的程式碼。

範例 6-4_003.xlsm

參照 對同類型的物件執行相同處理……P.3-52

執行下列的巨集之後，可儲存執行程式碼的活頁簿之外的活頁簿，再關閉這些活頁簿

```
Sub 保持執行程式碼的活頁簿開啟與關閉其他的活頁簿()
    Dim myWb As Workbook
    For Each myWb In Workbooks
        If Not myWb.Name = ThisWorkbook.Name Then
            myWb.Close savechanges:=True
        End If
    Next
End Sub
```

## 取得活頁簿的儲存位置

### 物件.Path ———— 取得

▶解說

Path 屬性可針對特定活頁簿的儲存位置，傳回字串格式的絕對路徑。這個屬性可在確認活頁簿的儲存位置或指定儲存位置的時候使用。

▶設定項目

**物件**............................指定為 Workbook 物件。

避免發生錯誤

Path 屬性傳回的路徑不會在結尾處加上「\（反斜線）與活頁簿名稱，所以要將取得的路徑設定為儲存活頁簿的位置時，請自行在 Path 的傳回值與活頁簿名稱之間加上「\」。此外，若是還沒儲存的活頁簿，將傳回空白字串「""」。

## 範例 取得活頁簿的儲存位置，再於同一個位置新增活頁簿

啟用活頁簿「業績 .xlsx」之後，取得該活頁簿的儲存位置。接著新增活頁簿，再以「各項商品業績 .xlsx」這個名稱在相同的位置儲存活頁簿。

範例 6-4_004.xlsm／業績 .xlsx

```
1 Sub 在作用中活頁簿的儲存位置新增活頁簿()
2     Dim myPath As String
3     myPath = ActiveWorkbook.Path
4     Workbooks.Add.SaveAs Filename:=myPath & "\各項商品業績.xlsx"
5 End Sub
```

1 「在作用中活頁簿的儲存位置新增活頁簿」巨集
2 宣告字串類型變數 myPath
3 將作用中活頁簿的路徑放入變數 myPath
4 新增活頁簿，再以「各項商品業績 .xlsx」這個名稱在作用中活頁簿的位置儲存活頁簿
5 結束巨集

想在業績 .xlsx 檔案的位置以指定的名稱新增活頁簿

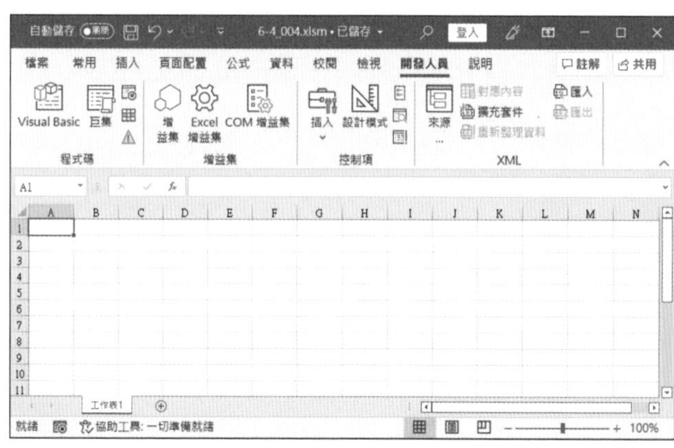
6-4_004.xlsm • 已儲存
檔案 常用 插入 頁面配置 公式 資料 校閱 檢視 開發人員 說明
Visual Basic 巨集
增益集 Excel 增益集 COM 增益集
插入 設計模式
來源
XML
工作表1
就緒

### 絕對路徑

絕對路徑就是從磁碟名稱開始，依序排列的檔案儲存位置。以放在 C 磁碟的「VBA」資料夾的「業績 .xlsx」活頁簿為例，絕對路徑就是「C:\VBA\ 業績 .xlsx」。

**1** 啟動 VBE，輸入程式碼

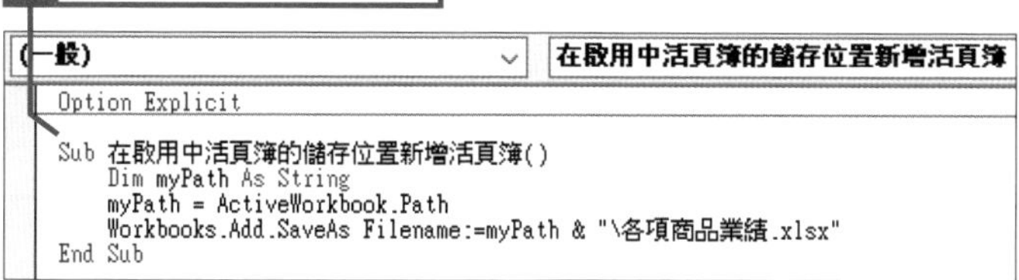
(一般)
在啟用中活頁簿的儲存位置新增活頁簿
Option Explicit
Sub 在啟用中活頁簿的儲存位置新增活頁簿()
Dim myPath As String
myPath = ActiveWorkbook.Path
Workbooks.Add.SaveAs Filename:=myPath & "\各項商品業績.xlsx"
End Sub

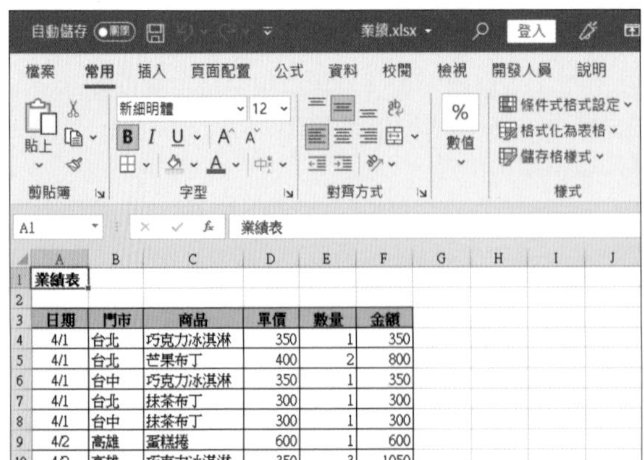

**2** 開啟「C:\VBA」的「業績 .xlsx」檔案

**3** 在啟用「業績」活頁簿的狀態下，執行在操作 1 輸入的巨集

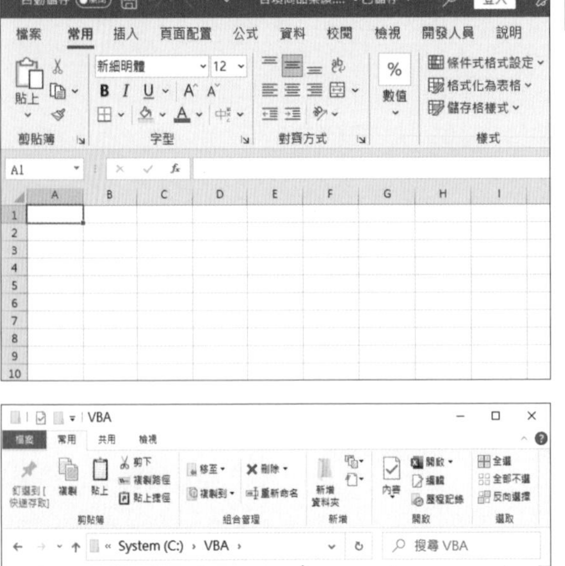

新增活頁簿了

於「業績 .xlsx」檔案的儲存位置新增「各項商品業績 .xlsx」這個檔案了

> **HINT 已有名稱相同的檔案的情況**
>
> 若已經有名稱相同的檔案存在，將會顯示詢問是否儲存檔案的訊息。
>
> 參照 先確認是否有名稱相同的活頁簿再儲存……P.6-21

## 保護活頁簿

### 物件.Protect(Password, Structure, Windows)

**▶解說**

Protect 方法可保護特定活頁簿。設定參數之後，可禁止活頁簿的工作表移動、複製、新增、刪除以及各種與工作表組成架構有關的操作，也可以禁止使用者調整視的大小。此外，還可以設定解除活頁簿保護的密碼。

**▶設定項目**

**物件**............................指定為 Workbook 物件。

Password……指定解除活頁簿保護所需的密碼。這個參數若是省略，解除活頁簿的保護時，就不需要輸入密碼 (可省略)。

Structure……當這個參數為 True，就不能移動、刪除、隱藏工作表，無法改變活頁簿的構造 (可省略)。

Windows……當這個參數為 True 時，不能調整視窗的大小、位置，也不能移動視窗 (可省略)。

**避免發生錯誤**

雖然不設定參數，直接執行 Protect 方法也能保護活頁簿，但只要再執行一次這個方法就能解除活頁簿的保護。如果不希望如此，請務必設定幾個參數。

## 範例 保護活頁簿

這次要保護作用中活頁簿的工作表架構，還要以「VBA」這個密碼保護活頁簿。一旦活頁簿套用了保護設定，即使在工作表標題按下滑鼠右鍵開啟快捷選單，選單之中的某些項目也將無法使用。

範例 6-4_005.xlsm

```
1 Sub␣保護活頁簿()
2     ActiveWorkbook.Protect␣Password:="dekiru",␣_
          Structure:=True
3 End␣Sub
```

註：「_ (換行字元)」，當程式碼太長要接到下一行程式時，可用此斷行符號連接→參照 P.2-15

1 「保護活頁簿」巨集
2 使用保護工作表的設定，將密碼設為「dekiru」，以保護活頁簿
3 結束巨集

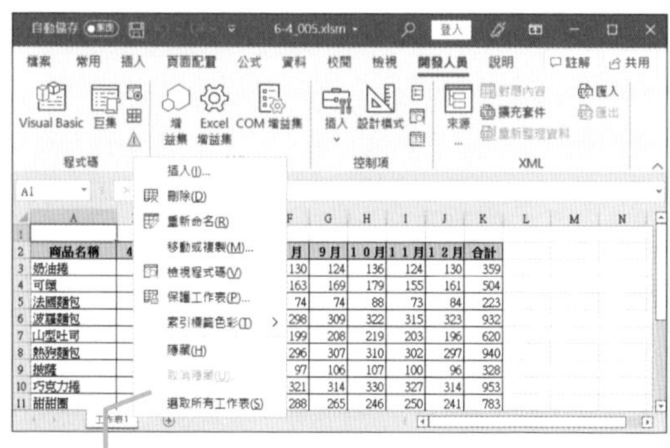


想保護開啟的活頁簿

想禁止刪除或插入工作表

**1** 啟動 VBE，輸入程式碼

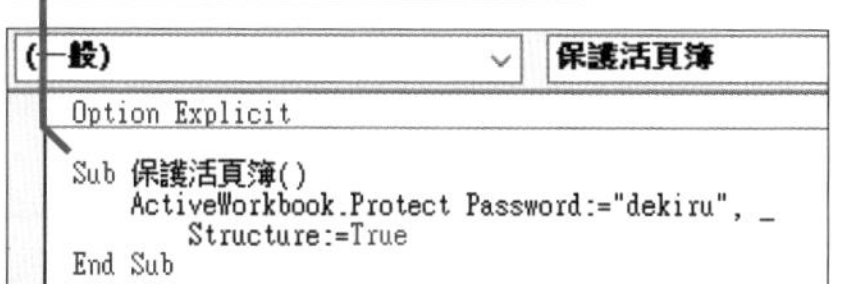


**2** 執行巨集

**HINT 解除活頁簿的保護**

要解除活頁簿的保護可使用 Unprotect 方法。語法為「Workbook.Unprotect(Password)」。若已設定了密碼，就不能在執行這個方法的時候省略密碼，否則就會發生錯誤。請務必執行正確的密碼或是額外撰寫錯誤處理程式。

範例 6-4_005.xlsm

在活頁簿套用保護設定了

不能插入或刪除工作表了

## 取得活頁簿的屬性

### 物件.BuiltinDocumentProperties(Index)

**▶解説**

BuiltinDocumentProperties 屬性可傳回代表活頁簿內嵌屬性的DocumentProperties 集合，而這個集合包含活頁簿的標題、作者、列印日期這類資訊。要取得這個屬性的各項元素可利用參數 Index 的索引編號或屬性名稱。這個屬性可以取得與設定值。

**▶設定項目**

**物件**..........指定 Workbook 物件。

**Index**..........指定為屬性名稱或索引編號。

避免發生錯誤

不曾列印的活頁簿不會有「列印日期」這項屬性的值，所以若在此時以 BuiltinDocument-Properties 屬性取得「列印日期」這項屬性的值就會錯誤。由於在屬性未設定任何值的時候取得屬性的值會發生錯誤，所以最好另外撰寫錯誤處理程式。

### 範例 取得與設定活頁簿的屬性

將作用中活頁簿的作者屬性設定為「出來留太郎」，再於訊息框顯示作者、更新日期、列印日期。為了避免在屬性未設定任何值的時候發生錯誤，撰寫了 On Error Resume Next 陳述式，以便在發生錯誤的時候繼續進行處理。

範例 6-4_006.xlsm

參照 編寫處理錯誤的程式碼……P.3-71

```vb
1 Sub␣取得與設定活頁簿的屬性()
2     Dim␣myAuthor,␣myLSTime,␣myLPDate
3     On␣Error␣Resume␣Next
4     ActiveWorkbook.BuiltinDocumentProperties("Author")␣=␣"出來留太郎"
5     myAuthor␣=␣ActiveWorkbook.BuiltinDocumentProperties("Author")
6     myLSTime␣=␣ActiveWorkbook.BuiltinDocumentProperties("Last␣Save␣Time")
7     myLPDate␣=␣ActiveWorkbook.BuiltinDocumentProperties("Last␣Print␣Date")
8     MsgBox␣"作␣者"␣&␣myAuthor␣&␣vbLf␣&␣"修改日期:"␣&␣_
              myLSTime␣&␣vbLf␣&␣"列印時間:"␣&␣myLPDate
9 End␣Sub
```

註：「_（換行字元）」，當程式碼太長要接到下一行程式時，可用此斷行符號連接→參照 P.2-15

1 「取得與設定活頁簿的屬性」巨集
2 宣告 Variant 類型的變數 myAuthor、myLSTime、MYLPDate
3 發生錯誤時，忽略錯誤，執行下一行程式碼
4 將作用中活頁簿的作者設定為「黃寶樹」
5 將作用中活頁簿的作者放入變數 myAuthor
6 將作用中活頁簿的修改日期放入變數 myAuthor
7 將作用中活頁簿的列印時間放入變數 myAuthor
8 在訊息框顯示作者、修改日期、列印時間這些資訊
9 結束巨集

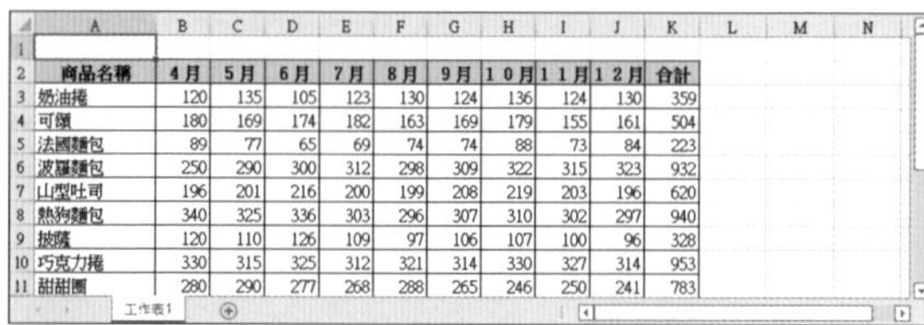

| 商品名稱 | 4月 | 5月 | 6月 | 7月 | 8月 | 9月 | 10月 | 11月 | 12月 | 合計 |
|---|---|---|---|---|---|---|---|---|---|---|
| 奶油捲 | 120 | 135 | 105 | 123 | 130 | 124 | 136 | 124 | 130 | 359 |
| 可頌 | 180 | 169 | 174 | 182 | 163 | 169 | 179 | 155 | 161 | 504 |
| 法國麵包 | 89 | 77 | 65 | 69 | 74 | 74 | 88 | 73 | 84 | 223 |
| 波羅麵包 | 250 | 290 | 300 | 312 | 298 | 309 | 322 | 315 | 323 | 932 |
| 山型吐司 | 196 | 201 | 216 | 200 | 199 | 208 | 219 | 203 | 196 | 620 |
| 熱狗麵包 | 340 | 325 | 336 | 303 | 296 | 307 | 310 | 302 | 297 | 940 |
| 披薩 | 120 | 110 | 126 | 109 | 97 | 106 | 107 | 100 | 96 | 328 |
| 巧克力捲 | 330 | 315 | 325 | 312 | 321 | 314 | 330 | 327 | 314 | 953 |
| 甜甜圈 | 280 | 290 | 277 | 268 | 288 | 265 | 246 | 250 | 241 | 783 |

想顯示活頁簿的作者與其他資訊

**1** 啟動 VBE，輸入程式碼

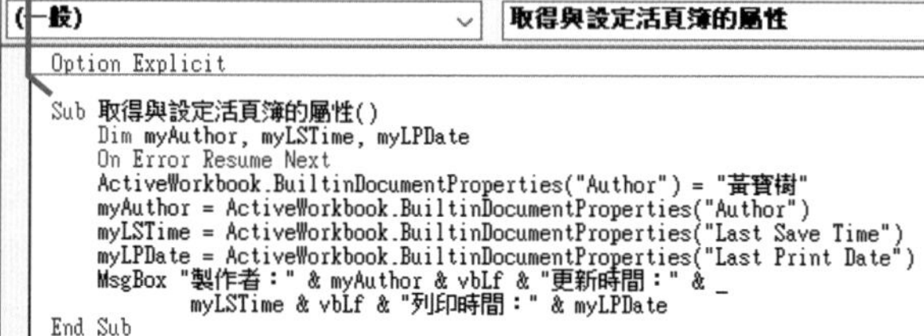
(一般)
取得與設定活頁簿的屬性
Option Explicit
Sub 取得與設定活頁簿的屬性()
Dim myAuthor, myLSTime, myLPDate
On Error Resume Next
ActiveWorkbook.BuiltinDocumentProperties("Author") = "黃寶樹"
myAuthor = ActiveWorkbook.BuiltinDocumentProperties("Author")
myLSTime = ActiveWorkbook.BuiltinDocumentProperties("Last Save Time")
myLPDate = ActiveWorkbook.BuiltinDocumentProperties("Last Print Date")
MsgBox "製作者：" & myAuthor & vbLf & "更新時間：" & _
myLSTime & vbLf & "列印時間：" & myLPDate
End Sub

**2** 執行輸入的巨集

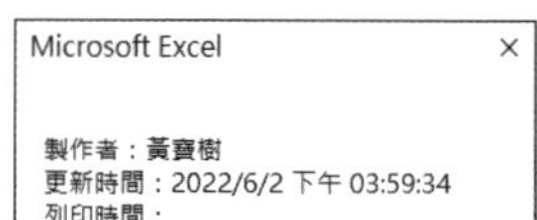
Microsoft Excel
製作者：黃寶樹
更新時間：2022/6/2 下午 03:59:34
列印時間：
確定

作用中活頁簿的作者設定為「黃寶樹」了

取得與顯示活頁簿的作者或其他資訊了

由於這個活頁簿還沒列印過，所以「列印時間：」是空白的

BuiltinDocumentProperties 的主要屬性名稱與索引編號

| 屬性名稱 | 索引編號 | 內容 |
| --- | --- | --- |
| Title | 1 | 標題 |
| Subject | 2 | 標籤 |
| Author | 3 | 作者 |
| Keywords | 4 | 關鍵字 |
| Comments | 5 | 註解 |
| Template | 6 | 範本 |
| Last Author | 7 | 上次修改者 |
| Revision Number | 8 | 修訂版本編號 |
| Application Name | 9 | 應用軟體名稱 |
| Last Print Date | 10 | 前次列印時間 |
| Creation Date | 11 | 時間 |
| Last Save Time | 12 | 上次儲存時間 |
| Total Editing Time | 13 | 總編輯時間 |



## 將活頁簿轉存為 PDF 格式

**物件.ExportAsFixedFormat(Type, Filename, Quality, IncludeDocProperties, IgnorePrintAreas, From, To, OpenAfterPublish, FixedFormatExtClassPtr)**

▶解說

ExportAsFixedFormat 方法可將活頁簿轉存為 PDF 格式或 XPS 格式的檔案。設定參數可進一步指定轉存方式。

▶設定項目

**物件**............指定為 Workbook 物件、Sheet 物件、Chart 物件或 Range 物件。

Type............指定為 xlTypePDF 就會轉存為 PDF 格式，若指定為 xlTypeXPS 則會以 XPS 格式儲存檔案。

Filename............指定檔案名稱 (可省略)。

Quality............指定輸出品質。若指定為 xlQualityStandard，輸出品質將是「標準 (線上發佈和列印)」(預設值)，若指定為 xlQualityMinimum，輸出品質則會是「最小值 (線上發佈)」(可省略)。

IncludeDocProperties……指定為 True 時，轉存的 PDF 檔案將包含活頁簿的文件資訊，若指定為 False 則不包含 (可省略)。

IgnorePrintAreas……若於活頁簿設定了列印範圍，而想忽略這個設定，列印所有內容時，可將這個參數設定為 True，若只想輸出列印範圍的內容可設定為 False (可省略)。

From……指定輸出範圍的起始頁面的頁面編號。若省略這個參數將從第一頁開始轉存 (可省略)。

To……指定輸出範圍的結束頁面的頁面編號。若省略這個參數將從第一頁到最後一頁全部轉存 (可省略)。

OpenAfterPublish……希望在轉存檔案之後開啟檔案可將這個參數設定為 True。若指定為 False 就不會在轉存檔案之後開啟檔案 (可省略)。

FixedFormatExtClassPtr……FixedFormatExt 類別的指標 (可省略)。

**避免發生錯誤**

轉存的內容有很多，例如整個活頁簿、工作表、儲存格範圍、圖表，請依照要轉存的內容指定物件。若儲存的位置已有名稱相同的檔案，就會直接覆寫該檔案。

## 範例 將活頁簿轉存為 PDF 格式的檔案

這次要將作用中活頁簿的內容轉存為「4-6 月預定表 .pdf」這個 PDF 檔案，而且是將這個檔案放在與執行程式碼的檔案相同的位置。為了轉存所有的工作表，這次會將「4 月」工作表到「6 月」工作表的表格全部轉存為 PDF 檔案。

範例 6-4_007.xlsm

```
1  Sub␣將活頁簿轉存為 PDF 檔案()
2      ActiveWorkbook.ExportAsFixedFormat␣Type:=xlTypePDF,␣_
          Filename:=ThisWorkbook.Path␣&␣"\4-6月預定表.pdf",␣_
          OpenAfterPublish:=True
3  End␣Sub
```

註：「_ (換行字元)」，當程式碼太長要接到下一行程式時，可用此斷行符號連接→參照 P.2-15

1 「將活頁簿轉存為 PDF 檔案」巨集
2 將轉存的檔案類型設定為 PDF 格式，再將作用中活頁簿的內容轉存為「4-6 月預定表 .pdf」這個 PDF 檔案。在執行程式碼的檔案的資料夾轉存這個檔案之後，再開啟轉存的檔案。
3 結束巨集

想將整個活頁簿轉存為 PDF 檔案

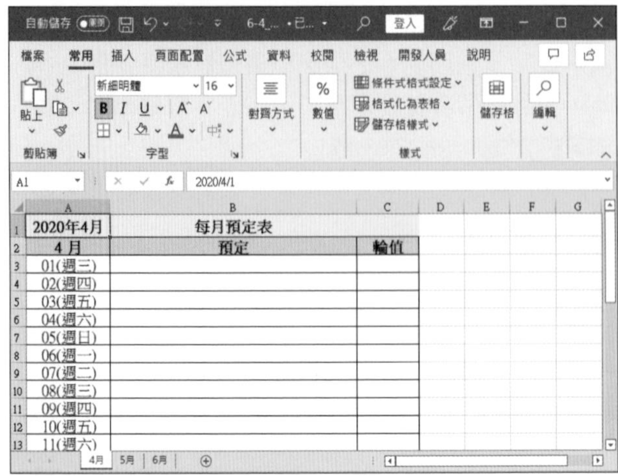


**1** 啟動 VBE，輸入程式碼

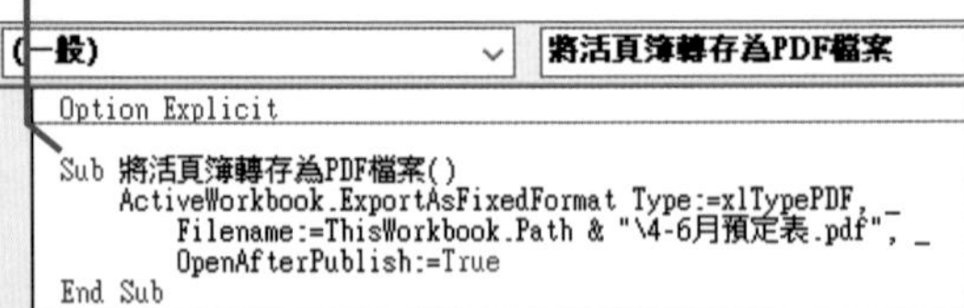

```
(一般)                              將活頁簿轉存為PDF檔案
Option Explicit

Sub 將活頁簿轉存為PDF檔案()
    ActiveWorkbook.ExportAsFixedFormat Type:=xlTypePDF, _
        Filename:=ThisWorkbook.Path & "\4-6月預定表.pdf", _
        OpenAfterPublish:=True
End Sub
```

**2** 執行巨集

活頁簿中的所有工作表都轉存為 PDF 檔案了

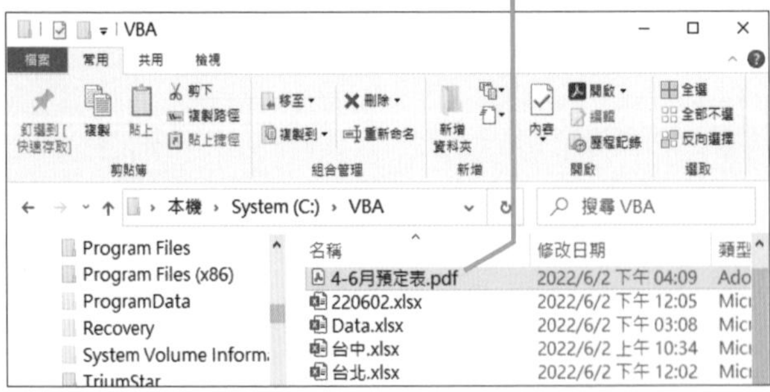


### HINT 將指定的儲存格範圍轉存為 PDF 檔案

要將指定的儲存格範圍轉存為 PDF 檔案可指定 Range 物件。例如，要將儲存格 A1 ～ C17 的內容轉存為「4 月前半期預定表 .pdf」，並且將這個 PDF 檔案放在與執行程式碼的檔案相同的位置時，可寫成如下的內容。 範例 6-4_008.xlsm

```
Sub 將儲存格範圍轉存為 PDF 檔案()
    Range("A1:C17").ExportAsFixedFormat Type:=xlTypePDF, _
        Filename:=ThisWorkbook.Path & "\4月前半期預定表.pdf"
End Sub
```

# 索引



## 數字／符號



## A

## B



## C

## D

## E



## F

## G



## H



## I

## N



## O

## P



## Q



## R

## S

## T

## U



## V

## W



## X



## Y



## Z

零程式基礎就上手
Excel